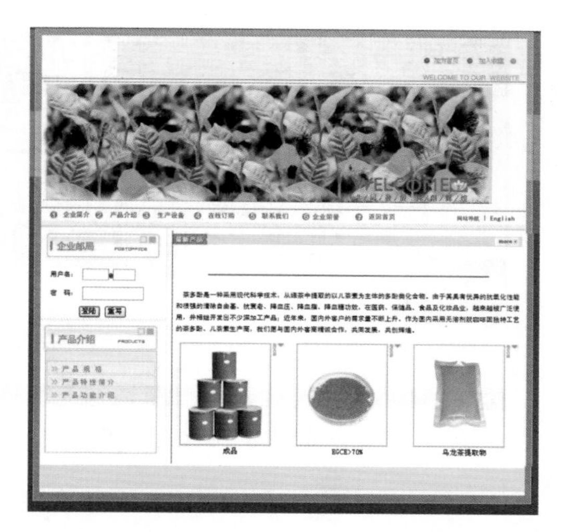

第 4 章 技巧 2 为什么插入的水平线颜色无法修改

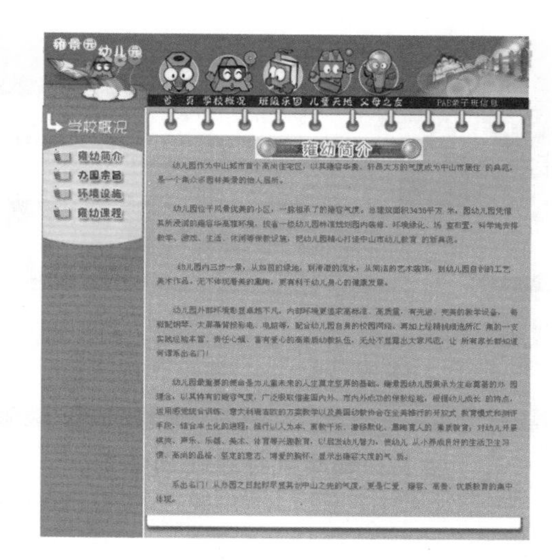

第 4 章 实战演练—创建基本文本网页

第 4 章 添加文本

第 5 章 技巧 5 把网页中的 Flash 背景设置为透明

5.2 图像的基本操作

5.3.1 背景图像

5.3.2 创建鼠标经过图像前

5.3.2 创建鼠标经过图像后

5.4 添加 Flash 影片

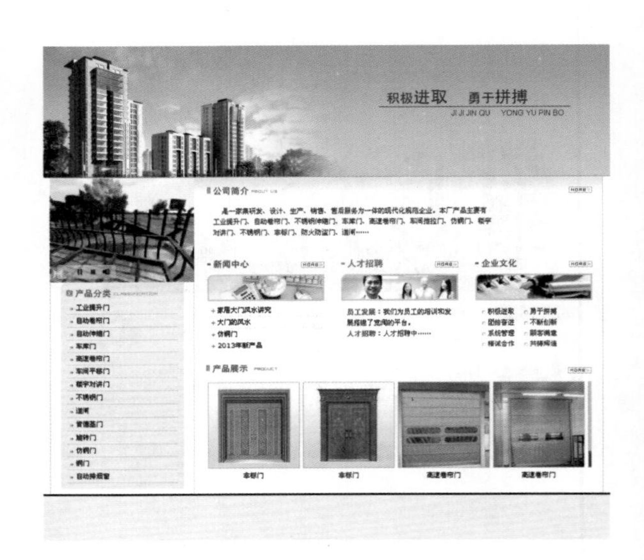

5.5 插入视频文件

5.6.1 插入 Shockwave 影片

5.6.2 插入 Java 小应用程序

5.7.1 实例 1——创建鼠标经过图像导航栏

第 6 章 技巧 1 如何制作细线表格

第 6 章 技巧 4 如何实现当鼠标移到某个单元格上时，该单元格自动变换背景色

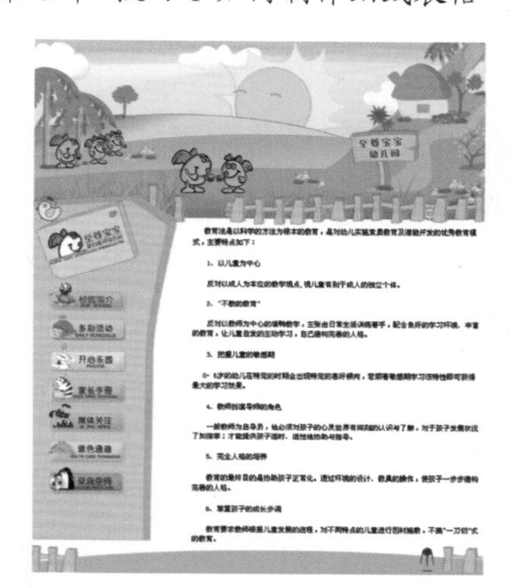

6.5 实战演练—利用表格布局网页

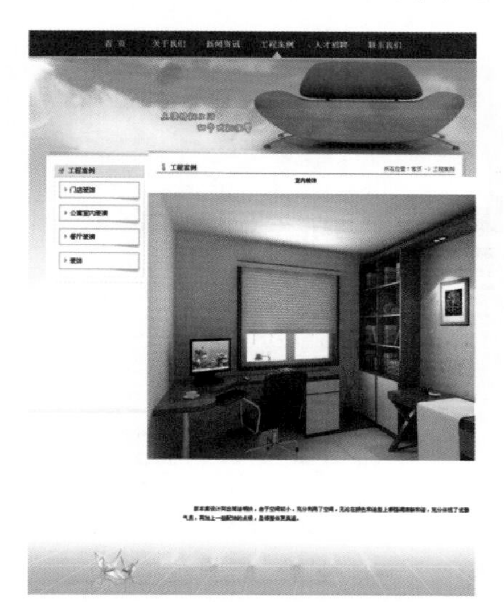

第 7 章 技巧 9 利用插件制作随机显示指定图像列表中的图像

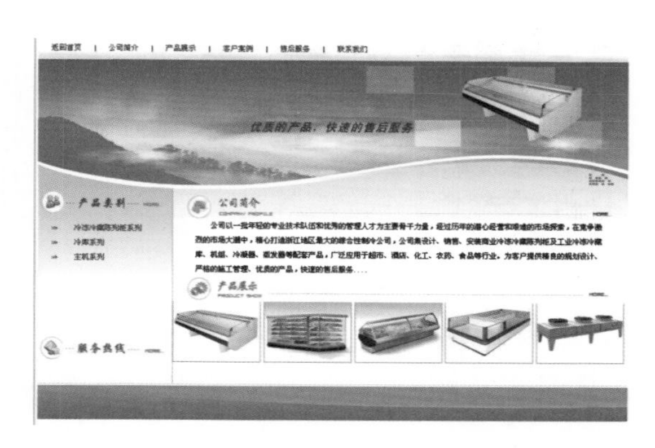

7.3 使用模板创建新网页

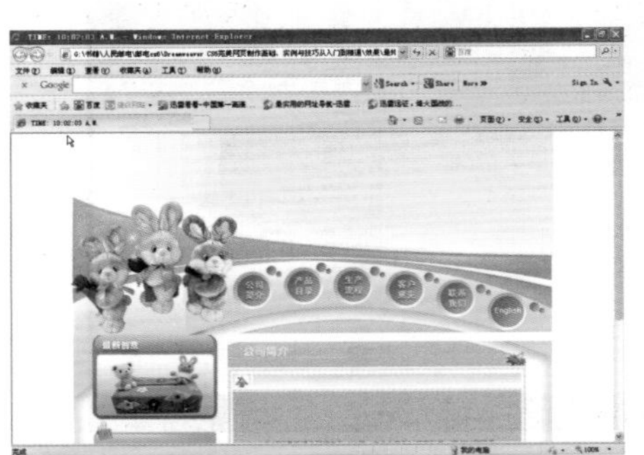

7.5.2 应用插件

7.6.2 实例 2——利用模板创建网页

7.6.3 实例 3——制作图片渐显效果插件

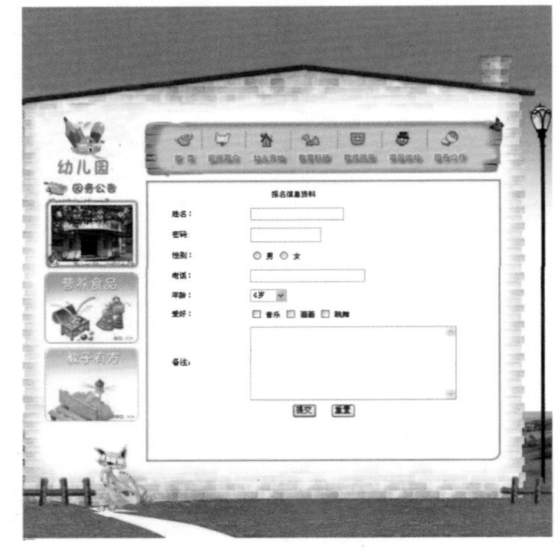

8.2 插入文本域

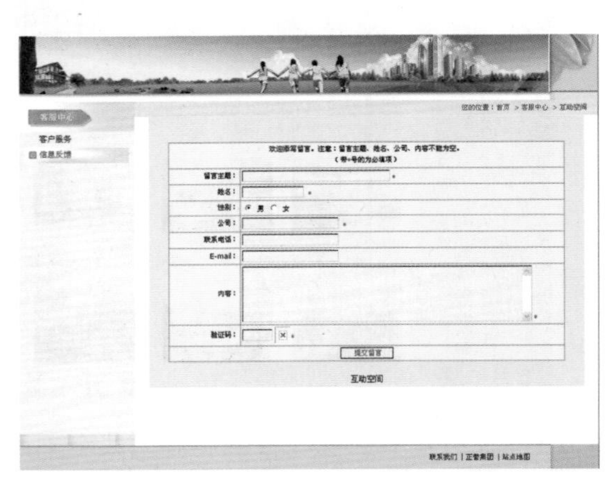

第 8 章 技巧 5 如何制作一个可以返回到上一页的按钮

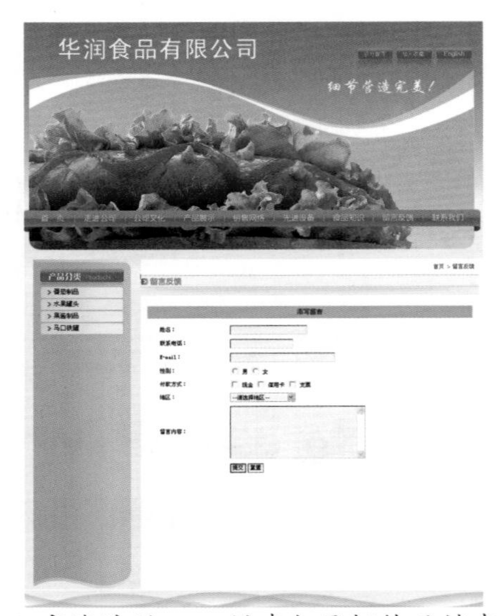

8.6 实战演练——创建电子邮件反馈表单

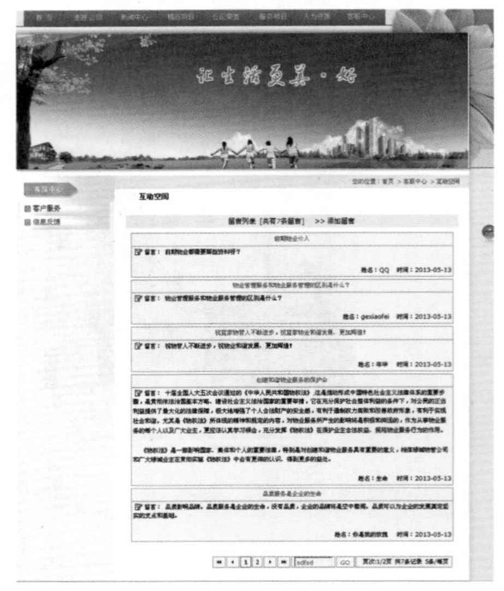

第 8 章 技巧 6 如何禁止在文本框中输入中文

9.3.1 实例 1——创建外部链接

9.3.2 实例 2——创建 E-mail 链接

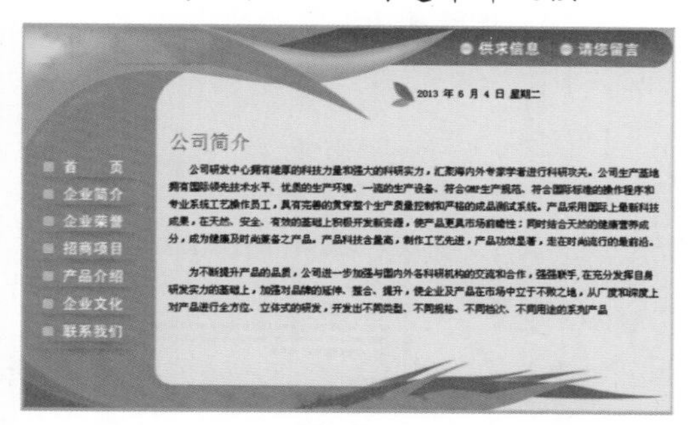

9.3.4 实例 4——创建图像热点链接

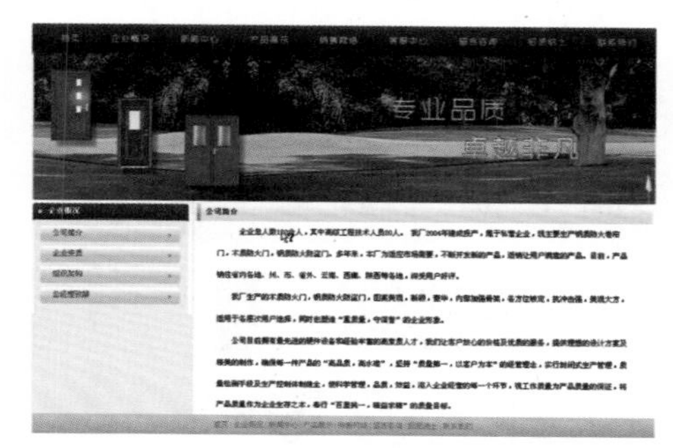

第 9 章 技巧 1 如何实现当鼠标移到超级链接上时改变形状

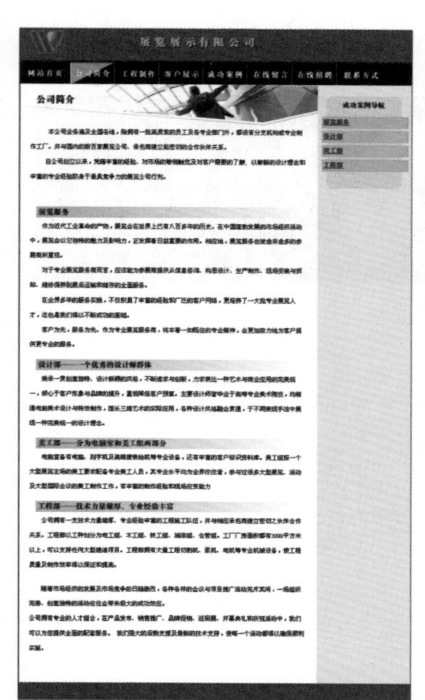

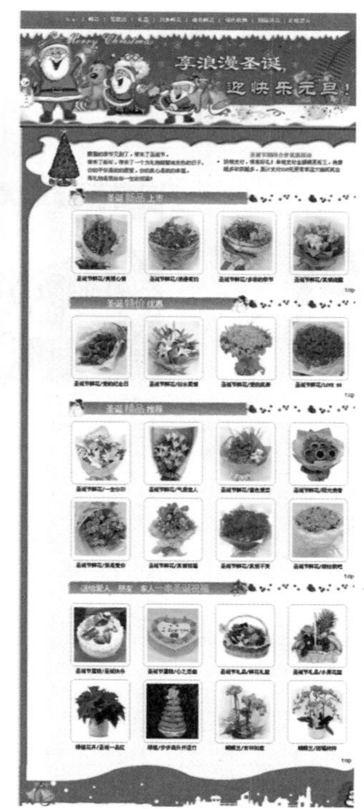

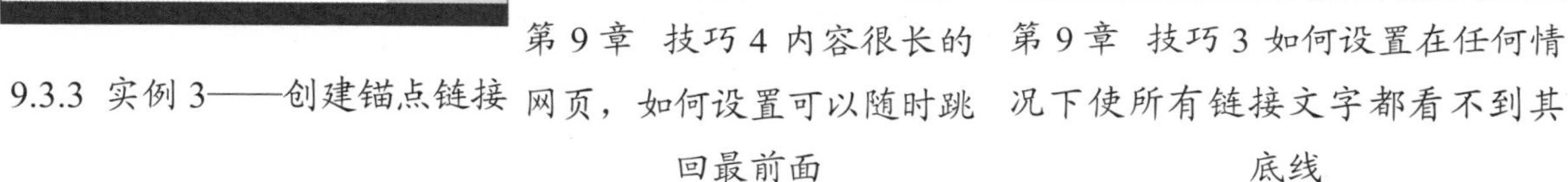

9.3.3 实例 3——创建锚点链接

第 9 章 技巧 4 内容很长的网页，如何设置可以随时跳回最前面

第 9 章 技巧 3 如何设置在任何情况下使所有链接文字都看不到其底线

第 9 章　技巧 2 如何实现鼠标移动到滚动的文字上时，文字就停止滚动，再用鼠标单击文字并离开时又会继续滚动

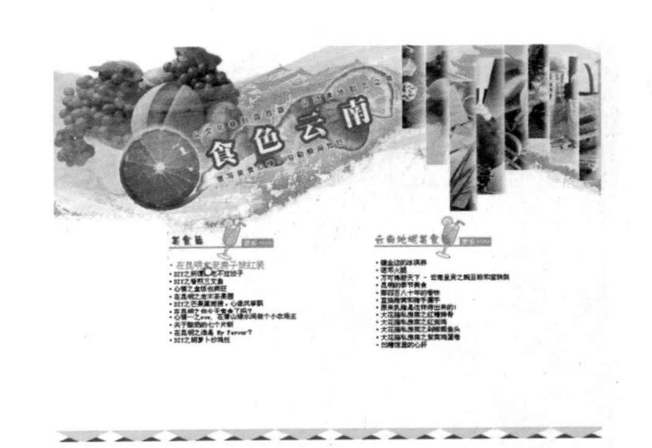

第 9 章　技巧 9 如何实现鼠标移到某链接文字时，字会变大或改变颜色，移开后又恢复原状

第 9 章　技巧 5 如何删除图片链接的蓝色边框

10.4.2　实例 2——应用 CSS 样式制作阴影文字

第 10 章　技巧 3 为何网页中的文字在某些电脑上显示正常，但在某些电脑上会变大或变小

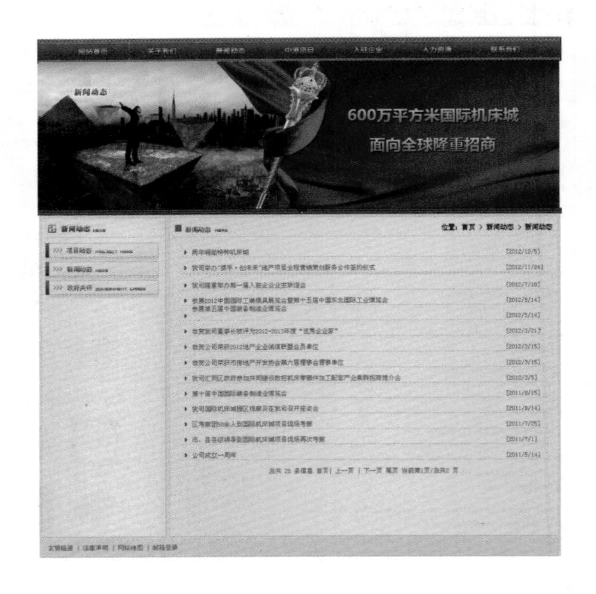

第 10 章　技巧 4 如何利用 CSS 去掉链接文字下划线

12.3.1 交换图像前

12.3.1 交换图像后

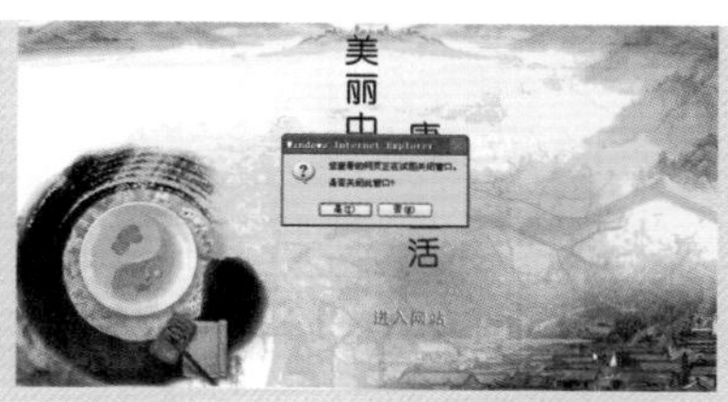

第 12 章 技巧 6 如何实现定时关闭窗口

12.3.2 弹出信息

12.3.3 打开浏览器窗口

12.3.5 预先载入图像

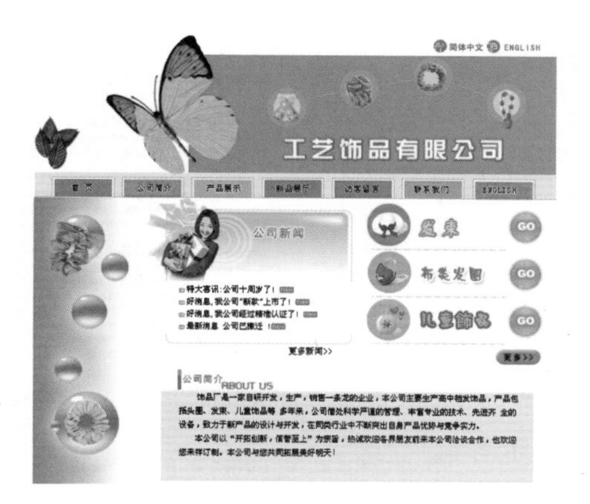

12.3.4 转到 URL 前

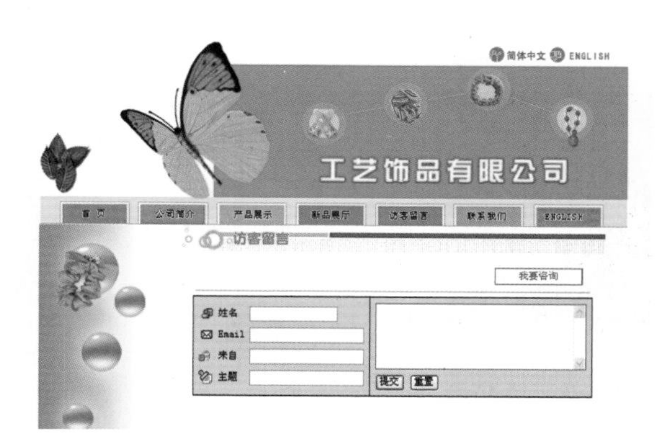

12.3.4 转到 URL 前

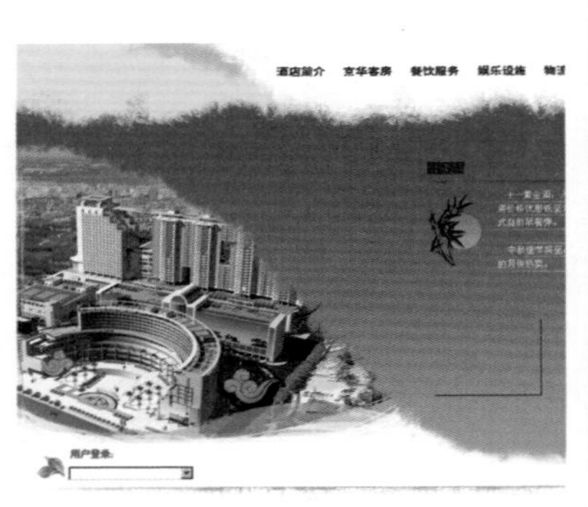

12.3.6 设置容器中的文本

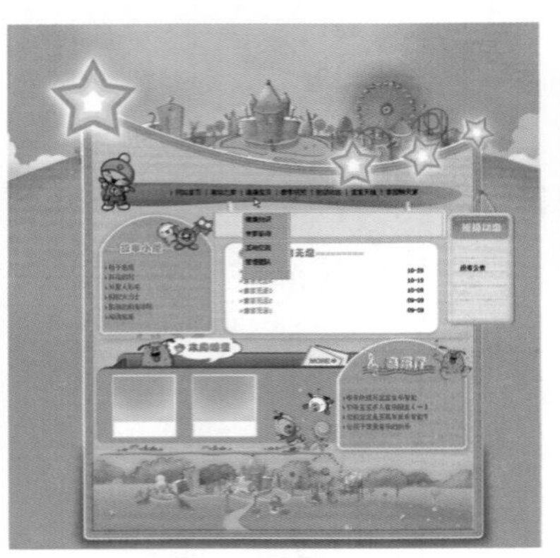

12.3.7 显示 - 隐藏元素

12.3.9 检查表单

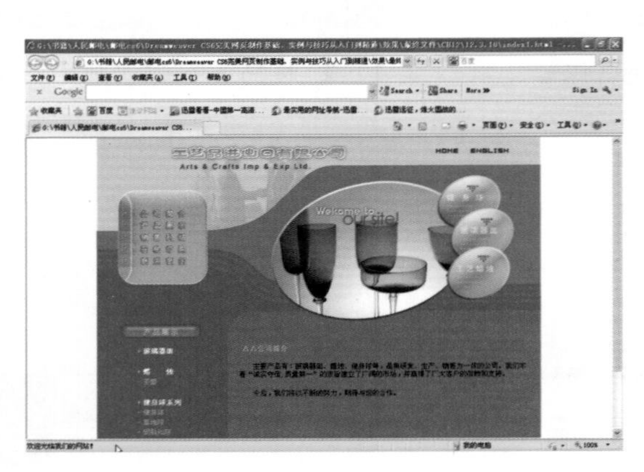

12.3.10 设置状态栏文本

第 12 章　技巧 1 如何制作滚动公告

第 12 章　技巧 2 如何制作自动关闭网页

第 12 章　技巧 3 如何显示当前日期和时间

第 12 章　技巧 7 密码正确后打开网页

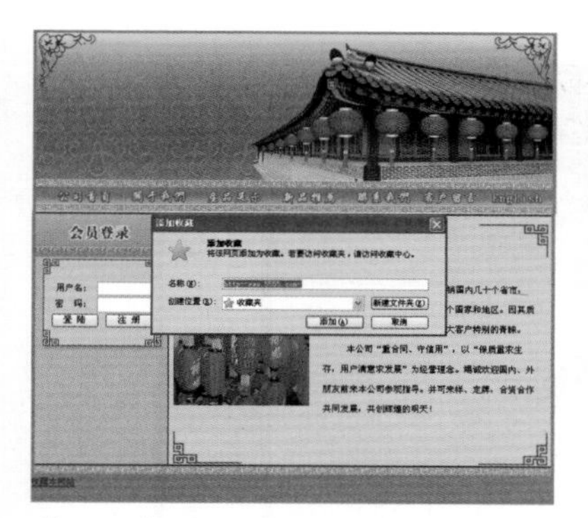

第 12 章 技巧 4 如何将站点加入收藏夹

第 12 章 技巧 5 如何将站点设为首页

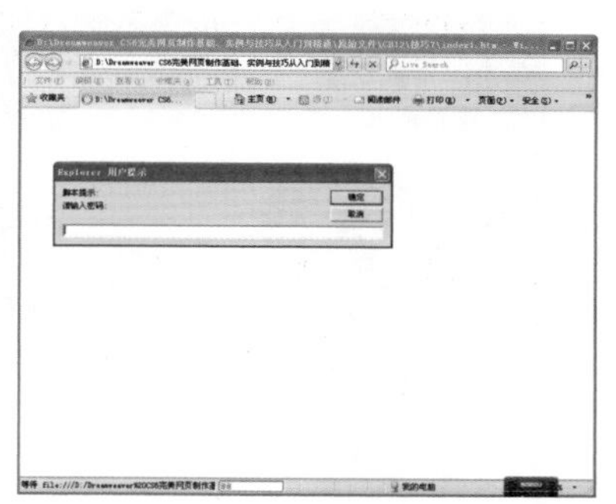

第 12 章 技巧 7【Explorer 用户提示】对话框

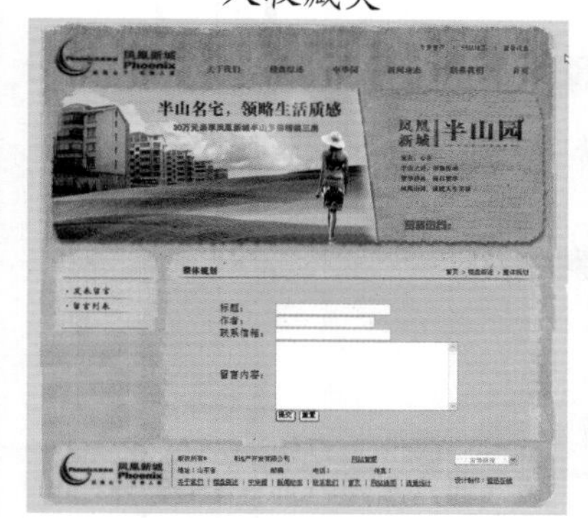

第 13 章 发表页面

第 13 章 留言列表页面

第 13 章 显示留言页面

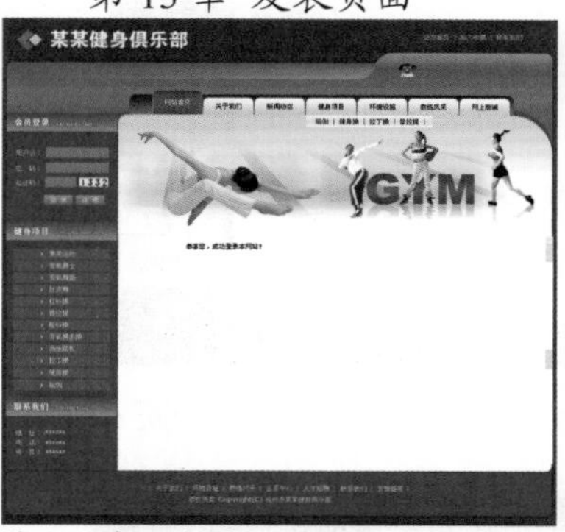

第 14 章 会员注册登录系统——登录成功页面

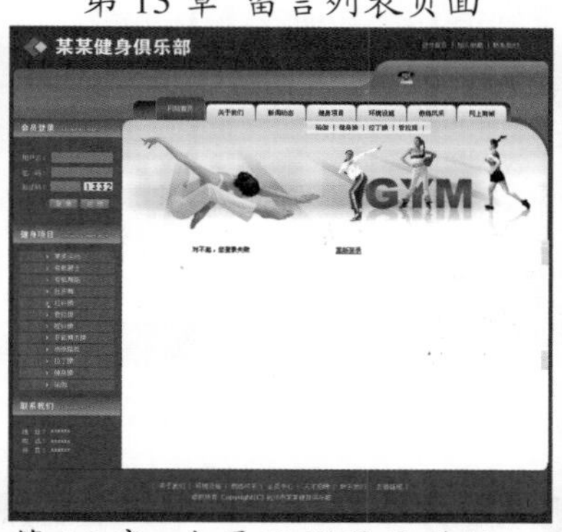

第 14 章 会员注册登录系统——登录失败页面

第 14 章 会员注册登录系统——登录页面

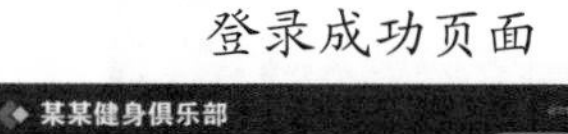

第 14 章 会员注册登录系统——注册成功页面

第 14 章 会员注册登录系统——注册失败页面

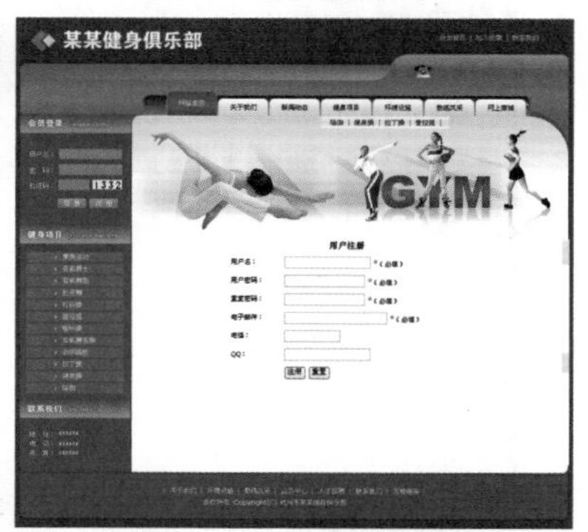

第 14 章 会员注册登录系统——注册页面

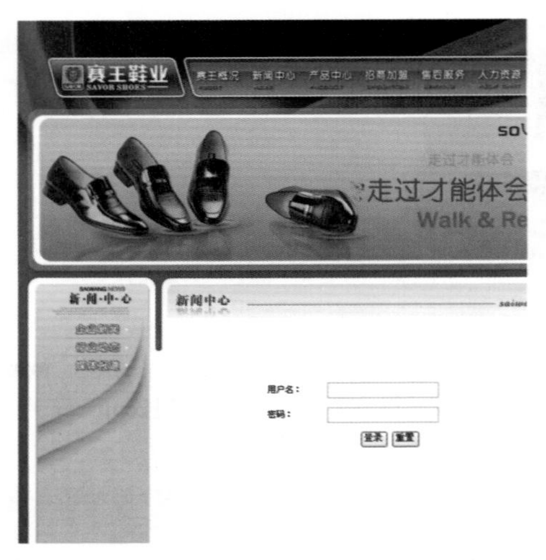

第 14 章 新闻发布系统——管理员登录页面

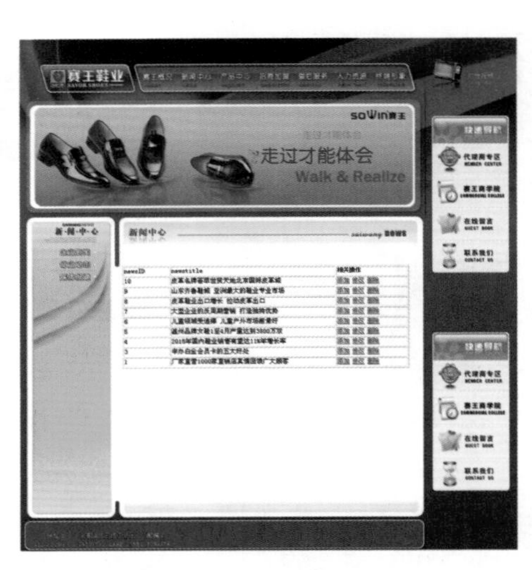

第 14 章 新闻发布系统——新闻列表管理页面

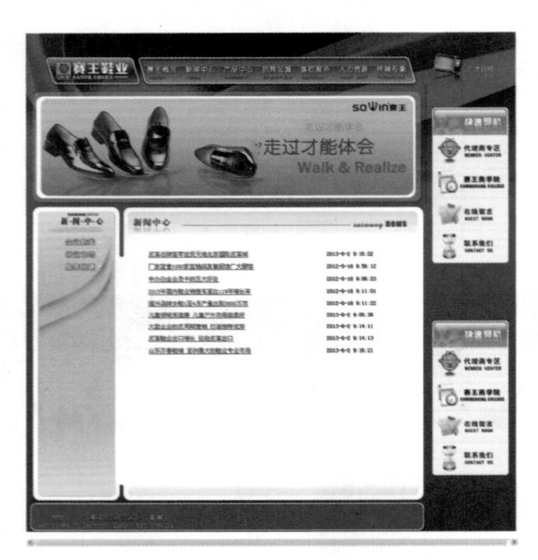

第 14 章 新闻发布系统——新闻列表页面

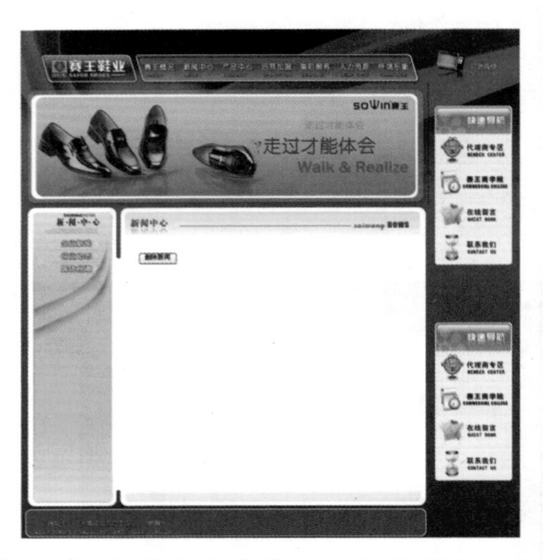

第 14 章 新闻发布系统——新闻删除页面

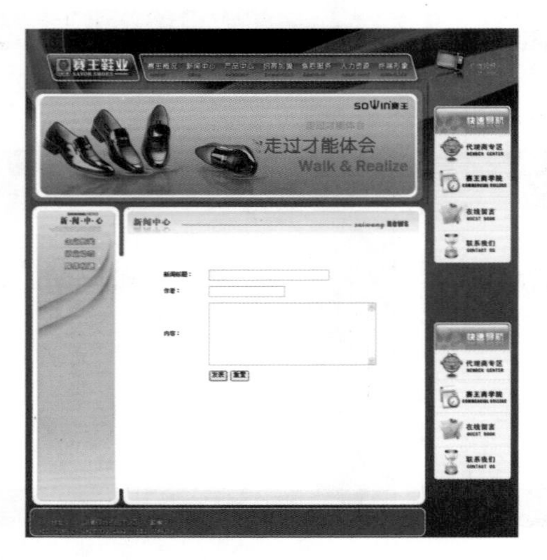

第 14 章 新闻发布系统——新闻添加页面

第 14 章 新闻发布系统——新闻详细显示页面

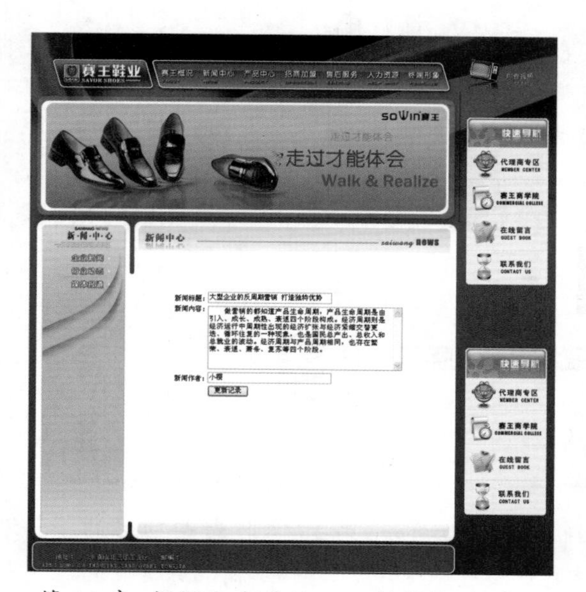

第 14 章 新闻发布系统——新闻修改页面

第 19 章 时尚购物网站——管理员登录页面

第 19 章 时尚购物网站——删除页面

第 19 章 时尚购物网站——商品分类展示页面

第 19 章时尚购物网站——商品管理页面　第 19 章时尚购物网站——商品详细信息页面　第 19 章时尚购物网站——添加商品分类页面

第 19 章时尚购物网站——添加商品页面

第 19 章时尚购物网站——修改商品页面

Dreamweaver CS6 完美网页制作

基础、实例与技巧

从入门到精通

何新起 编著

人民邮电出版社

北京

图书在版编目（CIP）数据

Dreamweaver CS6完美网页制作 ：基础、实例与技巧从入门到精通 / 何新起编著. -- 北京 ：人民邮电出版社，2013.9（2020.8重印）
ISBN 978-7-115-32664-5

Ⅰ. ①D… Ⅱ. ①何… Ⅲ. ①网页制作工具 Ⅳ. ①TP393.092

中国版本图书馆CIP数据核字(2013)第169531号

内 容 提 要

本书全面、翔实地介绍了使用 Dreamweaver CS6 进行网页制作和网站建设的各方面知识。全书分为 5 篇，共 19 章，以“预备知识篇→静态网页制作篇→动态网页制作篇→网站建设篇→综合案例篇”为线索具体展开，其中不仅包括网页设计的基本内容，如网页、网站常用名词术语，网页色彩知识和布局知识等；还包括常见静态网页与动态网页制作的详细方法和步骤；最后通过 3 个综合案例——个人网站、企业宣传网站和时尚购物网站，帮助读者边学、边用、边练，进而轻松、快速地制作出符合要求的各类网站。

本书的特点是内容由浅入深、实例难度由低到高，并且每一章的最后均给出了大量作者精心整理的“技巧与问答”，旨在帮助读者融会贯通所学知识，以便最终步入网页制作高手的行列。

本书语言简洁，内容丰富，适合网页设计与制作人员、网站建设与开发人员、大中专院校相关专业师生、网页制作培训班学员和个人网站爱好者阅读。

◆ 编　　著　何新起
　责任编辑　赵　轩
　责任印制　程彦红　杨林杰

◆ 人民邮电出版社出版发行　　北京市丰台区成寿寺路 11 号
　邮编　100164　　电子邮件　315@ptpress.com.cn
　网址　http://www.ptpress.com.cn
　北京七彩京通数码快印有限公司印刷

◆ 开本：787×1092　1/16
　印张：30　　彩插：6
　字数：727 千字　　2013 年 9月第 1 版
　印数：11 101 – 11 400 册　　2020 年 8月北京第 15 次印刷

定价：59.00 元

读者服务热线：(010)81055410　印装质量热线：(010)81055316
反盗版热线：(010)81055315

前　　言

网络技术的日益成熟，给人们带来了诸多方便。如今，网络正在各个领域发挥着巨大的作用，成为人们日常生活中不可或缺的部分。人们足不出户就可以网上购物，随时查询股票信息，在自己的博客上尽情展现图片和文字……以上这些都离不开最基本的网页设计、制作与维护。

本书在 2007 年出版后，销售在同类书籍中一直名列前茅，经过多次重印。伴随着新版本的不断推出，软件功能得到进一步完善。目前，Dreamweaver 的最新版本是 CS6，本书正是基于此版本来讲解的。

本书主要内容

本书通过最新版本 Dreamweaver CS6，讲述了网页制作与网站建设的方方面面。全书分为 19 章，从基础知识开始，以实例操作的形式深入浅出地讲解网页制作与网站建设的各种知识和操作技巧，并结合具体实例介绍商业网站的制作方法。

本书的主要内容如下所述。

第 1 部分预备知识篇：网页设计基础、网页色彩知识、网页的布局设计。

第 2 部分静态网页制作篇：基本文本网页的创建、图像和多媒体的使用、使用表格排列网页数据、使用模板和库和插件、表单的使用、超级链接的创建、使用 CSS 样式表美化网页、CSS+Div 灵活布局网页和利用行为和脚本制作动感特效网页。

第 3 部分动态网页制作篇：Dreamweaver CS6 动态网页设计基础、设计典型动态网站模块。

第 4 部分网站建设篇：介绍了网站建设规范与流程和站点的发布与推广。

第 5 部分综合案例篇：介绍了个人网站、企业网站和购物网站的创建，可以帮助读者进一步掌握整个网站的创建。

本书主要特色

- 结构清晰

书中对各方面内容的讲解都紧扣“基础、实例、技巧”3 个方面。在开始部分，明确地指出了本章的“学习目标”，有助于读者抓住重点；中间部分，将实例贯穿于知识点中讲解，并通过“实战演练”部分强化读者对知识点的理解；每章最后均给出了作者精心整理的“技巧与问答”，以便于读者巩固自己所学的内容，举一反三，将其灵活应用。

- 畅销图书升级版

本书上一版本在各大书店和网络书店销售一直名列前茅，而本书是经久不衰的超级畅销书的最新升级版。

- 实例丰富

书中对每个知识点的讲解均有诸多易于上手练习的小实例贯穿其中，将 Dreamweaver CS6 的各项操作方法充分融合到实例中。而且在“综合案例篇”中，给出了 4 个综合性网站的制作案例——个人网站、企业宣传网站和时尚购物网站，以便读者能够边学、边练，进而做出符合自己要求的各类网站。

- 图解方式

在正文中，每一个操作步骤后均附上对应的操作截屏图，便于读者直观、清晰地看到操作效果，牢牢记住操作的各个细节。

- PPT 电子课件

本书还精心配备了 PPT 电子课件，便于老师课堂教学和学生把握知识要点。

本书读者对象

本书由一线的网页制作和网站建设人员，以及资深网页设计培训教师共同策划、编写，适合网页设计与制作人员、网站建设与开发人员、大中专院校相关专业师生、网页制作培训班学员和个人网站爱好者阅读。

本书在编写过程中，我们力求精益求精，但书中难免存在一些不足之处，请读者批评指正。

编　者

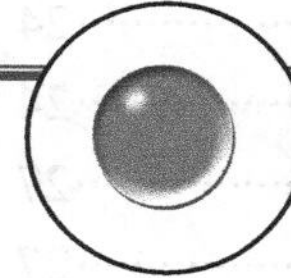

目　录

第一部分　预备知识篇

第二部分 静态网页制作篇

第三部分 动态网页制作篇

第四部分 网站建设篇

第五部分 综合案例篇

第一部分

预备知识篇

第1章

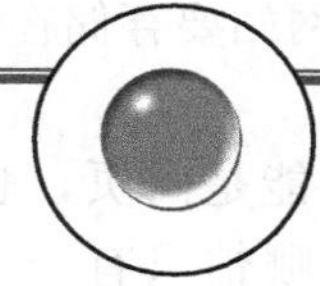

网页设计基础

为了能够使网页初学者对网页设计有个总体的认识，在设计制作网页前，首先要介绍网页设计的基础知识。本章将首先介绍网页的基本知识，接着介绍网页的基本构成元素，最后简单介绍网页设计常用工具 Dreamweaver、Flash 和 Photoshop。通过本章的学习，可以为后面设计制作更复杂的网页打下良好的基础。

学习目标

- 了解网页的基本概念
- 熟悉网页的基本构成元素
- 熟悉网页设计常用工具

1.1 网页基本知识

在学习网页设计之前，先来了解一下网页涉及的基本概念。

1.1.1 什么是 Internet

Internet 是一个全球性的计算机互联网络，中文名称为“国际互联网”或“因特网”。它集现代通信技术和现代计算机技术于一体，是计算机之间进行信息交流和实现资源共享的良好手段。Internet 将各种各样的物理网络连接起来，构成一个整体，而不考虑这些网络类型的异同、规模的大小和地理位置的差异，如图 1.1 所示。

图 1.1 Internet 示意图

Internet 构成全球最大的信息资源库，几乎包括了人类生活的方方面面，如政府部门、教育、科研、商业、工业、出版、文化艺术、通信、广播电视和娱乐等。经过多年的发展，互联网已经在社会的各个方面为全人类提供便利。电子邮件、即时消息、视频会议，博客、网上购物等已经成为越来越多人的生活方式。

1.1.2 什么是网站

网站是因特网上的一个信息集中点，可以通过域名进行访问。网站要存储在独立服务器或者服务器的虚拟主机上才能接受访问。

网站是有独立域名、独立存放空间的内容集合，这些内容可能是网页，也可能是程序或其他文件。不一定要有很多网页，只要有独立域名和空间，哪怕只有一个页面也叫网站。

网站就是在互联网上的一块固定的、面向全世界发布消息的地方，它由域名和网站空间构成。衡量一个网站的性能通常从网站空间大小、网站位置、网站连接速度、网站软件配置和网站提供服务等几方面考虑。

1.1.3 什么是 Web 服务器

Web 服务器就是在 Web 站点上运行的应用程序，用户只有把设计好的网页放到 Web 服务器上才能被其他用户浏览。Web 服务器主要负责处理浏览器的请求。当用户使用浏览器请求读取 Web 站点上的内容时，浏览器会建立一个 Web 链接，服务器接受链接，向浏览器发送所要求的文件内容，然后断开链接。

1.1.4 什么是静态网页

网页又称 HTML 文件，是一种可以在 WWW 上传输，能被浏览器认识和翻译成页面并显示出来的文件。

静态网页是网站建设初期经常采用的一种形式。网站建设者把内容设计成静态网页，访问者只能被动地浏览网站建设者提供的网页内容。静态网页的特点如下所述。

- 网页内容不会发生变化，除非网页设计者修改了网页的内容。
- 不能实现与浏览网页的用户之间的交互。信息流向是单向的，即从服务器到浏览器。服务器不能根据用户的选择调整返回给用户的内容。静态网页的工作过程如图 1.2 所示。

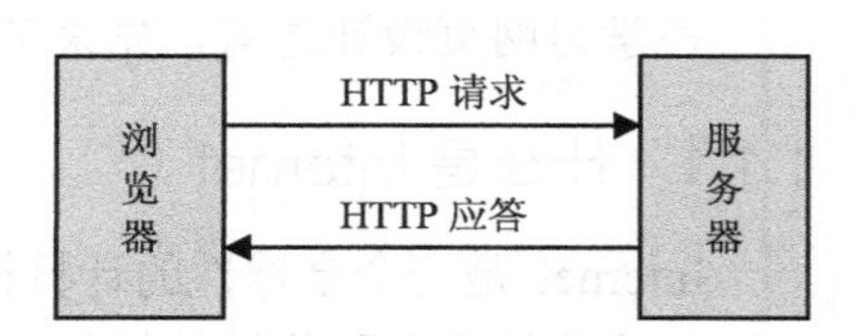

图 1.2 静态网页的浏览过程

1.1.5 什么是动态网页

所谓动态网页是指网页文件里包含了程序代码，通过后台数据库与 Web 服务器的信息交互，由后台数据库提供实时数据更新和数据查询服务。这种网页的后缀名称一般根据不同的程序设计语言而不同，如常见的有.asp、.jsp、.php、.perl 和.cgi 等形式。动态网页能够根据不同时间和不同访问者而显示不同内容。常见的 BBS、留言板和购物系统通常是用动态网页实现的。

动态网页制作比较复杂，需要用到 ASP、PHP、JSP 和 ASP.NET 等专门的动态网页设计语言。动态网页浏览工作如图 1.3 所示。

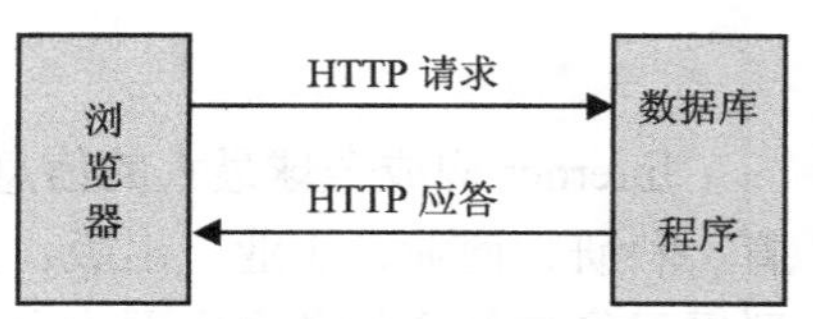

图 1.3 动态网页浏览过程

动态网页的特点如下所述。

- 动态网页以数据库技术为基础，可以大大降低网站维护的工作量。
- 采用动态网页技术的网站可以实现更多的功能，如用户注册、用户登录、搜索查询、用户管理和订单管理等。
- 动态网页并不是独立存在于服务器上的网页文件，只有当用户请求时服务器才返回一个完整的网页。
- 动态网页对搜索引擎检索存在一定的问题，搜索引擎一般不可能从一个网站的数据库中访问全部网页，因此采用动态网页的网站在进行搜索引擎推广时需要做一定的技术处理才能适应搜索引擎的要求。

1.2 网页的基本构成元素

不同性质的网站，构成网页的基本元素是不同的。网页中除了使用文本和图像外，还可以使用丰富多彩的多媒体和 Flash 动画等。

1.2.1 网站 LOGO

网站 LOGO 也称为网站标志，网站标志是一个站点的象征，也是一个站点是否专业的标志之一。网站的标志应体现该网站的特色、内容以及其内在的文化内涵和理念。成功的网站标志有着独特的形象标识，在网站的推广和宣传中将起到事半功倍的效果。网站标志一般放在网站的左上角，访问者一眼就能看到它。网站标志通常有 3 种尺寸：88×31、120×60 和 120×9 像素。图 1.4 所示为某个网站 LOGO。

标志的设计创意来自网站的名称和内容，大致分以下 3 个方面。

- 网站有代表性的人物、动物、花草，可以用它们作为设计的蓝本，加以卡通化和艺术化。
- 网站有专业性的，可以用本专业有代表的物品作为标志，如中国银行的铜板标志、奔驰汽车的方向盘标志。

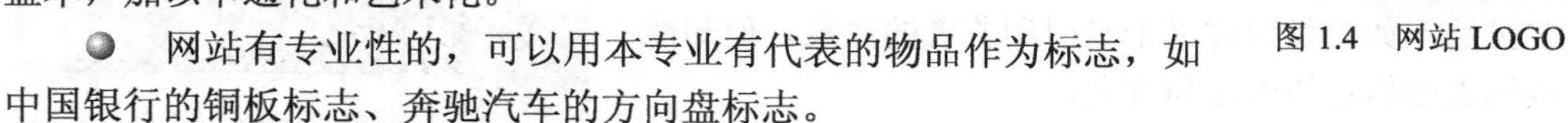

图 1.4 网站 LOGO

- 最常用和最简单的方式是用自己网站的英文名称作为标志。采用不同的字体、字符的变形、字符的组合可以很容易制作好自己的标志。

1.2.2 网站 Banner

网站 Banner 是横幅广告，是互联网广告中最基本的广告形式。Banner 可以位于网页顶部、中部或底部任意位置，一般为横向贯穿整个或者大半个页面的广告条。常见的尺寸是 480×60 像素或 233×30 像素，使用 GIF 格式的图像文件，也可以使用静态图形，还可以使用动画图像。除普通 GIF 格式外，采用 Flash 能赋予 Banner 更强的表现力和交互内容。

网站 Banner 首先要美观，这个小的区域要设计得非常漂亮，让人看上去很舒服，即使不是他们所要看的东西，或者是一些他们可看可不看的东西，他们就会很有兴趣的去看看，单击就是顺理成章的事情了。其次还要与整个网页协调，同时又要突出、醒目，用色要同页面的主色相搭配，如主色是浅黄，广告条的用色就可以用一些浅的其他颜色，切忌用一些对比色。图 1.5 所示为设计的网站 Banner。

图 1.5　网站 Banner

1.2.3　导航栏

导航栏是网页的重要组成元素，它的任务是帮助浏览者在站点内快速查找信息。好的导航系统应该能引导浏览者浏览网页而不迷失方向。导航栏的形式多样，可以是简单的文字链接，也可以是设计精美的图片或是丰富多彩的按钮，还可以是下拉菜单导航。

图 1.6　网站的左侧导航栏

一般来说，网站中的导航位置在各个页面中出现的位置是比较固定的，而且风格也较为一致。导航的位置一般有 4 种：在页面的左侧、右侧、顶部和底部。有时候在同一个页面中运用了多种导航。当然，并不是导航在页面中出现的次数越多越好，而是要合理地运用，达到页面总体的协调一致。图 1.6 所示为网站的左侧导航栏。

1.2.4　文本

网页内容是网站的灵魂，网页中的信息也以文本为主。无论制作网页的目的是什么，文本都是网页中最基本的、必不可少的元素。与图像相比，文字虽然不如图像那样易于吸引浏览者的注意，但却能准确地表达信息的内容和含义。

一个内容充实的网站必然会使用大量的文本。良好的文本格式可以创建出别具特色的网页，激发读者的兴趣。为了克服文字固有的缺点，人们赋予了文本更多的属性，如字体、字号和颜色等，通过不同格式的区别，突出显示重要的内容。此外，还可以在网页中设置各种各样的文字列表，来明确表达一系列的项目。这些功能给网页中的文本增加了新的生命力，图 1.7 所示为网页右侧的公司简介部分，其中运用了大量文本。

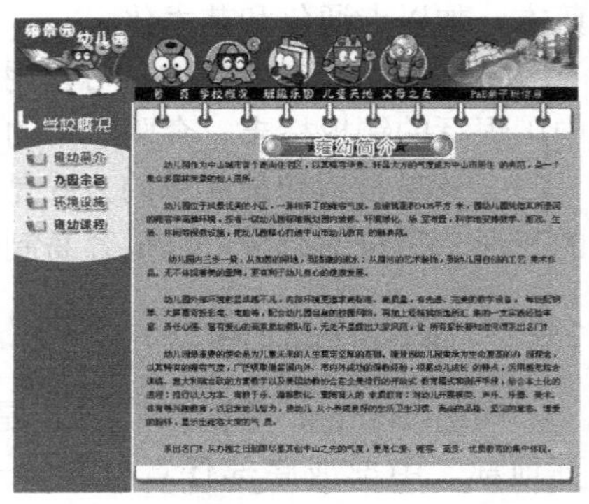

图 1.7　运用了大量文本的网页

1.2.5　图像

图像在网页中具有提供信息、展示形象、装饰网页、表达个人情趣和风格的作用。图像是文本的说明和解释，在网页适当位置放置一些图像，不仅可以使文本清晰易读，而且使得网页更加有吸引力。现在几乎所有的网站都使用图像来增加网页的吸引力，有了图像，网站才能吸引更多的浏览者。可以在网页中使用 GIF、JPEG 和 PNG 等多种图像格式，其中使用最广泛的是 GIF 和 JPEG 两种格式。如图 1.8 所示，在网页中插入图片生动形象地展示了景点信息。

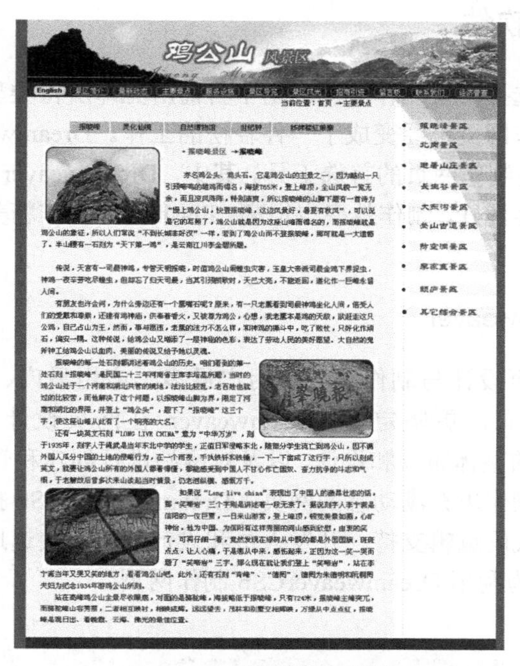

图 1.8　在网页中使用图片

1.2.6　Flash 动画

Flash 动画具有简单易学、灵活多变的特点，所以受到很多网页制作人员的喜爱，它可以生成亮丽夺目的图形界面，而文件的体积一般只有 5～50KB。随着 ActionScript 动态脚本编程语言的逐渐发展，Flash 已经不再仅局限于制作简单的交互动画程序，通过复杂的动态脚本编程可以制作出各种各样有趣、精彩的 Flash 动画。由于 Flash 动画具有很强的视觉冲击力和听觉冲击力，因此一些公司的网站往往会采用 Flash 制作相关的页面，借助 Flash 的精彩效果吸引客户的注意力，从而达到比以往静态页面更好的宣传效果，图 1.9 所示为 Flash 动画制作的页面。

图 1.9　Flash 动画制作的页面

1.3 常用网页设计软件

制作网页首先就是选择网页制作软件。由于目前所见即所得类型的工具越来越多，使用也越来越方便，所以制作网页已经变成了一件轻松的工作。Dreamweaver、Flash、Photoshop 这 3 款软件相辅相承，是制作网页的首选工具。其中，Dreamweaver 主要用来制作网页文件，用它制作出来的网页兼容性好，制作效率也很高；Flash 用来制作精美的网页动画；Photoshop 用来处理网页中的图像。

1．网页制作软件 Dreamweaver

Dreamweaver 是网页设计与制作领域中用户最多、应用最广、功能最强的软件，随着 Dreamweaver CS6 的发布，更坚定了 Dreamweaver 在网页设计与制作领域中的地位。Dreamweaver 用于网页的整体布局和设计，以及对网站进行创建和管理，被称为三剑客之一，利用它可以轻而易举地制作出充满动感的网页。Dreamweaver CS6 提供众多的可视化设计工具、应用开发环境以及代码编辑支持。开发人员和设计师能够快速地创建出功能强大的网络应用程序。图 1.10 所示为利用 DreamweaverCS6 制作网页。

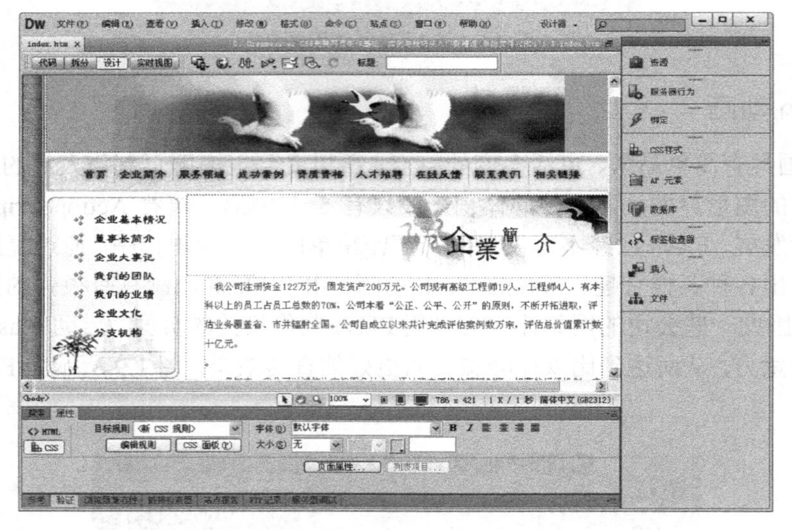

图 1.10　利用 Dreamweaver 制作网页

2．网页动画制作软件 Flash

Flash 是一款功能非常强大的交互式矢量多媒体网页制作工具，能够轻松输出各种各样的动画网页。它不需要特别繁杂的操作，也比 Java 小巧精悍，但它的动画效果、互动效果和多媒体效果十分出色。由于 Flash 编制的网页文件比普通网页文件要小得多，所以大大加快了浏览速度。图 1.11 所示为利用 Flash CS6 制作的网页动画。

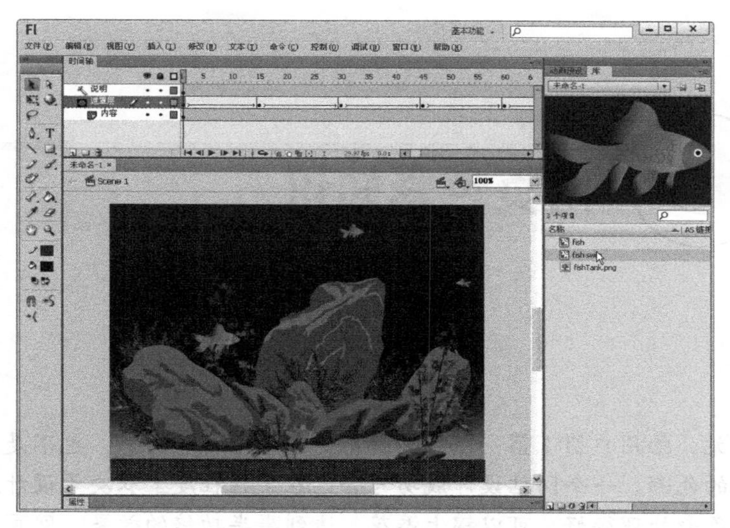

图 1.11　利用 Flash CS6 制作网页动画

3．网页图像处理软件 Photoshop

Photoshop 是 Adobe 公司推出的图像处理软件，目前已被广泛应用于平面设计、网页设计和照片处理等领域。随着计算机技术的发展，Photoshop 已历经数次版本更新，目前最新版本为 Photoshop CS6。图 1.12 所示为利用 Photoshop CS6 设计的网页图像。

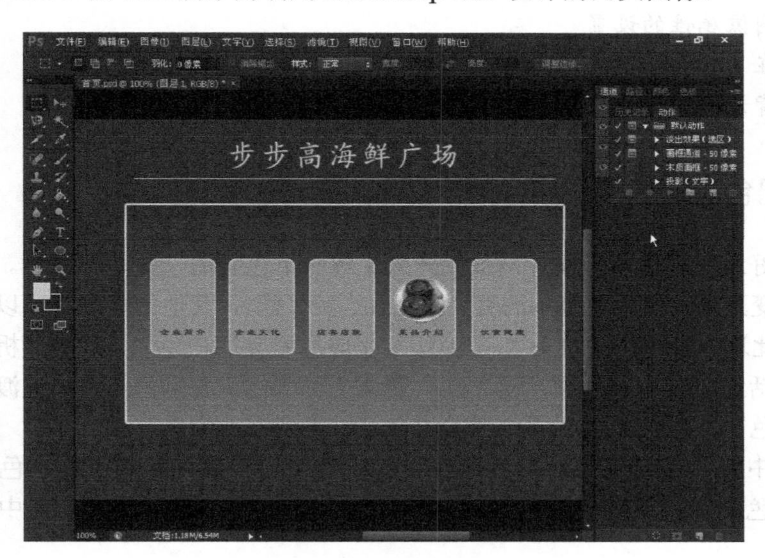

图 1.12　利用 Photoshop CS6 设计网页图像

第2章

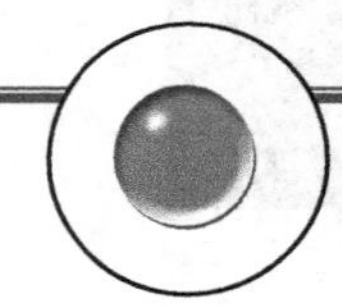

网页色彩知识

打开一个网站，给用户留下第一印象的既不是网站丰富的内容，也不是网站合理的版面布局，而是网站的色彩。一个网站设计成功与否，在某种程度上取决于设计者对色彩的运用和搭配。网页的色彩处理得好，可以锦上添花，达到事半功倍的效果。网页的色彩是树立网站形象的关键之一，因此在设计网页时，必须要高度重视色彩的搭配，然而色彩搭配却是设计者普遍感到头疼的问题。本章将介绍网页色彩搭配的知识。

学习目标

- 了解网页中图像的使用常识
- 掌握在网页中插入图像
- 掌握图像属性的设置
- 掌握在 Dreamweaver 中编辑图像
- 掌握背景图像的使用

2.1 网页配色基础

为了能更好地应用色彩来设计网页，先来了解一下色彩的一些基本概念。自然界中色彩五颜六色、千变万化，但是最基本的有 3 种（红、黄、蓝），其他的色彩都可以由这 3 种色彩调和而成，因此这 3 种色彩被称为“三原色”。平时所看到的白色光，经过分析在色带上都可以看到，它包括红、橙、黄、绿、青、蓝、紫这 7 种颜色，各颜色间自然过渡，其中，红、黄、蓝是三原色，三原色通过不同比例的混合可以得到各种颜色。

现实生活中的色彩可以分为彩色和非彩色。其中黑、白、灰属于非彩色系列，其他的色彩都属于彩色。任何一种彩色都具备 3 个特征：色相、明度和纯度，其中非彩色只有明度属性。

- 色相：指的是色彩的名称。色相是色彩最基本的特征，是一种色彩区别于另一种色彩的最主要的因素。如紫色、绿色、黄色等都代表了不同的色相。同一色相的色彩，调整一下亮度或者纯度就很容易搭配，如深绿、暗绿和草绿。

最初的基本色相为：红、橙、黄、绿、蓝、紫。在各色中间加插一两个中间色，其头尾色相，按光谱顺序为：红、橙红、黄橙、黄、黄绿、绿、绿蓝、蓝绿、蓝、蓝紫、紫、红紫——十二基本色相，如图 2.1 所示。

● 明度：也叫亮度，指的是色彩的明暗程度，明度越大，色彩越亮。如一些购物、儿童类网站，用的是一些鲜亮的颜色，让人感觉绚丽多姿，生气勃勃。图 2.2 所示为色彩鲜明的购物网站。

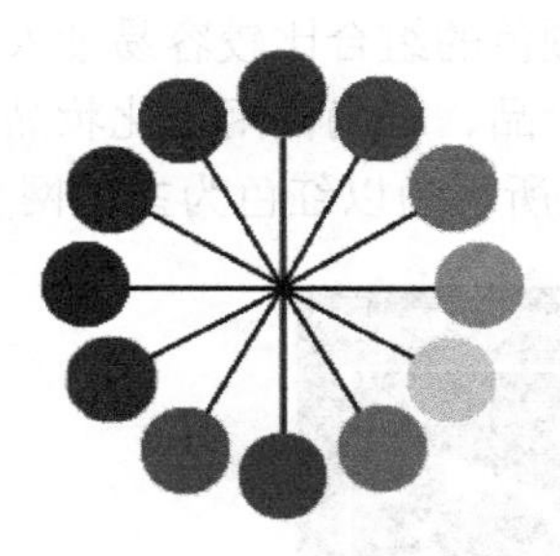

图 2.1　十二基本色相

图 2.2　色彩鲜明的购物网站

● 纯度：指色彩的鲜艳程度，纯度高的色彩鲜亮，纯度低的色彩暗淡，含灰色。

● 相近色：指色环中相邻的 3 种颜色，相近色的搭配给人的视觉效果很舒适、很自然，所以相近色在网站设计中极为常用。如图 2.3 所示的深蓝色、浅蓝色和紫色。

● 互补色：指色环中相对的两种色彩，如图 2.4 所示的亮绿色跟紫色、红色跟绿色、蓝色和橙色等。对互补色，调整一下补色的亮度，有时候是一种很好的搭配。

● 暖色：图 2.5 所示的黄色、橙色、红色、紫色等都属于暖色系列。暖色跟黑色调和可以达到很好的效果。暖色一般应用于购物类网站、儿童类网站等，用以体现商品的琳琅满目，儿童类网站的活泼、温馨等效果。

● 冷色：图 2.6 所示的绿色、蓝色、蓝紫色等都属于冷色系列。冷色跟白色调和可以达到一种很好的效果。冷色一般应用于一些高科技网站，主要表达严肃、稳重等效果。

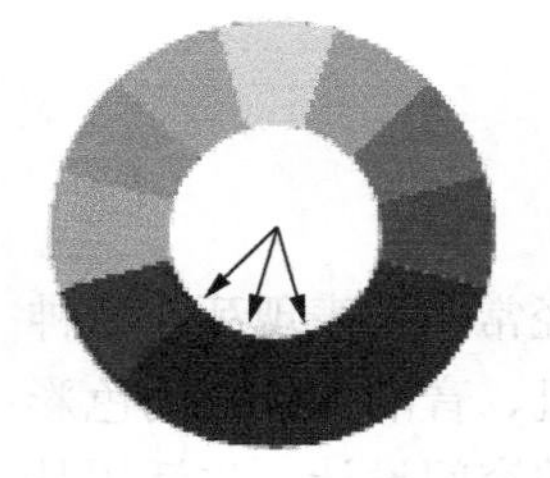

图 2.3　相近色

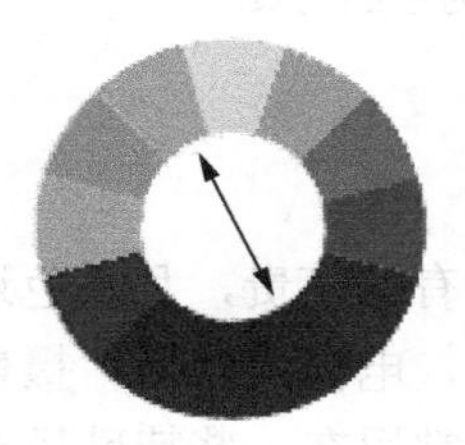

图 2.4　互补色

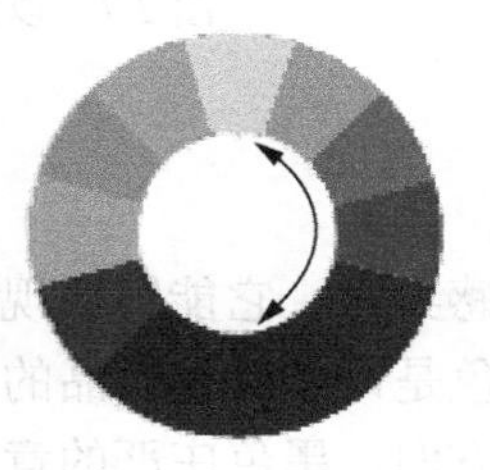

图 2.5　暖色

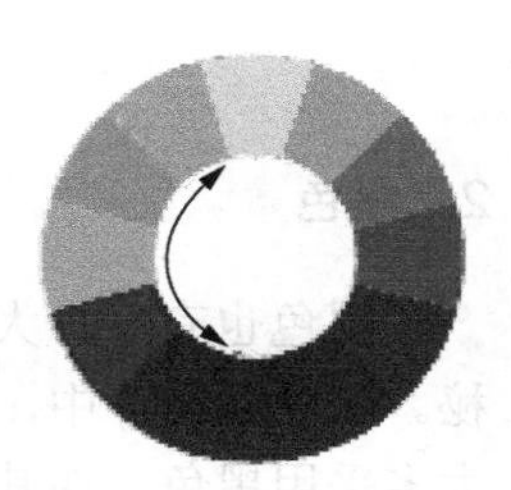

图 2.6　冷色

2.2 色彩意象

千万年来的生活实践，人类对鲜血的红色、植物的绿色、稻麦的黄色、海洋的蓝色等各种自然色彩中形成了一系列共同的印象，使人们对色彩赋予了特别的象征意义。

1. 红色

红色的色感温暖，性格刚烈而外向，是一种对人刺激性很强的颜色。红色容易引起人的注意，也容易使人兴奋、激动、紧张和冲动，但它还是一种容易造成人视觉疲劳的颜色。在众多颜色里，红色是最鲜明生动、最热烈的颜色。因此红色也是代表热情的情感之色。鲜明的红色极易吸引人们的目光。

在网页颜色的应用中，根据网页主题内容的需求，纯粹使用红色为主色调的网站相对较少，多用于辅助色、点睛色，达到陪衬、醒目的效果。这类颜色的组合比较容易使人提升兴奋度。红色特性明显，这一醒目的特殊属性，被广泛应用于食品、时尚休闲、化妆品、服装等类型的网站，容易营造出娇媚、诱惑、艳丽等气氛。图 2.7 所示为以红色为主的网页。

图 2.7　以红色为主的网页

2. 黑色

黑色也有很强大的感染力，它能够表现出特有的高贵，且黑色还经常用于表现死亡和神秘。在商业设计中，黑色是许多科技产品的用色，电视、跑车、摄影机、音响、仪器的色彩大多采用黑色。在其他方面，黑色庄严的意象也常用在一些特殊场合的空间设计。生活用品和服饰设计大多利用黑色来塑造高贵的形象。黑色也是一种永远流行的主要颜色，适合与多种色彩搭配。图 2.8 所示为使用黑色为主的网页。

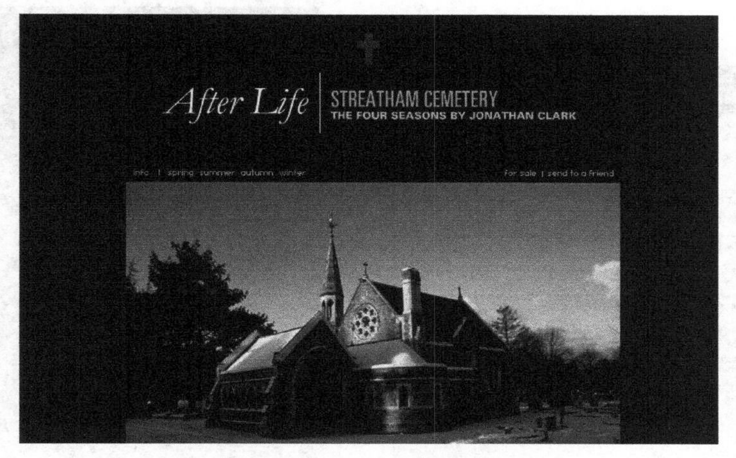

图 2.8　使用黑色为主的网页

3. 橙色

橙色具有轻快、欢欣、收获、温馨、时尚的效果，是快乐、喜悦、正能量的色彩。在整个色谱里，橙色具有兴奋度，是最耀眼的色彩，给人以华贵而温暖、兴奋而热烈的感觉，也是令人振奋的颜色。具有健康、富有活力、勇敢自由等象征意义。橙色在空气中的穿透力仅次于红色，也是容易造成视觉疲劳的颜色。

在网页颜色里，橙色适用于视觉要求较高的时尚网站，属于注目、芳香的颜色，也常被用于味觉较高的食品网站，是容易引起食欲的颜色。图 2.9 所示为使用橙色的网页。

图 2.9　橙色

4. 灰色

在商业设计中，灰色具有柔和、高雅的意象，而且属于中性色，男女皆能接受，所以灰色也是永远流行的主要颜色。许多高科技产品，尤其是和金属材料有关的，几乎都采用灰色来传达高级、技术的形象。使用灰色时，大多利用不同层次的变化组合和与其他色彩搭配，才不会过于平淡、沉闷、呆板和僵硬。图 2.10 所示是使用灰色为主的网页。

5. 黄色

黄色是阳光的色彩，具有活泼与轻快的特点，给人十分年轻的感觉，象征光明、希望、高贵和愉快。它的亮度最高，和其他颜色配合很活泼，有温暖感，具有快乐、希望、智慧和轻快的个性，有希望与功名等象征意义。黄色也代表着土地、象征着权力，并且还具有神秘的宗教色彩。图 2.11 所示为使用黄色为主的网页。

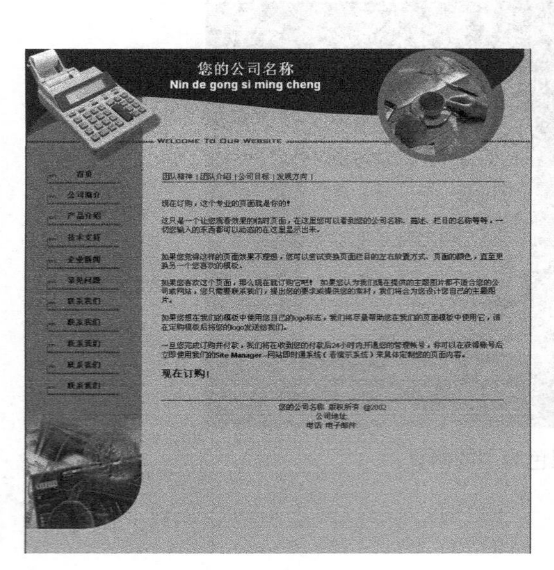

图 2.10　灰色

图 2.11　黄色

浅黄色系明朗、愉快、希望、发展，它的雅致、清爽属性，较适合用于女性及化妆品类网站。中黄色有崇高、尊贵、辉煌、注意、扩张的心理感受。深黄色给人高贵、温和、稳重的心理感受。

6. 绿色

在商业设计中，绿色所传达的是清爽、理想、希望、生长的意象，符合服务业、卫生保健业、教育行业、农业的要求。在工厂中，为了避免操作时眼睛疲劳，许多机械也采用绿色，一般的医疗机构场所，也常采用绿色来做空间色彩规划。图 2.12 所示为使用绿色为主的网页。

7. 蓝色

由于蓝色给人以沉稳的感觉，且具有智慧、准确的意象，在商业设计中强调科技、高效的商品或企业形象，大多选用蓝色当标准色、企业色，如电脑、汽车、影印机和摄影器材等。另外，蓝色也代表忧郁和浪漫，这个意象也常运用在文学作品或感性诉求的商业设计中。图 2.13 所示为使用以蓝色为主的网页。

8. 紫色

由于具有强烈的女性化性格，在商业设计用色中，紫色受到相当大的限制，除了和女性有关的商品或企业形象外，其他类的设计不常采用紫色为主色。图 2.14 所示为使用紫色为主的网页。

图 2.12　绿色

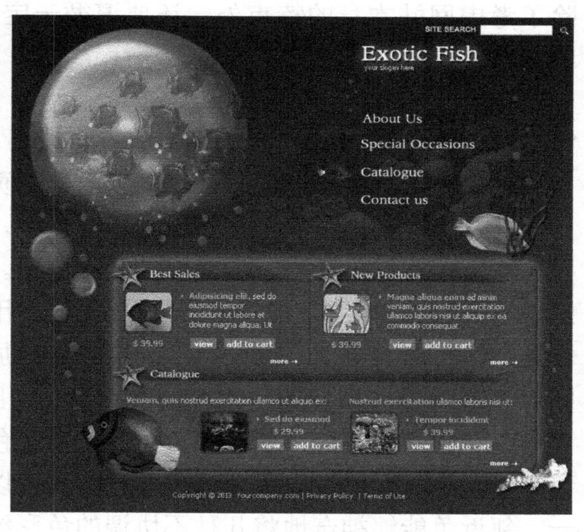

图 2.13　蓝色

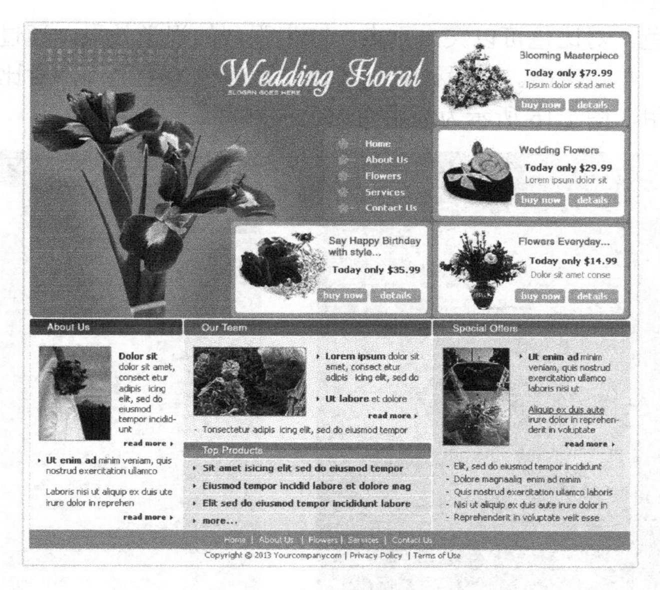

图 2.14　紫色

9．白色

在商业设计中白色具有洁白、明快、纯真、清洁的意象，通常需和其他色彩搭配使用。纯白色给人以寒冷、严峻的感觉，所以在使用纯白色时，都会掺一些其他的色彩，如象牙白、米白和乳白等。在生活用品和服饰用色上，白色是永远流行的主要色，可以和任何颜色搭配。

2.3　网页色彩搭配知识

色彩搭配既是一项技术性工作，同时也是一项艺术性很强的工作，因此在设计网页时除了考虑网站本身的特点外，还要遵循一定的艺术规律，从而设计出色彩鲜明、性格独特的网站。

2.3.1 网页色彩搭配的技巧

到底用什么色彩搭配好看呢？下面是网页色彩搭配的一些常见技巧。

- 运用相同色系色彩。所谓相同色系，是指几种色彩在 360°色相环上位置十分相近，大约在 45°或同一色彩不同明度的几种色彩。这种搭配的优点是易于使网页色彩趋于一致，对于网页设计新手有很好的借鉴作用，这种用色方式容易塑造网页和谐统一的氛围；缺点是容易造成页面的单调，因此往往利用在局部加入对比色来增加变化，如加入局部对比色彩的图片等。图 2.15 所示为运用相同色系色彩的网页。
- 使用邻近色。所谓邻近色，就是在色带上相邻近的颜色，如绿色和蓝色、红色和黄色等就互为邻近色。采用邻近色设计网页可以使网页避免色彩杂乱，易于达到页面的和谐统一。邻近色能够神奇地将几种不协调的色彩统一起来，在网页中合理地使用邻近色能够使色彩搭配技术更上一层楼。
- 使用对比色。对比色可以突出重点，产生强烈的视觉效果，通过合理使用对比色能够使网站特色鲜明、重点突出。在设计时一般以一种颜色为主色调，对比色作为点缀，可以起到画龙点睛的作用，图 2.16 所示为运用对比色的网页。

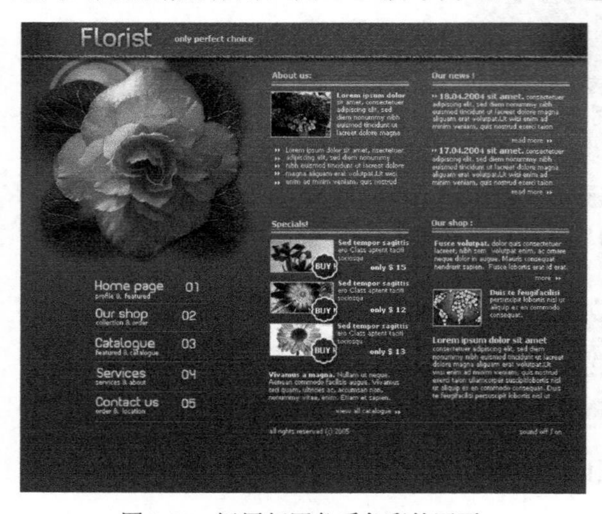

图 2.15 运用相同色系色彩的网页

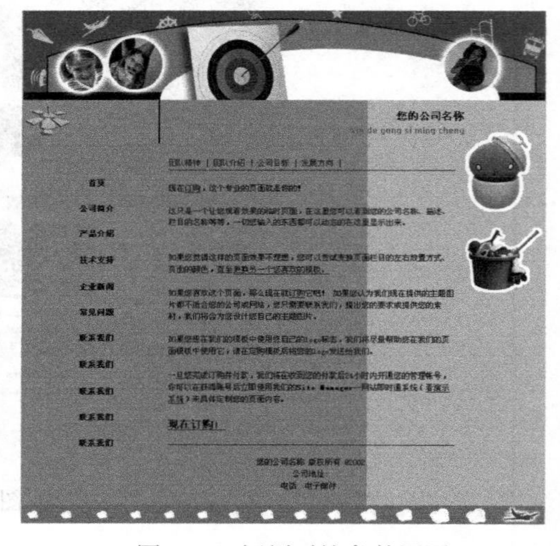

图 2.16 运用对比色的网页

- 黑色的使用。黑色是一种特殊的颜色，如果使用恰当、设计合理，往往会产生很强烈的艺术效果，黑色一般用做背景色，与其他纯度色彩搭配使用。
- 背景色的使用。背景色一般采用素淡清雅的色彩，避免采用花纹复杂的图片和纯度很高的色彩作为背景色，同时背景要与文字的色彩对比强烈一些。图 2.17 所示为使用背景色的网页。
- 色彩的数量。一般初学者在设计网页时往往使用多种颜色，使网页变得很“花”，缺乏统一和协调，表面上看起来很花哨，但缺乏内在的美感。事实上，网站用色并不是越多越好，一般控制在 3 种色彩以内，通过调整色彩的各种属性来产生变化。

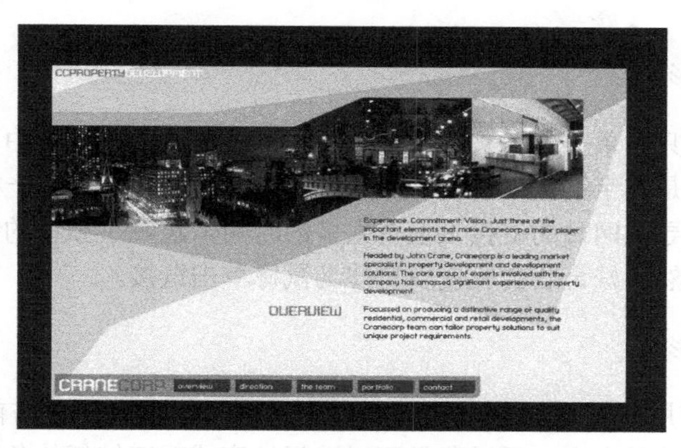

图 2.17　使用背景色的网页

2.3.2　网页要素色彩的搭配

1. 确定网站的主题色

一个网站不可能单一的运用一种颜色，让人感觉单调、乏味，但是也不可能将所有的颜色都运用到网站中，让人感觉轻浮、花哨。一个网站必须有一种或两种主题色，不至于让客户迷失方向，也不至于单调、乏味。所以确定网站的主题色也是设计者必须考虑的问题之一。

一个页面尽量不要超过 3 种色彩，用太多的色彩让人没有方向，没有侧重。当主题色确定好以后，考虑其他配色时，一定要考虑其他配色与主题色的关系，要体现什么样的效果。另外要考虑哪种因素占主要地位，是明度、纯度还是色相。

2. 定义网页导航色彩

网页导航是网站的指路灯，浏览者要在网页间跳转，要了解网站的结构、网站的内容，都必须通过导航或页面中的一些小标题。所以可以使用稍微具有跳跃性的色彩，吸引浏览者的视线，让他们感觉网站的清晰、明了、层次分明，想往哪里走都不会迷失方向。图 2.18 所示为色彩鲜明的网页导航色彩。

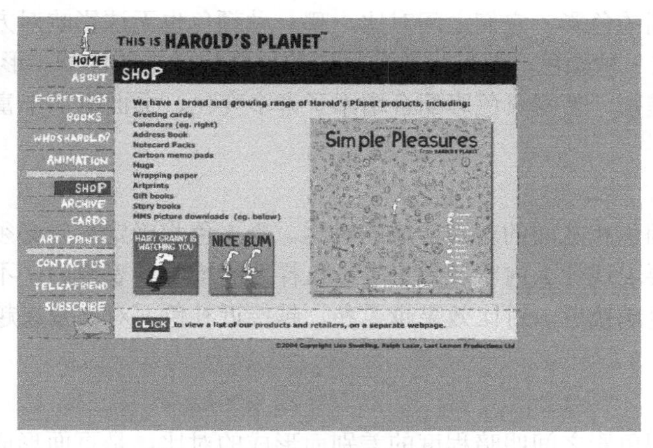

图 2.18　色彩鲜明的网页导航色彩

3. 定义网页链接色彩

一个网站不可能只是单一的一页，所以文字与图片的链接是网站中不可缺少的一部分。需要强调的是，如果是文字链接，链接的颜色不能跟其他文字的颜色一样。现代人的生活节奏相当快，不可能在寻找网站的链接上浪费太多的时间。设置了独特的链接颜色，让人感觉它的独特性，自然而然，好奇心会驱使用户移动鼠标单击链接。

4. 定义网页文字色彩

如果一个网站使用了背景颜色，必须要考虑到背景颜色的用色与前景文字的搭配等问题。一般的网站侧重的是文字，所以背景可以选择纯度或明度较低的色彩，文字用较为突出的亮色，让人一目了然。当然，有些网站为了让浏览者对网站留有深刻的印象，在背景上作了特别设计。例如，一个空白页的某一个部分用了很亮的一个大色块，给人以豁然开朗的感觉。此时设计者为了吸引浏览者的视线，突出的是背景，所以文字就要显得暗一些，这样文字才能跟背景分离开来，便于浏览者阅读文字。

5. 定义网页标志和 Banner 的颜色

网页标志是宣传网站最重要的部分之一，可以将 LOGO 和 Banner 做得鲜亮一些，也就是色彩方面要跟网页的主体色分离开来。有时候为了更突出，也可以使用与主题色相反的颜色。

2.3.3 色彩的对比搭配

网页中总是由具有某种内在联系的各种色彩，组成一个完整统一的整体，形成画面色彩的总体趋向，称为色调，也可以理解为色彩状态。色彩给人的感觉与氛围，是影响配色视觉效果的决定因素。

在一定条件下，不同色彩之间的对比会有不同的效果。在不同的环境下，多色彩给人一种印象，色彩单一给人另一种印象。

各种纯色的对比会产生鲜明的色彩效果，很容易给人带来视觉与心理的满足。红、黄、蓝 3 种颜色是最极端的色彩，它们之间对比，哪一种颜色也无法影响对方。色彩对比范畴不局限于红、黄、蓝这 3 种颜色，而是指各种色彩的界面构成中的面积、形状、位置以及色相、明度、纯度之间的差别，使网页色彩配合增添了许多变化、页面更加丰富多彩。

1. 色相对比

色相对比是指因色相之间的差别形成的对比。当主色相确定后，必须考虑其他色彩与主色相是什么关系，要表现什么内容及效果等，这样才能增强其表现力。不同色相对比取得的效果有所不同，两色越接近，对比效果越柔和，越接近补色，对比效果越强烈。

2. 明度对比

明度对比是指因色彩之间明暗程度的差别而形成的对比，是页面形成恰当的黑、白、灰效果的主要手段。明度对比在视觉上对色彩层次和空间关系影响较大，如柠檬黄的明度高，蓝紫色的明度低，橙色和绿色属中明度，红色与蓝色属中低明度。

3．纯度对比

纯度对比是指因不同色彩之间纯度的差别而形成的对比。色彩纯度可大致分为高纯度、中纯度、低纯度这 3 种。未经调和的原色纯度是最高的，而中间色多属中纯度的色彩，复色其本身纯度偏低而属于低纯度的色彩范围。纯度的对比会使色彩的效果更明确和肯定。

4．补色对比

将红与绿、黄与紫、蓝与橙等具有补色关系的色彩彼此并置，使色彩感觉更为鲜明，纯度增加，称为补色对比。

5．冷暖对比

冷暖对比是指因不同色彩之间的冷暖差别形成的对比。色彩分为冷、暖两大色系，以红、橙、黄为暖色系，蓝、绿、紫则代表着冷色系，两者基本上互为补色关系。另外，色彩的冷暖对比还受明度与纯度的影响，白色反射高而感觉冷，黑色吸收率高而感觉暖。

6．面积对比

同一种色彩，面积越大，明度、纯度越强，面积越小，明度、纯度越低。面积大的时候，亮的色显得更轻，暗的色显得更重，这种现象称为色彩的面积效果。面积对比是指页面中各种色彩在面积上多与少、大与小的差别，影响到页面主次关系。

第3章

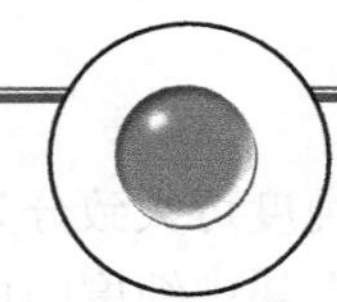

网页的布局设计

设计网页的第一步是设计版面布局。好的网页布局会令访问者耳目一新，同样也可以使访问者比较容易在站点上找到他们所需要的信息，所以网页制作初学者应该对网页布局的相关知识有所了解。

学习目标

- 了解网页版面布局设计
- 掌握网页布局方法
- 掌握常见的版面布局形式
- 掌握文字与版式设计
- 掌握图像与版式设计

3.1 网页版面布局设计

网页设计要讲究编排和布局，虽然网页设计不同于平面设计，但它们有许多相近之处，应加以利用和借鉴。为了达到最佳的视觉表现效果，应讲究整体布局的合理性，使浏览者有一个流畅的视觉体验。

3.1.1 网页版面布局原则

网页在设计上有许多共同之处，如报纸等，也要遵循一些设计的基本原则。熟悉一些设计原则，再对网页的特殊性做一些考虑，便不难设计出美观大方的页面来。网页页面设计有以下基本原则，熟悉这些原则将对设计页面有所帮助。

1．主次分明，中心突出

在一个页面上，必须考虑视觉的中心，这个中心一般在屏幕的中央，或者在中间偏上的部位。因此，一些重要的文章和图像通常可以安排在这个部位，在视觉中心以外的地方就可以安排那些稍微次要的内容，这样在页面上就突出了重点，做到了主次有别。

2．大小搭配，相互呼应

较长的文章或标题，不要编辑在一起，要有一定的距离；同样，较短的文章，也不能编排在一起。对待图像的安排也是这样，要互相错开，使大小图像之间有一定的间隔，这样可以使页面错落有致，避免重心的偏离。

3．图文并茂，相得益彰

文字和图像具有一种相互补充的视觉关系，页面上文字太多，就显得沉闷，缺乏生气。页面上图像太多，缺少文字，必然会减少页面的信息容量。因此，最理想的效果是文字与图像的密切配合，互为衬托，既能活跃页面，又使主页有丰富的内容。

4．简洁一致性

保持简洁的常用做法是使用醒目的标题，这个标题常常采用图形表示，但图形同样要求简洁。另一种保持简洁的做法是限制所用的字体和颜色的数量。一般每页使用的字体不超过3种。

要保持一致性，可以从页面的排版下手，各个页面使用相同的页边距，文本、图形之间保持相同的间距，主要图形、标题或符号旁边留下相同的空白。

5．网页布局时的一些元素

格式美观的正文、和谐的色彩搭配、较好的对比度，使得文字具有较强的可读性。要使页面具有生动的背景图案，页面元素大小适中、布局匀称，不同元素之间有足够空白、各元素之间保持平衡，文字准确无误、无错别字、无拼写错误。

6．文本和背景的色彩

考虑到大多数人使用256色显示模式，因此一个页面显示的颜色不宜过多。主题颜色通常只需要2～3种，并采用一种标准色。

3.1.2 点、线、面的构成

在网页的视觉构成中，点、线、面既是最基本的造型元素，又是最重要的表现手段。在布局网页时，点、线、面是需要最先考虑的因素。只有合理的安排好点、线、面的关系，才能设计出具有最佳视觉效果的页面，充分地表达出网页最终目的。网页设计实际上就是如何处理好三者的关系，因为不管是任何视觉形象或者版式构成，归结到底，都可以归纳为点、线和面。

1．点的视觉构成

在网页中，一个单独而细小的形象可以称为点，如汉字可以称为一个点。点也可以是一个网页中相对微小单纯的视觉形象，如按钮、LOGO等。

点是构成网页的最基本单位，点在页面中起到活泼生动的作用，使用得当，甚至可以起到画龙点睛的作用。

一个网页往往需要由数量不等、形状各异的点来构成。点的形状、方向、大小、位置、聚集、发散方向，能够给人带来不同的心理感受。

2．线的视觉构成

点的延伸形成线，线在页面中的作用在于表示方向、位置、长短、宽度、形状、质量和情绪。

线是分割页面的主要元素之一，是决定页面现象的基本要素。线分为直线和曲线两种，线的总体形状有垂直、水平、倾斜、几何曲线和自由线这几种。

线是具有情感的。如水平线给人开阔、安宁、平静的感觉；斜线具有动力、不安、速度和现代意识；垂直线具有庄严、挺拔、力量、向上的感觉；曲线给人柔软流畅的女性特征；自由曲线是最好的情感抒发手段。将不同的线运用到页面设计中，会获得不同的效果。

水平线的重复排列形成一种强烈的形式感和视觉冲击力，能够让访问者在第一眼就产生兴趣，达到了吸引访问者注意力的目的。

自由曲线的运用，打破了水平线组成的庄严和单调，给网页增加了丰富、流畅、活泼的气氛。

水平线和自由曲线的组合运用，形成新颖的形式和不同情感的对比，从而将视觉中心有力的衬托出来。

图 3.1 所示为使用线条的网页。

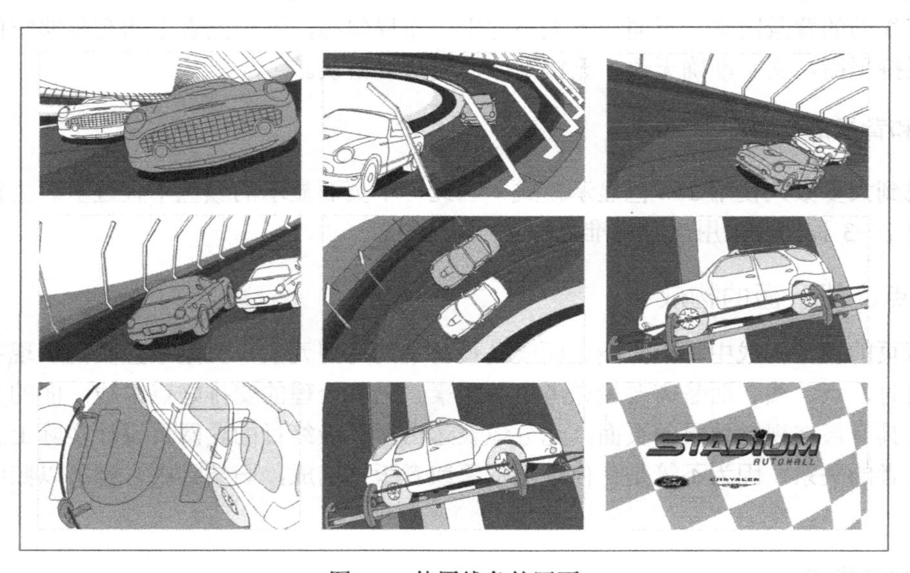

图 3.1　使用线条的网页

3．面的视觉构成

面是无数点和线的组合。面具有一定的面积和质量，占据空间的位置更多，因而相比点和线来说视觉冲击力更大、更强烈。

面的形状可以大致分为以下几种。

- 几何型的面：方形、圆形、三角形、多边形的面在页面中经常出现。图 3.2 所示为使用圆角矩形的网页。

- 有机切面：可以用弧形相交或者相切得到。
- 不规则形的面和意外因素形成的随意形面。

面具有自己鲜明的个性和情感特征，只有合理地安排好面的关系，才能设计出充满美感且实用的网页。

图 3.2　使用圆角矩形的网页

3.2　网页布局方法

在制作网页前，可以先布局出网页的草图。网页布局的方法有两种：一种为纸上布局，另一种为软件布局，下面分别进行介绍。

3.2.1　纸上布局法

设计版面布局前先画出版面的布局草图，接着对版面布局进行细划和调整，反复细划和调整后确定最终的布局方案。

新建的页面就像一张白纸，没有任何表格、框架和约定俗成的东西，尽可能地发挥想象力，将想到的“景象”画上去。这属于创造阶段，不必讲究细腻工整，不必考虑细节功能，只要用粗陋的线条勾画出创意的轮廓即可。尽可能地多画几张草图，最后选定一个满意的来创作。

3.2.2 软件布局法

如果不喜欢用纸来画出布局示意图，那么还可以利用 Photoshop、Fireworks 等软件来完成这些工作。不像用纸来设计布局，利用软件可以方便地使用颜色和图形，并且可以利用层的功能设计出用纸张无法实现的布局意念。图 3.3 所示是使用软件布局的网页草图。

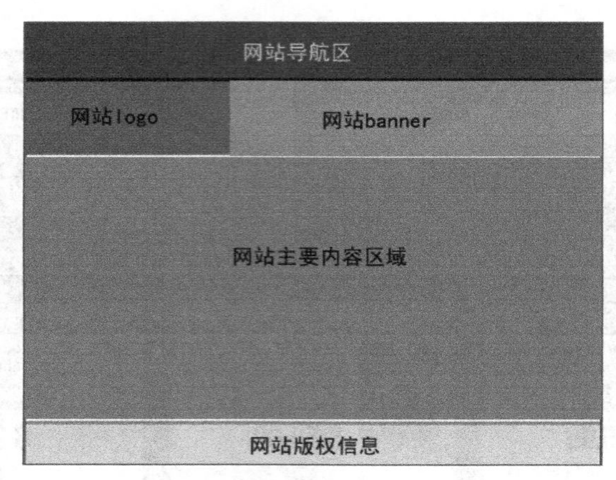

图 3.3 使用软件布局的网页草图

3.3 常见的版面布局形式

常见的网页布局形式大致有“国”字型、拐角型、框架型、封面型和 Flash 型布局等。

1. “国”字型布局

“国”字型布局如图 3.4 所示。从图中可以看出最上面是网站的标志、广告以及导航栏；接下来是网站的主要内容，左右分别列出一些栏目；中间是主要部分；最下部是网站的一些基本信息。这种结构是国内一些大中型网站常用的布局方式。这种结构的优点是充分利用版面，信息量大；缺点是页面显得拥挤，不够灵活。

2. 拐角型布局

拐角型结构布局是指页面顶部为标志+广告条；下方左面为主菜单，右面显示正文信息，如图 3.5 所示。这是网页设计中使用广泛的一种布局方式，一般应用于企业网站中的二级页面。这种布局的优点是页面结构清晰、主次分明，是初学者最容易上手的布局方法。在这种类型中，一种很常见的类型是最上面是标题及广告，左侧是导航链接。

3. 框架型布局

框架型布局一般分成上下或左右布局，一栏是导航栏目，一栏是正文信息。复杂的框架结构可以将页面分成许多部分，常见的是三栏布局，如图 3.6 所示。上边一栏放置图像广告，左边一栏显示导航栏，右边显示正文信息。

图 3.4 “国”字型布局

图 3.5 拐角型布局

图 3.6　框架型布局

4．封面型布局

封面型布局一般应用在网站的主页或广告宣传页上，为精美的图像加上简单的文字链接，指向网页中的主要栏目。图 3.7 所示是封面型布局的网页。

5．Flash 型布局

这种布局跟封面型的布局结构类似，不同的是页面采用了 Flash 技术，动感十足，可以大大增强页面的视觉效果。图 3.8 所示为 Flash 型网页布局。

图 3.7　封面型布局

图 3.8　Flash 型布局

6．标题正文型

这种类型即最上面是标题或类似的一些东西，下面是正文，如一些文章页面或注册页面等就是这种类型。图 3.9 所示为标题正文型网页布局。

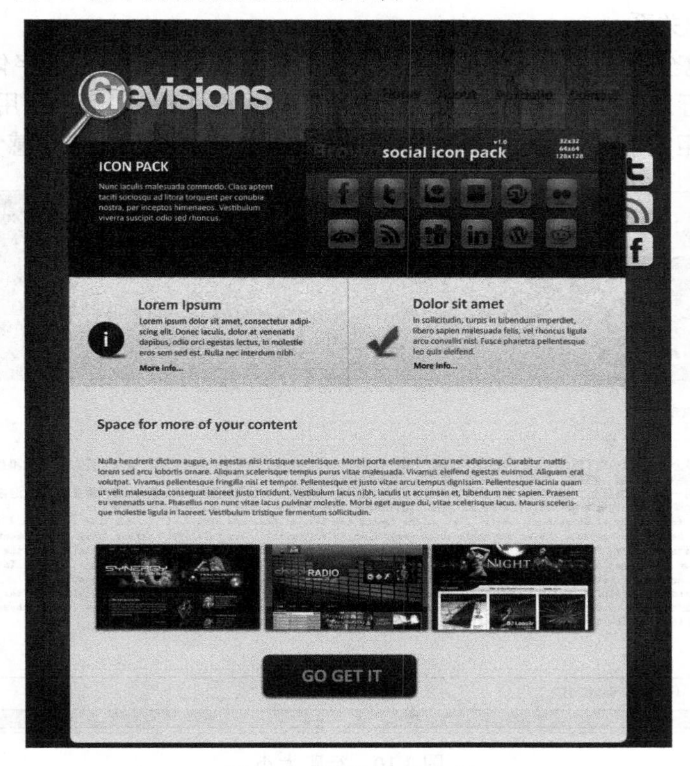

图 3.9　标题正文型布局

提示　如果网页内容非常多，就要考虑用“国”字型或拐角型；而如果内容不算太多，而一些说明性的内容比较多，则可以考虑标题正文型；框架结构的一个共同特点就是浏览方便、速度快，但结构变化不灵活；如果是一个企业网站想展示一下企业形象或个人主页想展示个人风采，封面型是首选；Flash 型更灵活一些，好的 Flash 大大丰富了网页，但是它不能表达过多的文字信息。

3.4　文字与版式设计

文本是人类重要的信息载体和交流工具，网页中的信息也是以文本为主。虽然文字不如图像直观、形象，但是却能准确地表达信息的内容和含义。在确定网页的版面布局后，还需要确定文本的样式，如字体、字号和颜色等，还可以将文字图形化。

3.4.1　文字的字体、字号、行距

网页中中文默认的标准字体是“宋体”，英文是“The New Roman”。如果在网页中没有设置任何字体，在浏览器中将以这两种字体显示。

字号大小可以使用磅（point）或像素（pixel）来确定。一般网页常用的字号大小为 12

磅左右。较大的字体可用于标题或其他需要强调的地方，小一些的字体可以用于页脚和辅助信息。需要注意的是，小字号容易产生整体感和精致感，但可读性较差。

无论选择什么字体，都要依据网页的总体设想和浏览者的需要。在同一页面中，字体种类少，版面雅致，有稳重感；字体种类多，则版面活跃，丰富多彩。关键是如何根据页面内容来掌握这个比例关系。

行距的变化也会对文本的可读性产生很大影响，一般情况下，接近字体尺寸的行距设置比较适合正文。行距的常规比例为 10:12，即字用 10 点（磅），则行距用 12 点（磅），如图 3.10 所示，行距太小时候字体看着很不舒服，而行距适当放大后字体感觉比较合适。

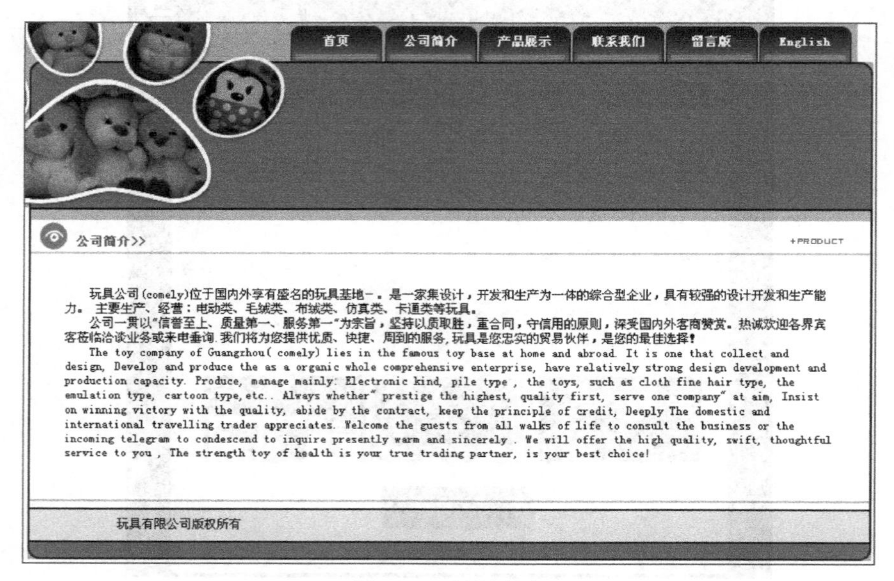

图 3.10　行距太小

行距可以用行高（line-height）属性来设置，建议以磅或默认行高的百分数为单位，如（line-height：20pt）、（line-height：150%）。

3.4.2　文字的颜色

在网页设计中可以为文字、文字链接、已访问链接和当前活动链接选用各种颜色。如正常字体颜色为黑色，默认的链接颜色为蓝色，鼠标点击之后又变为紫红色。使用不同颜色的文字可以使想要强调的部分更加引人注目，但应该注意的是，对于文字的颜色，只可少量运用，如果什么都想强调，其实是什么都没有强调。况且，在一个页面上运用过多的颜色，会影响浏览者阅读页面的内容，除非有特殊的设计目的。

颜色的运用除了能够起到强调整体文字中特殊部分的作用之外，对于整个文案的情感表达也会产生影响。

另外需要注意的是文字颜色的对比度，它包括明度上的对比、纯度上的对比以及冷暖的对比。这些不仅对文字的可读性发生作用，更重要的是，可以通过对颜色的运用实现想要的设计效果、设计情感和设计思想。

图 3.11 和图 3.12 所示为链接文字单击前的颜色和单击后文字的颜色。

图 3.11　链接文字单击前颜色　　图 3.12　链接文字单击后颜色

3.4.3　文字的图形化

所谓文字的图形化，即把文字作为图形元素来表现，同时又强化了原有的功能。作为网页设计者，既可以按照常规的方式来设置字体，也可以对字体进行艺术化的设计。无论怎样，一切都应该围绕如何更出色地实现自己的设计目标。

将文字图形化，以更富创意的形式表达出深层的设计思想，能够克服网页的单调与平淡，从而打动人心，图 3.13 所示为图形化的文字。

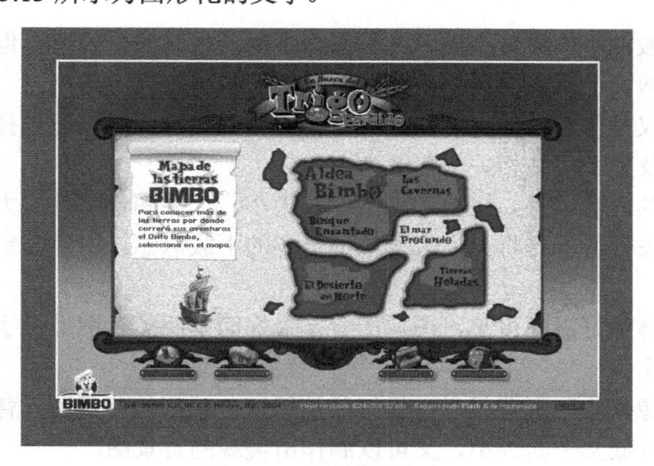

图 3.13　图形化的文字

3.5　图像与版式设计

图像是网页构成中最重要的元素之一，美观的图像会给网页增色不少。另一方面，图像本身也是传达信息的重要手段之一。与文字相比，它可以更直观更容易地把那些文字无法表达的信息表达出来，易于浏览者理解和接受，所以图像在网页中非常重要。下面就来介绍网页中常见的图像的属性，图像的设计流程，以及图像应用的注意事项。

3.5.1 图像的设计流程

网页中的图像文件由若干部分组成，可以将图像的不同部分理解为部件。设计人员了解了图像中需要设计的部件后，才能考虑其如何设计。

图像中每个部件都会具有相关的属性，有的属性可以用精确的数值定义，如尺寸、形状和颜色等，而有的属性只能利用大概的方法定义。

当设计人员需要处理数量较多的图像或动画时，就有必要根据具体的情况，在设计初期制定出设计流程。使用设计流程能够在保证设计质量、规范化工作的同时，尽可能减少工作量，降低设计成本。设计流程具体步骤如下。

① 确定图像所传递的信息。

② 确定主要设计参数，包括各部件的尺寸、效果，并设置一些参考线。

③ 通过反复修改，获得理想的设计。

④ 根据之前的设计经验，总结出一个简练、有效的设计流程。

使用设计流程和效果规范的目的是为了使批量化的设计变得简单可行、有章可循，还能够保证质量。试想一下，一个拥有众多熟练设计师的设计小组使用一系列良好规范和流程进行设计，他们的生产效率、速度、质量将非常令人满意。随着技术的进步，图像和动画设计的技术和工具软件会变得越来越先进。对于设计人员，熟练掌握技术背后的设计思路能够更好地把握设计质量和成本。

3.5.2 网页中应用图像的要点

网页设计与一般的平面设计不同，网页图像不需要很高的分辨率，但是这并不代表任何图像都可以添加到网页上。在网页中使用图像还得需要注意以下几点。

- 图像不仅仅是修饰性的点缀，还可以传递相关信息。所以在选择图像前，应考虑以选择与文本内容以及整个网站相关的图像为主。
- 除了图像的内容以外，还要考虑图像的大小。如果图像文件太大，浏览者在下载时会花费很长的时间去等待，这将会大大影像浏览者的下载意愿，所以一定要尽量压缩图像的文件大小。
- 图像的主体最好清晰可见，图像的含义最好简单明了。图像文字的颜色和图像背景颜色最好有鲜明对比。
- 在使用图像作为网页背景时，最好能使用淡色系列的背景图。背景图像像素越少越好，这样将能大大降低文件的大小，又可以制作出美观的背景图。
- 对于网页中的重要图像，最好添加提示文本。这样做的好处是，即使浏览者关闭了图像显示或由于网速而使图像没有下载完，浏览者也能看到图像的说明，从而决定是否下载图像。

第二部分

静态网页制作篇

第4章

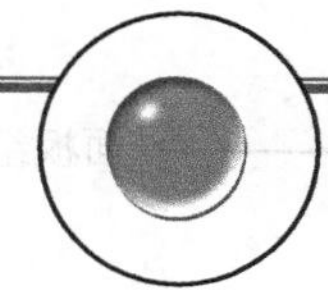

基本文本网页的创建

文本是网页中十分重要的部分，担负着传递信息的重要任务，虽然图像及多媒体在网页中所占的比例越来越大，但是在网站中文字的主导地位仍然是不可替代的。这是因为文字所占的存储空间非常小，可以加快下载速度。本章主要讲述 Dreamweaver CS6 的操作界面、创建站点、添加文本、创建项目列表、编号列表和设置头信息等。

学习目标

- 熟悉 Dreamweaver CS6 的操作界面
- 掌握创建站点
- 掌握文本的使用
- 了解项目列表和编号列表的使用
- 熟悉头信息的设置
- 掌握基本文本网页的设计技巧

4.1 Dreamweaver CS6 简介

Dreamweaver 与 Flash、Fireworks 这三款软件被用户称为“网页设计三剑客”。Dreamweaver 的优势在于它不仅是优秀的所见即所得的编辑软件，同时也兼顾了 HTML 源代码，可以让用户很方便地在两种模式之间切换。

Dreamweaver CS6 是最新版本的网页制作工具，用于对站点、页面和应用程序进行设计、编码和开发。它不仅继承了前几个版本的出色功能，新版本在界面整合和易用性方面更加贴近用户。它不仅是专业人员制作网站的首选工具，而且也已普及到广大网页制作爱好者中。

Dreamweaver CS6 提供众多的可视化设计工具、应用开发环境以及代码编辑支持。如利用鼠标拖曳来添加表格、图像等元素，在文档中直接输入文本，直接插入一些常用的特殊符号和对象等。用户在没有输入代码的情况下完成了上述工作，Dreamweaver 自动将结果转换为 HTML 源代码。用户也可以随时查看文档的 HTML 源代码，在代码视图中进行修改。

4.2 Dreamweaver CS6 的操作界面

Dreamweaver CS6 的操作界面主要由标题栏、菜单栏、文档窗口、属性面板、插入栏以及浮动面板组组成，如图 4.1 所示。

图 4.1　Dreamweaver CS6 的操作界面

4.2.1　菜单栏

菜单栏在标题栏的下方，它包括【文件】、【编辑】、【查看】、【插入】、【修改】、【格式】、【命令】、【站点】、【窗口】和【帮助】10 个菜单项，用鼠标单击各主菜单项都会弹出相应的下拉菜单，下拉菜单的每一行称为菜单命令，可以执行指定功能或进行属性设置等，如图 4.2 所示。

文件(F)　编辑(E)　查看(V)　插入(I)　修改(M)　格式(O)　命令(C)　站点(S)　窗口(W)　帮助(H)

图 4.2　菜单栏

- 【文件】：用来管理文件，包括创建和保存文件、导入和导出、预览和打印文件等。
- 【编辑】：用来编辑文本，包括撤消和恢复、复制和粘贴、查找和替换、参数设置和快捷键设置等。
- 【查看】：用来查看对象，包括代码的查看、网格线和标尺的显示、面板的隐藏以及工具栏的显示等。
- 【插入】：用来插入网页元素，包括插入图像、多媒体、层、框架、表格、表单、电子邮件链接、日期、特殊字符和标签等。
- 【修改】：用来修改对象一些基本的属性，包括页面元素、面板、快速标签编辑器、链接、表格、框架、导航条、层的位置、对象的对齐方式、层与表格的转换、模板、库和时间轴等。
- 【格式】：用来对文本进行操作，包括字体、字形、字号、字体颜色、HTML/CSS 样式、段落格式化、扩展、缩进、列表、文本的对齐方式和检查拼写等。
- 【命令】：收集了所有的附加命令项，包括应用记录、编辑命令清单、获得更多命令、插件管理器、应用源代码格式、清理 HTMI、清理 Word 生成的 HTML、设置配色方案、格式化表格、表格排序等。
- 【站点】：用来创建与管理站点，包括站点显示方式、新建、打开与自定义站点、上传与下载、登记与验证、查看链接和查找本地/远程站点等。
- 【窗口】：用来打开与切换所有的面板和窗口，包括插入栏、属性面板、站点窗口和

CSS 面板等。

● 【帮助】：内含 Dreamweaver 联机帮助、注册服务、技术支持中心和 Dreamweaver 的版本说明。

4.2.2 常用插入栏

插入栏使得用户在设计网页时，可以更方便地调用各种插入命令功能，如图 4.3 所示。每个对象都是一段 HTML 代码，允许在插入时设置不同的属性。可以通过单击插入栏中的【表格】按钮插入表格，也可以不使用插入栏而使用【插入】菜单插入表格。

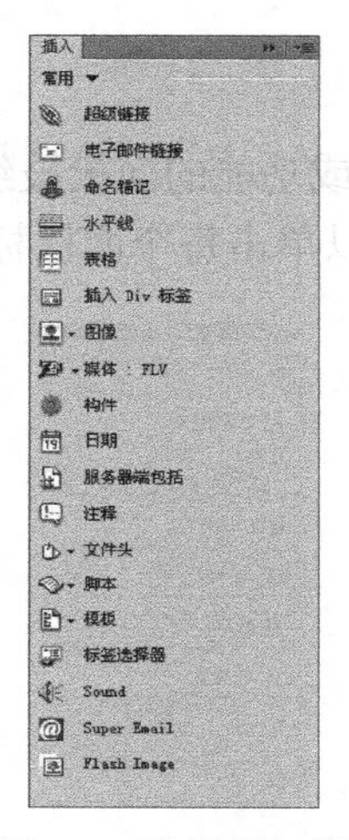

图 4.3 常用插入栏

4.2.3 文档窗口

文档窗口也称文档编辑区。在【设计】视图中，文档窗口中显示的文档近似于在浏览器中显示的情形；在【代码】视图中，显示当前所创建和编辑的 HTML 文档内容；在【拆分】视图中，同时满足了上述两种不同的设计要求。文档窗口如图 4.4 所示。

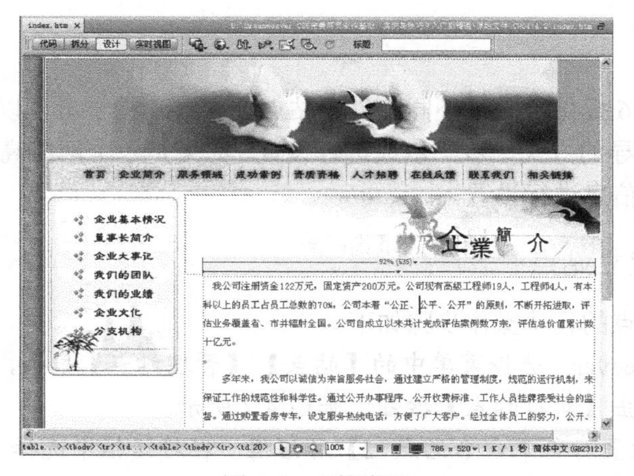

图 4.4 文档窗口

4.2.4 【属性】面板

【属性】面板显示了当前选定对象或文本的属性，并且可以在此面板修改选定对象或文本的属性。【属性】面板如图 4.5 所示。

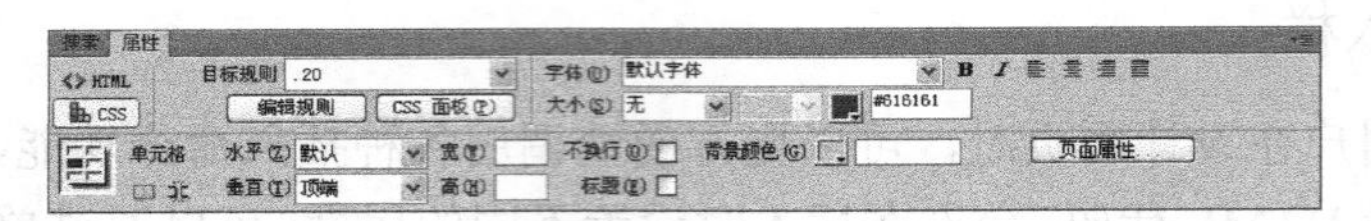

图 4.5 【属性】面板

4.2.5 浮动面板

在 Dreamweaver CS6 中相同类型或功能的面板被组织到面板组中，如图 4.6 所示。通常这些面板都是折叠的，当使用时，可以单击每个面板标题栏上的箭头展开或折叠。

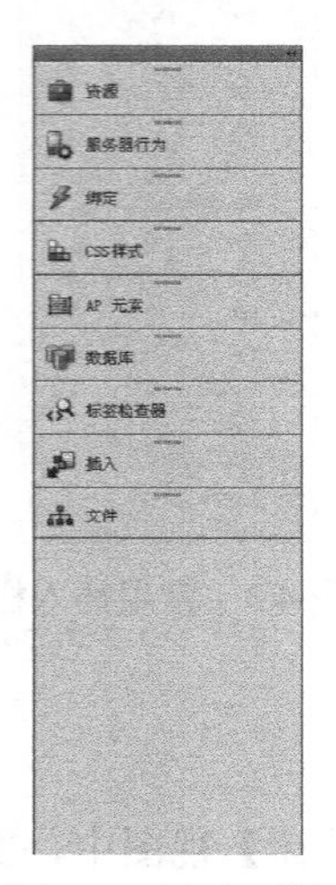

图 4.6 浮动面板

4.3 创建站点

Dreamweaver CS6 提供了两种不同的创建站点的方式，初学者可以采用非常简单方便的【基本】方式，使用向导的方式一步一步地进行设置。如果是一个网络高手，可以通过【高级】方式，对创建的站点信息进行设置。

4.3.1 使用向导建立站点

使用向导建立站点的具体操作步骤如下。

❶ 启动 Dreamweaver，选择菜单中的【站点】|【管理站点】命令，弹出【管理站点】对话框，在对话框中单击【新建站点】按钮，如图 4.7 所示。

❷ 弹出【站点设置对象未命名站点 2】对话框，在对话框中选择【站点】，在【站点名称】文本框中输入名称，如图 4.8 所示。

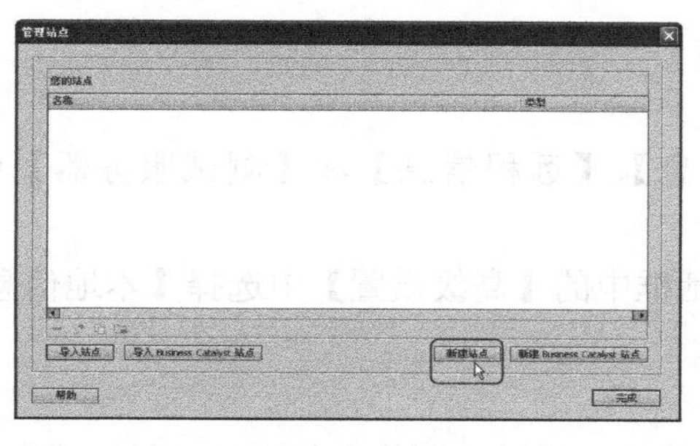

图 4.7 【管理站点】对话框

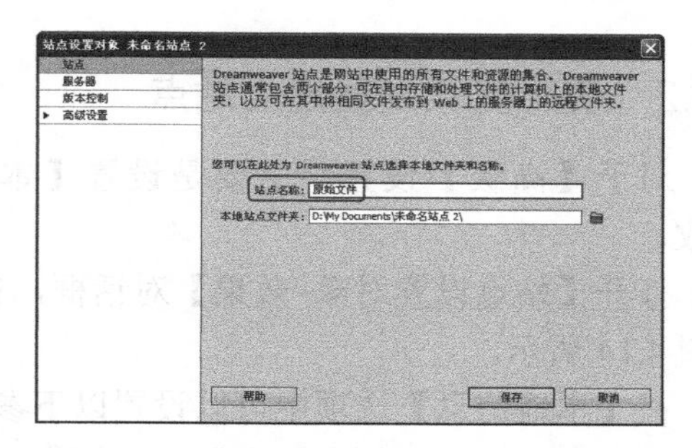

图 4.8 【站点设置对象，未命名站点 2】对话框

❸ 单击【本地站点文件夹】文本框右边的浏览文件夹按钮，弹出【选择根文件夹】对话框，选择站点文件，如图 4.9 所示。

❹ 选择站点文件后，单击【选择】按钮，如图 4.10 所示。

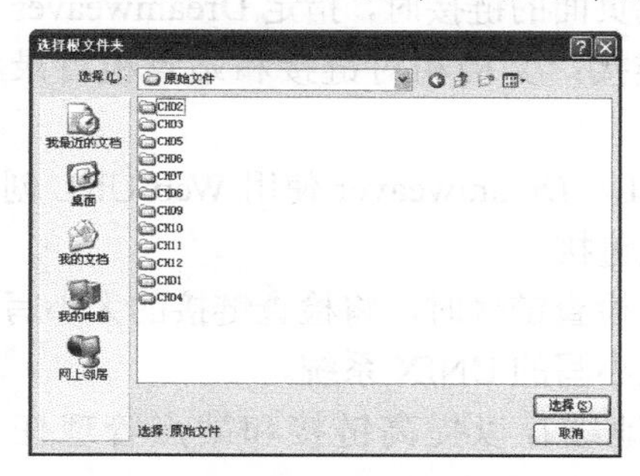

图 4.9 【选择根文件夹】对话框

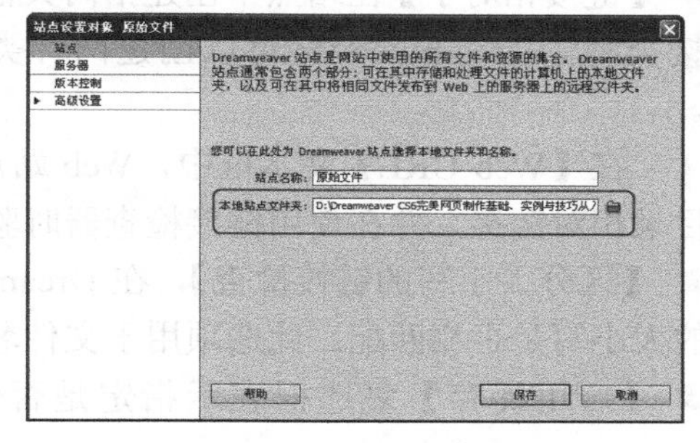

图 4.10 指定站点位置

❺ 单击【保存】按钮，更新站点缓存，如图 4.11 所示。

❻ 出现【管理站点】对话框，其中显示了新建的站点，如图 4.12 所示。

❼ 单击【完成】按钮，即可创建一个站点，如图 4.13 所示。

图 4.11 【正在更新站点缓存】对话框

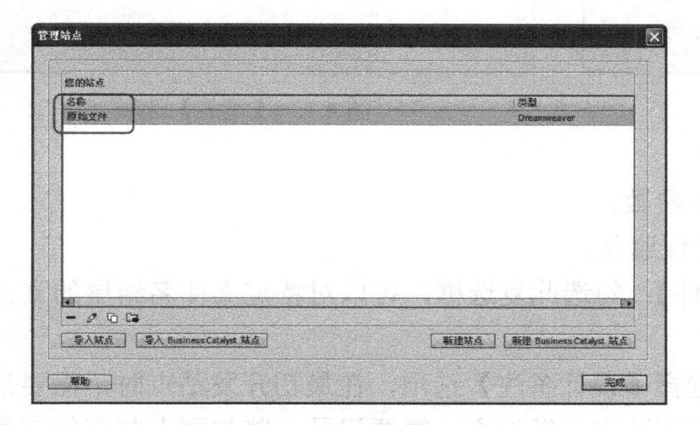

图 4.12 【管理站点】对话框

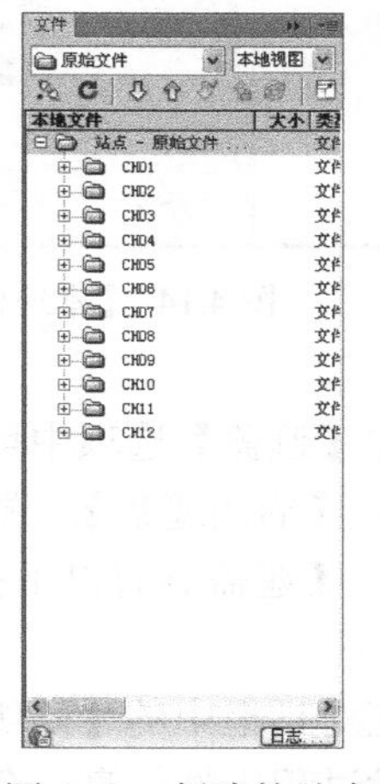

图 4.13 创建的站点

4.3.2 使用高级设置建立站点

对于【高级】设置，主要是设置【本地信息】、【远程信息】和【测试服务器】中的参数。

打开【站点设置对象 效果】对话框，在对话框中的【高级设置】中选择【本地信息】，如图 4.14 所示。

在【本地信息】选项中可以设置以下参数。

- 在【默认图像文件夹】文本框中，输入此站点的默认图像文件夹的路径，或者单击文件夹按钮浏览到该文件夹。此文件夹是 Dreamweaver 上传到站点上的图像的位置。
- 在【站点范围媒体查询文件】文本框中，指定站点内所有包括该文件的页面的显示设置。
- 【链接相对于】在站点中创建指向其他资源或页面的链接时，指定 Dreamweaver 创建的链接类型。Dreamweaver 可以创建两种类型的链接：文档相对链接和站点根目录相对链接。
- 在【Web URL】文本框中，Web 站点的 URL。Dreamweaver 使用 Web URL 创建站点根目录相对链接，并在使用链接检查器时验证这些链接。
- 【区分大小写的链接检查】，在 Dreamweaver 检查链接时，将检查链接的大小写与文件名的大小写是否相匹配。此选项用于文件名区分大小写的 UNIX 系统。
- 【启用缓存】复选框表示指定是否创建本地缓存以提高链接和站点管理任务的速度。

在对话框中的【高级设置】中选择【遮盖】选项，如图 4.15 所示。

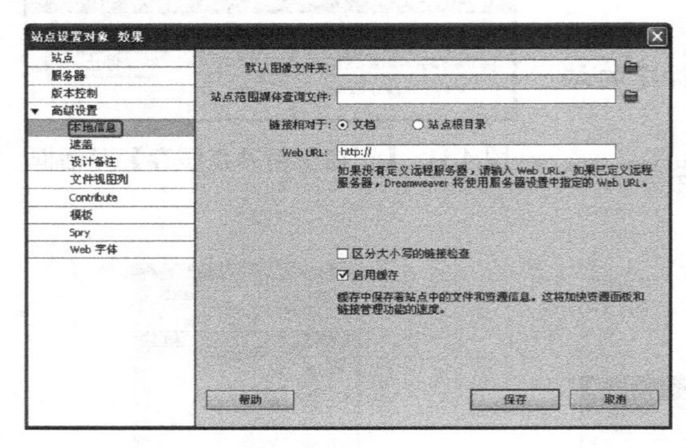

图 4.14 【本地信息】选项

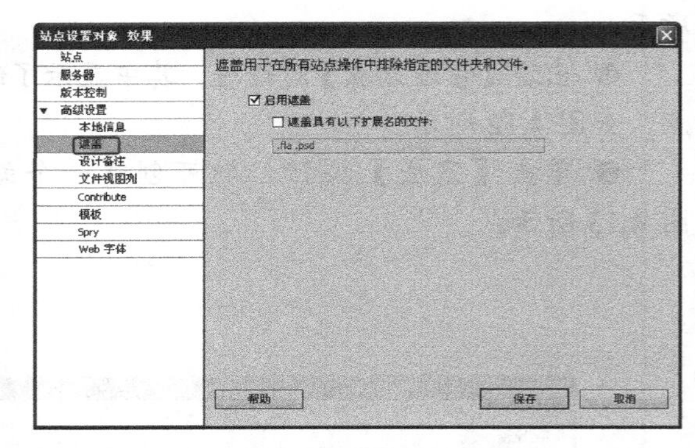

图 4.15 【遮盖】选项

在【遮盖】选项中可以设置以下参数。

- 【启用遮盖】：选中后激活文件遮盖。
- 【遮盖具有以下扩展名的文件】：勾选此复选框，可以对特定文件名结尾的文件使用遮盖。

在对话框中的【高级设置】中选择【设计备注】选项，在最初开发站点时，需要记录一些开发过程中的信息、备忘。如果在团队中开发站点，需要记录一些与别人共享的信息，然后上传到服务器，供别人访问，【设计备注】选项如图 4-16 所示。

在【设计备注】选项中可以进行如下设置。

- 【维护设计备注】：可以保存设计备注。
- 【清理设计备注】：单击此按钮，删除过去保存的设计备注。
- 【启用上传并共享设计备注】：可以在上传或取出文件的时候，设计备注上传到【远程信息】中设置的远端服务器上。

在对话框中的【高级设置】中选择【文件视图列】选项，用来设置站点管理器中的文件浏览器窗口所显示的内容，如图 4.17 所示。

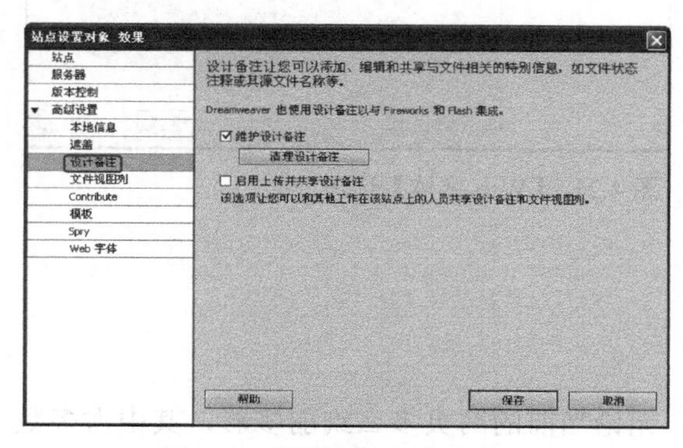

图 4.16 【设计备注】选项

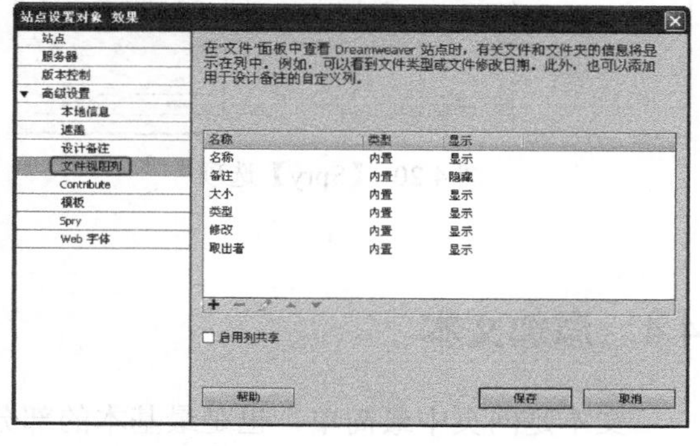

图 4.17 【文件视图列】选项

在【文件视图列】选项中可以进行如下设置。

- 【名称】：显示文件名。
- 【备注】：显示设计备注。
- 【大小】：显示文件大小。
- 【类型】：显示文件类型。
- 【修改】：显示修改内容。
- 【取出者】：正在被谁打开和修改。

在对话框中的【高级设置】中选择【Contribute】选项，勾选【启用 Contribute 兼容性】复选框，则可以提高与 Contribute 用户的兼容性，如图 4.18 所示。

在对话框中的【高级设置】中选择【模板】选项，如图 4.19 所示。

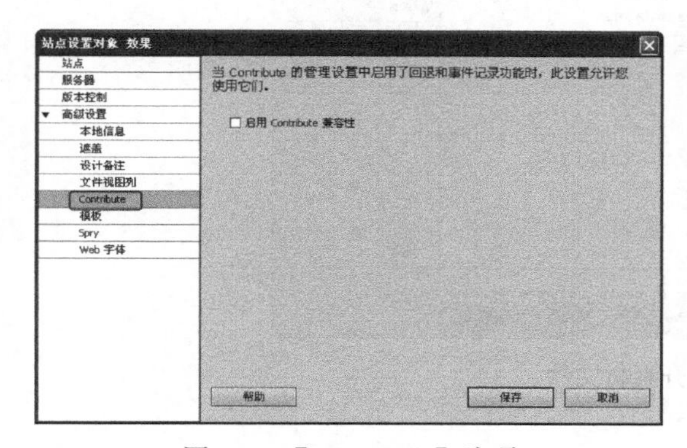

图 4.18 【Contribute】选项

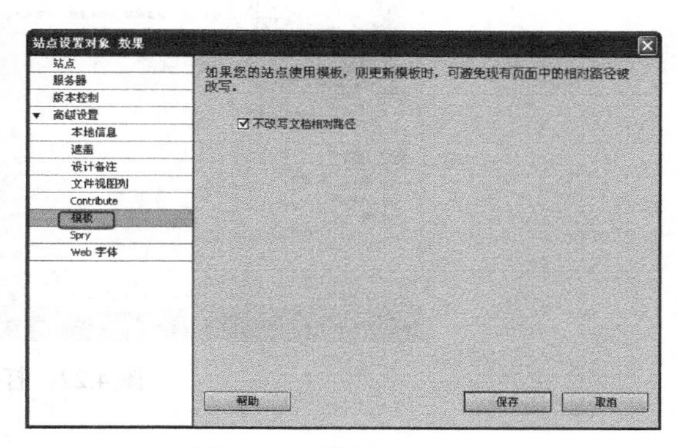

图 4.19 【模板】选项

在对话框中的【高级设置】中选择【Spry】选项，如图 4.20 所示。

在对话框中的【高级设置】中选择【Web 字体】选项，如图 4.21 所示。

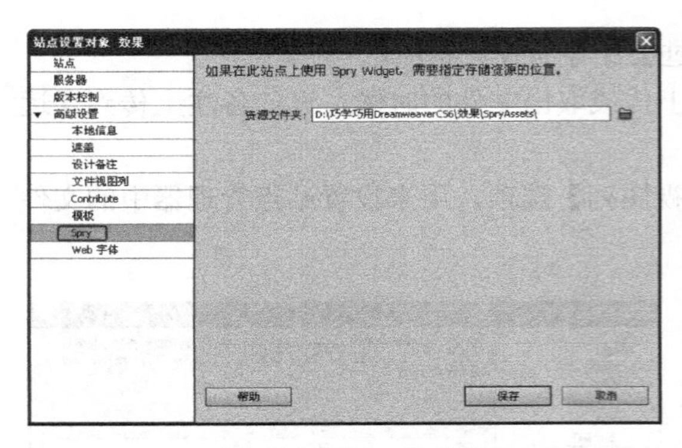

图 4.20 【Spry】选项

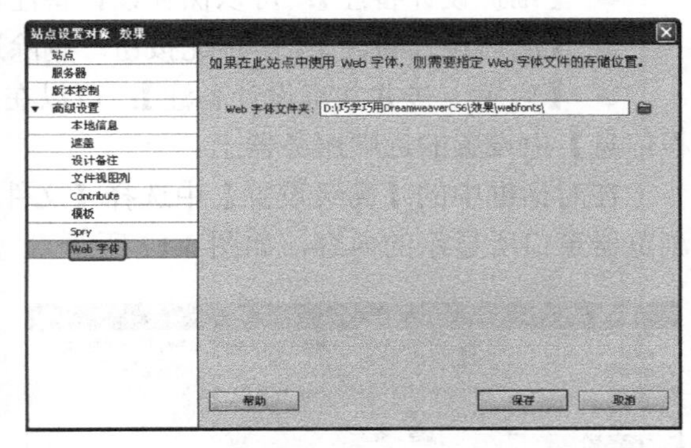

图 4.21 【Web 字体】选项

4.4 添加文本

文本是网页中最简单，也是最基本的部分，无论当前的网页多么绚丽多彩，其中占多数的还是文本。

4.4.1 在网页中添加文本

在网页中可直接输入文本信息，也可以将其他应用程序中的文本直接粘贴到网页中，此外还可以导入已有的 Word 文档。在网页中添加文本的具体操作步骤如下。

❶ 打开素材文件 CH04/4.4.1/index.html，如图 4.22 所示。

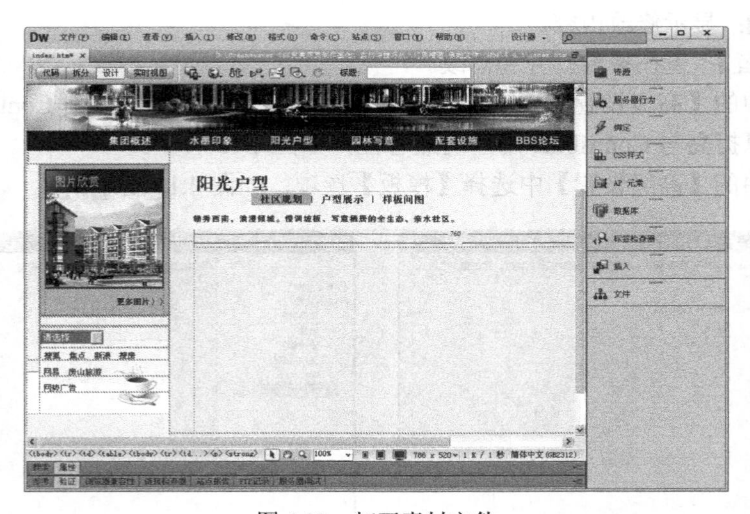

图 4.22 打开素材文件

❷ 将光标放置在要输入文本的位置，输入文本，如图 4.23 所示。

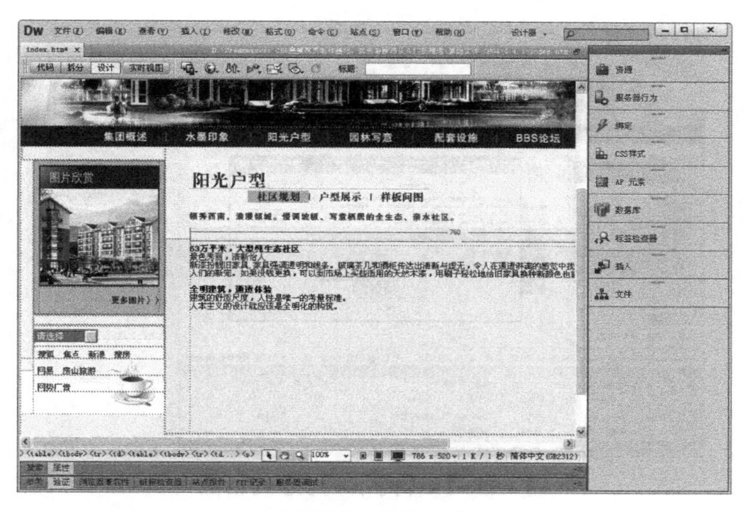

图 4.23　输入文本

4.4.2　设置文本属性

输入文本后，可以在【属性】面板中对文本的【大小】、【字体】、【颜色】等进行设置。设置文本属性的具体操作步骤如下。

❶ 打开素材文件 CH04/4.4.2/index.html，选中文本，在属性面板中的【字体】下拉列表中选择【编辑字体列表】选项，在对话框中的【可用字体】列表框中选择要添加的字体，如图 4.24 所示。

图 4.24　选择字体

❷ 单击⋘按钮添加到左侧的【选择的字体】列表框中，在【字体】列表框中也会显示新添加的字体，重复以上操作即可添加多种字体；若要取消已添加的字体，可以选中该字体单击⋙按钮，如图 4.25 所示。

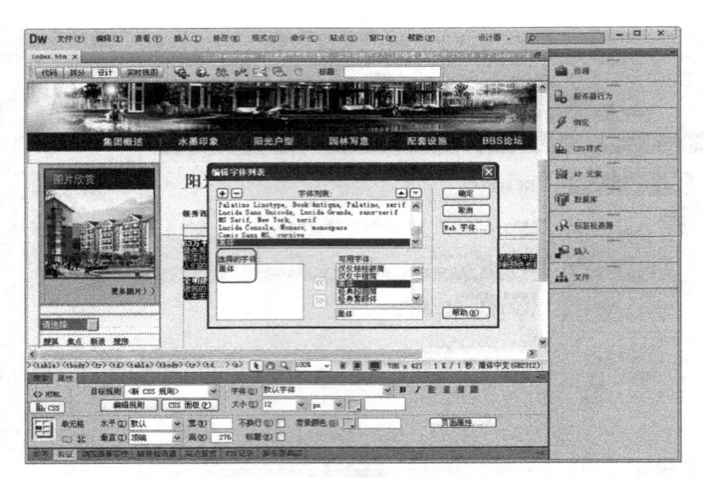

图 4.25 【编辑字体列表】对话框

提示 完成一个字体样式的编辑后，单击[+]按钮可进行下一个样式的编辑。若要删除某个已经编辑的字体样式，可选中该样式单击[-]按钮。
也可以选择【格式】|【字体】|【编辑字体列表】命令，在弹出的【编辑字体列表】对话框中添加新字体。

❸ 这里选择【字体】为“黑体”，弹出【新建CSS规则】对话框，在对话框的【选择器类型】中选择“类”，在【选择器名称】中输入名称，在【规则定义】中选择“仅限该文档”，如图4.26所示。

❹ 单击【确定】按钮，设置字体，如图4.27所示。

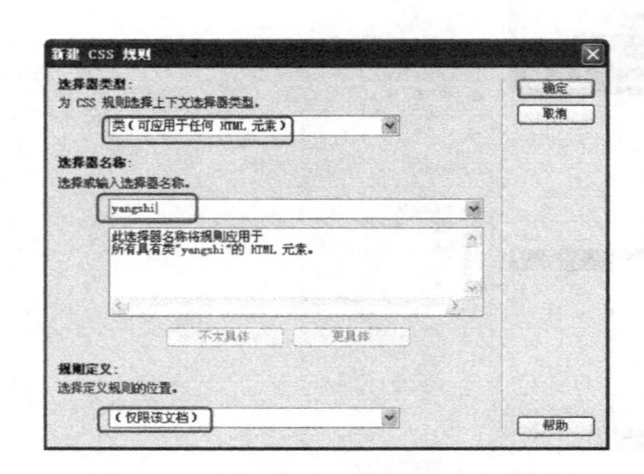

图 4.26 【新建CSS规则】对话框

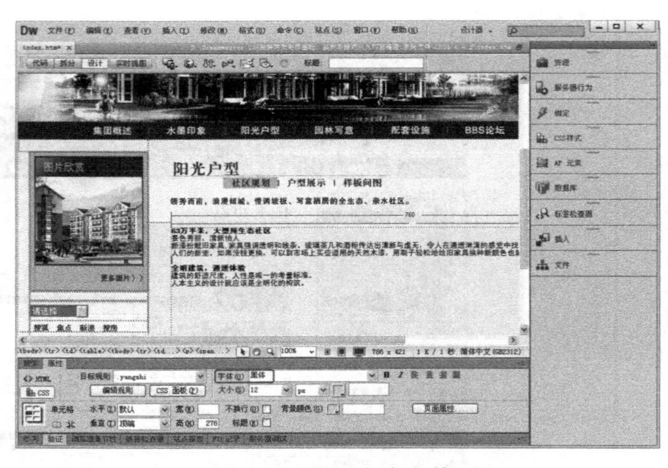

图 4.27 设置文本字体

❺ 在在【属性】面板中的【大小】下拉列表中选择字号的大小，或者直接在文本框中输入相应大小的字号，如图4.28所示。

❻ 选中设置颜色的文本，在【属性】面板中单击【文本颜色】按钮，打开如图4.29所示的调色板。在调色板中选中所需的颜色，光标变为形状，单击鼠标左键即可选取该颜色。单击【确定】按钮，设置文本颜色。

图 4.28　设置字体大小

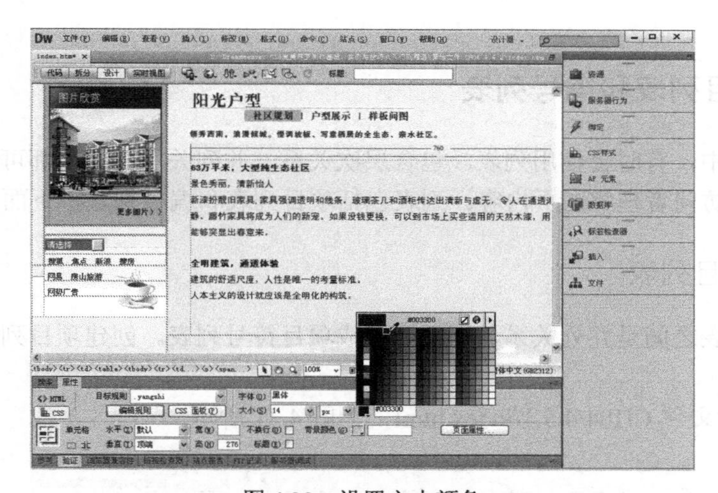

图 4.29　设置文本颜色

提示　如果调色板中的颜色不能满足需要时，单击◉按钮，弹出【颜色】对话框，在对话框中选择需要的颜色即可。

提示　文本【属性】面板主要有以下参数。

- 【格式】：设置文字大小，段落属性可以使选中文字独自成为一个段落，标题 1~6 用来控制文本大小。在这几种格式中，标题 1 字体最大，标题 6 字体最小。
- 【字体】：在字体下拉列表中有多种字体可供选择。
- 【样式】：用来控制网页中的某一文本区域外观的一组格式属性。
- 【大小】：设置字体大小，大小只对选中文本起作用，而格式对整段文字起作用。
- 【颜色】：在弹出的调色板中进行颜色选择，也可以直接在颜色输入栏中输入颜色的十六进制代码。
- 【粗体】、【斜体】：使文字加粗、倾斜。
- 【居左】、【居中】、【居右】：使整段文本居左、居中、居右排列。

❼ 保存文档，按<F12>键在浏览器中预览效果，如图 4.30 所示。

图 4.30　设置文本属性效果

4.5　创建项目列表和编号列表

在网页编辑中，有时会使用列表。包含层次关系、并列关系的标题都可以制作成列表形式，这样有利于访问者理解网页内容。列表包括项目列表和编号列表，下面分别进行介绍。

4.5.1　创建项目列表

如果项目列表之间是并列关系，则需要生成项目符号列表。创建项目列表的具体操作步骤如下。

❶ 打开素材文件 CH04/4.5.1/index.html，如图 4.31 所示。

图 4.31　打开素材文件

❷ 将光标放置在要创建项目列表的位置，选择菜单中的【格式】|【列表】|【项目列表】命令，创建项目列表，如图 4.32 所示。

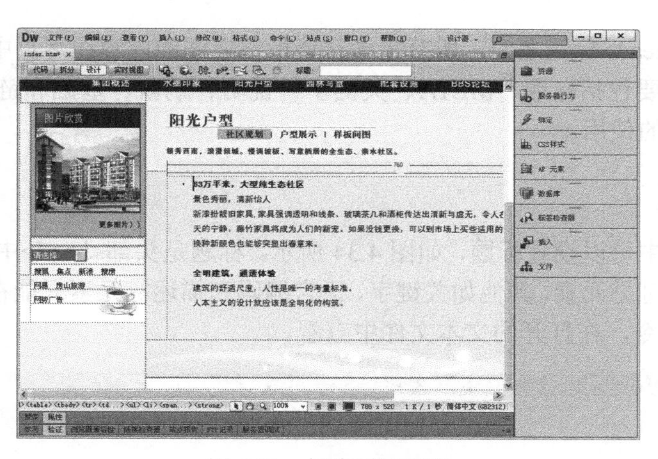

图 4.32　创建项目列表

提示　单击【属性】面板中的【项目列表】按钮，即可创建项目列表。

4.5.2　创建编号列表

当网页内的文本需要按序排列时，就应该使用编号列表。编号列表的项目符号可以在阿拉伯数字、罗马数字和英文字母中做出选择。

打开素材文件 CH04/4.5.2/index.html，将光标放置在要创建编号列表的位置，选择菜单中的【文本】|【编号列表】命令，创建编号列表，如图 4.33 所示。

图 4.33　创建编号列表

提示　单击【属性】面板中的【编号列表】按钮，即可创建编号列表。

4.6　设置头信息

文件头标签也就是通常说的<meta>标签，文件头标签在网页中是看不到的，它包含在网页中的<head>和</head>标签之间。所有包含在该标签之间的内容在网页中都是不可见的。

文件头标签主要包括标题、META、关键字、说明、刷新、基础和链接，下面分别介绍常用的文件头标签的使用。

4.6.1 设置标题

在文档工具栏中可以设置标题，如图 4.34 所示。标题是头部<head>中唯一能够在浏览器标题栏中显示的不可见元素，其他如关键字、语言编码和描述等元素只能在浏览器中选择【查看】|【源文件】命令，在打开的文本文件中查看。

图 4.34 设置标题

> 提示 标题只是 HTML 代码的一个属性，即<title>和</title>标签中的内容。只有在浏览器打开文件时，标题才会显示在浏览器标题栏中。

4.6.2 设置 META

META 对象常用于插入一些为 Web 服务器提供选项的标记符，如针对搜索引擎的描述和关键词。设置 META 的具体操作步骤如下。

❶ 选择菜单中的【插入】|【HTML】|【文件头标签】|【META】命令，打开【META】对话框，如图 4.35 所示。

图 4.35 【META】对话框

❷ 在【属性】下拉列表中可以选择【名称】或【http-equiv】选项，指定<meta>标签是否包含有关页面的描述信息或 http 标题信息。

❸ 在【值】文本框中指定在该标签中提供的信息类型。

❹ 在【内容】文本框中输入实际的信息。

❺ 设置完毕后，单击【确定】按钮即可。

> 提示 单击【HTML】插入栏中的按钮，在弹出的菜单中选择 META 选项，打开【META】对话框，插入 META 信息。

4.6.3 插入关键字

关键字也就是与网页的主题内容相关的简短而有代表性的词汇，这是给网络中的搜索引擎准备的。关键字一般要尽可能地概括网页内容，这样浏览者只要输入很少的关键字，就能最大程度地搜索网页。插入关键字的具体操作步骤如下。

❶ 选择菜单中的【插入】|【HTML】|【文件头标签】|【关键字】命令，打开【关键字】对话框，如图 4.36 所示。

图 4.36 【关键字】对话框

❷ 在【关键字】文本框中输入一些值，单击【确定】按钮即可。

提示 单击【HTML】插入栏中的按钮，在弹出的菜单中选择【关键字】选项，打开【关键字】对话框，插入关键字。

4.6.4 插入说明

插入说明的具体操作步骤如下。

❶ 选择菜单中的【插入】|【HTML】|【文件头标签】|【说明】命令，打开【说明】对话框，如图 4.37 所示。

❷ 在【说明】文本框中输入一些值，单击【确定】按钮即可。

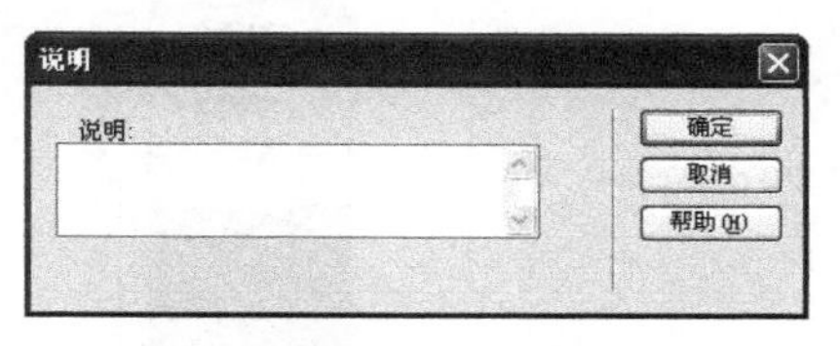

图 4.37 【说明】对话框

提示 单击【HTML】插入栏中的按钮，在弹出的菜单中选择【说明】选项，打开【说明】对话框，插入说明。

4.6.5 插入刷新

设置网页的自动刷新特性，使其在浏览器中显示时，每隔一段指定的时间，就跳转到某个页面或是刷新自身。插入刷新的具体操作步骤如下。

❶ 选择菜单中的【插入】|【HTML】|【文件头标签】|【刷新】命令，打开【刷新】对话框，如图 4.38 所示。

❷ 在【延迟】文本框中输入刷新文档要等待的时间。

❸ 在【操作】选项区域中，可以选择重新下载页面的地址。勾选【转到 URL】单选按钮时，单击文本框右侧的【浏览】按钮，在打开的【选择文件】对话框中选择要重新下载的 Web 页面文件。勾选【刷新此文档】单选按钮时，将重新下载当前的页面。

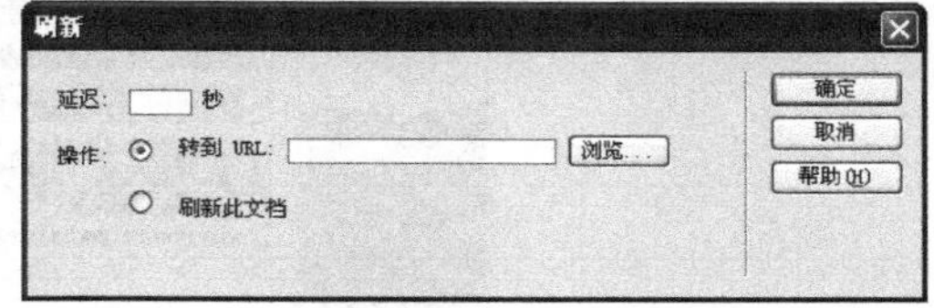

图 4.38 【刷新】对话框

❹ 设置完毕后，单击【确定】按钮即可。

提示 单击【HTML】插入栏中的按钮，在弹出的菜单中选择【刷新】选项，打开【刷新】对话框，插入刷新。

4.7 实战演练——创建基本文本网页

前面讲述了 Dreamweaver CS6 的基本知识，以及在网页中插入文本和设置文本属性。下面利用实例讲述文本网页的制作，具体操作步骤如下。

❶ 打开素材文件 CH04/4.7/index.html，如图 4.39 所示。

❷ 将光标放置在要输入文字的位置，输入文字，如图 4.40 所示。

❸ 选中文本，在属性面板中的【字体】下拉列表中选择【编辑字体列表】选项，在对话框中的【可用字体】列表框中选择要添加的字体，单击按钮，添加到左侧的【选择的字体】列表框中，在【字体】列表框中也会显示新添加的字体，重复以上操作即可添加多种字体。若要取消已添加的字体，可以选中该字体，并单击按钮。这里选择【字体】为“宋体”，如图 4.41 所示。

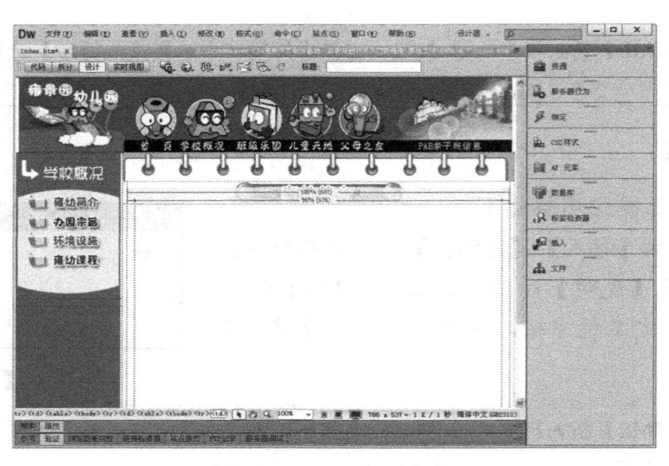

图 4.39　打开素材文件

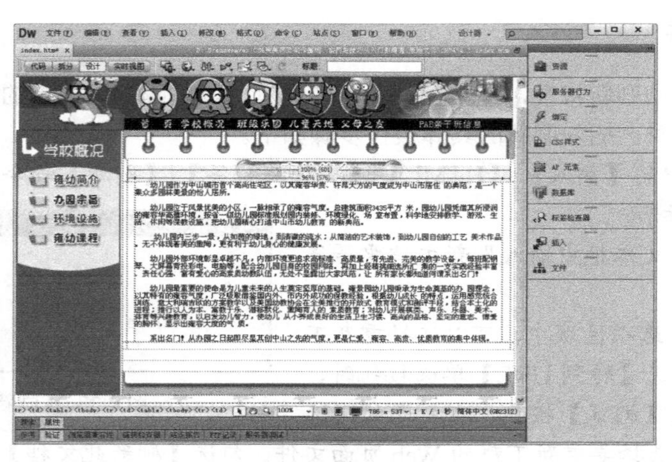

图 4.40　输入文字

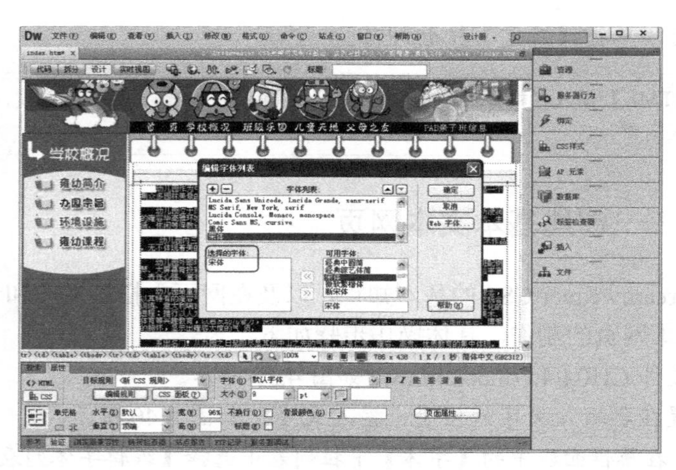

图 4.41　设置文字属性

❹ 弹出【新建CSS规则】对话框，在对话框的【选择器类型】中选择“类”，在【选择器名称】中输入名称，在【规则定义】中选择“仅限该文档”，如图 4.42 所示。

❺ 单击【确定】按钮，设置字体如图 4.43 所示。

❻ 在在【属性】面板中的【大小】下拉列表中选择字号的大小，或者直接在文本框中输入相应大小的字号，如图 4.44 所示。

❼ 选中设置颜色的文本，在【属性】面板中单击【文本颜色】按钮，打开如图 4.45 所示的调色板。在调色板中选中所需的颜色，光标变为形状，单击鼠标左键即可选取该颜色。单击【确定】按钮，设置文本颜色。

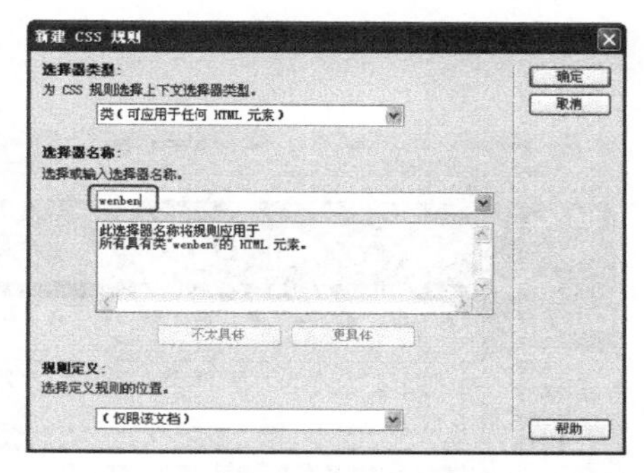

图 4.42 【新建 CSS 规则】对话框

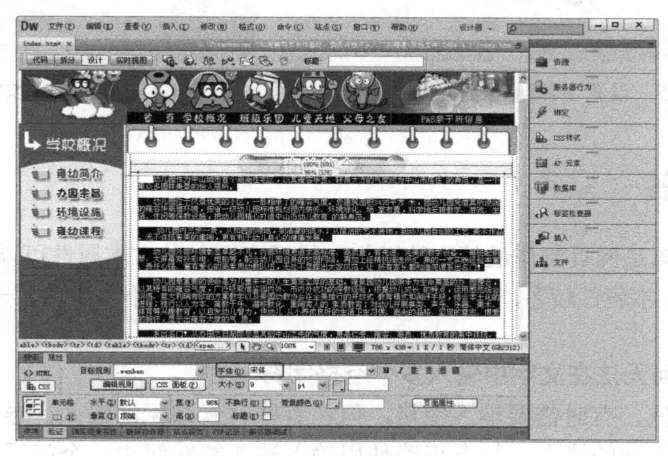

图 4.43 设置字体

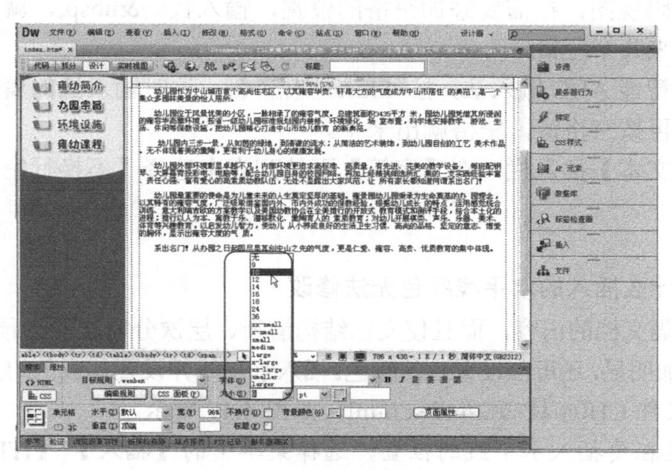

图 4.44 设置字体大小

❽ 保存文档，按<F12>键在浏览器中预览效果，如图 4.46 所示。

图 4.45　设置字体颜色

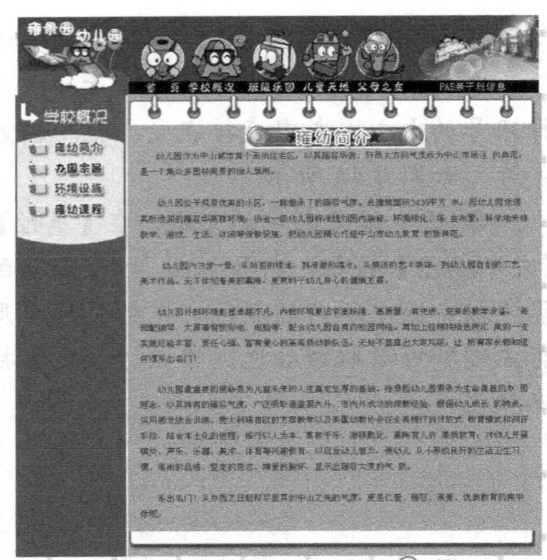

图 4.46　预览效果

4.8　技巧与问答

网页文本的编辑是网页制作最基本的操作，灵活应用各种文本属性可以设计出更加美观、条理清晰的网页。文本属性较多，各种设置比较详细，在学习时不要着急，一点点实验体会。

第 1 问　为何无法在文字中输入多个空格字符

在做网页的时候，有时需要输入空格，但在有些时候却无法输入，导致无法正确输入空格的原因可能是输入法的错误，只有正确使用输入法才能够解决这个问题。解决的方法有以下几种。

- 切换到代码视图，在需要添加空格的位置，输入代码 ，就会出来空格，输入几次代码，就会出来几个空格。
- 如果使用智能 ABC 输入法，按<Shift+空格>键，这时输入法的属性栏上的半月形就变成了圆形，然后再按空格键，空格就出来了。
- 切换到【文本】插入栏，在【字符】下拉列表中选择【不换行空格】选项，就可直接输入空格。

第 2 问　为什么插入的水平线颜色无法修改

水平线可以分隔文档的内容，而且使文档结构清晰、层次分明、便于预览。为了使插入的水平线在文档中更加明显，还可以设置它的颜色。插入水平线并设置其颜色的具体操作步骤如下。

❶ 打开素材文件 CH04/技巧 2/index.html，如图 4.47 所示。

❷ 将光标放置在要插入水平线的位置，选择菜单中的【插入】|【HTML】|【水平线】命令，插入水平线，如图 4.48 所示。

提示　单击【常用】插入栏中的【水平线】按钮，插入水平线。

图 4.47　打开素材文件

图 4.48　插入水平线

❸ 选中插入的水平线，在【属性】面板中将【宽】设置为 500 像素，【高】设置为 2，勾选【阴影】复选框，如图 4.49 所示。

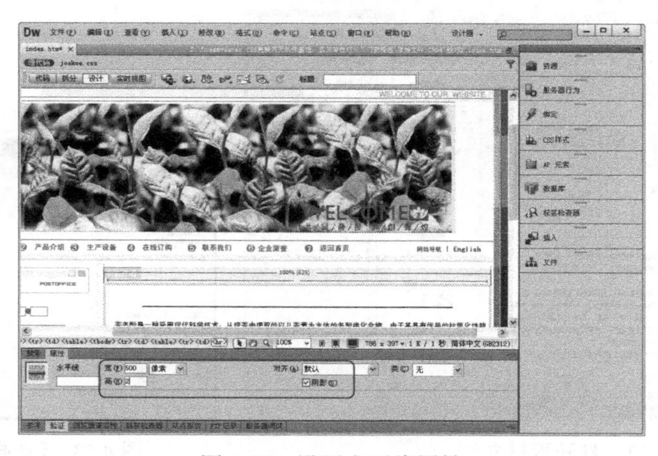

图 4.49　设置水平线属性

❹ 选中水平线，切换到拆分视图，在相应的位置输入代码 color="#538315"，如图 4.50 所示。

❺ 保存文档，按<F12>键在浏览器中预览效果，如图 4.51 所示。

图 4.50 输入代码

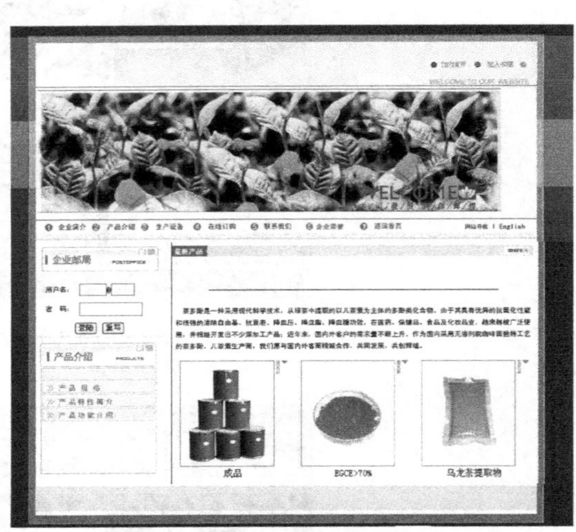

图 4.51 效果图

第 3 问 如何设定若干秒后自动转向指定的网页

选择菜单中的【插入】|【HTML】|【文件头标签】|【刷新】命令，在打开的【刷新】对话框中可以设置若干秒后自动转向指定的某个网页，具体操作步骤如下。

❶ 打开素材文件 CH04/技巧 3/index.html，如图 4.52 所示。

❷ 选择菜单中的【插入】|【HTML】|【文件头标签】|【刷新】命令，打开【刷新】对话框，在对话框中单击【转到 URL】文本框右边的【浏览】按钮，打开【选择文件】对话框，如图 4.53 所示。

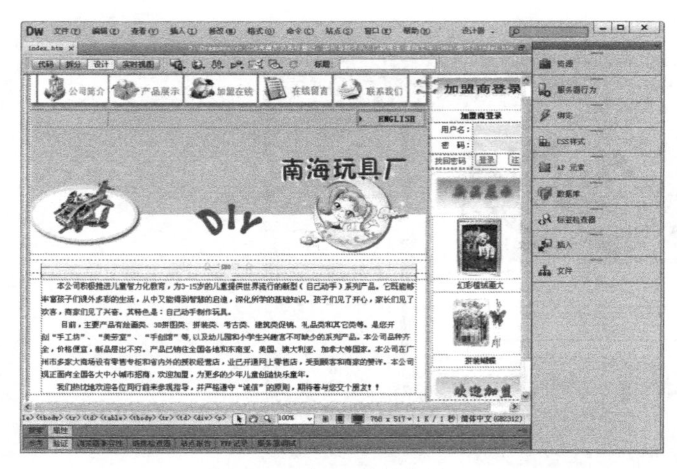

图 4.52 打开素材文件

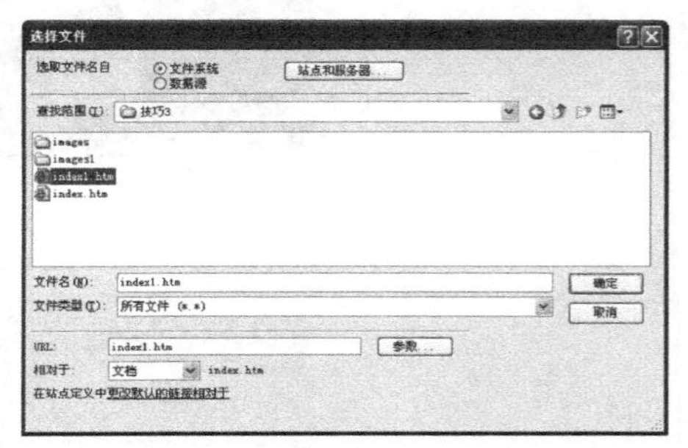

图 4.53 【选择文件】对话框

❸ 在对话框中选择文件 index1.html，单击【确定】按钮，添加到文本框中，将【延迟】设置为 5 秒，如图 4.54 所示。

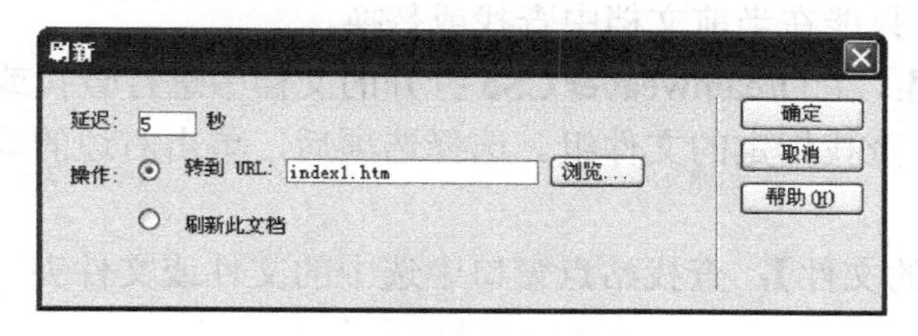

图 4.54 【刷新】对话框

❹ 单击【确定】按钮，保存文档，按<F12>键在浏览器中预览效果，跳转前与跳转后的效果分别如图 4.55 和图 4.56 所示。

图 4.55 跳转前

图 4.56 跳转后

第 4 问 如何在整个站点中查找与替换文字

整个网站中会有很多相同的部分，如果想更改站点范围内的文字，打开每个网页去修改是一件非常麻烦的事情，用户可以使用查找和替换功能来解决此问题。具体操作步骤如下。

❶ 选择菜单中的【编辑】|【查找和替换】命令，打开【查找和替换】对话框，如图 4.57 所示。

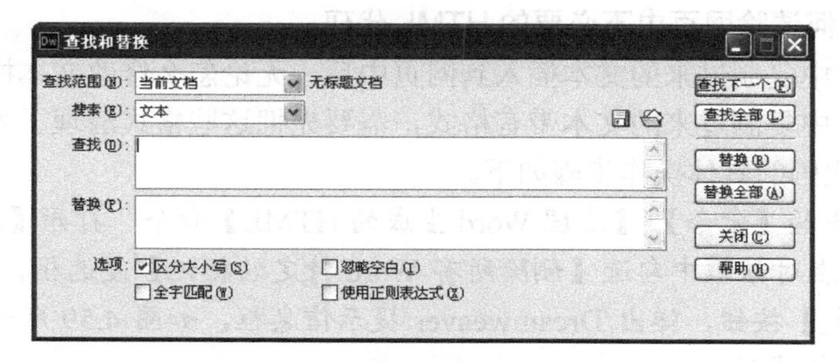

图 4.57 【查找和替换】对话框

❷ 在对话框中的【查找范围】下拉列表中选择查找的范围。

- 【所有文字】：在当前文档被选中的部分进行查找或替换。
- 【当前文档】：只能在当前文档中查找或替换。
- 【打开的文档】：在 Dreamweaver CS6 打开的文档中进行查找或替换。
- 【文件夹…】：查找指定的文件组。选择选项后，单击右边的按钮选择需要查找的文件目录。
- 【站点中选定的文件】：查找站点窗口中选中的文件或文件夹。当站点窗口处于当前状态时可以显示。
- 【整个当前本地站点】：在目前所在整个本地站点内进行查找或替换。

❸ 在【搜索】下拉列表中选择搜索的种类。

- 【源代码】：在 HTML 源代码中查找特定的文本字符。
- 【文本】：在文档窗口中查找特定的文本字符。文本查找将忽略任何 HTML 标记中断的字符。
- 【文本（高级）】：只可以在 HTML 标记里面或只在标记外面查找特定的文本字符。
- 【指定标签】：查找特定标记、属性和属性值。

❹ 在【查找】文本框中输入要查找的内容，在【替换】文本框中输入要替换的内容。

❺ 为了扩大或缩小查找范围，在【选项】中可设置以下选项。

- 【区分大小写】：勾选此复选框，则查找时严格匹配大小写。
- 【忽略空白】：勾选此复选框，则所有的空格不作为一个间隔来匹配。
- 【全字匹配】：勾选此复选框，则查找的文本匹配一个或多个完整的单词。
- 【使用正则表达式】：勾选此复选框，可以导致某些字符或较短字符串被认为是一些表达式操作符。

❻ 设置完毕后，单击【替换】按钮，替换当前查找到的内容；单击【替换全部】按钮，替换所有与查找内容相匹配的内容。

第 5 问　如何在网页中插入特殊符号

将光标放置在要插入特殊符号的位置，选择菜单中的【插入】|【HTML】|【特殊字符】命令，在弹出的子菜单中显示了常用的特殊符号，选择要插入的特殊符号后，即可插入特殊符号。

第 6 问　如何清除网页中不必要的 HTML 代码

有时从 Word 中复制过来的文本插入到网页中后，无论怎么修改文本格式都不能应用，这是因为从 Word 中复制过来的文本带有格式，需要先把这些格式清理了才行。清除网页中不必要的 HTML 代码的具体操作步骤如下。

❶ 选择菜单中的【命令】|【清理 Word 生成的 HTML】命令，打开【清理 Word 生成的 HTML】对话框，在对话框中勾选【删除所有 Word 特定的标记】复选框，如图 4.58 所示。

❷ 单击【确定】按钮，弹出 Dreamweaver 提示信息框，如图 4.59 所示。单击【确定】按钮，即可清除垃圾代码。

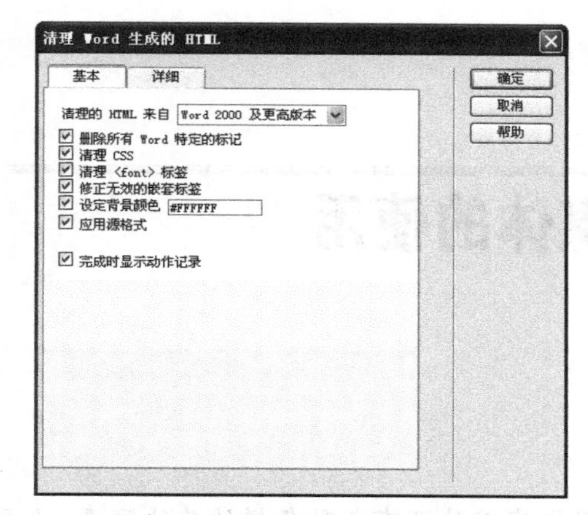

图 4.58 【清理 Word 生成的 HTML】对话框

图 4.59 Dreamweaver 提示信息框

第 7 问　如何在网页中输入上下标

将光标放置在要输入上标的位置，切换到代码视图，在相应的位置输入代码[…]；将光标放置在要输入下标的位置，切换到代码视图，在相应的位置输入代码_…。

第 8 问　为什么让一行字居中，其他行也居中

在 Dreamweaver 中进行居中、居右操作时，默认的区域是 P、H1~H6、DiV 等格式标识符，如果语句没有用上述标识符隔开，Dreamweaver 会将整段文字都进行居中处理，解决方法就是将居中文本用 P 隔开。

第 9 问　为什么在 Dreamweaver 中按<Enter>键换行时，与上一行的距离很大

在 Dreamweaver 中按<Enter>键换行时，与上一行的距离很远是因为按下<Enter>键时默认的是一个段落，而不是一般的单纯的换行。因此若要换行，应先按下<Shift>键不放，然后再按下<Enter>键，这样两行间的距离就不会差一大段了。

第5章

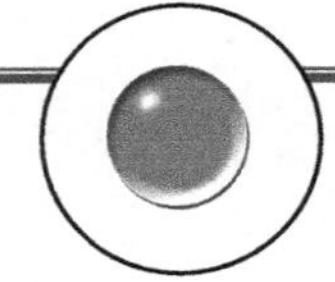

图像和多媒体的使用

在网络上随意浏览一个页面，都会发现除了文字以外还有各种各样的其他元素，如图像、动画和声音。图像或多媒体是文本的解释和说明，在文档的适当位置上放置一些图像或多媒体，不仅可以使文本更加容易阅读，而且使得文档更加具有吸引力。本章主要讲述图像的基本使用、添加 Flash 影片、插入视频文件和插入其他媒体对象等。

学习目标

- 了解网页中图像的常见格式
- 掌握图像的基本操作
- 了解 Flash 影片的添加
- 熟悉视频文件的插入
- 了解其他媒体对象的插入
- 掌握图像和多媒体的使用技巧

5.1 网页中图像的使用常识

网页中图像的格式通常有 3 种，即 GIF、JPEG 和 PNG。目前 GIF 和 JPEG 文件格式的支持情况最好，大多数浏览器都可以查看它们。由于 PNG 文件具有较大的灵活性并且文件较小，所以它对于几乎任何类型的网页图形都是最适合的。但是 Microsoft Internet Explorer 和 Netscape Navigator 只能部分支持 PNG 图像的显示，因此建议使用 GIF 或 JPEG 格式以满足更多人的需求。

GIF 是英文单词 Graphic Interchange Format 的缩写，即图像交换格式，文件最多使用 256 种颜色，最适合显示色调不连续或具有大面积单一颜色的图像，例如导航条、按钮、图标、徽标或其他具有统一色彩和色调的图像。GIF 格式最大的优点就是制作动态图像，可以将数张静态文件作为动画帧串联起来，转换成一个动画文件。GIF 格式的另一优点就是可以将图像以交错的方式在网页中呈现。所谓交错显示，就是当图像尚未下载完成时，浏览器会先以马赛克的形式将图像慢慢显示，让浏览者可以大略猜出下载图像的雏形。

JPEG 是英文单词 Joint Photographic Experts Group 的缩写，专门用来处理照片图像。JPEG 的图像为每一个像素提供了 24 位可用的颜色信息，从而提供了上百万种颜色。为了使 JPEG 便于应用，大量的颜色信息必须压缩，这通过删除那些运算法则认为是多余的信息来进行。这通常被归类为有损压缩，图像的压缩是以降低图像的质量为代价减小图像尺寸的。

PNG 是英文单词 Portable Network Graphic 的缩写，即便携网络图像，文件格式是一种替代 GIF 格式的无专利权限制的格式，它包括对索引色、灰度、真彩色图像以及 alpha 通道透明的支持。PNG 是 Macromedia Fireworks 固有的文件格式。PNG 文件可保留所有原始层、矢量、颜色和效果信息，并且在任何时候所有元素都是可以完全编辑的。文件必须具有.png 文件扩展名才能被 Dreamweaver 识别为 PNG 文件。

5.2 图像的基本操作

在网页制作中，还有一个很重要的元素，那就是图像。正是由于图像的存在，才使得网页内容变得丰富多彩。

5.2.1 在网页中插入图像

在网页中插入图像的方法非常简单，具体操作步骤如下。

❶ 打开素材文件 CH05/5.2.1/index.html，如图 5.1 所示。

图 5.1 打开素材文件

❷ 将光标放置在要插入图像的位置，选择菜单中的【插入】|【图像】命令，打开【选择图像源文件】对话框，在对话框中选择图像文件 images/9.jpg，如图 5.2 所示。

❸ 单击【确定】按钮，插入图像，如图 5.3 所示。

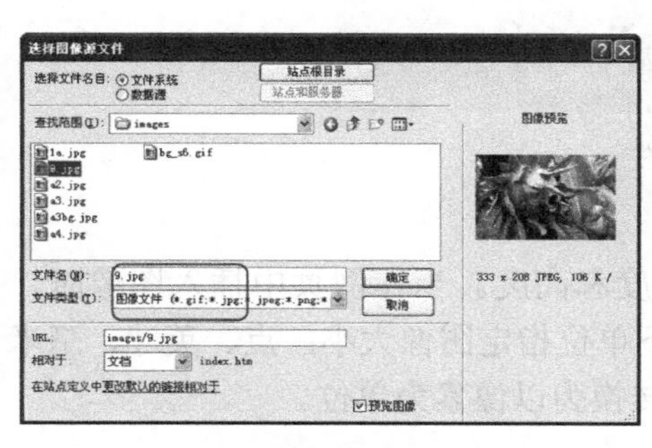

图 5.2 【选择图像源文件】对话框

图 5.3 插入图像

提示 单击【常用】插入栏中的按钮，打开【选择图像源文件】对话框，插入图像。

5.2.2 设置图像属性

插入图像后，如果图像的大小和位置并不合适，还需要对图像的属性进行具体的调整，如大小、位置和对齐方式等。设置图像属性的具体操作步骤如下。

❶ 打开素材文件 CH05/5.2.2/index.html，如图 5.4 所示。

图 5.4 打开素材文件

❷ 选择图像，在【属性】面板中的【替换】下拉列表中输入“仙蜜果”，如图 5.5 所示。

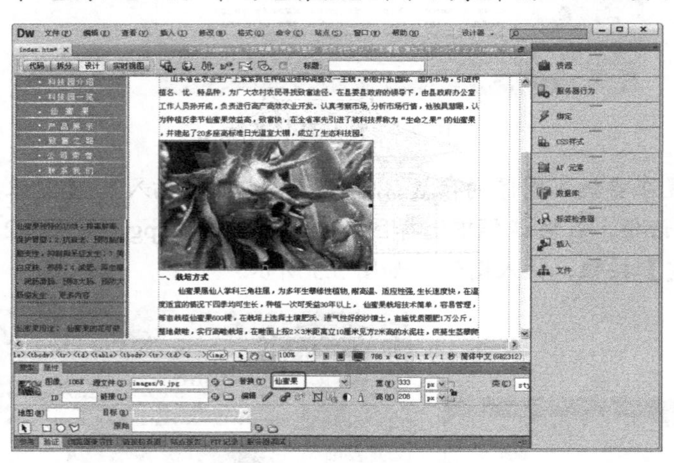

图 5.5 设置图像属性

在图像属性面板中可以进行如下设置。

- 【宽】和【高】：以像素为单位设定图像的宽度和高度。当在网页中插入图像时，Dreamweaver 自动使用图像的原始尺寸。可以使用以下单位指定图像大小：点、英寸、毫米和厘米。在 HTML 源代码中，Dreamweaver 将这些值转换为以像素为单位。
- 【源文件】：指定图像的具体路径。

● 【链接】：为图像设置超级链接。可以单击按钮浏览选择要链接的文件，或直接输入 URL 路径。

● 【目标】：链接时的目标窗口或框架。在其下拉列表中包括 4 个选项。

【_blank】：将链接的对象在一个未命名的新浏览器窗口中打开。

【_parent】：将链接的对象在含有该链接的框架的父框架集或父窗口中打开。

【_self】：将链接的对象在该链接所在的同一框架或窗口中打开。_self 是默认选项，通常不需要指定它。

【_top】：将链接的对象在整个浏览器窗口中打开，因而会替代所有框架。

● 【替换】：图片的注释。当浏览器不能正常显示图像时，便在图像的位置用这个注释代替图像。

● 【编辑】：启动【外部编辑器】首选参数中指定的图像编辑其并使用该图像编辑器打开选定的图像。

编辑：启动外部图像编辑器编辑选中的图像。

编辑图像设置：弹出【图像预览】对话框，在对话框中可以对图像进行设置。

重新取样：将【宽】和【高】的值重新设置为图像的原始大小。调整所选图像大小后，此按钮显示在【宽】和【高】文本框的右侧。如果没有调整过图像的大小，该按钮不会显示出来。

裁剪：修剪图像的大小，从所选图像中删除不需要的区域。

亮度和对比度：调整图像的亮度和对比度。

锐化：调整图像的清晰度。

● 【地图】：名称和【热点工具】标注以及创建客户端图像地图。

● 【垂直边距】：图像在垂直方向与文本域或其他页面元素的间距。

● 【水平边距】：图像在水平方向与文本域或其他页面元素的间距。

● 【原始】：指定在载入主图像之前应该载入的图像。

❸ 选中插入的图像，单击鼠标右键，在弹出的下拉菜单中选择【对齐】|【右对齐】选项，设置图像右对齐，如图 5.6 所示。

❹ 保存文档，按<F12>键在浏览器中预览效果，如图 5.7 所示。

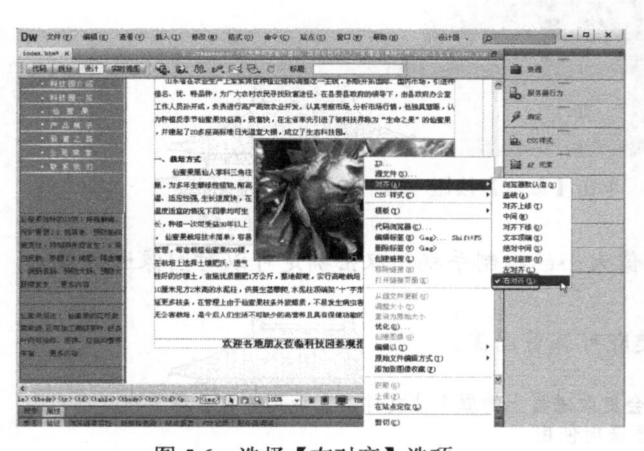

图 5.6　选择【右对齐】选项

图 5.7　效果图

5.2.3 裁剪图像

Dreamweaver CS6 中提供了直接在文档中裁剪图像的功能，不再需要在其他图像编辑软件中进行操作。裁剪图像的具体操作步骤如下。

❶ 打开素材文件 CH05/5.2.3/index.html，如图 5.8 所示。

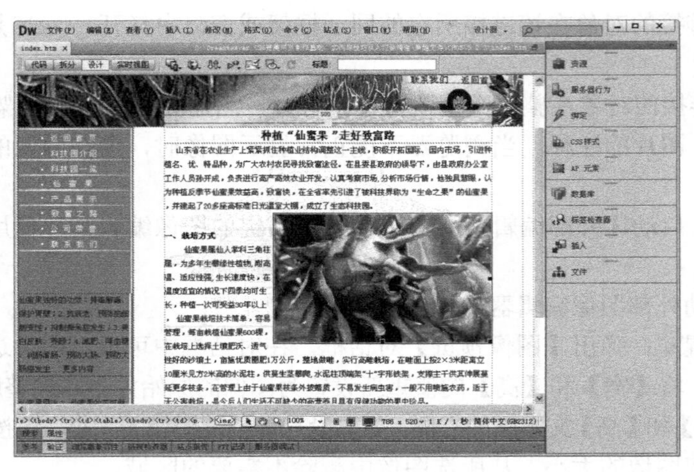

图 5.8 打开素材文件

❷ 选中要裁剪的图像，单击【属性】面板中的【裁剪】按钮，如图 5.9 所示。

图 5.9 单击【裁剪】按钮

❸ 此时在图像的周围会出现调整图像大小的控制手柄，双击确定可以对图像进行裁切，来调整裁剪的区域，如图 5.10 所示。

❹ 调整好裁剪区域后，按<Enter>键即可裁剪图像。

提示 使用 Dreamweaver 裁剪图像时，会更改磁盘上的原图像文件，因此用户可能需要事先备份图像文件，以便在需要恢复到原始图像时使用。

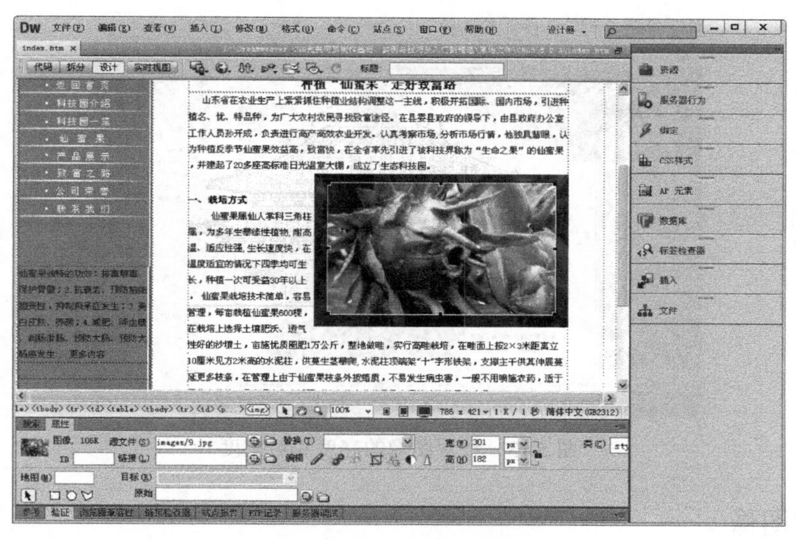

图 5.10　调整裁剪的区域

5.2.4　调整图像的亮度和对比度

调整图像的亮度和对比度的具体操作步骤如下。

❶ 选中要调整亮度和对比度的图像，单击【属性】面板中的【亮度和对比度】按钮，如图 5.11 所示。

❷ 打开【亮度/对比度】对话框，如图 5.12 所示，在对话框中分别拖动【亮度】和【对比度】的滑块，或直接在文本框中输入数值，即能迅速改变图像的亮度和对比度。勾选【预览】前面的复选框，则可看到图像在文档窗口中被调整的效果。

❸ 设置完毕后，单击【确定】按钮，即可调整图像的亮度和对比度。如图 5.13 所示。

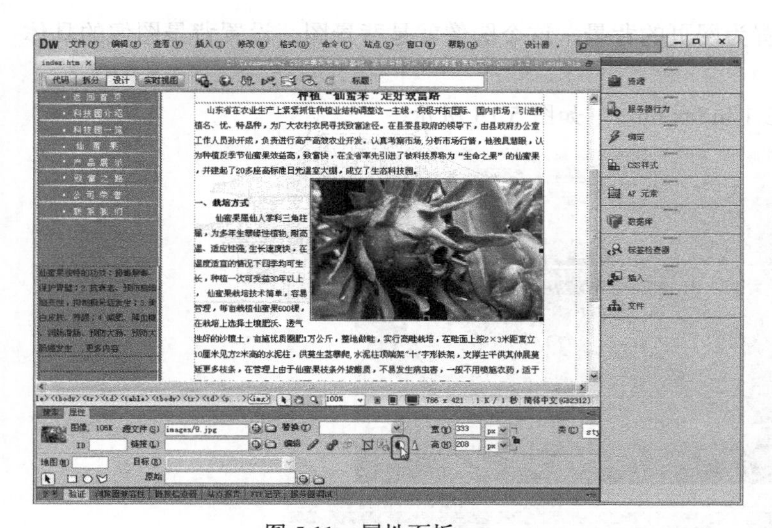

图 5.11　属性面板

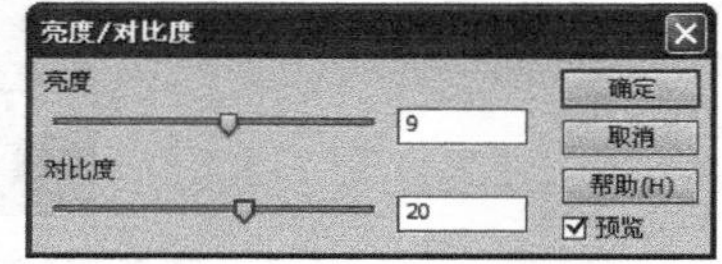

图 5.12　【亮度/对比度】对话框

图 5.13　设置图像的亮度和对比度

5.2.5　锐化图像

锐化图像的具体操作步骤如下。

❶ 选中要锐化的图像，单击【属性】面板中的【锐化】按钮，打开【锐化】对话框，如图 5.14 所示。

❷ 在对话框中拖动【锐化】的滑块，或直接在文本框中输入数值。

❸ 设置完毕后，单击【确定】按钮，即可锐化图像。

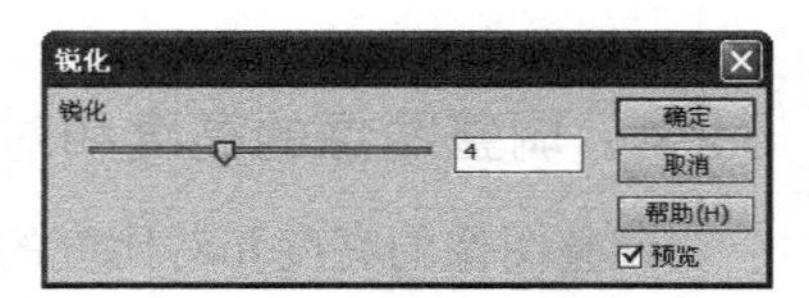

图 5.14 【锐化】对话框

5.3　插入其他网页图像

下面讲述在网页中其他图像的使用，如设置背景图像，插入鼠标经过图像。

5.3.1　背景图像

在网页中，可以把图像设置为网页的背景，这个图像就是背景图。设置背景图像的具体操作步骤如下。

❶ 打开素材文件 CH05/5.3.1/index.html，如图 5.15 所示。

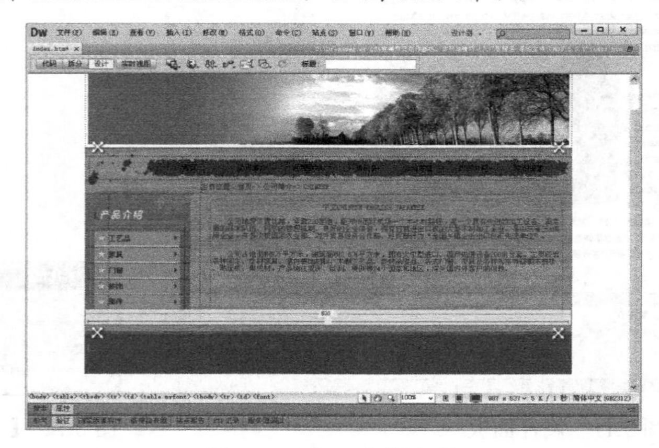

图 5.15　打开素材文件

❷ 选择菜单中的【修改】|【页面属性】命令，打开【页面属性】对话框，在对话框中单击【背景图像】文本框右边的【浏览】按钮，打开【选择图像源文件】对话框，如图 5.16 所示。

❸ 在对话框中选择图像文件 images/back.jpg，单击【确定】按钮，添加到文本框中，如图 5.17 所示。

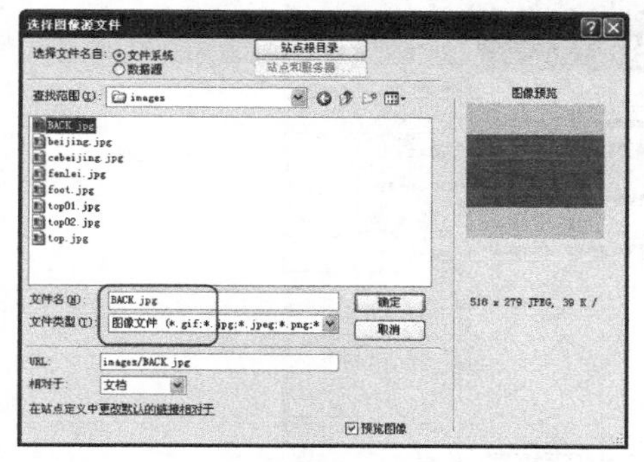

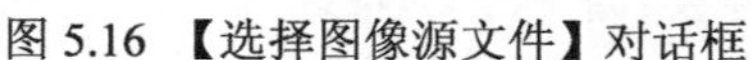

图 5.16 【选择图像源文件】对话框

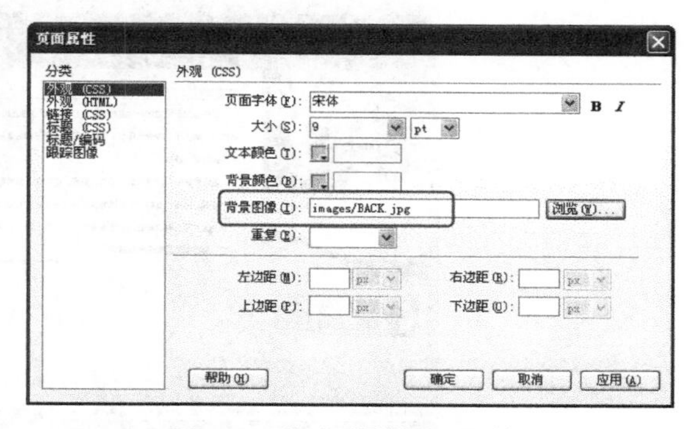

图 5.17 【页面属性】对话框

提示　背景图像要能体现出网站的整体风格和特色，与网页内容和谐统一。一般来说，背景图像的颜色与前景文字的颜色要有一个较强的对比。

❹ 单击【确定】按钮，插入背景图像，如图 5.18 所示。

❺ 保存文档，按<F12>键在浏览器中预览效果，如图 5.19 所示。

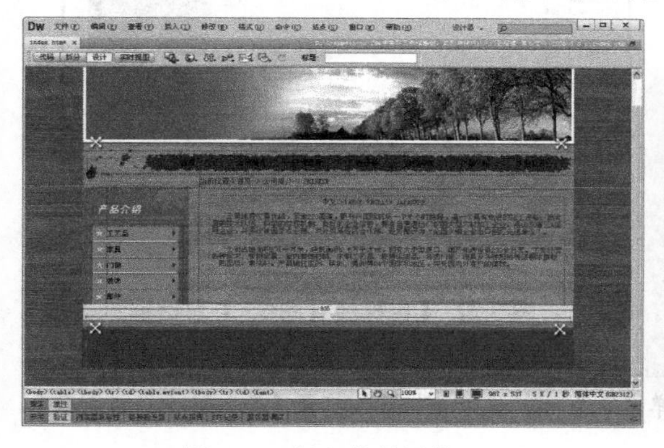

图 5.18 插入背景图像

图 5.19 背景图像效果图

5.3.2 创建鼠标经过图像

鼠标经过图像就是当鼠标经过图像时，原图像会变成另外一张图像。鼠标经过图像其实是由两张图像组成的：原始图像和鼠标经过图像。组成鼠标经过图像的两张图像必须有相同的大小；如果两张图像的大小不同，Dreamweaver 会自动将第 2 张图像的大小调整成与第 1 张同样大小。创建鼠标经过图像的具体操作步骤如下。

❶ 打开素材文件 CH05/5.3.2/index.html，如图 5.20 所示。

❷ 将光标放置在要插入鼠标经过图像的位置，选择菜单中的【插入】|【图像对象】|【鼠标经过图像】命令，打开【插入鼠标经过图像】对话框，在对话框中单击【原始图像】文本框右边的【浏览】按钮，打开【原始图像:】对话框，如图 5.21 所示。

❸ 在对话框中选择图像 images/gd1.gif，单击【确定】按钮，添加到文本框中。单击【鼠标经过图像】文本框右边的【浏览】按钮，打开【鼠标经过图像:】对话框，如图 5.22 所示。

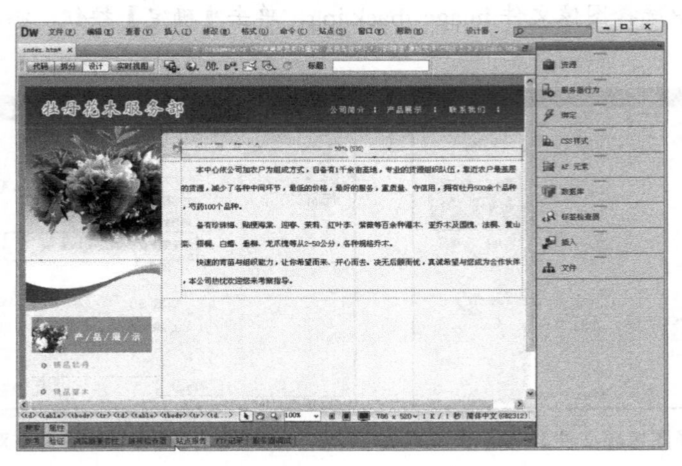

图 5.20　打开素材文件

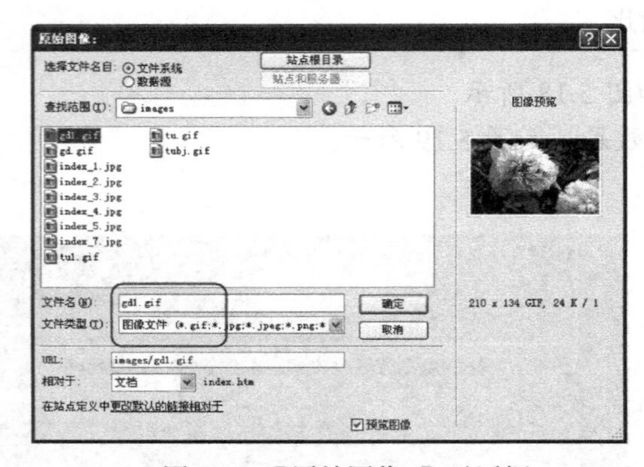

图 5.21 【原始图像:】对话框

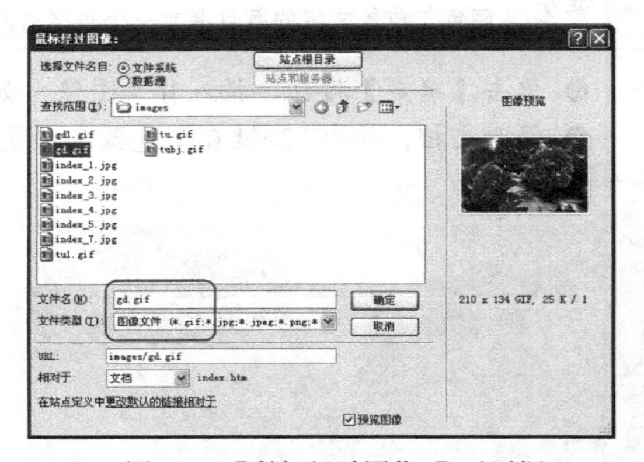

图 5.22 【鼠标经过图像:】对话框

提示　单击【常用】插入栏中的按钮，在弹出的菜单中选择按钮，打开【插入鼠标经过图像】对话框，插入鼠标经过图像。

❹ 在对话框中选择图像 images/gd.gif，单击【确定】按钮，添加到文本框中，勾选【预载鼠标经过图像】复选框，如图 5.23 所示。

❺ 单击【确定】按钮，插入鼠标经过图像，将【对齐】设置为右对齐，如图 5.24 所示。

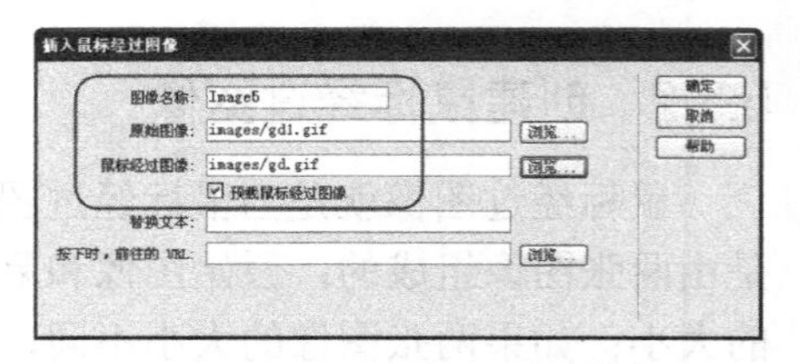

图 5.23 【插入鼠标经过图像】对话框

【插入鼠标经过图像】对话框的参数如下。

- 【图像名称】：给鼠标经过图像起的名称。
- 【原始图像】：初始状态下显示的图像。
- 【鼠标经过图像】：当鼠标经过图片时显示的图像。
- 【替换文本】：当图像没有显示出来时所显示的文字。

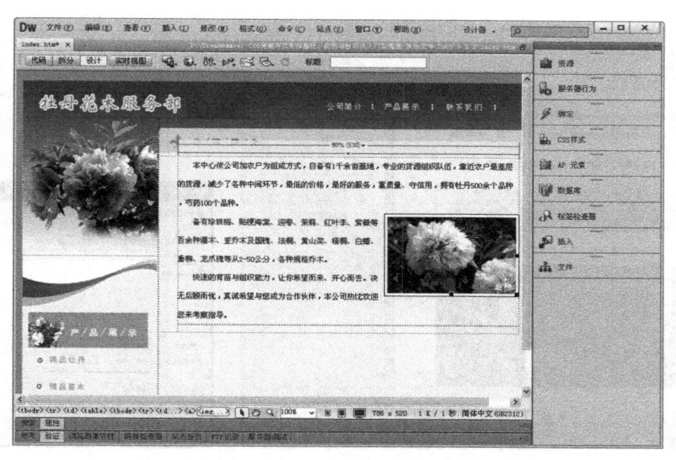

图 5.24　插入鼠标经过图像

● 【按下时，前往的 URL】：当鼠标单击图片后所链接到的位置，可以是本站点内的某个网页、E-mail 地址或其他网站。

❻ 保存文档，按<F12>键在浏览器中预览效果，鼠标经过前的图像如图 5.25 所示，鼠标经过后的图像如图 5.26 所示。

图 5.25　鼠标经过前

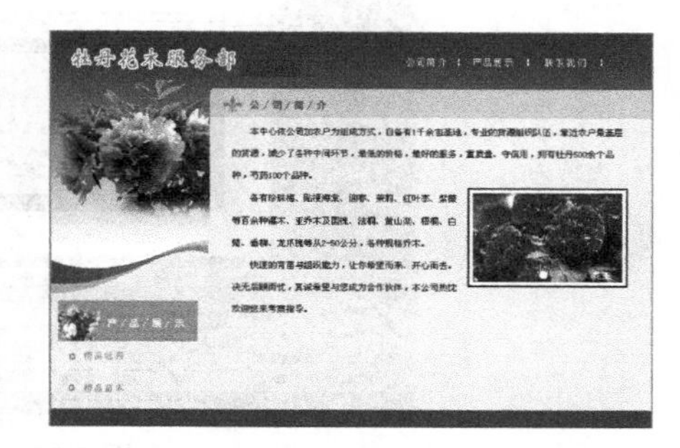

图 5.26　鼠标经过后

5.4　添加 Flash 影片

Flash 是一个非常成功的产品，在以前的 Web 页面中所有的动态视频元素不是视频就是 GIF 动画，现在已经转化为使用 Flash 动画了。所以 Flash 影片在页面中的置入是非常重要的。

Flash 动画是在专门的 Flash 软件中完成的，在 Dreamweaver 中能将现有的 Flash 动画插入到文档中。在 Dreamweaver 中插入 Flash 影片的具体操作步骤如下。

❶ 打开素材文件 CH05/5.4/index.html，如图 5.27 所示。

❷ 将光标放置在要插入 Flash 影片的位置，选择菜单中的【插入】|【媒体】|【SWF】命令，打开【选择文件】对话框，在对话框中选择 jiud.swf，如图 5.28 所示。

❸ 单击【确定】按钮，插入 Flash 影片，如图 5.29 所示。

提示　单击【常用】插入栏中的媒体按钮，在弹出的菜单中选择 SWF 选项，弹出【选择 SWF】对话框，插入 SWF 影片。

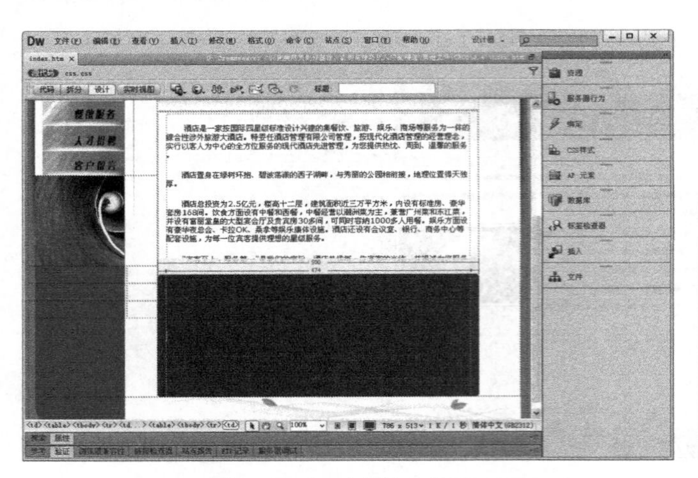

图 5.27　打开素材文件

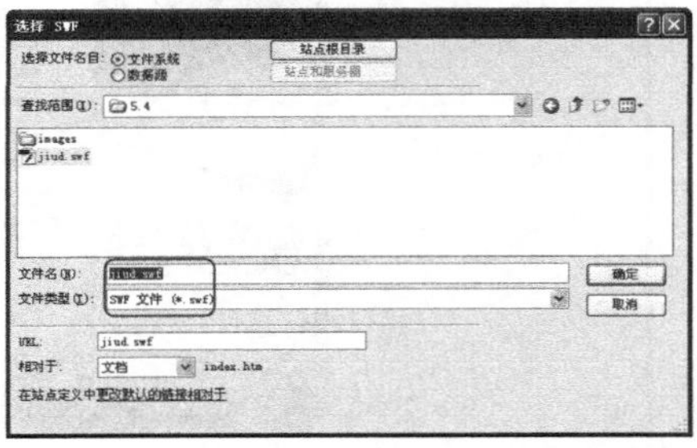

图 5.28　【选择文件】对话框

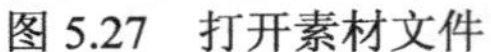

图 5.29　插入 Flash 影片

SWF 属性面板的各项设置如下。

- SWF 文本框：输入 SWF 动画的名称。
- 【宽】和【高】：设置文档中 SWF 动画的尺寸，可以输入数值改变其大小，也可以在文档中拖动缩放手柄来改变其大小。
- 【文件】：指定 SWF 文件的路径。
- 【背景颜色】：指定影片区域的背景颜色。在不播放影片时（在加载时和在播放后）也显示此颜色。
- 【类】：可用于对影片应用 CSS 类。
- 【循环】：勾选此复选框可以重复播放 SWF 动画。
- 【自动播放】：勾选此复选框，当在浏览器中载入网页文档时，自动播放 SWF 动画。
- 【垂直边距和水平边距】：指定动画边框与网页上边界和左边界的距离。
- 【品质】：设置 SWF 动画在浏览器中的播放质量，包括【低品质】、【自动低品质】、【自动高品质】和【高品质】4 个选项。

- 【比例】：设置显示比例，包括【全部显示】、【无边框】和【严格匹配】3 个选项。
- 【对齐】：设置 SWF 在页面中的对齐方式。
- 【Wmode】：为 SWF 文件设置 Wmode 参数以避免与 DHTML 元素（例如 Spry 构件）相冲突。默认值是【不透明】，这样在浏览器中，DHTML 元素就可以显示在 SWF 文件的上面。如果 SWF 文件包括透明度，并且希望 DHTML 元素显示在它们的后面，则选择【透明】选项。
- 【播放】：在【文档】窗口中播放影片。
- 【参数】：打开一个对话框，可在其中输入传递给影片的附加参数。影片必须已设计好，可以接收这些附加参数。

❹ 保存文档，按<F12>键在浏览器中预览效果，如图 5.30 所示。

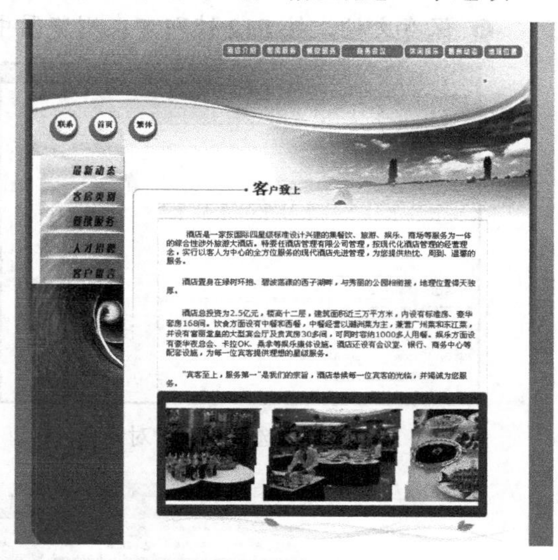

图 5.30 插入 Flash 影片效果图

5.5 插入视频文件

随着宽带技术的发展和推广，出现了许多视频网站。越来越多的人选择观看在线视频，在网上可以进行视频聊天、在线看电影等，具体操作步骤如下。

❶ 打开素材文件 CH05/5.5/index.html，将光标置于要插入视频的位置，如图 5.31 所示。

❷ 选择菜单中的【插入】|【媒体】|【FLV】命令，弹出【插入 FLV】对话框，在对话框中单击 URL 后面的【浏览】按钮，如图 5.32 所示。

图 5.31 打开素材文件

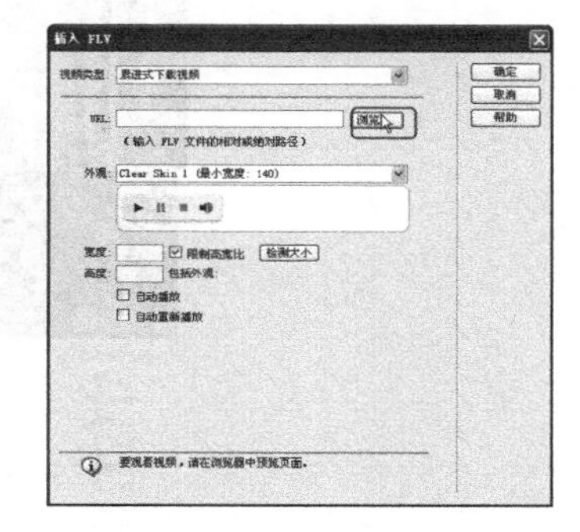

图 5.32 【插入 FLV】对话框

❸ 弹出【选择 FLV】对话框，在对话框中选择视频文件 shipin.flv，如图 5.33 所示。

❹ 单击【确定】按钮，返回到【插入 FLV】对话框，在对话框中进行相应的设置，如图 5.34 所示。

❺ 单击【确定】按钮，插入视频，如图 5.35 所示。

❻ 保存文档，按 F12 键即可在浏览器中预览效果，如图 5.36 所示。

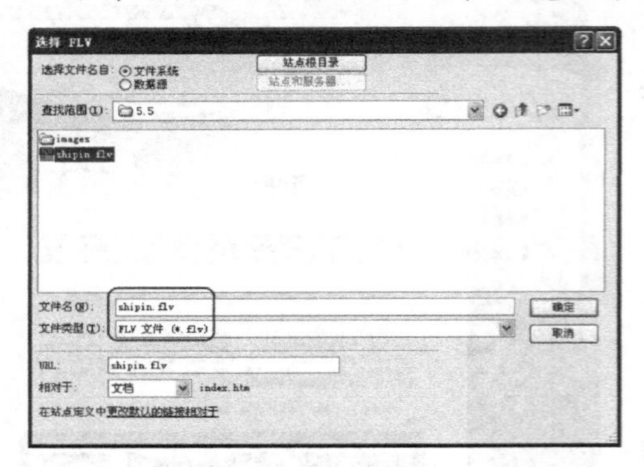

图 5.33 【选择 FLV】对话框

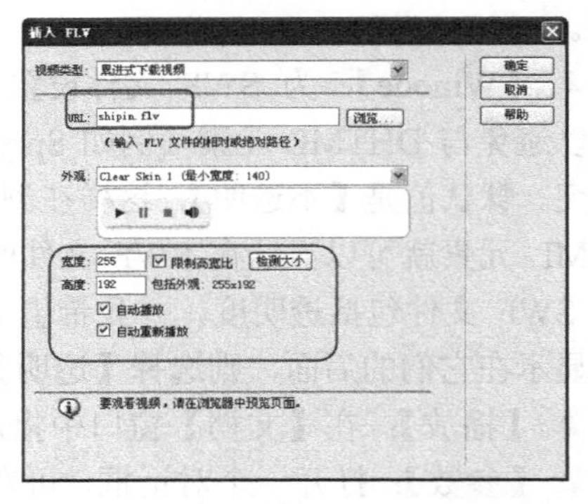

图 5.34 【插入 FLV】对话框

图 5.35 插入视频

图 5.36 预览效果

5.6 插入其他媒体对象

在 Dreamweaver 中不仅可以插入 Flash 影片、Flash 按钮、Flash 文本和视频，还可以插入 Shockwave 影片、Java 小程序和 ActiveX 控件。下面分别进行讲述。

5.6.1 插入 Shockwave 影片

Shockwave 多媒体格式是一种用于在 Web 上进行媒体交互的标准，它采用压缩的格式，可以使用 Macromedia Director 所创建的媒体软件快速下载，并能够在大多数浏览器中播放。插入 Shockwave 影片的具体操作步骤如下。

❶ 打开素材文件 CH05/5.6.1/index.html，如图 5.37 所示。

❷ 将光标放置在要插入 Shockwave 影片的位置，选择菜单中的【插入】|【媒体】|【Shockwave】命令，打开【选择文件】对话框，在对话框中选择 xihu.swf，如图 5.38 所示。

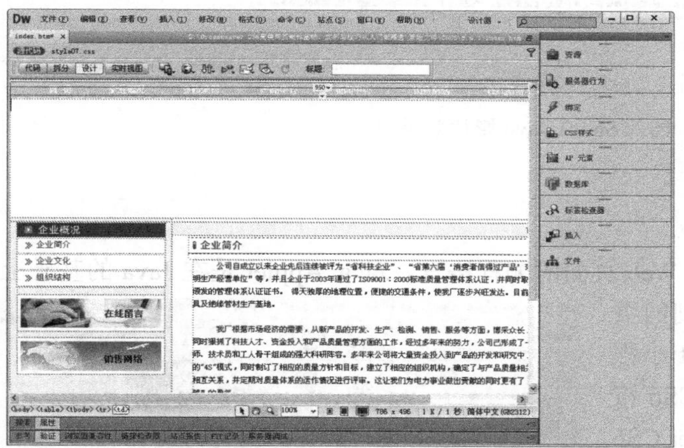

图 5.37 打开素材文件

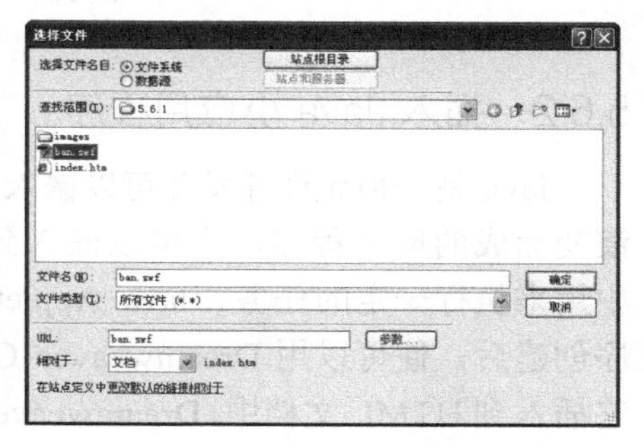

图 5.38 【选择文件】对话框

❸ 单击【确定】按钮，插入 Shockwave 影片，如图 5.39 所示。

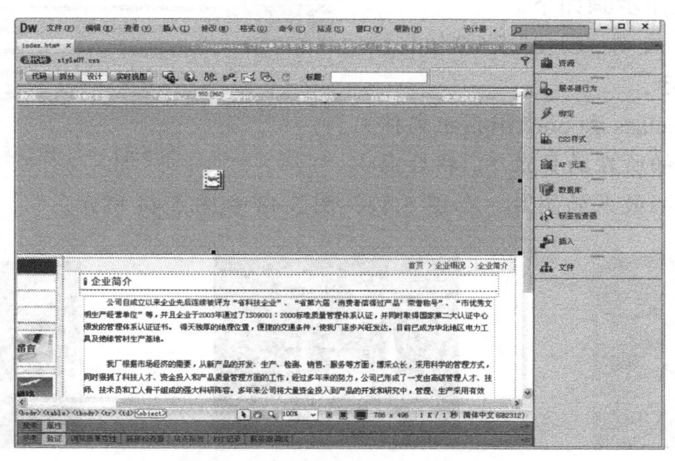

图 5.39 插入 Shockwave 影片

提示　单击【常用】插入栏中的按钮，在弹出的菜单中选择 Shockwave 选项，打开【选择文件】对话框，插入 Shockwave 影片。

❹ 保存文档，按<F12>键在浏览器中预览效果，如图 5.40 所示。

图 5.40　插入 Shockwave 影片效果图

5.6.2　插入 Java 小应用程序

Java 是一种允许开发并可以嵌入 Web 页面的编程语言。Java Applet 是在 Java 的基础上演变而成的应用程序，它可以嵌入到网页中用来执行一定的任务。Java Applet 小程序创建后，便可以用 Dreamweaver CS6 将它插入到 HTML 文档中。Dreamweaver CS6 使用<applet>标签来标识对小程序文件的引用。下面讲述利用 Java 小程序制作翻书动画效果，具体操作步骤如下。

❶ 打开素材文件 CH05/5.6.2/index.htm，如图 5.41 所示。

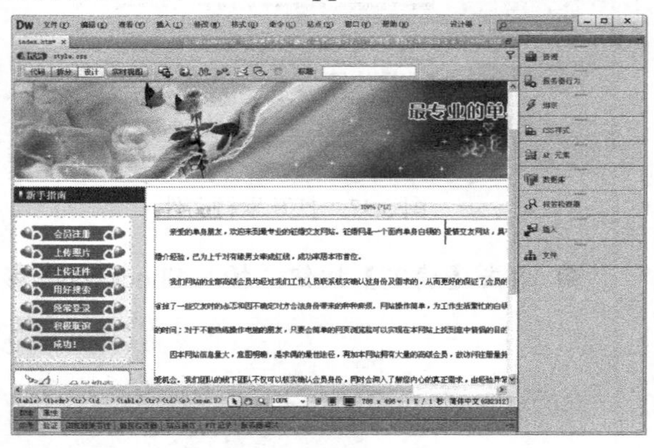

图 5.41　打开素材文件

❷ 将 bookflip.class 和 bookflip.jar 文件复制到当前网页文档所在的目录下。然后准备好 3 幅要制作翻书效果的图片，如图 5.42、图 5.43 和图 5.44 所示。

图 5.42　图片 1

图 5.43　图片 2

图 5.44　图片 3

❸ 将光标放置在要插入 Java 小程序的位置，切换到代码视图，在相应的位置输入以下代码，如图 5.45 所示。

```
<applet code="bookflip.class" width="208" height="165" hspace="0" vspace="0"
 align="right" archive="bookflip.jar">
       <param name="credits" value="applet by fabio ciucci (www.anyts.com)">
       <param name="regcode" value="no">;注册码  如果您有的话
       <param name="regnewframe" value="yes">;在新框架中启动注册连接
       <param name="regframename" value="_blank"> ;注册连接的新框架名称
       <param name="res" value="1">;解析度(1-8)
       <param name="image1" value="images/fanshu1.gif">;载入图像 1
       <param name="image2" value="images/fanshu2.gif">;载入图像 2
       <param name="image3" value="images/fanshu3.gif">;载入图像 3
      <param name="link1" value="http://www.1.com">;连接 1
      <param name="link2" value="http://www.1.com">;连接 2
      <param name="link3" value="http://www.1.com">;连接 3
      <param name="statusmsg1" value="www.1.com">;图像 1 的状态条信息
      <param name="statusmsg2" value="www.1.com">;图像 2 的状态条信息
      <param name="statusmsg3" value="www.1.com">;图像 3 的状态条信息
      <param name="flip1" value="4">;图像 1 反转效果(0 .. 7)
     <param name="flip2" value="2">;图像 2 反转效果(0 .. 7)
     <param name="flip3" value="7">;图像 3 反转效果(0 .. 7)
     <param name="speed" value="4">;褪色速度(1-255)
     <param name="pause" value="1000">;暂停(值 = 毫秒)
     <param name="extrah" value="80">;附加高度 (applet w. - 图像 w)
     <param name="flipcurve" value="2">;反转曲线(1 .. 10)
     <param name="shading" value="0">;阴影(0 .. 4)
     <param name="backr" value="255">;背景色中的红色(0 .. 255)
     <param name="backg" value="255">;背景色中的绿色(0 .. 255)
     <param name="backb" value="255">;背景色中的蓝色(0 .. 255)
     <param name="overimg" value="no">;遮盖 applet 的可选图像
     <param name="overimgx" value="0">;遮盖图像的 x 轴偏移
     <param name="overimgy" value="0">;遮盖图像的 y 轴偏移
     <param name="memdelay" value="1000">;释放风存的延缓时间
    <param name="priority" value="3"> ;任务优先权(1..10)
    <param name="minsync" value="10">;最小毫秒/画面同步时间 对不起，您的浏览器不支持
java ;对不支持 java(tm)的浏览器的提示信息
   </applet>
```

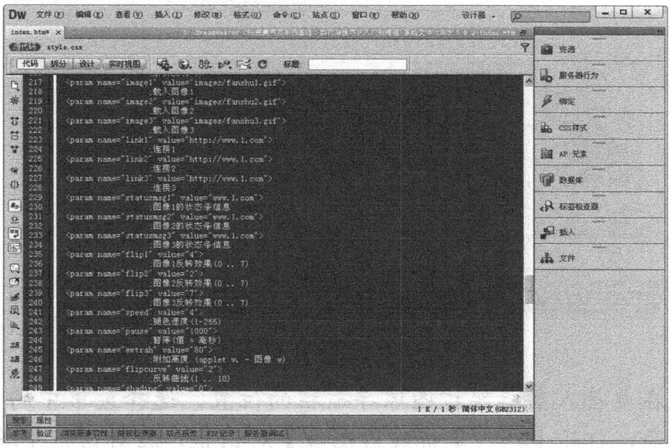

图 5.45　输入代码

❹ 保存文档，按<F12>键在浏览器中预览效果，如图 5.46 所示。

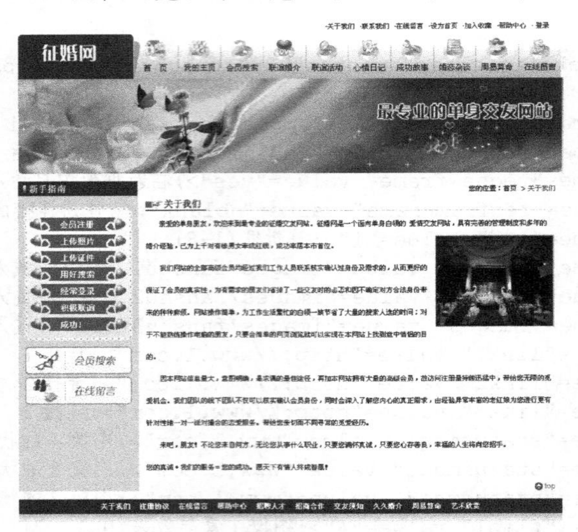

图 5.46　制作翻书动画效果图

5.7　实战演练

本章主要讲述了图像的基本操作、添加 Flash 影片、插入视频文件和插入其他媒体对象。下面通过两个例子进一步巩固所学知识。

5.7.1　实例 1——创建鼠标经过图像导航栏

创建鼠标经过图像最常用的是在网站的导航栏中，具体操作步骤如下。

❶ 打开素材文件 CH05/5.7.1/index.html，如图 5.47 所示。

图 5.47　打开素材文件

❷ 将光标放置在要插入鼠标经过图像导航栏的位置，选择菜单中的【插入】|【图像】|【鼠标经过图像】命令，打开【插入鼠标经过图像】对话框，在对话框中单击【原始图像】文本框右边的【浏览】按钮，打开【原始图像:】对话框，如图 5.48 所示。

❸ 在对话框中选择图像 images/1.gif，单击【确定】按钮，添加到文本框中。单击【鼠标经过图像】文本框右边的【浏览】按钮，打开【鼠标经过图像:】对话框，如图 5.49 所示。

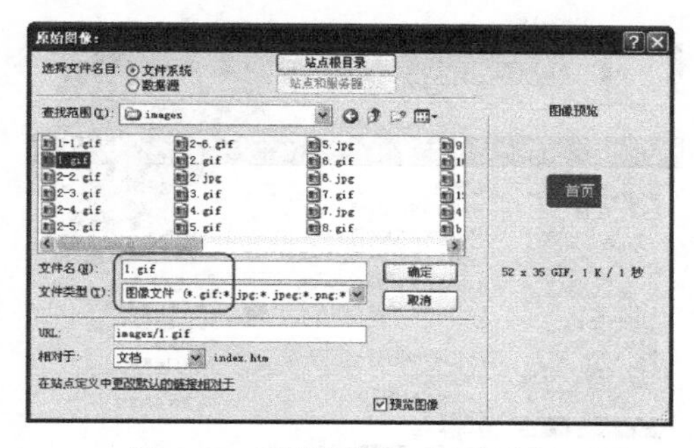

图 5.48 【原始图像:】对话框

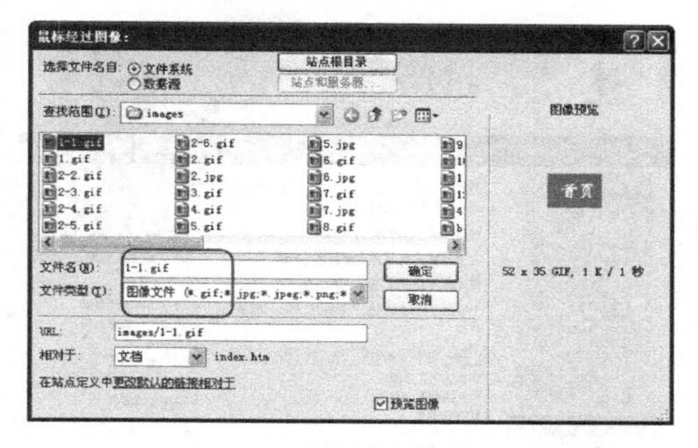

图 5.49 【鼠标经过图像:】对话框

❹ 在对话框中选择图像 images/1-1.gif，单击【确定】按钮，添加到文本框中，勾选【预载鼠标经过图像】复选框，如图 5.50 所示。

❺ 单击【确定】按钮，插入鼠标经过图像，如图 5.51 所示。

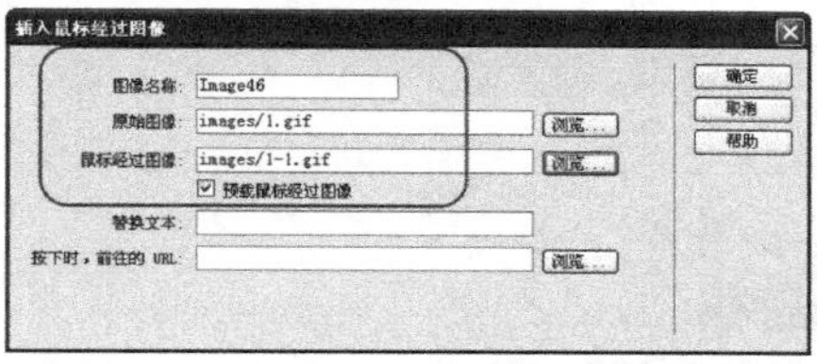

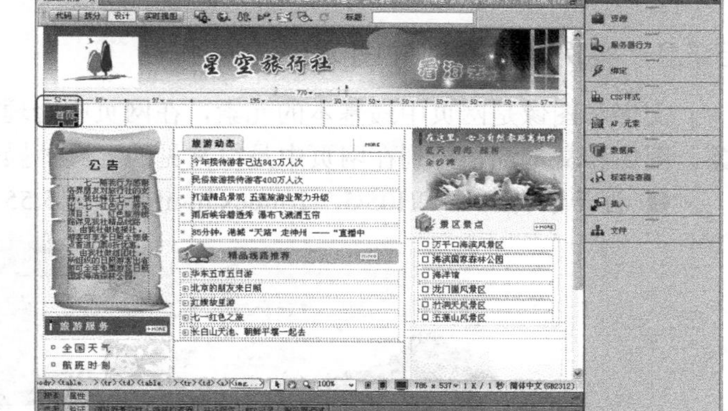

图 5.50 【插入鼠标经过图像】对话框

图 5.51 插入鼠标经过图像导航

❻ 按照步骤 2～4 的方法在其他单元格中插入鼠标经过图像，如图 5.52 所示。

图 5.52 插入其他鼠标经过图像

❼ 保存文档，按<F12>键在浏览器中预览效果，鼠标经过前的图像如图 5.53 所示，鼠标经过后的图像如图 5.54 所示。

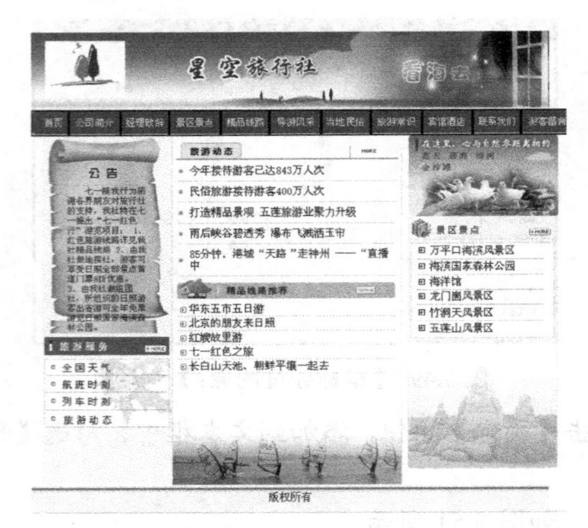

图 5.53　鼠标经过前

图 5.54　鼠标经过后

5.7.2　实例 2——创建图文混和网页

文字和图像是网页中最基本的元素，在网页中合理的插入图像就使得网页更加生动、形象。图像和文本混和排列在网页中是很常见的，具体操作步骤如下。

❶ 打开素材文件 CH05/5.7.2/index.html，如图 5.55 所示。

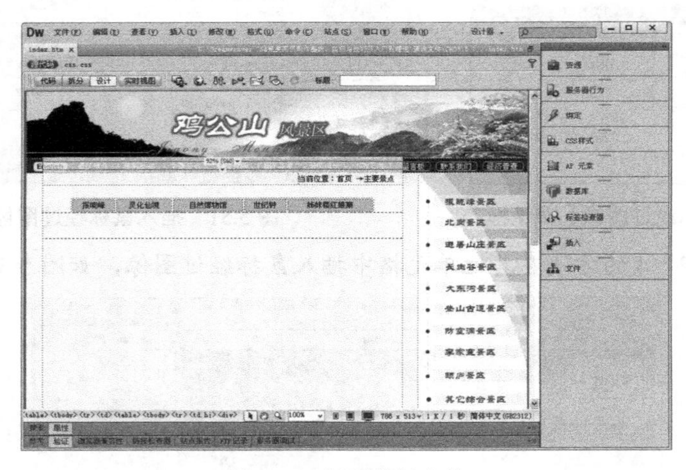

图 5.55　打开素材文件

❷ 将光标放置在要输入文字的位置，输入文字，如图 5.56 所示。

❸ 将光标放置在文字中相应的位置，选择菜单中的【插入】|【图像】命令，打开【选择图像源文件】对话框，在对话框中选择图像 images/bxf-1.jpg，如图 5.57 所示。

❹ 单击【确定】按钮，插入图像，如图 5.58 所示。

❺ 选中插入的图像，单击鼠标右键，在弹出的菜单中选择【对齐】|【左对齐】选项，将【对齐】设置为【左对齐】，如图 5.59 所示。

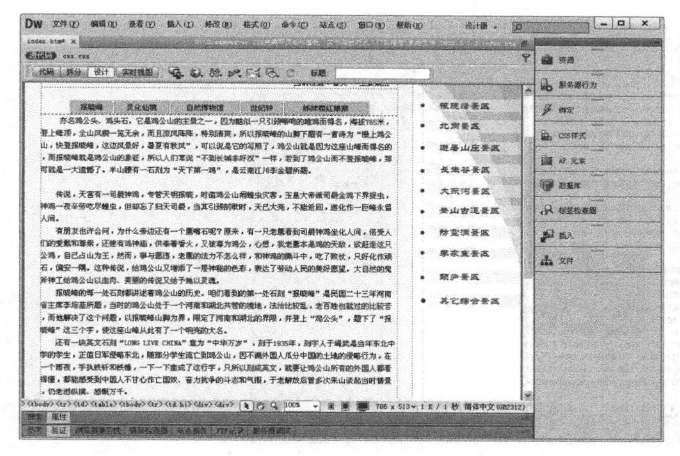

图 5.56　输入文字

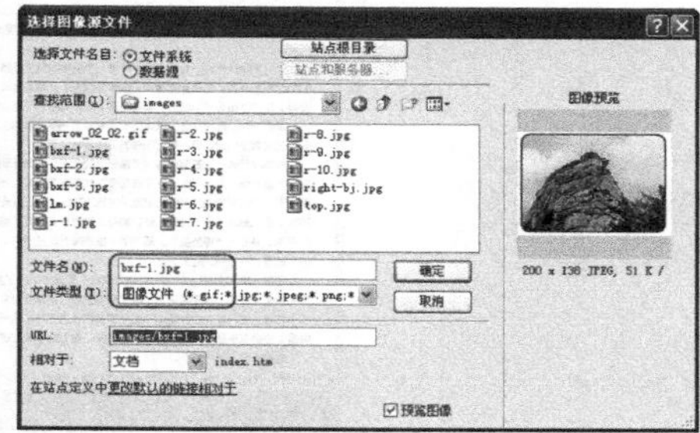

图 5.57　【选择图像源文件】对话框

图 5.58　插入图像

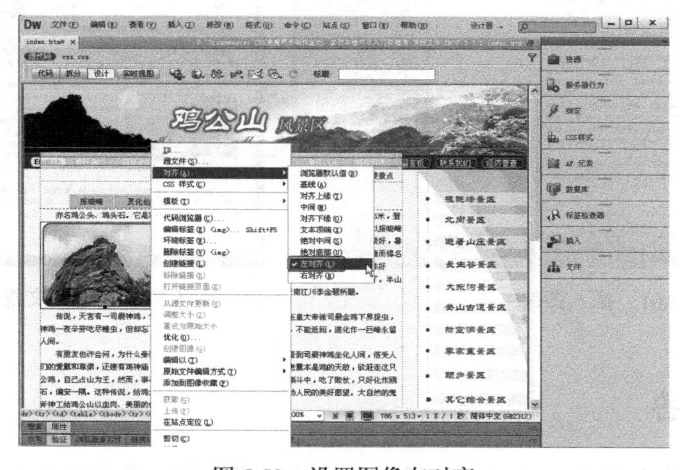

图 5.59　设置图像左对齐

❻ 将光标放置在文字中相应的位置，选择菜单中的【插入】|【图像】命令，插入图像 images/bxf-2.jpg，将图像设置为右对齐，如图 5.60 所示。

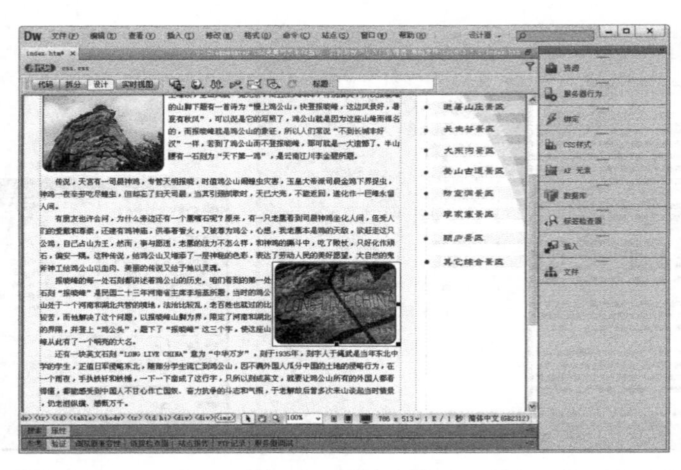

图 5.60 插入图像

❼ 将光标放置在文字中相应的位置，选择菜单中的【插入】|【图像】命令，插入图像images/bxf-3.jpg，将图像设置为左对齐，如图 5.61 所示。

❽ 保存文档，按<F12>键在浏览器中预览效果，如图 5.62 所示

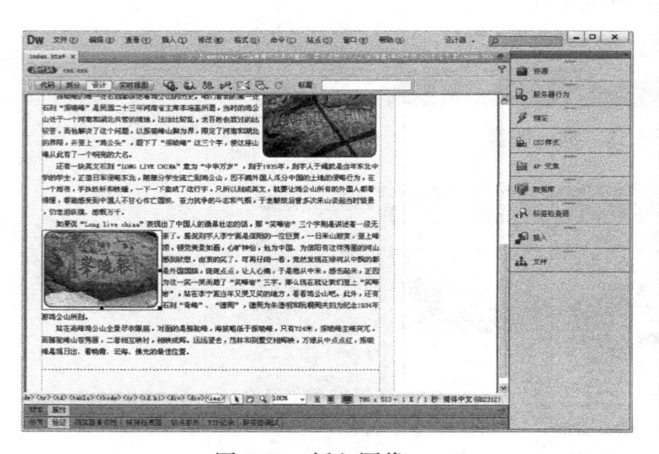

图 5.61 插入图像

图 5.62 创建图文混和网页效果图

5.8 技巧与问答

图像和文本一样是网页中重要的元素，合理使用图像可以增强网页的丰富性和观赏性，它具有强大的视觉冲击力，能够吸引越来越多的眼球，制作精巧、设计合理的图像能够增加浏览者浏览网页的兴趣和动力。

第 1 问　如何给网页图像添加边框

选中要设置边框的图像，在【属性】面板中的【边框】文本框中输入一定的数值，可以给图像添加相应宽度的边框。

第 2 问　为什么设置的背景图像不显示

在表格中的单元格中单击鼠标左键，从【属性】面板中可以看到设置的背景图文件，而且在 Dreamweaver 中显示也是正常的，启动 IE 浏览这个页面，背景图却看不到。

这时返回到 Dreamweaver 中，查看光标所在处的代码，会发现 background 设置在<tr>标签中。在 IE 中表格的背景不能设置在<tr>中，只能放在<td>中。将背景代码移到<td>中，保存文档后，再浏览，背景图就能正常显示了。

第 3 问　如何制作当鼠标移到图片上时会自动出现该图片的说明文字

选中要设置的图片，在【属性】面板中的【替换】文本框中输入说明文字，在浏览时，当鼠标移到图片上时会自动出现输入的说明文字。

第 4 问　如何调整图片与文字的间距

在设置了文字和图片的对齐方式后，有时还需要设置文字与图片之间的间距，这时只要选中图像，在【属性】面板中的【垂直边距】和【水平边距】文本框中输入一定的数值即可。

第 5 问　如何把网页中的 Flash 背景设置为透明

使用 Dreamweaver 可以在网页中插入 Flash 动画，利用在<embed>标签内插入代码 wmode=transparent 可以设置透明 Flash 背景。把网页中的 Flash 背景设置为透明的具体操作步骤如下。

❶ 打开素材文件 CH05/技巧 5/index.html，选中插入的 Flash，在【属性】面板中单击【播放】按钮，播放 Flash 文件，如图 5.63 所示。

图 5.63　播放 Flash 文件

❷ 单击【停止】按钮，然后切换到代码视图，在<object>标签中输入代码<param name="wmode" value="transparent">，如图 5.64 所示。

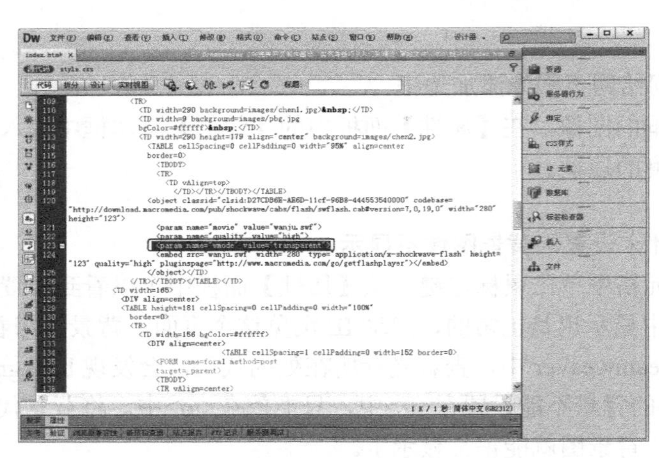

图 5.64　输入代码

❸ 在<embed>标签内输入代码 wmode=transparent，如图 5.65 所示。

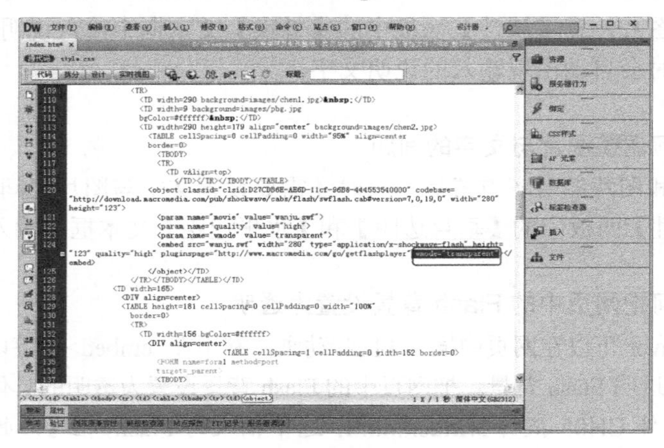

图 5.65　输入代码

❹ 保存文档，按<F12>键在浏览器中预览效果，如图 5.66 所示。

图 5.66　Flash 背景透明效果图

第 6 问　如何在网页中插入背景音乐

带背景音乐的网页可以增加吸引力，不但可以使用代码提示实现，也可以利用插件来实现，下面对这两种方法分别进行讲述。

1．使用代码提示插入背景音乐

通过代码提示，可以在代码视图中插入代码。在输入某些字符时，将显示一个列表，列出完成条目所需要的各个选项。使用代码提示插入背景音乐的具体操作步骤如下。

❶ 选择菜单中的【编辑】|【首选参数】命令，打开【首选参数】对话框，在对话框中的【分类】列表框中选择【代码提示】选项，勾选所有的复选框，并将【延迟】设置为 0，如图 5.67 所示。

❷ 单击【确定】按钮。打开素材文件 CH05/技巧 6/01/index.html，如图 5.68 所示。

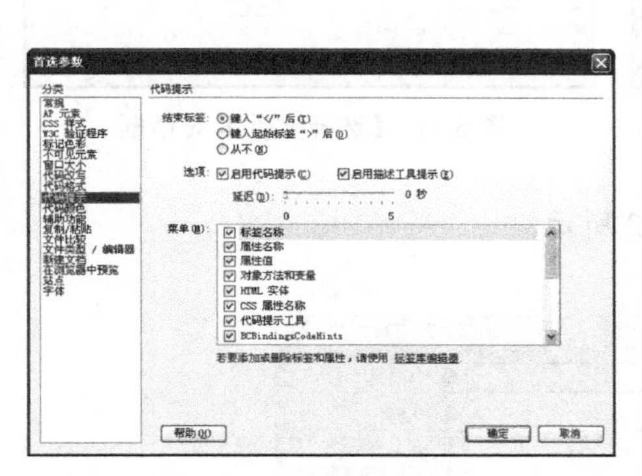

图 5.67　【首选参数】对话框

图 5.68　打开素材文件

❸ 切换到代码视图，在<body>标签后面输入“<”以显示代码提示列表，在显示的代码提示列表中选择标签 bgsound，如图 5.69 所示。

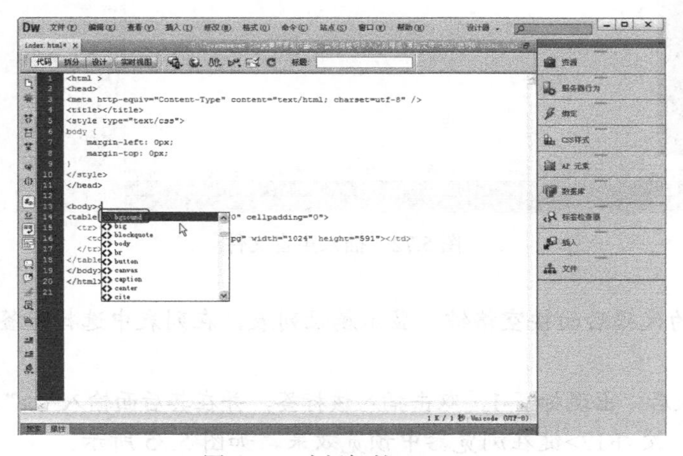

图 5.69　选择标签 bgsound

❹ 双击并插入，如果该标签支持属性，则按空格键以显示该标签的属性列表，在弹出的列表中选择标签 src，如图 5.70 所示。

❺ 双击并插入后，会自动出现【浏览】字样，单击【浏览】字样，打开【选择文件】对话框，在对话框中选择声音文件 shengyin.mp3，如图 5.71 所示。

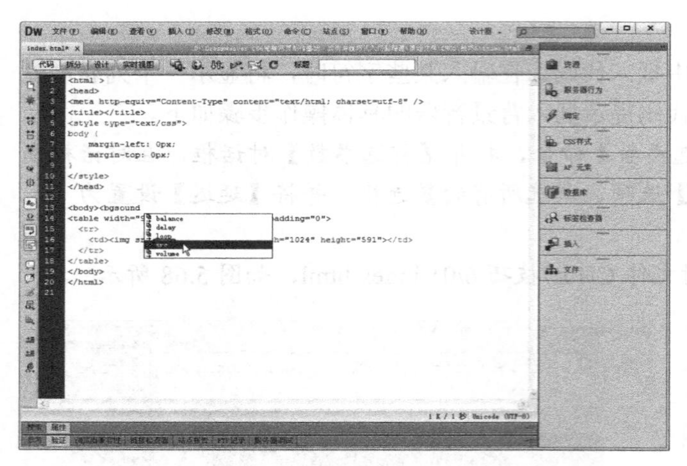

图 5.70 选择标签 src　　图 5.71 【选择文件】对话框

❻ 单击【确定】按钮，插入声音文件，如图 5.72 所示。

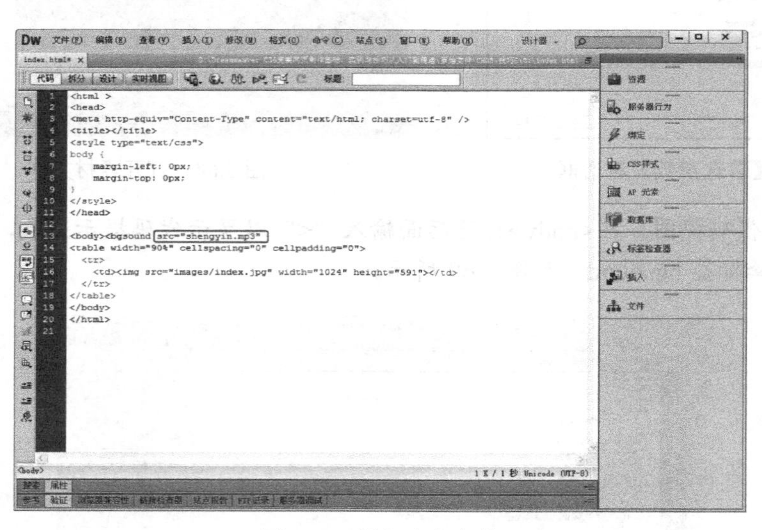

图 5.72 插入声音文件

❼ 在新插入的代码后面按空格键，显示属性列表，在列表中选择标签 loop，如图 5.73 所示。

❽ 双击并插入后，出现标签-1，双击插入该标签，并在其后面输入 “>”，如图 5.74 所示。

❾ 保存文档，按<F12>键在浏览器中预览效果，如图 5.75 所示。

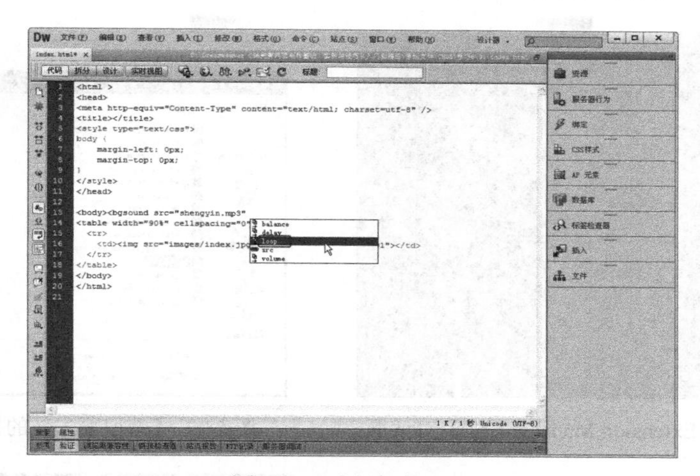

图 5.73　选择标签 loop

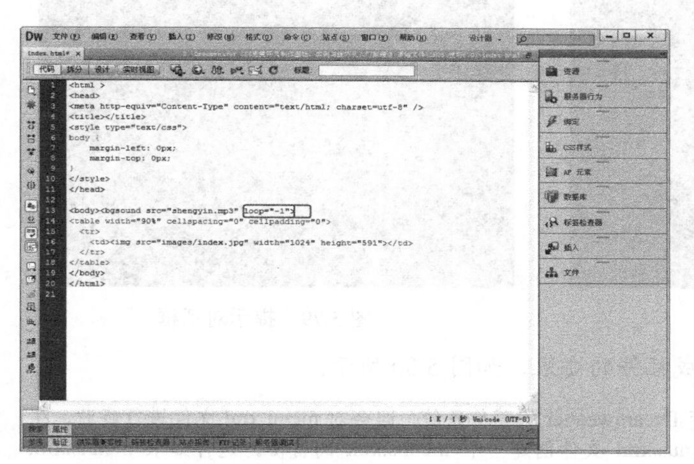

图 5.74　输入“>”

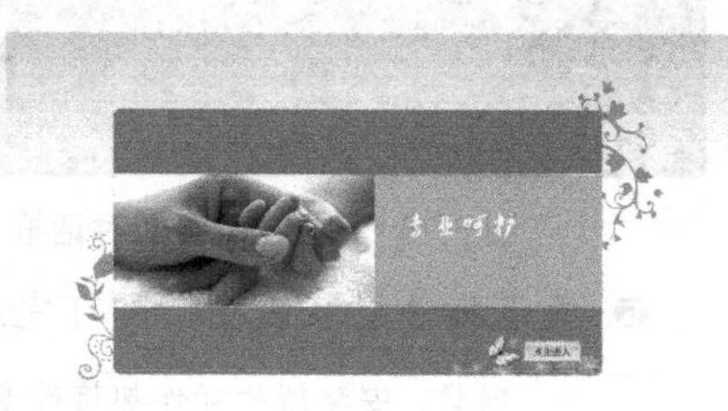

图 5.75　使用代码提示插入背景音乐效果图

2．使用插件插入背景音乐

安装插件的具体操作步骤如下。

❶ 选择菜单中的【开始】|【所有程序】|【Adobe】|【Adobe Extension Manager CS6】命令，打开【Adobe Extension Manager CS6】对话框，如图 5.76 所示。

❷ 单击【安装新扩展】按钮，打开【选取要安装的扩展】对话框，如图 5.77 所示。在对话框中选取要安装的扩展包文件（.mxp）或者插件信息文件（.mxi），单击“打开”按钮，也可以直接双击扩展包文件，自动启动扩展管理器进行安装。

❸ 打开【安装声明】对话框，单击【接受】按钮，继续安装插件，如图 5.78 所示。如果已经安装了另一个版本（较旧或较新，甚至相同版本）的插件，扩展管理器会询问是否替换已安装的插件，单击【是】按钮，将替换已安装的插件。

❹ 打开“提示”对话框，单击“安装”按钮，如图 5.79 所示。

提示　选择菜单中的【命令】|【扩展管理】命令，打开【Adobe Extension Manager CS6】对话框。

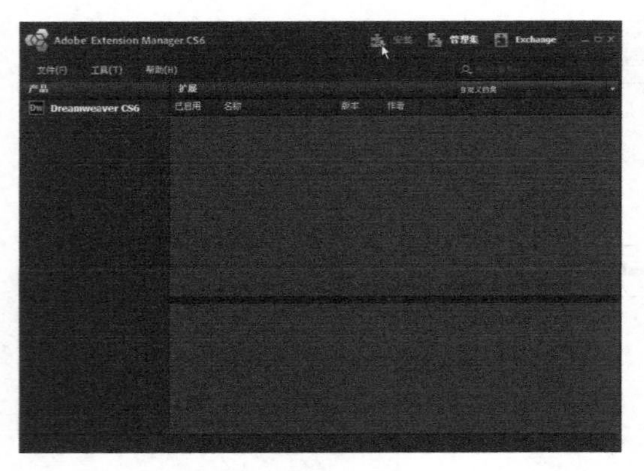

图 5.76 【Adobe Extension Manager CS6】对话框

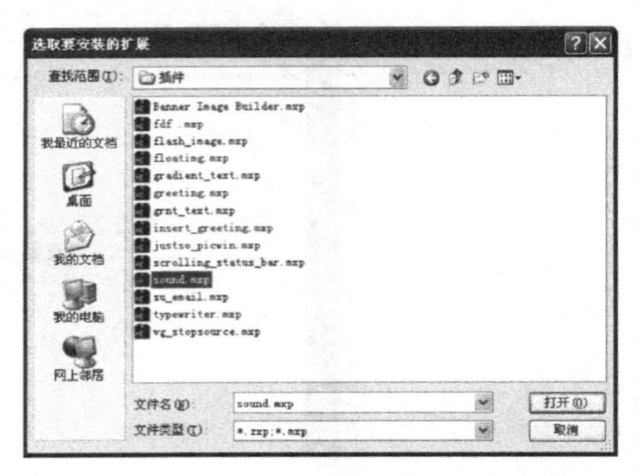

图 5.77 【选取要安装的扩展】对话框

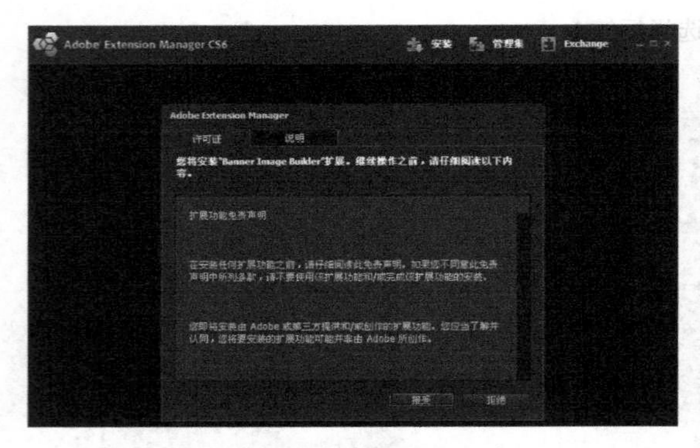

图 5.78 【安装声明】对话框

图 5.79 提示对话框

❺ 提示插件安装成功，即可完成插件的安装，如图 5.80 所示。

提示 通常，安装新的插件都将改变 Dreamweaver 的菜单系统，即会对 menu.xml 文件进行修改，在安装时，扩展管理器会为 menus.xml 文件创建一个 meuns.xbk 的备份。这样如果 meuns.xml 文件再被一个插件意外地破坏，就可以用 meuns.xbk 替换 meuns.xml 将菜单系统恢复为先前的状态。

❻ 单击【确定】按钮，插件安装成功。打开素材文件 CH05/技巧 6/02/index.html，如图 5.81 所示。

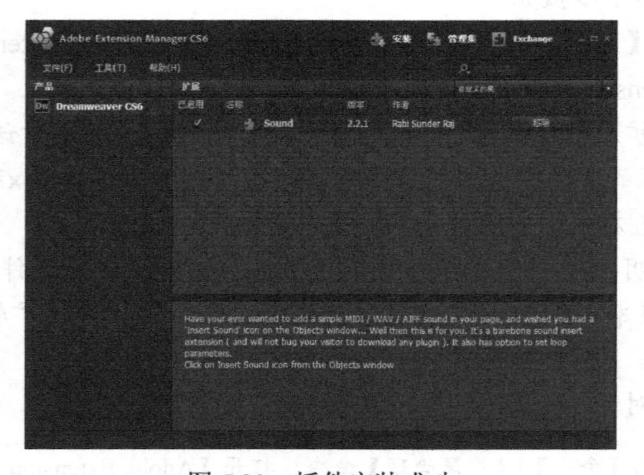

图 5.80 插件安装成功

图 5.81　打开素材文件

❼ 单击【常用】插入栏中的按钮，打开【Sound】对话框，在对话框中单击Browse按钮，打开【选择文件】对话框，在对话框中选择声音文件 music_43.WAV，如图 5.82 所示。

❽ 单击【确定】按钮，添加到文本框中，如图 5.83 所示。

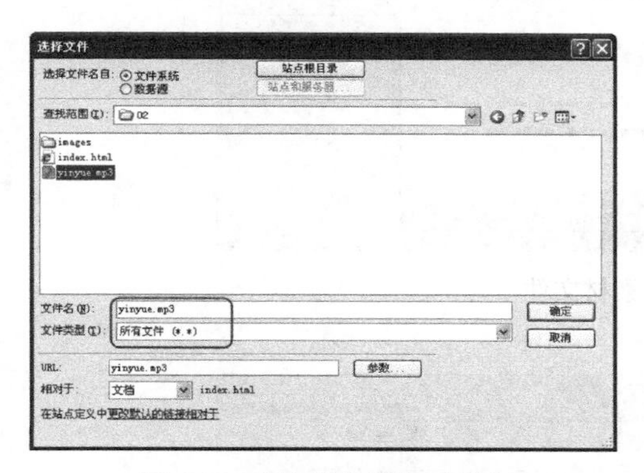

图 5.82　【选择文件】对话框

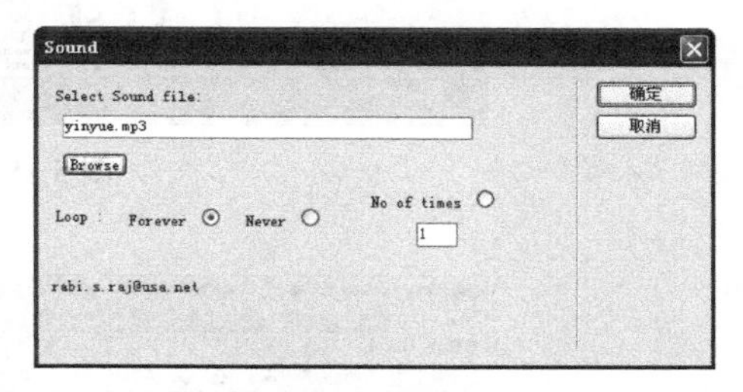

图 5.83　添加到文本框

❾ 单击【确定】按钮。保存文档，按<F12>键在浏览器中预览效果，如图 5.84 所示。

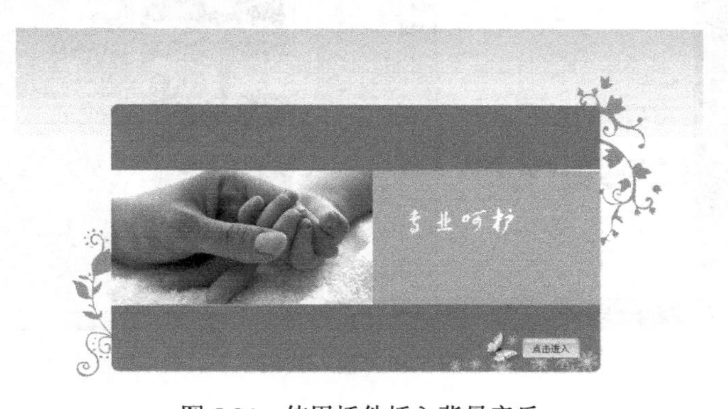

图 5.84　使用插件插入背景音乐

提示　播放的声音文件类型取决于浏览器类型。对于 Internet Explorer 来说，它可以播放大多数类型的声音文件，如 WAV 和 MP3。通过其他类型的控制，例如 ActiveMovie 控件，甚至可以播放 MPEG 文件。

第 7 问　如何让网页中的图片出现不同程度的透明或渐变透明效果

让网页中的图片出现不同程度的透明或渐变透明效果的具体操作步骤如下。

❶ 打开素材文件 CH05/技巧 7/index.html，如图 5.85 所示。

❷ 选中图像，切换到拆分视图，在图像代码<img>中输入代码 style="filter: alpha(style=1, opacity=100,finishopacity=10,startx=0,starty=0,finishx=100,finishy=100,)"，如图 5.86 所示。

图 5.85　打开素材文件

图 5.86　输入代码

❸ 保存文档，按<F12>键在浏览器中预览效果，如图 5.87 所示。

图 5.87　图片出现不同程度的透明或渐变透明效果图

第 8 问　如何制作图像由透明到清楚，再由清楚到透明，这样忽隐忽现的效果

制作图像由透明到清楚，再由清楚到透明，这样忽隐忽现效果的具体操作步骤如下。

❶ 打开素材文件 CH05/技巧 8/index.html，如图 5.88 所示。

图 5.88　打开素材文件

❷ 切换到代码视图，在<head>和</head>之间相应的位置输入以下代码，如图 5.89 所示。

```
<script language="javascript">
<!--
var fh_o=1;   // 透明变化方向旗标
var opacitymax,opacitymin,opacitynum,fshtime;
function init(objs,opacitya,opacityi,opacityn,ftime)
{
```

```
objfsh=objs;
opacitymax=opacitya; opacitymin=opacityi; fshtime=ftime; opacitynum=opacityn;
setinterval("opacity_flash(objfsh)",fshtime);
}
function opacity_flash(picobj)
{
if (picobj.filters.alpha.opacity >= opacitymax)
{picobj.filters.alpha.opacity-=5; fh_o=0;}
else {if (picobj.filters.alpha.opacity <= opacitymin)
{picobj.filters.alpha.opacity+=5; fh_o=1;}
if (fh_o == 0) picobj.filters.alpha.opacity-=opacitynum;
if (fh_o == 1) picobj.filters.alpha.opacity+=opacitynum;
}
}
//-->
</script>
```

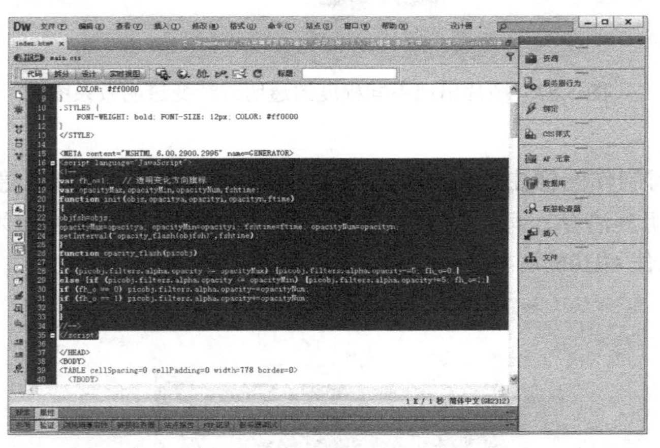

图 5.89　输入代码

❸ 在代码视图中的<body>语句中输入代码 onLoad="init(hj,100,15,5,210)"，如图 5.90 所示。

图 5.90　输入代码

❹ 选中图像，切换到拆分视图，在图像代码中输入代码 id="hj" style="filter: alpha(opacity=100)"，如图 5.91 所示。

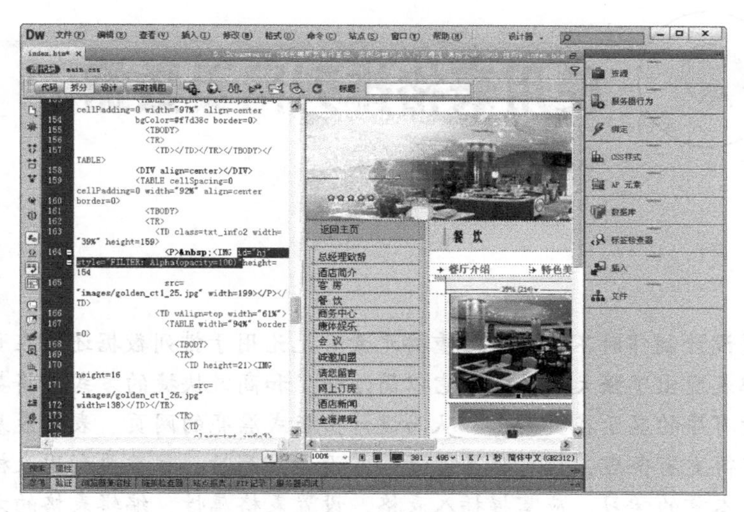

图 5.91　输入代码

❺ 保存文档，按<F12>键在浏览器中预览效果，如图 5.92 所示。

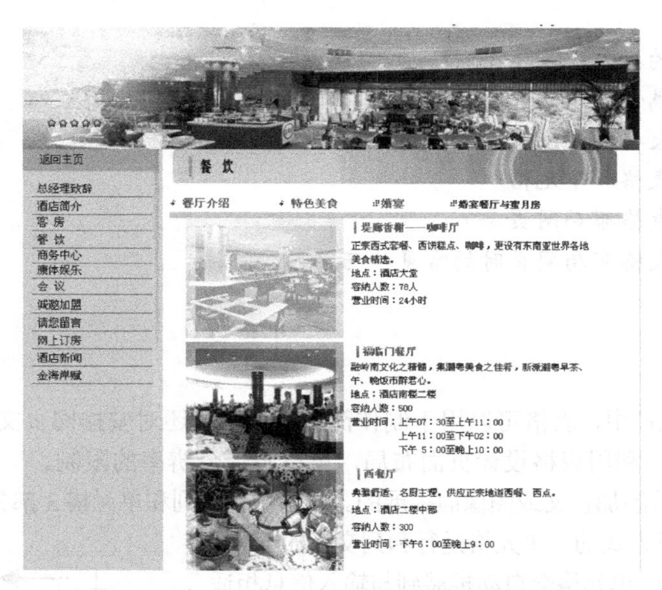

图 5.92　图像由透明到清楚，再由清楚到透明效果图

第6章

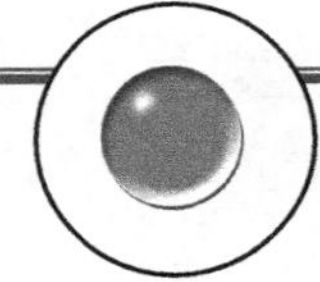

使用表格排列网页数据

表格是网页设计制作时不可缺少的重要元素。无论用于排列数据还是在页面上对文本进行排版，表格都表现出了强大的功能。它以简洁明了和高效快捷的方式，将数据、文本、图像、表单等元素有序的显示在页面上，从而设计出版式漂亮的网页。表格最基本的作用就是让复杂的数据变得更有条理，让人容易看懂，在设计页面时，往往要利用表格来布局定位网页元素。通过对本章的学习，应掌握插入表格、设置表格属性、编辑表格的方法；熟练使用预置表格设计格式化表格；能够利用表格布局网页。

学习目标

- 掌握表格的插入
- 掌握表格属性的设置
- 掌握选择表格的方法
- 掌握编辑表格和单元格
- 掌握利用表格布局网页
- 掌握利用表格布局网页时的常见技巧

6.1 插入表格

在 Dreamweaver 中，表格可以用于制作简单的图表，还对安排网页文档的整体布局，起着非常重要的作用。利用表格设计页面布局，可以不受分辨率的限制。

表格基础是随着添加正文或图像而扩展的。表格由行、列和单元格 3 部分组成。行贯穿表格的左右，列则是上下方式的。单元格是行和列交汇的部分，它是输入信息的地方。单元格会自动扩展到与输入信息相适应的尺寸。如果设置了表格边框，浏览器会显示表格边框和其中包含的所有单元格。图 6.1 所示为表格的结构。

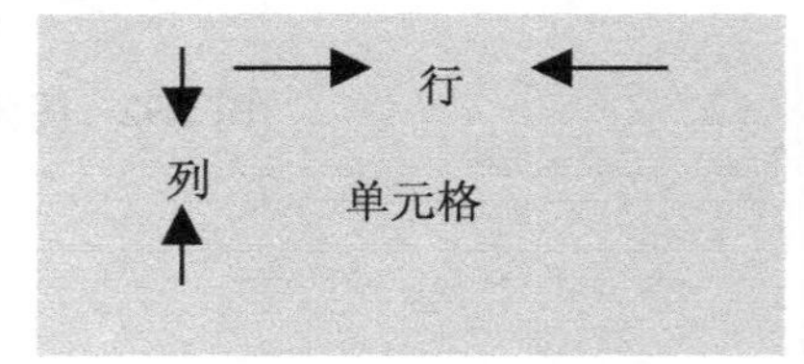

图 6.1 表格的结构

- 【行】：表格中的水平间隔。
- 【列】：表格中的垂直间隔。
- 【单元格】：表格中一行与一列相交所产生的区域。

在 Dreamweaver 中插入表格非常简单，具体操作步骤如下。

❶ 打开素材文件 CH06/6.1.2/index.html，如图 6.2 所示。

❷ 将光标放置在要插入表格的位置，选择菜单中的【插入】|【表格】命令，打开【表格】对话框，在对话框中将【行数】设置为 4，【列数】设置为 2，【单元格宽度】设置为 500 像素，如图 6.3 所示。

图 6.2 打开素材文件

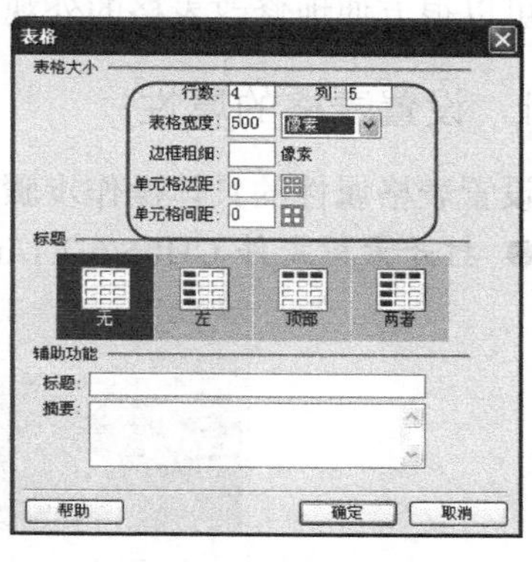

图 6.3 【表格】对话框

在【表格】对话框中可以进行如下设置。

- 【行数】：在文本框中输入新建表格的行数。
- 【列数】：在文本框中输入新建表格的列数。
- 【表格宽度】：用于设置表格的宽度，其中右边的下拉列表中包含百分比和像素。
- 【边框粗细】：用于设置表格边框的宽度，如果设置为 0，在浏览时则看不到表格的边框。
- 【单元格边距】：单元格内容和单元格边界之间的像素数。
- 【单元格间距】：单元格之间的像素数。
- 【标题】：可以定义表头样式，4 种样式可以任选一种。
- 【辅助功能】：定义表格的标题。
- 【对齐标题】：用来定义表格标题的对齐方式。
- 【摘要】：用来对表格进行注释。

提示 单击【常用】插入栏中的按钮，打开【表格】对话框，设置各项参数插入表格。

❸ 单击【确定】按钮，插入表格，如图 6.4 所示。

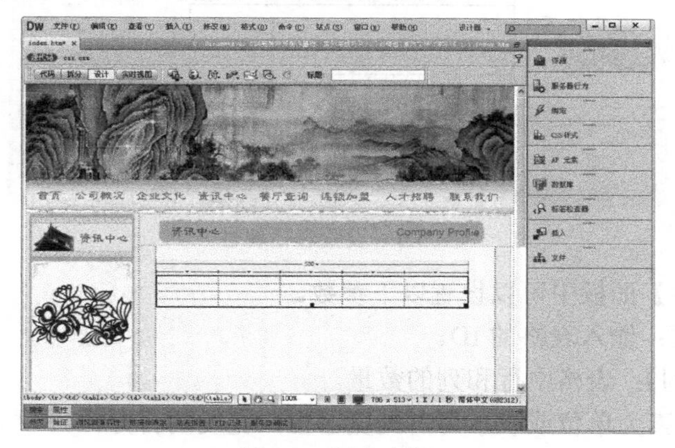

图 6.4 插入表格

6.2 设置表格的各项属性

直接插入的表格有时并不能让人满意，在 Dreamweaver 中，通过设置表格或单元格的属性，可以很方便地修改表格的外观。

6.2.1 设置表格的属性

设置表格属性的具体操作步骤如下。

❶ 打开素材文件 CH06/6.2.1/index.html，如图 6.5 所示。

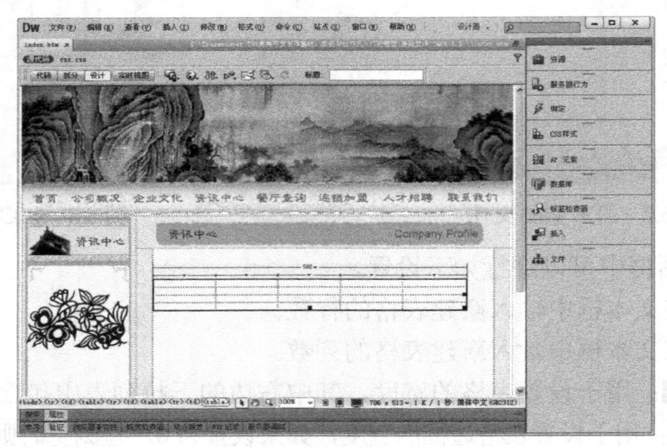

图 6.5 打开素材文件

❷ 选中要设置属性的表格，在【属性】面板中将【间距】设置为 2，【对齐】设置为【居中对齐】，【边框】设置为 1，【填充】设置为 5，如图 6.6 所示。

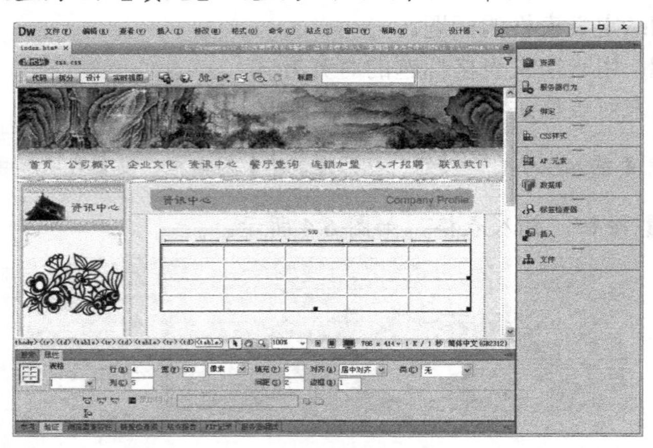

图 6.6 设置表格属性

在表格的【属性】面板中可以设置以下参数。

- 表格文本框：输入表格的 ID。
- 【行】和【列】：表格中行和列的数量。
- 【宽】：以像素为单位或表示为占浏览器窗口宽度的百分比。
- 【填充】：单元格内容和单元格边界之间的像素数。

- 【间距】：相邻的表格单元格间的像素数。
- 【对齐】：设置表格的对齐方式，该下拉列表框中共包含 4 个选项，即【默认】、【左对齐】、【居中对齐】和【右对齐】。
- 【边框】：用来设置表格边框的宽度。
- 【类】：对该表格设置一个 CSS 类。
- ：用于清除行高。
- ：将表格的宽由百分比转换为像素。
- ：将表格的宽由像素转换为百分比。
- ：从表格中清除列宽。

提示　在表格的代码中输入代码 bgcolor="#6a6231"，设置表格的背景颜色。

6.2.2　设置单元格属性

设置单元格属性的具体操作步骤如下。

选中要设置属性的单元格，在【属性】面板中，将【背景颜色】设置为#FFFFFF，如图 6.7 所示。

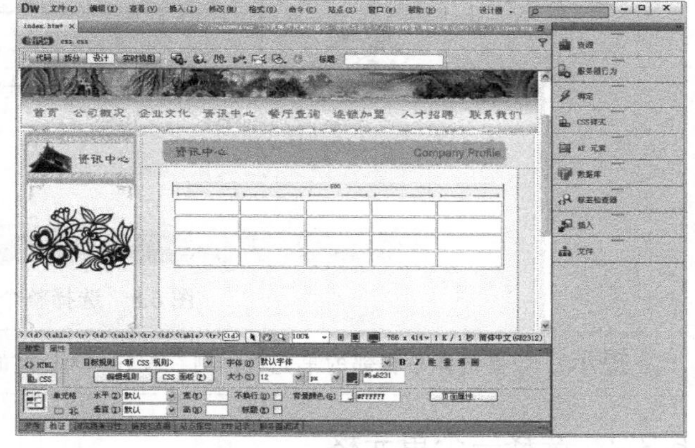

图 6.7　设置单元格属性

在单元格的【属性】面板中可以设置以下参数。

- 【水平】：设置单元格中对象的对齐方式，【水平】下拉列表框中包含【默认】、【左对齐】、【居中对齐】和【右对齐】4 个选项。
- 【垂直】：也是设置单元格中对象的对齐方式，【垂直】下拉列表框中包含【默认】、【顶端】、【居中】、【底部】和【基线】5 个选项。
- 【宽】和【高】：用于设置单元格的宽与高。
- 【不换行】：表示单元格的宽度将随文字长度的不断增加而加长。
- 【标题】：将当前单元格设置为标题行。
- 【背景颜色】：用于设置单元格的颜色。
- 【页面属性】：设置单元格的页面属性。
- ：用于将所选择的单元格、行或列合并为一个单元格。只有当所选择的区域为矩形时才可以合并这些单元格。
- ：可以将一个单元格拆分成两个或者更多的单元格。一次只能对一个单元格进行拆分，如果选择的单元格多余一个，则此按钮将被禁用。

6.3　选择表格

要想在文档中对一个元素进行编辑，那么首先要选中它；同样，要想对表格进行编辑，也要首先选中它。选择表格操作可以分为选中整个表格、选中单元格等几种情况，下面分别进行介绍。

6.3.1 选择整个表格

选择整个表格有以下几种方法。

- 单击表格线的任意位置。
- 将光标置于表格内的任意位置，选择菜单中的【修改】|【表格】|【选择表格】命令。
- 将光标放置到表格的左上角，按住鼠标左键不放，拖曳鼠标指针到表格的右下角，将整个表格中的单元格选中，单击鼠标右键，在弹出的菜单中选择【表格】|【选择表格】选项。
- 将光标放置在表格的任意位置，单击文档窗口左下角的<table>标签，选中表格后，选项控柄就出现在表格的四周，如图 6.8 所示。

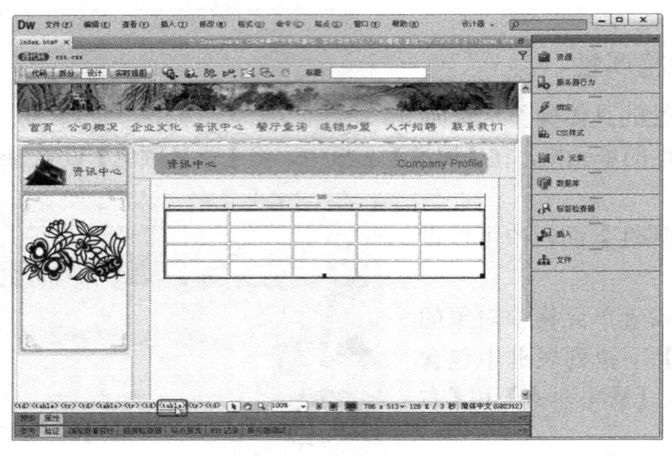

图 6.8 选择整个表格

提示 若要选择不相邻的单元格，则在按住<Ctrl>键的同时单击要选择的单元格、行或列。

6.3.2 选择一个单元格

选择一个单元格有以下几种方法。

- 选取单个单元格的方法是在要选择的单元格中单击鼠标左键，并拖曳鼠标至单元格末尾。
- 按住<Ctrl>键，然后单击单元格可以将其选中。
- 将光标放置在单元格中，单击文档窗口左下角的<td>标签，如图 6.9 所示。 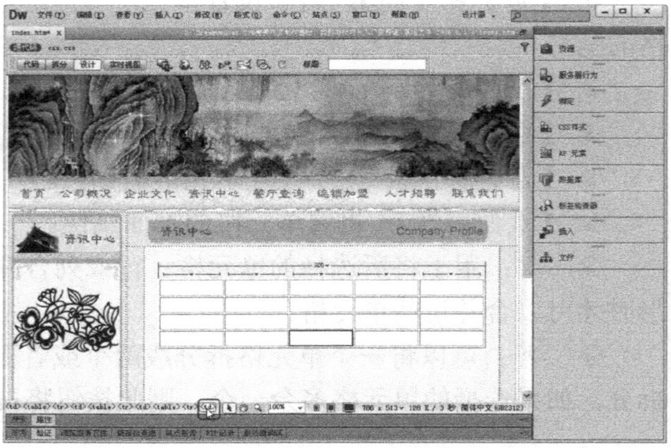

图 6.9 选择一个单元格

6.4 编辑表格和单元格

选择了表格后，便可以通过剪切、复制和粘贴等一系列的操作实现对表格的编辑操作。

表格的行数、列数可以通过增加、删除行和列及拆分、合并单元格来改变。

6.4.1 复制和粘贴表格

复制和粘贴表格的具体操作步骤如下。

❶ 选中要复制的表格，选择菜单中的【编辑】|【复制】命令。

❷ 将光标放置在要粘贴表格的位置，选择菜单中的【编辑】|【粘贴】命令，即可粘贴复制的表格。

6.4.2 添加行、列

在已创建的表格内增加行、列，要先将光标放置在要插入行、列的单元格中，然后通过以下方法增加。

- 将光标放置在要插入行的位置，选择菜单中的【修改】|【表格】|【插入行】命令，即可插入一行。
- 将光标放置在要插入列的位置，选择菜单中的【修改】|【表格】|【插入列】命令，即可插入一列。
- 将光标放置在相应的位置，选择菜单中的【修改】|【表格】|【插入行或列】命令，打开【插入行或列】对话框，在对话框设置插入行数和位置等参数，如图 6.10 所示。单击【确定】按钮，即可在相应的位置插入行或列。如图 6.11 所示。

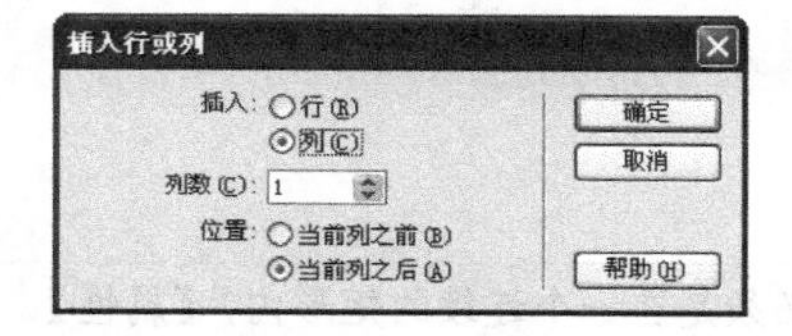

图 6.10 【插入行或列】对话框

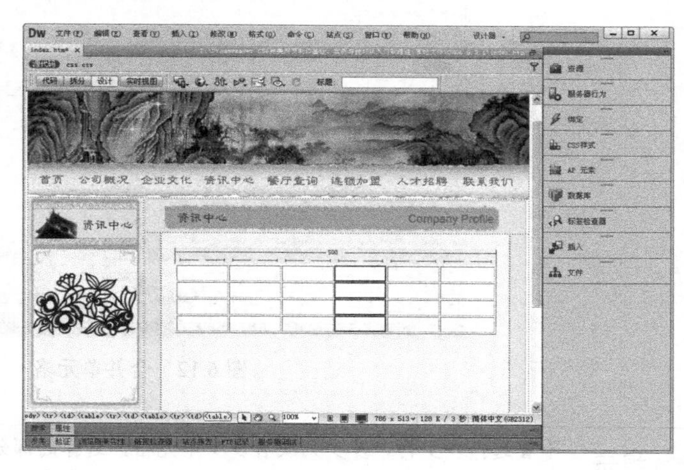

图 6.11 插入列

在【插入】选项中包含【行】和【列】两个单选按钮，一次只能选择其中一个来插入行或者列。该选项组的初始状态选择的是【行】单选按钮，所以下面的选项就是【行数】。如果选择的是【列】单选按钮，那么下面的选项就变成了【列数】，在【列数】选项的文本框内可以直接输入预插入的列数。

【位置】选项中包含【所选之上】和【所选之下】两个单选按钮。如果【插入】选项选择的是【列】选项，那么【位置】选项后面的两个单选按钮就会变成【在当前列之前】和【在当前列之后】。

提示 在插入列时，表格的宽度不发生改变，但随着列的增加，列的宽度相应减小。

6.4.3 删除行、列

删除行、列有以下几种方法。

- 将光标放置在要删除行或列的位置，选择菜单中的【修改】|【表格】|【删除行】命令，或选择菜单中的【修改】|【表格】|【删除列】命令，即可删除一行或一列，选中要删除的行或列，选择菜单中的【编辑】|【清除】命令，即可删除行或列。
- 选中要删除的行或列，按<Delete>键或按<BackSpace>键也可删除行或列。

6.4.4 合并单元格

合并单元格有以下几种方法。

- 选中要合并的单元格，选择菜单中的【修改】|【表格】|【合并单元格】命令，即可将选中的单元格合并。
- 选中合并的单元格，单击鼠标右键，在弹出的菜单中选择【表格】|【合并单元格】选项，即可合并单元格。
- 选中合并的单元格，在【属性】面板中单击【合并所选单元格，使用跨度】按钮，即可将选中的单元格合并。如图 6.12 所示。

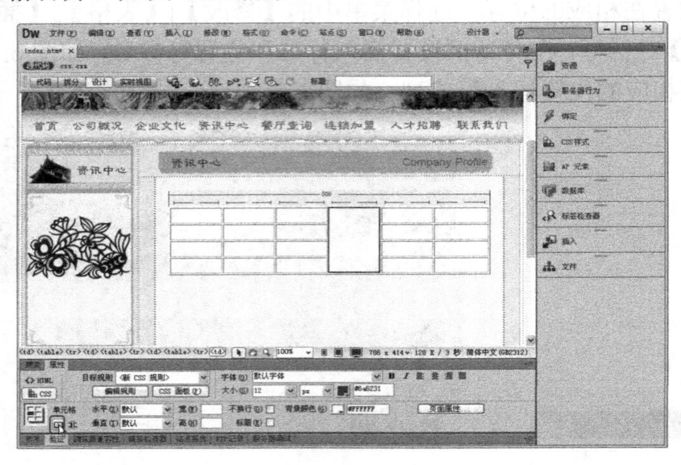

图 6.12 合并单元格

提示 不管选择多少行、多少列或者多少单元格，选择的部分必须是在一个连续的矩形内，【属性】面板中的按钮是可用的，说明可以进行合并操作。

6.4.5 拆分单元格

拆分单元格有以下几种方法。

- 将光标放置在要拆分的单元格中，选择菜单中的【修改】|【表格】|【拆分单元格】命令，打开【拆分单元格】对话框，如图 6.13 所示，在对话框中进行相应的设置，单击【确定】按钮，即可拆分单元格。如图 6.14 所示。
- 将光标放置在要拆分的单元格中，单击鼠标右键，在弹出的菜单中选择【表格】|【拆分单元格】选项，打开【拆分单元格】对话框，也可以拆分单元格。

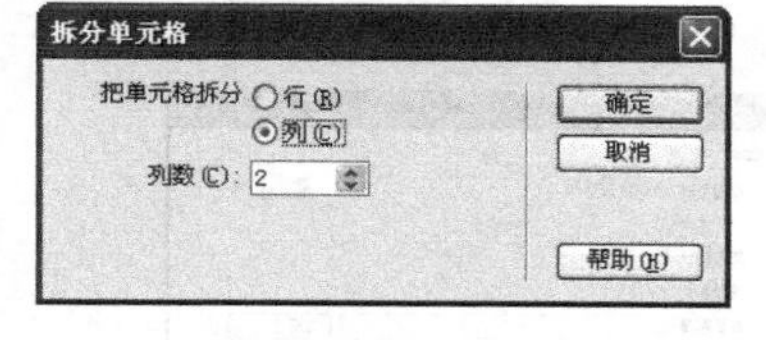

图 6.13 【拆分单元格】对话框

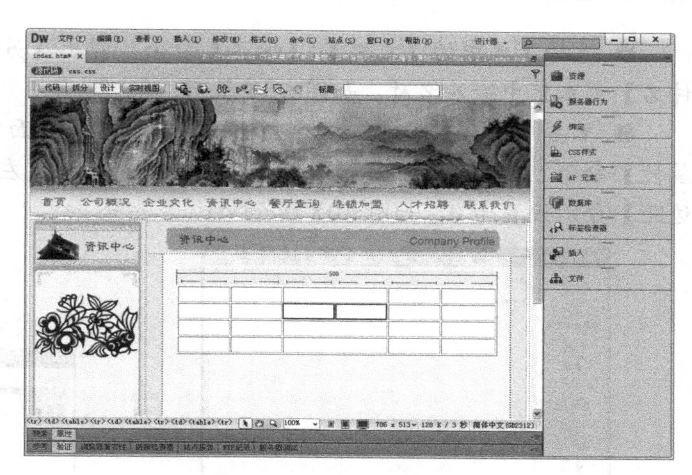

图 6.14 拆分 2 列单元格

- 将光标放置在需要拆分的单元格中，在【属性】面板中单击【拆分单元格为行或列】按钮，打开【拆分单元格】对话框，也可以拆分单元格。

6.5 实战演练——利用表格布局网页

表格在网页布局中的作用是无处不在的，无论使用简单的静态网页还是动态功能的网页，都要使用表格进行排版。下面的例子通过表格布局网页，详细讲述了表格的综合使用方法，具体操作步骤如下。

❶ 选择菜单中的【文件】|【新建】命令，弹出【新建文档】对话框，在对话框选择【空白页】|【HTML】|【无】选项，如图 6.15 所示。

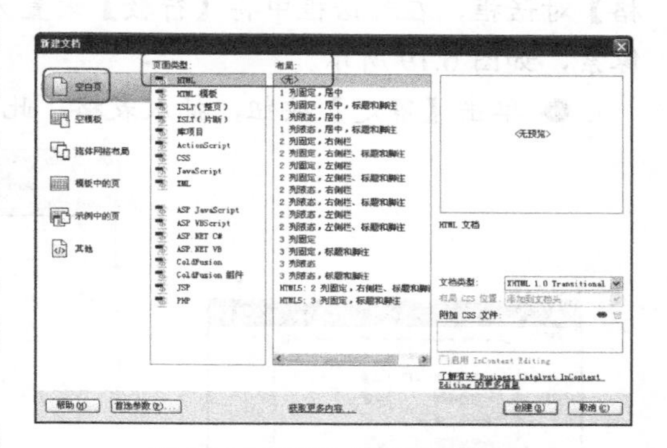

图 6.15 【新建文档】对话框

❷ 单击【创建】按钮，创建文档，如图 6.16 所示。

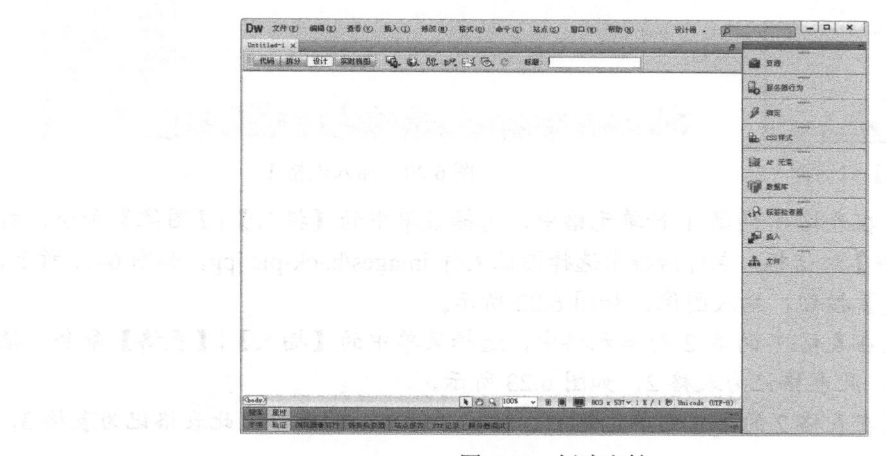

图 6.16 创建文档

❸ 选择菜单中的【文件】|【保存】命令，弹出【另存为】对话框，在对话框中的【文件名】文本框中输入名称，如图 6.17 所示。

❹ 单击【保存】按钮，保存文档，将光标置于页面中，选择菜单中的【修改】|【页面属性】命令，弹出【页面属性】对话框，在对话框的【左边距】、【右边距】、【上边距】、【下边距】分别设置为 0，如图 6.18 所示。

图 6.17 【另存为】对话框

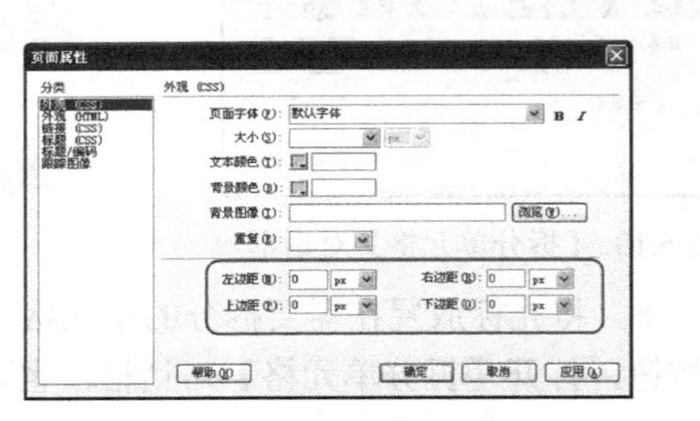

图 6.18 【页面属性】对话框

❺ 单击【确定】按钮，修改页面属性，选择菜单中的【插入】|【表格】命令，打开【表格】对话框，在对话框中将【行数】设置为 3，【列数】设置为 1，【表格宽度】设置为 775 像素，如图 6.19 所示。

❻ 单击【确定】按钮，插入表格，此表格记为表格 1，如图 6.20 所示。

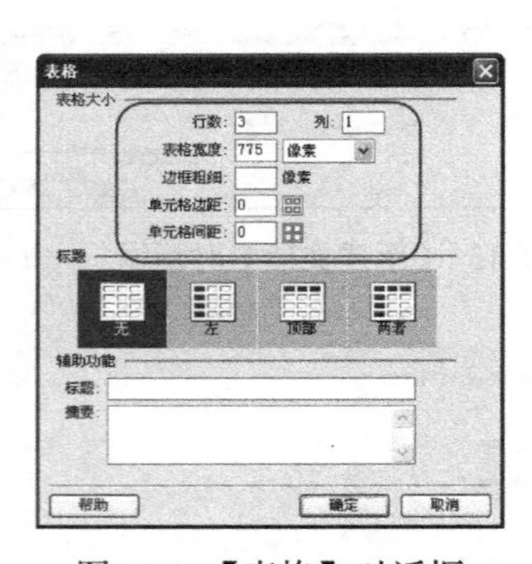

图 6.19 【表格】对话框

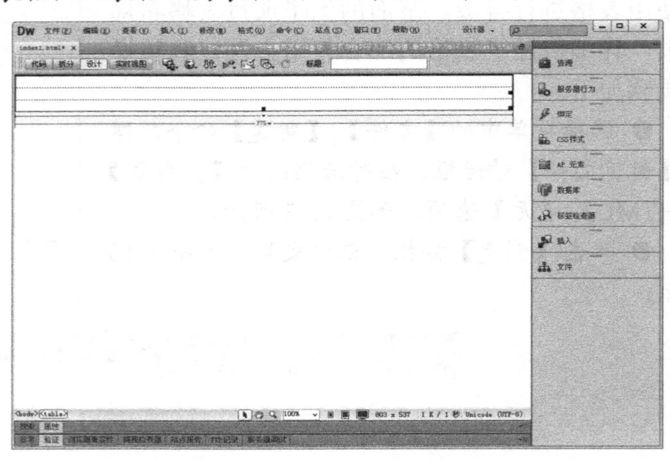

图 6.20 插入表格 1

❼ 将光标放置在表格 1 的第 1 行单元格中，选择菜单中的【插入】|【图像】命令，打开【选择图像源文件】对话框，在对话框中选择图像文件 images/back-pic.jpg，如图 6-21 所示。

❽ 单击【确定】按钮，插入图像，如图 6.22 所示。

❾ 将光标放置在表格 1 的第 2 行单元格中，选择菜单中的【插入】|【表格】命令，插入 1 行 2 列的表格，此表格记为表格 2，如图 6.23 所示。

❿ 将光标放置在表格 2 的第 1 列单元格中，插入 2 行 1 列的表格，此表格记为表格 3，如图 6.24 所示。

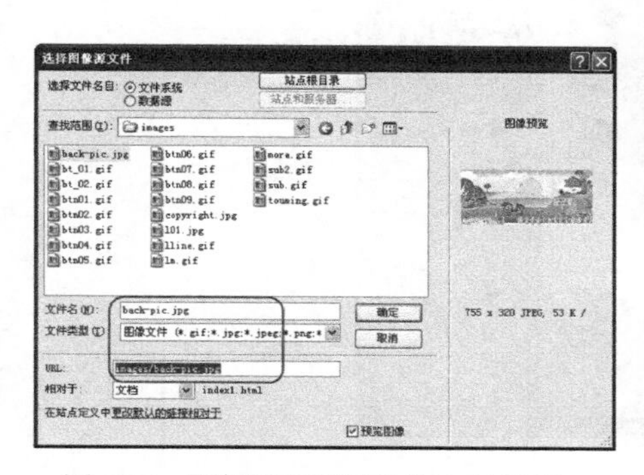

图 6.21 【选择图像源文件】对话框

图 6.22 插入图像

图 6.23 插入表格 2

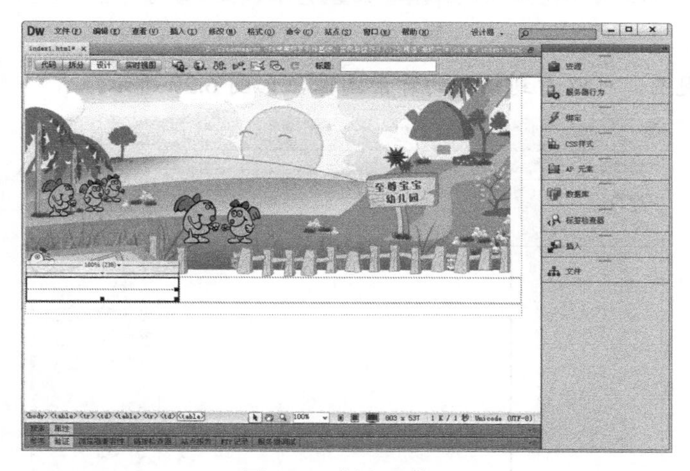

图 6.24 插入表格 3

⓫ 将光标置于表格 3 的第 1 行单元格中，选择菜单中的【插入】|【图像】命令，在打开【选择图像源文件】对话框中选择图像，单击【确定】按钮，插入图像，如图 6.25 所示。

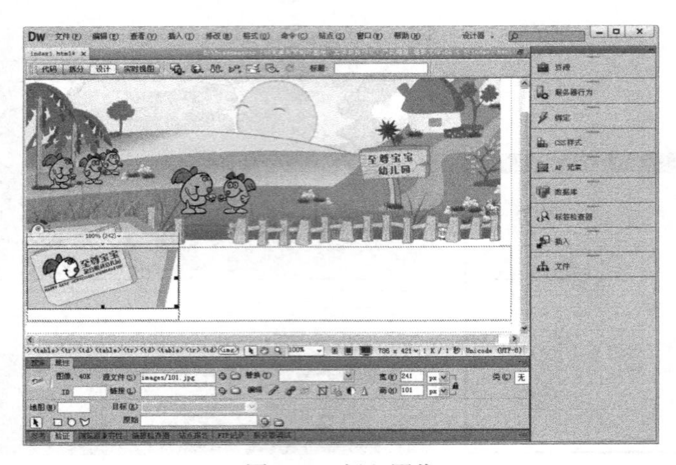

图 6.25　插入图像

⓬ 将光标放置在表格 3 的第 2 行单元格中，打开代码视图，在代码中输入背景图像代码 background=images/lm.gif，如图 6.26 所示。

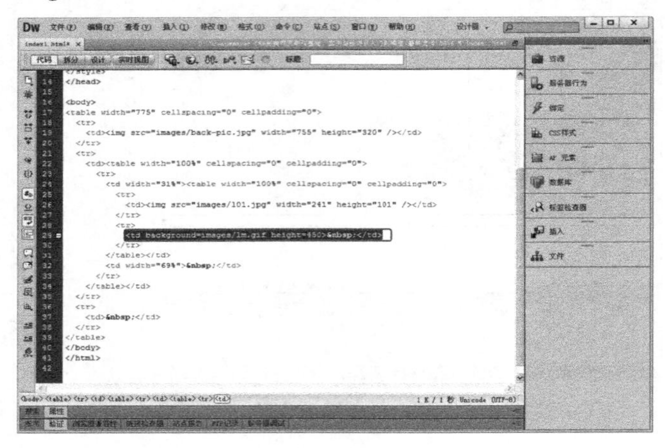

图 6.26　输入代码

⓭ 返回设计视图，可以看到插入的背景图像，如图 6.27 所示。

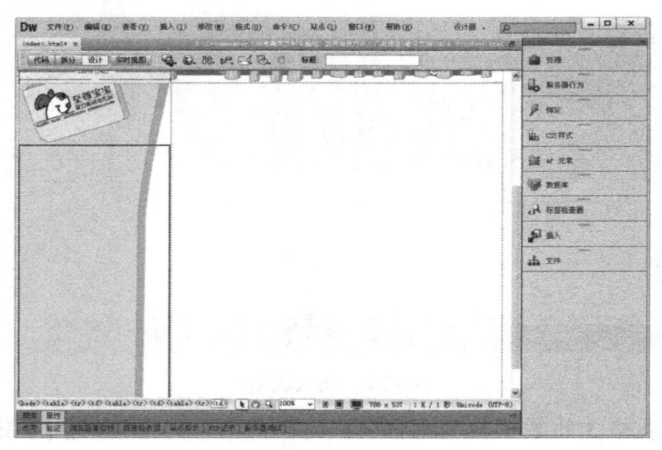

图 6.27　插入背景图像

⓮ 将光标置于表格 3 的第 2 行单元格中，插入 7 行 1 列的表格，此表格记为表格 4，如图 6.28 所示。

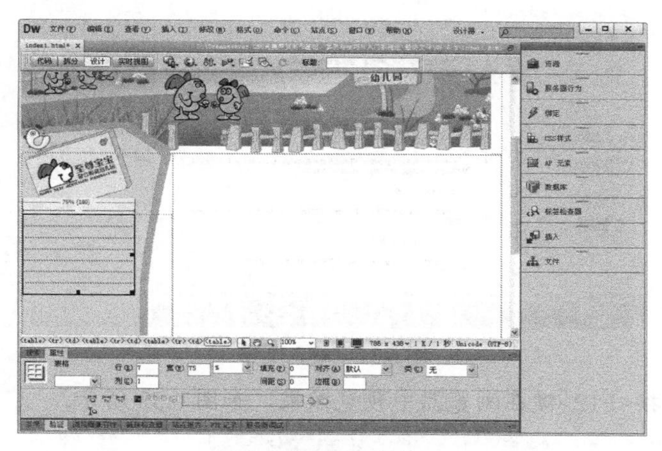

图 6.28　插入表格 4

⓯ 在表格 4 的单元格中，分别输入相应的图像，如图 6.29 所示。

⓰ 将光标置于表格 2 的第 2 列单元格中，选择菜单中的【插入】|【表格】命令，插入 1 行 1 列的表格，此表格记为表格 5，将【对齐】设置为居中对齐，如图 6.28 所示

⓱ 将光标置于表格 5 的单元格中，输入相应的文字，如图 6.31 所示。

⓲ 将光标置于表格1的第3行单元格中，选择菜单中的【插入】|【图像】命令，插入图像文件 images/copyright.jpg，如图 6-32 所示。

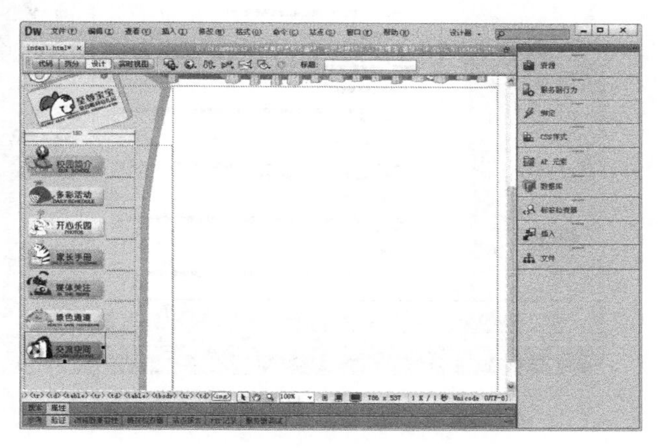

图 6.29　插入图像

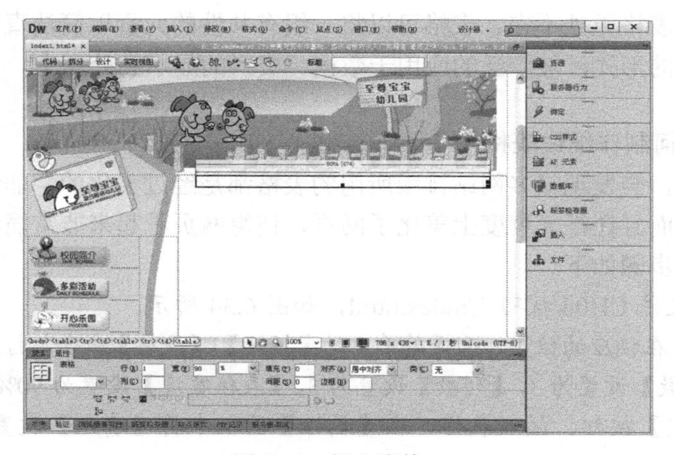

图 6.30　插入表格 5

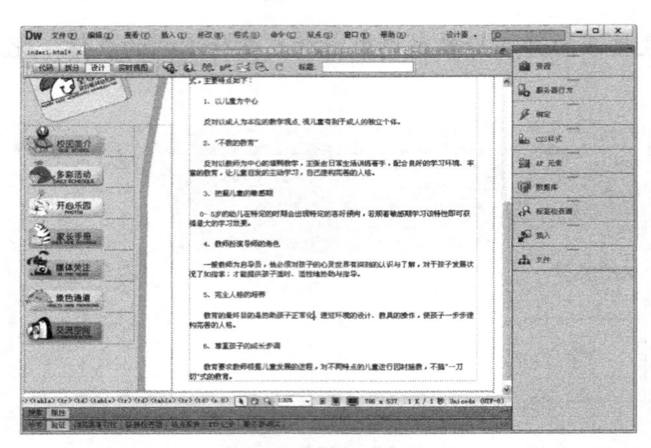

图 6.31　输入文字

⑲ 保存文档，按<F12>键在浏览器中预览效果，如图 6.33 所示。

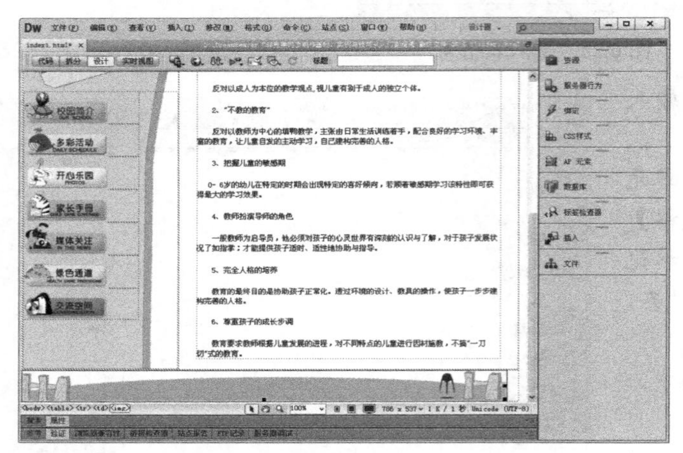

图 6.32　插入图像

图 6.33　利用表格布局网页效果图

6.6　技巧与问答

在现实生活中表格无处不在，表格可以将一组有共性的元素以简洁直观的方式显示，是处理数据时最常用的形式，被广泛的应用于数据、资料的显示和处理中。

第 1 问　如何制作细线表格

在浏览网页时，会发现很多网站排版所用的表格都是经过美化的，非常漂亮，不仅起到网页排版的作用，而且在很大程度上美化了网页，使得网页看起来非常简洁、清爽。制作细线表格的具体操作步骤如下。

❶ 打开素材文件 CH06/技巧 1/index.html，如图 6.34 所示。

❷ 将光标放置在相应的位置，选择菜单中的【插入】|【表格】命令，打开【表格】对话框，在对话框中将【行数】设置为 3，【列数】设置为 3，【表格宽度】设置为 90%，如图 6.35 所示。

❸ 单击【确定】按钮，插入表格，在【属性】面板中将【填充】设置为 5，【间距】设置为 1，【对齐】设置为【居中对齐】，如图 6.36 所示。

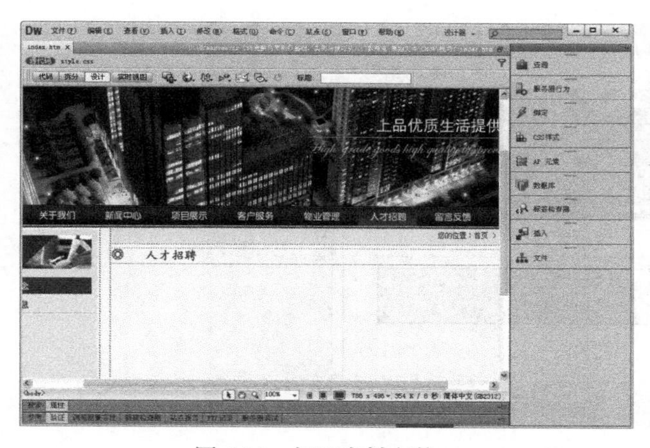

图 6.34　打开素材文件

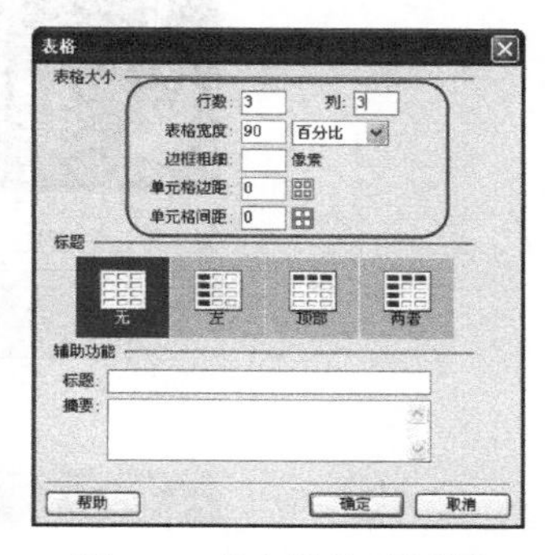

图 6.35　【表格】对话框

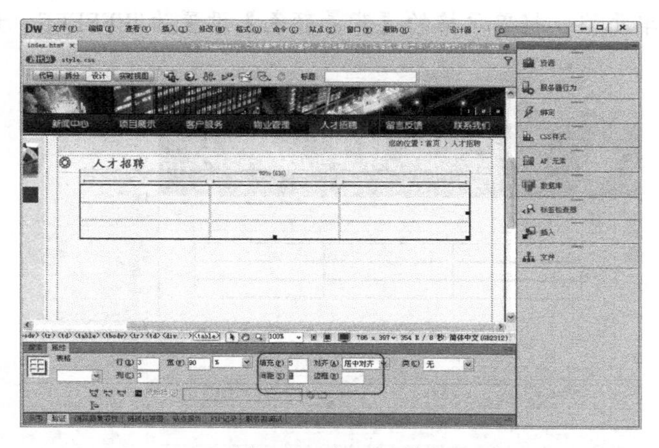

图 6.36　插入表格

❹ 选择插入的表格，打开代码视图，在代码中将表格的【背景颜色】设置为 bgcolor="#dbb078"，如图 6.37 所示。

图 6.37　输入代码

❺ 返回到设计视图，可以看到设置的表格的背景颜色，如图 6.38 所示。

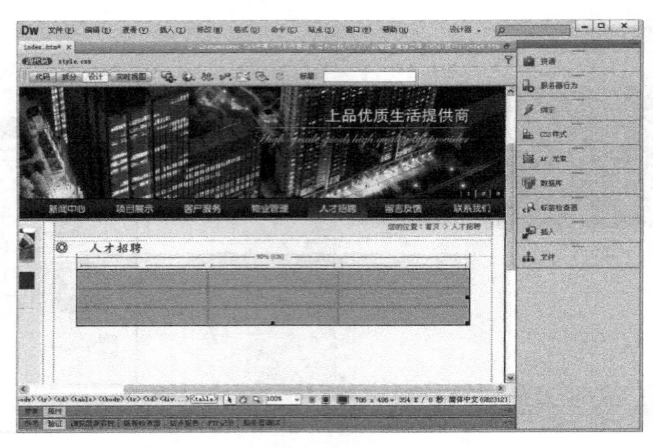

图 6.38　设置表格背景颜色

❻ 选中所有的单元格，将单元格的【背景颜色】设置为#FFFFFF，如图 6.39 所示，

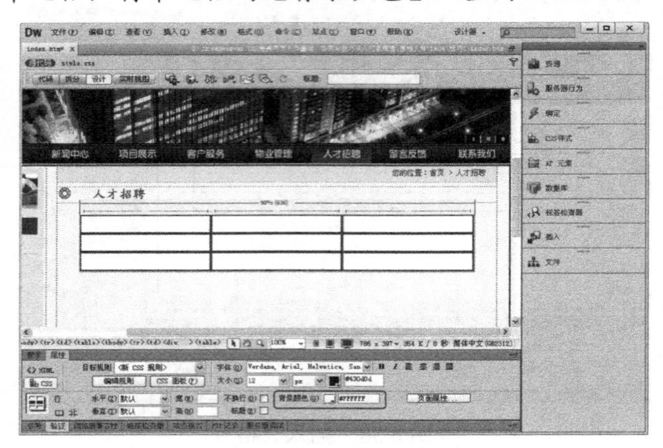

图 6.39　设置单元格属性

❼ 在单元格中分别输入相应的内容，在【属性】面板中将【大小】设置为 12 像素，如图 6.40 所示。

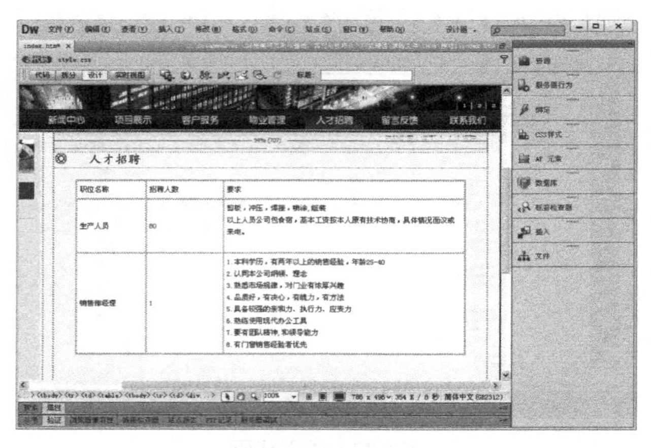

图 6.40　输入文字

❽ 保存文档，按<F12>键在浏览器中预览效果，如图 6.41 所示。

图 6.41　制作细线表格效果图

第 2 问　为何在 Dreamweaver 中把单元格宽度或高度设置为 1 没有效果

Dreamweaver 生成表格时会自动地在每个单元格里填充一个“ ”代码，即空格代码。如果有这个代码存在，那么把该单元格宽度和高度设置为 1 就没有效果。实际预览时该单元格会占据 10 像素左右的宽度。如果把“ ”代码去掉，再把单元格的宽度或高度设置为 1，就可以在 IE 中看到预期的效果。但是在 NS（Netscape）中该单元格不会显示，就好像表格中缺了一块。在单元格内放一个透明的 GIF 图像，然后将【宽度】和【高度】都设置为 1，这样就可以同时兼容 IE 和 NS 了。

第 3 问　如何制作圆角表格

制作圆角表格的具体操作步骤如下。

❶ 新建一空白文档，将其保存为 index.html。插入 4 行 1 列的表格，【表格宽度】设置为 778 像素，如图 6.42 所示。

❷ 单击【确定】按钮，插入表格，在【属性】面板中将【对齐】设置为【居中对齐】，如图 6.43 所示。

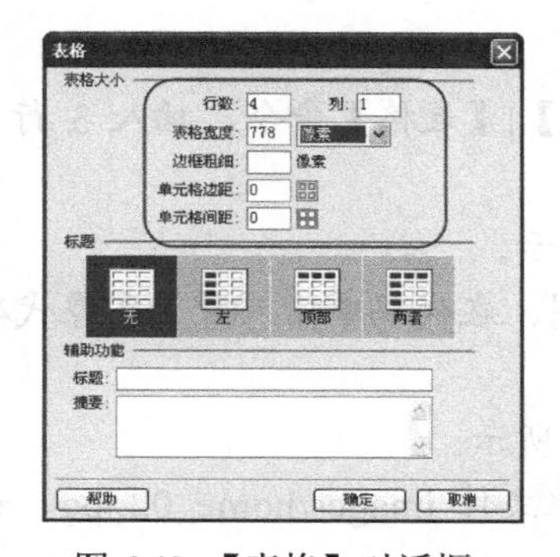

图 6.42 【表格】对话框

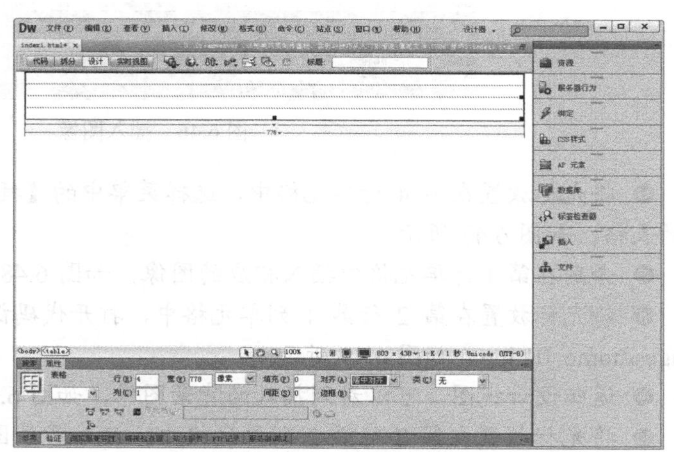

图 6.43　插入表格

❸ 将光标放置在第 1 行中，选择菜单中的【插入】|【图像】命令，打开【选择图像源文件】对话框，在对话框中选择图像文件 images/home_34.gif，如图 6.44 所示。

❹ 单击【确定】按钮，插入图像，如图 6.45 所示。

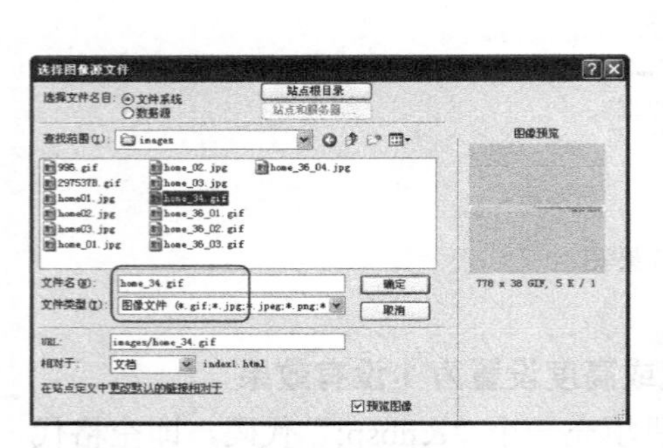

图 6.44 【选择图像源文件】对话框

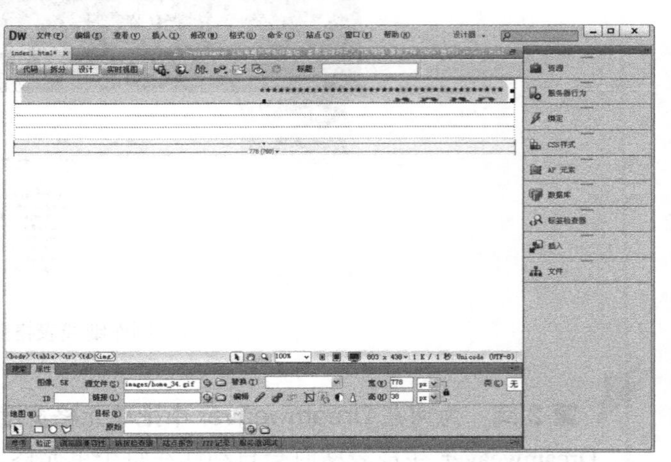

图 6.45 插入图像

❺ 按照步骤 3～4 的方法，分别在第 2 行和第 3 行单元格中插入相应的图像，如图 6.46 所示。

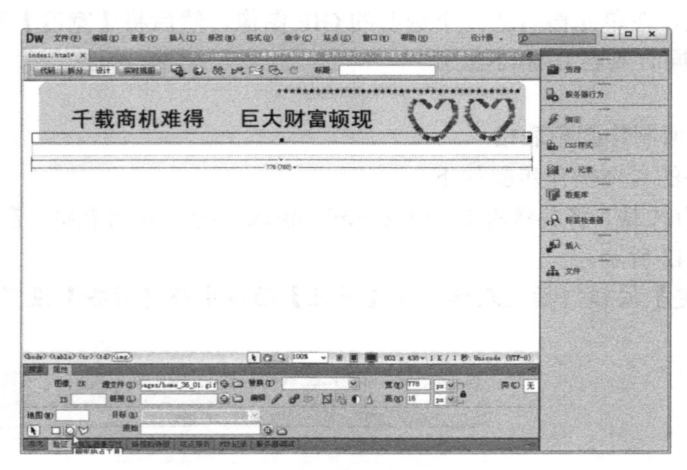

图 6.46 插入图像

❻ 将光标放置在第 4 行单元格中，选择菜单中的【插入】|【表格】命令，插入 3 行 3 列的表格，如图 6.47 所示。

❼ 分别在第 1 行单元格中插入相应的图像，如图 6.48 所示。

❽ 将光标放置在第 2 行第 1 列单元格中，打开代码视图，在代码中输入背景图像代码 images/home_01.jpg，如图 6.49 所示。

❾ 返回设计视图，可以看到插入的背景图像，如图 6.50 所示。

❿ 将光标放置在第 2 行第 2 列单元格中，插入背景图像文件 images/home_02.jpg，如图 6.51 所示。

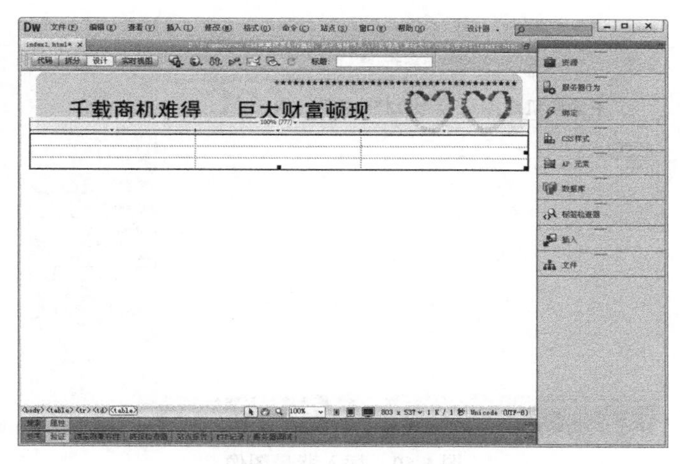

图 6.47　插入表格

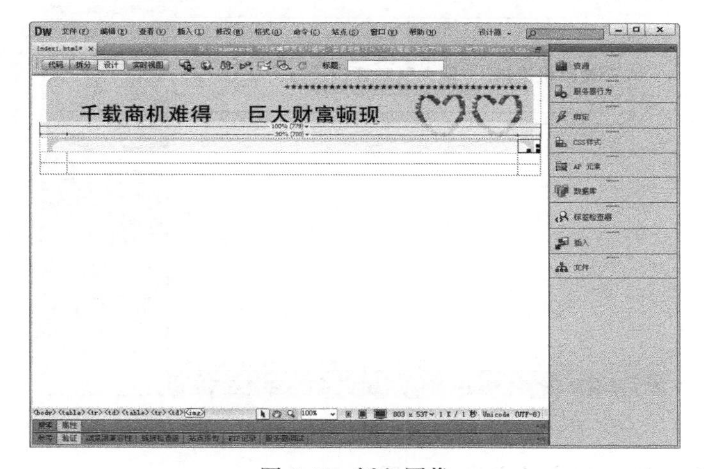

图 6.48　插入图像

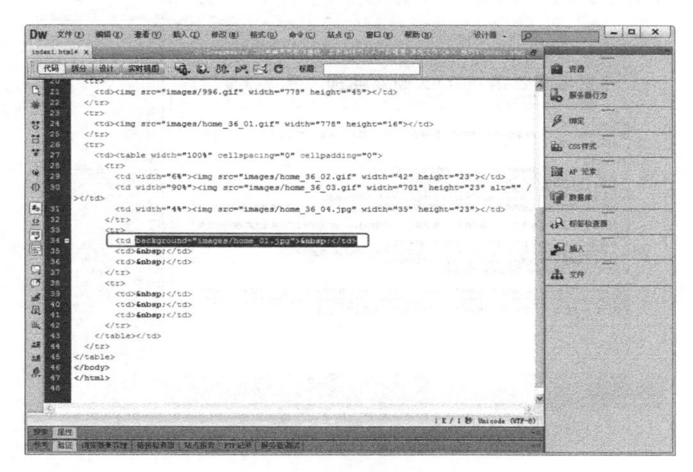

图 6.49　插入背景图像

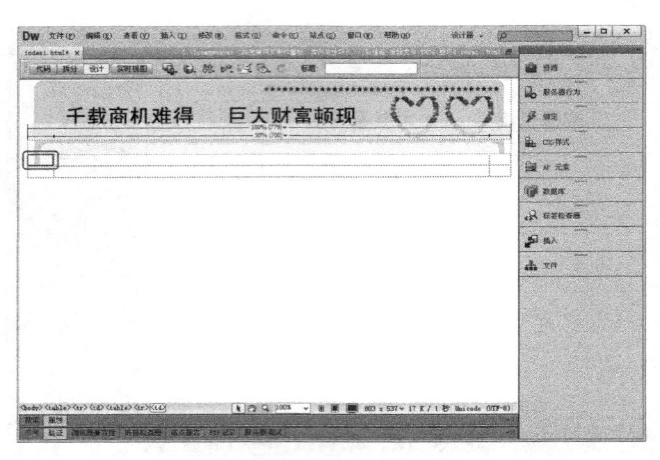

图 6.50　插入背景图像

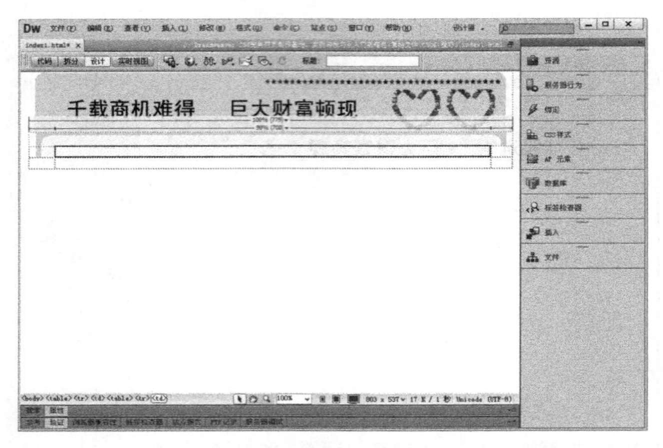

图 6.51　插入背景图像

⓫ 在背景图像上输入相应的文字，如图 6.52 所示。

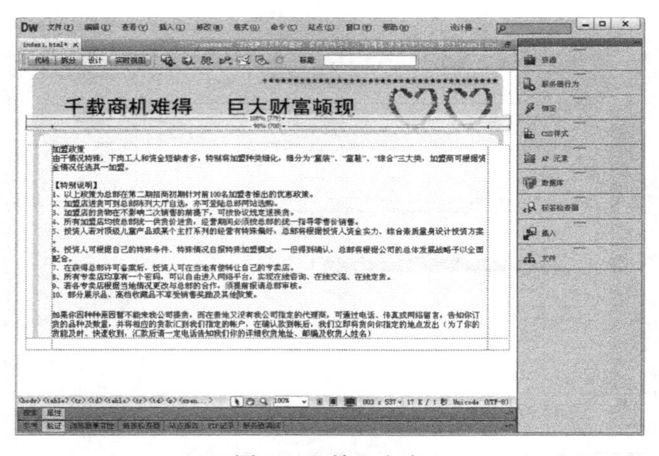

图 6.52　输入文字

⓬ 将光标放置在第 2 行第 2 列单元格中，插入背景图像文件 images/home_03.jpg，如图 6.53 所示。

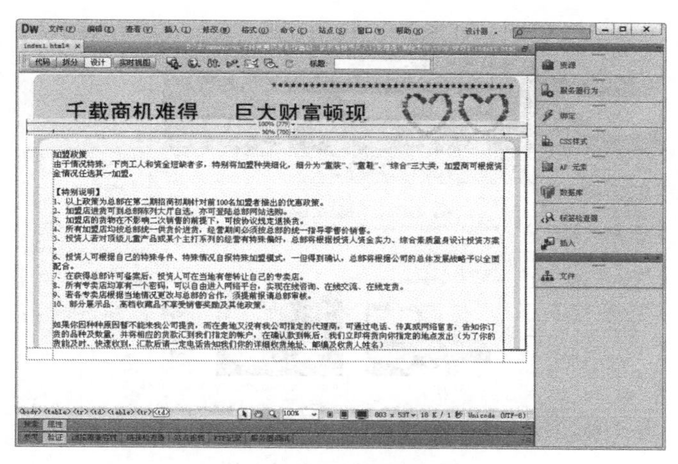

图 6.53　插入背景图像

⓭ 将光标放置在第 3 行单元格中插入相应的图像，如图 6.54 所示。

⓮ 保存文档，按<F12>键在浏览器中预览效果，如图 6.55 所示。

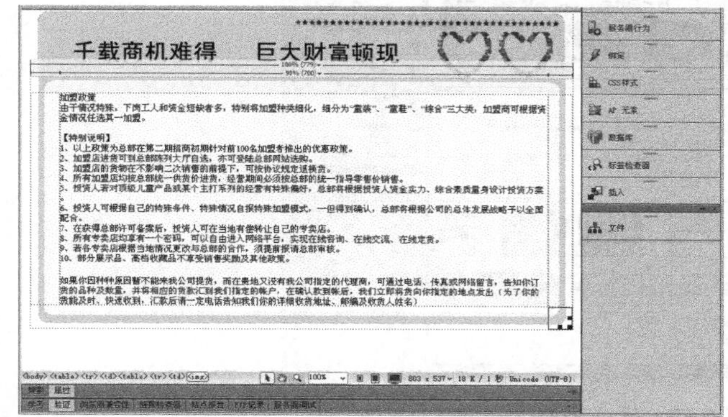

图 6.54　插入图像

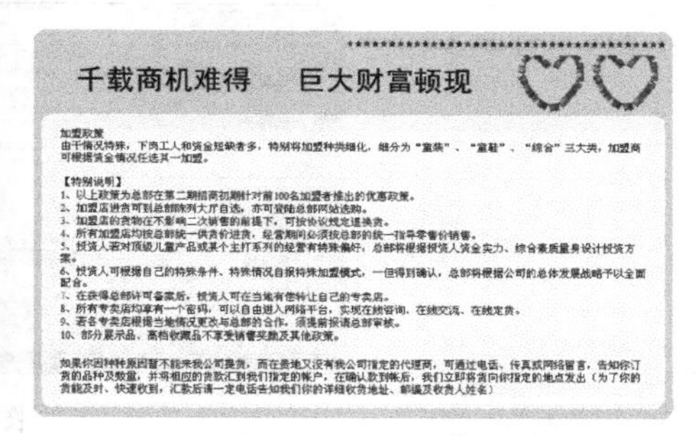

图 6.55　圆角表格效果图

第 4 问　如何实现当鼠标移到某个单元格上时，该单元格自动变换背景色

利用 onMouseOver 和 onMouseOut 可以实现当鼠标移到表格中某个单元格上时，该单元格会自动变换颜色，onMouseOver 是指当鼠标指针指向对象时，onMouseOut 是指当鼠标指针移开时，具体操作步骤如下。

❶ 打开素材文件 CH06/技巧 4/index.html，如图 6.56 所示。

❷ 将光标放置在相应的位置，选择菜单中的【插入】|【表格】命令，插入 1 行 9 列的表格，在【属性】面板中将【高】设置为 23 像素，【对齐】设置为【居中对齐】，如图 6.57 所示。

❸ 将光标放置在第 1 列单元格中，切换到代码视图，在相应的位置输入以下代码，如图 6.58 所示。

❹ 打开拆分视图，按照步骤 3 的方法，切换到代码视图，在其他的单元格代码中输入相应的代码，如图 6.59 所示。

```
bgcolor="#FDDA5C" onMouseOver="this.bgColor='#493713'"
onmouseout="this.bgColor='#FDDA5C'"
```

图 6.56　打开素材文件

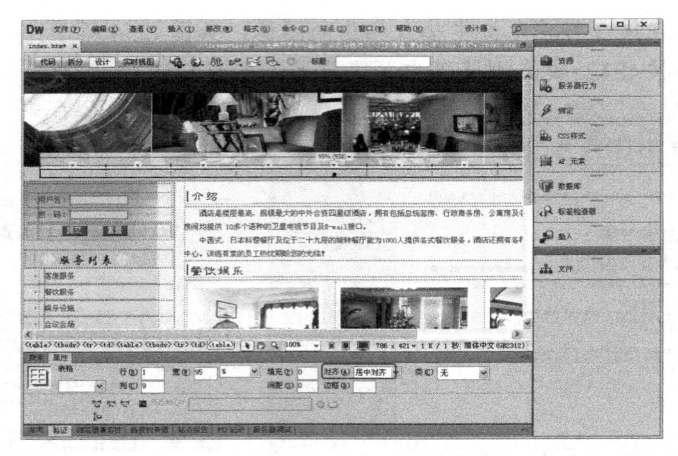

图 6.57　插入表格

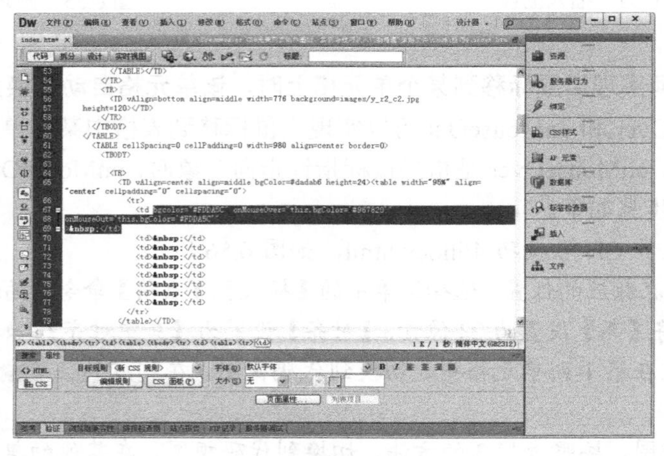

图 6.58　输入代码

❺ 返回到设计视图，分别在单元格中输入相应的文字，如图 6.60 所示。

❻ 保存文档，按<F12>键在浏览器中预览效果，如图 6.61 所示。

图 6.59　输入代码

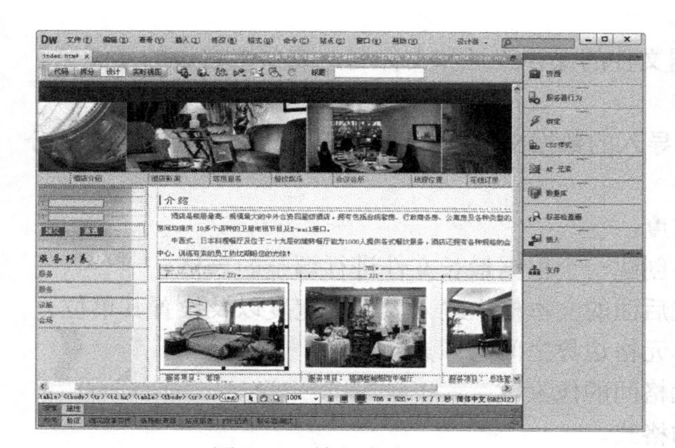

图 6.60　输入文字

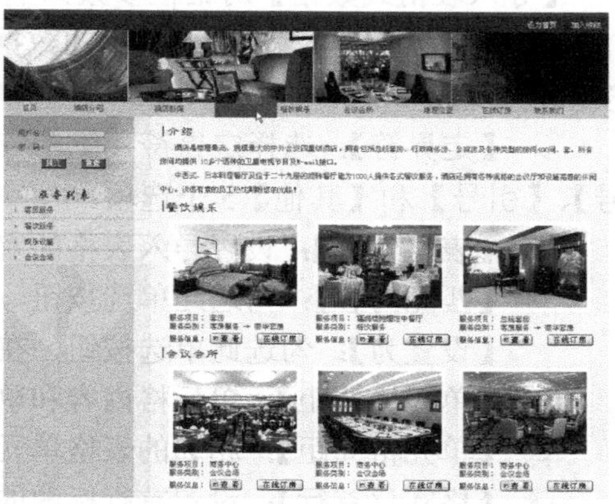

图 6.61　当鼠标移到表格中某个单元格上时，该单元格会自动变换背景色效果图

第 5 问　如何将外部的数据导入到网页中

在 Dreamweaver 中，可以将其他应用软件制作完成后的表格数据导入到网页中，导入的数据要具有制表符、逗号、分号、引号或者其他定界符。将外部的数据导入到网页中的具体操作步骤如下。

图 6.62　打开素材文件

❶ 打开素材文件 CH06/技巧 5/index.html，如图 6.62 所示。

❷ 将光标放置在要导入外部数据的位置，选择菜单中的【插入】|【表格对象】|【导入表格式数据】命令，打开【导入表格式数据】对话框，在对话框中单击【数据文件】文本框右边的【浏览】按钮，打开【打开】对话框，如图 6.63 所示。

❸ 在对话框中选择 daoru.txt，单击【打开】按钮，在【定界符】下拉列表中选择【逗点】

选项，【表格宽度】勾选【匹配内容】单选按钮，【单元格边距】设置为 2，【单元格间距】设置为 2，【边框】设置为 1，如图 6.64 所示。

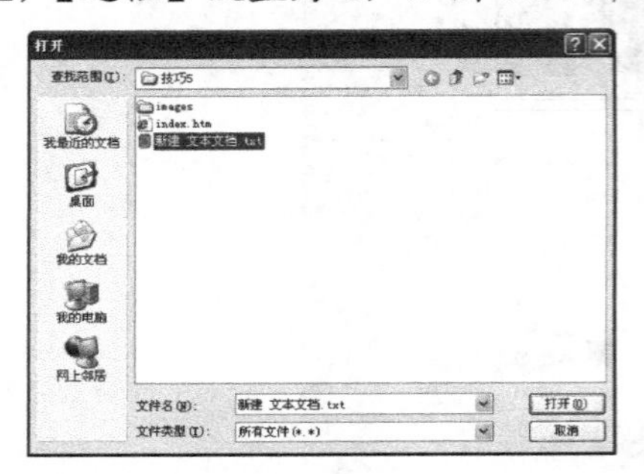

图 6.63 【打开】对话框

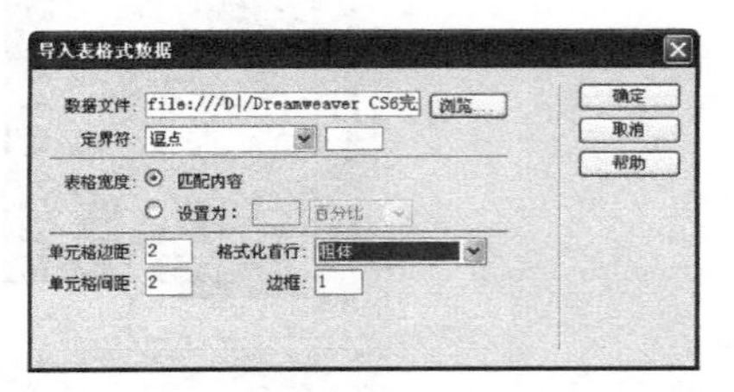

图 6.64 【导入表格式数据】对话框

【导入表格式数据】对话框参数如下。

- 【数据文件】：输入要导入的数据文件的保存路径和文件名，或单击右边的【浏览】按钮进行选择。
- 【定界符】：选择定界符，使之与导入的数据文件格式匹配，有【Tab】、【逗点】、【分号】、【引号】和【其他】5 个选项。
- 【表格宽度】：设置导入表格的宽度。

  【匹配内容】：勾选此单选按钮，创建一个根据最长文件进行调整的表格。

  【设置为】：勾选此单选按钮，在后面的文本框中输入表格的宽度以及设置其单位。
- 【单元格边距】：单元格内容和单元格边界之间的像素数。
- 【单元格间距】：相邻的表格单元格间的像素数。
- 【格式化首行】：设置首行标题的格式。
- 【边框】：以像素为单位设置表格边框的宽度。

提示　在导入数据表格时注意定界符必须是逗点，否则可能会造成表格格式的混乱。

❹ 单击【确定】按钮，导入外部数据，在【属性】面板中将【对齐】设置为【居中对齐】，如图 6.65 所示。

❺ 保存文档，按<F12>键在浏览器中预览效果，如图 6.66 所示。

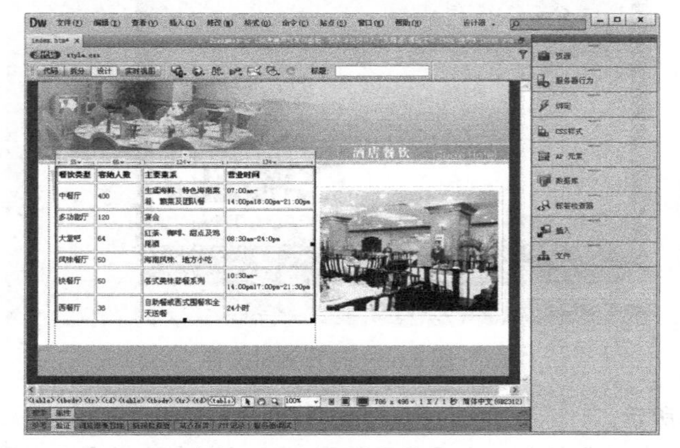

图 6.65 导入外部数据

图 6.66 导入外部表格式数据效果图

第 6 问　如何给表格中的数据排序

如果想要使输入的表格数据有一定的规律性，在 Dreamweaver 中可以对其进行排序，具体操作步骤如下。

❶ 打开素材文件 CH06/技巧 6/index.html，如图 6.67 所示。

❷ 将光标放置在表格中，选择菜单中【命令】|【排序表格】命令，打开【排序表格】对话框，在对话框中【排序按】下拉列表中选择列 2，【顺序】下拉列表中选择【按数字顺序】选项，在后面的下拉列表中选择【降序】选项，如图 6.68 所示。

❸ 单击【确定】按钮，为表格排序，如图 6.69 所示。

- 【排序按】：确定哪个列的值将用于对表格的行进行排序。

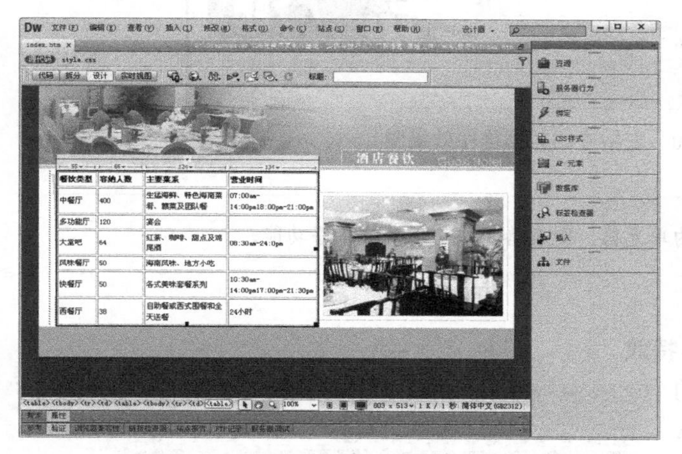

图 6.67　打开素材文件

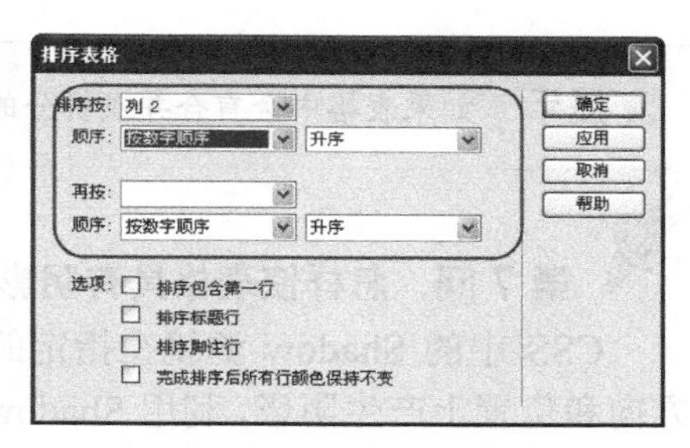

图 6.68　【排序表格】对话框

- 【顺序】：确定是按字母还是按数字顺序以及升序还是降序对列进行排序。
- 【再按】：确定在不同列上第 2 种排列方法的排列顺序。在其后面的下拉列表中指定应用第 2 种排列方法的列，在后面的下拉列表中指定第 2 种排序方法的排序顺序。
- 【排序包含第一行】：指定表格的第 1 行应该包括在排序中。
- 【排序标题行】：指定使用与 body 行相同的条件对表格 thead 部分中的所有行进行排序。
- 【排序脚注行】：指定使用与 body 行相同的条件对表格 tfoot 部分中的所有行进行排序。

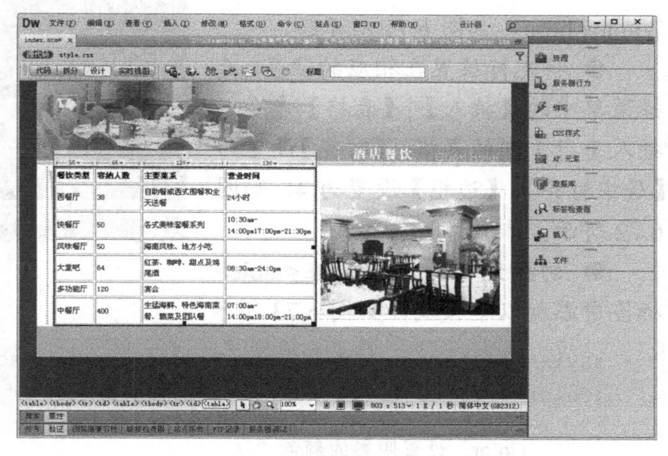

图 6.69　为表格排序

- 【完成排序后所有行颜色保持不变】：指定排序之后表格行属性应该与同一内容保持关联。

❹ 保存文档，按<F12>键在浏览器中预览效果，如图 6.70 所示。

图 6.70 表格中的数据排序效果图

提示 如果表格中含有合并或拆分的单元格，则表格无法使用表格排序功能。

第 7 问 怎样使表格具有阴影特效

CSS 中的 Shadow 滤镜在指定的方向和位置上产生阴影，利用 Shadow 滤镜可以使表格具有阴影特效，具体操作步骤如下。

❶ 打开素材文件 CH06/技巧 7/index.html，如图 6.71 所示。

图 6.71 打开素材文件

❷ 将光标放置在相应的位置，选择菜单中的【插入】|【表格】命令，插入 1 行 1 列的表格，【对齐】设置为【居中对齐】，【边框】设置为 4，如图 6.72 所示。

❸ 切换到拆分视图，在<table>标签中添加以下代码，如图 6.73 所示。

```
style="filter:progid:DXImageTransform.Microsoft.Shadow
(Color=#FFFFFF,Direction=120,strength=5)"
```

提示
Color：设置阴影的颜色。
Direction：设置阴影的角度。
strength：设置阴影的宽度。

❹ 保存文档，按<F12>键在浏览器中预览效果，如图 6.74 所示。

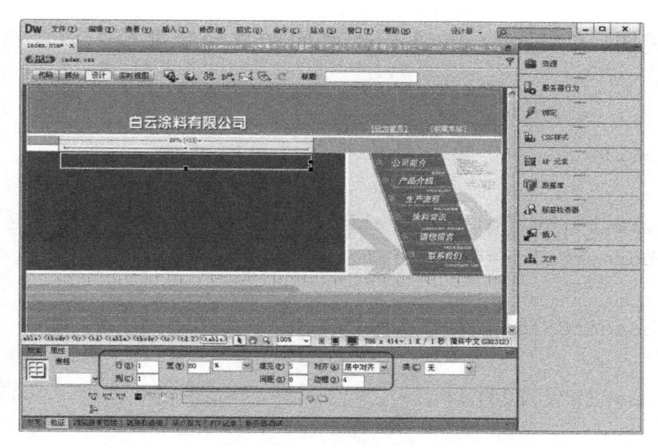

图 6.72 插入表格

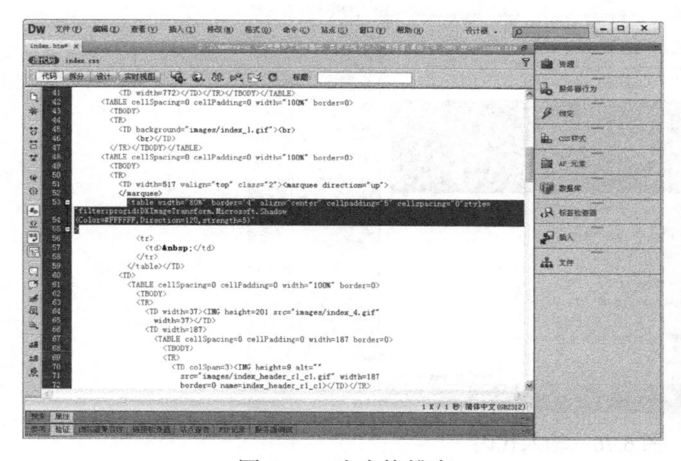

图 6.73 为表格排序

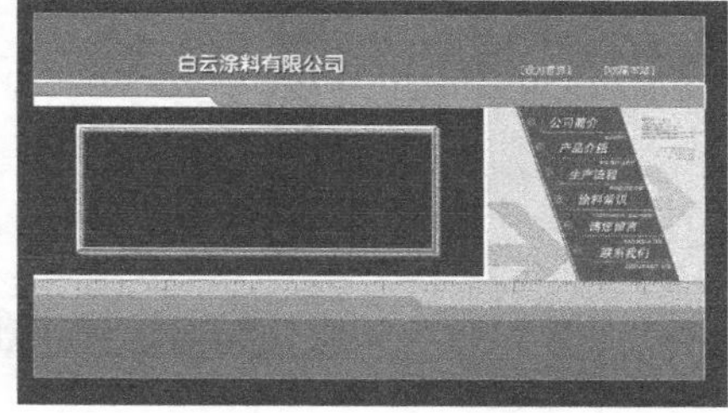

图 6.74 使表格具有阴影特效效果图

第 8 问 如何让表格的边框具有不同颜色、不断闪烁的效果

让表格的边框具有不同颜色、不断闪烁效果的具体操作步骤如下。

❶ 打开素材文件 CH06/技巧 8/index.html，如图 6.75 所示。

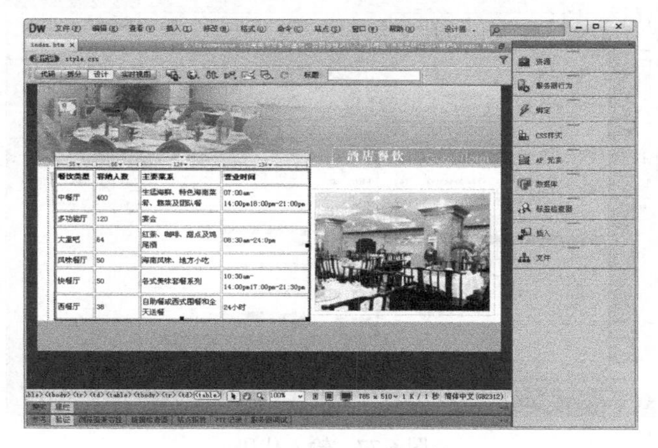

图 6.75 打开素材文件

❷ 切换到拆分视图，在<body>和</body>之间相应的位置输入以下代码，如图 6.76 所示。

```
<script>
function flash(){
if (!document.all)
return
if (mydowns.style.borderColor=="yellow") // 设置闪烁颜色为黄色
mydowns.style.borderColor="#9933FF"
else
mydowns.style.borderColor="yellow"
}
setInterval("flash()", 800)
</script>
```

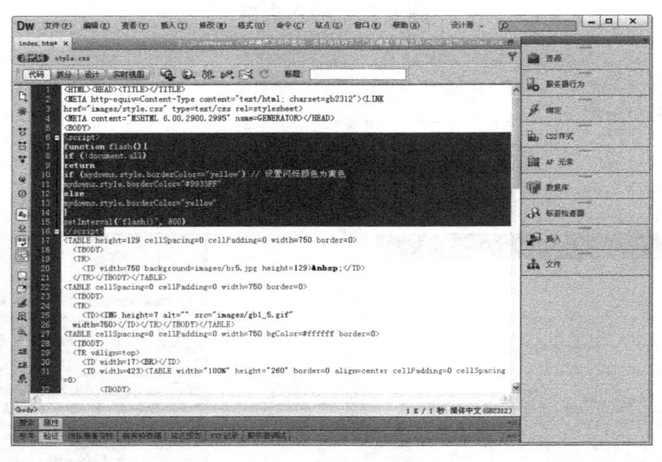

图 6.76　输入代码

❸ 在设计视图中选中表格，切换到拆分视图，在<table>中添加代码 i d="mydowns" style="border:2px solid yellow"，如图 6.77 所示。

❹ 保存文档，按<F12>键在浏览器中预览效果，如图 6.78 所示。

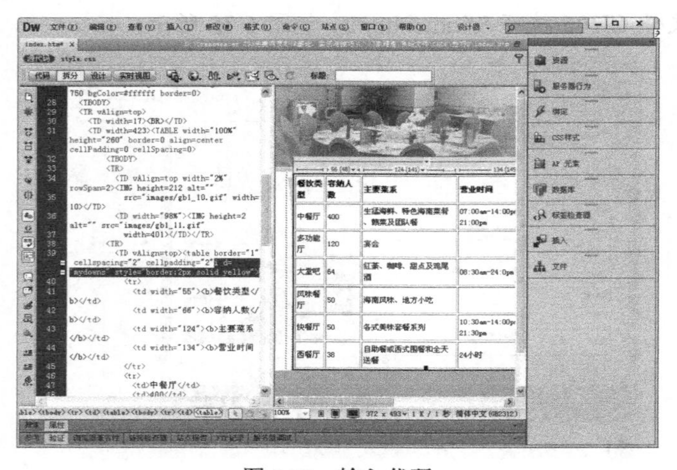

图 6.77　输入代码

图 6.78　表格的边框具有不同颜色、不断闪烁的效果图

第 9 问　如何制作出具有立体感的表格

制作具有立体感的表格的具体操作步骤如下。

❶ 打开素材文件 CH06/技巧 9/index.html，如图 6.79 所示。

图 6.79　打开素材文件

❷ 插入 8 行 5 列的表格，在【属性】面板中将【填充】设置为 3，【间距】设置为 2，【对齐】设置为【居中对齐】，【边框】设置为 4，【边框颜色】设置为#CCCC99，如图 6.80 所示。

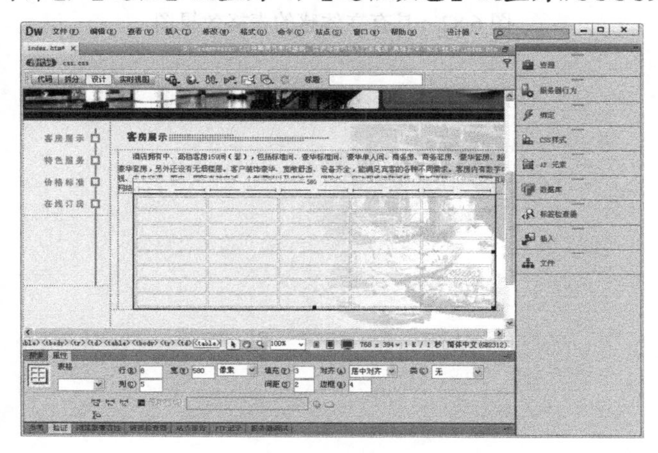

图 6.80　插入表格

❸ 在表格中分别输入相应的文字，将【大小】设置为 12 像素，如图 6.81 所示。

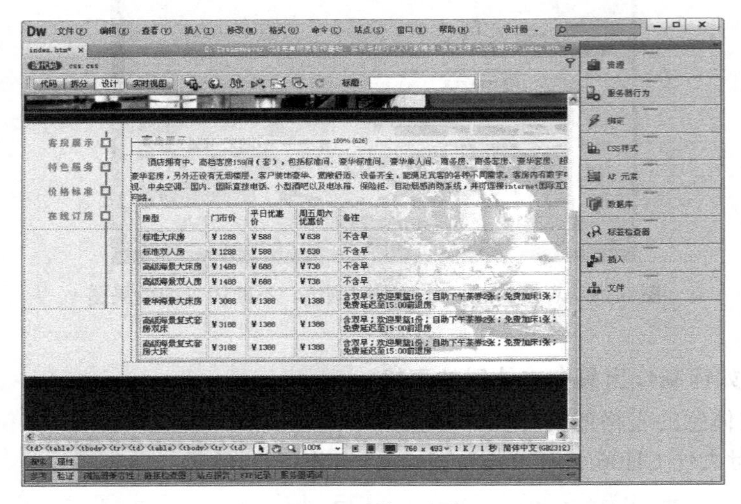

图 6.81　输入文字

❹ 保存文档，按<F12>键在浏览器中预览效果，如图 6.82 所示。

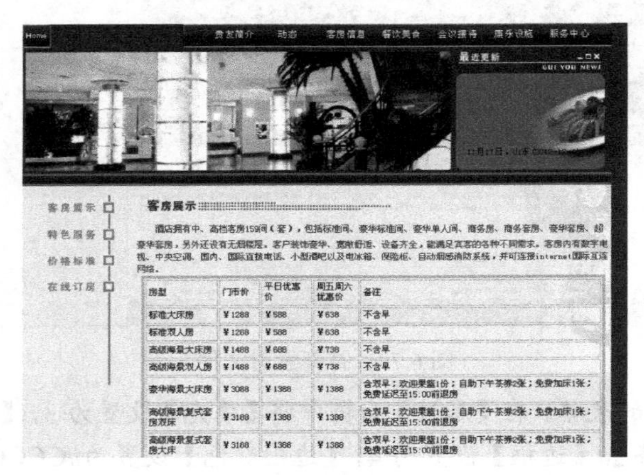

图 6.82　具有立体感的表格效果图

第7章

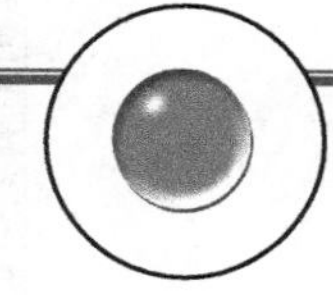

使用模板、库和插件

借助 Dreamweaver CS6 的模板功能可以批量地制作几十种甚至几百种风格基本相似的页面，极大地提高工作效率。Dreamweaver 的真正特殊之处在于它强大的无限扩展性，插件可用于拓展 Dreamweaver 的功能。本章主要讲述创建模板、创建可编辑区域、创建与应用库项目和安装和应用第三方插件等。

学习目标

- 掌握模板的使用
- 掌握可编辑区的创建
- 掌握与应用库项目
- 掌握安装和应用第三方插件

7.1 创建模板

模板实际上就是具有固定格式和内容的文件，文件扩展名为.dwt。模板的功能很强大，通过定义和锁定可编辑区域可以保护模板的格式和内容不会被修改，只有在可编辑区域中才能输入新的内容。模板最大的作用就是可以创建统一风格的网页文件，在模板内容发生变化后，可以同时更新站点中所有使用到该模板的网页文件，不需要逐一修改。

7.1.1 直接创建模板

在 Dreamweaver 中，模板是一种特殊的文档，可以按照模板创建新的网页，从而得到与模板相似但又有所不同的新网页。当修改模板时，使用该模板创建的所有网页可以一次自动更新，这就大大提高了网页更新和维护的效率。

创建模板一般有以下 3 种方法。

- 修改现存的 HTML 文档，使之适合自己的需要。
- 使用【新建文档】对话框创建模板。
- 从资源管理中创建模板。

在 Dreamweaver 中可以直接创建模板网页，具体操作步骤如下。

❶ 选择菜单中的【文件】|【新建】命令，打开【新建文档】对话框，在对话框中选择【空模板】|【HTML 模板】|【无】选项，如图 7.1 所示。

❷ 单击【创建】按钮，即可创建一模板网页，如图 7.2 所示。

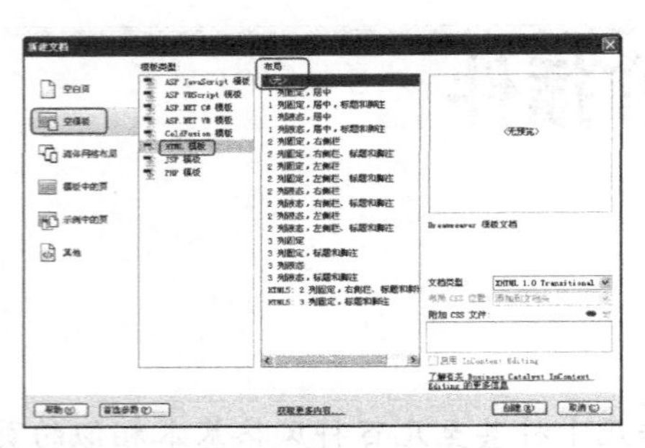

图 7.1 【新建文档】对话框

图 7.2 创建模板网页

提示 不能将 Templates 文件移到本地根文件夹之外，这样做将在模板的路径中引起错误。此外，也不要将模板移动到 Templates 文件夹之外或者将任何非模板文件放在 Templates 文件夹中。

❸ 选择菜单中的【文件】|【保存】命令，弹出 Dreamweaver 提示对话框，如图 7.3 所示。

❹ 单击【确定】按钮，弹出【另存模板】对话框，在对话框中的【文件名】文本框中输入名称，如图 7.4 所示。

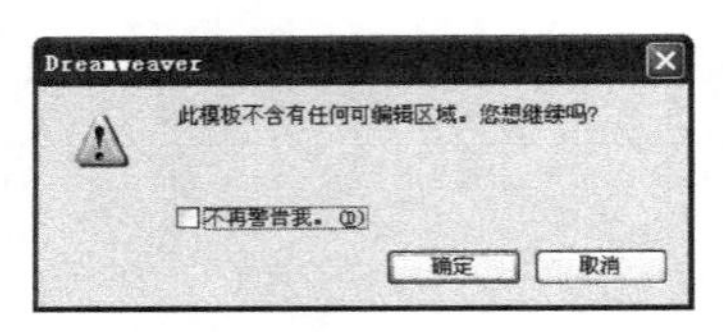

图 7.3 提示对话框

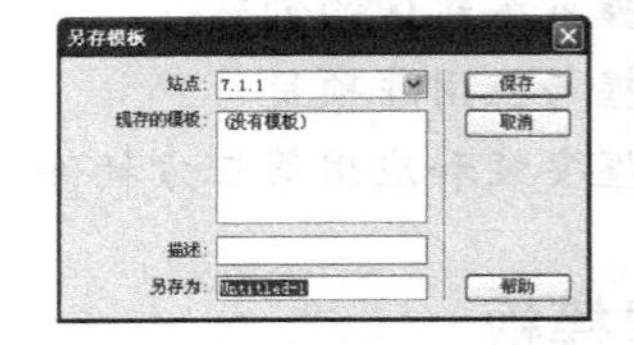

图 7.4 【另存模板】对话框

❺ 单击【保存】按钮，保存模板文件。

7.1.2 从现有文档创建模板

从现有文档创建模板的具体操作步骤如下。

❶ 打开素材文件 CH07/index.html，如图 7.5 所示。

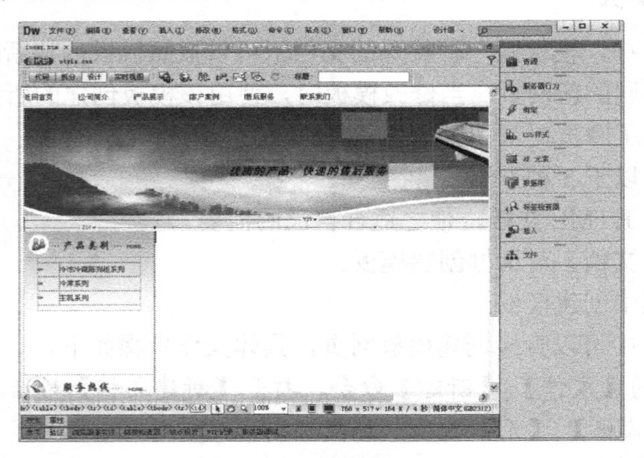

图 7.5 打开素材文件

❷ 选择菜单中的【文件】|【另存为模板】命令，打开【另存模板】对话框，在对话框中的【站点】下拉列表中选择保存模板的站点，在【另存为】文本框中输入moban，如图7.6所示。

❸ 单击【保存】按钮，弹出Dreamweaver提示框，如图7.7所示。

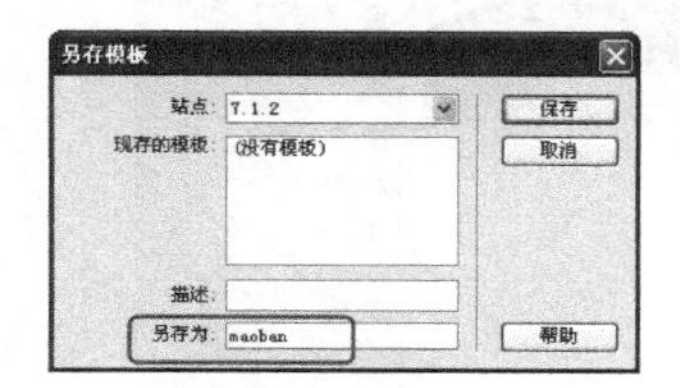

图7.6 【另存模板】对话框

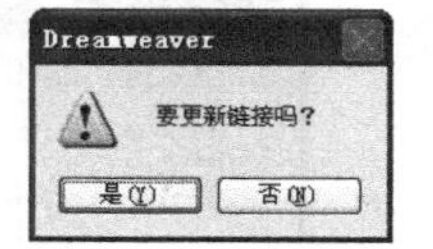

图7.7 Dreamweaver提示框

❹ 单击【是】按钮，即可将文档另存为模板，如图7.8所示。

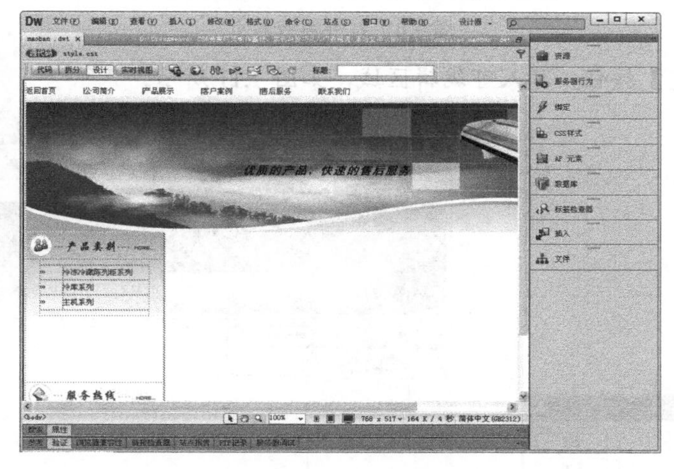

图7.8 另存为模板

提示 在保存模板时，如果模板中没有定义可编辑区域，系统将显示警告信息。

7.2 创建可编辑区域

在模板中，可编辑区域是页面的一部分，对于基于模板的页面，能够改变可编辑区域中的内容。默认情况下，新创建的模板的所有区域都处于锁定状态，因此，要使用模板，必须将模板中的某些区域设置为可编辑区域。创建可编辑区域的具体操作步骤如下。

❶ 打开上节创建的模板网页，如图7.9所示。

提示 单击【常用】插入栏中的按钮，在弹出的菜单中选择按钮，打开【新建可编辑区域】对话框，插入可编辑区域。

❷ 将光标放置在要插入可编辑区域的位置，选择菜单中的【插入】|【模板对象】|【可编辑区域】命令，打开【新建可编辑区域】对话框，在对话框中的【名称】文本框中输入名称，如图7.10所示。

图 7.9　打开模板网页

❸ 单击【确定】按钮，插入可编辑区域，如图 7.11 所示。

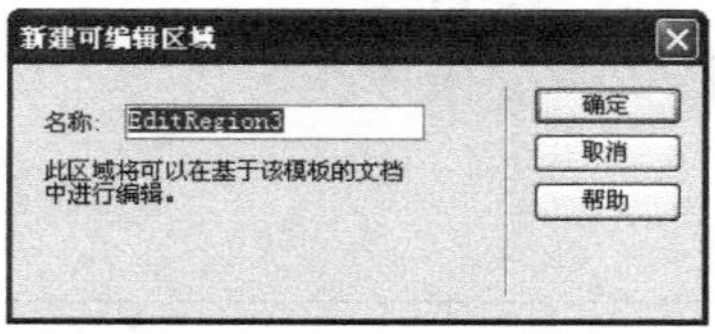

新建可编辑区域

名称: EditRegion3

此区域将可以在基于该模板的文档中进行编辑。

确定

取消

帮助

图 7.10 【新建可编辑区域】对话框

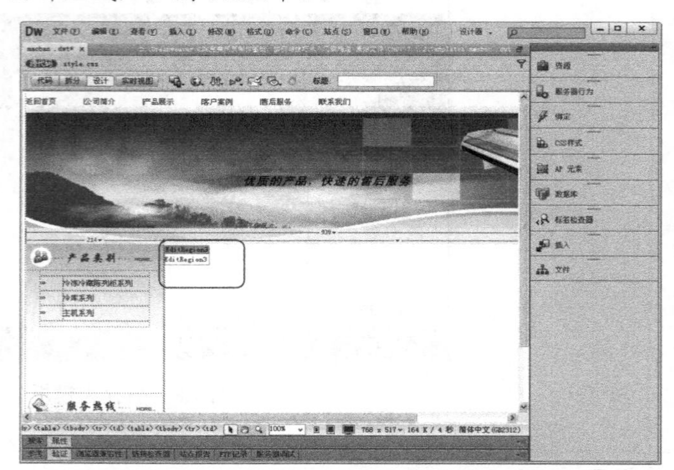

图 7.11　插入可编辑区域

提示　在给可编辑区域命名时，可以使用单引号、双引号、尖括号和&。

7.3　使用模板创建新网页

模板最强大的用途之一在于一次更新多个页面。从模板创建的文档与该模板保持连接状态，可以修改模板并立即更新基于该模板的所有文档中的设计。使用模板可以快速创建大量风格一致的网页。利用模板创建新网页的具体操作步骤如下。

❶ 选择菜单中的【文件】|【新建】命令，打开【新建文档】对话框，在对话框中选择【模板中的页】|【站点 7.3】|【站点"7.3"的模板:】|【moban】选项，如图 7.12 所示。

❷ 单击【创建】按钮，创建一模板网页，如图 7.13 所示。

❸ 将光标放置在可编辑区域中，选择菜单中的【插入】|【表格】命令，插入 4 行 1 列的表格，如图 7.14 所示。

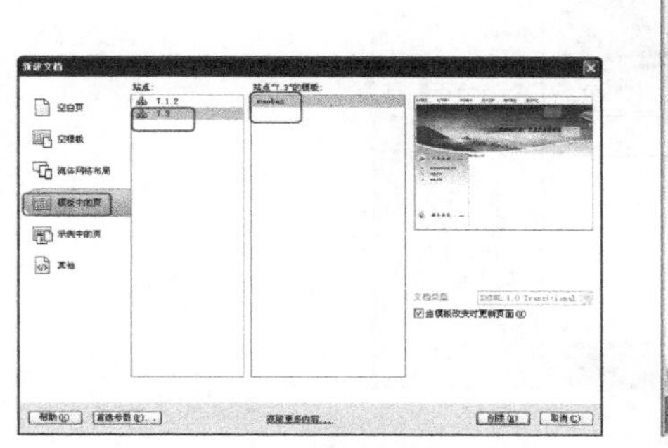
图 7.12 【新建文档】对话框

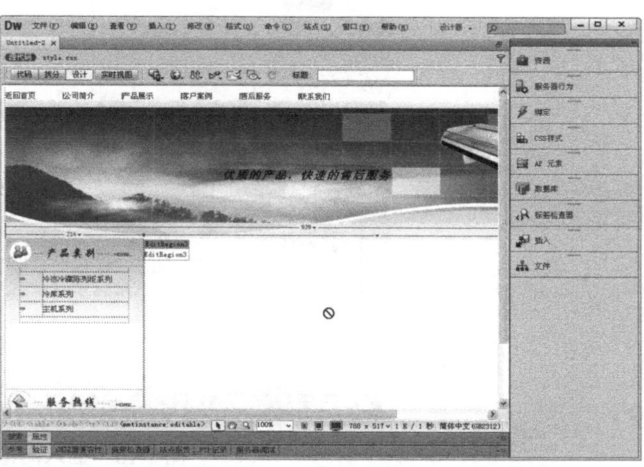
图 7.13 创建模板网页

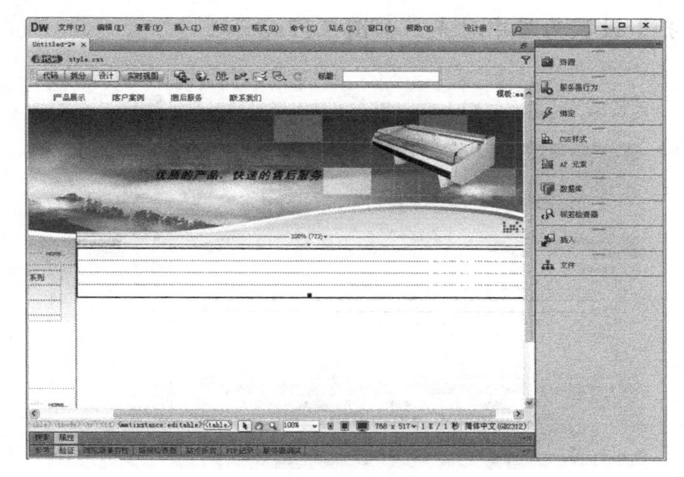
图 7.14 插入表格

❹ 将光标置于表格的第 1 行单元格中，选择菜单中的【插入】|【图像】命令，打开【选择图像源文件】对话框，在对话框中选择图像文件 pic_r3_c31.jpg，如图 7.15 所示。

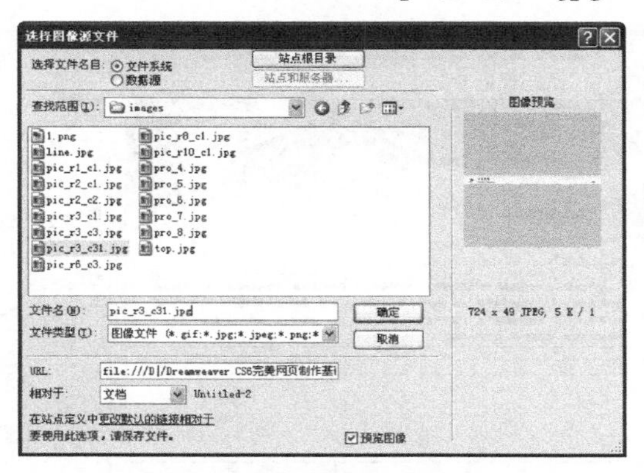
图 7.15 【选择图像源文件】对话框

❺ 单击【确定】按钮，插入图像，如图 7.16 所示。

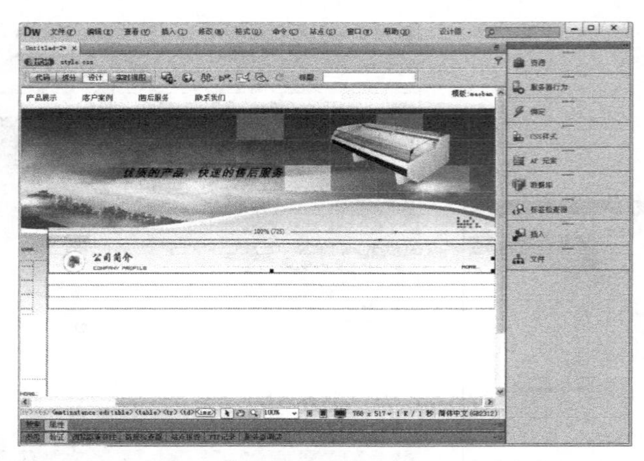

图 7.16　插入图像

❻ 将光标放置在第 2 行单元格中，选择菜单中的【插入】|【表格】命令，插入 1 行 1 列的表格，将【对齐】设置为居中对齐，如图 7.17 所示。

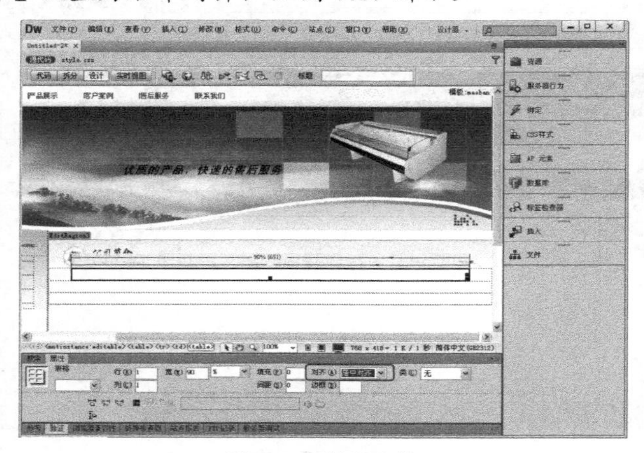

图 7.17　插入表格

❼ 将光标放置刚插入的表格中，输入文字，将【大小】设置为 12 像素，【文本颜色】设置为#000000，如图 7.18 所示。

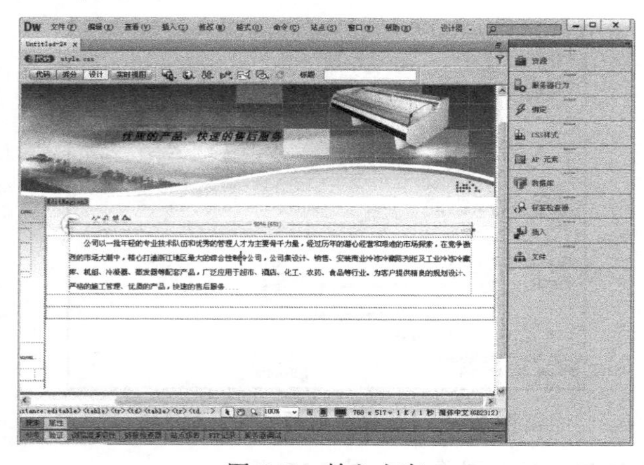

图 7.18　输入文字

❽ 将光标放置在表格的第 3 行单元格中，选择菜单中的【插入】|【图像】命令，插入图像 pic_r6_c3.jpg，如图 7.19 所示。

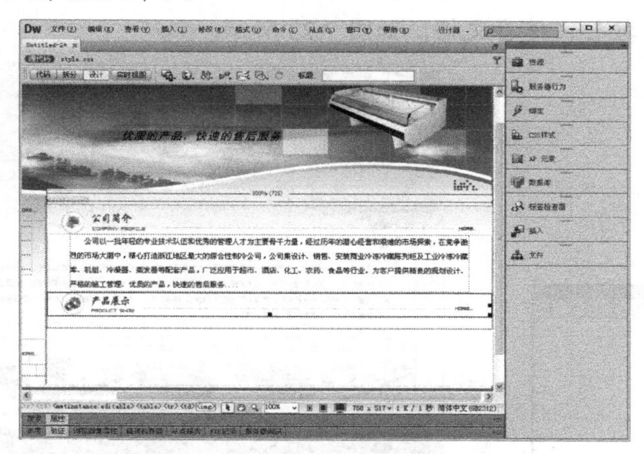

图 7.19　插入图像

❾ 将光标置于表格的第 4 行单元格中，插入 1 行 5 列的表格，如图 7.20 所示，

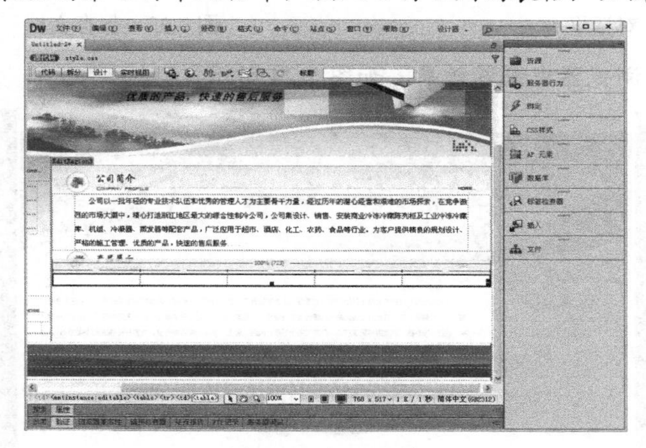

图 7.20　插入表格

❿ 在刚插入的表格中，分别插入相应的图像，如图 7.21 所示。

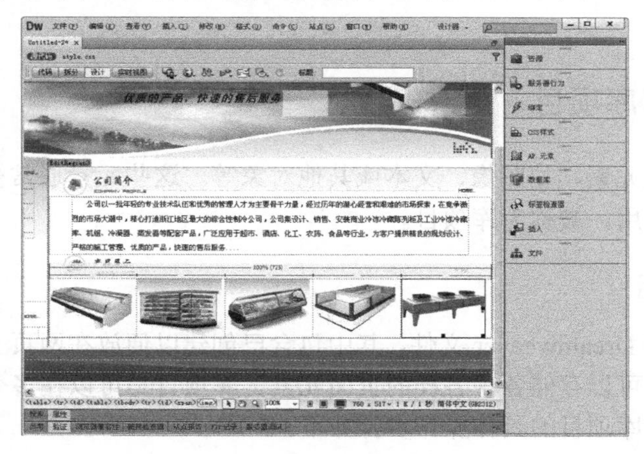

图 7.21　插入图像

⓫ 选择菜单中的【文件】|【保存】命令，打开【另存为】对话框，在对话框中的【文件名】文本框中输入 index1.html，如图 7.22 所示。

⓬ 单击【保存】按钮，保存文档，如图 7.23 所示。

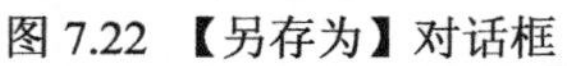

图 7.22 【另存为】对话框

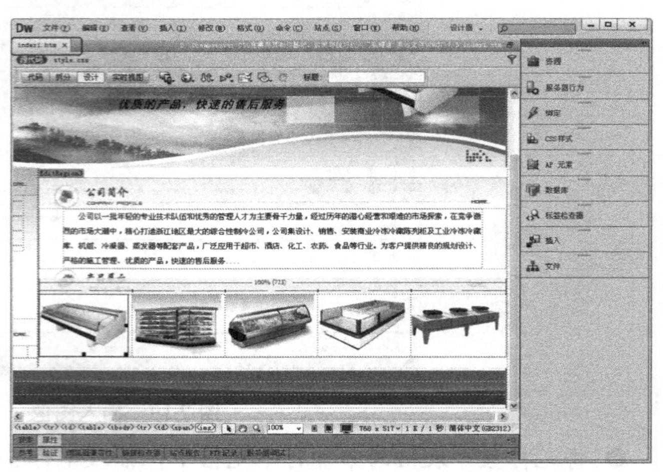

图 7.23 保存文档

⓭ 按<F12>键在浏览器中预览效果，如图 7.24 所示。

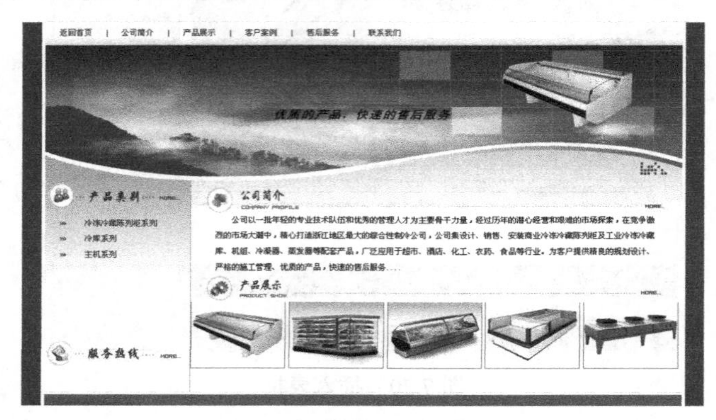

图 7.24 模板网页效果图

7.4 创建与应用库项目

库用于存放页面元素，如图像、文本或其他对象等。这些元素通常被广泛应用于整个站点，并且能够重复使用，被称为库项目。

7.4.1 创建库项目

库是一种特殊的 Dreamweaver 文件，其中包含已创建以便放在网页上的单独的资源或资源复制的集合。库中可以存储各种各样的页面元素。库项目是可以在多个页面中重复使用的存储页面元素。创建库项目的具体操作步骤如下。

❶ 选择菜单中的【文件】|【新建】命令，打开【新建文档】对话框，在对话框中选择

【空白页】|【页面类型】|【库项目】选项，如图 7.25 所示。

❷ 单击【创建】按钮，创建一个空白文档，如图 7.26 所示。

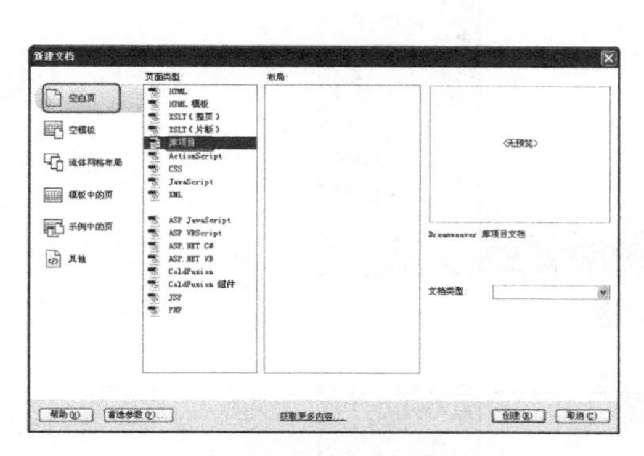

图 7.25 【新建文档】对话框

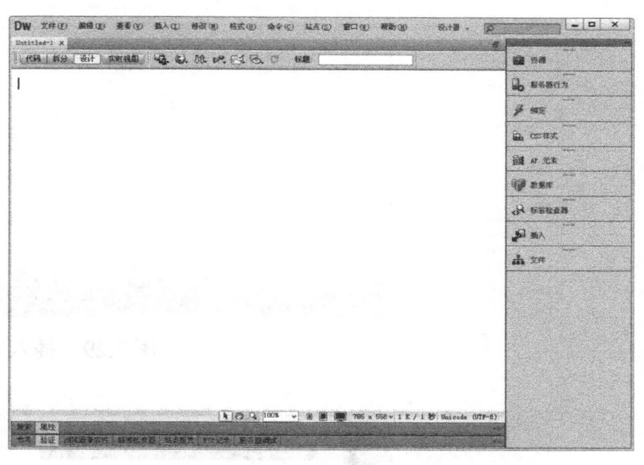

图 7.26 创建文档

❸ 选择菜单中的【文件】|【保存】命令，打开【另存为】对话框，在对话框中的【文件名】文本框中输入名称 top.lbi，如图 7.27 所示。

❹ 单击【保存】按钮，保存库项目，如图 7.28 所示。

图 7.27 【另存为】对话框

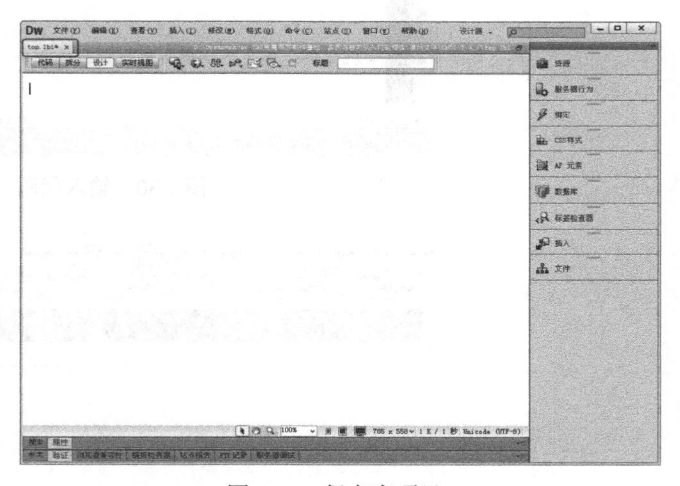

图 7.28 保存库项目

❺ 将光标放置在页面中，选择菜单中的【插入】|【表格】命令，插入 2 行 1 列的表格，如图 7.29 所示。

❻ 将光标置于表格的第 1 行单元格中，打开代码视图，在代码中输入背景图像代码 background=images/p_01.jpg，如图 7.30 所示。

❼ 返回设计视图，可以看到插入的背景图像，如图 7.31 所示。

❽ 将光标置于背景图像上，选择菜单中的【插入】|【表格】命令，插入 1 行 4 列的表格，如图 7.32 所示，

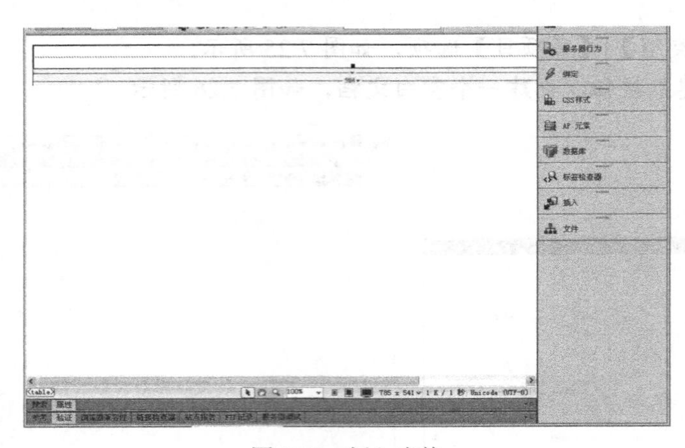

图 7.29　插入表格

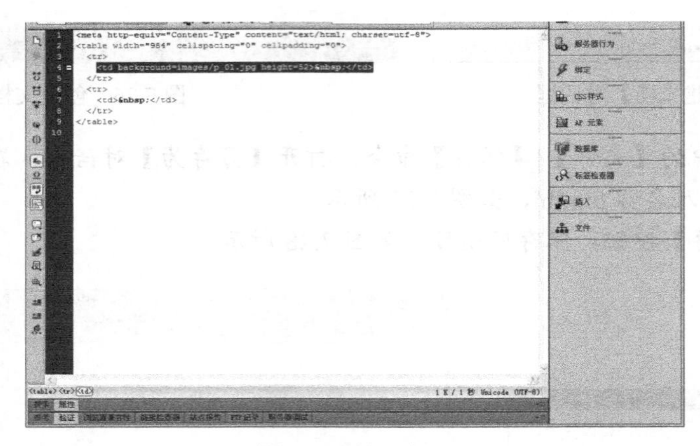

图 7.30　输入代码

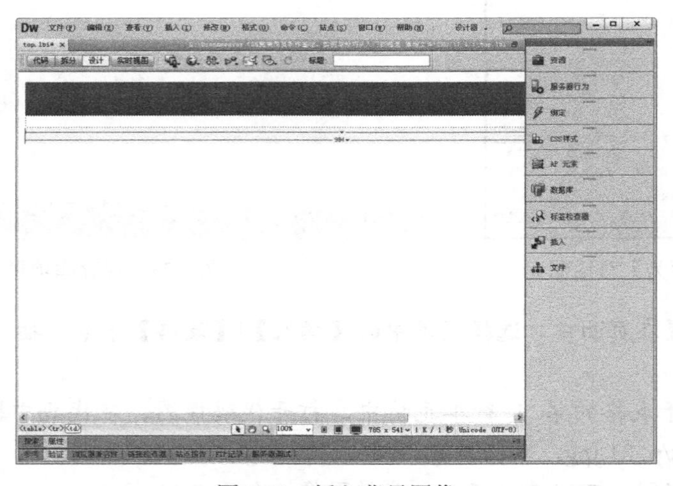

图 7.31　插入背景图像

❾ 在表格的单元格中分别插入相应的图像，如图 7.33 所示。

❿ 将光标置于表格的第 2 行单元格中，插入 1 行 12 列的表格，如图 7.34 所示。

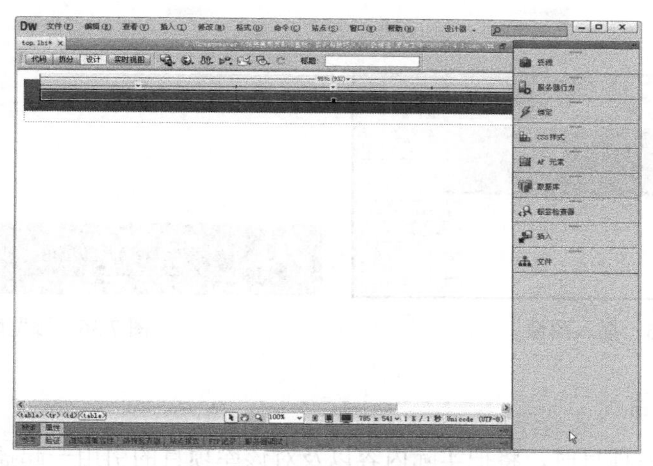

图 7.32　插入表格

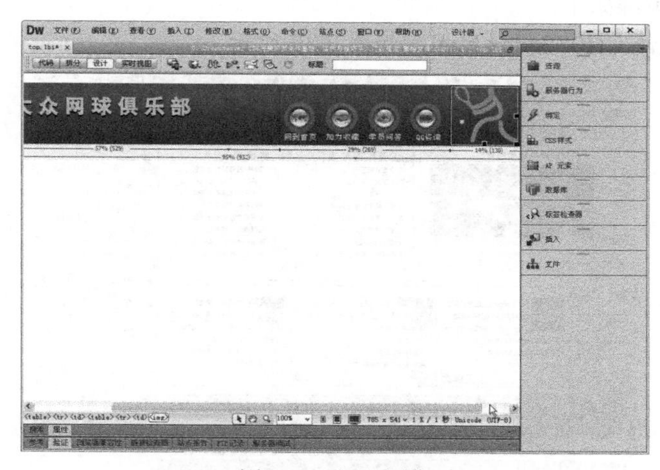

图 7.33　插入图像

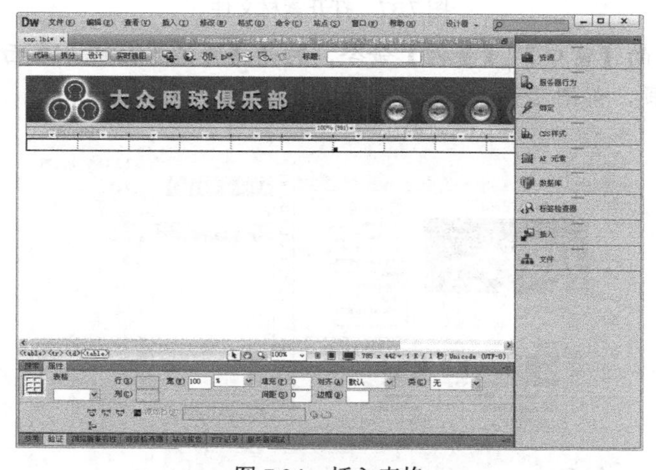

图 7.34　插入表格

⓫ 在刚插入的单元格中分别插入相应的图像，如图 7.35 所示。

⓬ 选择菜单中的【文件】|【保存】命令，保存库文件，按<F12>键在浏览器中预览效果，

如图 7.36 所示。

图 7.35　插入图像

图 7.36　预览库项目

7.4.2　应用库项目

当向页面添加库项目时，将把实际内容以及对该库项目的引用一起插入到文档中。应用库项目的具体操作步骤如下。

❶ 打开素材文件 CH07/index.html，如图 7.37 所示。

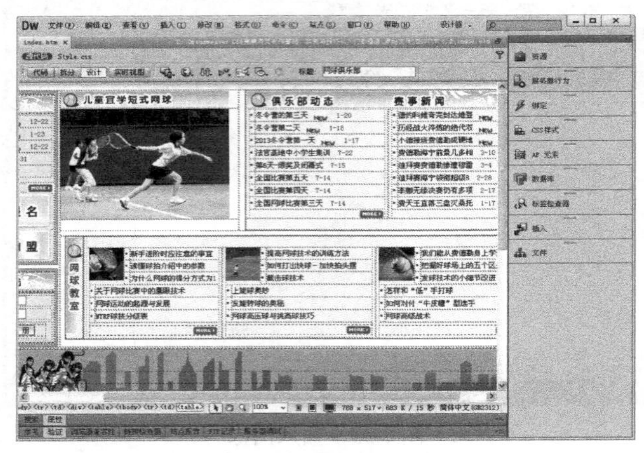

图 7.37　打开素材文件

❷ 选择菜单中的【窗口】|【资源】命令，打开【资源】面板，在面板中单击按钮，显示站点中的库项目，如图 7.38 所示。

图 7.38　【资源】面板

❸ 将光标放置在要插入库项目的位置，在【资源】面板中选中库项目 top，单击左下角的【插入】按钮，插入库项目，如图 7.39 所示。

❹ 保存文档，按<F12>键在浏览器中预览效果，如图 7.40 所示。

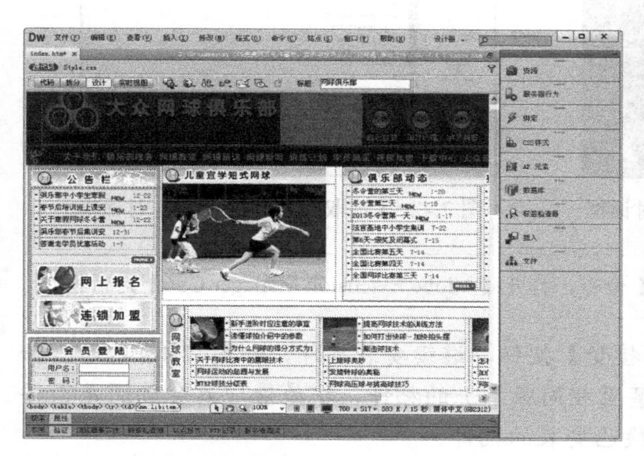

图 7.39　插入库项目

图 7.40　插入库项目效果图

7.5　安装和应用第三方插件

利用 Dreamweaver 附加功能的第三方插件，可以把网页制作得更加美观，而且还可以制作动态的页面。第三方插件可以根据功能和保存的位置进行分类，在 Dreamweaver 中使用的第三方插件大体上可以分为行为、命令、对象这 3 种类型。

行为插件：用来在【行为】面板中添加新的行为，在网页上实现动态的交互功能。如使用层插件可以让访问者根据自己的意愿摆放层，功能强大。

命令插件：用来在命令菜单上添加命令，添加的命令用于在网页编辑的时候实现一定的功能。

对象插件：用来在【插入】栏中添加新的行为。该对象具有在文档中快速插入一定格式的表单的功能。

7.5.1　安装插件

使用 Macromedia 功能扩展管理器，可以方便地在 Macromedia 应用程序中安装和删除插件。下载安装了 Extension Manager 以后，可以启动扩展管理器，在扩展管理器中安装插件，具体操作步骤如下。

安装插件的具体操作步骤如下。

❶ 选择菜单中的【开始】|【所有程序】|【Adobe Extension Manager CS6】命令，打开【Adobe Extension Manager CS6】对话框，如图 7.41 所示。

❷单击【安装新扩展】按钮，打开【选取要安装的扩展】对话框，如图 7.42 所示。在对话框中选取要安装的扩展包文件（.mxp）或者插件信息文件（.mxi），单击【打开】按钮，也可以直接双击扩展包文件，自动启动扩展管理器进行安装。

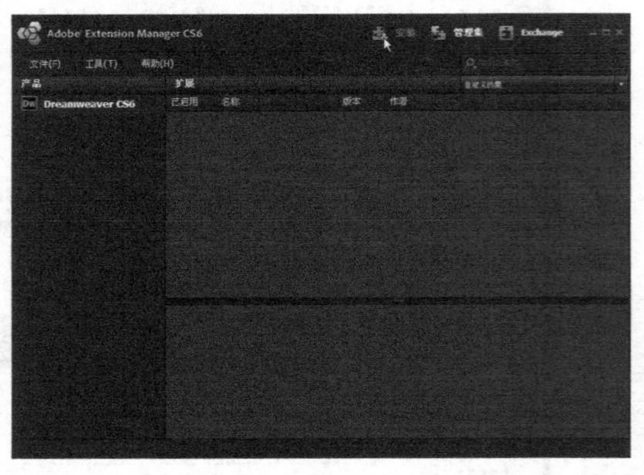

图 7.41 【Adobe Extension Manager CS6】对话框

图 7.42 【选取要安装的扩展】对话框

提示　选择菜单中的【命令】|【扩展管理】命令，打开【Adobe Extension Manager CS6】对话框。

❸ 打开【安装声明】对话框，单击【接受】按钮，继续安装插件，如图 7.43 所示。如果已经安装了另一个版本（较旧或较新，甚至相同版本）的插件，扩展管理器会询问是否替换已安装的插件，单击【是】按钮，将替换已安装的插件。

❹ 根据一步一步的提示，显示插件安装完成，如图 7.44 所示。

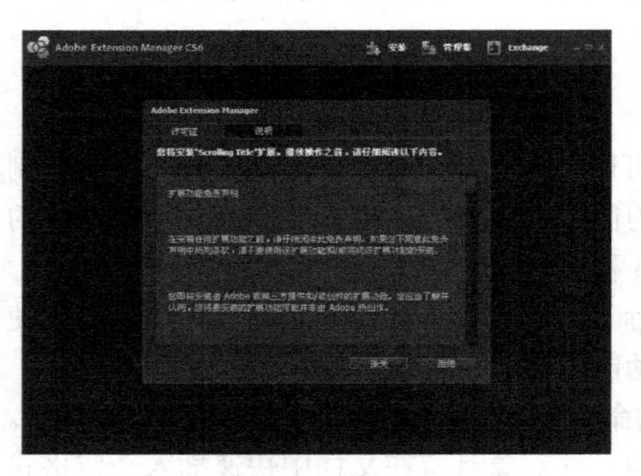

图 7.43 【安装声明】对话框

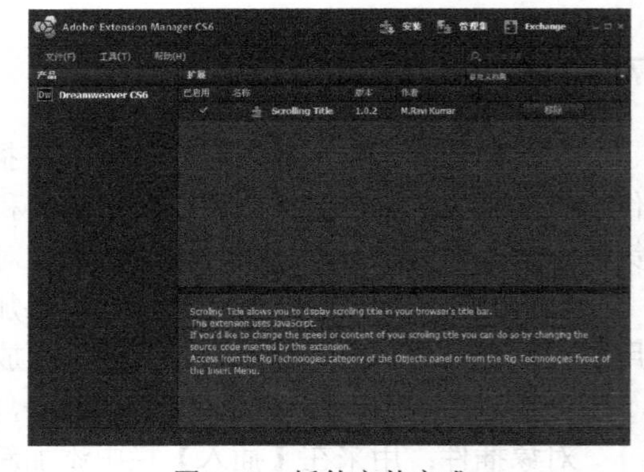

图 7.44 插件安装完成

7.5.2 应用插件

利用插件制作滚动标题栏效果的具体操作步骤如下。

❶ 打开素材文件 CH07/7.5.2/index.html，如图 7.45 所示。

❷ 单击【常用】插入栏中的按钮，如图 7.46 所示。

❸ 打开【Scrolling_Title】对话框，在对话框中勾选【Yes】单选按钮，如图 7.47 所示。

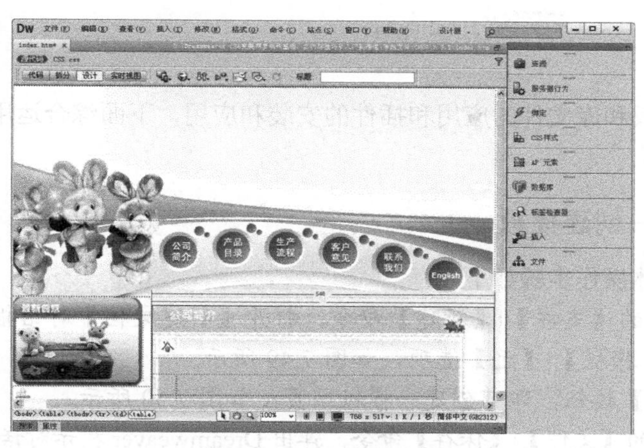

图 7.45　打开素材文件

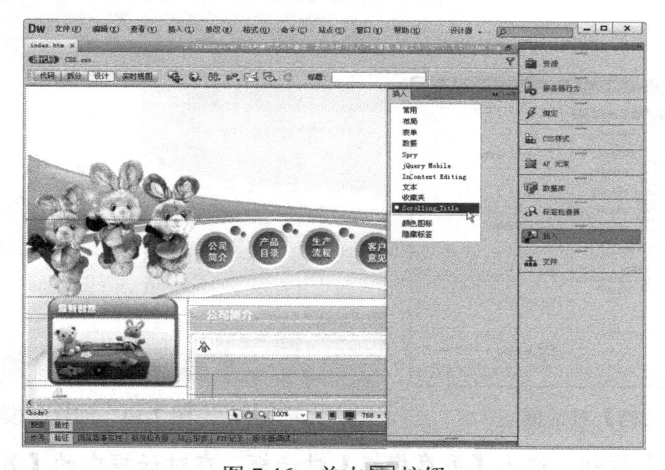

图 7.46　单击 按钮

❹ 单击【确定】按钮。保存文档，按<F12>键在浏览器中预览效果，可以看到标题栏不断滚动出现，如图 7.48 所示。

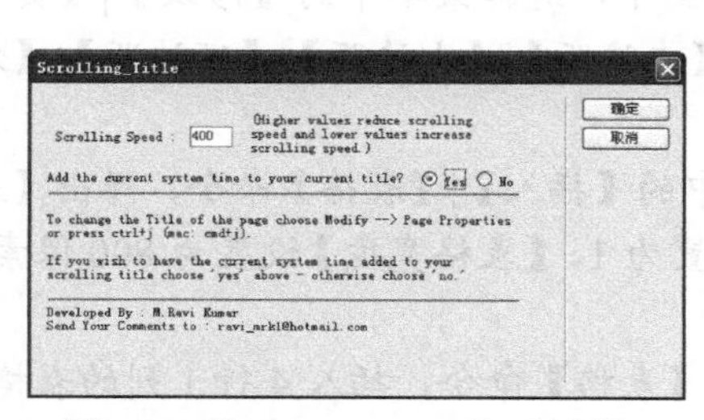

图 7.47　【Scrolling_Title】对话框

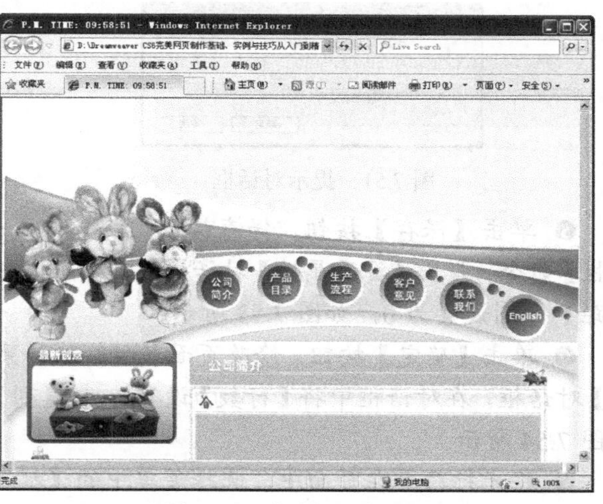

图 7.48　滚动标题栏效果图

7.6 实战演练

前面讲述了模板和库文件的应用和插件的安装和应用，下面综合运用前面所学到的知识制作以下几个实例。

7.6.1 实例 1——创建模板

创建模板的具体操作步骤如下。

❶ 选择菜单中的【文件】|【新建】命令，打开【新建文档】对话框，在对话框中选择【空模板】|【HTML 模板】|【无】选项，如图 7.49 所示。

❷ 单击【创建】按钮，即可创建一模板网页，如图 7.50 所示。

❸ 选择菜单中的【文件】|【保存】命令，弹出 Dreamweaver 提示对话框，如图 7.51 所示。

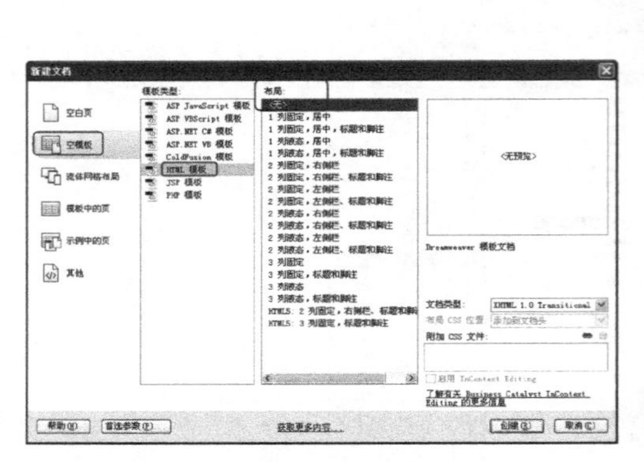

图 7.49 【新建文档】对话框

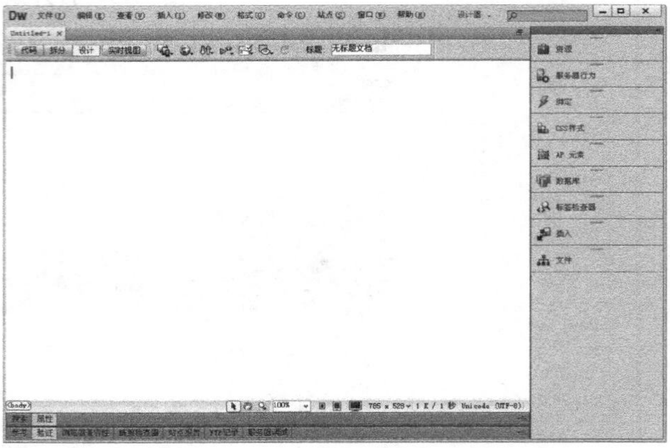

图 7.50 创建空模板

❹ 单击【确定】按钮，弹出【另存模板】对话框，在对话框中的【另存为】文本框中输入名称，如图 7.52 所示。

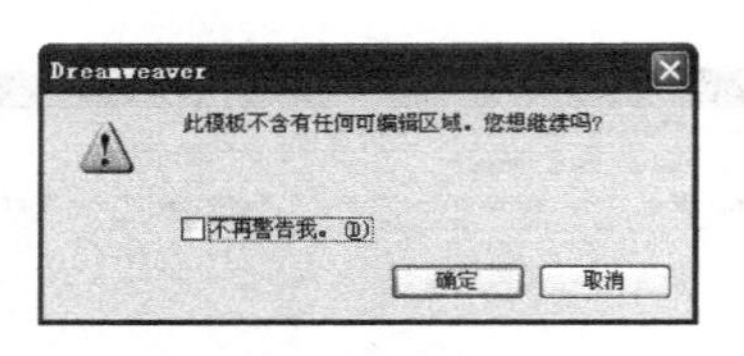

图 7.51 提示对话框

图 7.52 【另存模板】对话框

❺ 单击【保存】按钮，保存模板，将光标置于页面中，选择菜单中的【修改】|【页面属性】命令，弹出【页面属性】对话框，在对话框中将【左边距】、【上边距】、【下边距】、【右边距】分别设置为 0，如图 7.53 所示。

❻ 单击【确定】按钮，修改页面属性，选择菜单中的【插入】|【表格】命令，弹出【表格】对话框，在对话框中将【行数】设置为 4，【列】设置为 1，【表格宽度】设置为 800 像素，如图 7.54 所示。

❼ 将光标放置在页面中，选择菜单中的【插入】|【表格】命令，插入 4 行 1 列的表格，此表格记为表格 1，如图 7.55 所示。

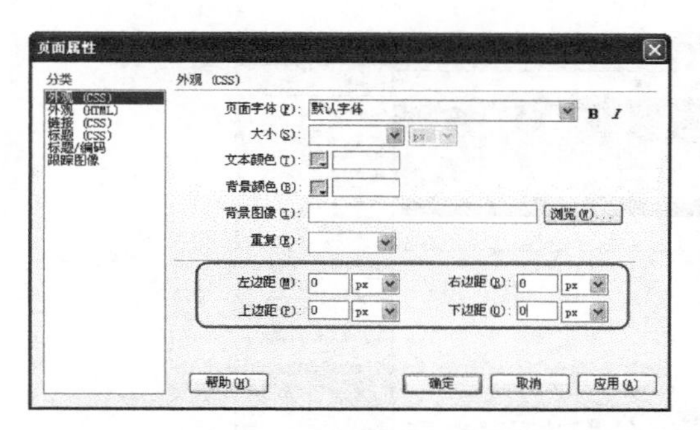

图 7.53 【页面属性】对话框

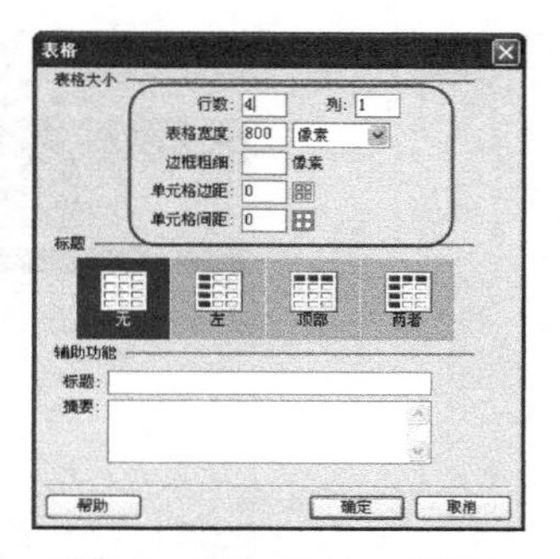

图 7.54 【表格】对话框

❽ 将光标置于表格 1 的第 1 行单元格中，选择菜单中的【插入】|【图像】命令，弹出【选择图像源文件】对话框，在对话框中选择图像文件 images/TOP.gif，如图 7.56 所示。

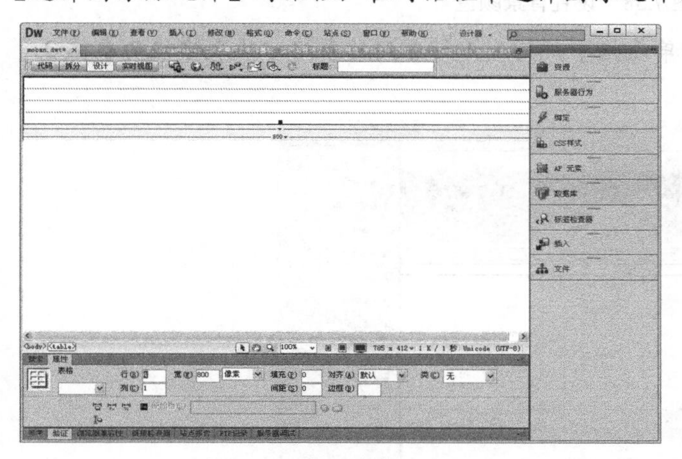

图 7.55 插入表格 1

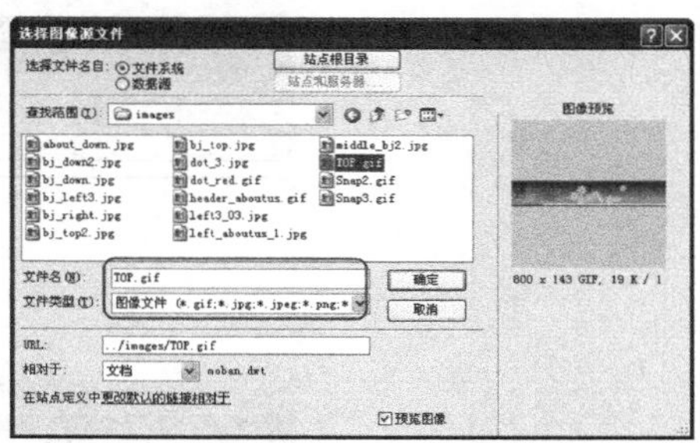

图 7.56 【选择图像源文件】对话框

❾ 单击【确定】按钮，插入图像，如图 7.57 所示。

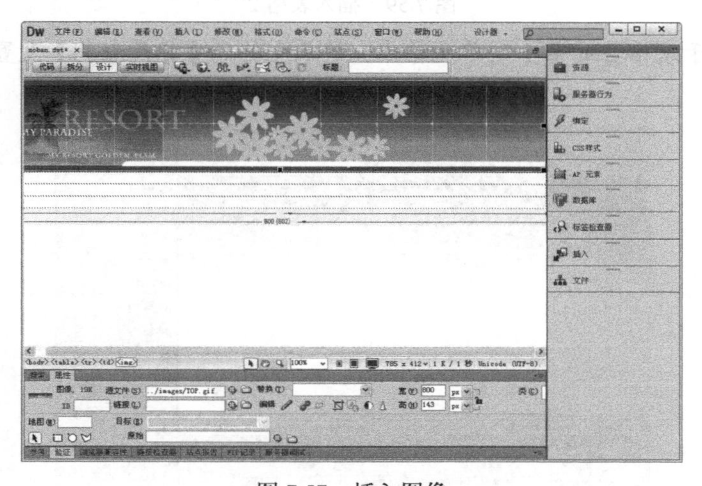

图 7.57 插入图像

❿ 将光标置于表格 1 的第 2 行单元格中，将单元格的【背景颜色】设置为#0567B0，如图 7.58 所示。

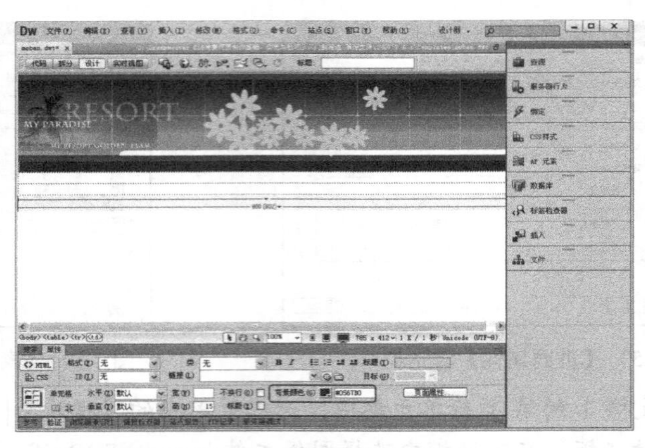

图 7.58　设置背景颜色

⓫ 将光标放置在表格 1 的第 3 行单元格中，插入 1 行 2 列的表格，此表格记为表格 2，如图 7.59 所示。

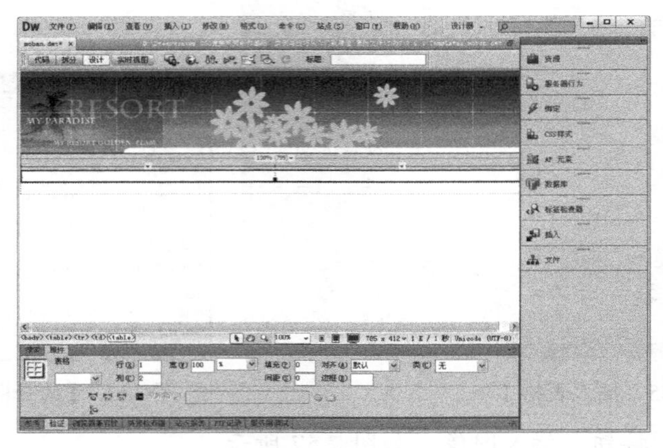

图 7.59　插入表格 2

⓬ 将光标置于表格 2 的第 1 列单元格中，将单元格的【背景颜色】设置为#EEEEEE，如图 7.60 所示。

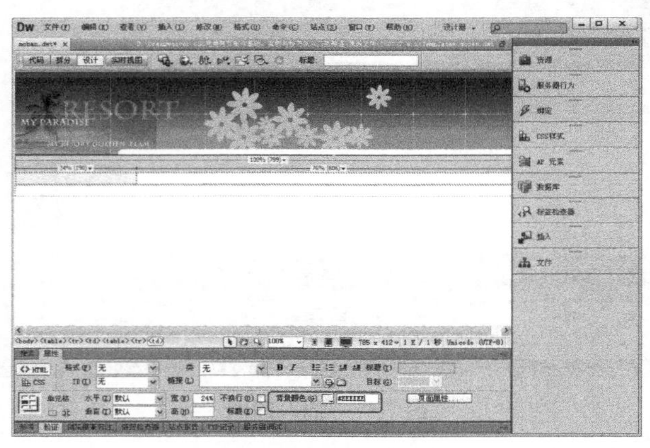

图 7.60　设置背景颜色

⓭ 将光标放置在表格 2 的单元格中，选择菜单中的【插入】|【表格】命令，插入 4 行 1

列的表格，此表格记为表格 3，如图 7.61 所示。

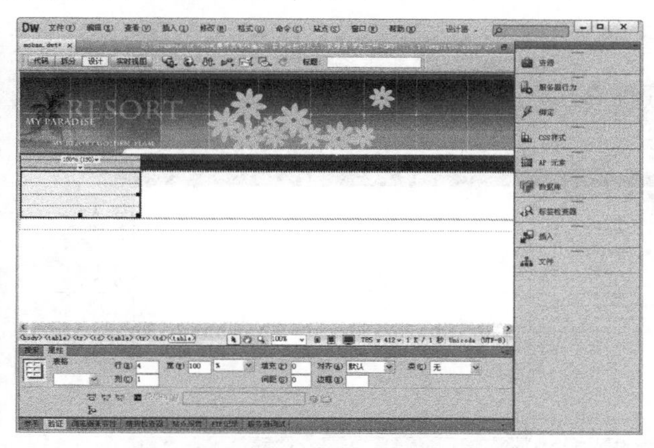

图 7.61　插入表格 3

⑭ 将光标置于表格 3 的第 1 行单元格中，选择菜单中的【插入】|【图像】命令，插入图像 images/left3_aboutus_1.jpg ，如图 7.62 所示。

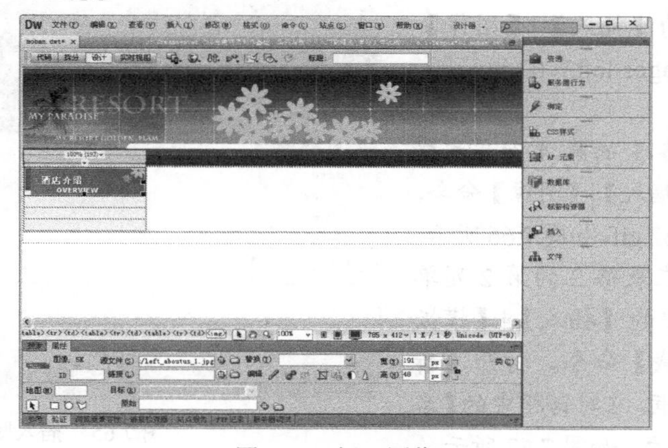

图 7.62　插入图像

⑮ 将光标放置在表格 3 的第 2 行单元格中，插入 4 行 2 列的表格，此表格记为表格 4，如图 7.63 所示。

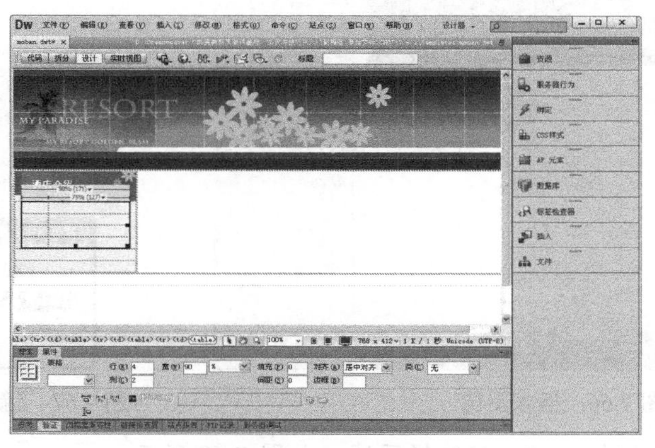

图 7.63　插入表格 4

⑯ 在表格 4 的第 1 列中插入图像，在第 2 列中输入相应的文字，如图 7.64 所示。

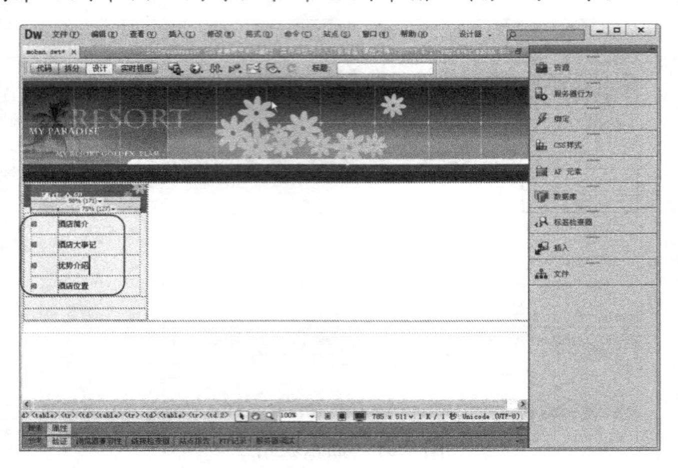

图 7.64　输入内容

⑰ 将光标置于表格 3 的第 3 行单元格中，选择菜单中的【插入】|【图像】命令，插入图像 images/left3_03.jpg，如图 7.65 所示。

⑱ 光标置于表格 3 的第 4 行单元格中，选择菜单中的【插入】|【图像】命令，插入图像 images/Snap2.gif，如图 7.66 所示。

⑲ 将光标放置在表格 2 的第 2 列单元格中，选择菜单中的【插入】|【模板对象】|【可编辑区域】命令，打开【新建可编辑区域】对话框，在对话框中的【名称】文本框中输入名称，如图 7.67 所示。

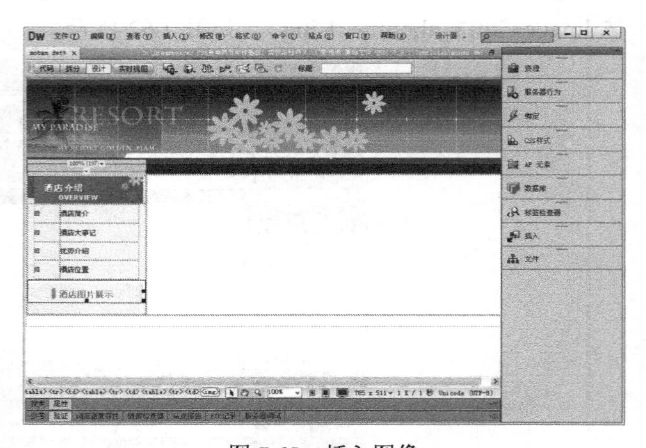

图 7.65　插入图像

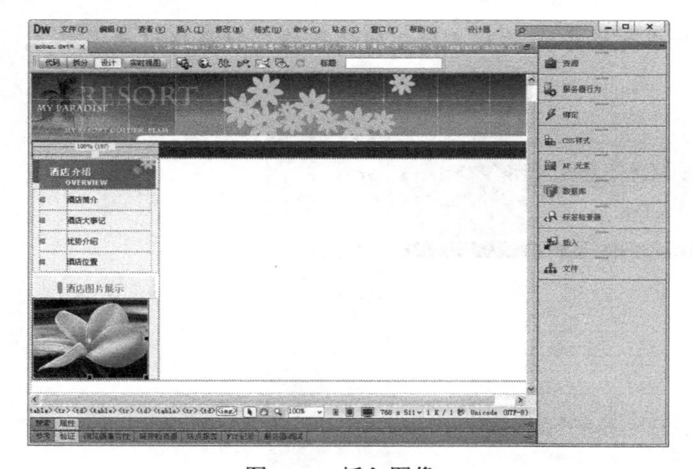

图 7.66　插入图像

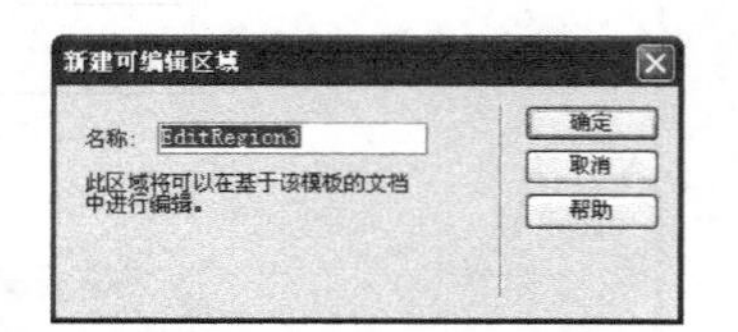

图 7.67　【新建可编辑区域】对话框

⑳ 单击【确定】按钮，插入可编辑区域，如图 7.68 所示。

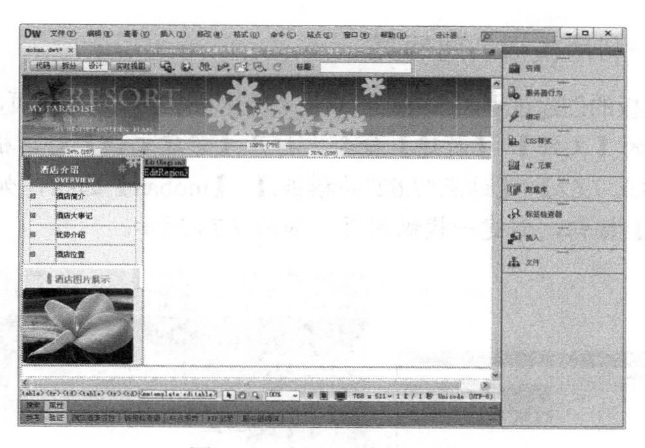

图 7.68　插入可编辑区域

㉑ 将光标放置在表格 1 的第 4 行单元格中，将单元格的【背景颜色】设置为#EEEEEE，如图 7.69 所示。

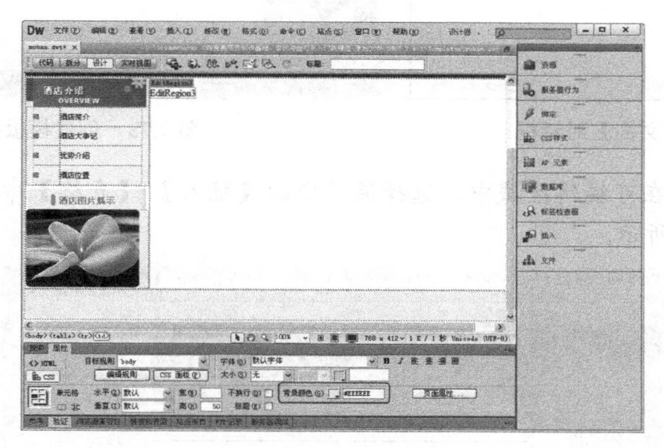

图 7.69　设置背景颜色

- 在表格 1 的第 4 行单元格中输入相应的文字，如图 7.70 所示。
- 选择菜单中的【文件】|【保存】命令，保存模板文件，效果如图 7.71 所示。

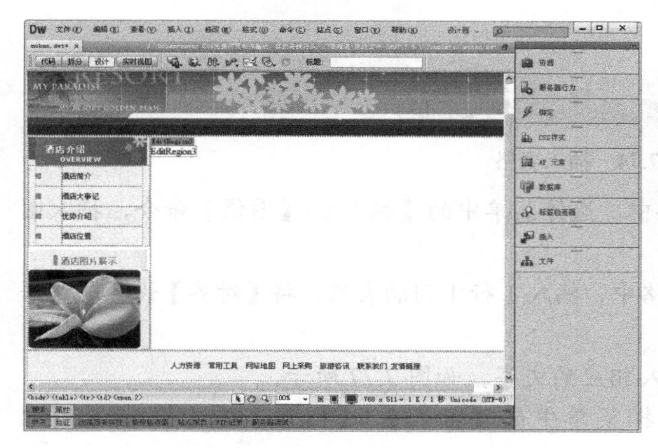

图 7.70　输入文字

图 7.71　保存模板

7.6.2 实例 2——利用模板创建网页

上一节讲述了模板的创建过程，那么这一节就来讲述利用模板创建网页，具体操作步骤如下。

❶ 选择菜单中的【文件】|【新建】命令，打开【新建文档】对话框，在对话框中选择【模板中的页】|【站点 7.62】|【站点"7.62"的模板:】|【moban】选项，如图 7.72 所示。

❷ 单击【创建】按钮，创建一模板网页，如图 7.73 所示。

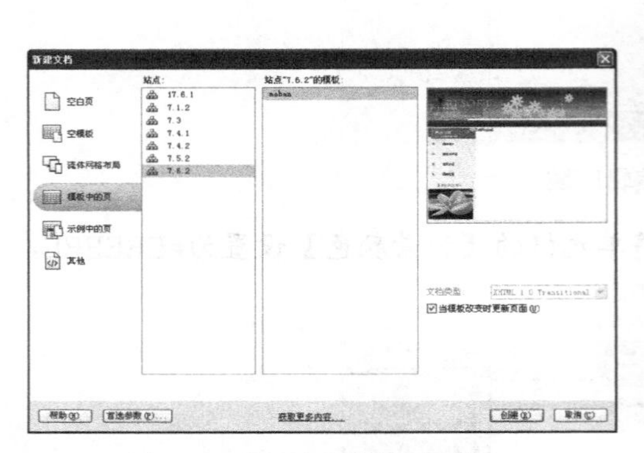

图 7.72 【新建文档】对话框

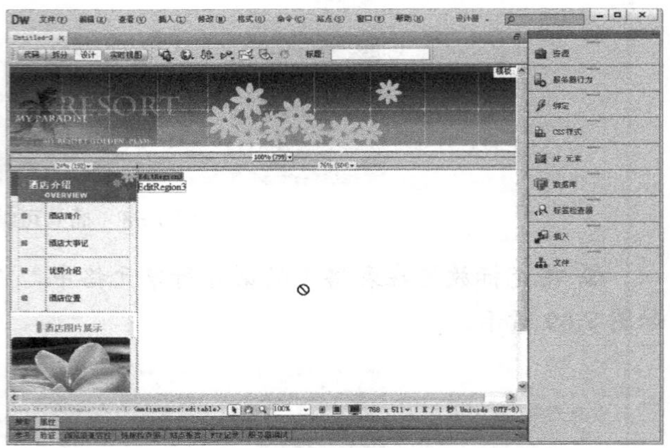

图 7.73 创建模板网页

❸ 将光标放置在可编辑区域中，选择菜单中的【插入】|【表格】命令，插入 2 行 1 列的表格，如图 7.74 所示。

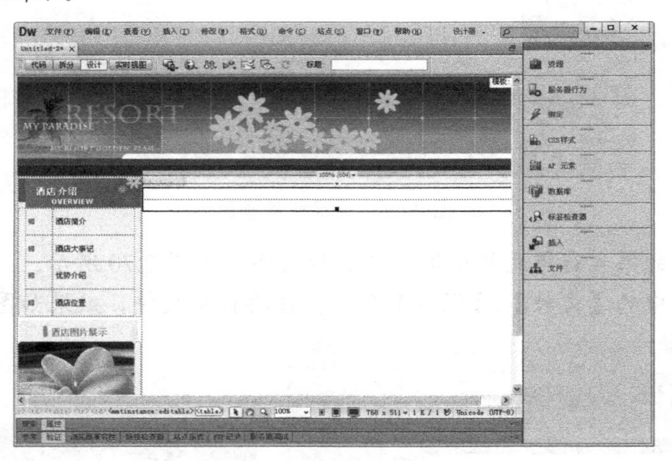

图 7.74 插入表格

❹ 将光标置于表格的第 1 行单元格中，选择菜单中的【插入】|【图像】命令，插入图像，如图 7.75 所示。

❺ 将光标放置在表格的第 2 行单元格中，插入 1 行 1 列的表格，将【对齐】设置为【居中对齐】，如图 7.76 所示。

❻ 将光标置于刚插入的表格中，输入相应的文字，如图 7.77 所示。

❼ 将光标放置在相应的位置，选择菜单中的【插入】|【图像】命令，插入图像 images/Snap3.gif，将图像设置为左对齐，如图 7.78 所示。

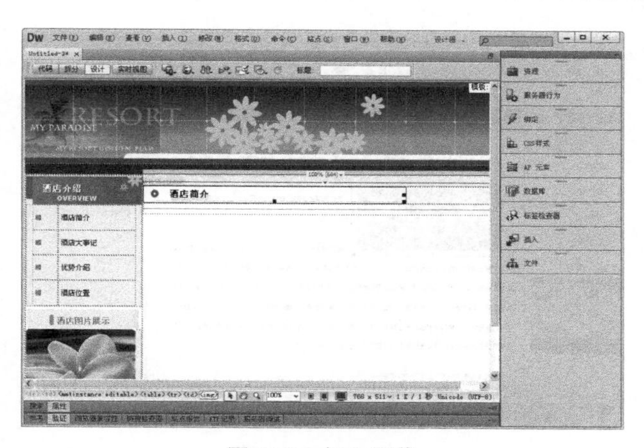

图 7.75　插入图像

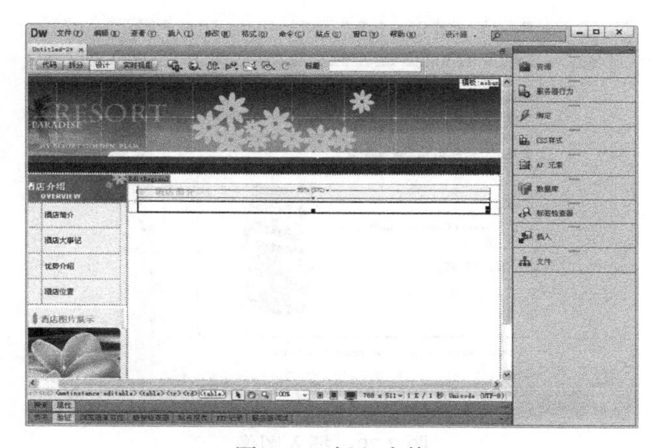

图 7.76　插入表格

图 7.77　输入文字

❽ 将光标放置在相应的位置，选择菜单中的【插入】|【图像】命令，插入图像images/about_down.jpg，如图 7.79 所示。

❾ 选择菜单中的【文件】|【保存】命令，打开【另存为】对话框，在对话框中的文件名中输入名称，如图 7.80 所示。

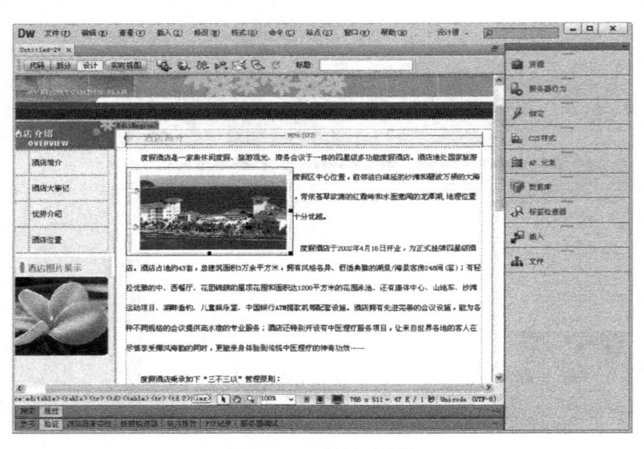

图 7.78　插入图像

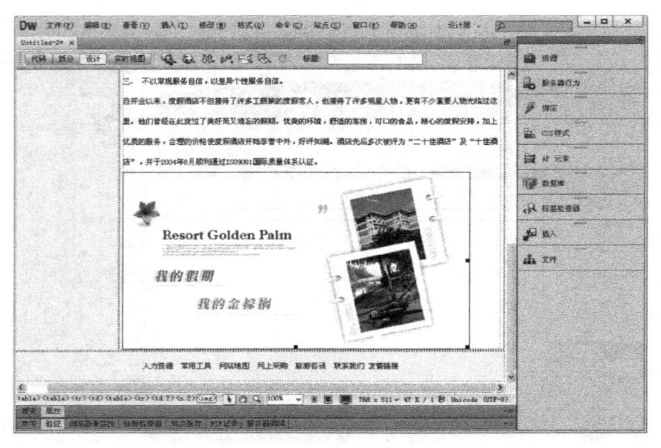

图 7.79　插入图像

⑩ 保存文档，按<F12>键在浏览器中预览效果，如图 7.80 所示。

图 7.80 【另存为】对话框

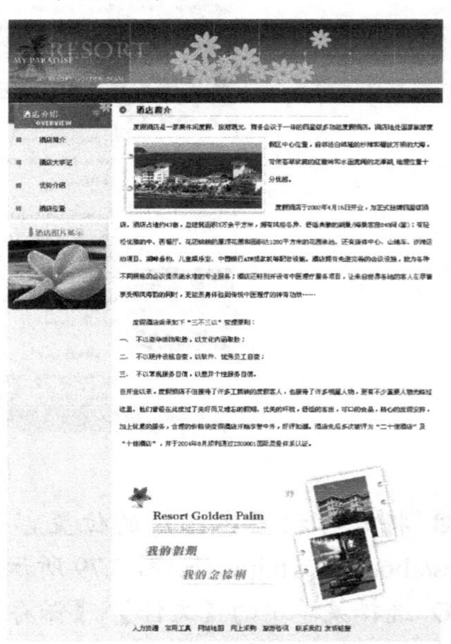

图 7.81　预览效果

7.6.3 实例 3——制作图片渐显效果插件

利用插件制作图片渐显效果的具体操作步骤如下。

❶ 选择菜单中的【开始】|【所有程序】|【Adobe Extension Manager CS6】命令，打开【Adobe Extension Manager CS6】对话框，在对话框中单击【安装新扩展】按钮，打开【选取要安装的扩展】对话框，在对话框中选择 flash_image.mxp，如图 7.82 所示。

❷ 单击【安装】按钮，根据提示安装插件，插件安装完成后，如图 7.83 所示。

图 7.82 【选取要安装的扩展】对话框

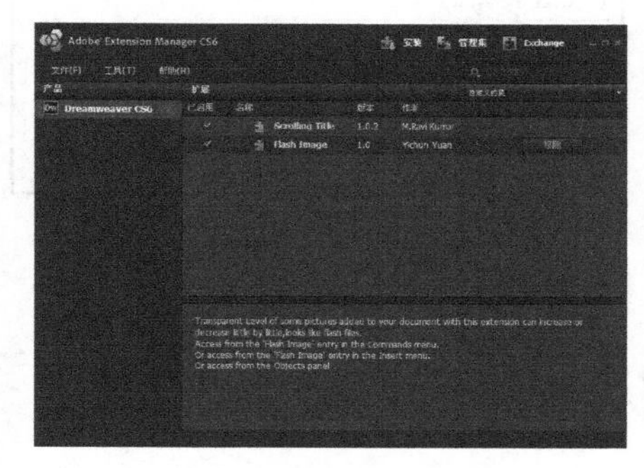

图 7.83 插件安装完成

❸ 打开素材文件 CH07/7.6.3/index.html，如图 7.84 所示。

❹ 将光标放置在要插入渐显图像的位置，单击【常用】插入栏中的按钮，打开【Flash Image】对话框，在对话框中单击 Image 文本框后边的【浏览】按钮，打开【选择文件】对话框，在对话框中选择 images/tu.jpg，如图 7.85 所示。

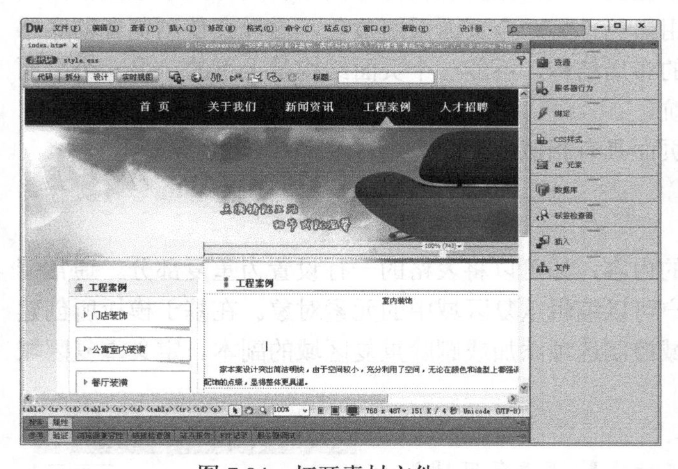

图 7.84 打开素材文件

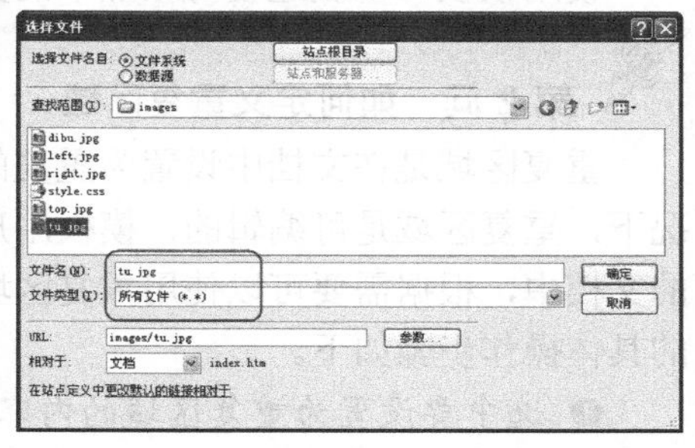

图 7.85 【选择文件】对话框

❺ 单击【确定】按钮，添加到文本框中，如图 7.86 所示。

❻ 设置完毕后单击【OK】按钮。保存文档，按<F12>键在浏览器中预览效果，如图 7.87 所示。

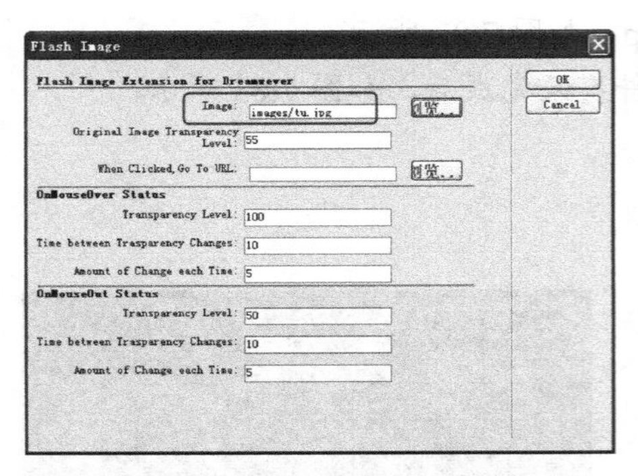

图 7.86 【Flash Image】对话框

图 7.87 图片渐显效果图

7.7 技巧与问答

利用模板和库可以提高网页制作效率，熟练掌握两者的功能，在实际的工作中将会发挥巨大的作用。网页制作不仅要追求艺术，同时也是一种模式化生产，在讲究艺术美的同时，还要注重制作的效率。

第 1 问 什么时候需要使用模板

创建一个站点，保持统一的风格很重要。风格主要从视觉方面来辨别，其中最重要的就是网页色彩的使用。不能这个页面采用黑色，另一个页面采用黄色，这样会使浏览者彻底感觉到站点不统一。还有一个就是网页的布局结构，不能一个页面结构是上下的，另一个页面结构是左右的，这样不便于网站的导航。

使用模板可以快速使得站点中的页面具有相似或相同点。

第 2 问 如何定义重复区域

重复区域是在文档中设置为重复的内容，如可以将表格的一行设置为重复部分。通常情况下，重复区域是可编辑的，模板用户可以编辑重复区域中的元素对象。在基于模板所创建的文档中，根据需要可以使用重复区域控制选项添加或删除重复区域的副本。定义重复区域的具体操作步骤如下。

❶ 选中要设置为重复区域的内容。

❷ 选择菜单中的【插入】|【模板对象】|【重复区域】命令，打开【新建重复区域】对话框，如图 7.88 所示，在对话框中的【名称】文本框中输入重复区域的名称。

❸ 单击【确定】按钮，即可定义重复区域。

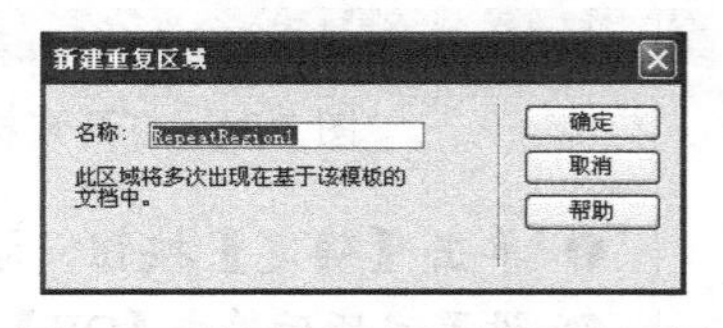

图 7.88 【新建重复区域】对话框

第 3 问　如何定义重复表格

定义重复表格的具体操作步骤如下。

❶ 选中要设置为重复表格的内容。

❷ 选择菜单中的【插入】|【模板对象】|【重复表格】命令，打开【插入重复表格】对话框，如图 7.89 所示。

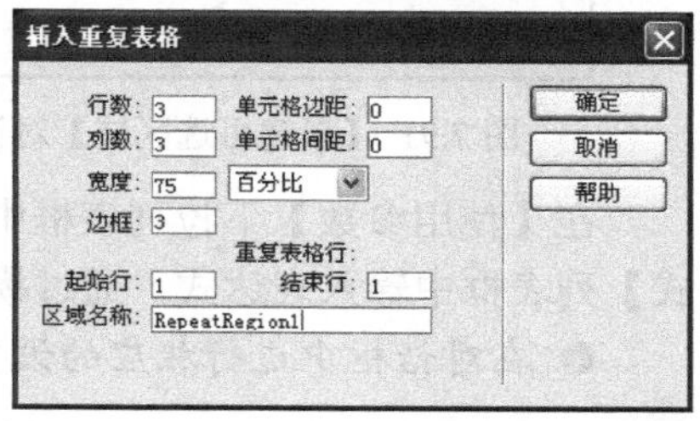

图 7.89 【插入重复表格】对话框

❸ 在对话框中进行相应的设置，单击【确定】按钮，即可定义重复表格。

- 【行数】和【列数】：设置表格行和列的数目。
- 【单元格边距】：设置单元格中内容和单元格边距的距离。
- 【宽度】：定义表格的宽度。
- 【边框】：设置表格的边框宽度，以像素为单位。
- 【起始行】：重复表格的第 1 行为定义表格的第几行。
- 【结束行】：重复表格的最后一行为定义表格的第几行。
- 【区域名称】：当前重复表格的名称。

第 4 问　如何利用库更新站点网页

利用库更新站点网页的具体操作步骤如下。

❶ 在创建的库项目中进行修改。

❷ 选择菜单中的【修改】|【库】|【更新页面】命令，打开【更新页面】对话框，如图 7.90 所示。在对话框中的【查看】下拉列表中选择【整个站点】，在后面的下拉列表中选择相应的站点，【更新】勾选【库项目】复选框，勾选【显示记录】，将在下面的文本框中显示更新的记录。

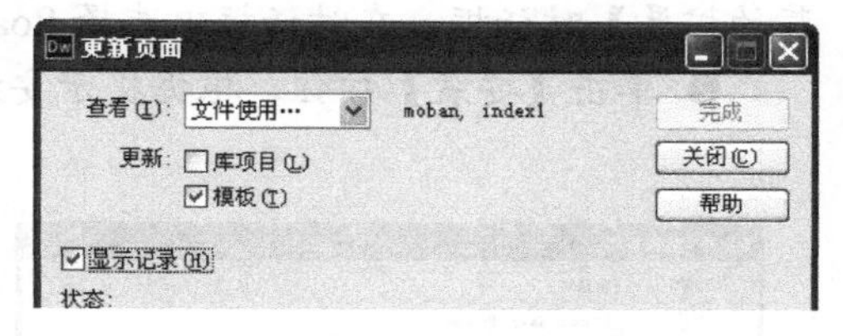

图 7.90 【更新页面】对话框

❸ 单击【开始】按钮，Dreamweaver 将自动更新，更新完毕后，单击【关闭】按钮即可。

第 5 问　如何插入可选区域

可选区域是模板文档中的一种区域，如果要为文档中显示的内容设置条件，可以使用可选区域。插入可选区域时，可以为模板参数设置特定值或在模板中定义条件语句，也可以在以后根据需要修改可选区域。根据定义的条件，可以在基于模板创建的文档中编辑参数并控制是否显示可选区域。插入可选区域的具体操作步骤如下。

❶ 选中要设置为重复表格的内容。

❷ 选择菜单中的【插入】|【模板对象】|【可选区域】命令，打开【新建可选区域】对话框，在对话框中的【名称】文本框中输入可选区域的名称，勾选【默认显示】复选框表示可以设置要在文档中显示的选定区域，如果取消勾选此复选框，将不能设置选定区域，如图 7.91 所示。

❸ 在对话框中切换到【高级】选项卡，此选项卡用来设置可选区域是否可见，如图 7.92 所示。

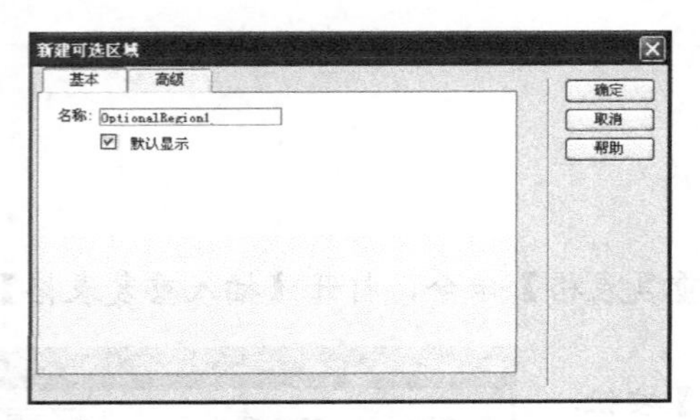

图 7.91 【新建可选区域】对话框

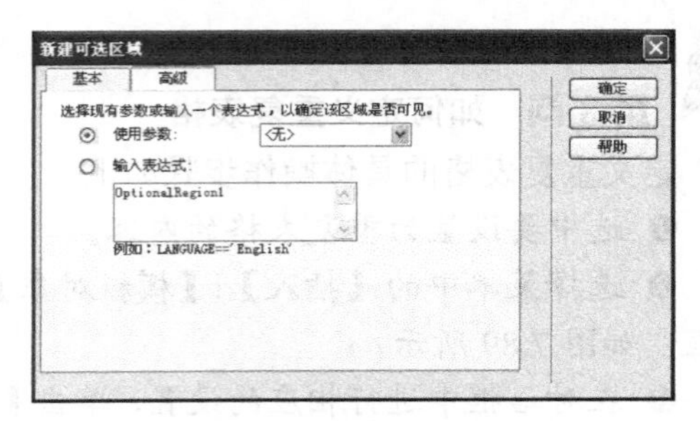

图 7.92 【高级】选项卡

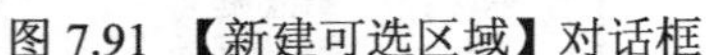

在【使用参数】下拉列表框中选择所选区域将要链接到的参数，或者通过在【输入表达式】列表框中输入表达式，通过模板表达式来控制可选区域的显示。

❹ 在对话框中进行相应的设置，单击【确定】按钮，即可插入可选区域。

第 6 问　如何将文档从模板中分离

对于刚刚完成嵌套模板的文档来说，可以通过选择菜单中的【编辑】|【撤销应用模板】命令来撤销上一步的操作。如果不是刚完成的文档，选择菜单中的【修改】|【模板】|【从模板中分离】命令，即可将文档从模板中分离出来。

第 7 问　如何利用插件制作网页上的飘浮图片

利用插件制作在网页上飘浮图片的具体操作步骤如下。

❶ 选择菜单中的【开始】|【所有程序】|【Adobe Extension Manager CS6】命令，打开【Adobe Extension Manager CS6】对话框，在对话框中单击【安装新扩展】按钮，打开【选取要安装的扩展】对话框，在对话框中选择 floating.mxp，如图 7.93 所示。

❷ 单击【安装】按钮，根据提示安装插件，插件安装完成后，如图 7.94 所示。

图 7.93 【选取要安装的扩展】对话框

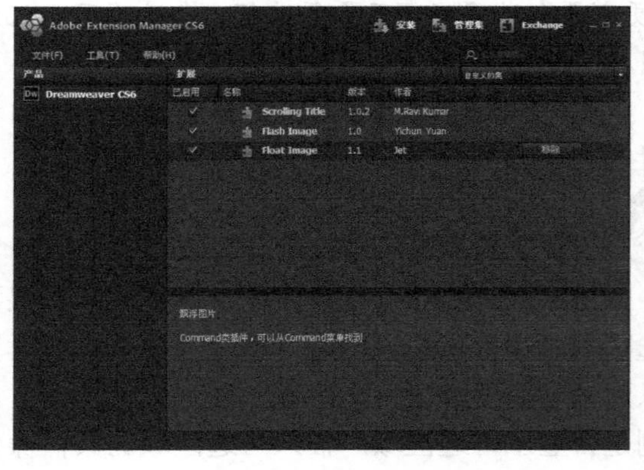

图 7.94 插件安装完成

❸ 打开素材文件 CH07/技巧 7/index.html，如图 7.95 所示。

❹ 选择菜单中的【命令】|【Floating Image】命令，打开【Untitled Document】对话框，在对话框中单击【image】文本框右边的【浏览】按钮，打开【选择文件】对话框，在对话框中选择 images/png.jpg，如图 7.96 所示。

❺ 单击【确定】按钮，添加到文本框中，在【href】文本框中输入 index1.html，如图 7.97 所示。

图 7.95 打开素材文件

图 7.96 【选择文件】对话框

❻ 单击【OK】按钮。保存文档，按<F12>键在浏览器中预览效果，如图 7.98 所示。

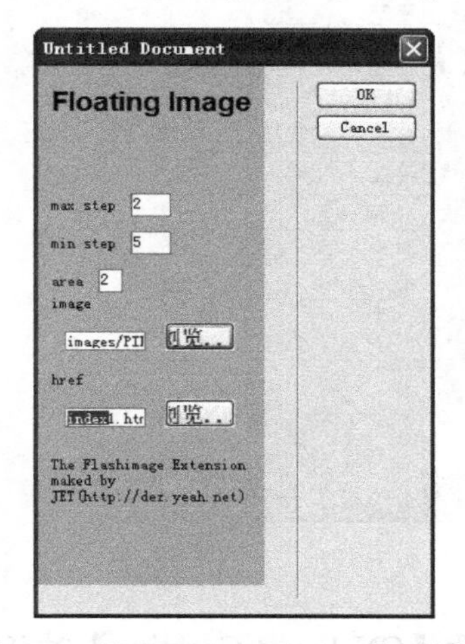

图 7.97 【Untitled Document】对话框

图 7.98 在网页上飘浮的图片效果图

第 8 问 如何利用插件实现在不同时刻显示不同的问候语

利用插件制作不同时段显示不同问候语的具体操作步骤如下。

❶ 选择菜单中的【开始】|【所有程序】|【Adobe Extension Manager CS6】命令，打开【Adobe Extension Manager CS6】对话框，在对话框中单击【安装新扩展】按钮，打开【选取要安装的扩展】对话框，在对话框中选择 insert_greeting.mxp，如图 7.99 所示。

图 7.99 【选取要安装的扩展】对话框

❷ 单击【安装】按钮，根据提示安装插件，插件安装完成后，如图 7.100 所示。

❸ 打开素材文件 CH07/技巧 8/index.html，如图 7.101 所示。

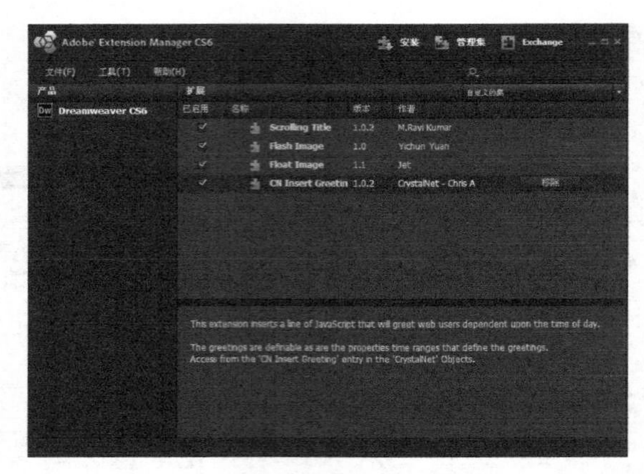

图 7.100　插件安装完成

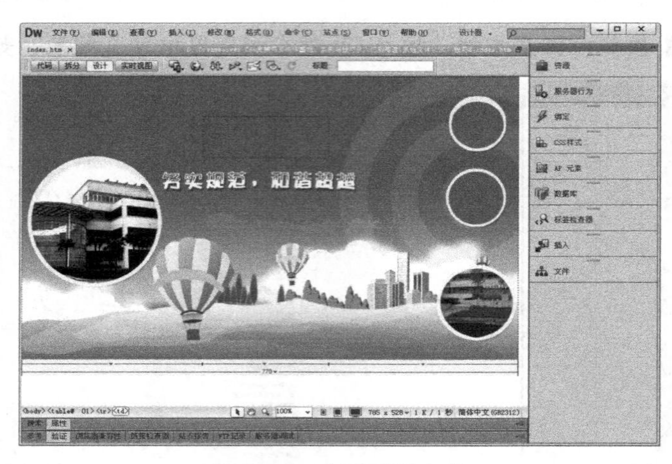

图 7.101　打开素材文件

❹ 单击【CN Insert Greeting】选项卡中的CN按钮，打开【CN Insert Greeting】对话框，将【Greeting1】设置为“上午好!”，【Greeting2】设置为“下午好!”，【Greeting3】设置为“晚上好!”，如图 7.102 所示。

❺ 单击【确定】按钮。保存文档，按<F12>键在浏览器中预览效果，如图 7.103 所示。

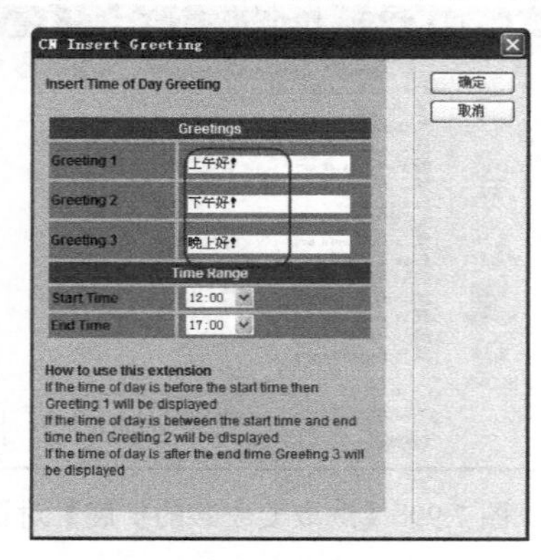

图 7.102　【选择文件】对话框

图 7.103　不同时段显示不同问候语效果图

第 9 问　利用插件制作随机显示指定图像列表中的图像

用插件制作随机显示指定图像列表中的图像的效果的具体操作步骤如下。

❶ 选择菜单中的【开始】|【所有程序】|【Adobe Extension Manager CS6】命令，打开【Adobe Extension Manager CS6】对话框，在对话框中单击【安装新扩展】按钮，打开【选取要安装的扩展】对话框，在对话框中选择 Advanced Random Images.mxp，如图 7.104 所示。

❷ 单击【安装】按钮，根据提示安装插件，插件安装完成后，如图 7.105 所示。

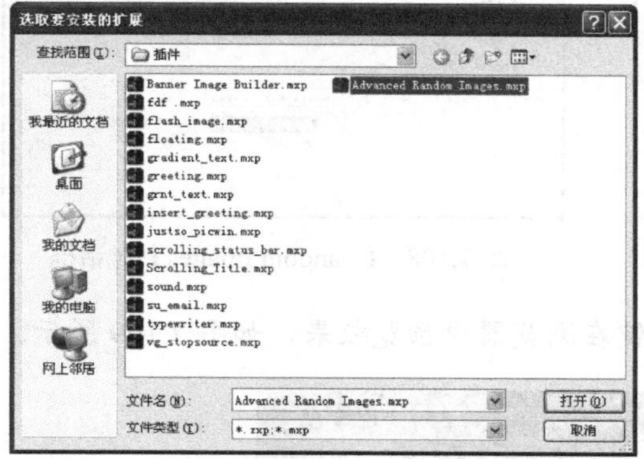

图 7.104　【选取要安装的扩展】对话框

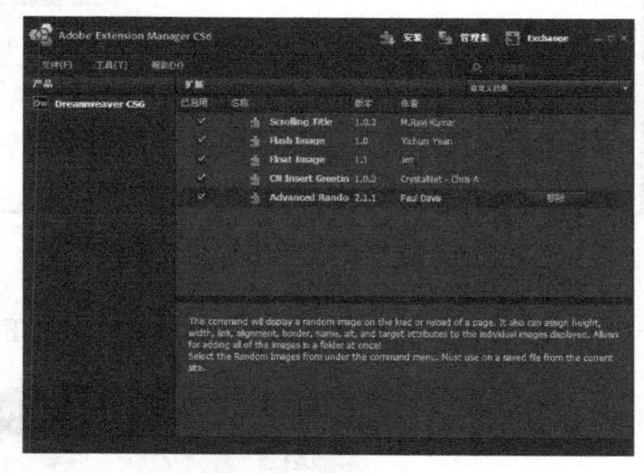

图 7.105　插件安装完成

❸ 打开素材文件 CH07/技巧 9/index.html，如图 7.106 所示。

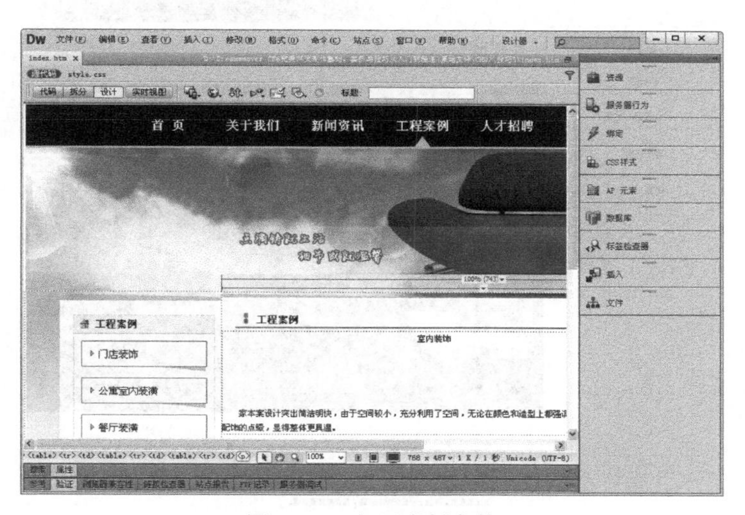

图 7.106　打开素材文件

❹ 将光标放置在要插入图像的位置，选择菜单中的【命令】|【Random Images】命令，打开【Random Images】对话框，在对话框中单击 Browse... 按钮，打开【Random Image】对话框，在对话框中选择 images/tu1.jpg，如图 7.107 所示。

❺ 单击【确定】按钮，添加到文本框中。按照步骤 4～5 的方法添加 images/tu2.jpg、images/tu3.jpg，将 width 设置为 450，height 设置为 320，如图 7.108 所示。

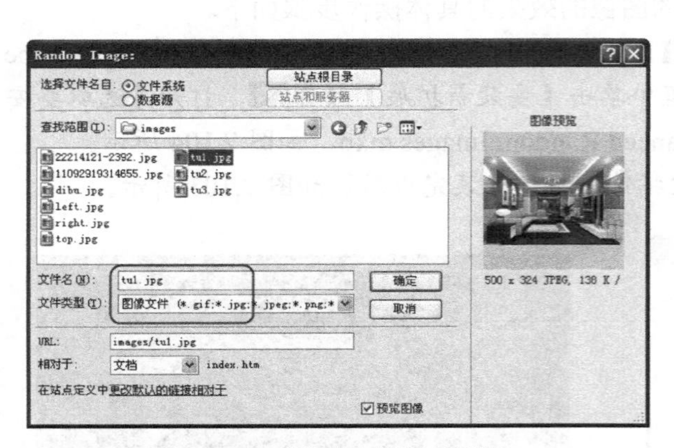

图 7.107 【选择文件】对话框

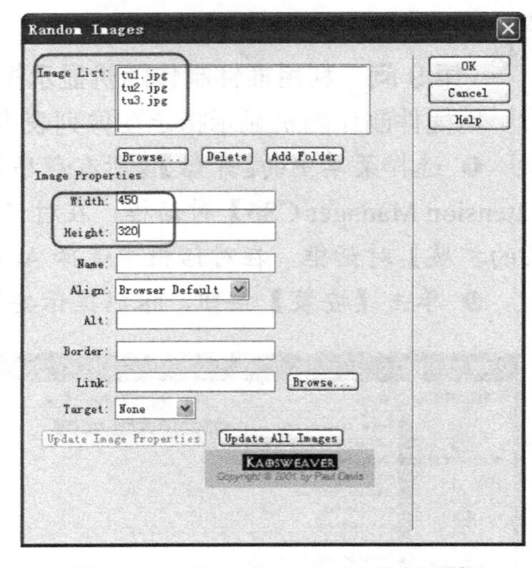

图 7.108 【Random Images】对话框

❻ 单击【OK】按钮。保存文档，按<F12>键在浏览器中预览效果，如图 7.109 所示。

图 7.109 制作随机显示指定图像列表中的图像效果图

第8章

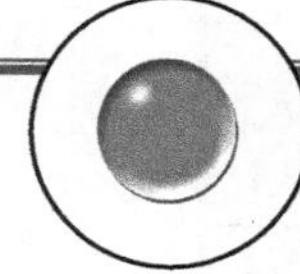

表单的使用

在网站中，表单是实现网页上数据传输的基础，其作用就是能实现访问者与网站之间的交互功能。利用表单，可以根据访问者输入的信息，自动生成页面反馈给访问者，利用表单，还可以为网站收集访问者输入的信息。表单可以包含允许进行交互的各种对象，包括文本域、列表框、复选框、单选按钮、图像域、按钮以及其他表单对象。本章就来讲述表单对象的使用和表单网页的常见技巧解答。

学习目标

- 掌握插入表单
- 掌握插入文本域
- 掌握插入复选框和单选按钮
- 掌握插入列表和菜单
- 掌握插入按钮
- 掌握电子邮件反馈表单的创建
- 掌握表单使用技巧

8.1 插入表单

使用表单能收集访问者的信息，但使用表单要有两个条件：一个是描述表单的HTML源代码；另一个是处理用户在HTML中创建的表单中输入信息的服务器端或客户端应用程序。插入表单的具体操作步骤如下。

❶ 打开素材文件CH08/8.1/index.html，如图8.1所示。

❷ 将光标放置在页面中相应的位置，选择菜单中的【插入】|【表单】|【表单】命令，插入表单，如图8.2所示。

提示　在【表单】插入栏中单击【表单】按钮，插入表单域。

❸ 选中表单，选择菜单中的【窗口】|【属性】命令，打开【属性】面板，如图8.3所示。在表单【属性】面板中可以进行以下设置。

- 【表单名称】：在文本框中设置表单的名称。
- 【动作】：设置处理表单的服务器端脚本。

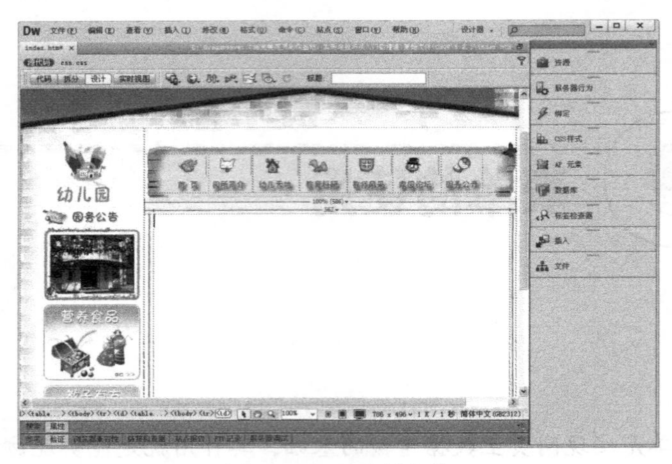

图 8.1　打开素材文件

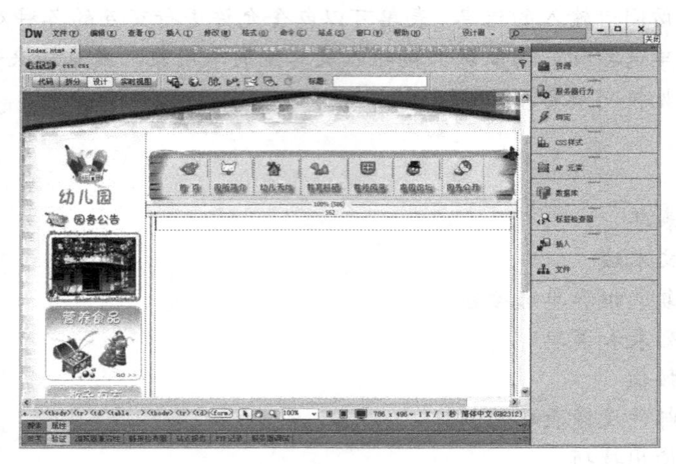

图 8.2　插入表单

● 【方法】：设置将表单数据发送到服务器的方法。有以下 3 个选项。

POST：用标准输入方式将表单内的数据传送给服务器，服务器用读取标准输入的方式读取表单内的数据。

GET：将表单内的数据附加到 URL 后面传送给服务器，服务器用读取环境变量的方式读取表单内的数据。

默认：用浏览器默认的方式读取表单内的数据，一般默认为 GET。

● 【MIME 类型】：用来设置发送数据的 MIME 编码类型，一般情况下应选择 application/x-www-form-urlencoded。

● 【目标】：用来设置表单被处理后，提交页面打开的方式。

_blank：提交网页将在新开窗口里打开。

_parent：提交网页将在副窗口里打开。

_self：提交网页将在原窗口里打开。

_top：提交网页将在顶层窗口里打开。

❹ 在【属性】面板中的【动作】文本框中输入 5271@163.com，如图 8.4 所示。

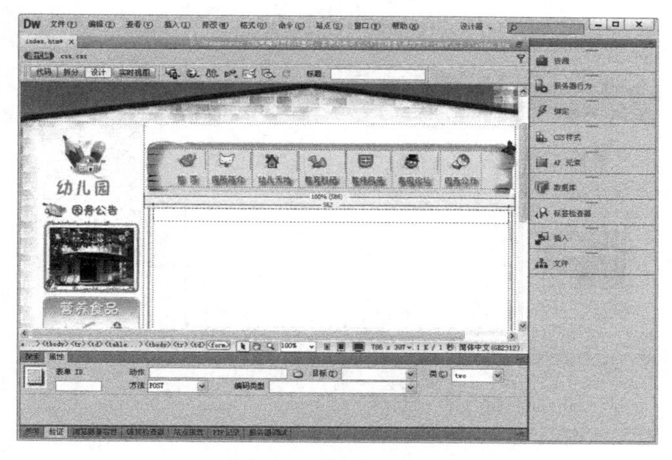

图 8.3 【属性】面板

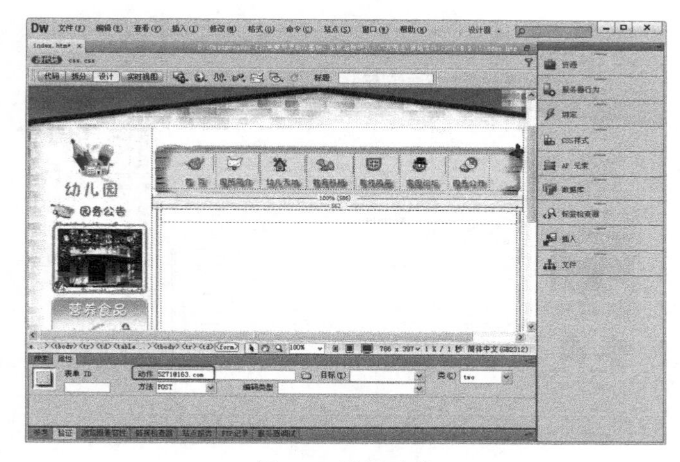

图 8.4 设置动作

8.2 插入文本域

文本域接受任何类型的字母、数字输入内容。文本可以以单行或多行显示，也可以以密码域的方式显示，在这种情况下，输入文本将被替换为星号或项目符号，以避免旁观者看到。

8.2.1 插入单行文本域

最常见的表单域就是文本域，在文本域中可以输入内容，创建单行文本域的具体操作步骤如下。

❶ 接上节，将光标放置在表单中，选择菜单中的【插入】|【表格】命令，插入 8 行 2 列的表格，在【属性】面板中将【填充】设置为 5，【间距】设置为 1，【对齐】设置为【居中对齐】，如图 8.5 所示。

❷ 选中第 1 行单元格，合并单元格，并在合并后的单元格中输入相应的文字，将光标放置在第 2 行第 1 列单元格中，输入文字“姓名:”，如图 8.6 所示。

❸ 将光标放置在第 2 行第 2 列单元格中，选择菜单中的【插入】|【表单】|【文本域】命令，插入文本域，如图 8.7 所示。

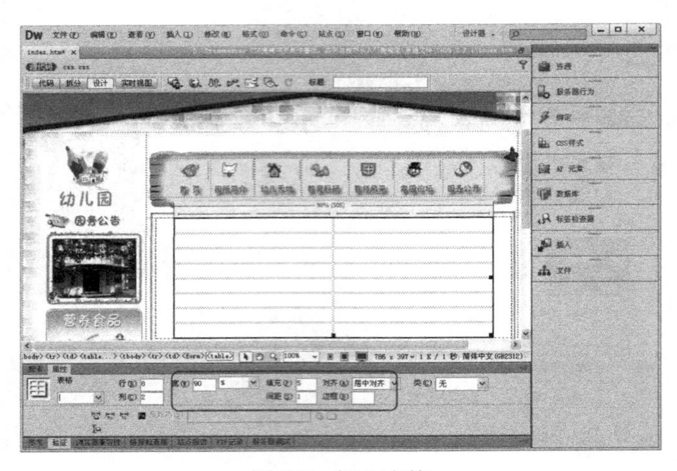

图 8.5　插入表格

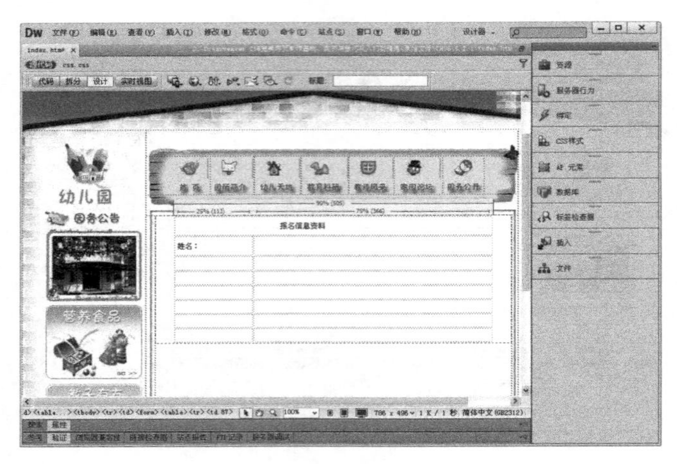

图 8.6　输入文字

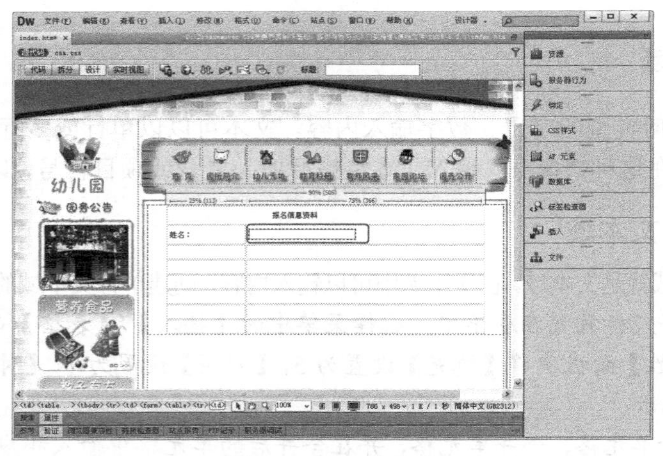

图 8.7　插入文本域

❹ 选中文本域，在【属性】面板中将【字符宽度】设置为 20，【最多字符数】设置为 20，【类型】设置为【单行】，如图 8.8 所示。

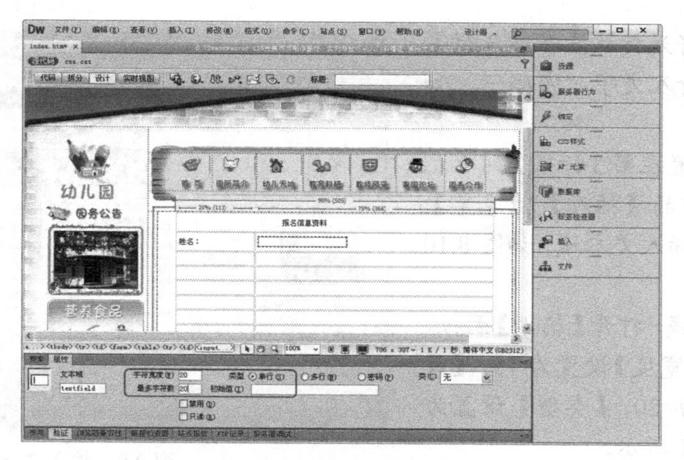

图 8.8　设置文本域属性

提示　在【表单】插入栏中单击【文本字段】按钮，插入单行文本域。

在文本域【属性】面板中可以设置以下参数。

- 【文本域】：在【文本域】文本框中，为该文本域指定一个名称。每个文本域都必须有一个唯一名称，文本域名称不能包含空格或特殊字符，可以使用字母、数字、字符和下划线的任意组合，所选名称最好与用户输入的信息要有所联系。注意，为文本域指定名称最好便于理解和记忆，它将为后台程序对这个栏目内容进行整理与辨识提供方便。如“姓名”文本框可以命名为 username。系统默认名称为 textfield。
- 【字符宽度】：设置文本域一次最多可显示的字符数，它可以小于【最多字符数】。
- 【最多字符数】：设置单行文本域中最多可输入的字符数，使用【最多字符数】将邮政编码限制为 6 位数，将密码限制为 10 个字符等。如果将【最多字符数】文本框保留为空白，则用户可以输入任意数量的文本，如果文本超过域的字符宽度，文本将滚动显示，如果用户输入超过最大字符数，则表单产生警告声。
- 【类型】：文本域的类型，包括【单行】、【多行】和【密码】3 个选项。

选择【单行】将产生一个 type 属性设置为 text 的 input 标签。【字符宽度】设置映射为 size 属性，【最多字符数】设置映射为 max length 属性。

选择【密码】将产生一个 type 属性设置为 password 的 input 标签。【字符宽度】和【最多字符数】设置映射的属性与在单行文本域中的属性相同。当用户在密码文本域中输入时，输入内容显示为项目符号或星号，以保护它不被其他人看到。

选择【多行】将产生一个 textarea 标签。

- 【初始值】：指定在首次载入表单时文本域中显示的值，例如，通过包含说明或示例值，可以指示用户在域中输入信息。

8.2.2　插入密码域

在【类型】区域中勾选【密码】单选按钮后，显示的【属性】面板同选择【单行】单选按钮类似，其中的各项参数的意义也是相同的，它们的不同只是作用的文本域不同，一个是单行的文本域，而另一个是单行的密码域。在文档中插入密码域的具体操作步骤如下。

❶ 接上节，将光标放置在第 3 行第 1 列单元格中，输入文字“密码:”，如图 8.9 所示。

❷ 将光标放置在第 3 行第 2 列单元格中，选择菜单中的【插入】|【表单】|【文本域】命令，插入文本域，如图 8.10 所示。

❸ 选中文本域，打开【属性】面板，在面板中将【字符宽度】设置为 15，【最多字符数】设置为 20，【类型】设置为【密码】，如图 8.11 所示。

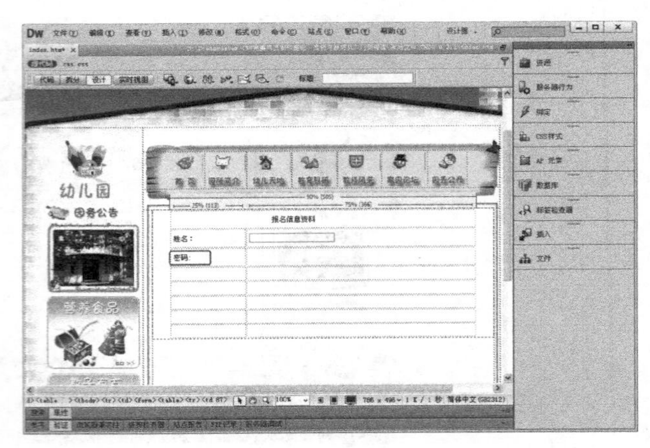

图 8.9 输入文字

提示 【类型】如果设置为【密码】，该文本域则变成密码域。当在密码域中输入内容时，所输入的内容被替换为星号或项目符号，以隐藏该文本。

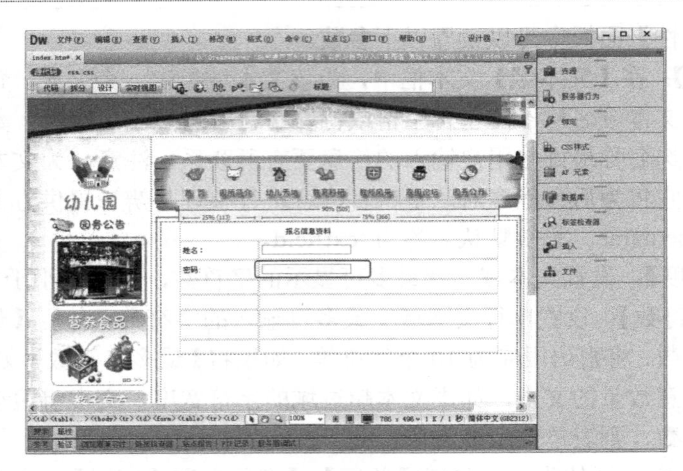

图 8.10 插入文本域

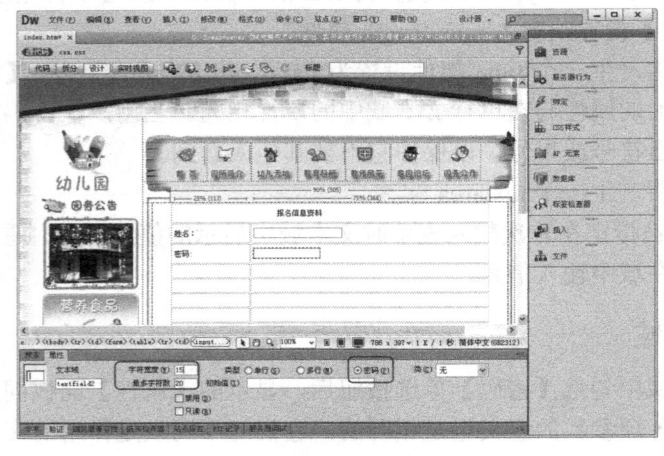

图 8.11 设置文本域属性

❹ 将光标放置在第 5 行第 1 列单元格中，输入文字“电话:”，在第 2 列单元格中插入文本域，如图 8.12 所示。

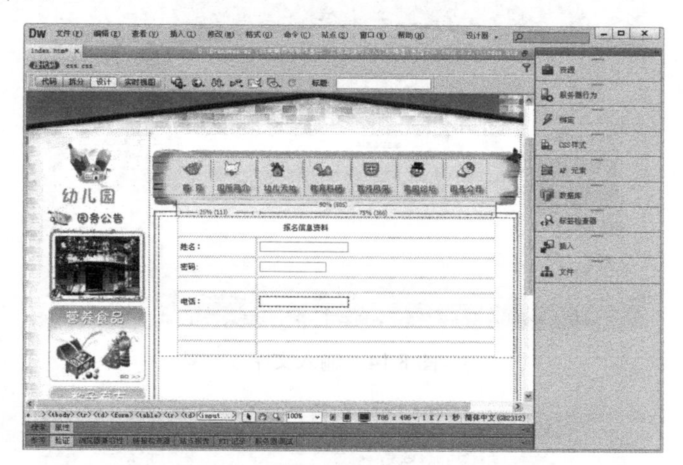

图 8.12　输入文字并插入文本域

❺ 选中文本域，在【属性】面板中将【字符宽度】设置为 25，【最多字符数】设置为 20，【类型】设置为【单行】，如图 8.13 所示。

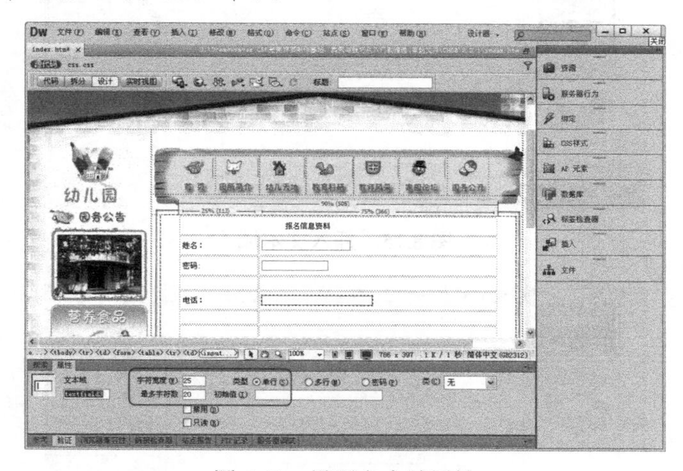

图 8.13　设置文本域属性

8.2.3　插入多行文本域

多行文本域使用户可以输入多行文本。在创建多行文本域时，可以指定用户可输入的文本行数，插入多行文本域的具体操作步骤如下。

❶ 接上节，将光标放置在第 8 行第 1 列单元格中，输入文字“备注:”，如图 8.14 所示。

❷ 将光标放置在第 8 行第 2 列单元格中，选择菜单中的【插入】|【表单】|【文本区域】命令，插入文本域，如图 8.15 所示。

❸ 选中文本域，打开【属性】面板，在面板中将【字符宽度】设置为 45，【行数】设置为 8 行，【类型】设置为【多行】，如图 8.16 所示。

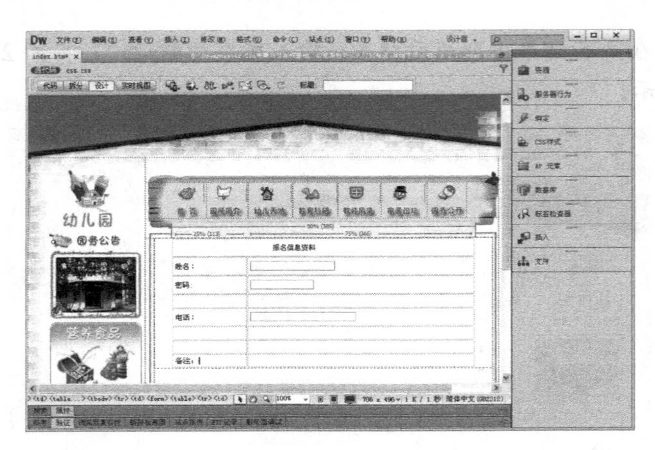

图 8.14　输入文字

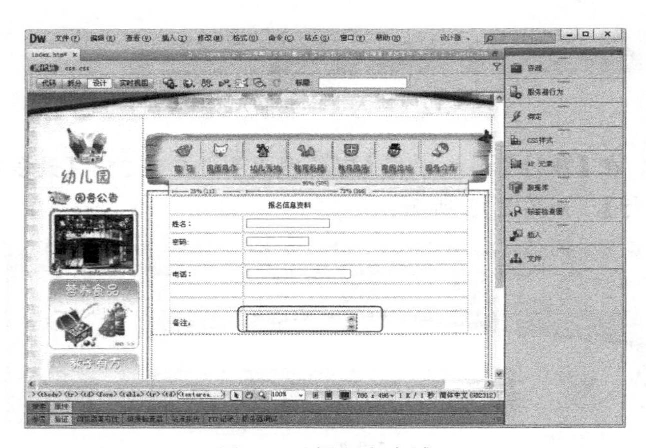

图 8.15　插入文本域

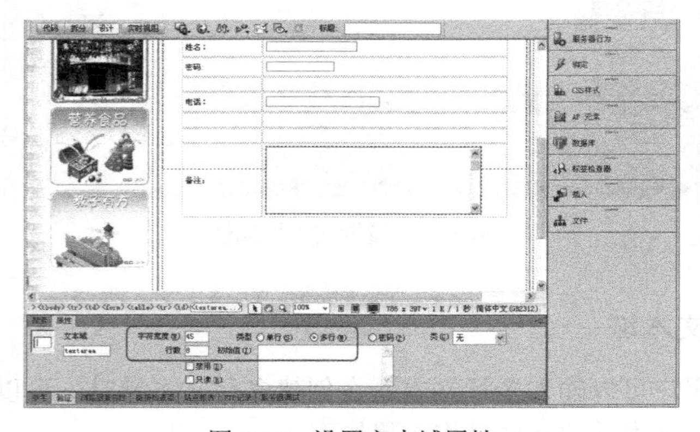

图 8.16　设置文本域属性

8.3　复选框和单选按钮

在网页中，经常要让用户选择项目，如爱好、产品等，这时要用到复选框和单选按钮。复选框和单选按钮是预定义选择对象的表单，其中复选框允许用户从一组选项中选择多个选项，在单选按钮组中，一次只能选择一个。

8.3.1 插入单选按钮

在要求用户从一组选项中只能选择一个选项时，就会应用到单选按钮，单选按钮通常成组的使用。一个组中的所有单选按钮必须具有相同的名称，而且必须包含不同的选定值。插入单选按钮的具体操作步骤如下。

❶ 接上节，将光标放置在第 4 行第 1 列单元格中，输入文字“性别:”，并设置属性，如图 8.17 所示。

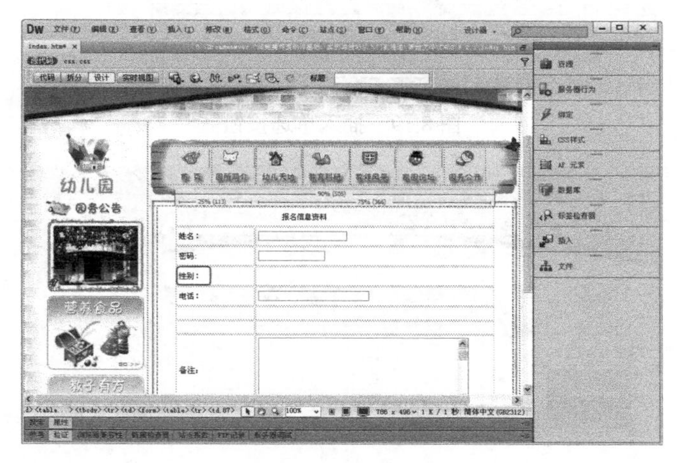

图 8.17 输入文字

❷ 将光标放置在第 4 行第 2 列单元格中，选择菜单中的【插入】|【表单】|【单选按钮】命令，插入单选按钮，如图 8.18 所示。

图 8.18 插入单选按钮

❸ 选中单选按钮，在【属性】面板中将【初始状态】设置为【未选中】，如图 8.19 所示。

❹ 将光标放置在单选按钮的右边，输入文字“男”，如图 8.20 所示。

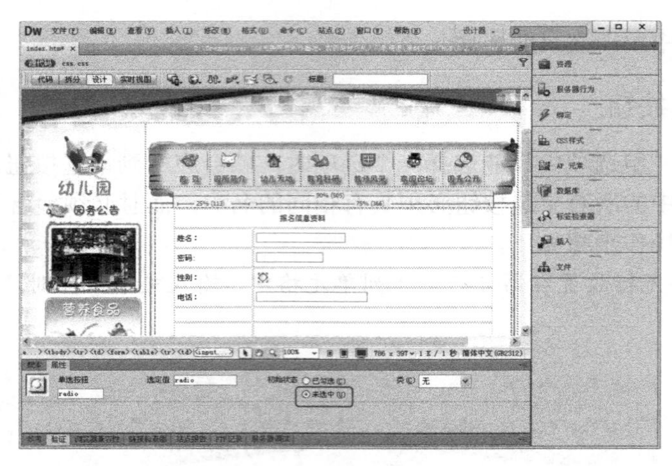

图 8.19　插入单选按钮

图 8.20　输入文字

❺ 将光标放置在文字的右边，插入单选按钮，在【属性】面板中将【初始状态】设置为【未选中】，并在单选按钮的右边输入文字“女”，如图 8.21 所示。

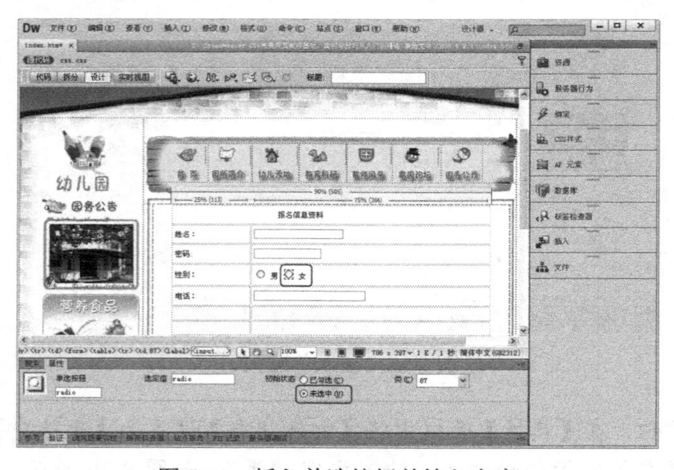

图 8.21　插入单选按钮并输入文字

8.3.2 插入复选框

复选框用于标记一个选项是否被选中。该选项可以是一个单独的选项，也可以是一组选项中的一个。可以一次选中一个或多个复选框，这就是复选框的最大特点。插入复选框的具体操作步骤如下。

❶ 接上节，将光标放置在第 7 行第 1 列单元格中，输入文字“爱好:”，并设置相应的属性，如图 8.22 所示。

❷ 将光标放置在第 7 行第 2 列单元格中，选择菜单中的【插入】|【表单】|【复选框】命令，插入复选框，如图 8.23 所示。

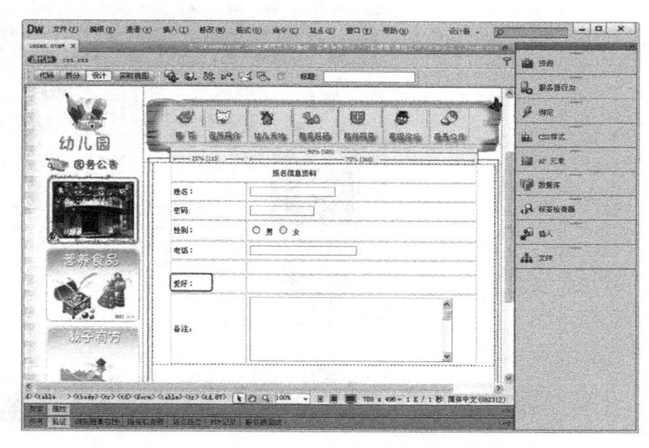

图 8.22 输入文字

提示 在【表单】插入栏中单击【复选框】按钮，插入复选框。

❸ 选中复选框，在【属性】面板中将【初始状态】设置为【未选中】，如图 8.24 所示。

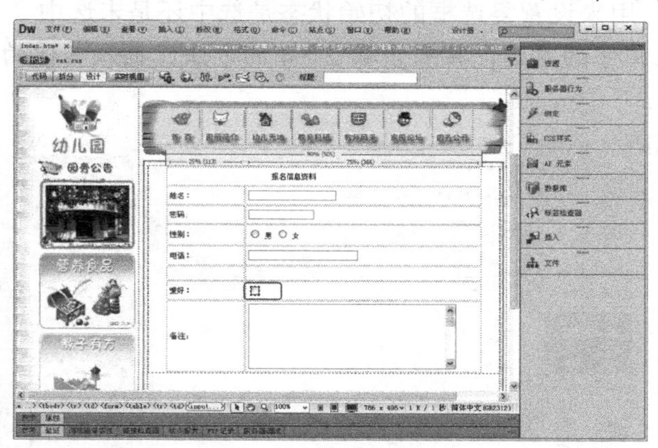

图 8.23 插入复选框

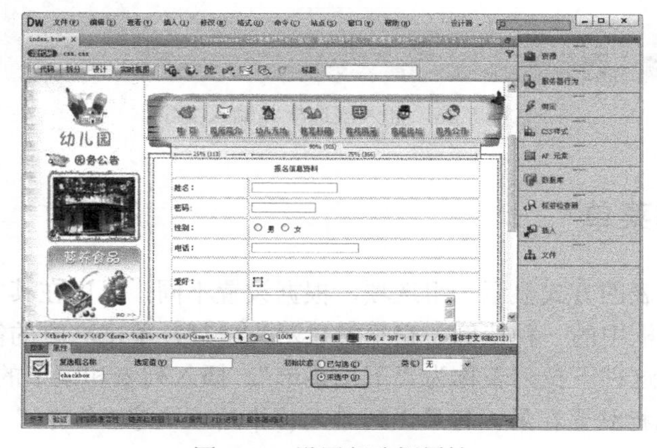

图 8.24 设置复选框属性

❹ 将光标放置在复选框的右边，输入文字“音乐”，如图 8.25 所示。

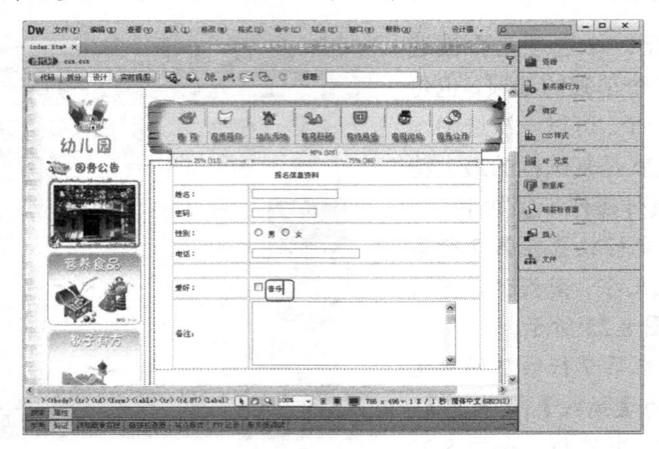

图 8.25　输入文字

在复选框【属性】面板中可以进行以下设置。

- 【复选框名称】：用来设置复选框的名称。
- 【选定值】：用于设定在复选框被选中时发送给服务器的值。
- 【初始状态】：用来设置复选框的初始状态是选中还是未选中

❺ 将光标放置在文字的右边，按照步骤 2～4 的方法，插入其他的复选框并输入相应的文字，如图 8.26 所示。

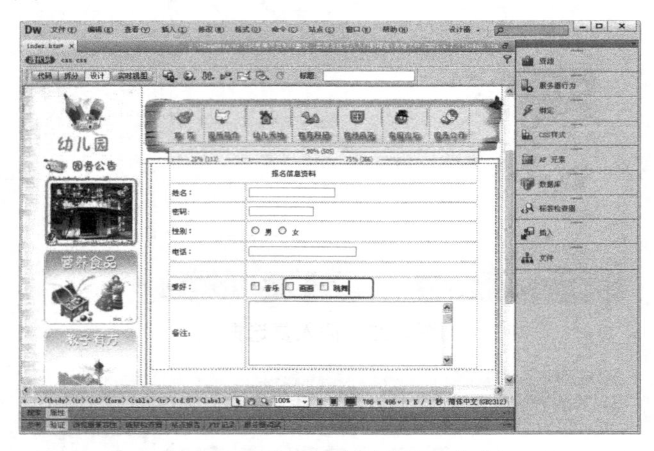

图 8.26　插入复选框并输入文字

8.4　插入列表和菜单

列表框可以以列表的方式显示一组选项，根据设置不同，可以在其中选择一项或选择多项。下拉列表是列表框中的一种特例，它平常显示为一行，单击右方的箭头，则展开列表，允许进行选择，通常这种下拉列表称为“下拉菜单”。插入列表和菜单的具体操作步骤如下。

❶ 接上节，将光标放置在第 6 行第 1 列单元格中输入文字“年龄:”，并设置相应的属性，如图 8.27 所示。

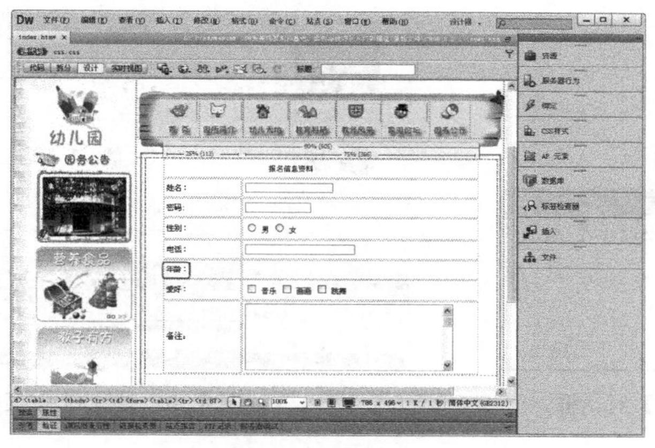

图 8.27　输入文字

❷ 将光标放置在第 6 行第 2 列单元格中，选择菜单中的【插入】|【表单】|【选择（列表/菜单)】命令，插入列表/菜单，如图 8.28 所示。

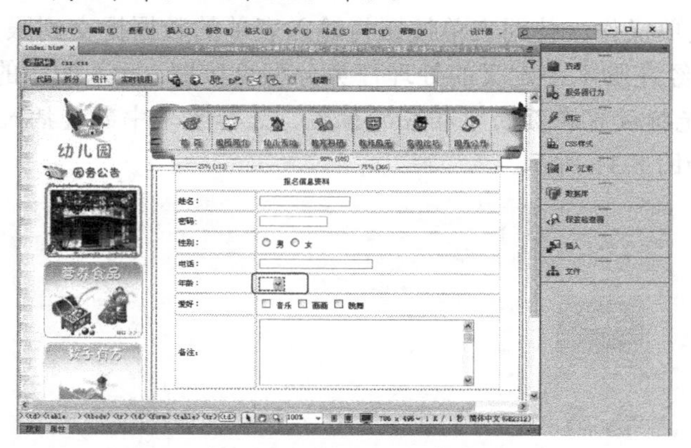

图 8.28　插入列表/菜单

提示　在【表单】插入栏中单击【列表/菜单】按钮，插入列表/菜单。

❸ 选中列表/菜单，在【属性】面板中单击 列表值... 按钮，打开【列表值】对话框，在对话框中单击+按钮，可以添加更多的内容，如图 8.29 所示。

❹ 单击【确定】按钮，添加到【初始化时选定】文本框中，将【类型】设置为【菜单】，如图 8.30 所示。

在列表/菜单【属性】面板中可以进行以下设置。

- 【选择】：设置列表/菜单的名称，这个名称是必需的，必须是唯一的。
- 【类型】：指的是将当前对象设置为下拉菜单还是滚动列表。
- 单击 列表值... 按钮，打开【列表值】对话框，在对话框中可以增减和修改列表/菜单。当列表或者菜单中的某项内容被选中，提交表单时它对应的值就会被传送到服务器端的表单处理程序；若没有对应的值，则传送标签本身。
- 【初始化选定】：此文本框首先显示【列表/菜单】对话框内的列表菜单内容，然后可在其中设置列表/菜单的初始选择，方法是单击要作为初始选择的选项，若【类型】选项为【列表】，则可初始选择多个选项，若【类型】选项为【菜单】，则只能选择一个选项。

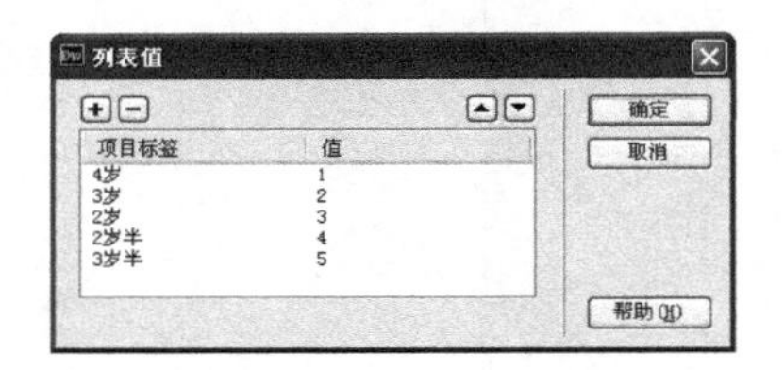

图 8.29 【列表值】对话框

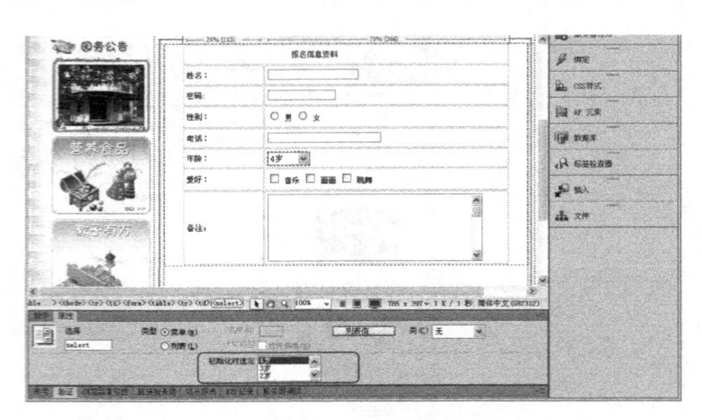

图 8.30 设置列表/菜单属性

8.5 插入按钮

表单按钮控制表单操作，使用表单按钮将输入表单的数据提交到服务器，或者重置该表单，还可以将其他已经在脚本中定义的处理任务分配给按钮。插入按钮的具体操作步骤如下。

❶ 接上节，将光标放置在页面中相应的位置，选择菜单中的【插入】|【表单】|【按钮】命令，插入按钮，如图 8.31 所示。

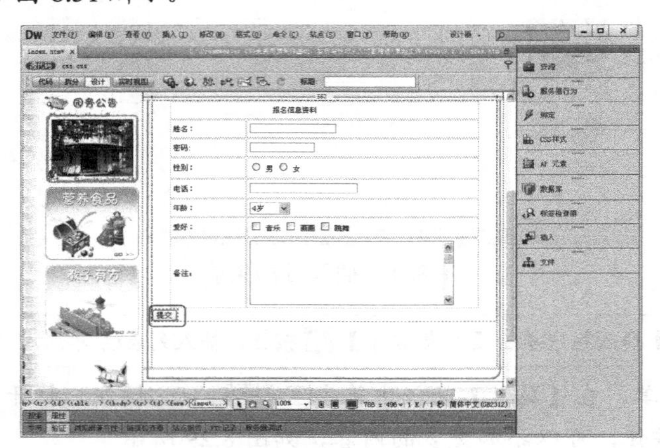

图 8.31 插入按钮

❷ 选中按钮，在【属性】面板中的【值】文本框中输入“提交”，将【动作】设置为【提交表单】，如图 8.32 所示。

提示 在【表单】插入栏中单击【按钮】按钮，插入按钮。

在按钮【属性】面板中可以进行以下设置。

- 【按钮名称】：在文本框中设置按钮的名称，如果想对按钮添加功能效果，则必须命名然后采用脚本语言来控制执行。
- 【值】：在【值】文本框中输入文本，为在按钮上显示的文本内容。
- 【动作】：有 3 个选项，分别是【提交表单】、【重设表单】和【无】。

❸ 将光标放置在按钮的右边，插入按钮，在【属性】面板中的【值】文本框中输入“重置”，将【动作】设置为【重设表单】，如图 8.33 所示。

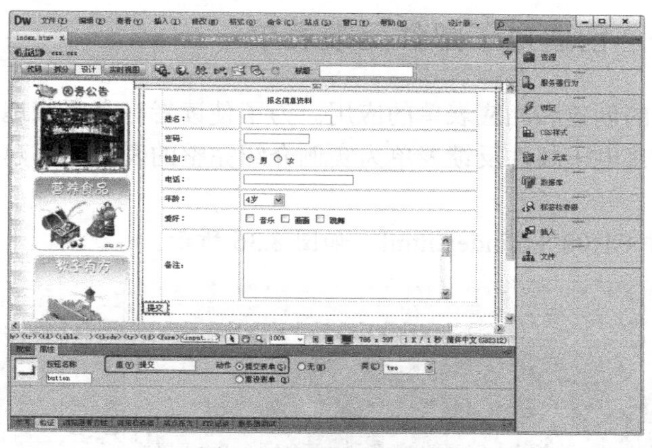

图 8.32　设置按钮属性

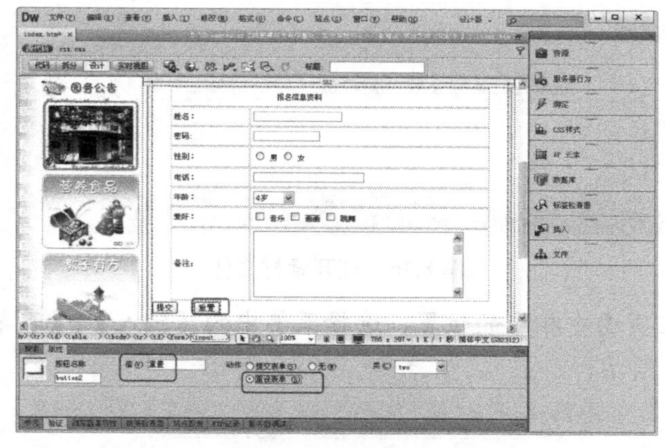

图 8.33　插入按钮

❹ 将光标放置在按钮的右边，在【属性】面板中将【对齐】设置为【居中对齐】，如图 8.34 所示。

❺ 保存文档，按<F12>键在浏览器中预览效果，如图 8.35 所示。

图 8.34　设置为对齐方式

图 8.35　插入按钮效果图

8.6 实战演练——创建电子邮件反馈表单

前面学习了表单的创建和相应表单的应用。为了使读者有个系统地了解，并提高实际的应用能力，下面以创建电子邮件反馈表单为实例介绍完整的表单。创建电子邮件反馈表单的具体操作步骤如下。

❶ 打开素材文件 CH08/8.6/index.html，如图 8.36 所示。

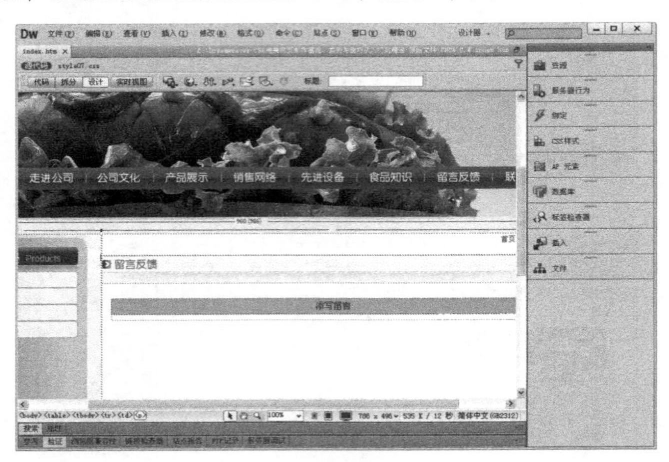

图 8.36 打开素材文件

❷ 将光标放置在页面中相应的位置，选择菜单中的【插入】|【表单】|【表单】命令，插入表单，如图 8.37 所示。

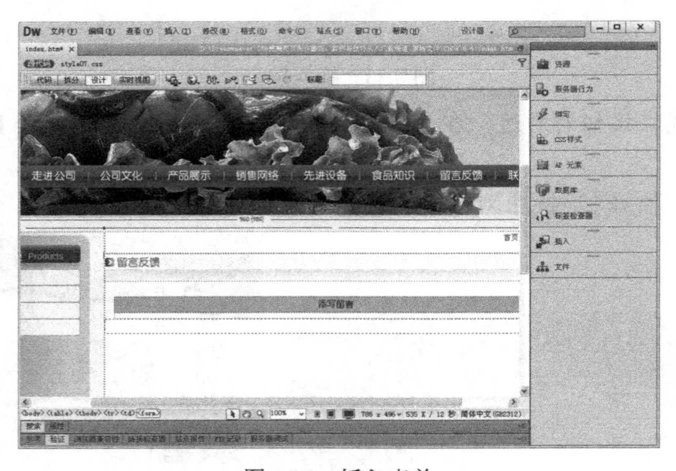

图 8.37 插入表单

❸ 选中表单，在【属性】面板中的【动作】文本框中输入 liuyan@163.com，如图 8.38 所示。

❹ 将光标放置在表单中，选择菜单中的【插入】|【表格】命令，插入 8 行 2 列的表格，在【属性】面板中将【填充】设置为 3，【对齐】设置为【居中对齐】，如图 8.39 所示。

❺ 将光标放置在第 1 行第 1 列单元格中，输入相应的文字，并设置相应的属性，如图 8.40 所示。

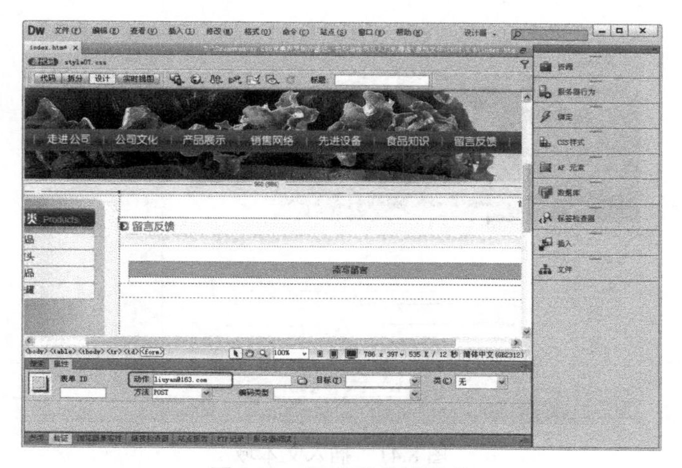

图 8.38　设置表单域动作

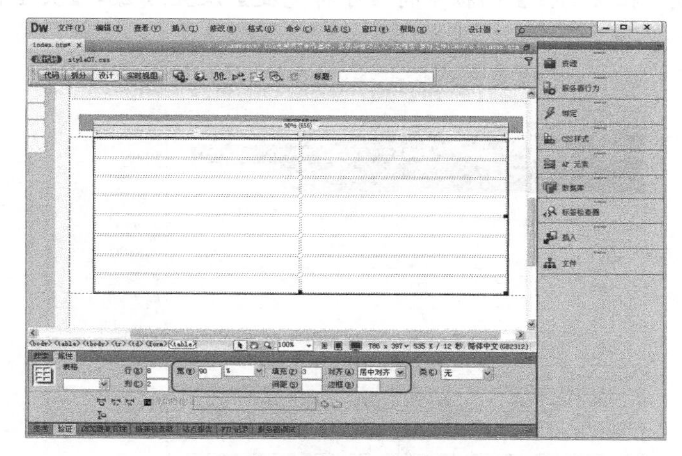

图 8.39　插入表格

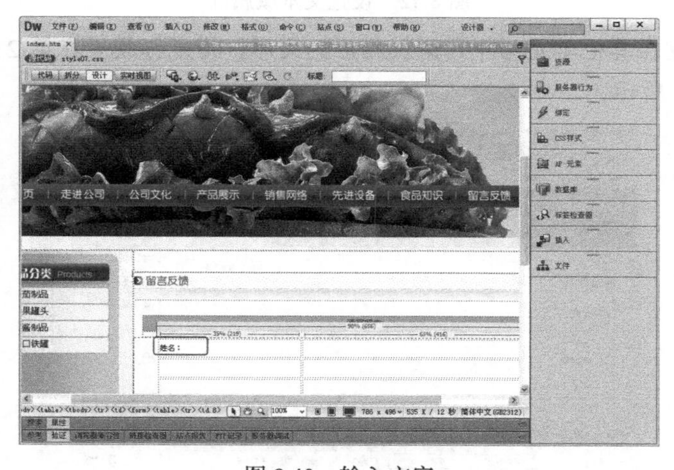

图 8.40　输入文字

❻ 将光标放置在第 1 行第 2 列单元格中，选择菜单中的【插入】|【表单】|【文本域】命令，插入文本域，如图 8.41 所示。

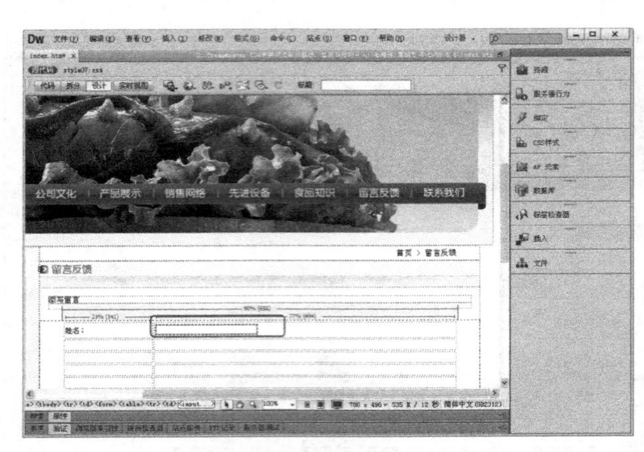

图 8.41　插入文本域

❼ 选中文本域，在【属性】面板中将【字符宽度】设置为 20，【类型】设置为【单行】，如图 8.42 所示。

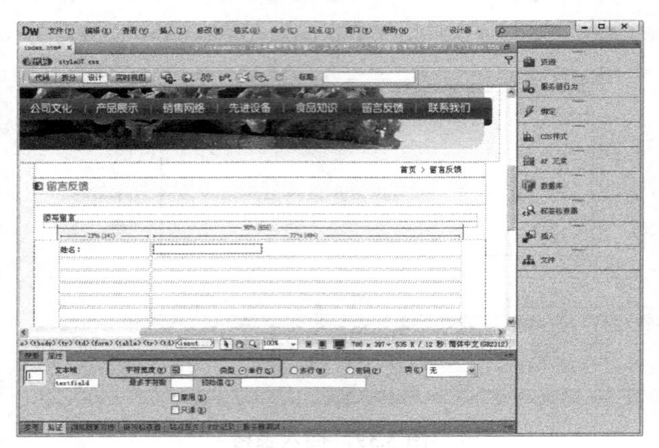

图 8.42　设置文本域属性

❽ 将光标放置在其他单元格中，输入相应的文字，将光标放置在第 2 列单元格中，插入文本域，如图 8.43 所示。

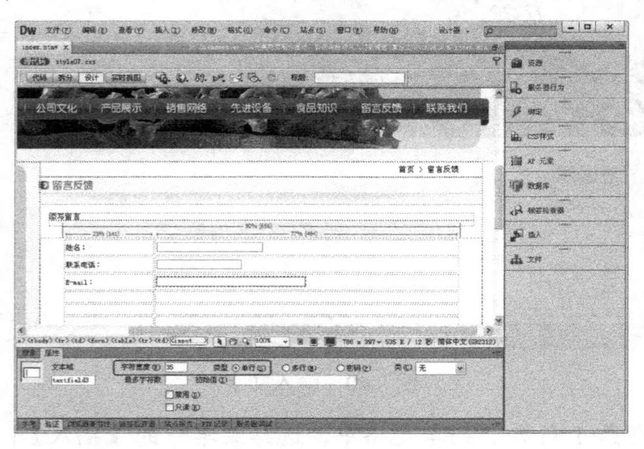

图 8.43　插入文本域

❾ 将光标放置在第 4 行第 1 列单元格中，输入相应的文字，将光标放置在第 2 列单元格中，选择菜单中的【插入】|【表单】|【单选按钮】命令，插入单选按钮，如图 8.44 所示。

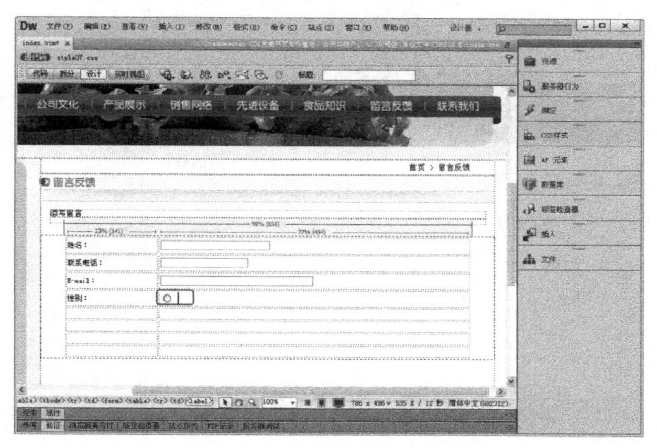

图 8.44　插入单选按钮

❿ 选中单选按钮，在【属性】面板中将【初始状态】设置为【未选中】，如图 8.45 所示。

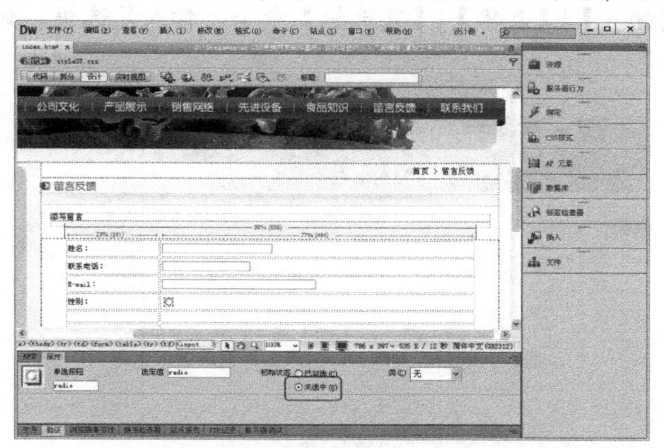

图 8.45　设置单选按钮属性

⓫ 将光标放置在单选按钮的右边，输入相应的文字，如图 8.46 所示。

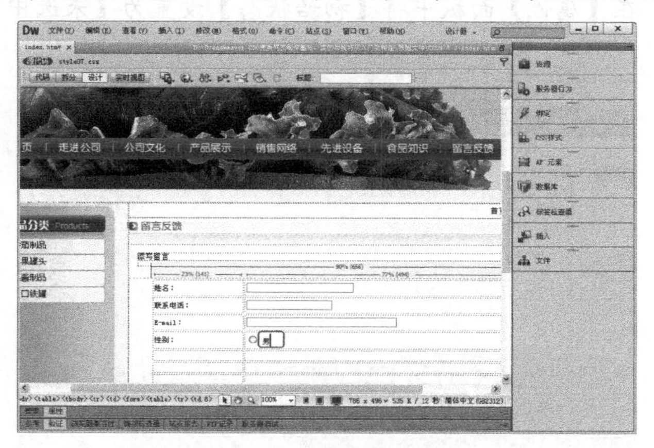

图 8.46　输入文字

⑫ 将光标放置在文字的右边，按照步骤 14～16 的方法，插入其他的单选按钮，并输入相应的文字，如图 8.47 所示

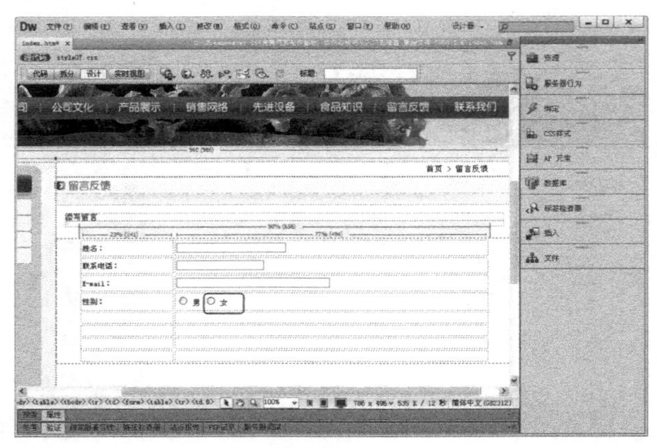

图 8.47 插入单选按钮并输入文字

⑬ 将光标放置在第 5 行第 1 列单元格中，输入相应的文字，将光标放置在第 2 列单元格中，选择菜单中的【插入】|【表单】|【复选框】命令，插入复选框，如图 8.48 所示。

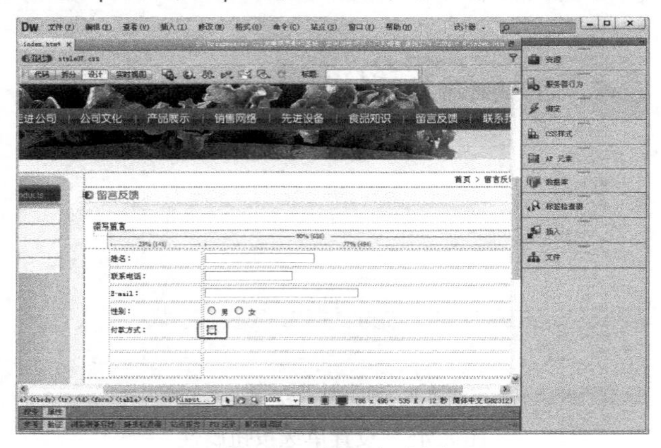

图 8.48 插入复选框

⑭ 选中复选框，在【属性】面板中将【初始状态】设置为【未选中】，如图 8.49 所示。

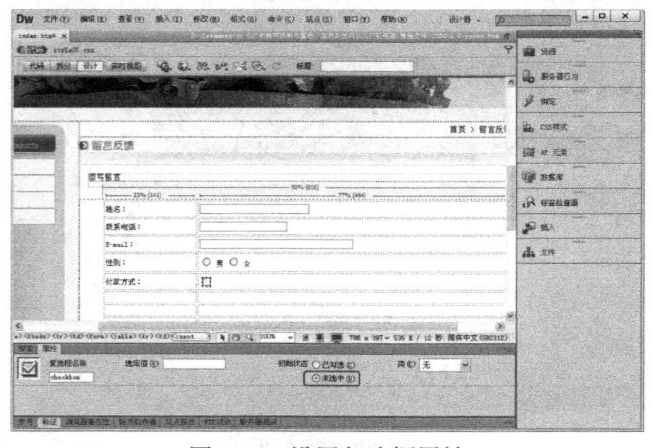

图 8.49 设置复选框属性

⑮ 将光标放置在复选框的右边，输入相应的文字，如图 8.50 所示。

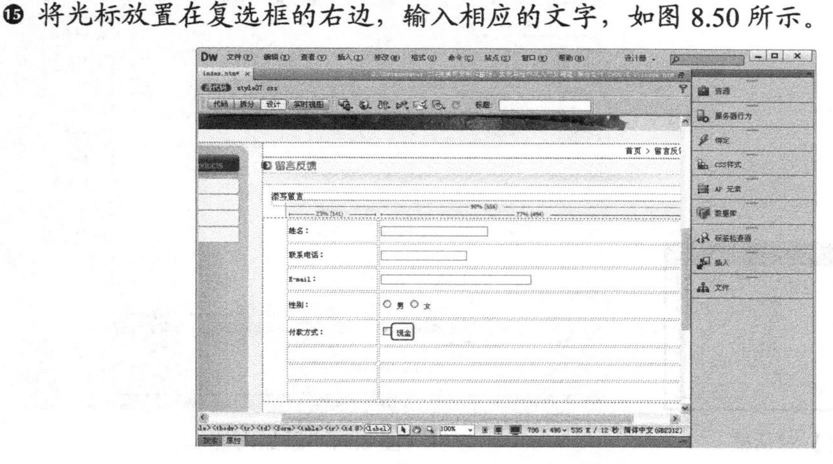

图 8.50　输入文字

⑯ 将光标放置在文字的右边，按照步骤 18～20 的方法，插入其他的复选框，并输入相应的文字，如图 8.51 所示。

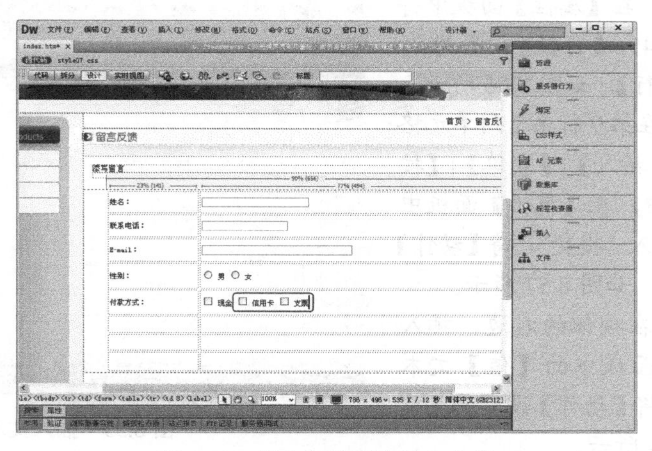

图 8.51　插入复选框并输入文字

⑰ 将光标放置在第 6 行第 1 列单元格中，输入相应的文字，将光标放置在第 2 列单元格中，选择菜单中的【插入】|【表单】|【选择（列表/菜单）】命令，插入列表/菜单，如图 8.52 所示。

⑱ 选中列表/菜单，在【属性】面板中单击 列表值... 按钮，打开【列表值】对话框，在对话框中单击 + 按钮，可以添加更多的内容，如图 8.53 所示。

⑲ 单击【确定】按钮，添加到【初始化时选定】文本框中，将【类型】设置为【菜单】，如图 8.54 所示。

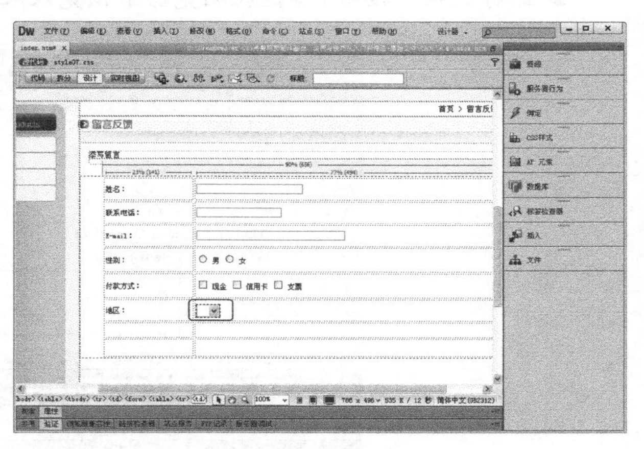

图 8.52　插入列表/菜单

列表值

项目标签	值
--请选择地区--	
北京	北京
上海	上海
重庆	重庆
天津	天津
广东	广东

确定 取消 帮助(H)

图 8.53 【列表值】对话框

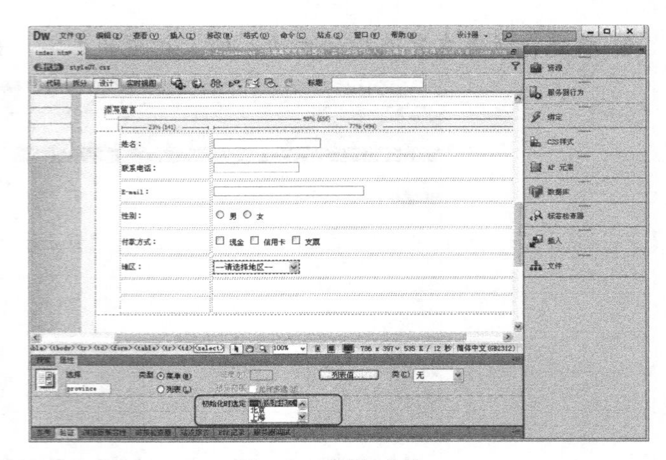

图 8.54 添加内容

⑳ 将光标放置在第 7 行第 1 列单元格中，输入相应的文字，将光标放置在第 2 列单元格中，选择菜单中的【插入】|【表单】|【文本区域】命令，插入文本区域，如图 8.55 所示。

㉑ 选中文本域，在【属性】面板中将【字符宽度】设置为 45，【行数】设置为 8，【类型】设置为【多行】，如图 8.56 所示。

㉒ 将光标放置在第 9 行第 2 列单元格中，选择菜单中的【插入】|【表单】|【按钮】命令，插入按钮，在【属性】面板中的【值】文本框中输入“提交”，将【动作】设置为【提交表单】，如图 8.57 所示。

㉓ 将光标放置在按钮的右边，插入按钮，在【属性】面板中的【值】文本框中输入“重置”，将【动作】设置为【重设表单】，如图 8.58 所示。

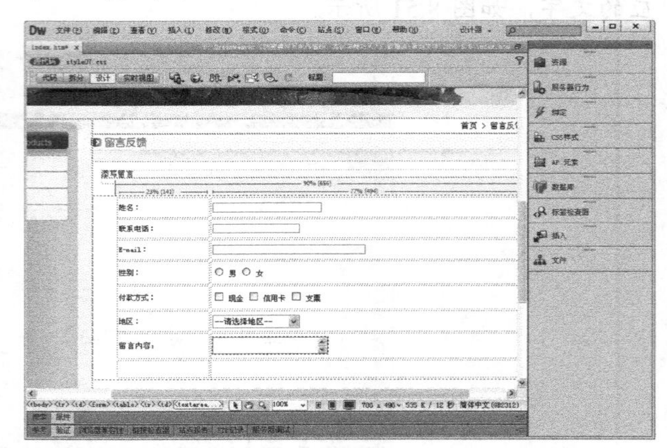

图 8.55 插入文本域

㉔ 保存文档，按<F12>键在浏览器中预览效果，如图 8.59 所示。

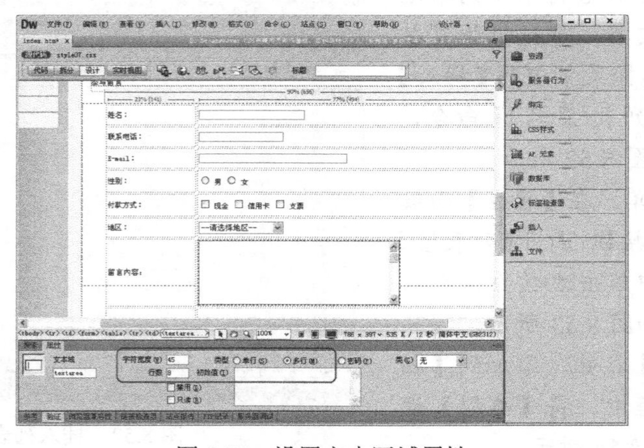

图 8.56 设置文本区域属性

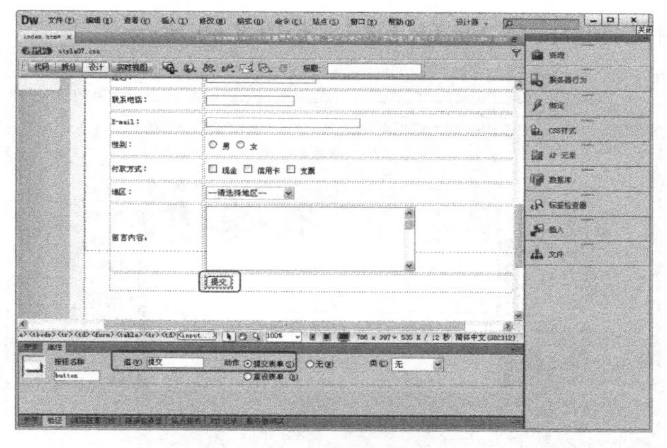

图 8.57　插入按钮

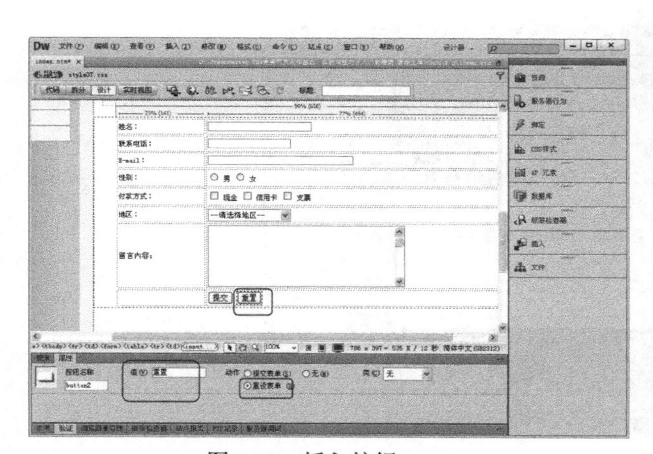

图 8.58　插入按钮

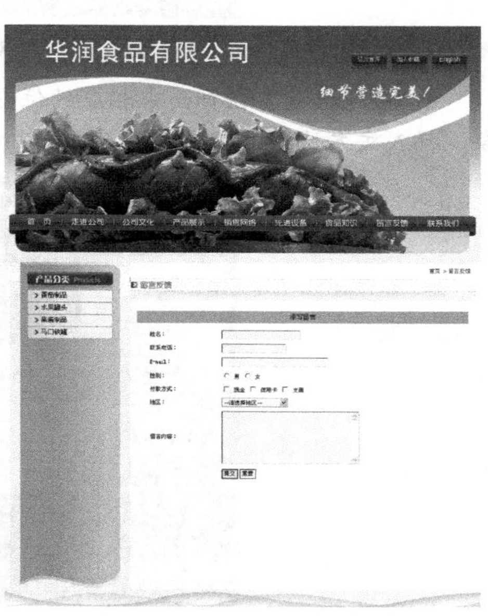

图 8.59　电子邮件反馈表单效果图

8.7　技巧与问答

有了表单，网站不仅仅提供信息，同时可以收集信息。前面主要讲述了各种表单对象的使用，下面介绍表单应用中的一些常见技巧。

第 1 问　如何显示表单中的红色虚线框

显示表单中的红色虚线框很简单，在插入表单的文档中，选择菜单中的【查看】|【可视化助理】|【不可见元素】命令，可以看到文档中插入的红色虚线表单。

第 2 问　如何改变多行文本域中滚动条的颜色

改变多行文本域滚动条的颜色的具体操作步骤如下。

❶ 打开素材文件 CH08/技巧 2/index.html，如图 8.60 所示。

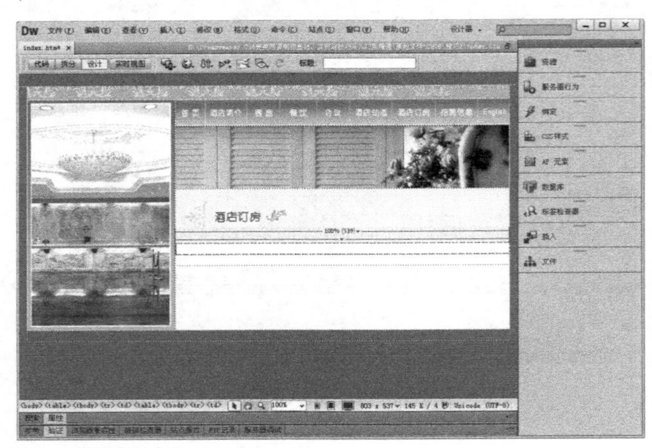

图 8.60 打开素材文件

❷ 将光标放置在页面中相应的位置，选择菜单中的【插入】|【表单】|【文本区域】命令，插入文本区域，如图 8.61 所示。

图 8.61 插入文本域

❸ 选中文本域，在【属性】面板中将【字符宽度】设置为 65，【行数】设置为 6，【类型】设置为【多行】，在【初始值】文本框中输入相应的文字，如图 8.62 所示。

❹ 选中文本区域，切换到拆分视图，修改文本区域代码如下，如图 8.63 所示。

```
<textarea id=mxh style="font-family: 宋体;width:562" name="textarea" cols="65" rows="6">
```

❺ 在文本域下部输入文字，并分别添加链接，代码如下，如图 8.64 所示。

```
<a href="javascript:void(mxh.style.scrollbarBaseColor='#F6E28C')">
改变滚动条颜色/a>
<a href="javascript:void(mxh.style.scrollbarArrowColor='#4D6185')">
改变三角颜色</a>
<a href="javascript:void(mxh.style.scrollbar3dLightColor='blue')">
改变三角颜色</a>
<a href="javascript:void(mxh.style.scrollbarDarkShadowColor='#99E638')">
改变阴暗部分颜色</a>
```

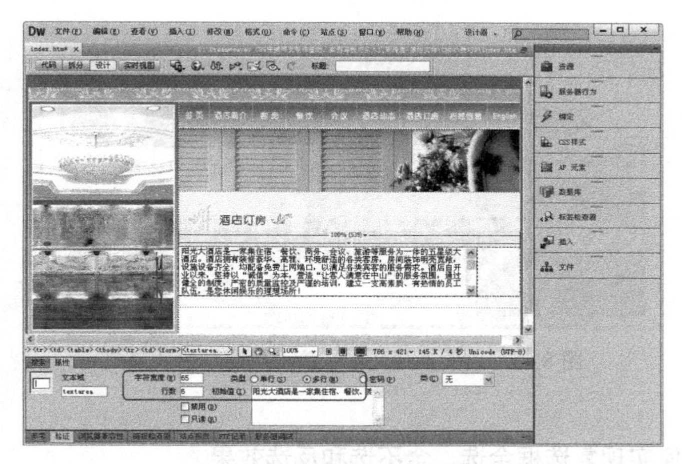

图 8.62　设置文本区域属性

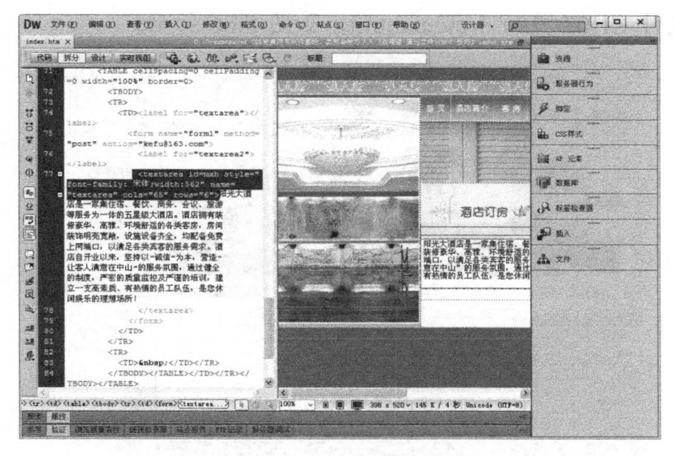

图 8.63　修改代码

图 8.64　设置链接

❻ 保存文档，按<F12>键在浏览器中预览效果，如图 8.65 所示。

图 8.65　改变多行文本域滚动条的颜色效果图

第 3 问　如何实现复选框全选、全不选和反选效果

实现复选框全选、全不选和反选效果的具体操作步骤如下。

❶ 打开素材文件 CH08/技巧 3/index.html，如图 8.66 所示。

图 8.66　打开素材文件

❷ 将光标放置在页面中，插入表单，在【属性】面板中的【表单名称】文本框中输入 checkboxform，在【方法】下拉列表中选择【默认】选项，如图 8.67 所示。

图 8.67　插入表单

❸ 将光标放置在表单中，插入复选框，在【属性】面板中的【复选框名称】文本框中输入 C1，将【初始状态】设置为【已勾选】，如图 8.68 所示。

❹ 将光标放置在复选框的右边，输入相应的文字，如图 8.69 所示。

❺ 将光标放置在文字的右边，按照步骤 3～4 的方法，插入其他的复选框，输入文字，并设置相应的属性，如图 8.70 所示。

❻ 将光标放置在页面中相应的位置，插入按钮，在【属性】面板中的【值】文本框中输入“全部选中”，将【动作】设置为【无】，如图 8.71 所示。

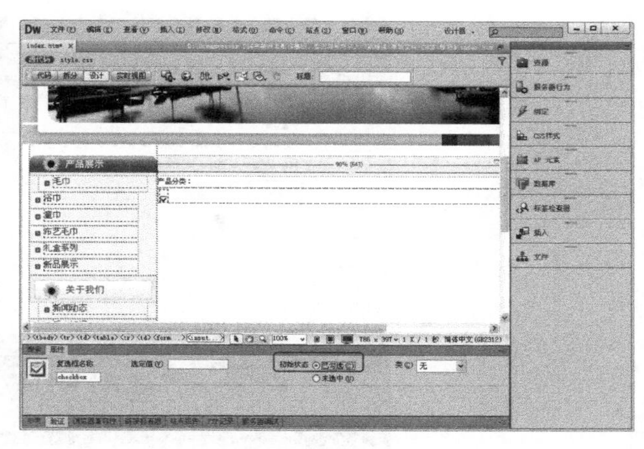

图 8.68　插入复选框

图 8.69　输入文字

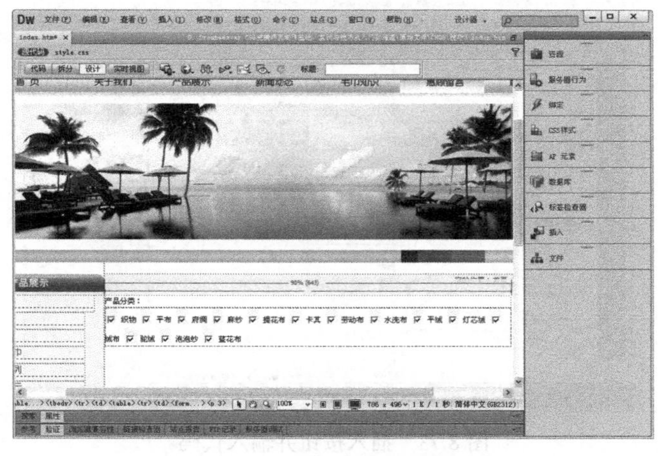

图 8.70　插入复选框并输入文字

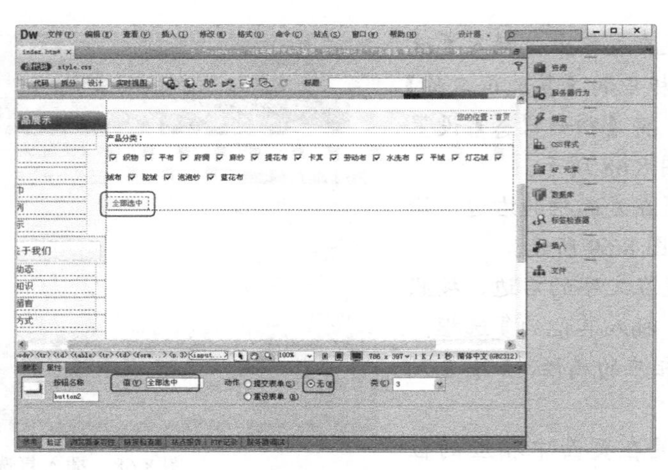

图 8.71　插入按钮

❼ 选中按钮，切换到拆分视图，在按钮代码语句中输入代码 onClick="checkAll()"，如图 8.72 所示。

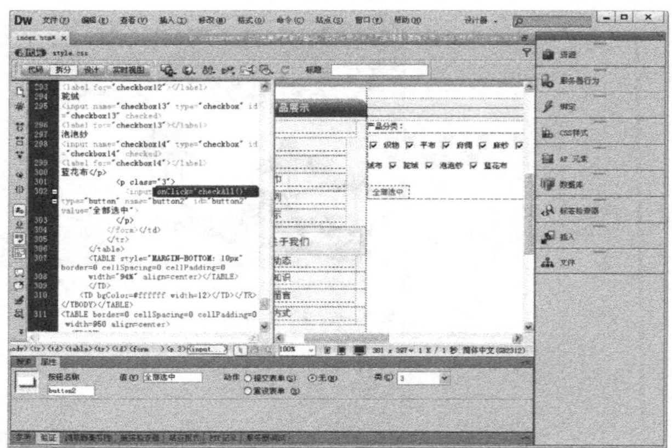

图 8.72　输入代码

❽ 切换到设计视图，再插入一个按钮，在【属性】面板中的【值】文本框中输入“全部不选”，将【动作】设置为【无】，切换到拆分视图，在按钮代码语句中输入代码 onClick= "uncheckAll()"，如图 8.73 所示。

❾ 切换到设计视图，再插入一个按钮，在【属性】面板中的【值】文本框中输入“反向选择”，将【动作】设置为【无】，选中按钮，切换到拆分视图，在按钮代码语句中输入代码 onClick= "switchAll()"，如 8.74 所示。

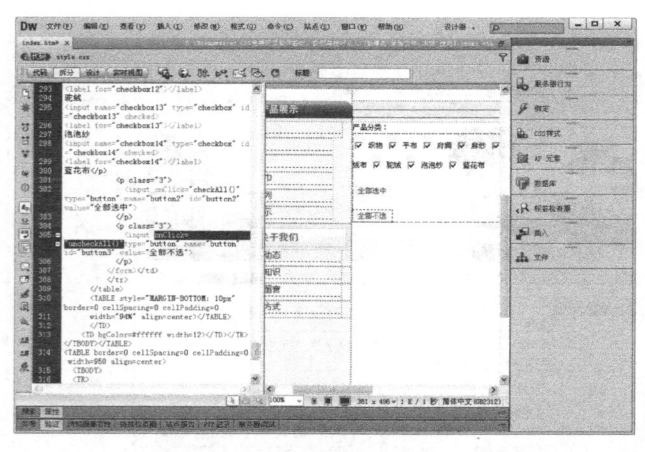

图 8.73　插入按钮并输入代码

❿ 切换到代码视图，在<head>与</head>之间相应的位置中输入以下代码，如图 8.75 所示。

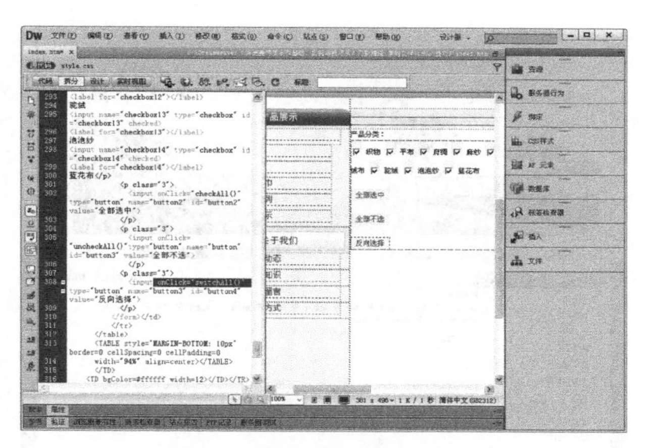

图 8.74　插入按钮并输入代码

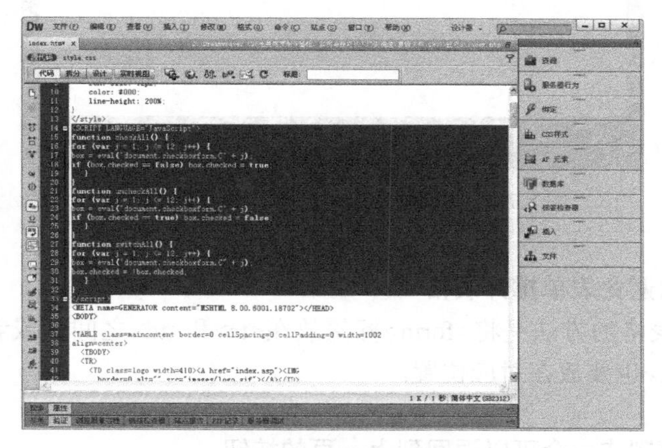

图 8.75　输入代码

⓫ 保存文档，按<F12>键在浏览器中预览效果，如图 8.76 所示。

```
<SCRIPT LANGUAGE="JavaScript">
function checkAll() {
for (var j = 1; j <= 12; j++) {
box = eval("document.checkboxform.C" + j);
if (box.checked == false) box.checked = true;
   }
}
function uncheckAll() {
for (var j = 1; j <= 12; j++) {
box = eval("document.checkboxform.C" + j);
if (box.checked == true) box.checked = false;
   }
}
function switchAll() {
for (var j = 1; j <= 12; j++) {
box = eval("document.checkboxform.C" + j);
box.checked = !box.checked;
   }
}
</script>
```

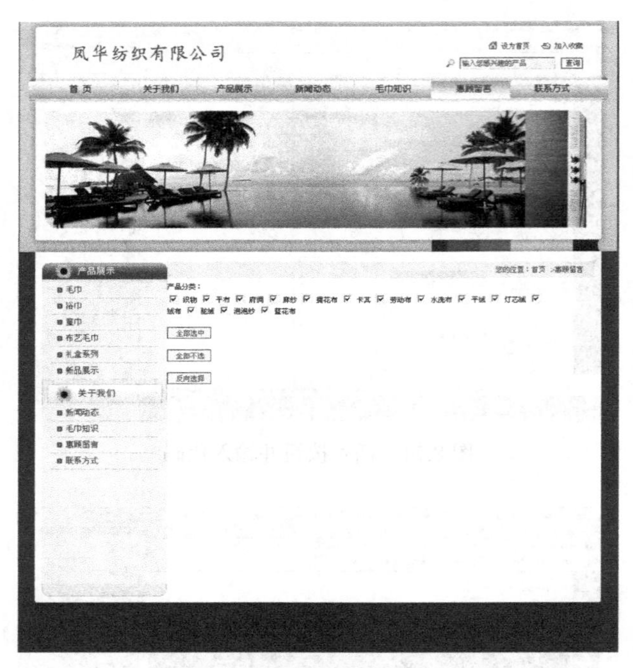

图 8.76　复选框全选、全不选和反选效果图

第 4 问　如何避免表单撑开表格

避免表单撑开表格的方法是将<form>标签放在<tr>和<td>之间，或者放在<table>与<tr>之间，相应的</form>也要放在对应位置。

第 5 问　如何制作一个可以返回到上一页的按钮

制作返回到上一页的按钮的具体操作步骤如下。

❶ 打开素材文件 CH08/技巧 5/index.html，如图 8.77 所示。

图 8.77　打开素材文件

❷ 将光标放置在页面中相应的位置，插入按钮，在【属性】面板中的【值】文本框中输入“返回上一页”，将【动作】设置为【无】，如图 8.78 所示。

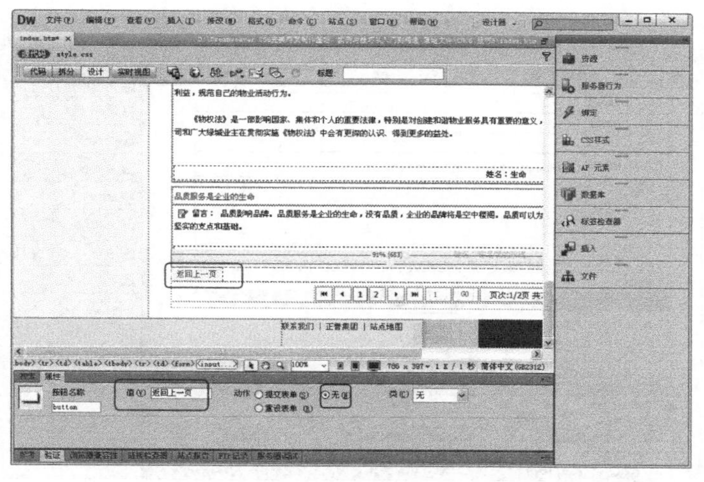

图 8.78　插入按钮

❸ 选中按钮，切换到拆分视图，在按钮标签内输入代码 onclick=javascript: window.history. go(-1)，如图 8.79 所示。

❹ 保存文档，打开素材文件 CH08/技巧 5/index1.html，如图 8.80 所示。

❺ 在文档中选择文字“互动空间”，在【属性】面板中的【链接】文本框中输入 index.html，如图 8.81 所示。

❻ 保存文档，按<F12>键在浏览器中预览效果，单击【返回上一页】按钮，返回到上一页，效果如图 8.82 和 8.83 所示。

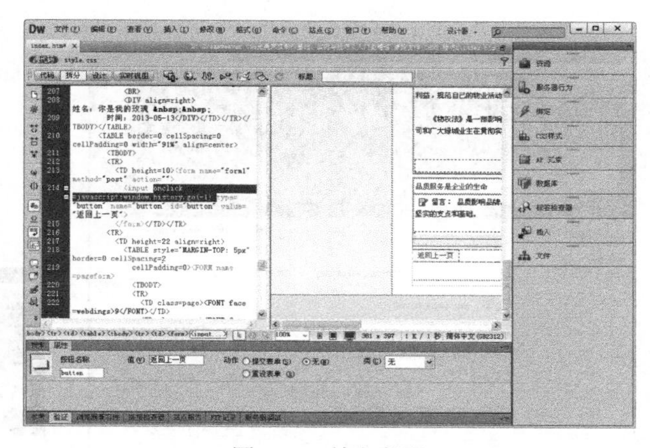

图 8.79　输入代码

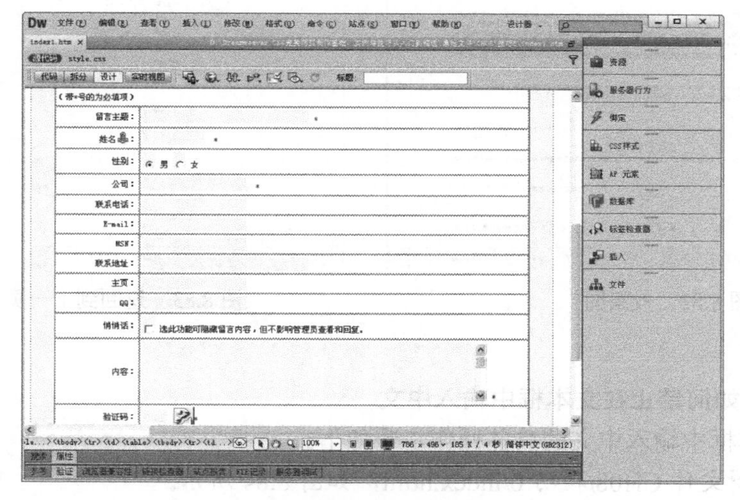

图 8.80　打开素材文件

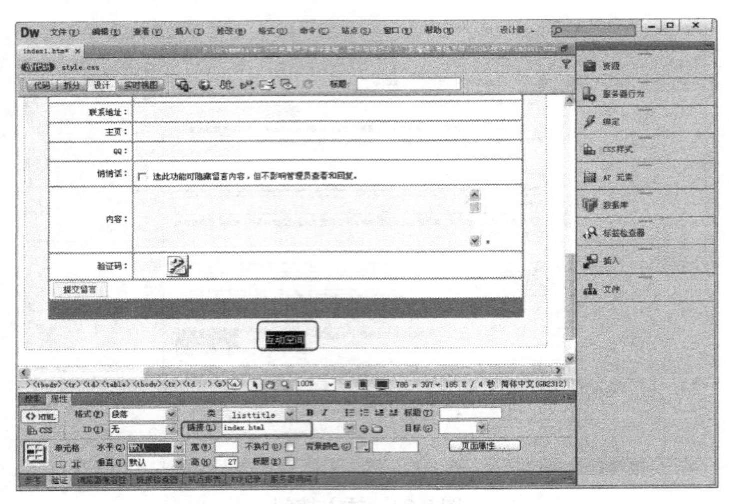

图 8.81　设置链接

图 8.82　效果图

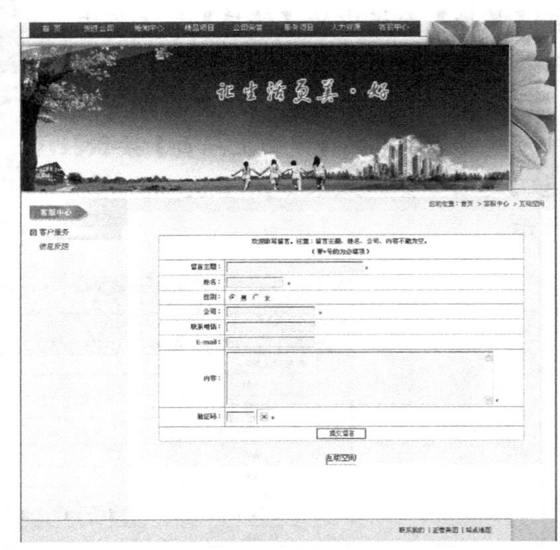

图 8.83　返回到上一页效果图

第 6 问　如何禁止在文本框中输入中文

禁止在文本框中输入中文的具体操作步骤如下。

❶ 打开素材文件 CH08/技巧 6/index.html，如图 8.84 所示。

❷ 选中禁止输入中文的文本框，切换到拆分视图中，在文本域标签内输入代码 style=

"ime-mode:disabled"，如图 8.85 所示。

❸ 保存文档，按<F12>键在浏览器中预览效果，如图 8.86 所示。

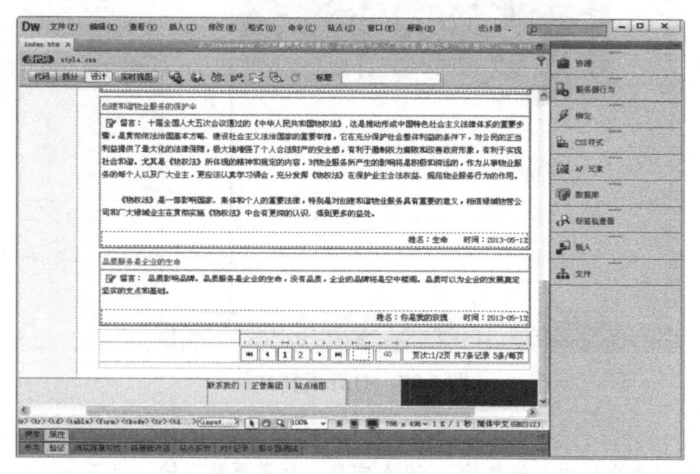

图 8.84　打开素材文件

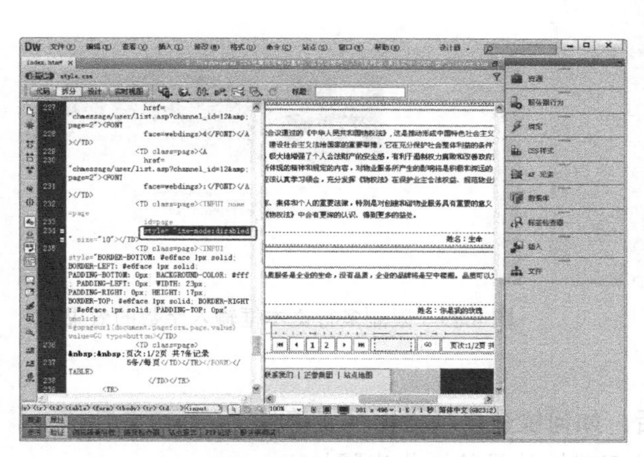

图 8.85　输入代码

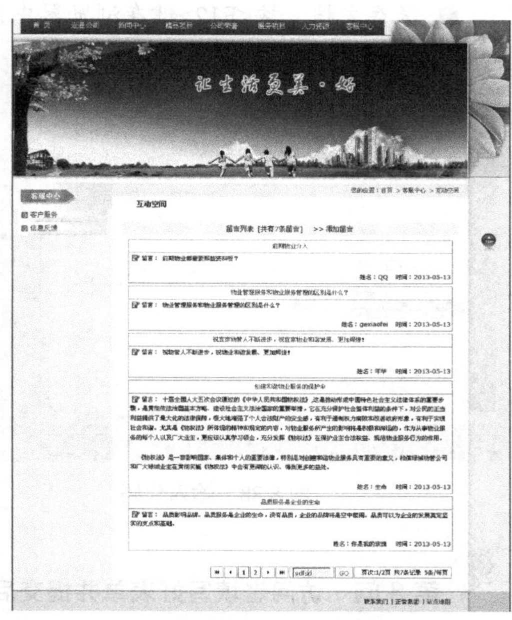

图 8.86　禁止输入中文效果图

第 7 问　如何限制在多行文本框中输入的文字总数

限制多行文本框输入总字数的具体操作步骤如下。

❶ 打开素材文件 CH08/技巧 7/index.html，如图 8.87 所示。

❷ 选中文本区域，切换到拆分视图中，在文本域的标签内输入相应的代码，如图 8.88 所示。

```
onkeyup="this.value=this.value.substr(0,50)"onpaste="return false"
```

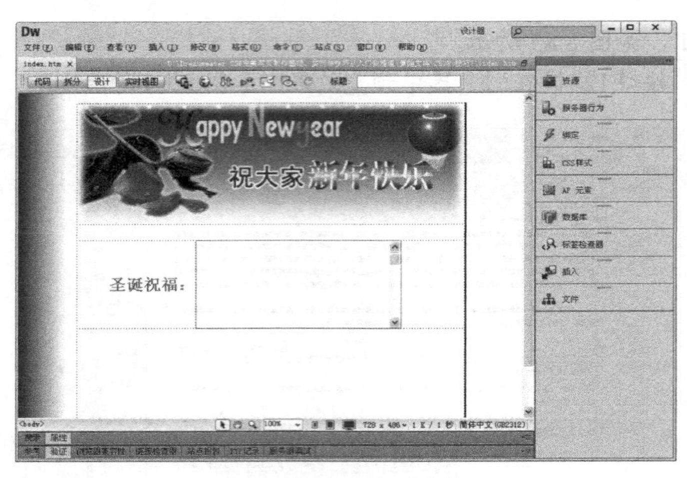

图 8.87　打开素材文件

提示　在这里设置文本域中只能够输入 50 个字数，如果再往下输，将不会显示。

❸ 保存文档，按<F12>键在浏览器中预览效果，如图 8.89 所示。

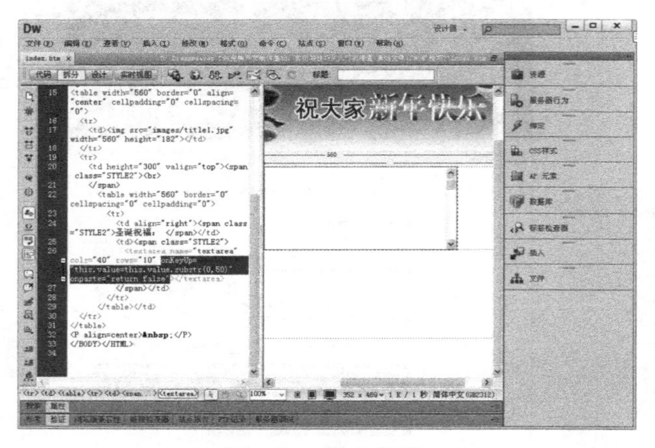

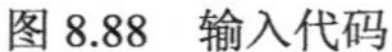
图 8.88　输入代码

图 8.89　限制多行文本框输入字数的效果图

第 8 问　访问者填写好表单并提交后，如何检查各项数据的正确性

访问者填写好表单提交后检查各数据的正确性的具体操作步骤如下。

❶ 打开素材文件 CH08/技巧 8/index.html，在对话框中选中用来输入电话的文本域对象，如图 8.90 所示。

❷ 选择菜单中的【窗口】|【行为】命令，打开【行为】面板，在面板中单击⊞按钮，在弹出的菜单中选择【检查表单】选项，打开【检查表单】对话框，勾选【必需的】复选框，【可接受】勾选【数字】单选按钮，如图 8.91 所示。

❸单击【确定】按钮，添加行为，如图 8.92 所示。

❹ 保存文档，按<F12>键在浏览器中预览效果，如图 8.93 所示。

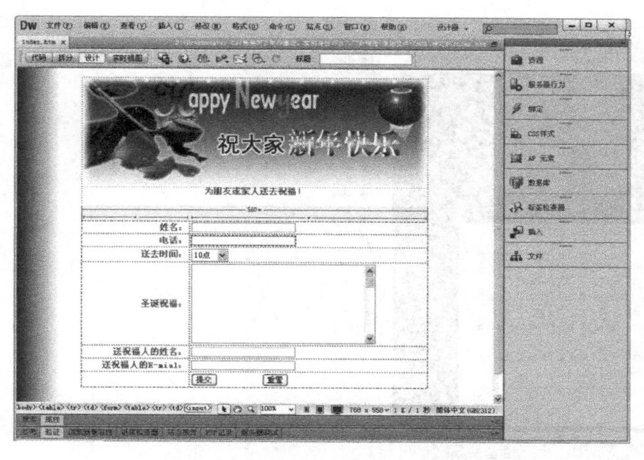

图 8.90　打开素材文件

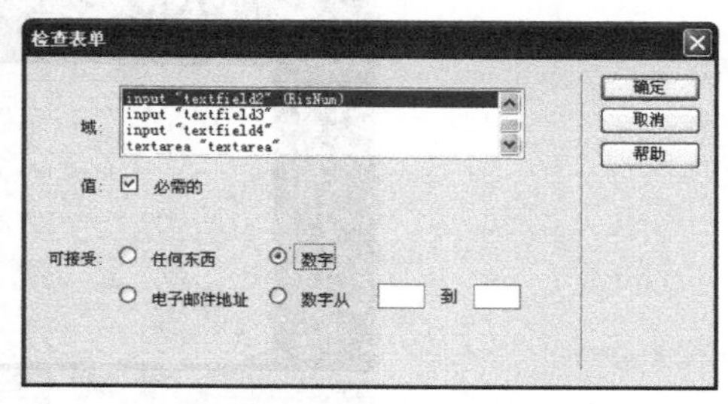

图 8.91　【检查表单】对话框

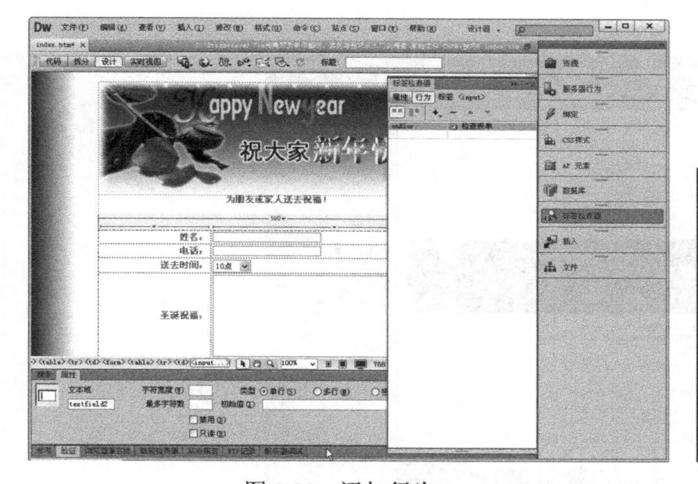

图 8.92　添加行为

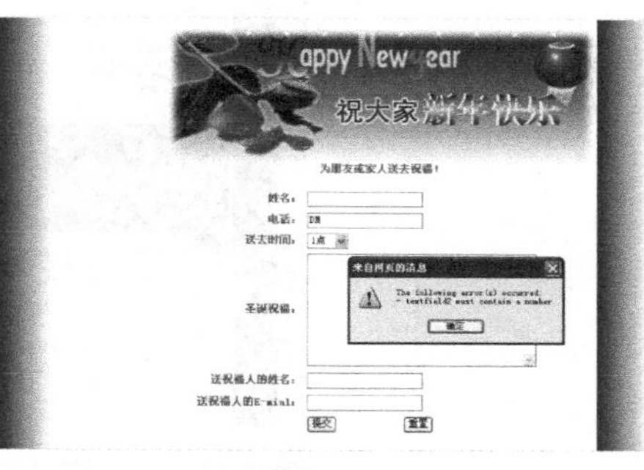

图 8.93　检查各数据的正确性效果图

第 9 问　如何让访问者输入正确的名称和密码才能进入网页且不通过数据库实现

不用数据库，要访问者输入正确的名称与密码才能进入网页的具体操作步骤如下。

❶ 打开素材文件 CH08/技巧 9/index.html，如图 8.94 所示。

❷ 切换到代码视图，在<head>与</head>之间相应的位置输入以下代码，如图 8.95 所示。

```
<script language="JavaScript">
<!--
var password="";
password=prompt('请输入密码 (本网站需输入密码才可进入):','');
if (password != 'dakai')
   {alert("密码不正确,无法进入本站!!");
   window.opener=null; window.close();}  // 密码不正确就关闭
//-->
</script>
```

提示　在这里将密码设置为 dakai。

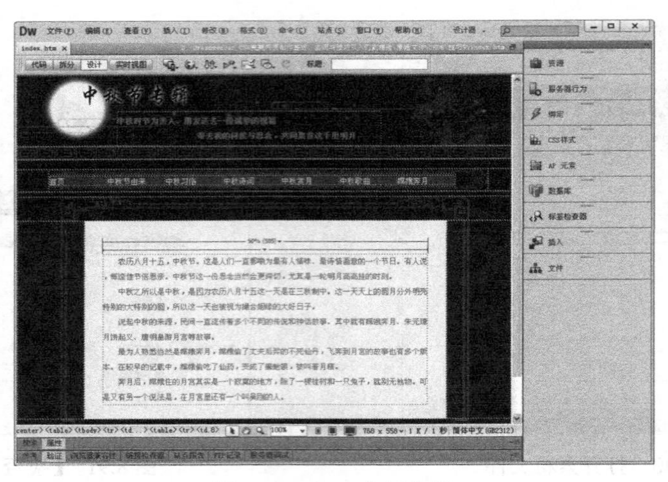

图 8.94　打开素材文件

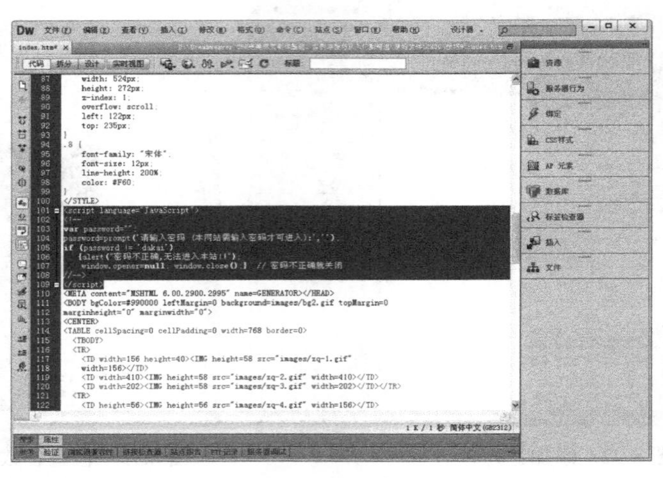

图 8.95　输入代码

❸ 保存文档，按<F12>键在浏览器中预览效果，首先打开图 8.96 所示的对话框。在对话框中输入密码，单击【确定】按钮，即可进入网页，如图 8.97 所示。

图 8.96 【用户提示】对话框

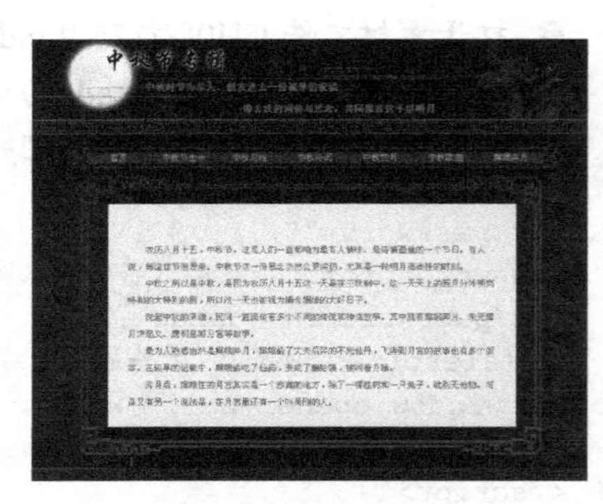

图 8.97　进入网页

第9章

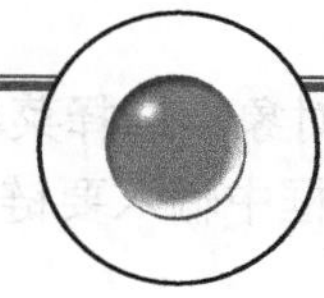

超级链接的创建

网站是由很多网页组成，网页之间通常是通过超级链接的方式联系到一起的。在Dreamweaver中，超链接的应用范围很广泛，利用它不仅可以进行网页间的相互链接，还可以使网页链接到相关的图像文件、多媒体文件及下载程序等。

学习目标

- 了解超级链接的基本概念
- 掌握创建链接的方法
- 掌握外部链接的创建
- 掌握E-mail链接的创建
- 掌握锚点链接的创建
- 掌握图像热点链接的创建
- 掌握超级链接的常见技巧

9.1 超级链接的基本概念

网络中的一个个网页是通过超级链接的形式关联在一起的。可以说超级链接是网页中最重要、最根本的元素之一。超级链接的作用是在因特网上建立从一个位置到另一个位置的链接。超级链接由源地址文件和目标地址文件构成，当访问者单击超级链接时，浏览器会从相应的目标地址检索网页并显示在浏览器中。如果目标地址不是网页而是其他类型的文件，浏览器会自动调用本机上的相关程序打开所访问的文件。

在网页中的链接按照链接路径的不同可以分为3种形式：绝对路径、相对路径和基于根目录路径。

这些路径都是网页中的统一资源定位，只不过后两种路径将URL的通信协议和主机名省略了。后两种路径必须有参照物，一种是以文档为参照物，另一种是以站点的根目录为参照物。而第一种路径就不需要有参照物，它是最完整的路径，也是标准的URL。

9.2 创建链接的方法

使用Dreamweaver创建链接既简单又方便，只要选中要设置成超链接的文字或图像，然后应用以下几种方法添加相应的 URL 即可。

1．使用【属性】面板创建链接

利用【属性】面板创建链接的方法很简单，选中要创建链接的对象，选择菜单中的【窗口】|【属性】命令，打开【属性】面板。在面板中的【链接】文本框中输入要链接的路径，即可创建链接，如图 9.1 所示。

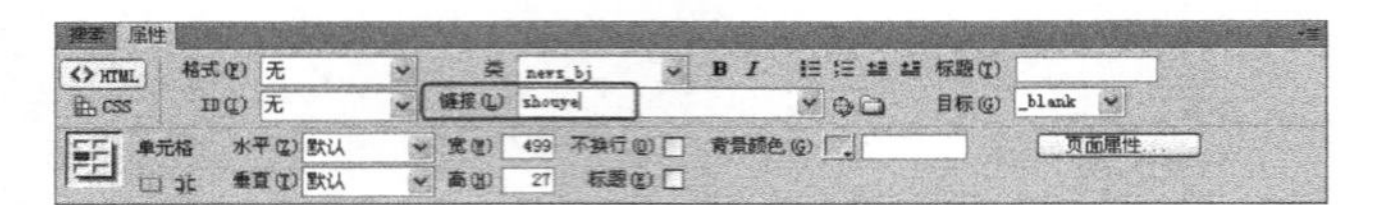

图 9.1　在【属性】面板中设置链接

2．使用【浏览文件】按钮创建链接

使用【浏览文件】按钮创建链接的方法也很简单，选中要创建链接的对象，选择菜单中的【窗口】|【属性】命令，打开【属性】面板，在面板中单击【链接】文本框右边的【浏览文件】按钮，打开【选择文件】对话框，在对话框中选择要链接的对象即可，如图 9.2 所示。

3．使用菜单命令创建链接

使用菜单命令创建链接也非常简单，选中创建超级链接的文本，选择菜单中的【插入】|【超级链接】命令，打开【超级链接】对话框，如图 9.3 所示。在对话框中的【链接】文本框中输入链接的目标，或单击【链接】文本框右边的【浏览文件】按钮，选择相应的链接目标，单击【确定】按钮，即可创建链接。

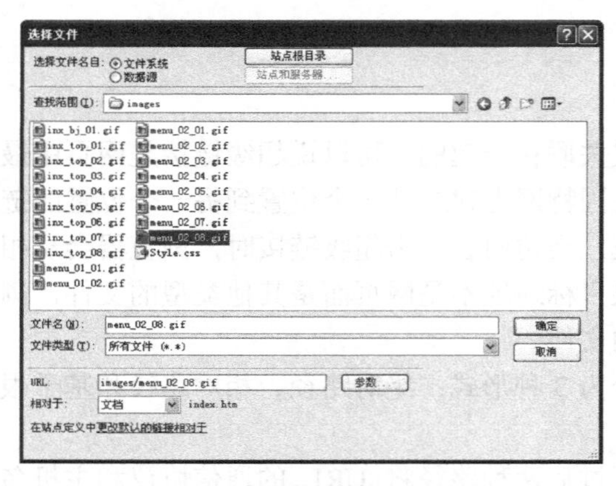

图 9.2　【选择文件】对话框

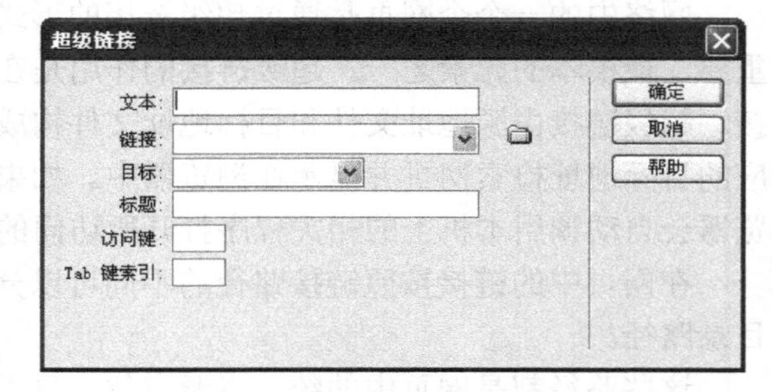

图 9.3　【超级链接】对话框

4．直接拖动

利用直接拖动的方法创建链接时，要先建立一个站点，选择菜单中的【窗口】|【属性】命令，打开【属性】面板，选中要创建链接的对象，在面板中单击【指向文件】按钮，按住按钮不放拖动到站点窗口中的目标文件上，松开鼠标即可创建链接，如图 9.4 所示。

图 9.4　创建链接

9.3　实战演练

前面介绍了超级链接的基本概念及创建链接的几种方法，下面通过几个实例来巩固所学的知识。

9.3.1　实例 1——创建外部链接

外部链接是相对于本地链接而言的，与本地链接不同的是，外部链接的链接目标文件在远程服务器上。创建外部链接的具体操作步骤如下。

❶ 打开素材文件 CH09/9.3.1/index.html，如图 9.5 所示。

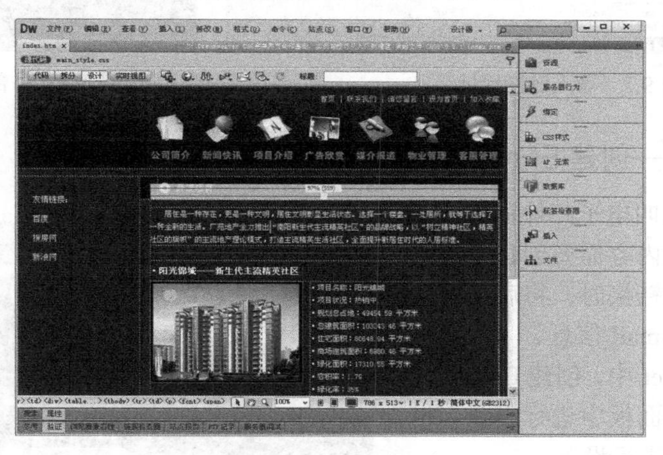

图 9.5　打开素材文件

❷ 选中文字“百度”，选择菜单中的【窗口】|【属性】命令，打开【属性】面板，如图 9.6 所示。

❸ 在【属性】面板中的【链接】文本框中直接输入外部链接的地址 http://www.baidu.com，如图 9.7 所示。

❹ 保存文档，按<F12>键在浏览器中预览效果，如图 9.8 所示。

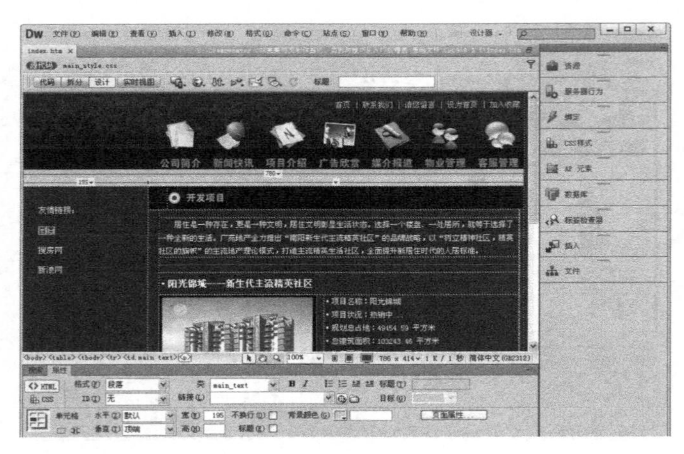

图 9.6　打开【属性】面板

图 9.7　输入链接地址

图 9.8　外部链接效果

9.3.2　实例 2——创建 E-mail 链接

E-mail 链接也叫电子邮件链接，在制作网页时，有些内容需要创建电子邮件链接。当单击此链接时，将启动相关的邮件程序发送 E-mail 信息。

在 Dreamweaver 中，创建 E-mail 链接可以在【属性】面板中进行设置，也可以使用菜单命令进行设置。

❶ 打开素材文件 CH09/9.3.2/index.html，如图 9.9 所示。

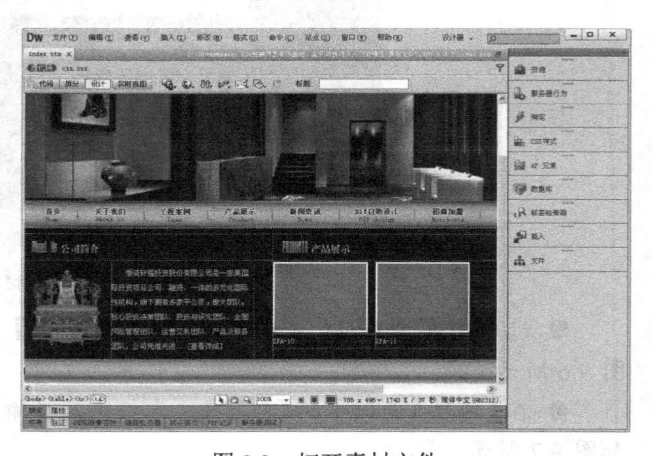

图 9.9　打开素材文件

❷ 将光标放置在页面中相应的位置，选择菜单中的【插入】|【电子邮件链接】命令，打开【电子邮件链接】对

话框，在对话框中的【文本】文本框中输入“发 E-mail 联系”，E-Mail 文本框中输入 mailto:sdjj@163.com，设置 E-mail 地址，如图 9.10 所示。

❸单击【确定】按钮，创建 E-mail 链接，如图 9.11 所示。

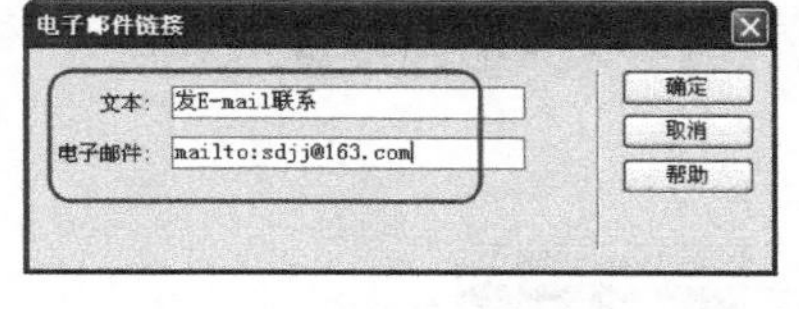

图 9.10 【电子邮件链接】对话框

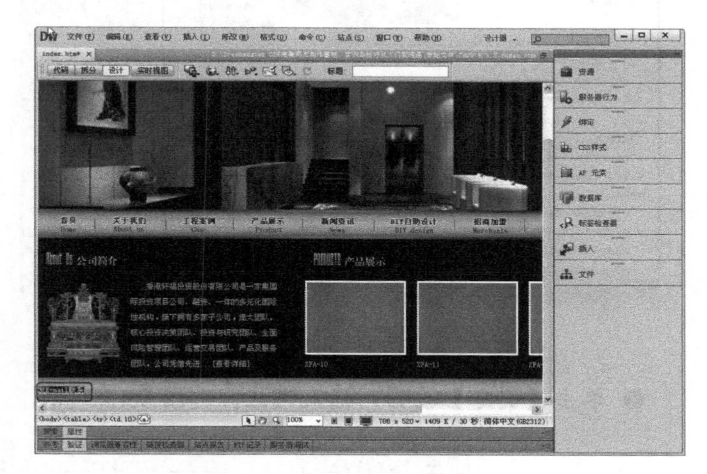

图 9.11 创建 E-mail 链接

提示 在【常用】插入栏中单击【电子邮件链接】按钮，打开【电子邮件链接】对话框，创建电子邮件链接。

❹保存文档，按<F12>键在浏览器中预览效果，单击创建的 E-Mail 链接，打开图 9.12 所示的【新邮件】对话框。

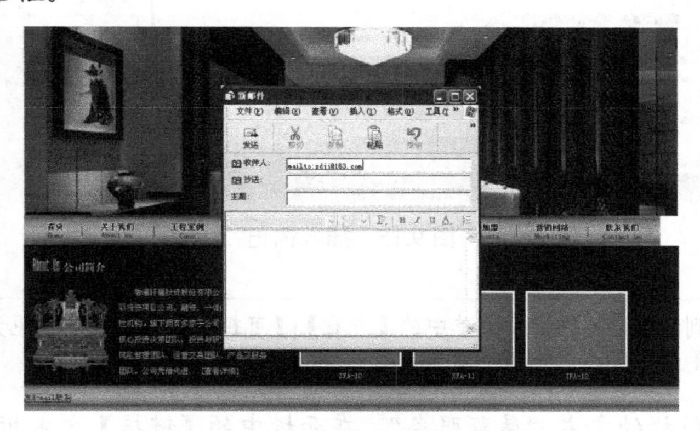

图 9.12 创建电子邮件链接效果图

9.3.3 实例 3——创建锚点链接

如果一个页面的内容较多，篇幅很长的话，为了使用户浏览起来方便，可以在页面的某个分项内容的标题上设置锚点，然后在页面上设置锚点的链接，从而使用户通过锚点链接快速直接地跳转到感兴趣的内容，创建锚点链接的具体操作步骤如下。

❶ 打开素材文件 CH09/9.3.3/index.html，如图 9.13 所示。

❷ 将光标放置在“展览服务”的前面，选择菜单中的【插入】|【命名锚记】命令，打开【命名锚记】对话框，在对话框中的【锚记名称】文本框中输入 a，如图 9.14 所示。

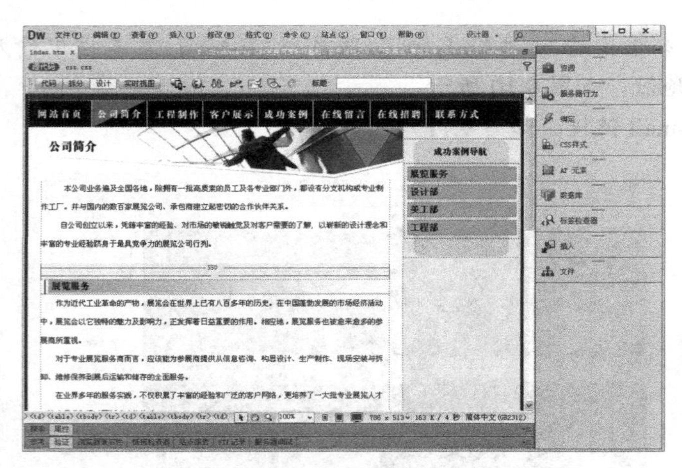

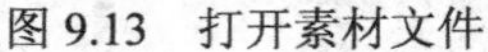

图 9.13　打开素材文件　　图 9.14　【命名锚记】对话框

❸ 单击【确定】按钮，插入锚记，如图 9.15 所示。

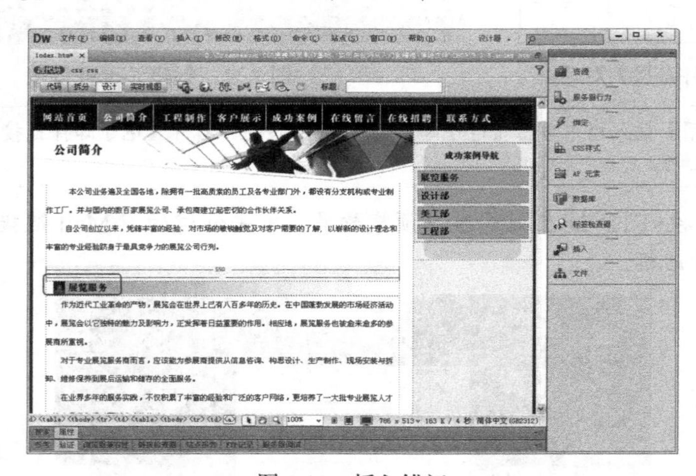

图 9.15　插入锚记

> 提示　如果看不到锚记，可以选择菜单中的【查看】|【可视化助理】|【不可见元素】命令，勾选【不可见元素】命令即可看到插入的锚记。

❹ 选中右侧导航栏的文本“展览服务”，在面板中的【链接】文本框中输入#a，设置链接，如图 9.16 所示。

❺ 将光标放置在文档中“设计部”的前面，选择菜单中的【插入】|【命名锚记】命令，打开【命名锚记】对话框，在对话框中的【锚记名称】文本框中输入 b，如图 9.17 所示。

> 提示　在【常用】插入栏中单击【命名锚记】按钮，打开【命名锚记】对话框，插入命名锚记。

❻ 单击【确定】按钮，插入锚记，如图 9.18 所示。

❼ 选中右侧导航栏的文本“设计部”，在【属性】面板中的【链接】文本框中输入#b，设置链接，如图 9.19 所示。

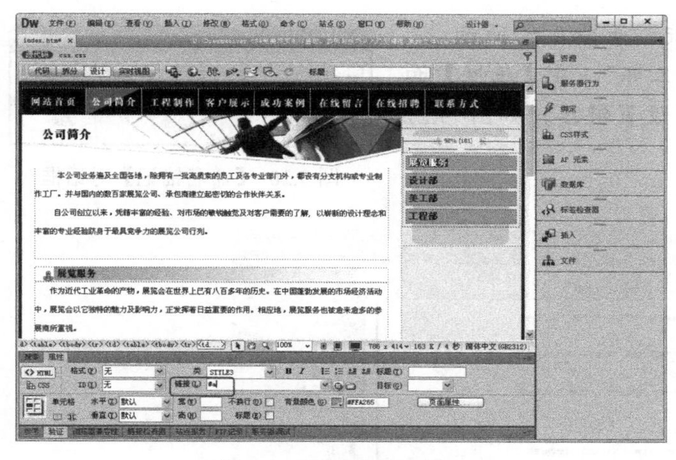

图 9.16　设置锚记链接

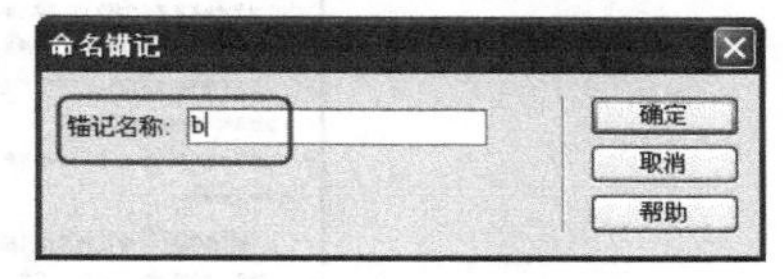

图 9.17 【命名锚记】对话框

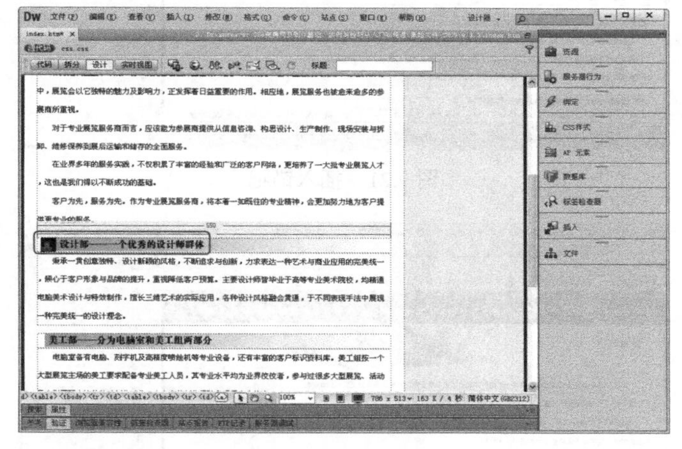

图 9.18　插入锚记

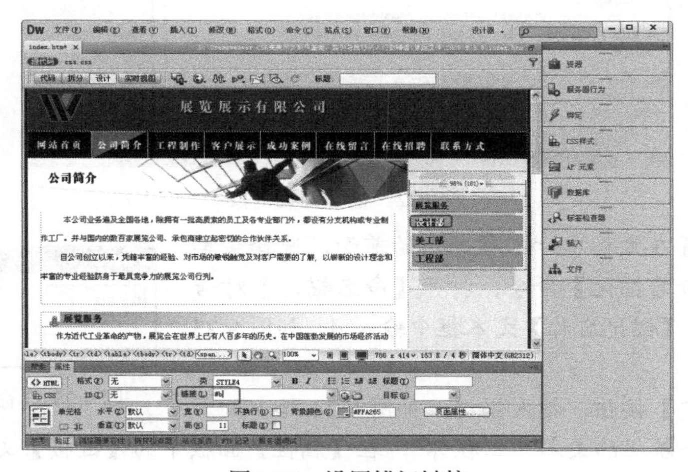

图 9.19　设置锚记链接

❽ 将光标放置在文档中“美工部”的前面，选择菜单中的【插入】|【命名锚记】命令，打开【命名锚记】对话框，在对话框中的【锚记名称】文本框中输入 c，如图 9.20 所示。

❾ 单击【确定】按钮，插入锚记，如图 9.21 所示。

❿ 选中右侧导航栏的文本“美工部”，在【属性】面板中的【链接】文本框中输入 # c，设置链接，如图 9.22 所示。

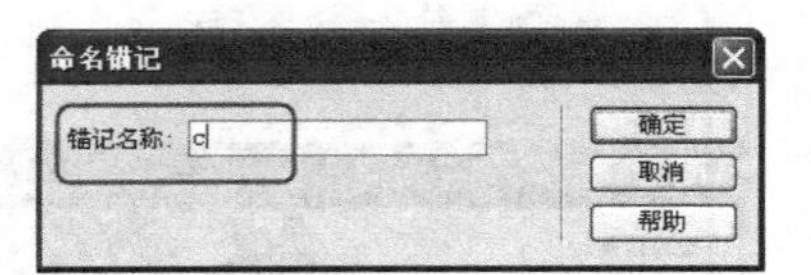

图 9.20 【命名锚记】对话框

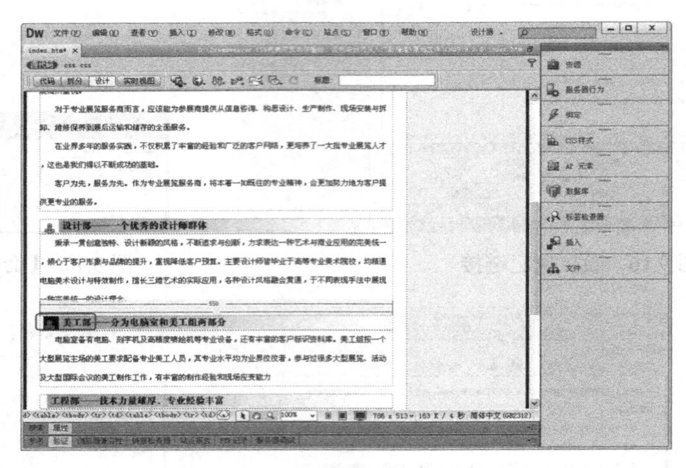

图 9.21 插入锚记

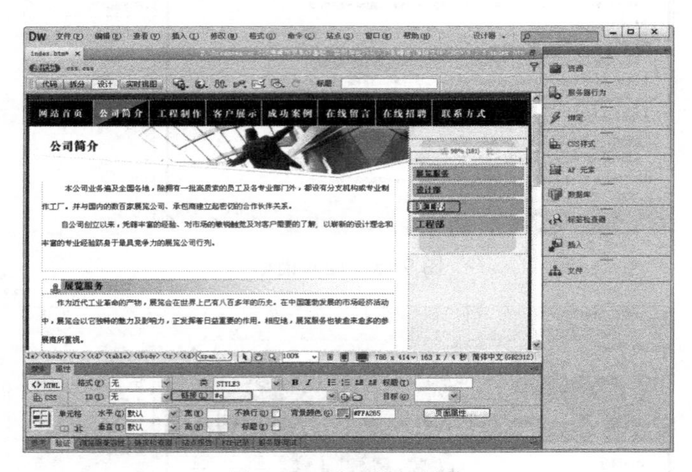

图 9.22 设置锚记链接

⓫ 将光标放置在文档中“工程部”的前面，选择菜单中的【插入】|【命名锚记】命令，打开【命名锚记】对话框，在对话框中的【锚记名称】文本框中输入 d，如图 9.23 所示。

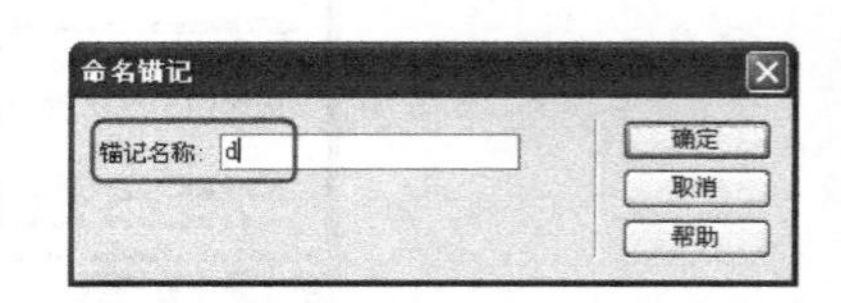

图 9.23 【命名锚记】对话框

⓬ 单击【确定】按钮，插入锚记，如图 9.24 所示。

⓭ 选中右侧导航栏的文本“工程部”，在【属性】面板中的【链接】文本框中输入 # d，设置链接，如图 9.25 所示。

⓮ 保存文档，按<F12>键在浏览器中预览效果，单击设置的锚记链接，将跳转到页面中相应的位置，如图 9.26 所示。

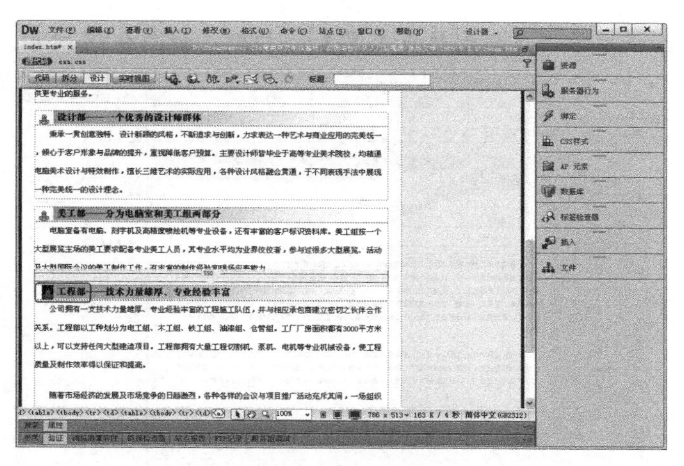

图 9.24　插入锚记

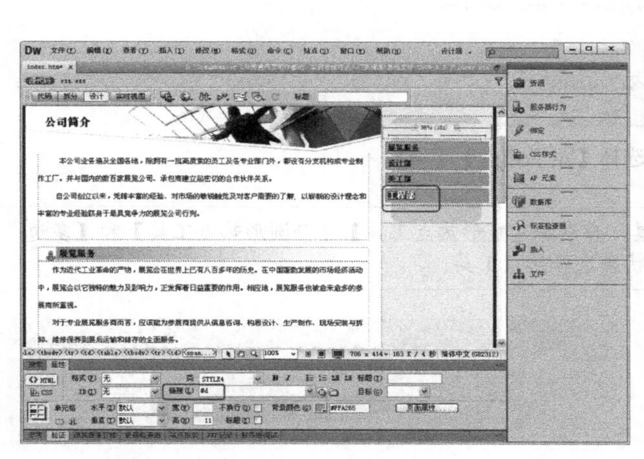

图 9.25　设置锚记链接

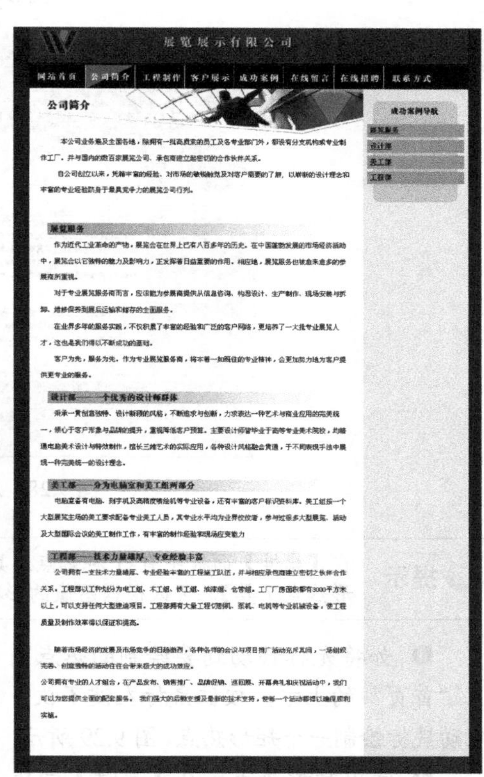

图 9.26　跳转到的位置

9.3.4　实例 4——创建图像热点链接

在网页中，超链接可以是文字，也可以是图像。图像整体可以是一个超链接的载体，而且图像中的一部分或多个部分也可以分别成为不同的链接。创建图像热点链接的具体操作步骤如下。

❶ 打开素材文件 CH09/9.3.4/index.html，如图 9.27 所示。

❷ 选中创建图像热点链接的图像，选择菜单中的【窗口】|【属性】命令，打开【属性】

面板，在【属性】面板中单击【矩形热点工具】按钮，如图 9.28 所示。

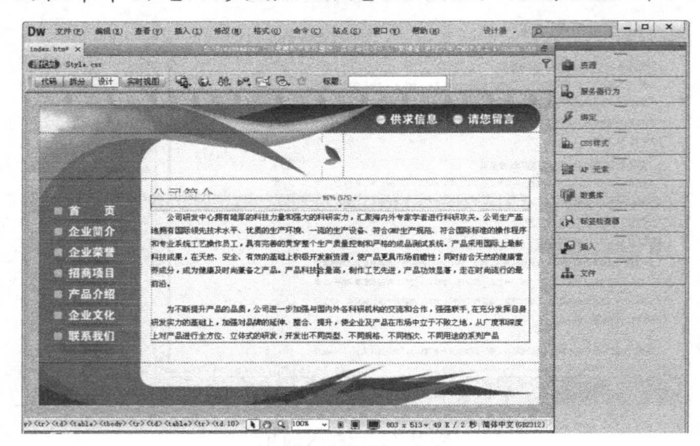

图 9.27　打开素材文件

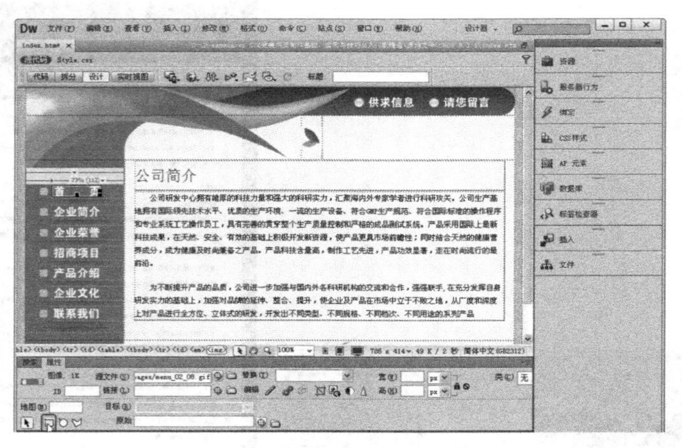

图 9.28　选择【矩形热点】工具

提示　在【属性】面板中有 3 种热点工具，分别是【矩形热点工具】、【椭圆形热点工具】和【多边形热点工具】，可以根据图像的形状来选择热点工具。

❸ 如将光标移动到要绘制的热点图像“首页”的上方，按住鼠标左键不放，拖动鼠标绘制一个矩形热点，图 9.29 所示。

❹ 选中矩形热点，在【属性】面板【链接】文本框中输入地址，如图 9.30 所示。

❺ 在【属性】面板中的【替换】文本框中输入“首页”，如图 9.31 所示。

❻ 按照步骤 2～4 的方法在图像的其他位置上绘制热点，并设置热点链接，如图 9.32 所示。

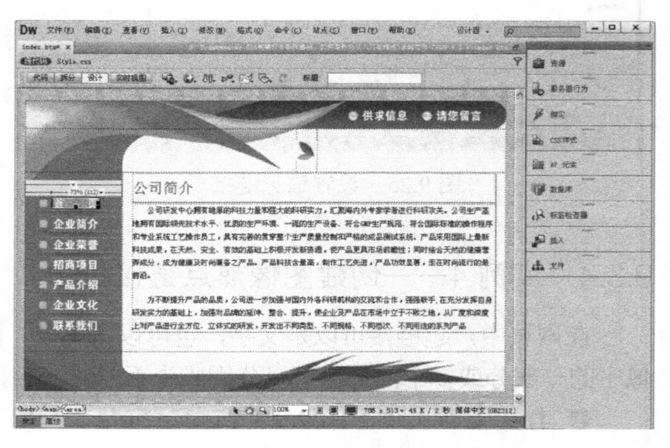

图 9.29　绘制热点

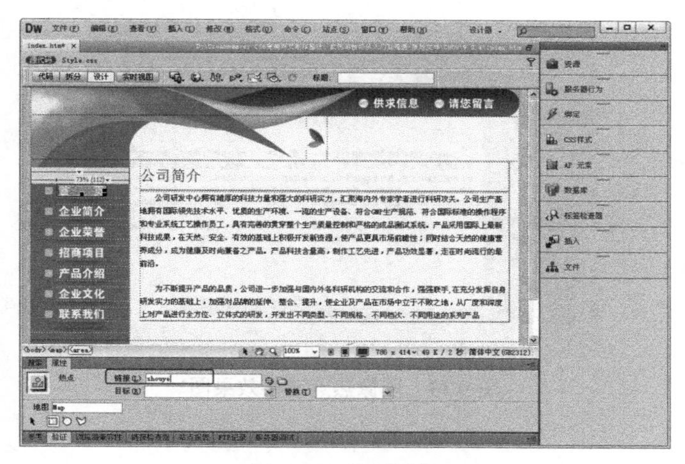

图 9.30　设置链接

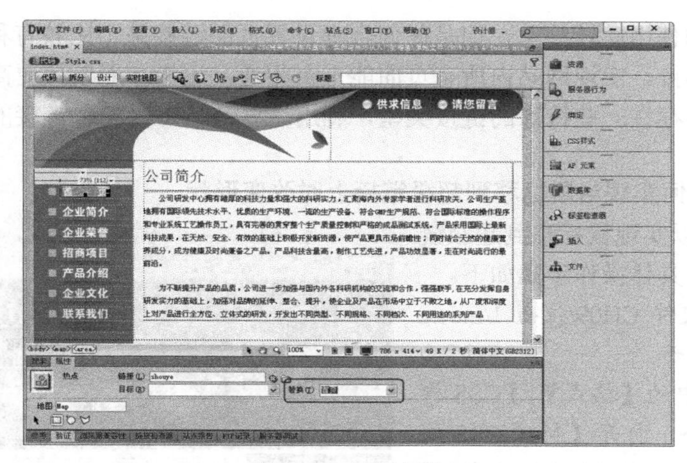

图 9.31　设置替换

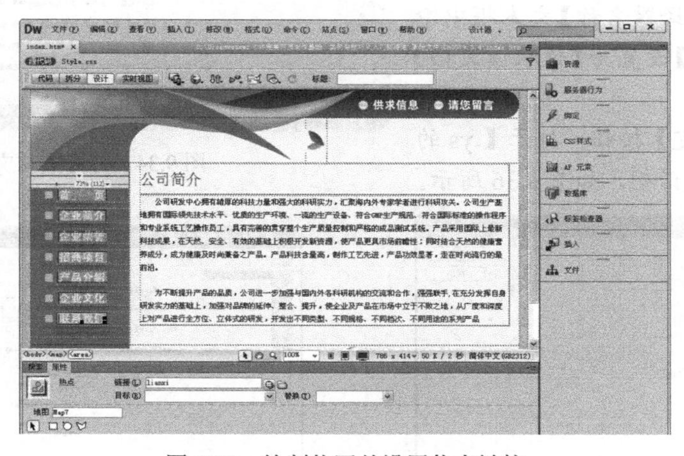

图 9.32　绘制热区并设置热点链接

❼ 保存文档，按<F12>键在浏览器中预览效果，如图 9.33 所示。

图 9.33 图像热点链接效果图

9.4 技巧与问答

链接的设置和使用比较简单，但是如何合理设置页面链接是个比较有科学性的问题。合理设置网站导航链接，实现网站内所有页面能页页相通，这样才能发挥更高效率。除了常用的链接形式外，还存在一些特殊的链接类型，利用这些链接可以实现链接的丰富性。

第 1 问 如何实现当鼠标移到超级链接上时改变形状

利用 CSS 可以实现鼠标移到超级链接上时改变形状，具体操作步骤如下。

❶ 打开素材文件 CH09/技巧 1/index.html，如图 9.34 所示。

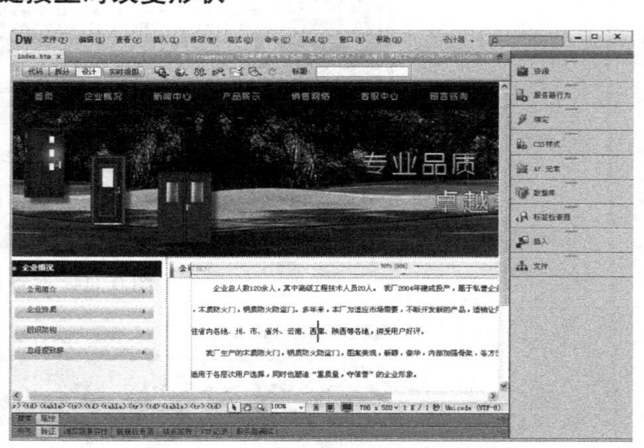

图 9.34 打开素材文件

❷ 选择菜单中的【格式】|【CSS 样式】|【新建】命令，打开【新建 CSS 规则】对话框，将对话框中的【选择器类型】设置为【类】，【选择器名称】文本框中输入.ys，【规则定义】设置为【仅限该文档】如图 9.35 所示。

❸ 单击【确定】按钮，打开【.ys 的 CSS 规则定义】对话框，如图 9.36 所示。

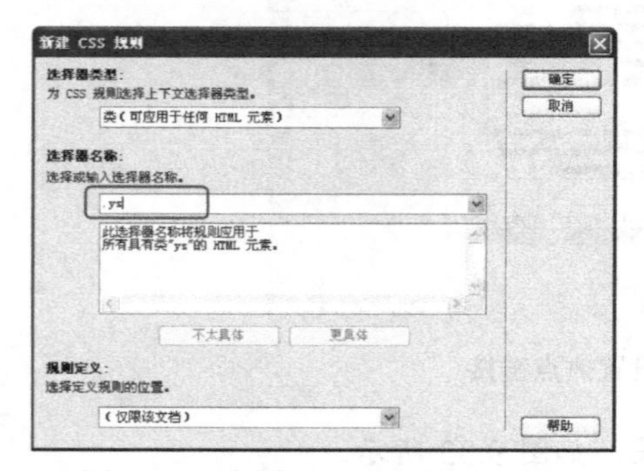

图 9.35 【新建 CSS 规则】对话框

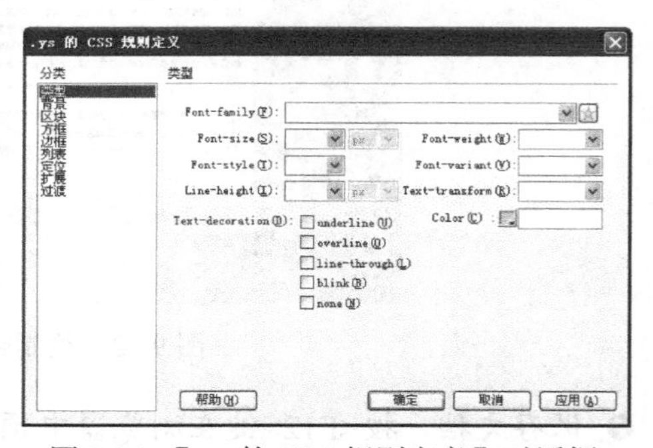

图 9.36 【.ys 的 CSS 规则定义】对话框

❹ 在对话框中的【分类】列表框中选择【扩展】选项，在【Cursor】下拉列表中选择【help】选项，如图 9.37 所示

❺ 单击【确定】按钮，新建 CSS 样式，在文档中选择应用样式的文字，在新建的 CSS 样式上单击鼠标右键，在弹出的菜单中选择【应用】选项，如图 9.38 所示。

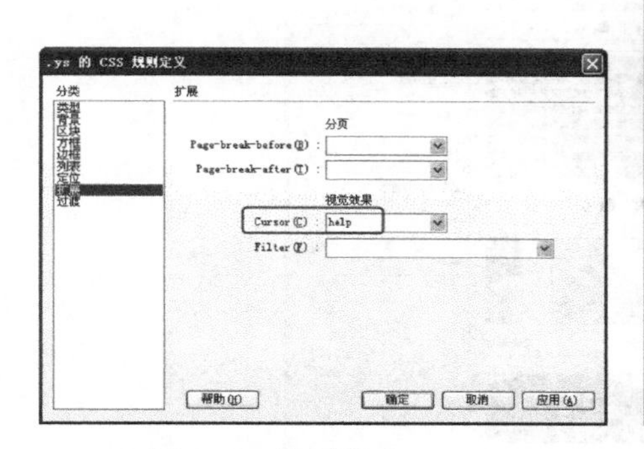

图 9.37 设置样式

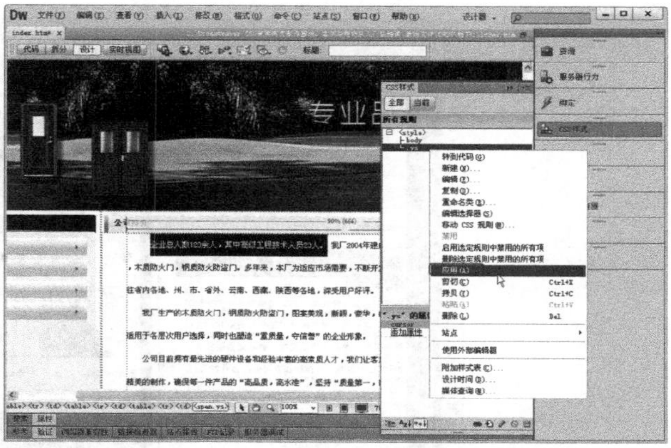

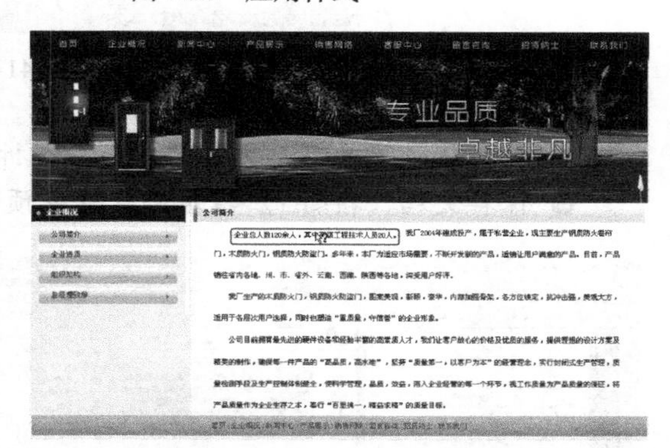

图 9.38 应用样式

❻ 保存文档，按<F12>键在浏览器中预览效果，将光标放置在链接的对象上，可以看出鼠标发生变化，如图 9.39 所示。

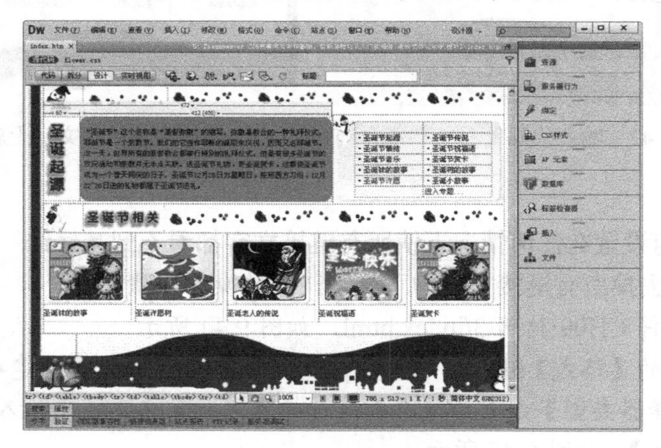

图 9.39 改变鼠标形状效果图

第 2 问 如何实现鼠标移动到滚动的文字上时，文字就停止滚动，再用鼠标单击文字并离开时又会继续滚动

利用<marquee>可以制作滚动效果，利用 onMouseOver 制作鼠标移动到滚动的文字上时就会停止滚动，利用 onMouseOut 制作移开后又会继续滚动的效果，具体操作步骤如下。

❶ 打开素材文件 CH09/技巧 2/index.html，如图 9.40 所示。

图 9.40 打开素材文件

❷ 将光标放置在滚动文本的前面，在文档窗口中单击【拆分】，打开拆分视图，在拆分视图中输入以下代码，如图 9.41 所示。

```
<marquee id=mar onMouseOver="mar.stop ()" onMouseOut="mar.start ()"
scrollAmount=2 direction=up width=400 height=130>
```

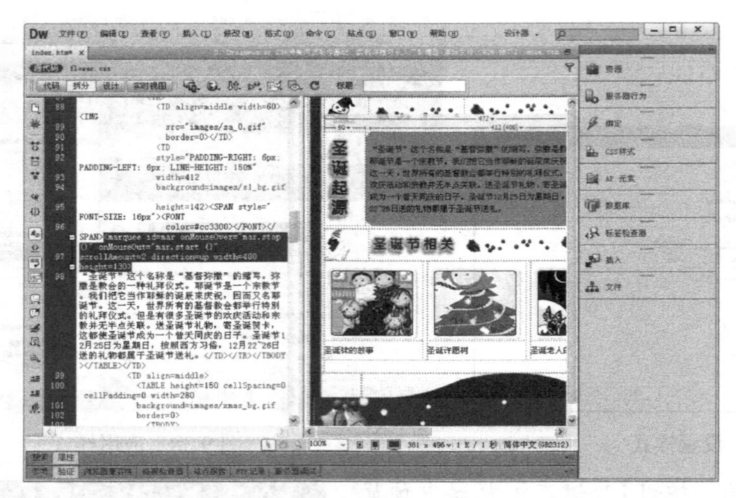

图 9.41 输入代码

❸ 将光标放置在滚动文本的后面，在拆分视图中输入代码</marquee>，如图 9.42 所示。

❹ 保存文档，按<F12>键在浏览器中预览效果，如图 9.43 所示。

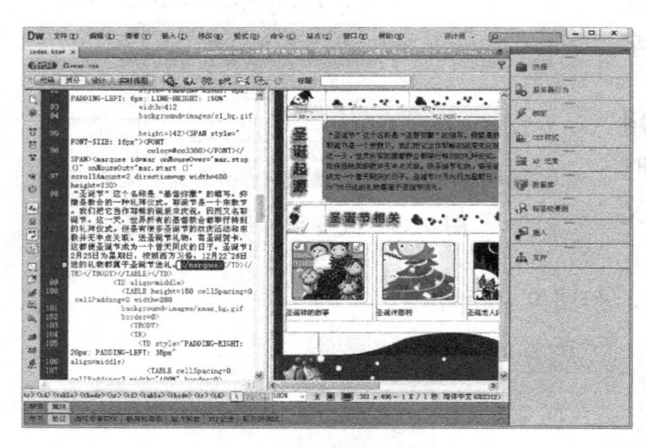

图 9. 42 输入代码

图 9.43 移动到滚动的文字上就会停止滚动的效果图

第 3 问 如何设置在任何情况下使所有链接文字都看不到其底线

利用 CSS 可以去掉所有链接文字的下划线，具体操作步骤如下。

❶ 打开素材文件 CH09/技巧 3/index.html，如图 9.44 所示。

❷ 选择菜单中的【格式】|【CSS 样式】|【新建】命令，打开【新建 CSS 规则】对话框，在对话框中将【选择器类型】设置为【类】，【选择器名称】文本框中输入.xhx，【规则定义】设置为【仅限该文档】，如图 9.45 所示。

图 9.44　打开素材文件

❸ 单击【确定】按钮，打开【.xhx 的 CSS 规则定义】对话框，在对话框中将【Font-family】设置为【宋体】，【Font-size】设置为 12 像素，【color】设置为#000000，【Text-decoration】设置为【none】，如图 9.46 所示。

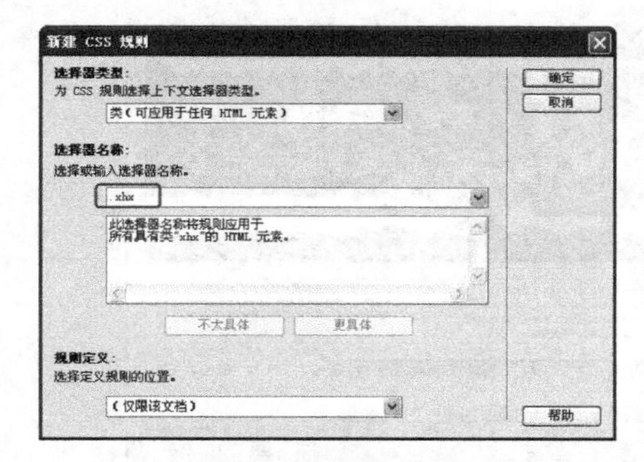
图 9.45 【新建 CSS 规则】对话框

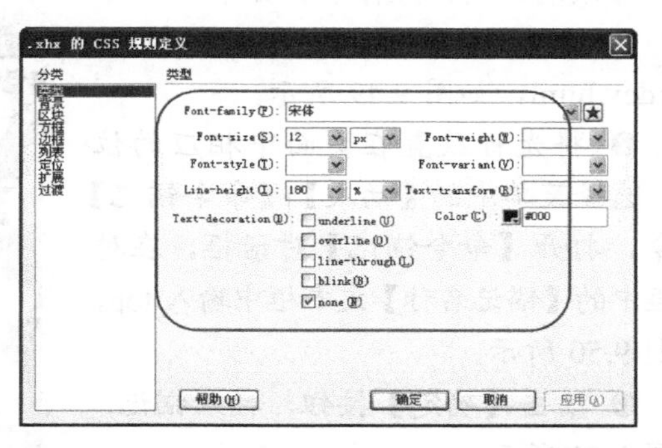
图 9.46 【.xhx 的 CSS 规则定义】对话框

❹ 单击【确定】按钮，新建 CSS 样式，选中应用样式的文本，应用样式，如图 9.47 所示。

❺ 保存文档，按<F12>键在浏览器中预览效果，如图 9.48 所示。

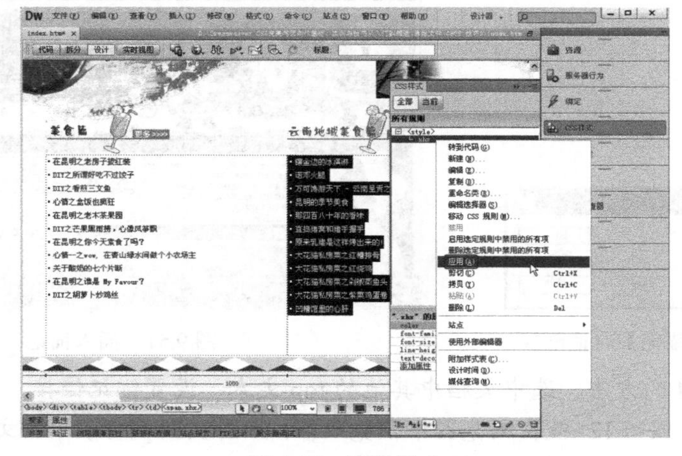
图 9.47　应用样式

图 9.48　去掉下划线的效果图

第 4 问　内容很长的网页，如何设置可以随时跳回最前面

利用插入锚记链接可以制作跳回到网页最顶端，具体操作步骤如下。

❶ 打开素材文件 CH09/技巧 4/index.html，如图 9.49 所示。

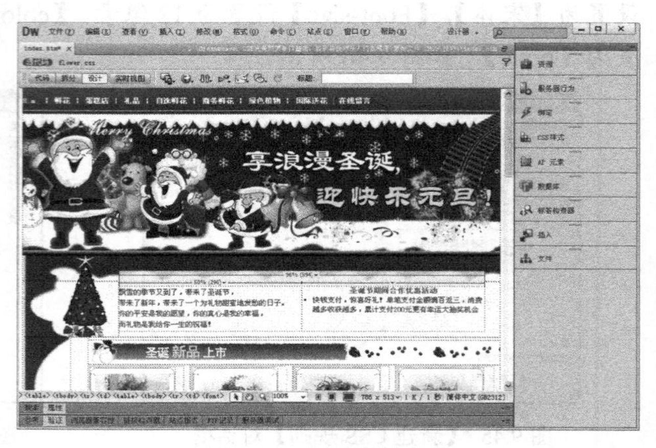

图 9.49　打开素材文件

❷ 将光标放置在页面中相应的位置，选择菜单中的【插入】|【命令锚记】命令，打开【命令锚记】对话框，在对话框中的【锚记名称】文本框中输入 top，如图 9.50 所示。

❸ 单击【确定】按钮，插入锚记，如图 9.51 所示。

❹ 选中文档中的文本 top，打开【属性】面板，在面板中的【链接】文本框中输入 # top，设置锚记链接，如图 9.52 所示。

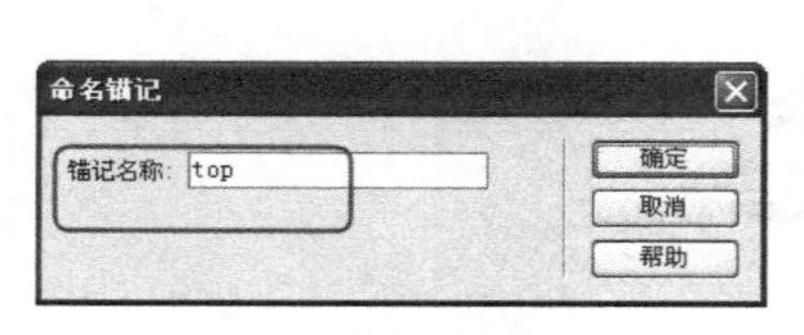

图 9.50 【命名锚记】对话框

图 9.51　插入锚记

❺ 按照步骤 4 的方法，选中文档中其他的 top 文本，设置锚记链接，如图 9.53 所示。

❻ 保存文档，按<F12>键在浏览器中预览效果，如图 9.54 所示。单击文档中的 top 链接，可以跳回网页的最前面，如图 9.55 所示。

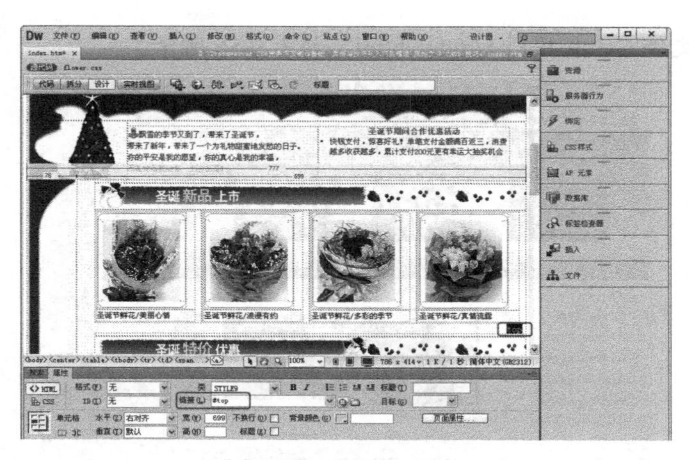

图 9.52　设置锚记链接

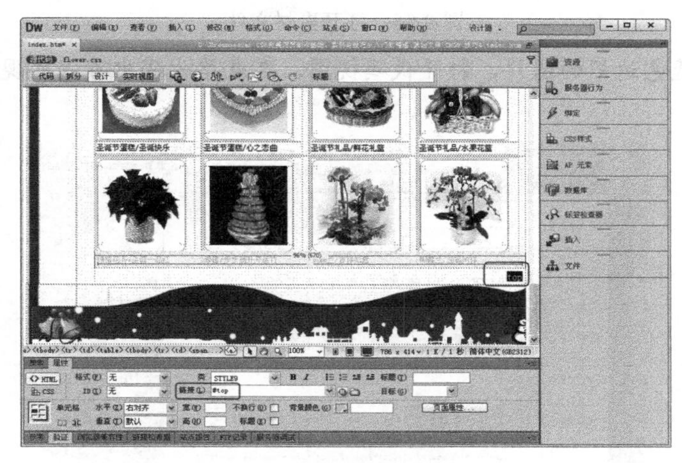

图 9.53　设置锚记链接

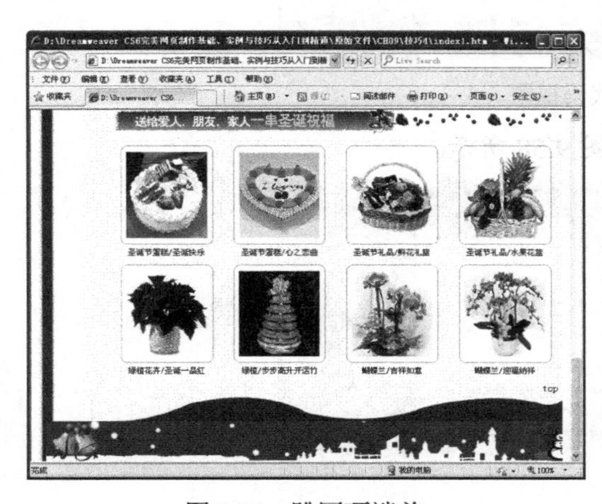

图 9.54　跳回顶端前

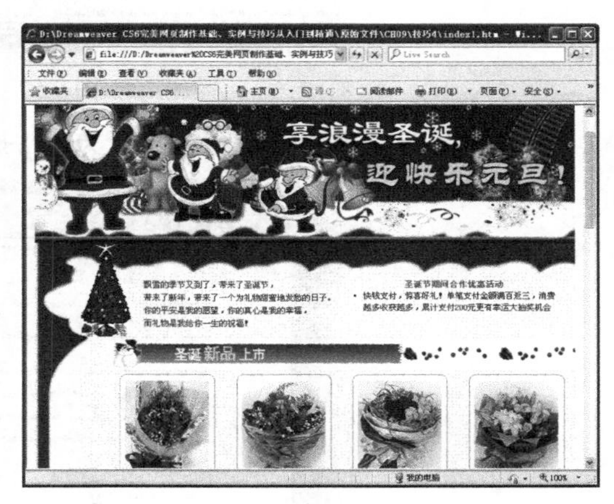

图 9.55　跳回顶端后

第 5 问　如何删除图片链接的蓝色边框

删除图片链接的蓝色边框的具体操作步骤如下。

❶ 打开素材文件 CH09/技巧 5/index.html，如图 9.56 所示。

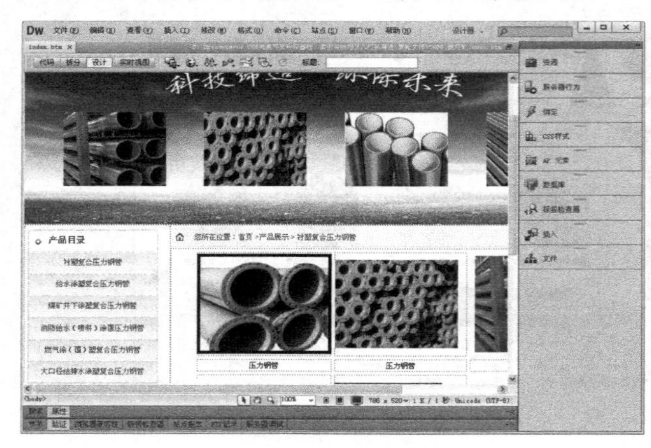

图 9.56 打开素材文件

❷ 选中链接蓝色边框的图片，打开代码视图，在表格代码中可以发现图片设置了边框，如图 9.57 所示。

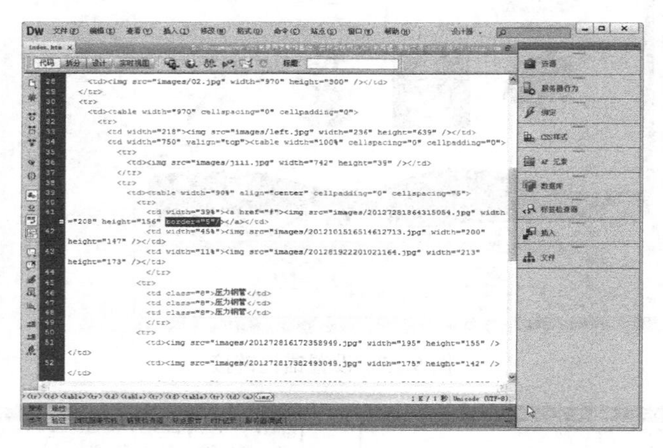

图 9.57 代码视图

❸ 在表格代码中将【边框】设置为 0，如图 9.58 所示。

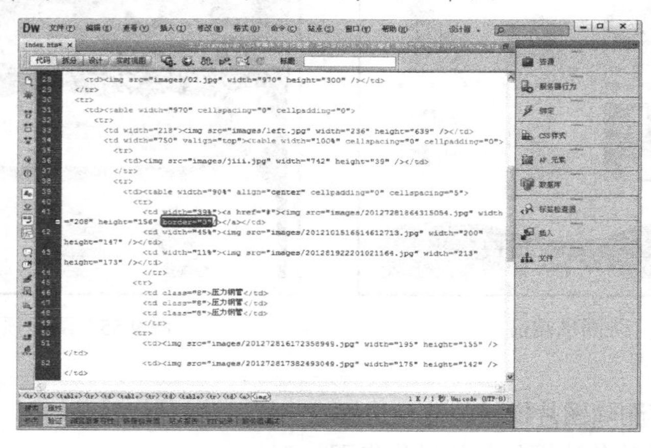

图 9.58 设置边框

❹ 保存文档，按<F12>键在浏览器中预览效果，可以看到蓝色边框消失了，如图 9.59 所示。

图 9.59　删除图片链接的蓝色边框效果图

第 6 问　如何设置单击链接后打开的网页显示在新窗口中

单击链接后打开的网页显示在新窗口中的具体操作步骤如下。

❶ 打开素材文件 CH09/技巧 6/index. html，如图 9.60 所示。

❷ 选中设置链接的对象，打开【属性】面板，在面板中单击【链接】文本框右边的【浏览文件】按钮，打开【选择文件】对话框，如图 9.61 所示。

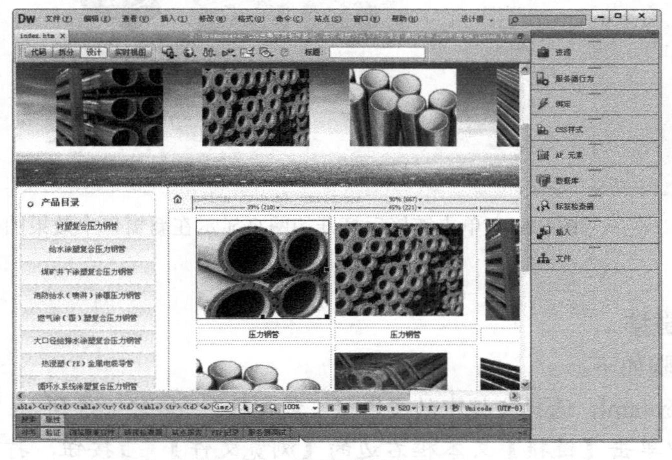

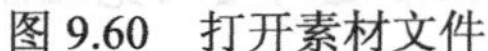
图 9.60　打开素材文件

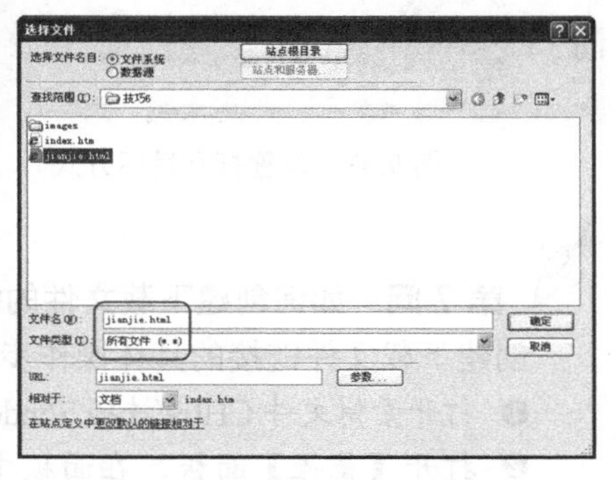

图 9.61　【选择文件】对话框

❸ 在对话框中选择链接的对象，单击【确定】按钮，设置链接，如图 9.62 所示。

❹ 在【属性】面板中在【目标】下拉列表中选择【_blank】选项，设置打开目标窗口的方式，如图 9.63 所示。

图 9.62　设置链接

❺ 保存文档，按<F12>键在浏览器中预览效果，单击设置的链接将以一个新窗口的形式打开链接目标，如图 9.64 所示。

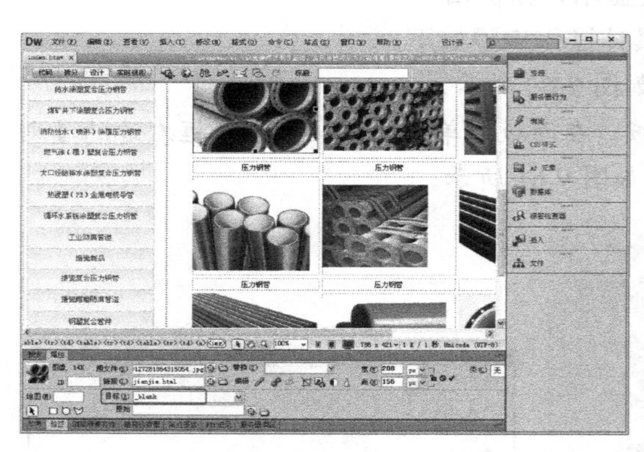

图 9.63　设置打开目标方式

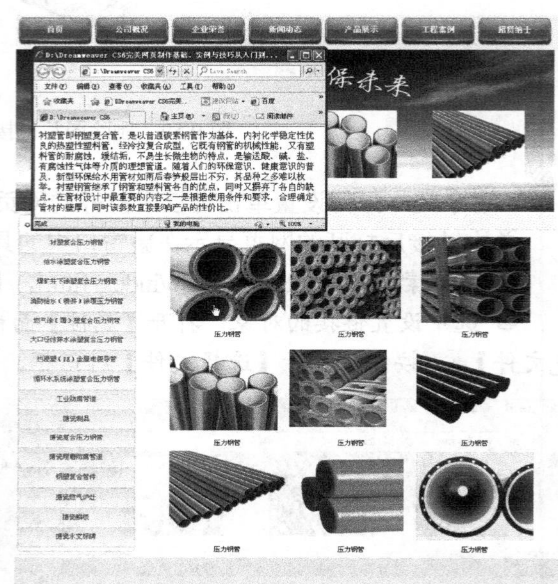

图 9.64　单击链接后打开的网页显示在新窗口中效果图

第 7 问　如何创建下载文件的链接

创建下载文件链接的具体操作步骤如下。

❶ 打开素材文件 CH09/技巧 7/index.html，选择文档中的文本“下载文件”，如图 9.65 所示。

❷ 打开【属性】面板，在面板中单击【链接】文本框右边的【浏览文件】按钮，打开【选择文件】对话框，如图 9.66 所示。

❸ 在对话框中选择文件新建“文本文档.zip”，单击【确定】按钮设置链接，如图 9.67 所示。

❹ 保存文档，按<F12>键在浏览器中预览效果，单击文字链接“下载文件”，打开【文件下载】对话框，如图 9.68 所示。

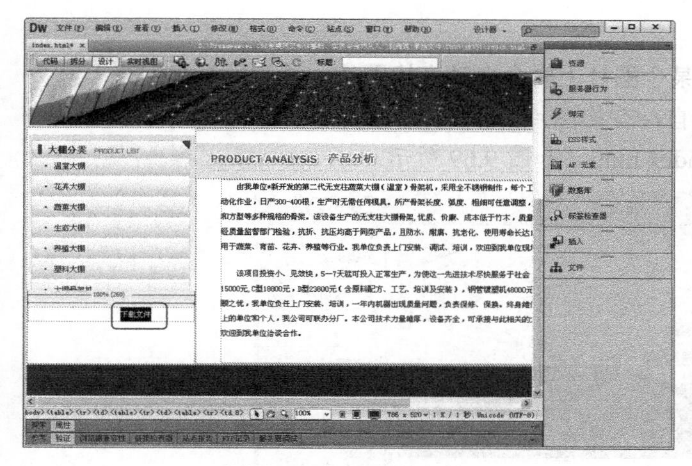

图 9.65　打开素材文件

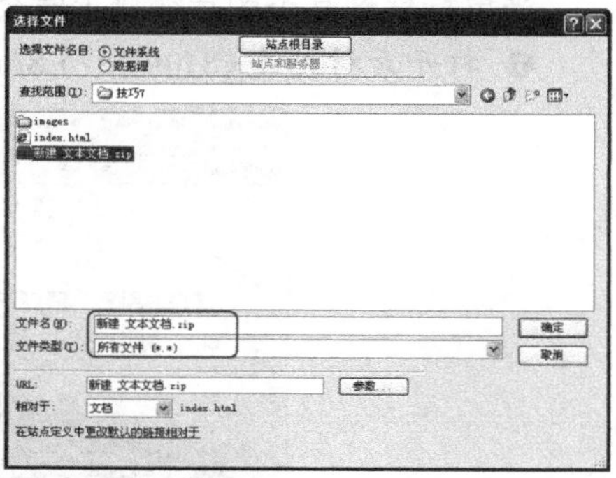

图 9.66　【选择文件】对话框

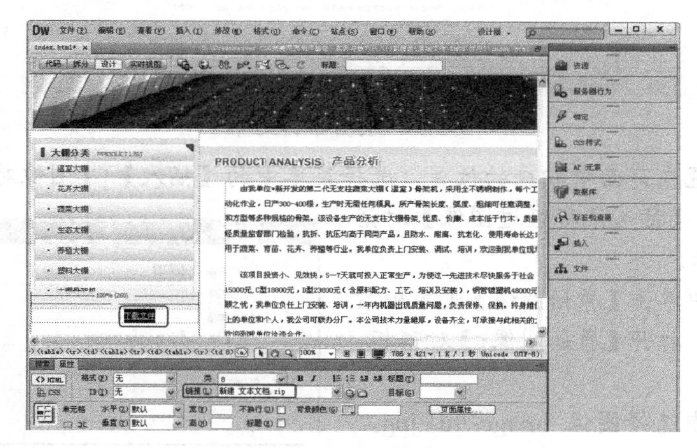

图 9.67　设置链接

图 9.68　创建下载文件链接的效果图

第 8 问　如何实现当鼠标移到某个图片上时会自动变换图片，移开后又换回来

当鼠标移到某个图片链接上时会自动变换图片，移开后又换回来的具体操作步骤如下。

❶ 打开素材文件 CH09/技巧 8/index.html，如图 9.69 所示。

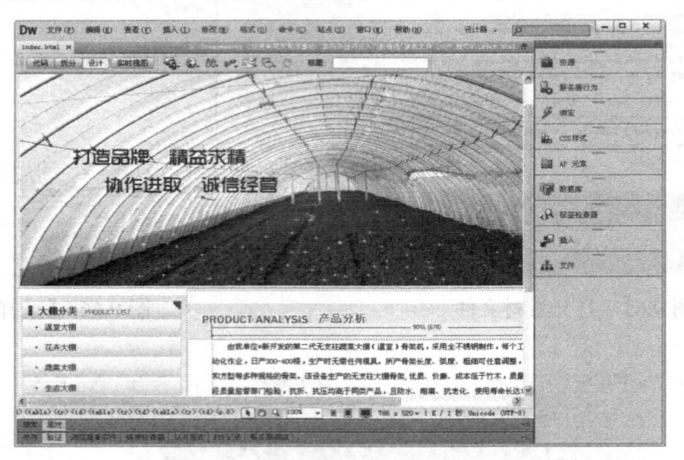

图 9.69　打开素材文件

❷ 将光标放置在页面中相应的位置，选择菜单中的【插入】|【图像对象】|【鼠标经过图像】命令，打开【插入鼠标经过图像】对话框，如图 9.70 所示。

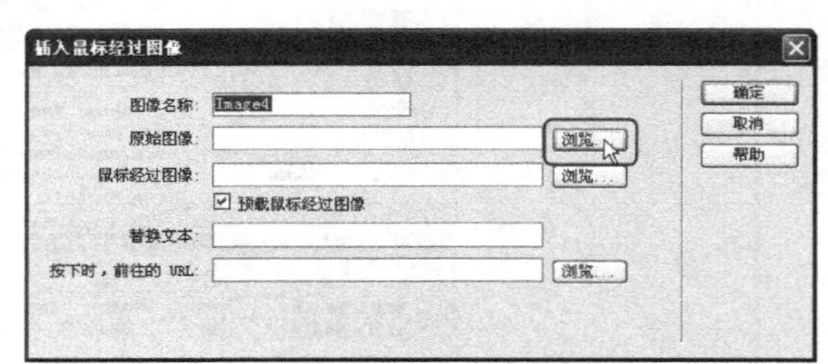

图 9.70　【插入鼠标经过图像】对话框

❸ 在对话框中单击【原始图像】文本框右边的【浏览】按钮，打开【原始图像:】对话框，如图 9.71 所示。

❹ 在对话框中选择图像 images/tu1.jpg，单击【确定】按钮，添加到对话框，单击【鼠标经过图像】文本框右边的【浏览】按钮，打开【鼠标经过图像:】对话框，如图 9.72 所示。

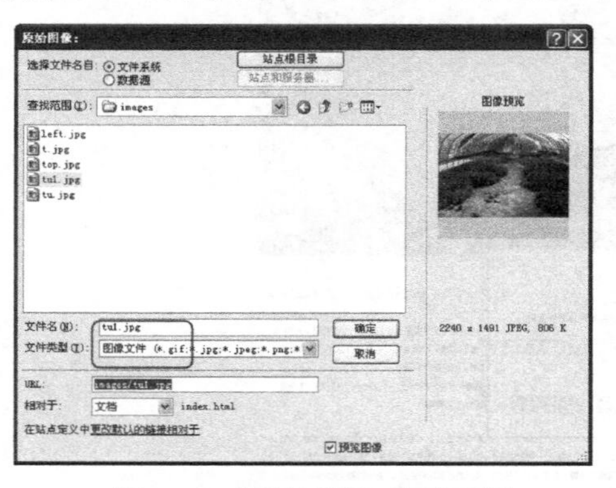

图 9.71　【原始图像:】对话框

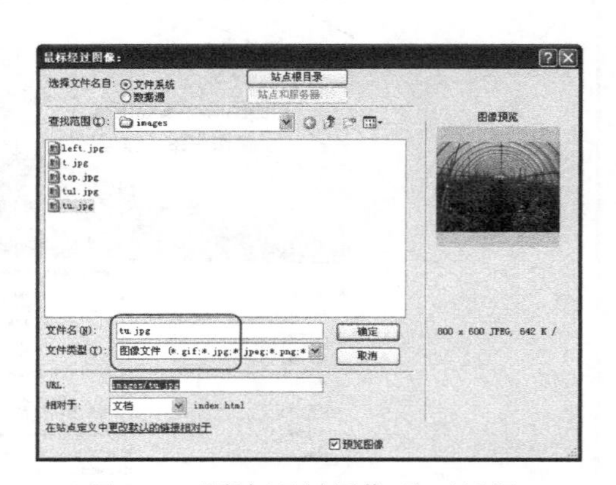

图 9.72　【鼠标经过图像:】对话框

❺ 在对话框中选择图像 images/tu.jpg，单击【确定】按钮，添加到对话框，勾选【预载鼠标经过图像】复选框，如图 9.73 所示。

❻ 单击【确定】按钮，插入图像，如图 9.74 所示。

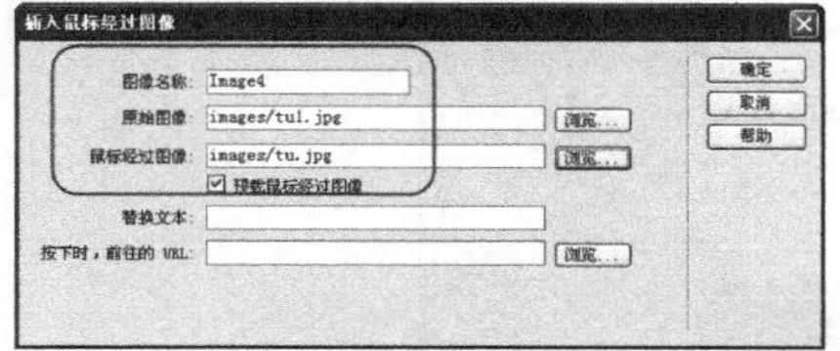

图 9.73 【插入鼠标经过图像】对话框

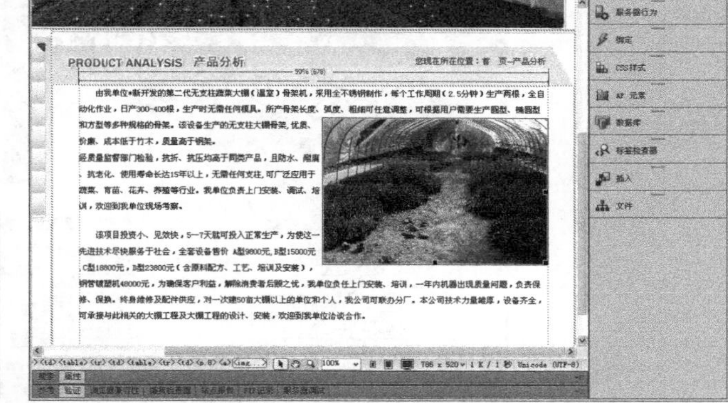

图 9.74 插入图像

❼ 保存文档，按<F12>键在浏览器中预览效果，鼠标经过前如图 9.75 所示，鼠标经过后如图 9.76 所示。

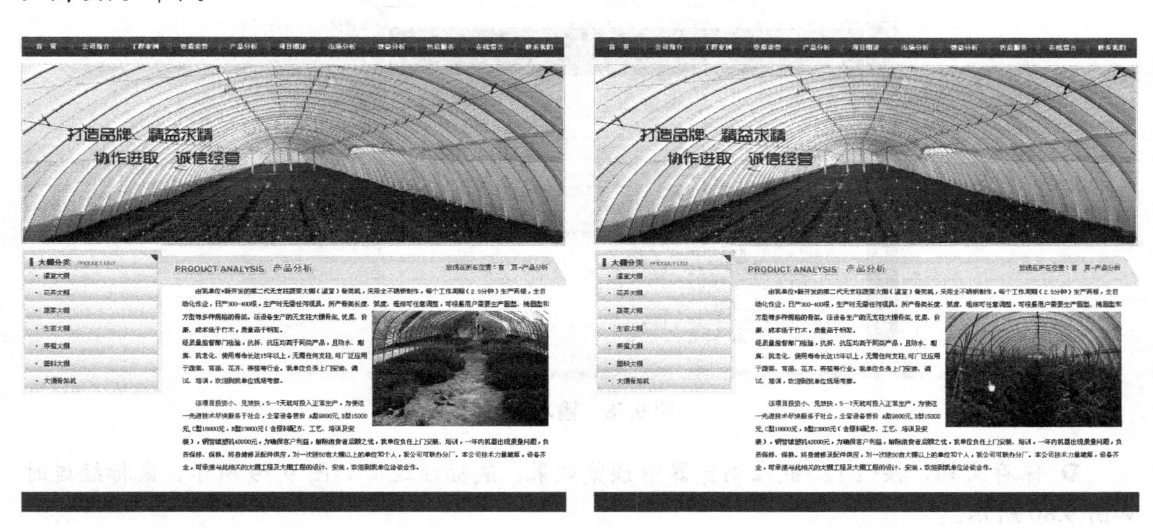

图 9.75 鼠标经过前

图 9.76 鼠标经过后

第 9 问 如何实现鼠标移到某链接文字时，字会变大或改变颜色，移开后又恢复原状

鼠标移到某链接文字时字会变大或改变颜色的具体操作步骤如下。

❶ 打开素材文件 CH09/技巧 9/index.html，如图 9.77 所示。

❷ 切换到代码视图中，在<head>与</head>之间相应的位置输入以下代码，如图 9.78 所示。

```
<style type="text/css">
a:link {font-size: 12px; text-decoration: none; color: #000000;}
a:visited {font-size: 12px; text-decoration: none; color: #000000;}
a:hover {font-size: 16px; text-decoration: none; color: #E17700;}
a:active {font-size: 14px; text-decoration: none; color: #CC99FF;}
</style>
```

图 9.77　打开素材文件

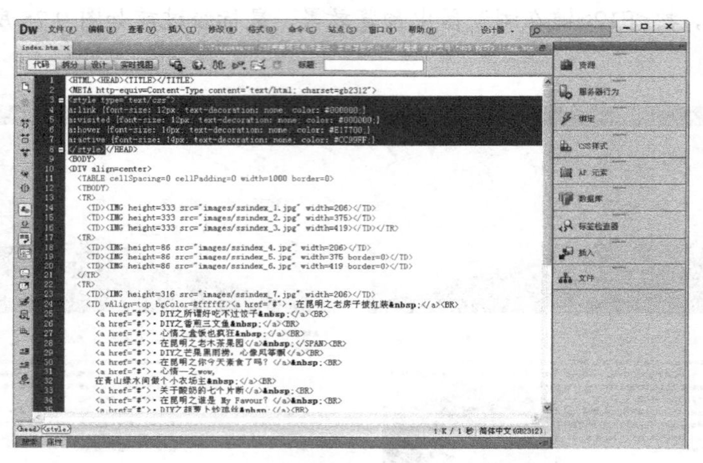

图 9.78　输入代码

❸ 保存文档，按<F12>键在浏览器中预览效果，鼠标经过前如图 9.79 所示，鼠标经过时如图 9.80 所示。

图 9.79　鼠标经过前效果图　　　　图 9.80　文本变大效果图

第10章

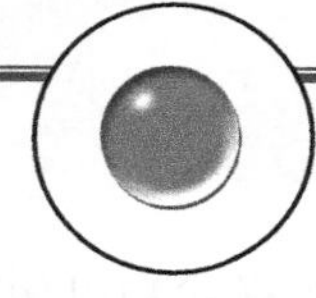

CSS样式表的应用

不论是在纸媒体还是在网络媒体中，如果使用文字样式表不但可以使创建的页面拥有统一的风格，而且定义大篇幅的页面中所有文字会非常的快捷。通过使用样式表功能，可以使页面中的文字快速格式化。在 Dreamweaver CS6 中，通过【CSS 样式】面板可以对页面中的样式表进行编辑和管理。

学习目标

- 了解 CSS 基本语法
- 掌握 CSS 属性的设置
- 掌握链接到或导出外部 CSS 样式表
- 掌握应用 CSS 样式定义文本间行距
- 掌握应用 CSS 样式制作阴影文字
- 掌握 CSS 的使用技巧

10.1 在 HTML 中引用样式表的方法

现在首先介绍在 HTML 页面中直接引用样式表的方法。在这个方法中，必须将样式表信息包括在<style>和</style>标记中，为了使样式表在整个页面中产生作用，应该把该组标记及其内容放到<head>和</head>标记中。

如设置 HTML 页面中的所有 H1 标题字显示为红色，其代码如下：

```
<html>
<head>
<meta http-equiv="Content-Type" content="text/html; charset=gb2312" />
<title></title>
<style type="text/css">
<!--
H1 {color: red;}
-->
</style>
</head>
<body>
```

```
<class="STYLE1">大家好!
</body>
</html>
```

10.2 设置 CSS 属性

CSS 样式可以控制许多 HTML 无法控制的属性。通过使用 CSS 样式和以像素为单位设置字体大小，可以确保以更一致的方式在多个浏览器中处理页面布局和外观。

10.2.1 类型属性

使用【CSS 规则定义】对话框中的【类型】选项定义基本的 CSS 样式类型，如图 10.1 所示。

在 CSS 的【类型】选项中的各参数如下。

- 【Font-family】：用于设置当前样式所使用的字体。
- 【Font-size】：定义文本大小。可以通过选择数字和度量单位来选择特定的大小，也可以选择相对大小。
- 【Font-style】：将【正常】、【斜体】或【偏斜体】指定为字体样式。默认设置是【正常】。
- 【Line-height】：设置文本所在行的高度。该设置传统上称为【前导】。选择【正常】自动计算字体大小的行高，或输入一个确切的值并选择一种度量单位。

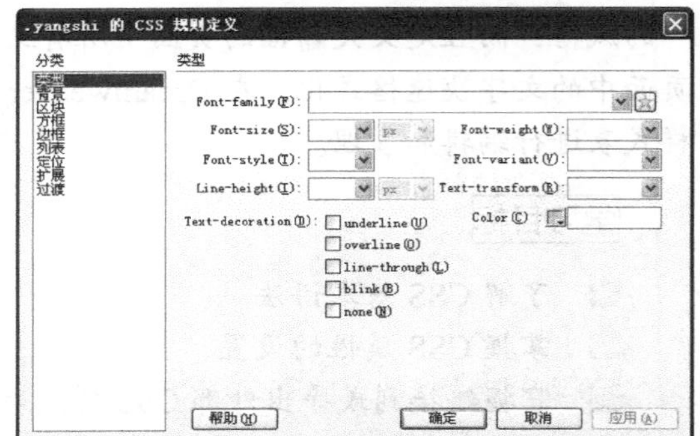

图 10.1 【类型】选项

- 【Text-decoration】：向文本中添加下划线、上划线或删除线，或使文本闪烁。正常文本的默认设置是【无】。【链接】的默认设置是【下划线】。将【链接】设置为无时，可以通过定义一个特殊的类删除链接中的下划线。
- 【Font-weight】：对字体应用特定或相对的粗体量。【正常】等于 400，【粗体】等于 700。
- 【Font-variant】：设置文本的小型大写字母变量。Dreamweaver 不在文档窗口中显示该属性。
- 【Internet Explorer】：将选定内容中的每个单词的首字母大写或将文本设置为全部大写或小写。
- 【color】：设置文本颜色。

> 提示　在默认情况下，对于普通的文字，其修饰格式为【无】，对于超级链接，其修饰格式为【下划线】。

10.2.2 背景属性

在【CSS 规则定义】对话框中选择【背景】选项，可以设置 CSS 样式的【背景】格式，如图 10.2 所示。

在 CSS 的【背景】选项中可以设置以下参数。

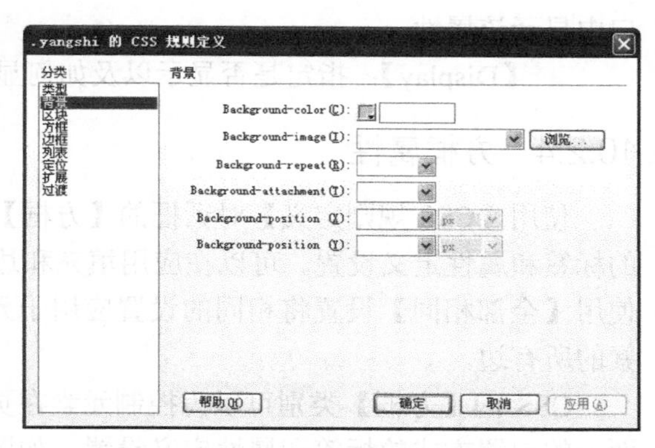
图 10.2 【背景】选项

● 【Background-color】：设置元素的背景颜色。

● 【Background-image】：设置元素的背景图像。可以直接输入图像的路径和文件，也可以单击【浏览】按钮选择图像文件。

● 【Background-repeat】：确定是否以及如何重复背景图像。包含 4 个选项：【不重复】指在元素开始处显示一次图像；【重复】指在元素的后面水平和垂直平铺图像；【横向重复】和【纵向重复】分别显示图像的水平带区和垂直带区。图像被剪辑以适合元素的边界。

● 【Background-attachment】：确定背景图像是固定在它的原始位置还是随内容一起滚动。

● 【Background-position (X)】和【Background-position (Y)】：指定背景图像相对于元素的初始位置。这可以用于将背景图像与页面中心垂直和水平对齐，如果附件属性为【固定】，则位置相对于文档窗口而不是元素。

提示　如果在【附件】下拉列表中选择的是【固定】选项，则元素的位置是相对于文档窗口，而不是元素本身的。

10.2.3　区块属性

在【CSS 规则定义】对话框中选择【区块】选项，可以设置 CSS 样式的【区块】样式，如图 10.3 所示。

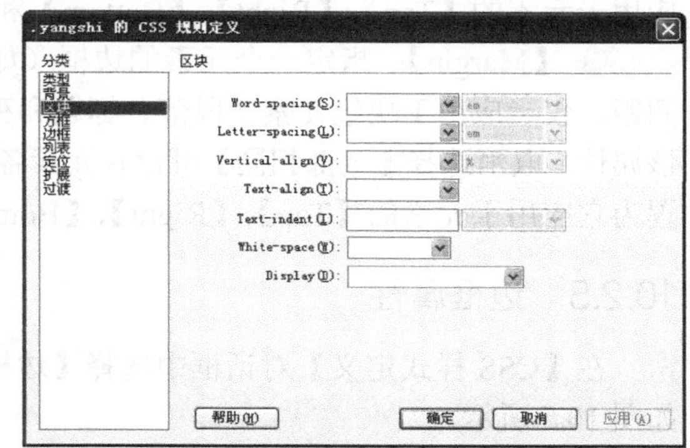
图 10.3 【区块】选项

CSS 的【区块】选项中各参数如下。

● 【Word-spacing】：设置单词的间距，若要设置特定的值，在下拉列表框中选择【值】，然后输入一个数值，在第二个下拉列表框中选择度量单位。

● 【Letter-spacing】：增加或减小字母或字符的间距。若要减少字符间距，指定一个负值，字母间距设置覆盖对齐的文本设置。

● 【Vertical-align】：指定应用它的元素的垂直对齐方式。仅当应用于<img>标签时，Dreamweaver 才在文档窗口中显示该属性。

● 【Text-align】：设置元素中的文本对齐方式。

● 【Text-align】：指定第一行文本缩进的程度。可以使用负值创建凸出，但显示取决于浏览器。仅当标签应用于块级元素时，Dreamweaver 才在文档窗口中显示该属性。

● 【White-space】：确定如何处理元素中的空白。从下面 3 个选项中选择：【正常】指收缩空白；【保留】的处理方式与文本被括在<pre>标签中一样（即保留所有空白，包括空格、制表符和回车）；【不换行】指定仅当遇到
标签时文本才换行。Dreamweaver 不在文档窗口中显示该属性。

- 【Display】：指定是否显示以及如何显示元素。

10.2.4　方框属性

使用【CSS 规则定义】对话框的【方框】类别可以为用于控制元素在页面上的放置方式的标签和属性定义设置。可以在应用填充和边距设置时将设置应用于元素的各个边，也可以使用【全部相同】设置将相同的设置应用于元素的所有边。

CSS 的【方框】类别可以为控制元素在页面上的放置方式的标签和属性定义设置，如图 10.4 所示。

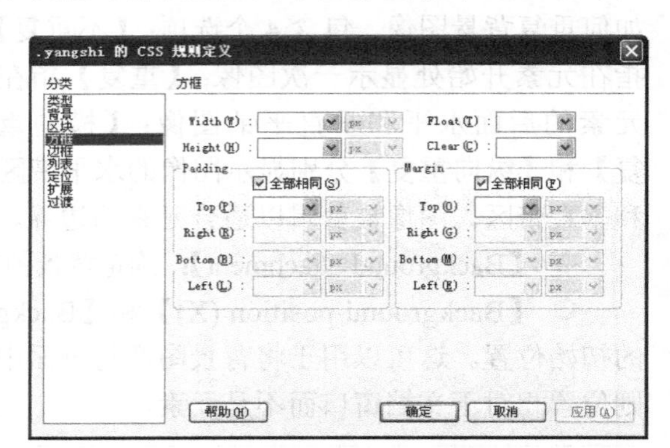

图 10.4 【方框】选项

CSS 的【方框】选项中的各参数如下。

- 【Width】和【Height】：设置元素的宽度和高度。
- 【Float】：设置其他元素在哪个边围绕元素浮动。其他元素按通常的方式环绕在浮动元素的周围。
- 【Clear】：定义不允许 AP Div 的边。如果清除边上出现 AP Div，则带清除设置的元素将移到该 AP Div 的下方。
- 【Padding】：指定元素内容与元素边框（如果没有边框，则为边距）之间的间距。取消选择【全部相同】选项可设置元素各个边的填充；【全部相同】将相同的填充属性设置为它应用于元素的【Top】、【Right】、【Bottom】和【Left】侧。
- 【Margin】：指定一个元素的边框（如果没有边框，则为填充）与另一个元素之间的间距。仅当应用于块级元素（段落、标题和列表等）时，Dreamweaver 才在文档窗口中显示该属性。取消选择【全部相同】可设置元素各个边的边距；【全部相同】将相同的边距属性设置为它应用于元素的【Top】、【Right】、【Bottom】和【Left】侧。

10.2.5　边框属性

在【CSS 样式定义】对话框中选择【边框】选项，可以设置 CSS 样式的【边框】样式，如图 10.5 所示。

CSS 的【边框】选项中的各参数如下。

- 【Style】：设置边框的样式外观。样式的显示方式取决于浏览器。Dreamweaver 在文档窗口中将所有样式呈现为实线。取消选择【全部相同】可设置元素各个边的边框样式；【全部相同】将相同的边框样式属性设置为它应用于元素的【Top】、【Right】、【Bottom】和【Left】侧。
- 【Width】：设置元素边框的粗细。取消选择【全部相同】可设置元素各个边的边框宽度；

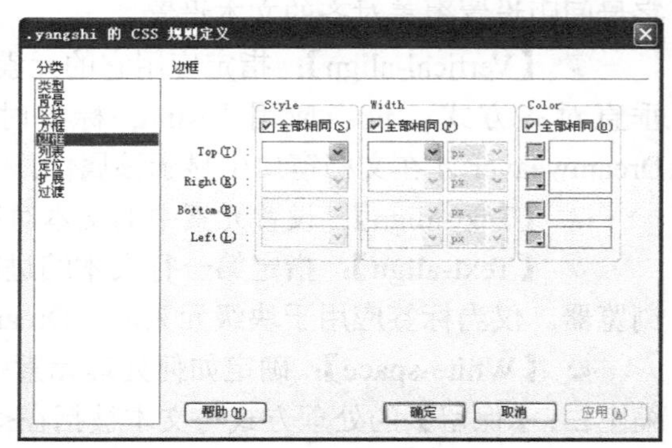

图 10.5 【边框】选项

【全部相同】将相同的边框宽度设置为它应用于元素的【Top】、【Right】、【Bottom】和【Left】侧。

- 【Color】：设置边框的颜色。可以分别设置每个边的颜色。取消选择【全部相同】可设置元素各个边的边框颜色；【全部相同】将相同的边框颜色设置为它应用于元素的【Top】、【Right】、【Bottom】和【Left】侧。

提示 此【样式】下拉列表中的边框格式主要应用于表格和表单中。

10.2.6 列表属性

在【CSS 规则定义】对话框中选择【列表】选项，可以设置 CSS 样式的【列表】样式，如图 10.6 所示。

CSS 的【列表】选项中的各参数如下。

- 【List-style-type】：设置项目符号或编号的外观。
- 【List-style-image】：可以为项目符号指定自定义图像。单击【浏览】按钮选择图像，或输入图像的路径。
- 【List-style-Position】：设置列表项文本是否换行和缩进（外部）以及文本是否换行到左边距（内部）。

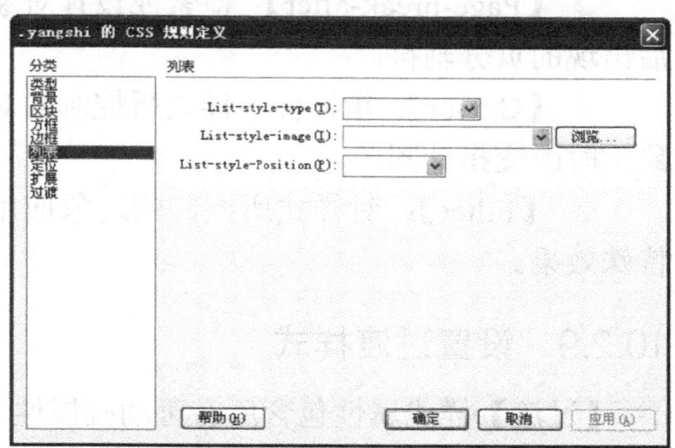

图 10.6 【列表】选项

10.2.7 定位属性

在【CSS 规则定义】对话框中选择【定位】选项，可以设置 CSS 样式的【定位】样式，如图 10.7 所示。

CSS 的【定位】选项中的各参数如下。

- 【Position】：在 CSS 布局中，Position 发挥着非常重要的作用，很多容器的定位是用 Position 来完成。Position 属性有 4 个可选值，它们分别是 static、absolute、fixed、relative。

【absolute】：能够很准确地将元素移动到你想要的位置，绝对定位元素的位置。

【fixed】：相对于窗口的固定定位。

【relative】：相对定位是相对于元素默认的位置的定位。

【static】：该属性值是所有元素定位的默认情况，在一般情况下，我们不需要特别声明它，但有时候遇到继承的情况，我们不愿意见到元素所继承的属性影响本身，从而可以用 position:static 取消继承，即还原元素定位的默认值。

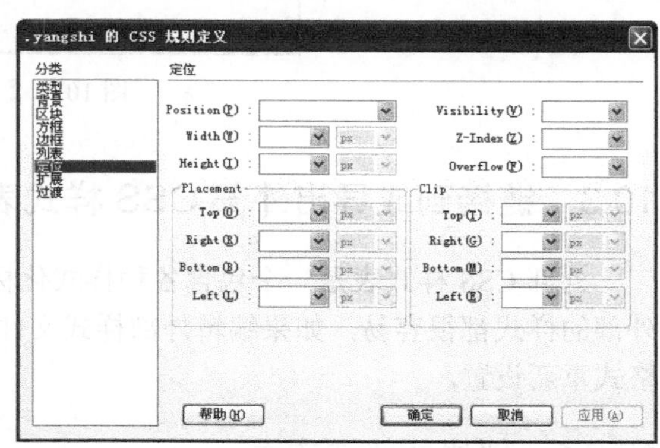

图 10.7 【定位】选项

- 【Visibility】。如果不指定可见性属性，则默认情况下大多数浏览器都继承父级的值。

- 【Placement】：指定 AP Div 的位置和大小。
- 【Clip】：定义 AP Div 的可见部分。如果指定了剪辑区域，可以通过脚本语言访问它，并操作属性以创建像擦除这样的特殊效果。通过使用【改变属性】行为可以设置这些擦除效果。

10.2.8　扩展属性

在【CSS 规则定义】对话框中选择【扩展】选项，可以设置 CSS 样式的【扩展】样式，如图 10.8 所示。

- 【Page-break-before】：其中两个属性的作用是为打印的页面设置分页符。
- 【Page-break-after】：检索或设置对象后出现的页分割符。
- 【Cursor】：指针位于样式所控制的对象上时改变指针图像。
- 【Filter】：对样式所控制的对象应用特殊效果。

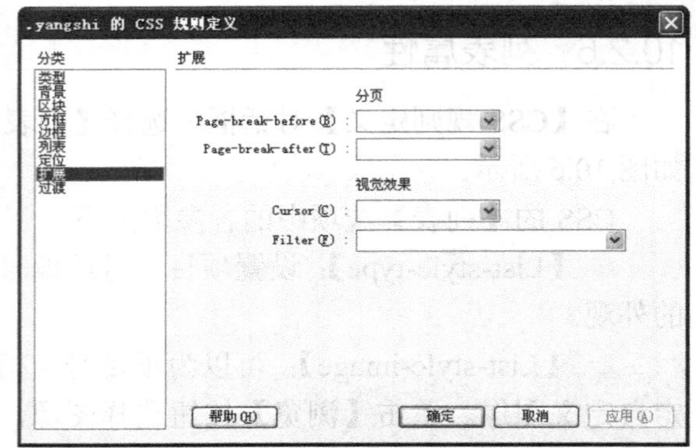

图 10.8 【扩展】选项卡

10.2.9　设置过渡样式

【过渡】样式属性包含所有可动画属性，如图 10.9 所示。

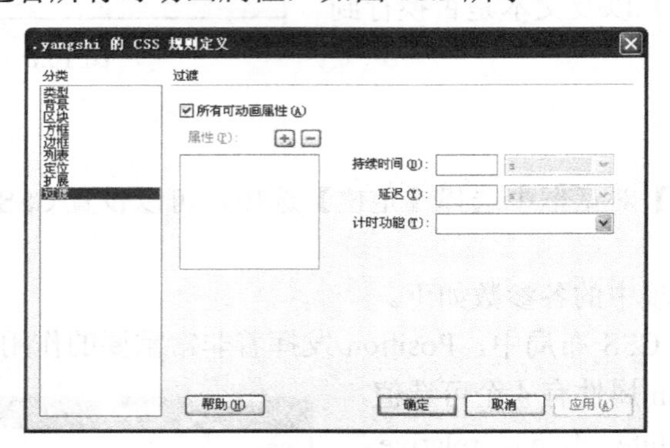

图 10.9 【过渡】属性

10.3　链接到或导出外部 CSS 样式表

外部 CSS 样式表是一个包含各种样式化标准的外部文本文件。编辑应用于文档的内部和外部的样式都很容易，如果编辑外部样式文件，所有与之相关联的文档都会按照样式表中的格式重新设置。

10.3.1　创建外部样式表

链接外部样式表是把样式表保存为一个样式表文件，具体操作步骤如下。

❶ 选择菜单中的【格式】|【CSS 样式】|【新建】命令，打开【新建 CSS 规则】对话框，如图 10.10 所示。

提示　选择菜单中的【窗口】|【CSS 样式】命令，打开【CSS 样式】面板，在面板中单击鼠标右键，在弹出的菜单中选择【新建】选项，打开【新建 CSS 规则】对话框。

❷ 在对话框中将【选择器类型】设置为【类】，【选择器名称】文本框中输入样式表的名称，【规则定义】设置为【新建样式表文件】，单击【确定】按钮，打开【保存样式表文件另存为】对话框，在对话框中的【名称】文本框中输入样式表的名称，如图 10.11 所示。

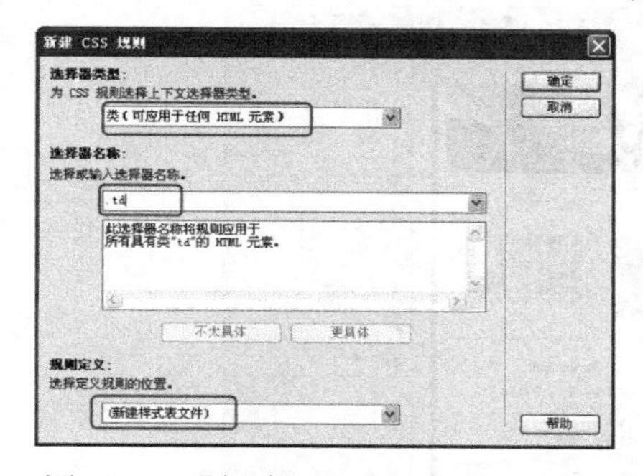

图 10.10 【新建 CSS 规则】对话框

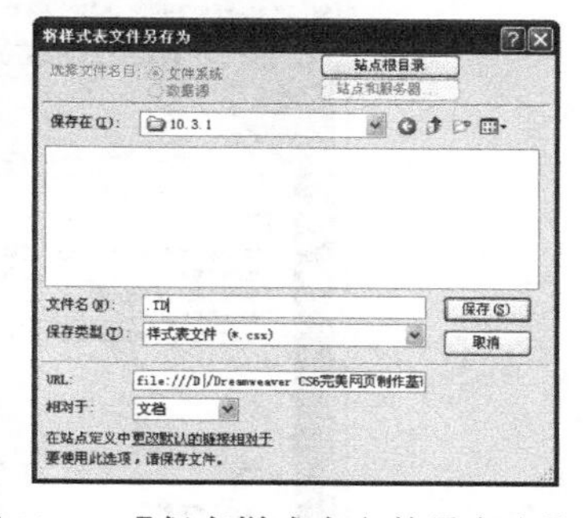

图 10.11 【保存样式表文件另存为】对话框

提示　在【新建 CSS 规则】对话框中可以设置以下参数。

- 【选择器名称】：用来设置新建的样式表的名称。
- 【选择器类型】：用来定义样式类型，并将其运用到特定的部分。如果选择【类】选项，需要在【名称】下拉列表中输入自定义样式的名称，其名称可以是字母和数字的组合，如果没有输入符号【.】，Dreamweaver 会自动输入；如果选择【标签】选项，需要在【标签】下拉列表中选择一个 HTML 标签，也可以直接在【标签】下拉列表框中输入这个标签；如果选择【高级】选项，需要在【选择器】下拉列表中选择一个选择器的类型，也可以在【选择器】下拉列表框中输入一个选择器类型。
- 【规则定义】：用来设置新建的 CSS 语句的位置。CSS 样式按照使用方法可以分为内部样式和外部样式。如果想把 CSS 语句新建在网页内部，可以选择【仅限该文档】单选按钮。

❸ 单击【保存】按钮，打开【.td 的 CSS 规则定义（在.TD 中）】对话框，在对话框中将【Font-size】设置为 12 像素，【Line-height】设置为 180%，【Color】设置为#9F0，如图 10.12 所示。

❹ 单击【确定】按钮，创建外部样式表，图 10.13 所示。

❺ 单击【确定】按钮，创建外部样式表。

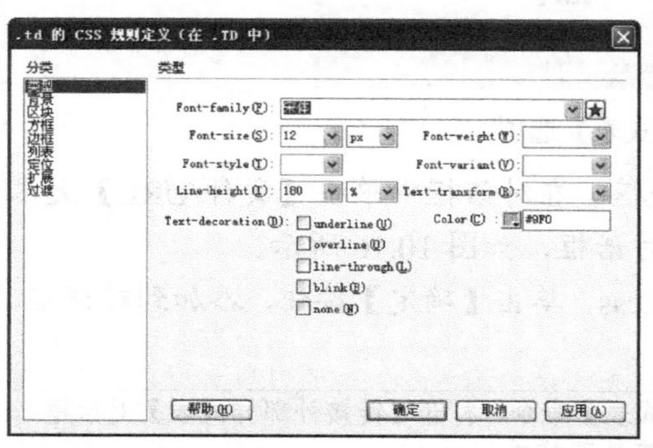

图 10.12 【.td 的 CSS 规则定义（在.TD 中）】对话框

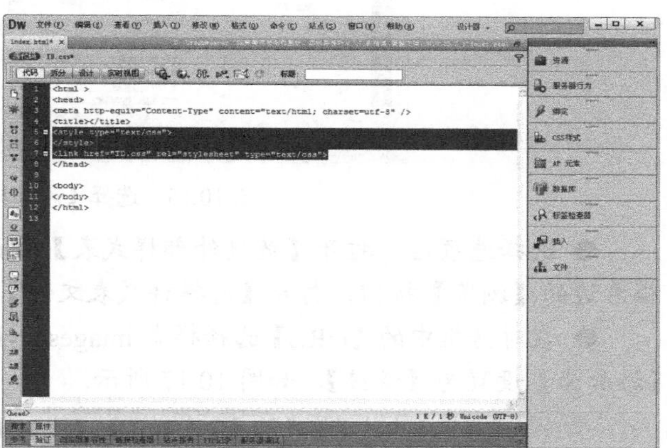

图 10.13　创建外部样式表

10.3.2 链接外部样式表

外部CSS样式表是一系列存储在一个单独的外部CSS（.css）文件（并非HTML文件）中的CSS规则。利用文档文件头部分中的链接，该文件被链接到Web站点中的一个或多个页面。链接外部样式表的具体操作步骤如下。

❶ 打开素材文件CH10/10.3.2/index.html，如图10.14所示。

图10.14 打开素材文件

❷ 选择菜单中的【窗口】|【CSS样式】命令，打开【CSS样式】面板，在面板中单击鼠标右键，在弹出的菜单中选择【附加样式表】选项，如图10.15所示。

图10.15 选择【附加样式表】选项

❸ 选择选项后，打开【链接外部样式表】对话框，在对话框中单击【文件/URL】文本框右边的【浏览】按钮，打开【选择样式表文件】对话框，如图10.16所示。

❹ 在对话框中的【URL】选择样式images/style.css，单击【确定】按钮，添加到对话框，【添加为】设置为【链接】，如图10.17所示。

提示

选择菜单中的【格式】|【CSS样式】|【附加样式表】命令，打开【链接外部样式表】对话框，设置相应的参数，单击【确定】按钮，可以链接外部样式。
单击【CSS样式】面板中的【附加样式表】按钮，打开【链接外部样式表】对话框。

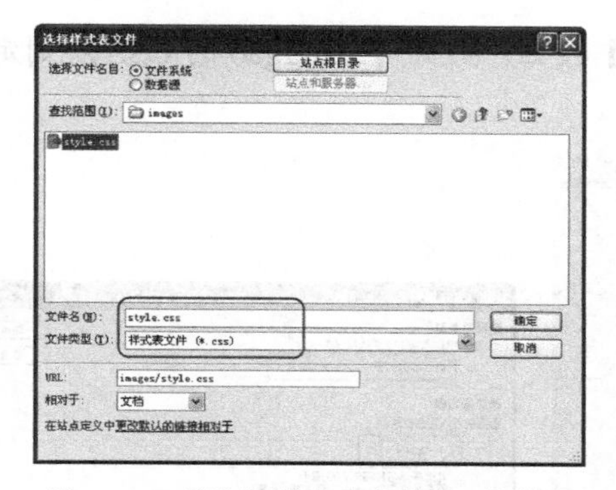

图 10.16 【选择样式表文件】对话框

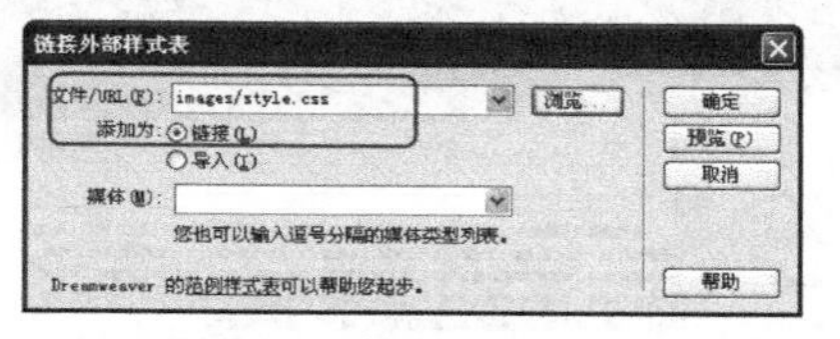

图 10.17 【链接外部样式表】对话框

❺ 单击【确定】按钮，链接外部样式表，如图 10.18 所示。

❻ 保存文档，按<F12>键在浏览器中预览效果，如图 10.19 所示。

图 10.18 链接外部样式表

图 10.19 链接外部样式表效果图

10.4 实战演练

前面讲述了与 CSS 相关的基本概念和属性，下面将通过具体的实例讲述 CSS 样式在网页中的具体应用。

10.4.1 实例 1——应用 CSS 样式定义文本间行距

在文档中应用到很长一段文字时，整个页面看起来都很拥挤，这时，可以为文本设置文本间行距，使在视觉上不那么拥挤，可以感觉到很轻松。应用 CSS 样式定义文本间行距的具体操作步骤如下。

❶ 打开素材文件 CH10/10.4.1/index.html，如图 10.20 示。

❷ 选择菜单中的【格式】|【CSS 样式】|【新建】命令，打开【新建 CSS 规则】对话框，如图 10.21 所示。

❸ 在对话框中将【选择器类型】设置为【类】，【选择器名称】文本框中输入.hanggao，

【规则定义】设置为【仅限该文档】，单击【确定】按钮，打开【.hanggao 的 CSS 规则定义】对话框，如图 10.22 所示。

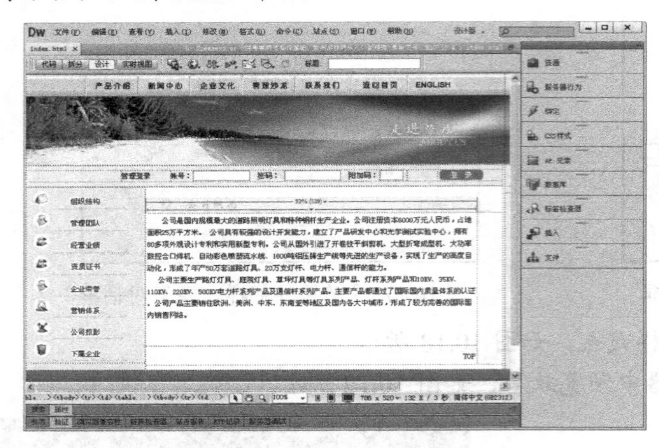

图 10.20　打开素材文件

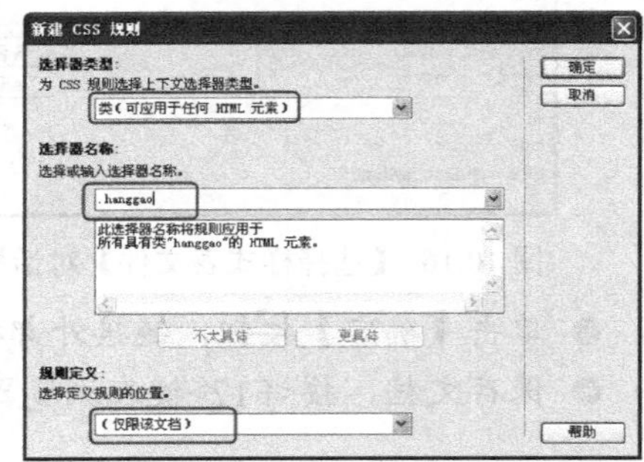

图 10.21　【新建 CSS 规则】对话框

❹ 在对话框中将【Font-family】设置为宋体，【Font-size】设置为 12 像素，【Line-height】设置为 35pt，【Color】设置为#000000，如图 10.23 所示。

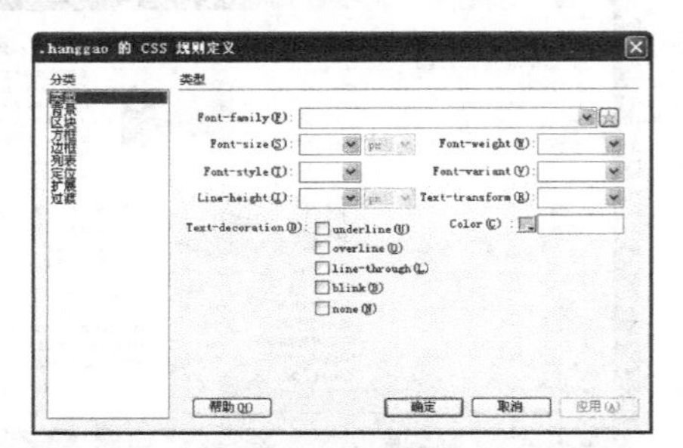

图 10.22　【.hanggao 的 CSS 规则定义】对话框

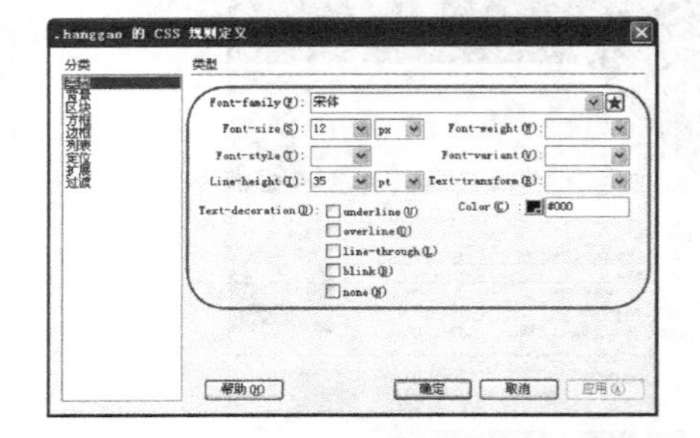

图 10.23　【.hanggao 的 CSS 规则定义】对话框

❺ 单击【确定】按钮，新建 CSS 样式。在文档中选择设置行高的对象，在新建的样式上单击鼠标右键，在弹出的菜单中选择【应用】选项，如图 10.24 所示。

❻ 保存文档，按<F12>键在浏览器中预览效果，如图 10.25 所示。

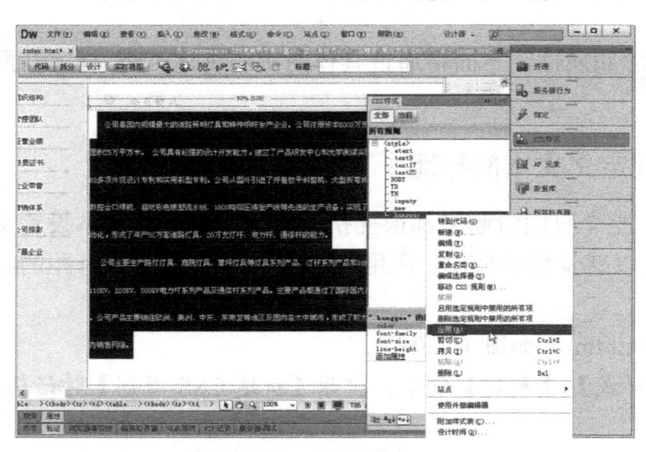

图 10.24　应用样式

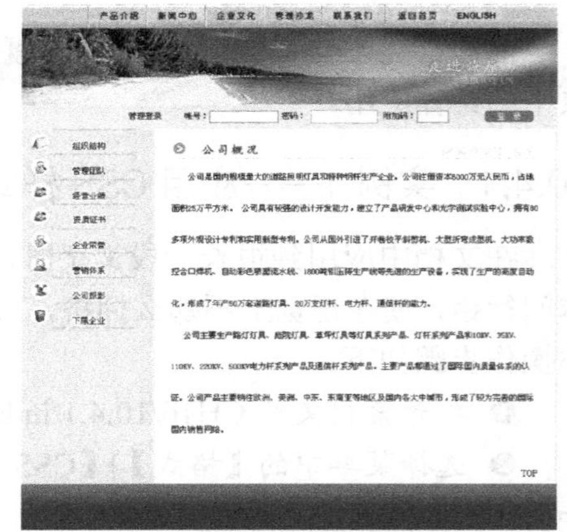

图 10.25　定义文本间行距效果图

10.4.2 实例 2——应用 CSS 样式制作阴影文字

应用 CSS 中的 Shadow 滤镜可以制作阴影文字，具体操作步骤如下。

❶ 打开素材文件 CH10/10.4.2/index.html，如图 10.26 所示。

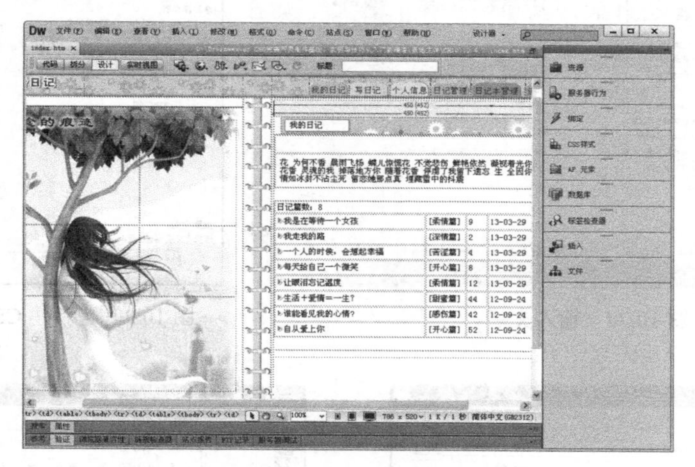

图 10.26　打开素材文件

❷ 将光标放置在文档中相应的位置，插入 1 行 1 列的表格，在【属性】面板中将【对齐】设置为【居中对齐】，如图 10.27 所示。

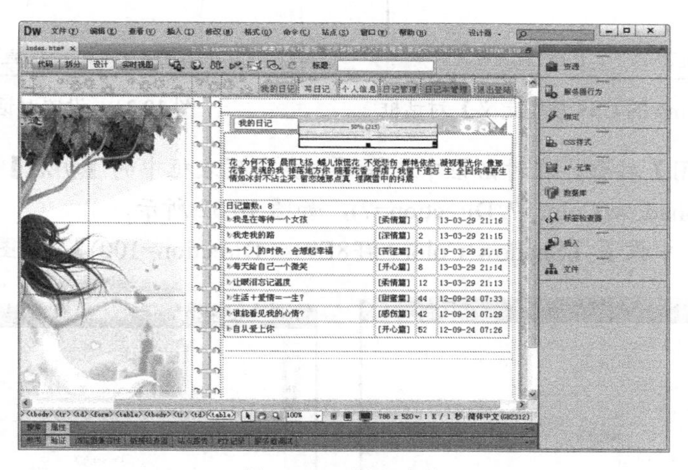

图 10.27　插入表格

❸ 将光标放置在单元格中，输入相应的文字，如图 10.28 所示。

❹ 选择菜单中的【格式】|【CSS 样式】|【新建】命令，打开【新建 CSS 规则】对话框，在对话框中将【选择器类型】设置为【类】，【选择器名称】文本框中输入.yinying，【规则定义】设置为【仅限该文档】，如图 10.29 所示。

❺ 单击【确定】按钮，打开【.yinying 的 CSS 规则定义】对话框，如图 10.30 所示。

❻ 在对话框中的【类型】选项中，将【Font-family】设置为宋体，【Font-size】设置为 24 像素，【color】设置为#FCA400，如图 10.31 所示。

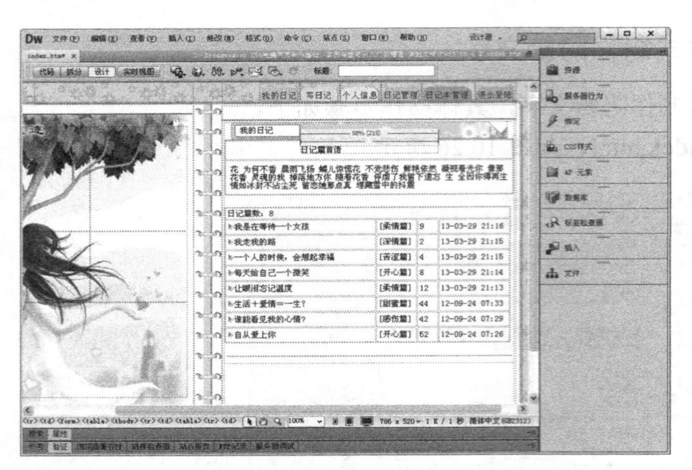

图 10.28　输入文字

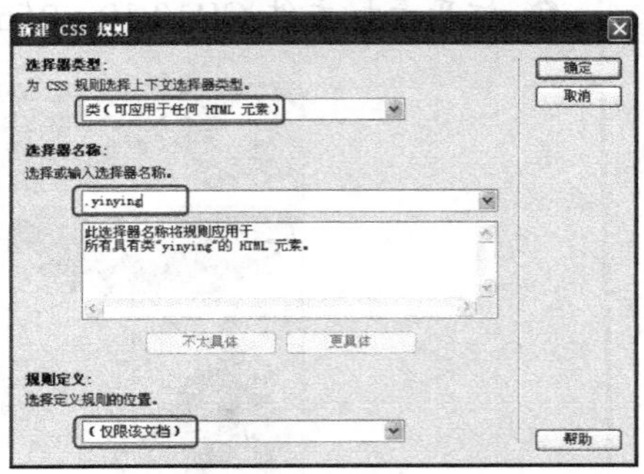

图 10.29　【新建 CSS 规则】对话框

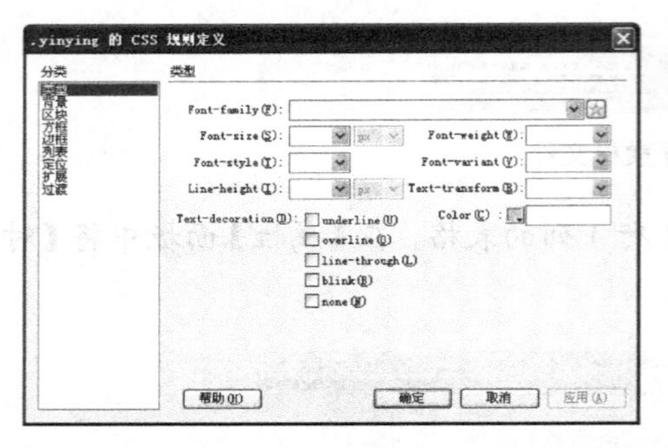

图 10.30　【.yinying 的 CSS 规则定义】对话框

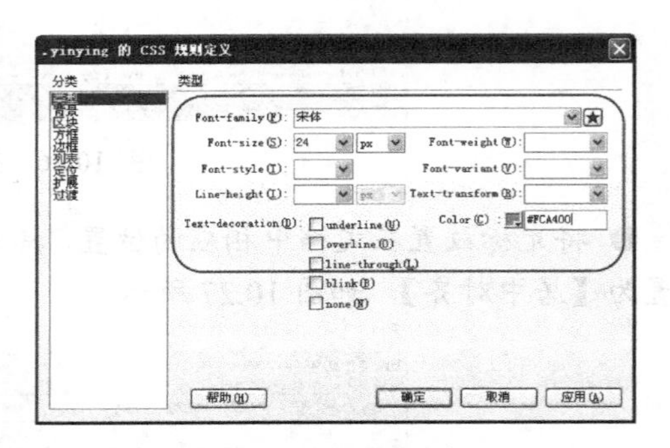

图 10.31　设置对话框

❼ 单击【应用】按钮，在对话框中选择【分类】列表框中的【扩展】选项，在【滤境】下拉列表中选择 Shadow(Color=?, Direction=?)，如图 10.32 所示。

❽在【Filter】中设置【Shadow(Color= #F8E914, Direction=100)】，如图 10.33 所示。

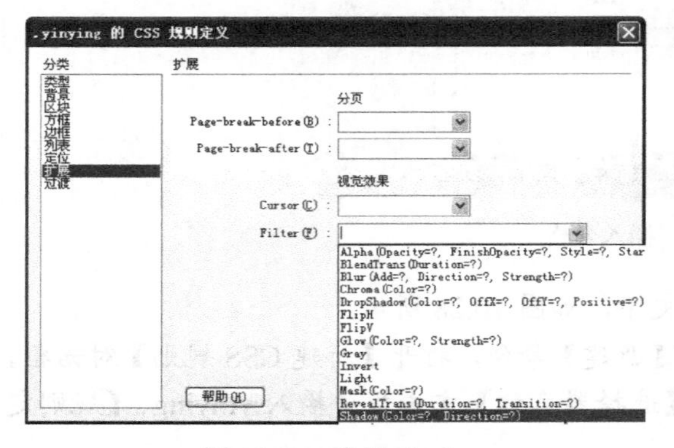

图 10.32　选择 Shadow

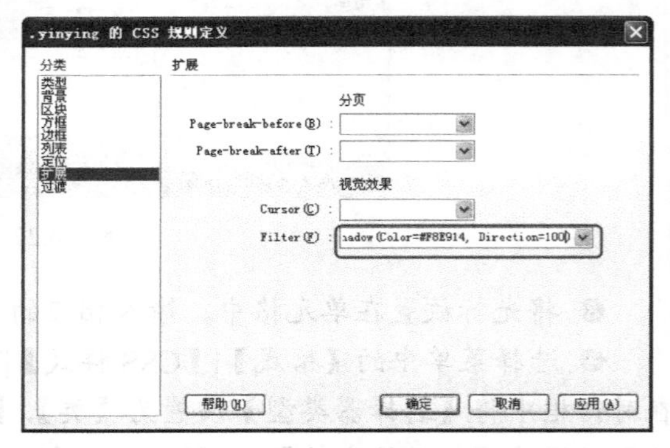

图 10.33　设置【扩展】选项

提示　选择 Shadow 滤镜可以使文字产生阴影效果，Shadow 滤镜的格式为：Shadow(Color=?, Direction=?)，其中 Color 为投影的颜色，用十六制数来表示，Direction 为投影的角度，取 0～360 度。当 0 度时，投影垂直向上，这里将 Color 设置为#F8E914，Direction 设置为 100 度。

❾ 单击【确定】按钮，在文档中选择要应用样式的表格，在新建的样式上单击鼠标右键，在弹出的菜单中选择【应用】选项，如图 10.34 所示。

图 10.34　应用样式

❿ 保存文档，按<F12>键在浏览器中预览效果，如图 10.35 所示。

图 10.35　阴影文字效果图

提示　在应用样式时，Dreamweaver 中 CSS 滤镜只能应用于有局域限制的对象，如表格、单元格、图片等，而不能直接用于文字，所以要把需要增加特效的文字事先放在表格中，然后对表格应用 CSS 样式，从而使文字产生特殊效果。

10.5　技巧与问答

CSS 样式表是网页设置中一种非常重要的技术，目前获得了广泛的应用。过去只有在传统印刷中才能够实现的一些排版效果，现在使用网页也可以实现了。

第 1 问　CSS 的 3 种用法在一个网页中可以混用吗

CSS 的 3 种用法可以在一个网页中混用，而且不会造成混乱。浏览器在显示网页时，先检查有没有行内插入式 CSS 样式，有就执行，针对本句的其他 CSS 就不去管它了。其次检查头部方式的 CSS，有就执行。在前两者都没有的情况下再检查外部链接文件方式的 CSS。因此可看出，3 种 CSS 的执行优先级是：行内插入方式、头部方式和外部文件方式。

在多个网页中要用到同一个 CSS 样式时，采用外部 CSS 文件的方式，这样网页的代码会大大减少，修改起来非常方便；只在单个网页中使用 CSS 样式时，采用文档头部方式；只有在一个网页中的一、两个地方应用到 CSS 样式时，采用行内插入方式。

第 2 问　在 CSS 中出现“〈!--”和“--〉”可以删除吗

这一对标记的作用是为了不引起低版本浏览器的错误。如果某个执行此页面的浏览器不支持 CSS，它将忽略其中的内容。虽然现在使用不支持 CSS 浏览器的人已很少了，但是由于互联网上几乎什么可能都会发生，所以还是留着为好。

第 3 问　为何网页中的文字在某些电脑上显示正常，但在某些电脑上会变大或变小

网页中的文字在某些电脑上变大或变小的原因是没有定义文字的大小。定义文字大小的具体操作步骤如下。

❶ 打开素材文件 CH10/技巧 3/index.html，如图 10.36 所示。

❷ 选择菜单中的【格式】|【CSS 样式】|【新建】命令，打开【新建 CSS 规则】对话框，在对话框中将【选择器类型】设置为【类】，在【选择器名称】文本框中输入样式名称，【规则定义】设置为【仅限该文档】，如图 10.37 所示。

❸ 单击【确定】按钮，打开【.dx 的 CSS 规则定义】对话框，在对话框中将【Font-size】设置为 18 像素，如图 10.38 所示。

❹ 单击【确定】按钮，新建 CSS 样式。选择应用样式的文本，应用样式，如图 10.39 所示。

图 10.36　打开素材文件

❺ 保存文档，按<F12>键在浏览器中预览效果，如图 10.40 所示。

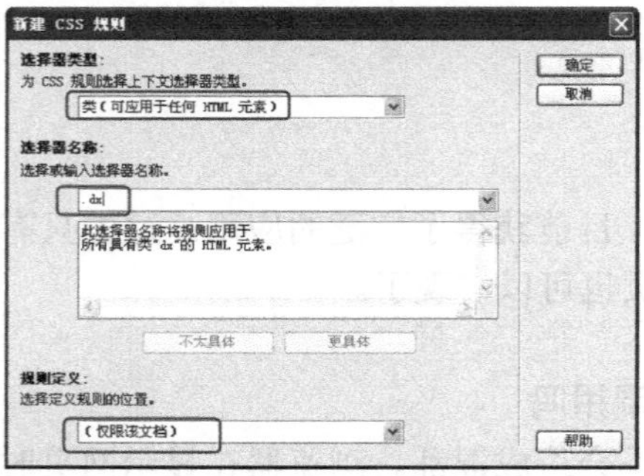

图 10.37　【新建 CSS 规则】对话框

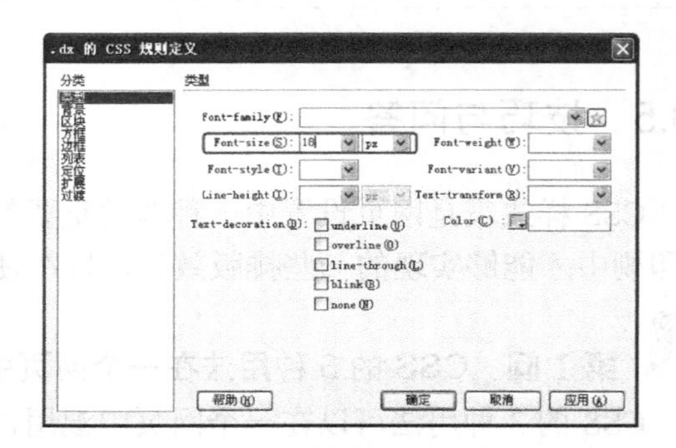

图 10.38　【.dx 的 CSS 规则定义】对话框

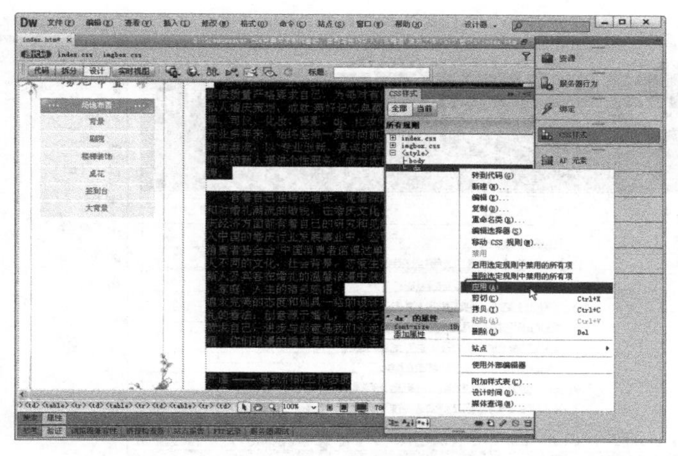

图 10.39　应用样式

图 10.40　定义文字大小效果图

第 4 问　如何利用 CSS 去掉链接文字下划线

利用 CSS 去掉链接文字下划线，具体操作步骤如下。

❶ 打开素材文件 CH10/技巧 4/index.html，如图 10.41 所示。

❷ 选择菜单中的【格式】|【CSS 样式】|【新建】命令，打开【新建 CSS 规则】对话框，在对话框中将【选择器类型】设置为【类】，在【选择器名称】文本框中输入样式的名称，【规则定义】设置为【仅限该文档】，如图 10.42 所示。

❸ 单击【确定】按钮，打开【.xhx 的 CSS 规则定义】对话框，【Font-size】设置为 12 像素，【颜色】设置为#A56A06，【Text-decoration】设置为【无】，如图 10.43 所示。

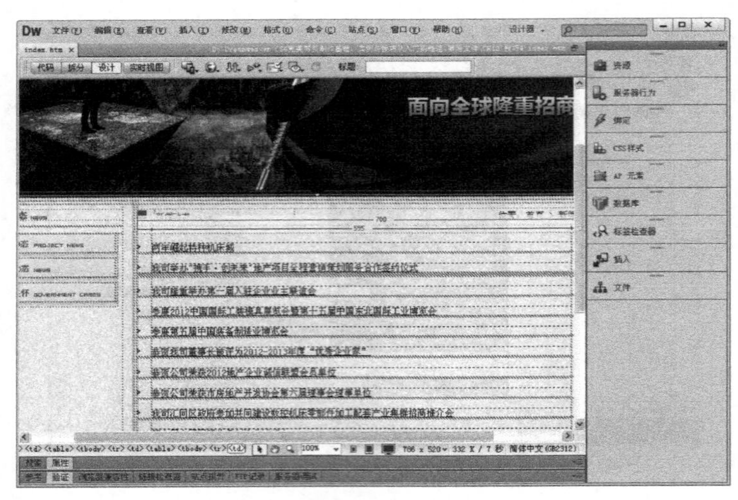

图 10.41　打开素材文件

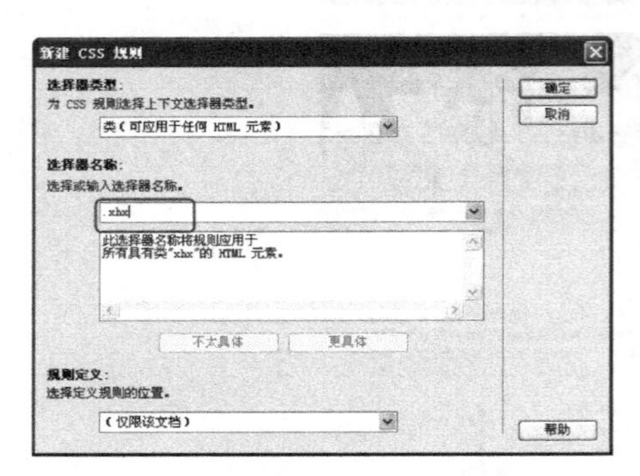

图 10.42　【新建 CSS 规则】对话框

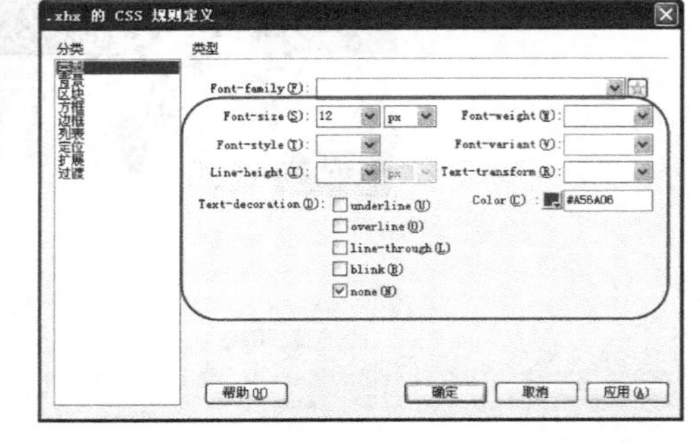

图 10.43　【.xhx 的 CSS 规则定义】对话框

❹ 单击【确定】按钮，新建样式，选中文本应用样式，如图 10.44 所示。

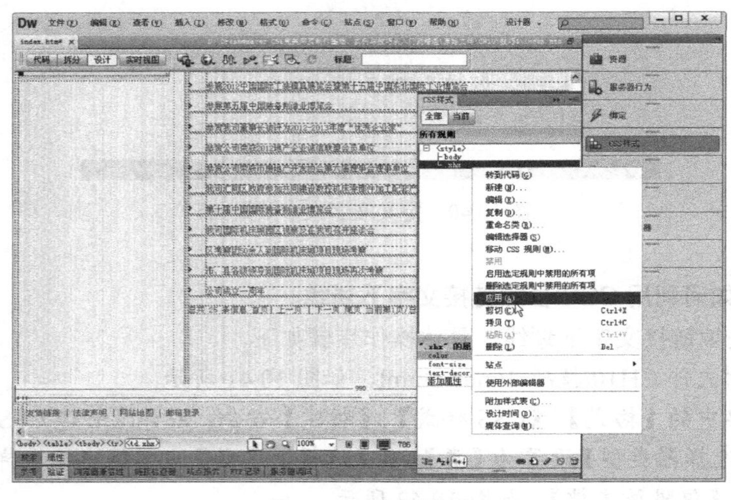

图 10.44　应用样式

❺ 保存文档，按<F12>键在浏览器中预览效果，如图 10.45 所示。

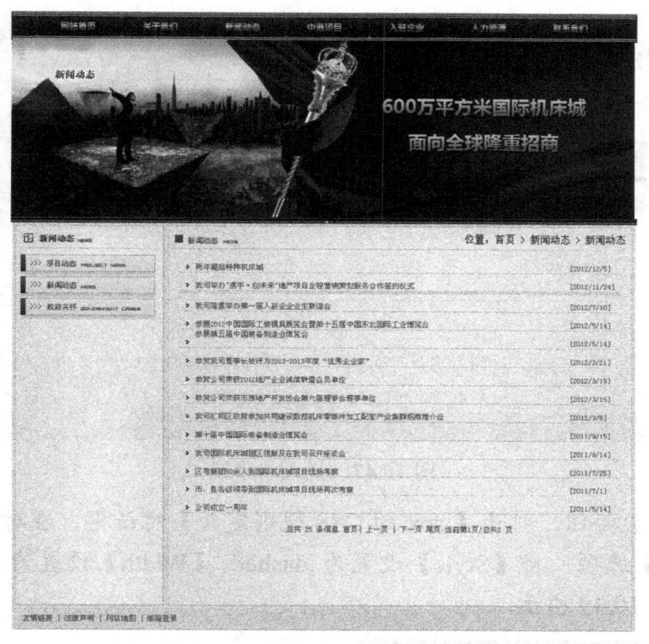

图 10.45　去掉链接文字下划线的效果图

第 5 问　如何利用 CSS 设计水平线样式

利用 CSS 设计水平线样式的具体操作步骤如下。

❶ 打开素材文件 CH10/技巧 5/.index.html，如图 10.46 所示。

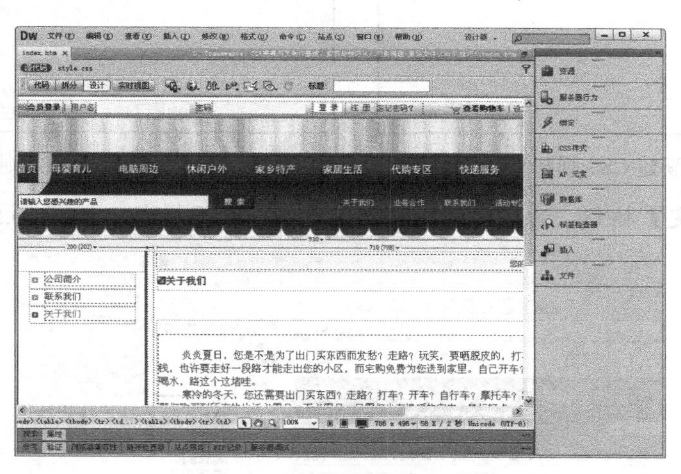

图 10.46　打开素材文件

❷ 将光标放置在页面中相应的位置，选择菜单中的【插入】|【HTML】|【水平线】命令，插入水平线，如图 10.47 所示。

❸ 选择菜单中的【文本】|【CSS 样式】|【新建】命令，打开【新建 CSS 规则】对话框，在对话框中将【选择器类型】设置为【类】，在【选择器名称】文本框中输入样式的名称，【规则定义】设置为【仅限该文档】，如图 10.48 所示。

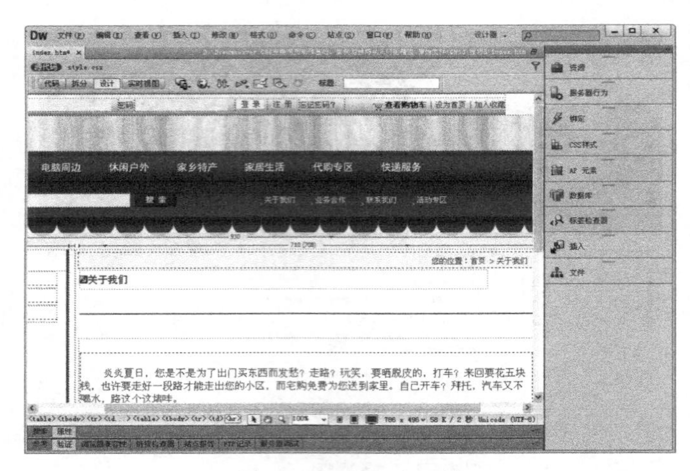

图 10.47　插入水平线

❹ 单击【确定】按钮，打开【.spx 的 CSS 规则定义】对话框，在对话框中选择【分类】列表框中的【边框】选项，将【Style】设置为 dashed，【Width】设置为 thin，【Color】设置为#D82CDA，如图 10.49 所示。

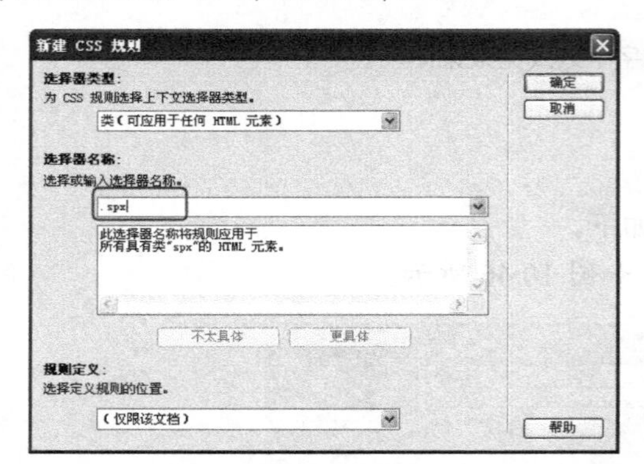

图 10.48　【新建 CSS 规则】对话框

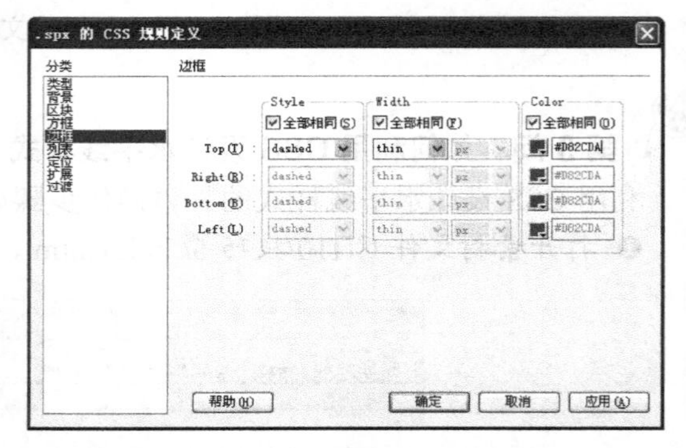

图 10.49　【.spx 的 CSS 规则定义】对话框

❺ 单击【确定】按钮，新建样式。选中水平线，应用样式，如图 10.50 所示。

图 10.50　应用样式

❻ 保存文档，按<F12>键在浏览器中预览效果，如图 10.51 所示。

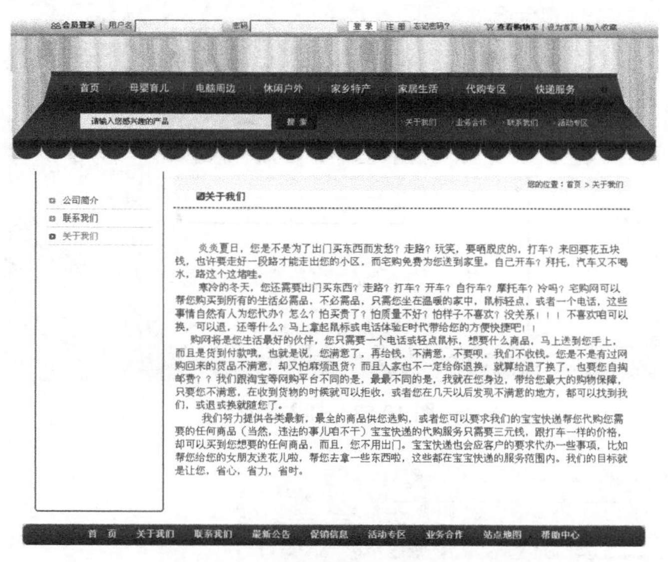

图 10.51　设置水平线样式效果图

第 6 问　如何利用 CSS 滤镜制作光晕文字

利用 CSS 中的 Glow 滤镜可以制作光晕文字，具体操作步骤如下。

❶ 打开素材文件 CH10/技巧 6/index.html，如图 10.52 所示。

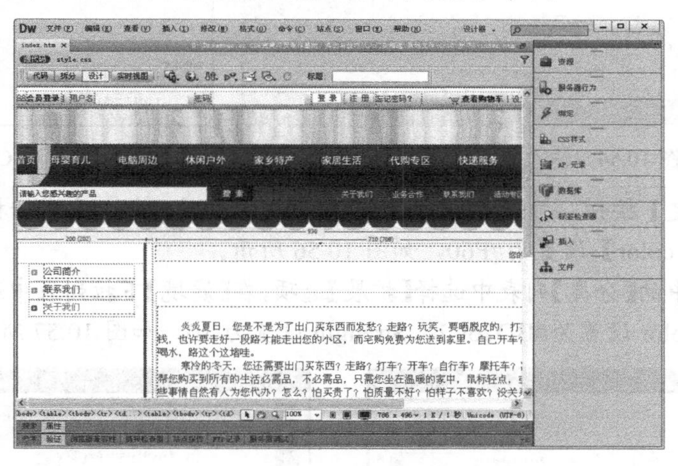

图 10.52　打开素材文件

❷ 将光标放置在页面中相应的位置，插入 1 行 1 列的表格，在【属性】面板中将【对齐】设置为【居中对齐】，如图 10.53 所示。

❸ 将光标放置在单元格中，输入文字“关于我们”，设置为【居中对齐】，如图 10.54 所示。

❹ 选择菜单中的【格式】|【CSS 样式】|【新建】命令，打开【新建 CSS 规则】对话框，在对话框中将【选择器类型】设置为【类】，在【选择器名称】文本框中输入样式的名称，将【规则定义】设置为【仅限该文档】，如图 10.55 所示。

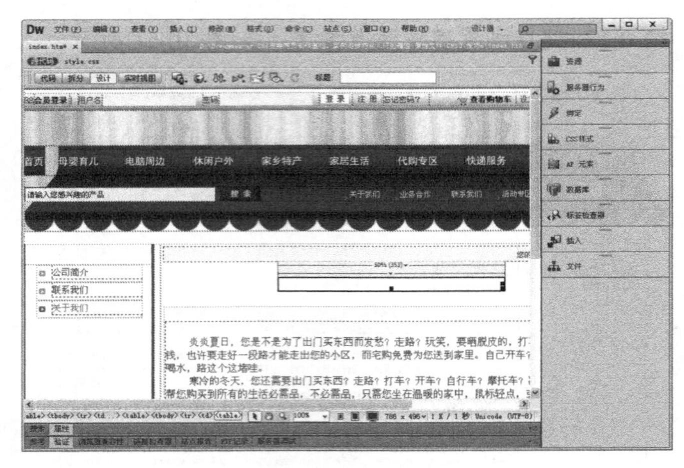

图 10.53　插入表格

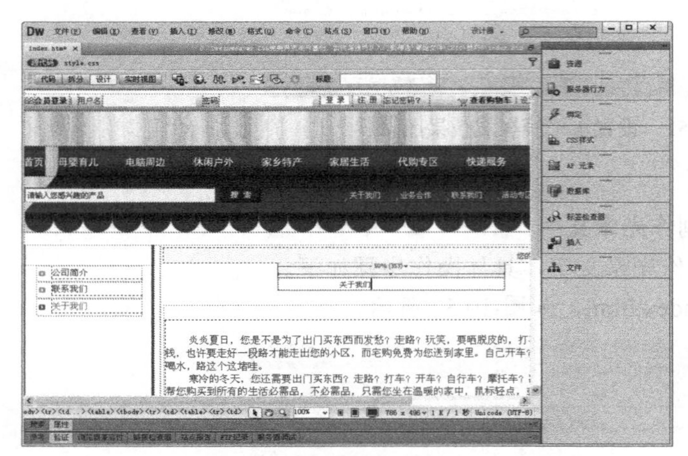

图 10.54　输入文字

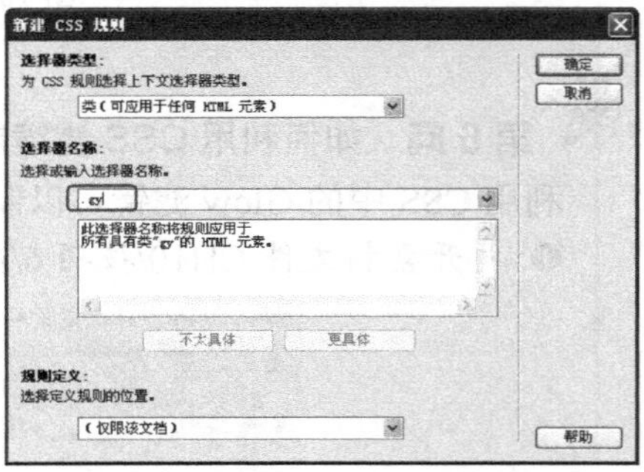

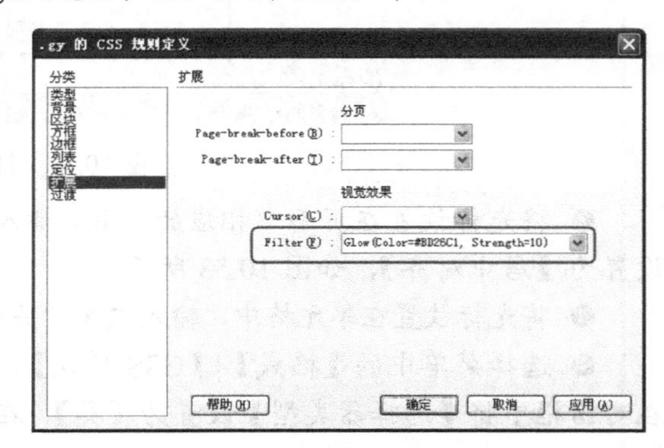

图 10.55　【新建 CSS 规则】对话框

❺ 单击【确定】按钮，打开【.gy 的 CSS 规则定义】对话框，在对话框中将【Font-size】设置为 28 像素，【color】设置为#F60，如图 10.56 所示。

❻ 在对话框中的【分类】列表中选择【扩展】选项，在【滤境】下拉列表中选择 Glow(Color=?, Strength=?)，将 Color 设置为#BD26C1，Strength 设置为 10，如图 10.57 所示。

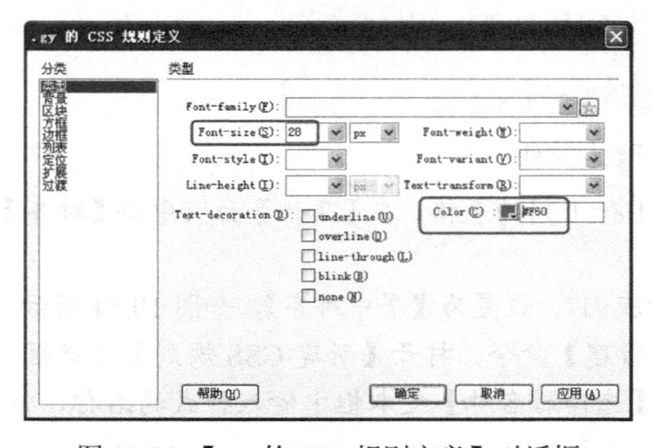

图 10.56　【.gy 的 CSS 规则定义】对话框

图 10.57　设置【扩展】选项

❼ 单击【确定】按钮，新建样式，选中应用样式的表格，在样式的上方单击鼠标右键，在弹出的菜单中选择【应用】选项，如图 10.58/所示。

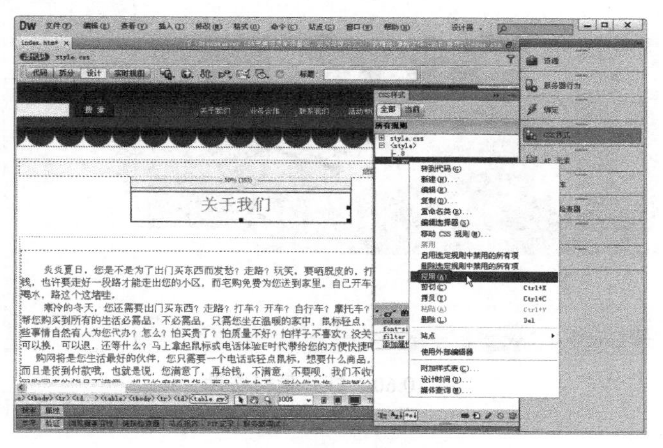

图 10.58 应用样式

❽ 保存文档，按<F12>键在浏览器中预览效果，如图 10.59 所示。

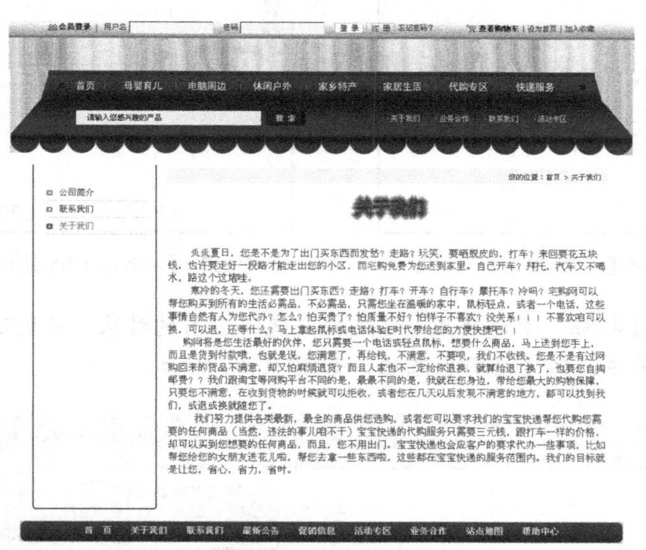

图 10.59 光晕文字效果图

第 7 问 如何利用 CSS 改变鼠标形状

用 CSS 改变鼠标形状的具体操作步骤如下。

❶ 打开素材文件 CH10/技巧 7/index.html，如图 10.60 所示。

❷ 选择菜单中的【格式】|【CSS 样式】|【新建】命令，打开【新建 CSS 规则】对话框，在对话框中将【选择器类型】设置为【类】，在【选择器名称】文本框中输入样式的名称，将【规则定义】设置为【仅限该文档】，如图 10.61 所示。

❸ 单击【确定】按钮，打开【.sb 的 CSS 规则定义】对话框，在对话框中选择【分类】列表中的【扩展】选项，在【Cursor】下拉列表中选择【crosshair】选项，如图 10.62 所示。

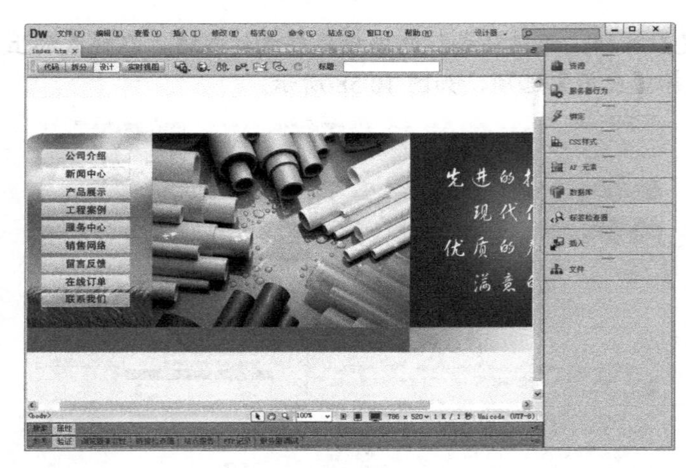

图 10.60　打开素材文件

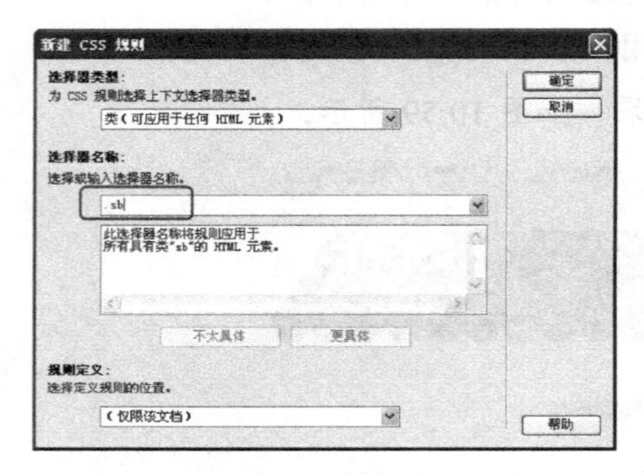

图 10.61 【新建 CSS 规则】对话框

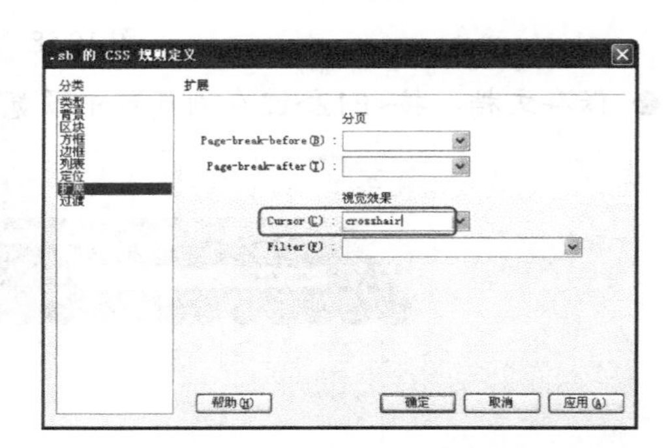

图 10.62 【.shb 的 CSS 规则定义】对话框

❹ 单击【确定】按钮，新建样式。在文档中选择应用的对象，在新建的样式上单击鼠标右键，在弹出的菜单中选择【应用】选项，如图 10.63 所示。

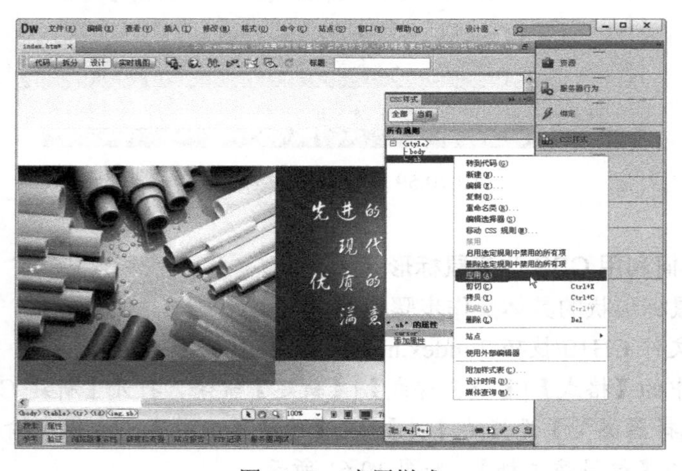

图 10.63　应用样式

❺ 保存文档，按<F12>键在浏览器中预览效果，如图 10.64 所示。

图 10.64　改变鼠标形状的效果图

第 8 问　如何利用 CSS 实现背景变换的导航菜单

用 CSS 实现背景变换的导航菜单的具体操作步骤如下。

❶ 打开素材文件 CH10/技巧 8/index.html，如图 10.65 所示。

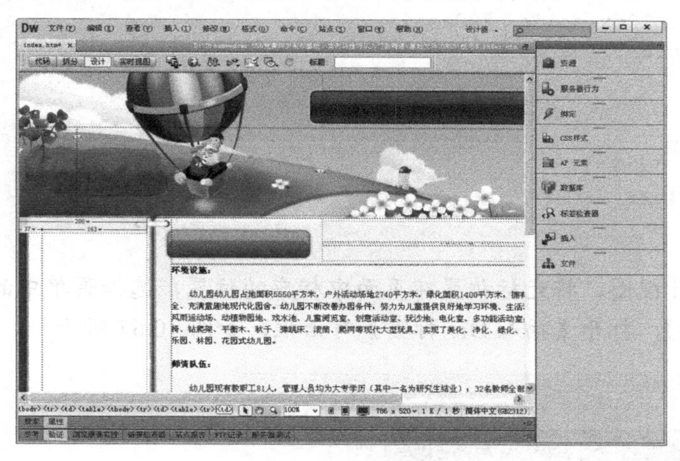

图 10.65　打开素材文件

❷ 切换到代码视图，在<head>与</head>之间相应的位置输入以下代码，如图 10.66 所示。

```
<style>
#button {
width: 150px;
border-right: 1px solid #ffffff;
padding: 0 0 1em 0;
margin-bottom: 1em;
font-family: 'trebuchet ms', 'lucida grande', arial, sans-serif;
font-size: 90%;
background-color: #ffffff;
color: #333;
}
#button ul {
list-style: none;
margin: 0;
padding: 0;
border: none;
}
```

```
#button li {
border-bottom: 1px solid #ffffff;
margin: 0;
}
#button li a {
display: block;
padding: 5px 5px 5px 0.5em;
border-left: 10px solid #60bf00;
border-right: 10px solid #99cc66;
background-color: #538508;
color: #fff;
text-decoration: none;
width: 100%;}
html>body #button li a {
width: auto;
}
#button li a:hover {
border-left: 10px solid #33cc66;
border-right: 10px solid  #00ae57;
background-color: #9ac23d;
color: #fff;
}
.td {
font-family: "宋体";
font-size: 14px;
}
</style>
```

❸ 切换到设计视图，将光标放置在页面中相应的位置，选择菜单中的【插入】|【布局对象】|【Div 标签】，打开【插入 Div 标签】对话框，如图 10.67 所示。

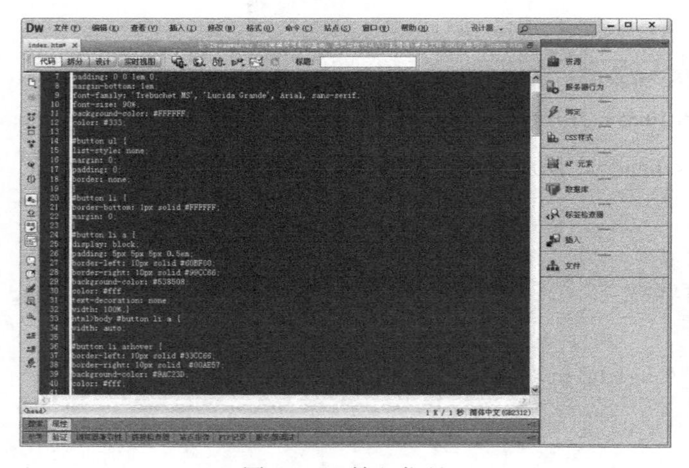

图 10.66　输入代码

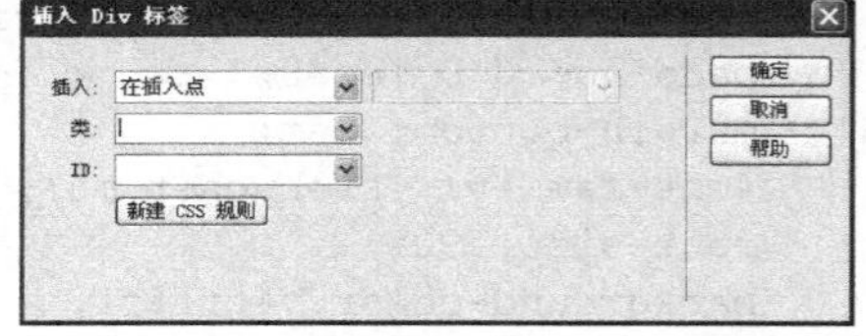

图 10.67　【插入 Div 标签】对话框

❹ 单击【确定】按钮，插入 Div 标签，在【属性】面板中在【Div ID】下拉列表中选择【button】，如图 10.68 所示。

❺ 将光标放置在插入的 Div 标签内，切换到拆分视图，在<Div>与</Div>标签内输入<ul>与</ul>标签，如图 10.69 所示。

图 10.68　插入 Div 标签

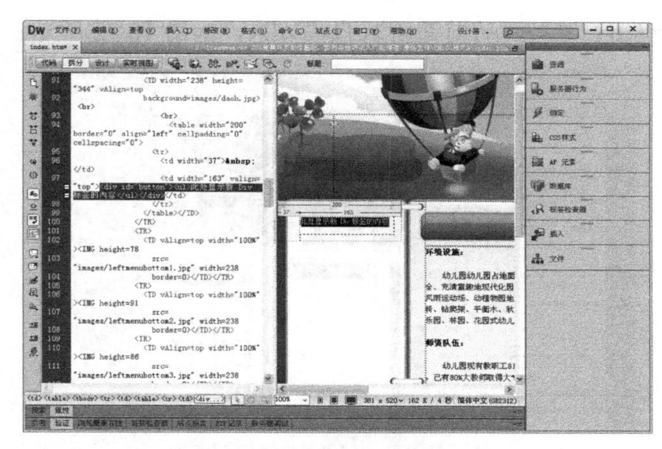

图 10.69　输入标签

❻ 将光标放置在标签内，输入相应的文字，在【属性】面板中将文字设置为空链接，如图 10.70 所示。

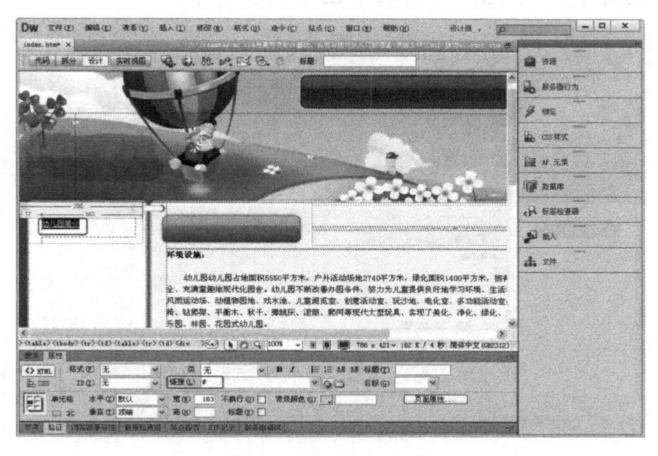

图 10.70　输入文字

❼ 切换到拆分视图，在<a href=>的前面输入代码<li>，如图 10.71 所示。

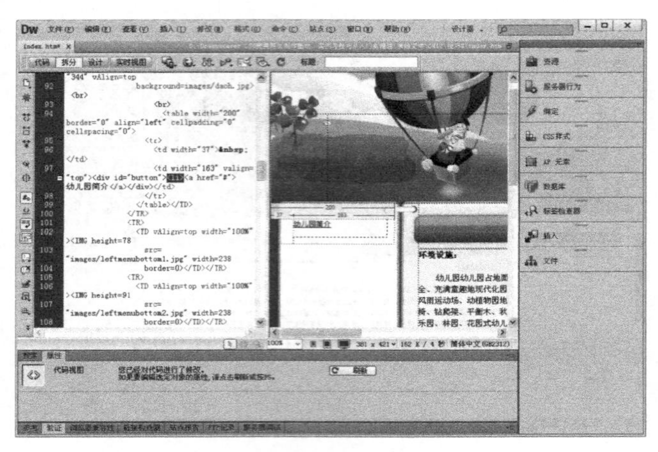

图 10.71　输入代码

❽ 切换到拆分视图，在</a>的前面输入代码</li>，如图 10.72 所示。

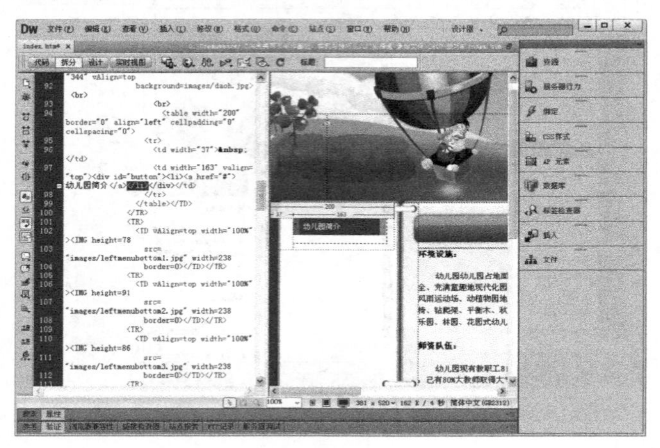

图 10.72　输入代码

❾ 切换到设计视图中，设置后的效果如图 10.73 所示。

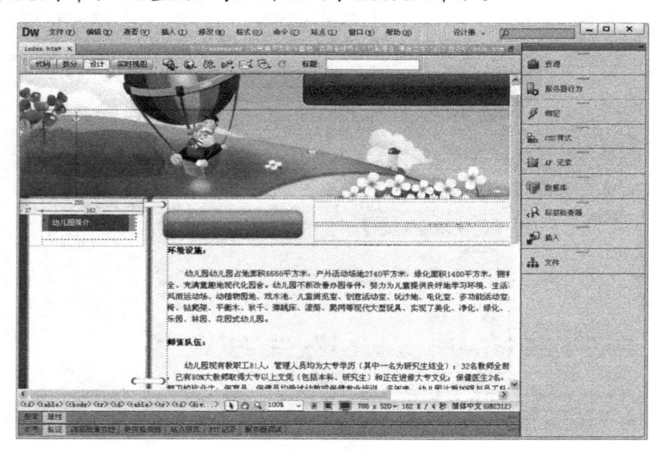

图 10.73　效果图

❿ 按照步骤 6～9 的方法，在文档中插入其他的导航，如图 10.74 所示。

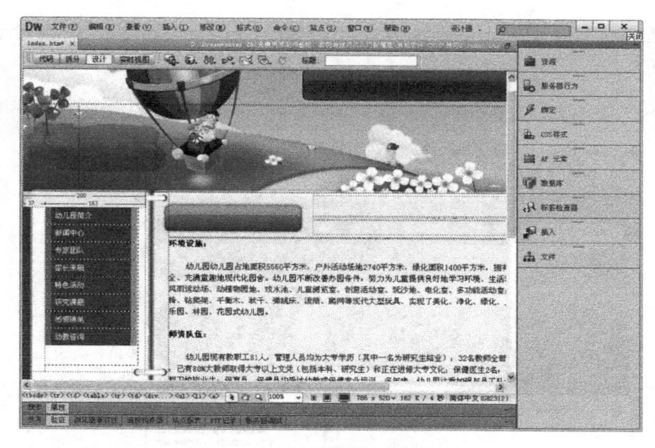

图 10.74　插入其他的导航

⓫ 保存文档，按<F12>键在浏览器中预览效果，如图 10.75 所示。

图 10.75　背景变换的导航菜单效果图

第 9 问　如何利用 CSS 实现滚动条的彩色显示

用 CSS 实现滚动条的彩色显示的具体操作步骤如下。

❶ 打开素材文件 CH10 /技巧 9/index.html，如图 10.76 所示。

❷ 切换到代码视图，在<head>与</head>之间相应的位置输入以下代码，如图 10.77 所示。

```
<style>
body {
color : #6a1100; text-decoration : none; scrollbar-arrow-color: ##ffbeea;
scrollbar-base-color: #ffbeea; scrollbar-dark-shadow-color: #00ff00;
scrollbar-track-color: #ffbeea; scrollbar-face-color: #f69a9b; scrollbar-shadow-color:
```

```
#eb1212; scrollbar-highlight-color: #ff3300; scrollbar-3d-light-color: #000000; }
.l {
}
</style>
```

图 10.76　打开素材文件

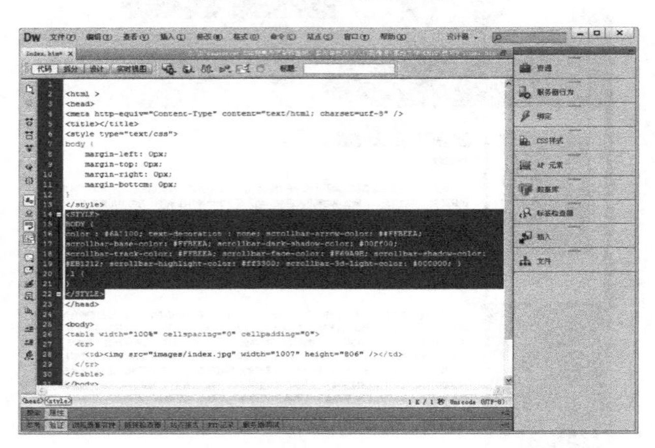

图 10.77　输入代码

❸ 保存文档，按<F12>键在浏览器中预览效果，如图 10.78 所示。

图 10.78　滚动条的彩色显示效果图

第11章

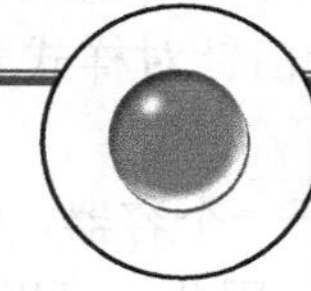

CSS+Div 灵活布局网页

CSS + Div 是网站标准中常用的术语之一，CSS 和 Div 的结构被越来越多的人采用，很多人都抛弃了表格而使用 CSS 来布局页面。它的好处很多：可以使结构简洁，定位更灵活，CSS 布局的最终目的是搭建完善的页面架构。通常在 XHTML 网站设计标准中，不再使用表格定位技术，而是采用 CSS+Div 的方式实现各种定位。

学习目标

- 认识 Div 与 Div 布局的优势
- 掌握 CSS 定位的方法
- 掌握 CSS 布局的理念
- 常见的布局类型

11.1　初识 Div

在 CSS 布局的网页中，<Div>与<Span>都是常用的标记，利用这两个标记，加上 CSS 对其样式的控制，可以很方便地实现网页的布局。

11.1.1　Div 概述

过去最常用的网页布局工具是<table>标签，它本是用来创建电子数据表的，由于<table>标签本来不是要用于布局的，因此设计师们不得不经常以各种不寻常的方式来使用这个标签——如把一个表格放在另一个表格的单元里面。这种方法的工作量很大，增加了大量额外的 HTML 代码，并使得后面要修改设计很难。

而 CSS 的出现使得网页布局有了新的曙光。利用 CSS 属性，可以精确地设定元素的位置，还能将定位的元素叠放在彼此之上。当使用 CSS 布局时，主要把它用在 Div 标签上，<Div>与</Div>之间相当于一个容器，可以放置段落、表格和图片等各种 HTML 元素。

Div 是用来为 HTML 文档内大块的内容提供结构和背景的元素。Div 的起始标签和结束标签之间的所有内容都是用来构成这个块的，其中所包含元素的特性由 Div 标签的属性，或通过使用 CSS 来控制的。

11.1.2　Div 与 Span 的区别

Div 标记早在 HTML3.0 时代就已经出现，但那时并不常用，直到 CSS 的出现，才逐渐发挥出它的优势。而 Span 标记直到 HTML 4.0 时才被引入，它是专门针对样式表而设计的标记。

Div 简单而言是一个区块容器标记，即<Div>与</Div>之间相当于一个容器，可以容纳段落、标题、表格、图片，乃至章节、摘要和备注等各种 HTML 元素。因此，可以把<Div>与</Div>中的内容视为一个独立的对象，用于 CSS 的控制。声明时只需要对 Div 进行相应的控制，其中的各标记元素都会因此而改变。

Span 是行内元素，Span 的前后是不会换行的，它没有结构的意义，纯粹是应用样式，当其他行内元素都不合适时，可以使用 Span。

下面通过一个实例说明 Div 与 Span 的区别，代码如下。

```
<html >
<head>
<meta http-equiv="Content-Type" content="text/html; charset=gb2312" />
<title>Div 与 Span 的区别</title>
  <style type="text/css">
  .t {
     font-weight: bold;
     font-size: 16px;
}
  .t {
     font-size: 14px;
     font-weight: bold;
}
  </style>
</head>
<body>
     <p class="t">div 标记不同行: </p>
     <div><img src="tu1.jpg" vspace="1" border="0"></div>
<div><img src="tu2.jpg" vspace="1" border="0"></div>
<div><img src="tu3.jpg" vspace="1" border="0"></div>
<p class="t">span 标记同一行: </p>
     <span><img src="tu1.jpg" border="0"></span>
     <span><img src="tu2.jpg" border="0"></span>
     <span><img src="tu3.jpg" border="0"></span>
</body>
</html>
```

在浏览器中浏览效果如图 11.1 所示。

正是由于两个对象不同的显示模式，因此在实际使用过程中决定了两个对象的不同用途。Div 对象是一个大的块状内容，如一大段文本、一个导航区域、一个页脚区域等显示为块状的内容。

而作为内联对象的 Span，用途是对行内元素进行结构编码以方便样式设计。例如，在一大段文本中，需要改变其中一段文本的颜色，可以将这一小部分文本使用 Span 对象，并进行样式设计，这将不会改变这一整段文本的显示方式。

Div 标记不同行，

Div 标记同一行，

图 11.1　Div 与 Span 的区别

11.1.3　Div 与 CSS 布局优势

掌握基于 CSS 的网页布局方式，是实现 Web 标准的基础。在制作主页时采用 CSS 技术，可以有效地对页面的布局、字体、颜色、背景和其他效果实现更加精确的控制。只要对相应的代码做一些简单的修改，就可以改变网页的外观和格式。采用 CSS 布局有以下优点。

- 大大缩减页面代码，提高页面浏览速度，缩减带宽成本。
- 结构清晰，容易被搜索引擎搜索到。
- 缩短改版时间，只要简单地修改几个 CSS 文件就可以重新设计一个拥有成百上千页面的站点。
- 强大的字体控制和排版能力。
- CSS 非常容易编写，可以像写 HTML 代码一样轻松编写 CSS。
- 提高易用性，使用 CSS 可以结构化 HTML，如<p>标记只用来控制段落，heading 标记只用来控制标题，table 标记只用来表现格式化的数据等。
- 表现和内容相分离，将设计部分分离出来放在一个独立样式文件中。
- 更方便搜索引擎的搜索，用只包含结构化内容的 HTML 代替嵌套的标记，搜索引擎将更有效地搜索到内容。
- table 布局灵活性不大，只能遵循 table、tr、td 的格式，而 Div 可以有各种格式。
- 在 table 布局中，垃圾代码会很多，一些修饰的样式及布局的代码混合在一起，很不直观。而 Div 更能体现样式和结构相分离，结构的重构性强。
- 在几乎所有的浏览器上都可以使用。
- 以前一些必须通过图片转换实现的功能，现在只要用 CSS 就可以轻松实现，从而更快地下载页面。
- 使页面的字体变得更漂亮，更容易编排，使页面真正赏心悦目。
- 可以轻松地控制页面的布局。
- 可以将许多网页的风格格式同时更新，不用再一页一页地更新了。可以将站点上所有的网页风格都使用一个 CSS 文件进行控制，只要修改这个 CSS 文件中相应的行，那么整个站点的所有页面都会随之发生变动。

11.2 CSS 定位

CSS 对元素的定位包括相对定位和绝对定位，同时，还可以把相对定位和绝对定位结合起来，形成混合定位。

11.2.1 盒子模型的概念

如果想熟练掌握 Div 和 CSS 的布局方法，首先要对盒模型有足够的了解。盒模型是 CSS 布局网页时非常重要的概念，只有很好地掌握了盒模型以及其中每个元素的使用方法，才能真正的布局网页中各个元素的位置。

所有页面中的元素都可以看作一个装了东西的盒子，盒子里面的内容到盒子的边框之间的距离即填充（padding），盒子本身有边框（border），而盒子边框外和其他盒子之间，还有边界（margin）。

一个盒子由 4 个独立部分组成，如图 11.2 所示。

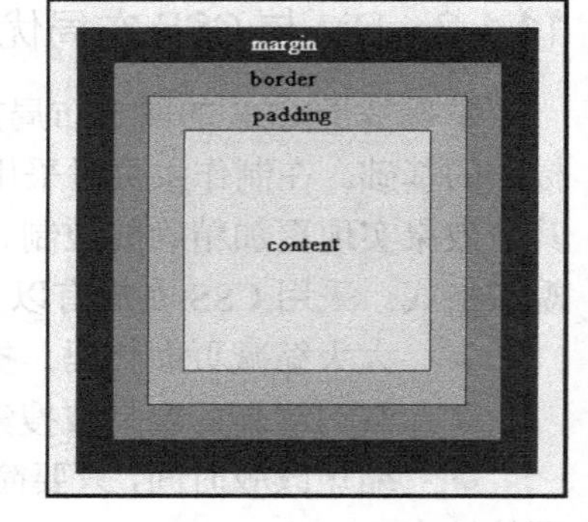

图 11.2　盒子模型图

最外面的是边界（margin）；

第二部分是边框（border），边框可以有不同的样式；

第三部分是填充（padding），填充用来定义内容区域与边框（border）之间的空白；

第四部分是内容区域。

填充、边框和边界都分为【上、右、下、左】4 个方向，既可以分别定义，也可以统一定义。当使用 CSS 定义盒子的 width 和 height 时，定义的并不是内容区域、填充、边框和边界所占的总区域。实际上定义的是内容区域 content 的 width 和 height。为了计算盒子所占的实际区域必须加上 padding、border 和 margin。

实际宽度=左边界+左边框+左填充+内容宽度（width）+右填充+右边框+右边界。

实际高度=上边界+上边框+上填充+内容高度（height）+下填充+下边框+下边界。

11.2.2 float 定位

float 属性定义元素在哪个方向浮动。以往这个属性应用于图像，使文本围绕在图像周围，不过在 CSS 中，任何元素都可以浮动。浮动元素会生成一个块级框，而不论它本身是何种元素。float 是相对定位的，会随着浏览器的大小和分辨率的变化而改变。float 浮动属性是元素定位中非常重要的属性，常常通过对 Div 元素应用 float 浮动来进行定位。

语法：

```
float:none|left|right
```

说明：

none 是默认值，表示对象不浮动；left 表示对象浮在左边；right 表示对象浮在右边。

CSS 允许任何元素浮动 FLOAT，不论是图像、段落还是列表。无论先前元素是什么状态，浮动后都成为块级元素。浮动元素的宽度默认为 auto。

如果 float 取值为 none 或没有设置 float 时，不会发生任何浮动，块元素独占一行，紧随其后的块元素将在新行中显示。其代码如下所示，在浏览器中浏览如图 11.3 所示的网页时，可以看到由于没有设置 Div 的 float 属性，因此每个 Div 都单独占一行，两个 Div 分两行显示。

```
<html xmlns="http://www.w3.org/1999/xhtml">
<head>
<meta http-equiv="Content-Type" content="text/html; charset=gb2312" />
 <title>没有设置 float 时</title>
 <style type="text/css">
  #content_a {width:250px; height:100px; border:3px solid #000000; margin:20px;
background: #F90;}
  #content_b {width:250px; height:100px; border:3px solid #000000; margin:20px;
background: #6C6;}    </style>
</head>
<body>
  <div id="content_a">这是第一个 DiV</div>
  <div id="content_b">这是第二个 DiV</div>
</body>
</html>
```

下面修改一下代码，使用 float:left 对 content_a 应用向左的浮动，而 content_b 不应用任何浮动。其代码如下所示，在浏览器中浏览效果如图 11.4 所示，可以看到对 content_a 应用向左的浮动后，content_a 向左浮动，content_b 在水平方向紧跟着它的后面，两个 Div 占一行，在一行上并列显示。

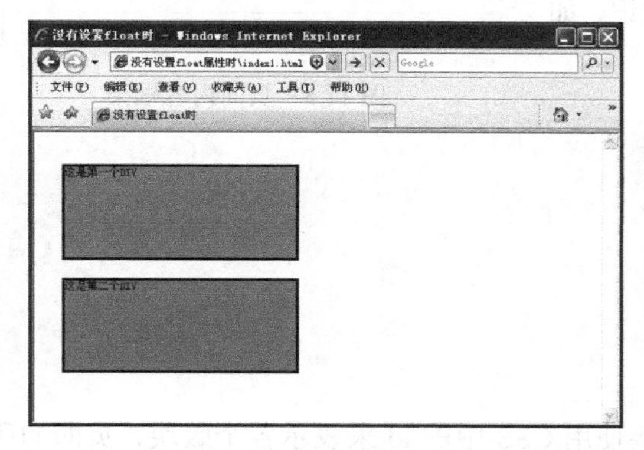

图 11.3　没有设置 float 属性

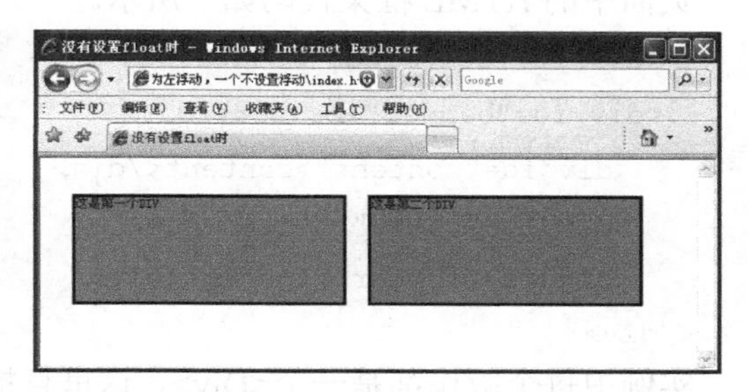

图 11.4　设置 float 属性，使两个 Div 并列显示

11.2.3　position 定位

position 的原意为位置、状态、安置。在 CSS 布局中，position 属性非常重要，很多特殊容器的定位必须用 position 来完成。position 属性有 4 个值，分别是 static、absolute、fixed、relative，static 是默认值，代表无定位。

定位（position）允许用户精确定义元素框出现的相对位置，可以相对于它通常出现的位置，相对于其上级元素，相对于另一个元素，或者相对于浏览器视窗本身。每个显示元素都可以用定位的方法来描述，而其位置是由此元素的包含块来决定的。

语法：

```
Position: static | absolute | fixed | relative
```

static 表示默认值，无特殊定位，对象遵循 HTML 定位规则；absolute 表示采用绝对定位，需要同时使用 left、right、top 和 bottom 等属性进行绝对定位。而其层叠通过 z-index 属性定义，此时对象不具有边框，但仍有填充和边框；fixed 表示当页面滚动时，元素保持在浏览器视区内，其行为类似 absolute；relative 表示采用相对定位，对象不可层叠，但将依据 left、right、top 和 bottom 等属性设置在页面中的偏移位置。

11.3 CSS 布局理念

无论使用表格还是 CSS，网页布局都把大块的内容放进网页的不同区域里面。有了 CSS，最常用来组织内容的元素就是<Div>标签。CSS 排版是一种很新的排版理念，首先要将页面使用<div>整体划分为几个版块，然后对各个版块进行 CSS 定位，最后在各个版块中添加相应的内容。

11.3.1 将页面用 Div 分块

在利用 CSS 布局页面时，首先要有一个整体的规划，包括整个页面分成哪些模块，各个模块之间的父子关系等。以最简单的框架为例，页面由 banner、主体内容（content）、菜单导航（links）和脚注（footer）几个部分组成，各个部分分别用自己的 id 来标识，如图 11.5 所示。

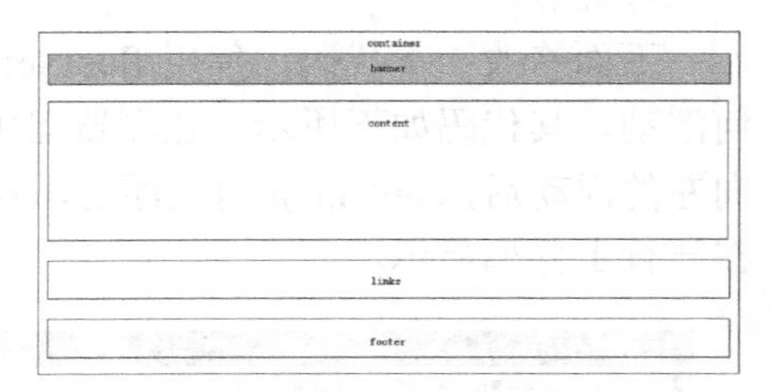

图 11.5 页面内容框架

页面中的 HTML 框架代码如下所示。

```
<div id="container">container
<div id="banner">banner</div>
  <div id="content">content</div>
  <div id="links">links</div>
  <div id="footer">footer</div>
</div>
```

实例中每个版块都是一个<Div>，这里直接使用 CSS 中的 id 来表示各个版块，页面的所有 Div 块都属于 container，一般的 Div 排版都会在最外面加上这个父 Div，便于对页面的整体进行调整。对于每个 Div 块，还可以再加入各种元素或行内元素。

11.3.2 设计各块的位置

当页面的内容已经确定后，则需要根据内容本身考虑整体的页面布局类型，如是单栏、双栏还是三栏等，这里采用的布局如图 11.6 所示。

由图 11.6 可以看出，在页面外部有一个整体的框架 container，banner 位于页面整体框架中的最上方，content 与 links 位于页面的中部，其中 content 占据着页面的绝大部分。最下面是页面的脚注 footer。

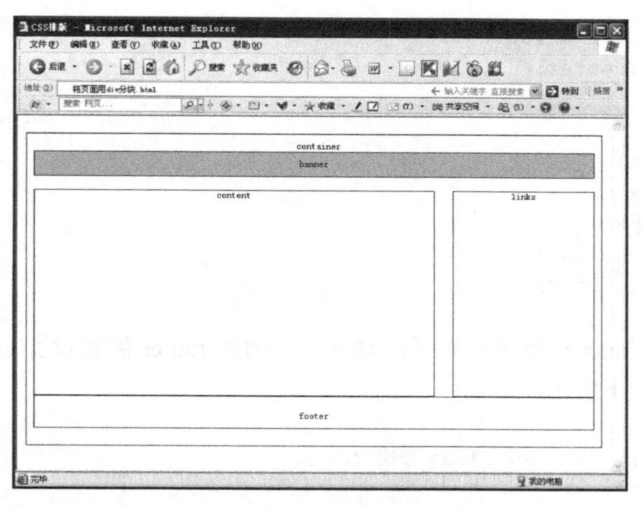

图 11.6 简单的页面框架

11.3.3 用 CSS 定位

整理好页面的框架后，就可以利用 CSS 对各个版块进行定位，实现对页面的整体规划，然后再往各个版块中添加内容。

下面首先对 body 标记与 container 父块进行设置，CSS 代码如下所示。

```
body {
    margin:10px;
    text-align:center;
}
#container{
    width:900px;
    border:2px solid #000000;
    padding:10px;
}
```

上面代码设置了页面的边界、页面文本的对齐方式，以及将父块的宽度设置为 900px。下面来设置 banner 版块，其 CSS 代码如下所示。

```
#banner{
    margin-bottom:5px;
    padding:10px;
    background-color:#a2d9ff;
    border:2px solid #000000;
    text-align:center;
}
```

这里设置了 banner 版块的边界、填充、背景颜色等。

下面利用 float 方法将 content 移动到左侧，links 移动到页面右侧，这里分别设置了这两个版块的宽度和高度，读者可以根据需要自己调整。

```
#content{
    float:left;
    width:600px;
    height:300px;
```

```
        border:2px solid #000000;
        text-align:center;
    }
    #links{
        float:right;
        width:290px;
        height:300px;
        border:2px solid #000000;
        text-align:center;
    }
```

由于 content 和 links 对象都设置了浮动属性，因此 footer 需要设置 clear 属性，使其不受浮动的影响，代码如下所示。

```
    #footer{
        clear:both;    /* 不受 float 影响 */
        padding:10px;
        border:2px solid #000000;
        text-align:center;
    }
```

这样，页面的整体框架便搭建好了，这里需要指出的是 content 块中不能放置宽度过长的元素，如很长的图片或不换行的英文等，否则 links 将再次被挤到 content 下方。

特别注意，如果后期维护时希望 content 的位置与 links 对调，仅仅只需要将 content 和 links 属性中的 left 和 right 改变。这是传统的排版方式所不可能简单实现的，也正是 CSS 排版的魅力之一。

另外，如果 links 的内容比 content 的长，在 Internet Explorer 浏览器上 footer 就会贴在 content 下方而与 links 出现重合。

11.4 常见的布局类型

现在一些比较知名的网页设计全部采用的 Div+CSS 来排版布局，Div+CSS 的好处可以使 HTML 代码更整齐，更容易使人理解，而且在浏览时的速度也比传统的布局方式快。最重要的是，它的可控性要比表格强得多。下面介绍常见的布局类型。

11.4.1 列固定宽度

一列式布局是所有布局的基础，也是最简单的布局形式。一列固定宽度中，宽度的属性值是固定像素。下面举例说明一列固定宽度的布局方法，具体步骤如下。

❶ 在 HTML 文档的<head>与</head>之间相应的位置输入定义的 CSS 样式代码，如下所示。

```
    <style>
    #Layer{
        background-color:#00cc33;
        border:3px solid #ff3399;
        width:500px;
        height:350px;
    }
    </style>
```

提示　使用 background-color:#00cc33;将 Div 设定为绿色背景，并使用 border:3 solid #ff3399;将 Div 设置了粉红色的 3px 宽度的边框，使用 width:500px;设置宽度为 500 像素固定宽度，使用 height:350px;设置高度为 350 像素。

❷ 然后在 HTML 文档的<body>与<body>之间的正文中输入以下代码，给 Div 使用了 layer 作为 id 名称。

```
<div id="Layer">1 列固定宽度</Div>
```

❸ 在浏览器中浏览，由于是固定宽度，无论怎样改变浏览器窗口大小，Div 的宽度都不改变，如图 11.7 所示。

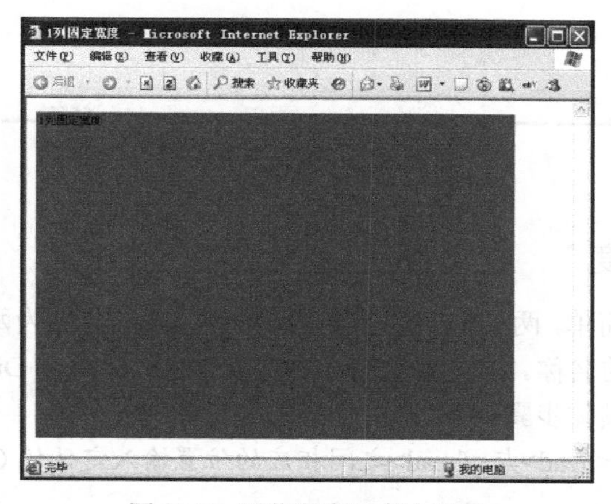

图 11.7　浏览器窗口变小效果

11.4.2　列自适应

自适应布局是在网页设计中常见的一种布局形式，自适应的布局能够根据浏览器窗口的大小，自动改变其宽度或高度值，是一种非常灵活的布局形式，良好的自适应布局网站对不同分辨率的显示器都能提供最好的显示效果。自适应布局需要将宽度由固定值改为百分比。下面是一列自适应布局的 CSS 代码。

```
<style>
#Layer{
    background-color:#00cc33;
    border:3px solid #ff3399;
    width:60%;
    height:60%;
}
</style>
<body>
<div id="Layer">1 列自适应</div>
</body>
</html>
```

这里将宽度和高度值都设置为 60%，从浏览效果中可以看到，Div 的宽度已经变为浏览器宽度 60%的值，当扩大或缩小浏览器窗口大小时，其宽度和高度还将维持在与浏览器当前宽度比例的 60%，如图 11.8 所示。

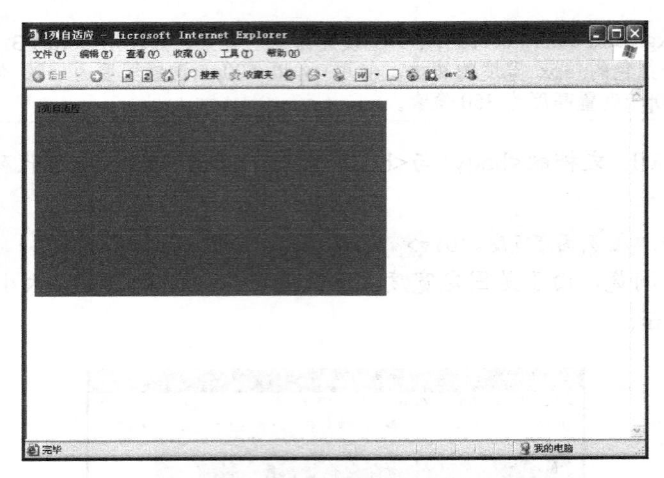

图 11.8　一列自适应布局

11.4.3　两列固定宽度

两列固定宽度非常简单，两列的布局需要用到两个 Div，分别为两个 Div 的 id 设置为 left 与 right，表示两个 Div 的名称。首先为它们设定宽度，然后让两个 Div 在水平线中并排显示，从而形成两列式布局，具体步骤如下。

❶ 在 HTML 文档的<head>与</head>之间相应的位置输入定义的 CSS 样式代码，如下所示。

```
<style>
#left{
    background-color:#00cc33;
    border:1px solid #ff3399;
    width:250px;
    height:250px;
    float:left;
    }
#right{
    background-color:#ffcc33;
    border:1px solid #ff3399;
    width:250px;
    height:250px;
    float:left;
}
</style>
```

提示　left 与 right 两个 Div 的代码与前面类似，两个 Div 使用相同宽度实现两列式布局。float 属性是 CSS 布局中非常重要的属性，用于控制对象的浮动布局方式，大部分 Div 布局基本上都通过 float 的控制来实现的。

❷ 然后在 HTML 文档的<body>与<body>之间的正文中输入以下代码，给 Div 使用 left 和 right 作为 id 名称。

```
<Div id="left">左列</div>
<Div id="right">右列</div>
```

❸ 在浏览器中浏览效果，如图 11.9 所示的是两列固定宽度布局。

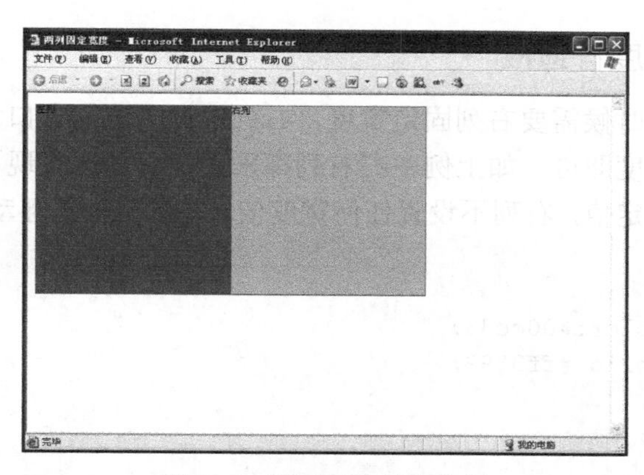

图 11.9 两列固定宽度布局

11.4.4 两列宽度自适应

下面使用两列宽度自适应性，以实现左右列宽度能够做到自动适应，设置自适应主要通过宽度的百分比值设置，CSS 代码修改为如下。

```
<style>
#left{
    background-color:#00cc33;
    border:1px solid #ff3399;
    width:60%;
    height:250px;
    float:left;
    }
#right{
    background-color:#ffcc33;
    border:1px solid #ff3399;
    width:30%;
    height:250px;
    float:left;
}
</style>
```

这里主要修改了左列宽度为 60%，右列宽度为 30%，在浏览器中浏览效果如图 11.10 和图 11.11 所示。无论怎样改变浏览器窗口大小，左右两列的宽度与浏览器窗口的百分比都不改变。

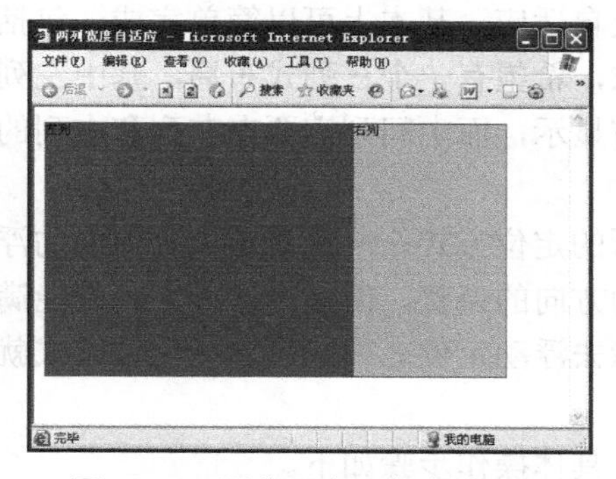

图 11.10 浏览器窗口变小效果

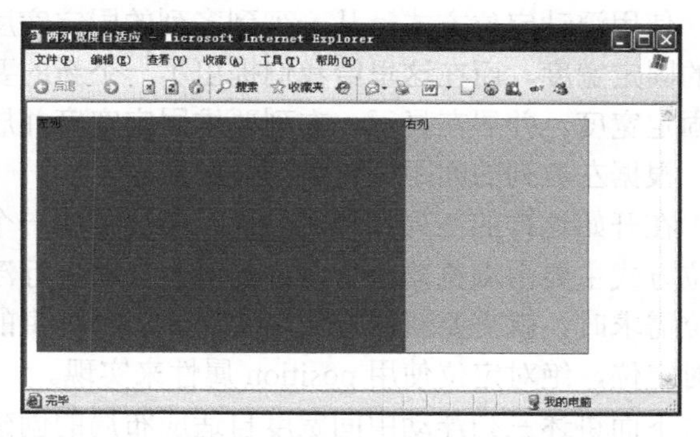

图 11.11 浏览器窗口变大效果

11.4.5 两列右列宽度自适应

在实际应用中，有时候需要右列固定宽度，右列根据浏览器窗口大小自动适应，在 CSS 中只要设置在左列的宽度即可，如上例中左右列都采用了百分比实现了宽度自适应，这里只要将左列宽度设定为固定值，右列不设置任何宽度值，并且右列不浮动，CSS 样式代码如下。

```
<style>
#left{
    background-color:#00cc33;
    border:1px solid #ff3399;
    width:200px;
    height:250px;
    float:left;
    }
#right{
    background-color:#ffcc33;
    border:1px solid #ff3399;
    height:250px;
}
</style>
```

这样，左列将呈现 200px 的宽度，而右列将根据浏览器窗口大小自动适应，如图 11.12 和图 11.13 所示。

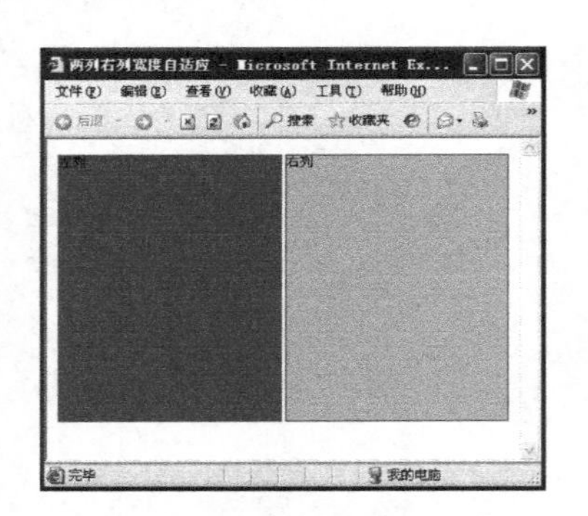

图 11.12 右列宽度

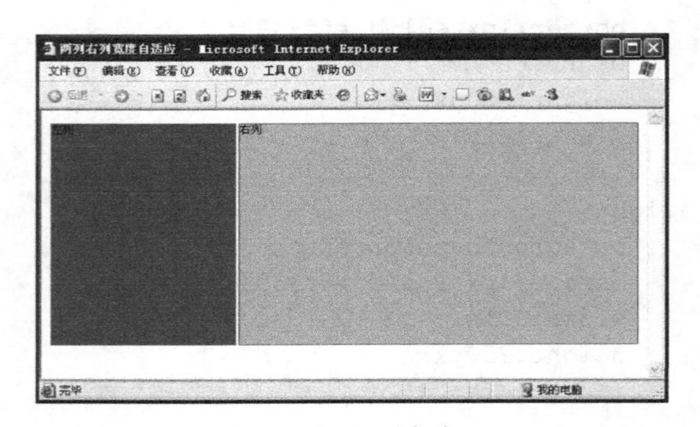

图 11.13 右列宽度

11.4.6 三列浮动中间宽度自适应

使用浮动定位方式，从一列到多列的固定宽度及自适应，基本上可以简单完成，包括三列的固定宽度。而在这里给我们提出了一个新的要求，希望有一个三列式布局，基中左列要求固定宽度，并居左显示，右列要求固定宽度并居右显示，而中间列需要在左列和右列的中间，根据左右列的间距变化自动适应。

在开始这样的三列布局之前，有必要了解一个新的定位方式——绝对定位。前面的浮动定位方式主要由浏览器根据对象的内容自动进行浮动方向的调整，但是当这种方式不能满足定位需求时，就需要新的方法来实现。CSS 提供的除去浮动定位之外的另一种定位方式就是绝对定位，绝对定位使用 position 属性来实现。

下面讲述三列浮动中间宽度自适应布局的创建，具体操作步骤如下。

❶ 在 HTML 文档的<head>与</head>之间相应的位置输入定义的 CSS 样式代码，如下所示。

```
<style>
body{
    margin:0px;
}
#left{
    background-color:#00cc00;
    border:2px solid #333333;
    width:100px;
    height:250px;
    position:absolute;
    top:0px;
    left:0px;
}
#center{
    background-color:#ccffcc;
    border:2px solid #333333;
    height:250px;
    margin-left:100px;
    margin-right:100px;
}
#right{
    background-color:#00cc00;
    border:2px solid #333333;
    width:100px;
    height:250px;
    position:absolute;
    right:0px;
    top:0px;
}
</style>
```

❷ 然后在 HTML 文档的<body>与<body>之间的正文中输入以下代码，给 Div 使用 left、right 和 center 作为 id 名称。

```
<Div id="left">左列</Div>
<Div id="center">右列</Div>
<Div id="right">右列</Div>
```

❸ 在浏览器中浏览，如图 11.14 所示，随着浏览器窗口的改变，中间宽度是变化的。

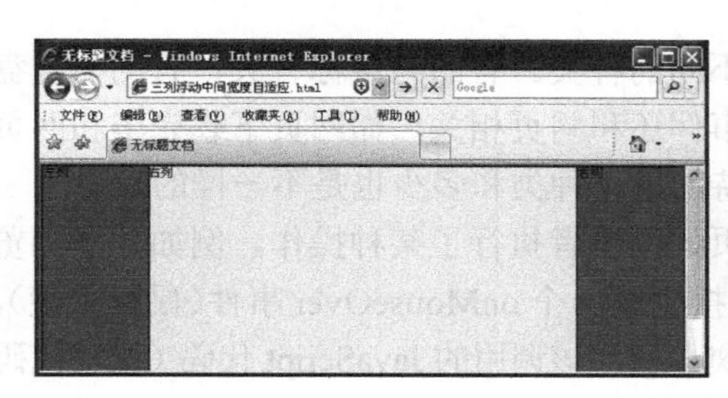

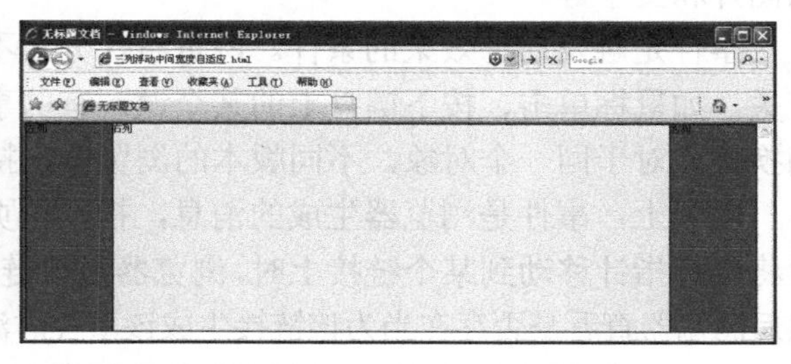

图 11.14　中间宽度自适应

第12章

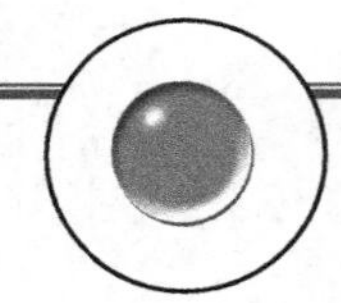

利用行为和脚本制作动感特效网页

行为可以说是 DreamweaverCS6 中最有特色的功能，它可以让用户不用编写一行 JavaScript 代码即可实现多种动态页面效果。Dreamweaver CS6 中自带的行为多种多样、功能强大。

JavaScript 语言在实际设计网页过程中非常有用，运用它可以设计出一些丰富多彩的网页。JavaScript 的出现使得信息和用户之间不仅是显示和浏览的关系，而且也实现了实时的、动态的、可交互的表达。本章将详细介绍使用行为和 JavaScript 制作动感特效网页。

学习目标

- 了解行为概述
- 掌握 Dreamweaver CS6 内置行为的使用
- 掌握利用脚本制作特效网页

12.1 行为的概述

有许多优秀的网页，它们不只包含文本和图像，还有许多其他交互式的效果，例如当鼠标移动到某个图像或按钮上，特定位置便会显示出相关信息，又或者一个网页打开的同时等。其实它们使用的就是本章中将要介绍的内容，Dreamweaver 的另一大功能——行为，利用它可以在网页中实现许多精彩的交互效果。

行为是用来动态响应用户操作、改变当前页面效果或是执行特定任务的一种方法。行为是由对象、事件和动作构成。

对象是产生行为的主体。网页中的很多元素都可以成为对象，如整个 HTML 文档、插入的图片和文字等。

事件是触发动态效果的条件。网页事件分为不同的种类。有的与鼠标有关，有的与键盘有关，如鼠标单击、按下键盘上的某个键。有的事件还和网页相关，如网页下载完毕和网页切换等。对于同一个对象，不同版本的浏览器支持的事件种类和多少也是不一样的。

实际上，事件是浏览器生成的消息，指示该页的浏览者执行了某种操作。例如，当浏览者将鼠标指针移动到某个链接上时，浏览器为该链接生成一个 onMouseOver 事件（鼠标上滚），然后浏览器查看是否存在当为该链接生成该事件时浏览器应该调用的 JavaScript 代码（这些代码是在被查看的页中指定的）。不同的页元素定义了不同的事件，例如，在大多数浏览器中 onMouseOver（鼠标上滚）和 onClick（鼠标单击）是与链接关联的事件，而 onLoad（网页载入）是与图像和文档的 body 部分关联的事件。

动作是由预先编写的 JavaScript 代码组成的，这些代码执行特定的任务，例如打开浏览器窗口、显示或隐藏 AP 元素、图片的交换、链接的改变和弹出信息等。随 Dreamweaver 提供的动作是由 Dreamweaver 工程师精心编写的，提供了最大的跨浏览器兼容性。

Dreamweaver 提供大约二十多个行为动作，如果读者需要更多的行为，可以到 Adobe Exchange 官方网页（http://www.adobe.com/cn/exchange/）以及第三方开发人员站点上进行搜索和下载。

12.2 行为的动作和事件

在 Dreamweaver 中，行为是事件和动作的组合。事件是特定的时间或是用户在某时所发出的指令后紧接着发生的，而动作是事件发生后网页所要做出的反应。

12.2.1 常见的动作类型

动作是最终产生的动态效果，动态效果可能是播放声音、交换图像、弹出提示信息、自动关闭网页等。表 12-1 所示为 Dreamweaver 提供的常见动作。

表 12-1　常见动作

调用 JavaScript	调用 JavaScript 特定函数
改变属性	改变选定客体的属性
检查浏览器	根据访问者的浏览器版本，显示适当的页面
检查插件	确认是否设有运行网页的插件
拖动 AP 元素	允许在浏览器中自由拖动 AP 元素
转到 URL	可以转到特定的站点或者网页文档上
隐藏弹出式菜单	隐藏在 Dreamweaver 上制作的弹出窗口
跳转菜单	可以建立若干个链接的跳转菜单
跳转菜单开始	在跳转菜单中选定要移动的站点之后，只有单击 GO 按钮才可以移动到链接的站点上
打开浏览器窗口	在新窗口中打开 URL
弹出消息	设置的事件发生之后，显示警告信息
预先载入图像	为了在浏览器中快速显示图片，事先下载图片之后显示出来
设置导航栏图像	制作由图片组成菜单的导航条
设置框架文本	在选定的帧上显示指定的内容
设置 AP 元素文本	在选定的 AP 元素上显示指定的内容
设置状态栏文本	在状态栏中显示指定的内容
设置文本域文字	在文本字段区域显示指定的内容
显示弹出式菜单	显示弹出菜单
显示-隐藏 AP 元素	显示或隐藏特定的 AP 元素
交换图像	发生设置的事件后，用其他图片来取代选定的图片
恢复交换图像	在运用交换图像动作之后，显示原来的图片
检查表单	检查表单文档有效性的时候使用

12.2.2 事件

事件就是指在特定情况下发生选定行为动作的功能。例如，单击图片之后转移到特定站点上，发生这种行为是因为事件被指定了 onClick，所以在单击图片的一瞬间发生了转移到特定站点的这一动作。表 12-2 所示为 Dreamweaver 中常见的事件。

表 12-2　Dreamweaver 中常见的事件

onAbort	在浏览器窗口中停止加载网页文档的操作时发生的事件
onMove	移动窗口或者框架时发生的事件
onLoad	选定的对象出现在浏览器上时发生的事件
onResize	访问者改变窗口或帧的大小时发生的事件
onUnLoad	访问者退出网页文档时发生的事件
onClick	用鼠标单击选定元素的一瞬间发生的事件
onBlur	鼠标指针移动到窗口或帧外部，即在这种非激活状态下发生的事件
onDragDrop	拖动并放置选定元素的那一瞬间发生的事件
onDragStart	拖动选定元素的那一瞬间发生的事件
onFocus	鼠标指针移动到窗口或帧上，即激活之后发生的事件
onMouseDown	单击鼠标右键一瞬间发生的事件
onMouseMove	鼠标指针指向字段并在字段内移动
onMouseOut	鼠标指针经过选定元素之外时发生的事件
onMouseOver	鼠标指针经过选定元素上方时发生的事件
onMouseUp	单击鼠标右键，然后释放时发生的事件
onScroll	访问者在浏览器上移动滚动条的时候发生的事件
onKeyDown	当访问者按下任意键时产生
onKeyPress	当访问者按下和释放任意键时产生
onKeyUp	在键盘上按下特定键并释放时发生的事件
onAfterUpdate	更新表单文档内容之后发生的事件
onBeforeUpdate	改变表单文档项目之前发生的事件
onChange	访问者修改表单文档的初始值时发生的事件
onReset	将表单文档重设置为初始值时发生的事件
onSubmit	访问者传送表单文档时发生的事件
onSelect	访问者选定文本字段中的内容时发生的事件
onError	在加载文档的过程中，发生错误时发生的事件
onFilterChange	运用于选定元素的字段发生变化时发生的事件
OnfinishMarquee	用功能来显示的内容结束时发生的事件
OnstartMarquee	开始应用功能时发生的事件

12.3 使用 Dreamweaver 内置行为

Dreamweaver CS6 提供了很多行为动作，这些行为动作都是一些比较常用的功能，Dreamweaver 自带的行为是在 Internet Explorer 4.0 以及更高版本中使用而编写的。使用行为，可以使网页具有动感效果，下面就通过实例讲述 Dreamweaver 内置行为的使用。

12.3.1 交换图像

交换图像就是当鼠标指针经过图像时，原图像会变成另外一幅图像。一个交换图像其实是由两幅图像组成的：原始图像（当页面显示时候的图像）和交换图像（当鼠标指针经过原始图像时显示的图像）。组成图像交换的两幅图像必须有相同的尺寸；如果两幅图像的尺寸不同，Dreamweaver 会自动将第二幅图像尺寸调整成第一幅同样大小。具体操作步骤如下。

❶ 打开素材文件 CH12/12.3.1/index.html，如图 12.1 所示。

图 12.1 打开素材文件

❷ 选择菜单中的【窗口】|【行为】命令，打开【行为】面板，在面板中单击【添加行为】按钮，在弹出的菜单中选择【交换图像】选项，如图 12.2 所示。

图 12.2 选择【交换图像】选项

❸ 选择后，打开【交换图像】对话框，在对话框中单击【设定原始档为】文本框右边的【浏览】按钮，弹出【选择图像源文件】对话框，在中选择相应的图像文件 images/index_02.jpg，如图 12.3 所示。

❹ 单击【确定】按钮，输入新图像的路径和文件名，如图 12.4 所示。

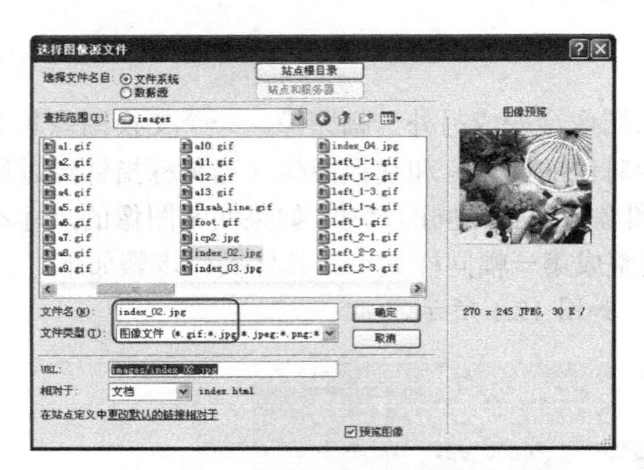
图 12.3 【选择图像源文件】对话框

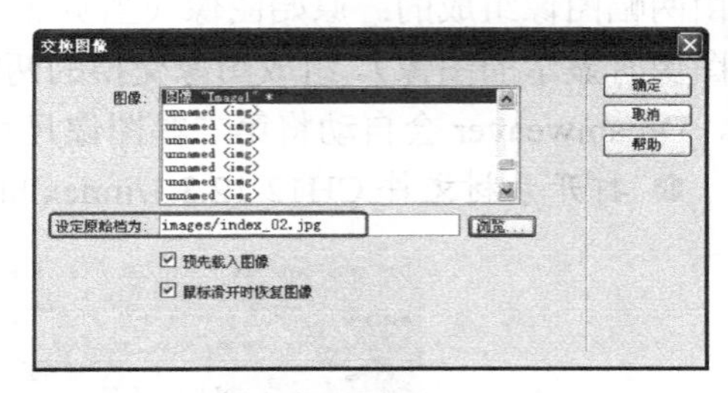
图 12.4 【交换图像】对话框

在【交换图像】对话框中可以进行如下设置。

- 【图像】：在列表中选择要更改其来源的图像。
- 【设定原始档为】：单击【浏览】按钮选择新图像文件，文本框中显示新图像的路径和文件名。
- 【预先载入图像】：勾选该复选框，这样在载入网页时，新图像将载入到浏览器的缓冲中，防止当该图像出现时由于下载而导致的延迟。
- 【鼠标滑开时恢复图像】：选择该选项，则鼠标离开设定行为的图像对象时，恢复显示原始图像。

❺ 单击【确定】按钮，添加行为，如图 12.5 所示。

❻ 保存文档，在浏览器中浏览效果，交换图像前效果如图 12.6 所示，交换图像后效果如图 12.7 所示。

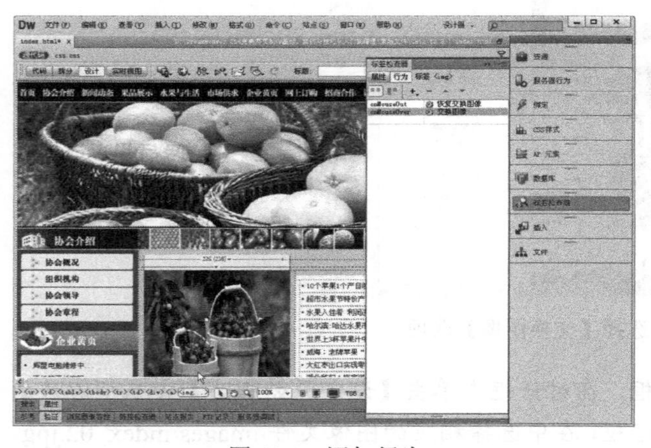
图 12.5 添加行为

图 12.6 交换图像前的效果

图 12.7　交换图像后的效果

12.3.2　弹出信息

当浏览者单击一个按钮，或者执行了某一个动作后，可在网页中显示一个消息框。创建弹出消息效果的具体操作步骤如下。

❶ 打开素材文件 CH12/12.3.2/index.html，如图 12.8 所示。

图 12.8　打开素材文件

❷ 单击窗口左下角的<body>标签，选择菜单中的【窗口】|【行为】命令，打开【行为】面板，在面板中单击 + 按钮，在弹出的菜单中选择【弹出信息】选项，如图 12.9 所示。

❸ 选择命令后，打开【弹出信息】对话框，在对话框中的【消息】文本框中输入“免费下载铃声！”，如图 12.10 所示。

❹ 单击【确定】按钮，添加行为，将事件设置为 onLoad，如图 12.11 所示。

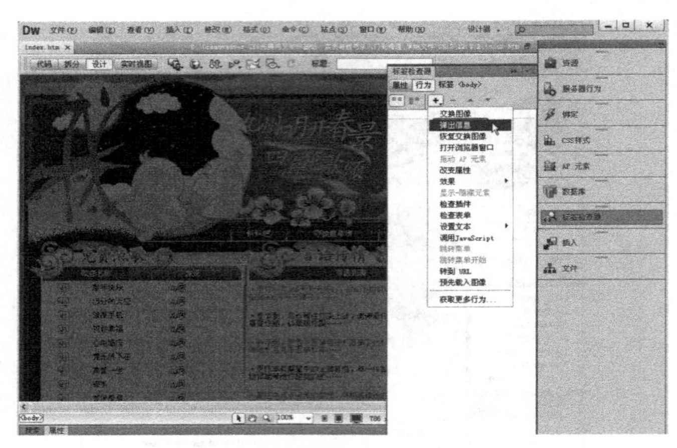

图 12.9　选择【弹出信息】选项

图 12.10 【弹出信息】对话框　　　　图 12.11　添加行为

❺ 保存文档，按<F12>键在浏览器中预览效果，如图 12.12 所示。

图 12.12　弹出信息效果图

12.3.3 打开浏览器窗口

使用【打开浏览器窗口】动作可以在一个新的窗口中打开 URL，可以指定新窗口的属性、特性和名称，例如访问者在使用此行为单击缩略图时，在一个单独的窗口中打开一个较大的图像，使新窗口与图像恰好一样大。

如果不指定该窗口的任何属性，在打开时它的大小和属性与启动它的窗口相同，指定窗口的任何属性都将自动关闭所有的其他未显示打开的属性，例如不为窗口设置任何属性，它将以 640×480 像素打开，并具有导航条、地址工具栏、状态栏和菜单条，如果将宽显示设置为 640，高度设置为 480，并且不设置其他属性，则该窗口将以 640×480 像素的大小打开，并且不具有任何导航条、地址工具栏、状态栏、菜单条。制作打开浏览器窗口动作的具体操作步骤如下。

❶ 打开素材文件 CH12/12.3.3/index.html，如图 12.13 所示。

图 12.13　打开素材文件

❷ 单击窗口左下角的<body>标签，选择菜单中的【窗口】|【行为】命令，打开【行为】面板，在面板中单击 + 按钮，在弹出的菜单中选择【打开浏览器窗口】选项，如图 12.14 所示。

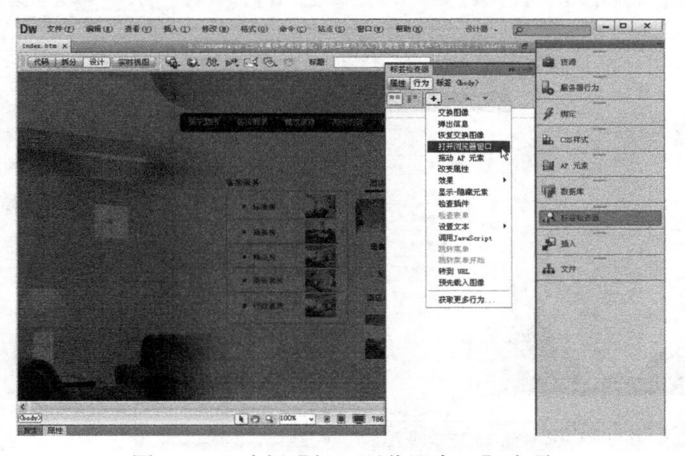

图 12.14　选择【打开浏览器窗口】选项

❸ 选择选项后，打开【打开浏览器窗口】对话框，在对话框中单击【浏览】按钮，打开【选择文件】对话框，在对话框选择文件 images/chuangkou.jpg，如图 12.15 所示。

❹ 单击【确定】按钮，添加到文本框，将【窗口宽度】和【窗口高度】分别设置为 500、250，如图 12.16 所示。

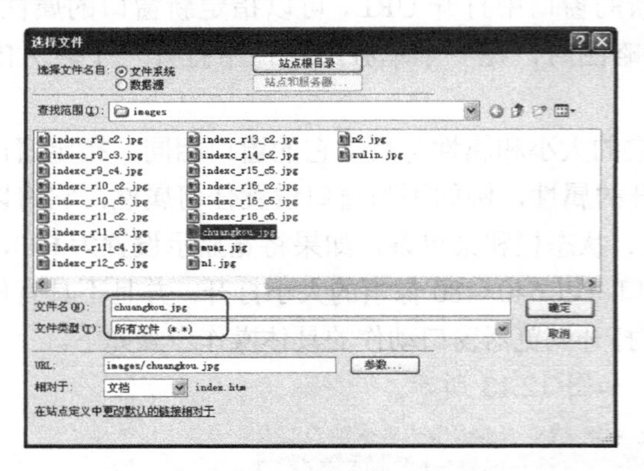

图 12.15 【选择文件】对话框

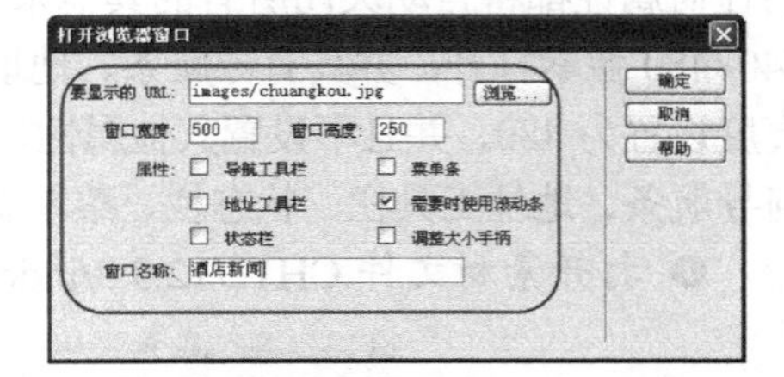

图 12.16 【打开浏览器窗口】对话框

在【打开浏览器窗口】对话框中有如下参数。

- 【窗口宽度】：指定以像素为单位的新窗口宽度。
- 【窗口高度】：指定以像素为单位的新窗口高度。
- 【导航工具栏】：浏览器按钮包括前进、后退、主页和刷新。
- 【地址工具栏】：浏览器地址栏。
- 【状态栏】：浏览器窗口底部的区域，用于显示信息。
- 【菜单条】：浏览器窗口菜单。
- 【需要时使用滚动条】：指定如果内容超过可见区域时滚动条自动出现。
- 【调整大小手柄】：指定用户是否可以调整窗口大小。
- 【窗口名称】：新窗口的名称。

❺ 单击【确定】按钮，添加行为，将事件设置为 onLoad，如图 12.17 所示。

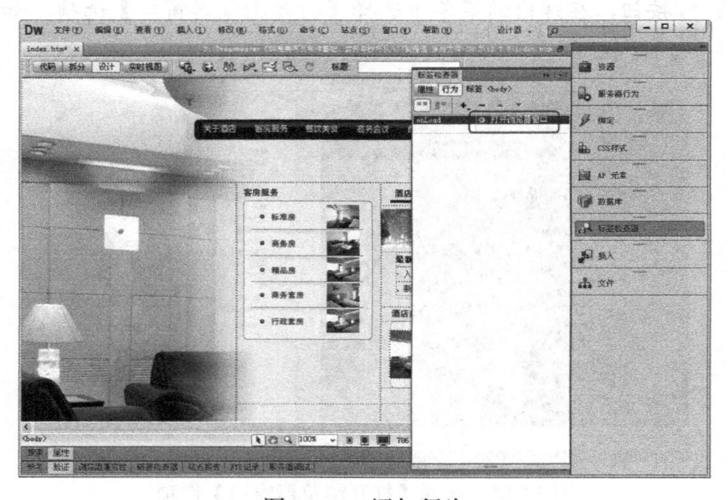

图 12.17 添加行为

❻ 保存文档，按<F12>键在浏览器中预览效果，如图 12.18 所示。

图 12.18　打开浏览器窗口效果图

12.3.4　转到 URL

跳转网页行为，可以设定在当前窗口或是指定的框架窗口中打开某一个网页。创建自动跳转页面网页操作步骤如下。

❶ 打开素材文件 CH12/12.3.4/index.html，如图 12.19 所示。

图 12.19　打开素材文件

❷ 单击窗口左下角的<body>标签，选择菜单中的【窗口】|【行为】命令，打开【行为】面板，在面板中单击 + 按钮，在弹出的菜单中选择【转到 URL】选项，如图 12.20 所示。

❸ 选择命令后，打开【转到 URL】对话框，在对话框中单击【浏览】按钮，打开【选择文件】对话框，如图 12.21 所示。

❹ 在对话框中选择要跳转的网页，单击【确定】按钮，添加到文本框中，如图 12.22 所示。

在【转到 URL】对话框中有如下参数。

- 【打开在】：选择要打开的网页。
- URL：在文本框中输入网页的路径或者单击【浏览】按钮，在打开的【选择文件】对话框中选择要打开的网页。

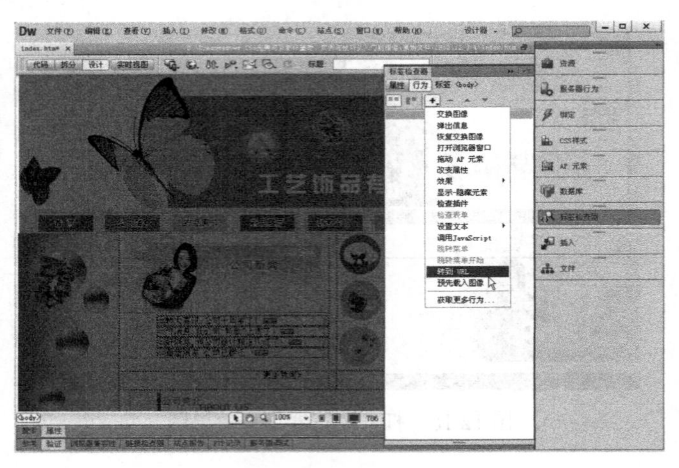

图 12.20　选择【转到 URL】选项

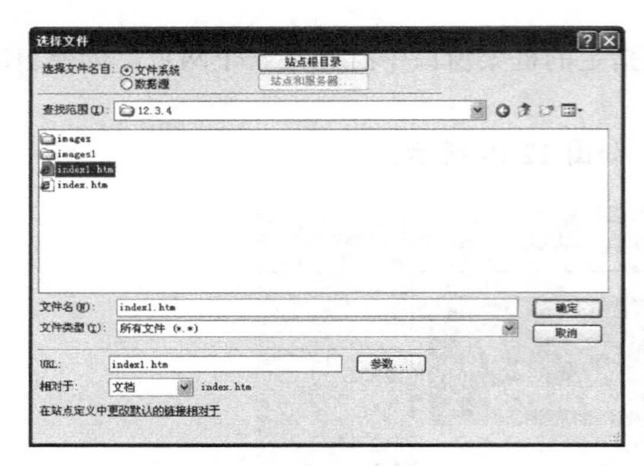

图 12.21　【选择文件】对话框

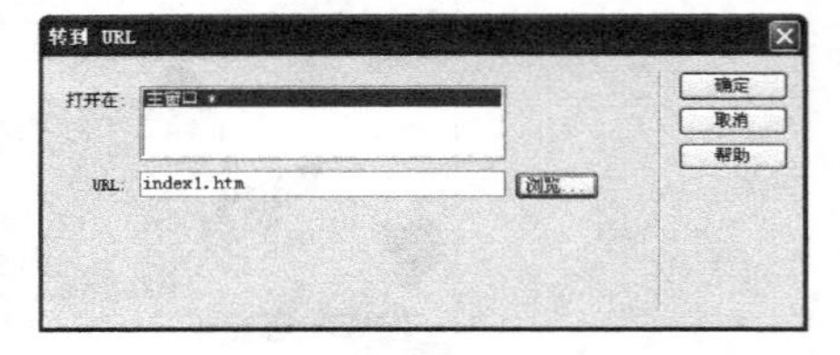

图 12.22　【转到 URL】对话框

❺ 单击【确定】按钮，添加行为，将事件设置为 onload，如图 12.23 所示。

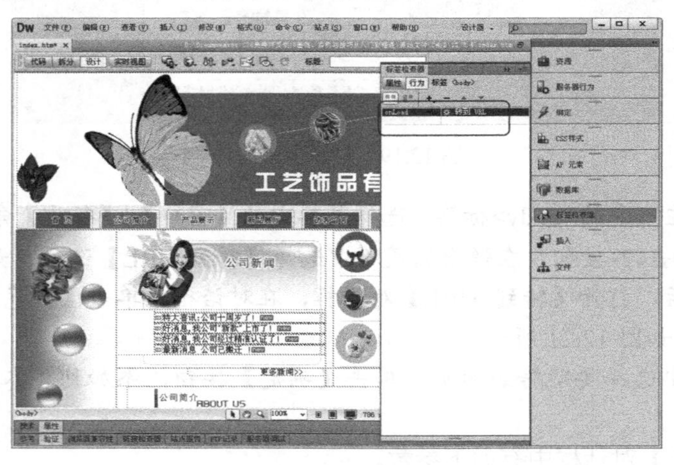

图 12.23　添加行为

❻ 保存文档，按<F12>键在浏览器中预览效果，跳转前和跳转后的页面分别如图 12.24 和图 12.25 所示。

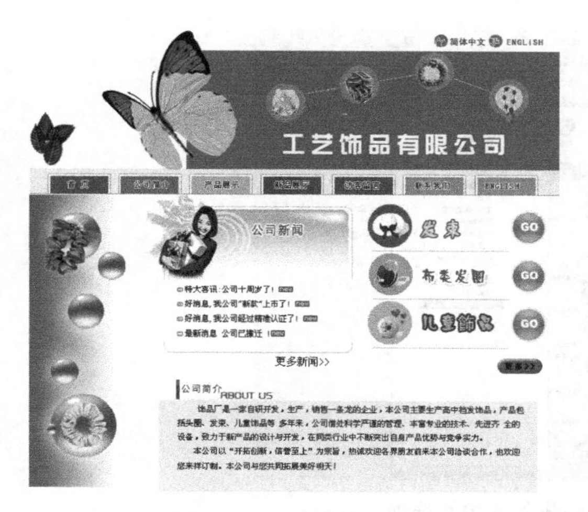

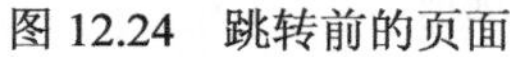
图 12.24　跳转前的页面

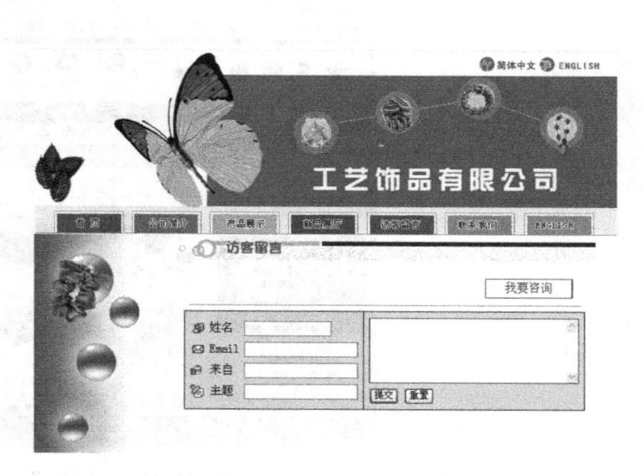

图 12.25　跳转后的页面

12.3.5　预先载入图像

当一个网页包含很多图像，但有些图像在下载时不能被同时下载，需要显示这些图像时，浏览器再次向服务器请求指令继续下载图像，这样会给网页的浏览造成一定程度的延迟。而使用【预先载入图像】动作就可以把那些不显示出来的图像预先载入浏览器的缓冲区内，这样就避免了在下载时出现的延迟。

具体操作步骤如下。

❶ 打开素材文件 CH12/12.3.5/index.html，选择图像，如图 12.26 所示。

图 12.26　打开素材文件

❷ 选择菜单中的【窗口】|【行为】命令，打开【行为】面板。在【行为】面板上单击 按钮，从弹出菜单中选择【预先载入图像】选项，如图 12.27 所示。

❸ 弹出【预先载入图像】对话框，在对话框中单击【图像源文件】文本框右边的【浏览】按钮，打开【选择图像源文件】对话框，在对话框中选择文件 images/cp-1.jpg，如图 12.28 所示。

图 12.27　选择【预先载入图像】选项

❹ 单击【确定】按钮，输入图像的名称和文件名。然后单击添加按钮，将图像加载到【预先载入图像】列表中，如图 12.29 所示。

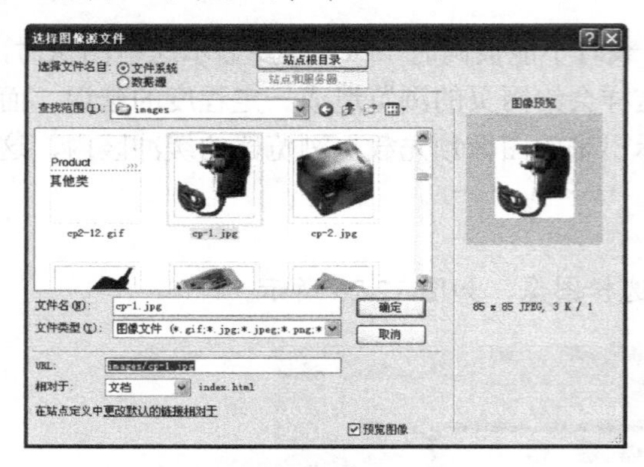

图 12.28 【选择图像源文件】对话框

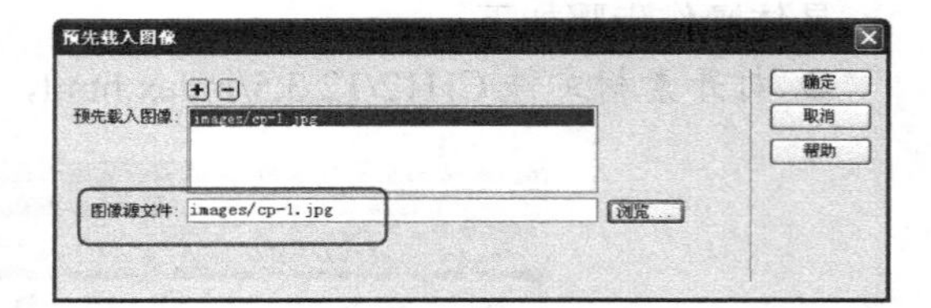

图 12.29 【预先载入图像】对话框

❺ 添加完毕后，单击【确定】按钮，添加行为，如图 12.30 所示。

❻ 保存文档，按<F12>键在浏览器中预览效果，如图 12.31 所示。

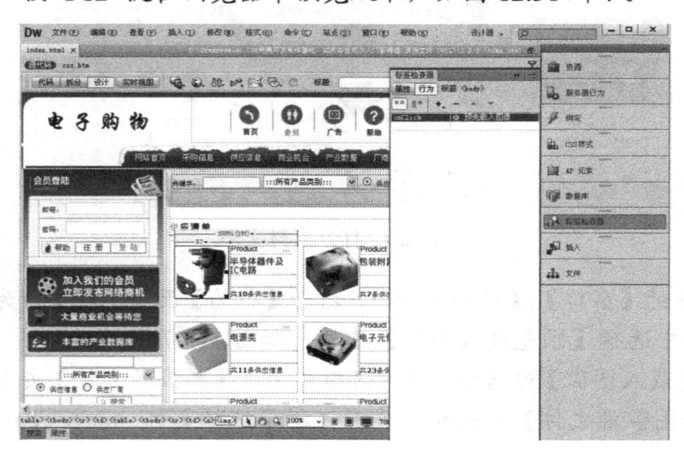

图 12.30　添加行为

图 12.31　预先载入图像的效果

提示　如果通过 Dreamweaver 向文档中添加交换图像，可以在添加时指定是否要对图像进行预载，因此不必使用这里的方法再次对图像进行预载。

12.3.6　设置容器中的文本

使用【设置容器中的文本】动作可以将指定的内容替换网页上现有 AP 元素中的内容和格式设置，具体操作步骤如下。

❶ 打开素材文件 CH12/12.3.6/index.html，选择【插入】|【布局对象】|【AP Div】命令，在网页中插入 AP 元素，如图 12.32 所示。

图 12.32　插入 AP 元素

❷ 在【属性】面板中输入 AP 元素的名字，并将【溢出】选项设置为【visible】，如图 12.33 所示。

❸ 选择菜单中的【窗口】|【行为】命令，打开【行为】面板，在【行为】面板中单击【添加行为】按钮 +，在弹出的菜单中选择【设置文本】|【设置容器的文本】命令，如图 12.34 所示。

❹ 弹出【设置容器的文本】对话框，在【容器】下拉列表框中选择目标 AP 元素，在【新建 HTML】文本框中输入文本，如图 13-35 所示。

❺ 单击【确定】按钮，添加行为，如图 12.36 所示。

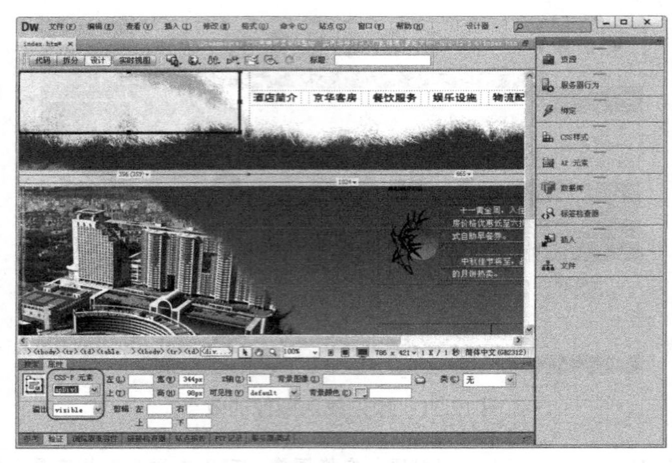

图 12.33　APDiv 属性面板

图 12.34　选择【设置容器的文本】命令

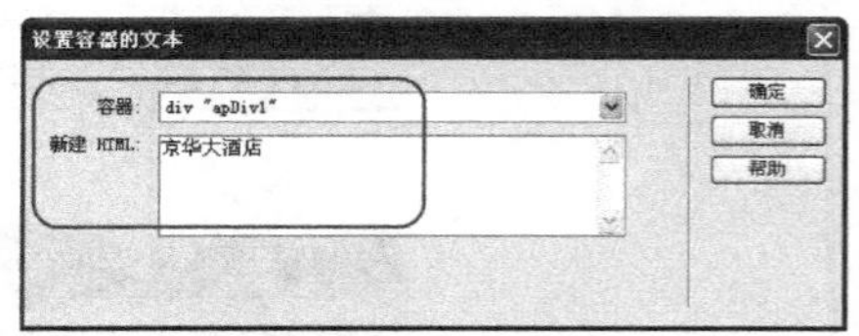

图 12.35　【设置容器的文本】对话框

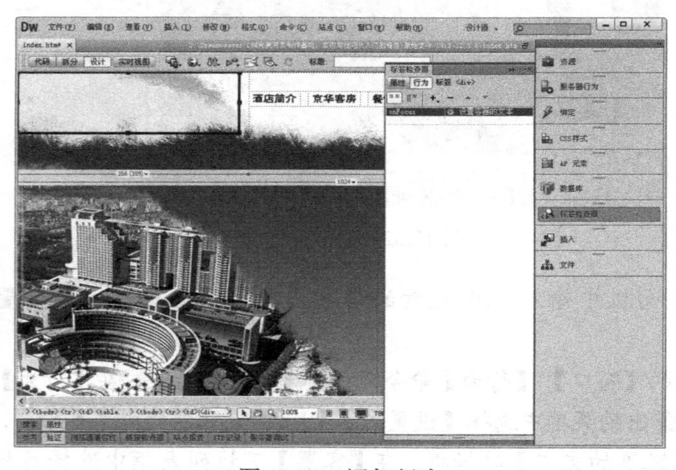

图 12.36　添加行为

❻ 保存文档，在浏览器中浏览网页，效果如图 12.37 所示。

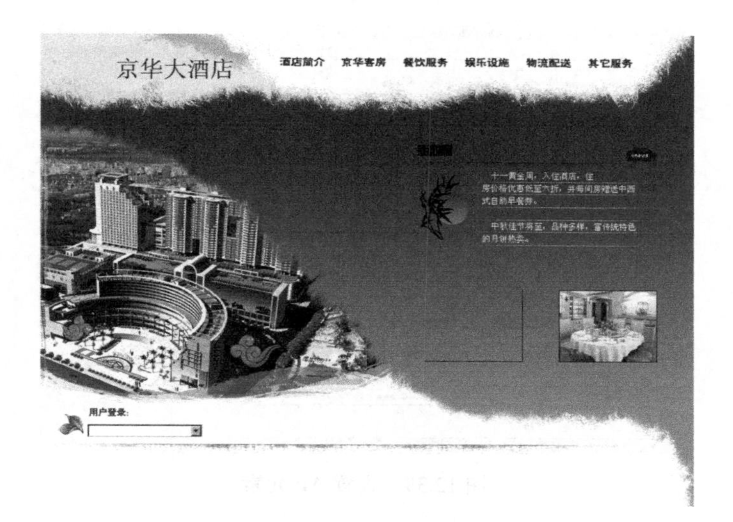

图 12.37　设置容器中的文本的效果

提示　该动作在这里仅仅是临时替换了 AP 元素中的内容，实际的 AP 元素内容并没有变化。

12.3.7　显示-隐藏元素

顾名思义，【显示-隐藏元素】动作就是改变一个或多个 AP 元素的可见性状态。【显示-隐藏元素】动作显示、隐藏或恢复一个或多个 AP 元素的默认可见性。下面讲述【显示-隐藏元素】动作的使用，具体操作步骤如下。

❶ 打开素材文件 CH12/12.3.7/index.html，选择菜单中的【插入】|【布局对象】|【AP Div】命令，插入 AP 元素，如图 12.38 所示。

图 12.38　插入 AP 元素

❷ 选择 AP 元素，在【属性】面板中调整 AP 元素的位置，将【背景颜色】设置为#A6CF07，如图 12.39 所示。

❸ 将光标置于 AP 元素中，插入 4 行 1 列的表格，【边框】设置 1，【填充】设置 3，【间距】设置为 1，如图 12.40 所示。

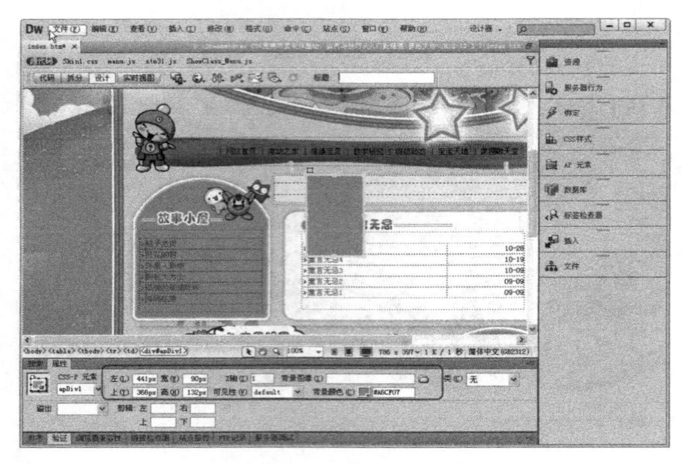

图 12.39　设置 AP 元素

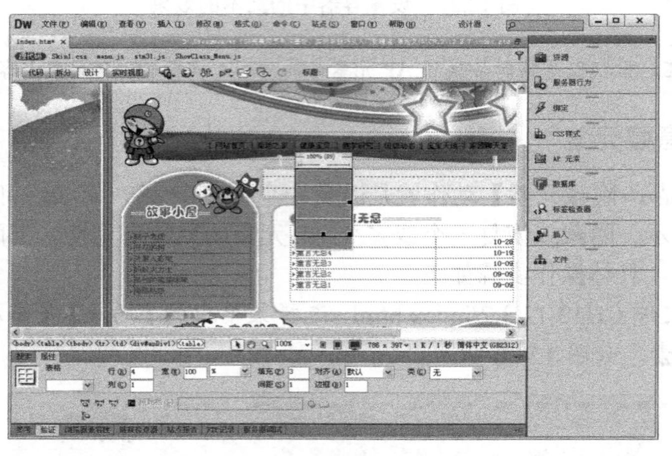

图 12.40　插入表格

❹ 将光标置于表格中，并输入相应的文本，如图 12.41 所示。

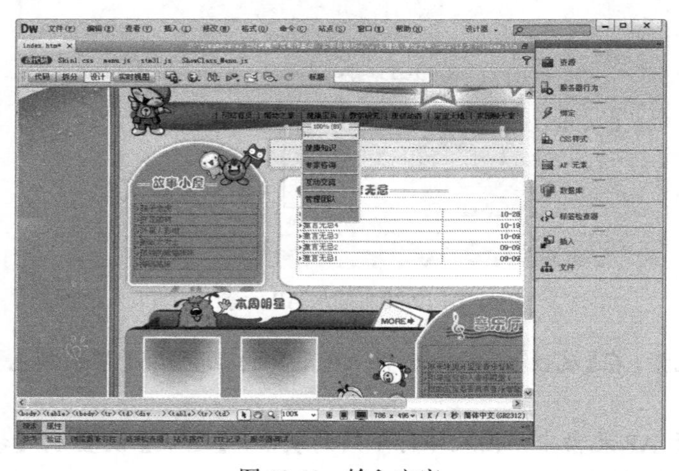

图 12.41　输入文字

❺ 选中文本“健康知识”，选择菜单中的【窗口】|【行为】命令，打开【行为】面板，在【行为】面板中单击【添加行为】按钮+，在弹出的菜单中选择【显示-隐藏元素】选项，如图 12.42 所示。

❻ 弹出【显示-隐藏元素】对话框，在【元素】中选择元素编号，并单击【显示】按钮，如图 12.43 所示。

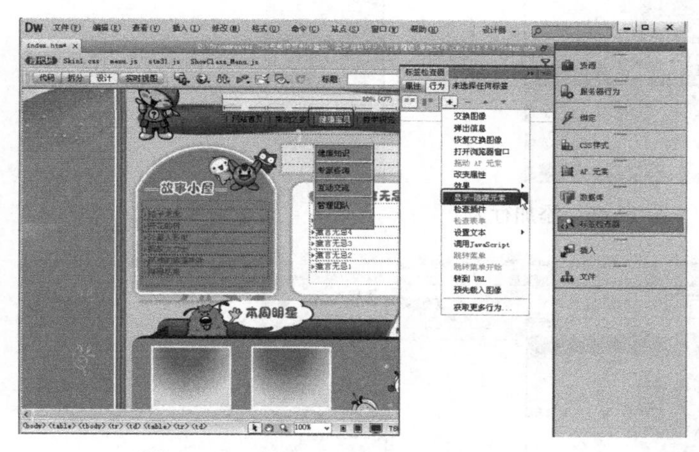

图 12.42 选择【显示-隐藏元素】选项

图 12.43 【显示-隐藏元素】对话框

❼ 单击【确定】按钮，添加行为，将【显示-隐藏元素】行为的事件更改为 onMouseOver，如图 12.44 所示。

❽ 单击【行为】面板中的+按钮，在弹出菜单中选择【显示-隐藏 AP 元素】，弹出【显示-隐藏元素】对话框，在该对话框中单击【隐藏】按钮，如图 12.45 所示。

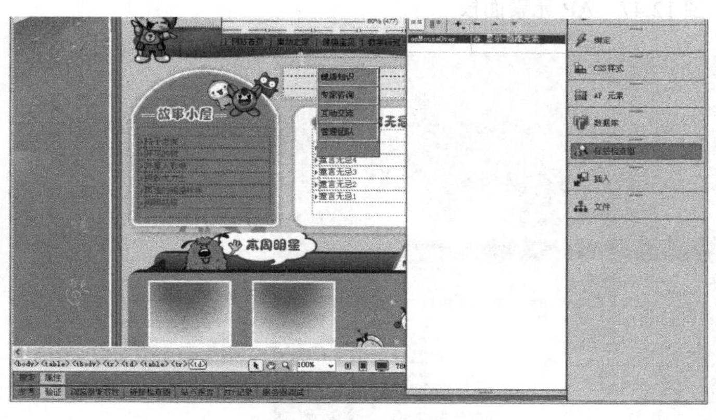

图 12.44 添加行为

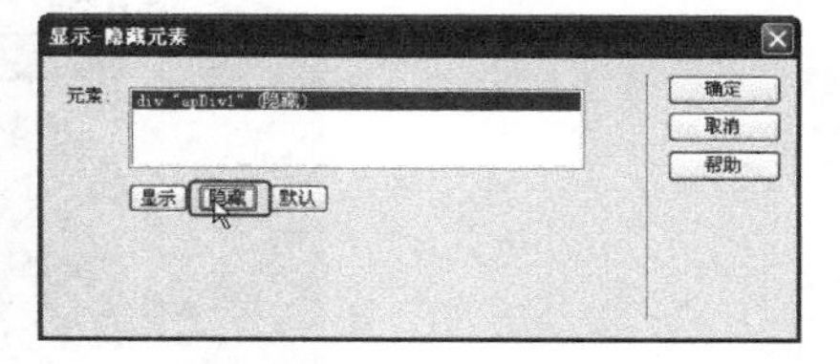

图 12.45 【显示-隐藏元素】对话框

❾ 单击【确定】按钮，返回到【行为】面板，将【显示-隐藏元素】行为的事件更改为 onMouseOut，如图 12.46 所示。

❿ 选择菜单中的【窗口】|【AP 元素】命令，打开【AP 元素】面板，在面板中的 apDiv1 前面单击出现按钮，如图 12.47 所示。

⓫ 保存文档，按<F12>键即可在浏览器中浏览效果，如图 12.48 所示。

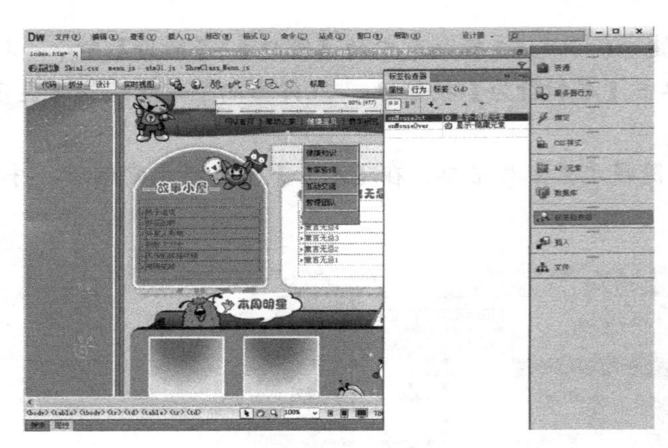

图 12.46　添加行为

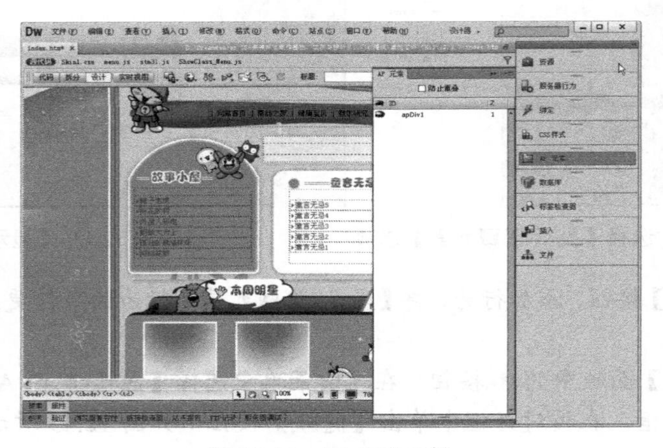

图 12.47　AP 元素面板

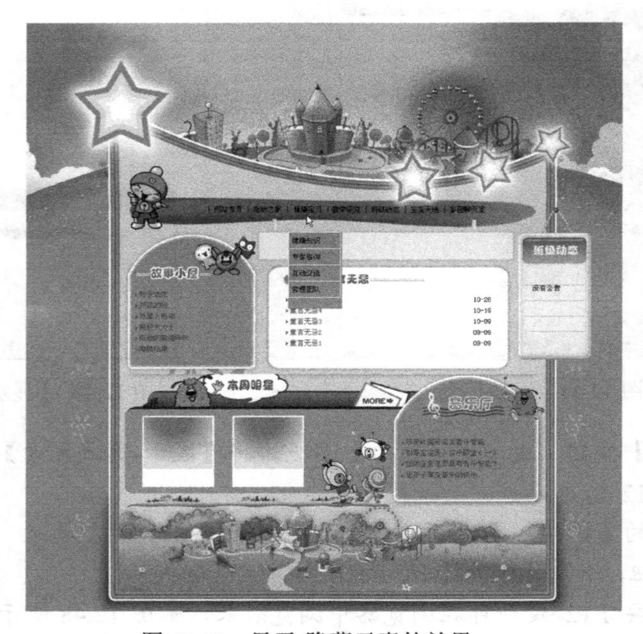

图 12.48　显示-隐藏元素的效果

12.3.8 检查插件

【检查插件】动作用来检查访问者的计算机中是否安装了特定的插件，从而决定将访问者带到不同的页面，【检查插件】动作具体使用方法如下。

图 12.49 【检查插件】对话框

❶ 打开【行为】面板，单击【行为】面板中的+按钮，在弹出菜单中选择【检查插件】，弹出【检查插件】对话框，如图 12.49 所示。

在【检查插件】对话框中可以设置以下参数。

- 【插件】：在下拉列表中选择一个插件，或单击【输入】左边的单选按钮并在右边的文本框中输入插件的名称。
- 【如果有，转到 URL】：为具有该插件的访问者指定一个 URL。
- 【否则，转到 URL】：为不具有该插件的访问者指定一个替代 URL。

❷ 设置完成后，单击【确定】按钮。

> 提示　如果指定一个远程的 URL，则必须在地址中包括 http://前缀；若要让具有该插件的访问者留在同一页上，此文本框不必填写任何内容。

12.3.9 检查表单

【检查表单】动作检查指定文本域的内容以确保用户输入了正确的数据类型。使用 onBlur 事件将此动作分别附加到各文本域，在用户填写表单时对文本域进行检查；或使用 onSubmit 事件将其附加到表单，在用户单击【提交】按钮时同时对多个文本域进行检查。将此动作附加到表单防止表单提交到服务器后任何指定的文本域包含无效的数据。

下面通过实例讲述【检查表单】动作的使用，具体操作步骤如下。

❶ 打开素材文件 CH12/12.3.9/index.html，在文档中选中文本域，如图 12.50 所示。

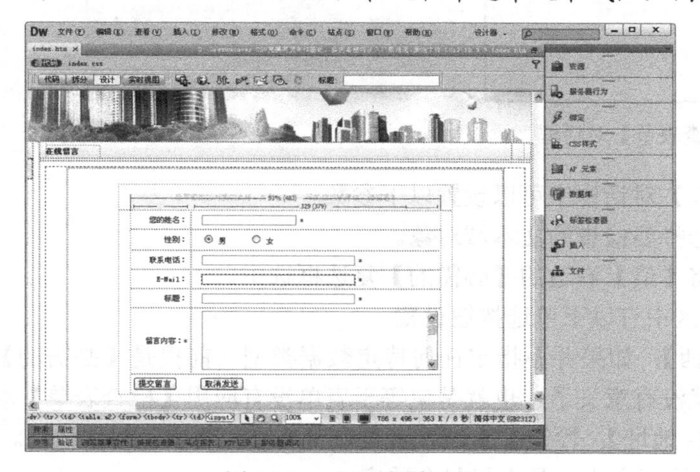

图 12.50 打开素材文件

❷ 打开【行为】面板。单击【行为】面板中的【添加行为】+按钮，从弹出的菜单中选择【检查表单】选项，如图 12.51 所示。

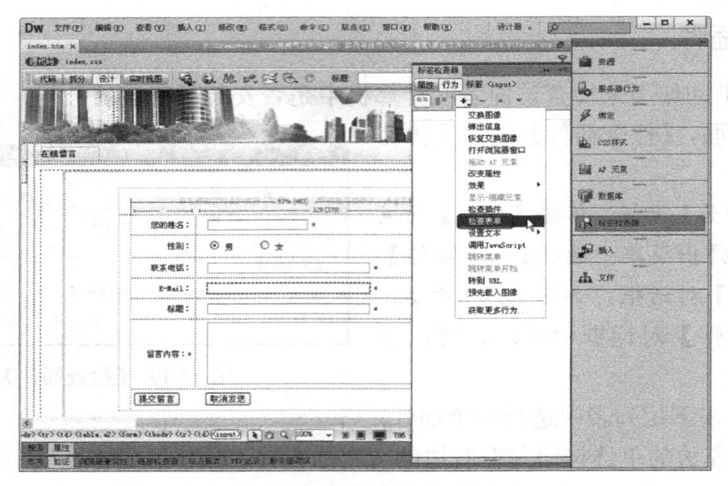

图 12.51 选择【检查表单】选项

❸ 弹出【检查表单】对话框，在对话框中勾选【值】右边的文本框，在【可接受】选项中选择电子邮件地址，如图 12.52 所示。

❹ 单击【确定】按钮，添加行为，如图 12.53 所示。

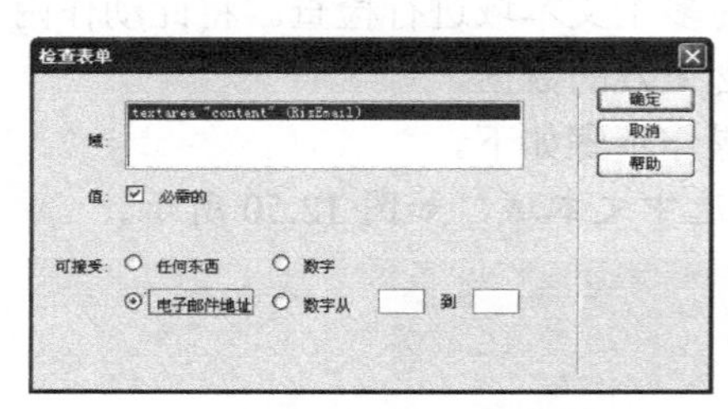

图 12.52 【检查表单】对话框

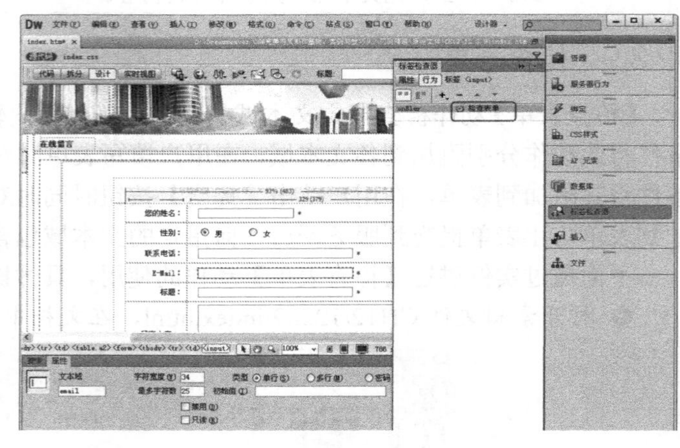

图 12.53 添加行为

在【检查表单】对话框中可以设置以下参数。

在【域】中选择要检查的文本域对象。

在对话框中将【值】右边的【必需的】复选框选中。

【可接受】选区中有以下单选按钮设置。

- 【任何东西】：如果并不指定任何特定数据类型（前提是【必需的】复选框没有被勾选）该单选按钮就没有意义了，也就是说等于表单没有应用【检查表单】动作。
- 【电子邮件地址】：检查文本域是否含有带@符号的电子邮件地址。
- 【数字】：检查文本域是否仅包含数字。
- 【数字从】：检查文本域是否仅包含特定数列的数字。

❺ 保存文档，按<F12>键即可在浏览器浏览效果，如图 12.54 所示。

图 12.54 检查表单动作的效果

12.3.10 设置状态栏文本

【设置状态栏文本】动作在浏览器窗口底部左侧的状态栏中显示消息。可以使用此动作在状态栏中说明链接的目标而不是显示与之关联的 URL。设置状态栏文本的具体操作步骤如下。

❶ 打开素材文件 CH12/12.3.10/index.html，如图 12.55 所示。

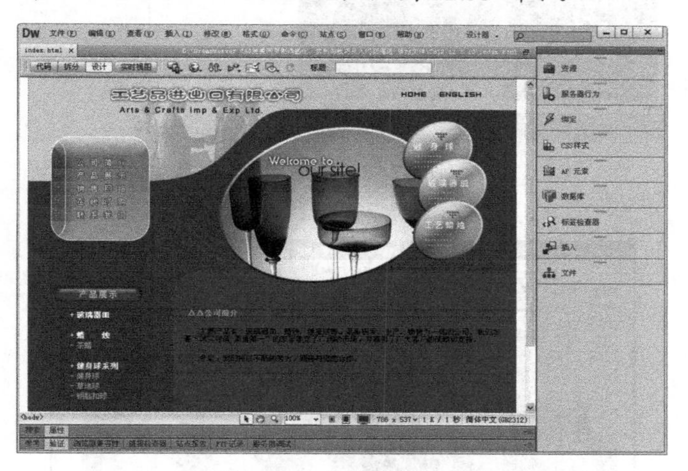

图 12.55 打开素材文件

❷ 单击窗口左下角的<body>标签，打开【行为】面板，在面板中单击 + 按钮，在弹出的菜单中选择【设置文本】|【设置状态栏文本】选项，如图 12.56 所示。

❸ 选择选项后，打开【设置状态栏文本】对话框，在对话框中的【消息】文本框中输入"欢迎光临我们的网站!"，如图 12.57 所示。

❹ 单击【确定】按钮，添加行为，将事件设置为 onMouseOver，如图 12.58 所示。

❺ 保存文档，按<F12>键在浏览器中预览效果，如图 12.59 所示。

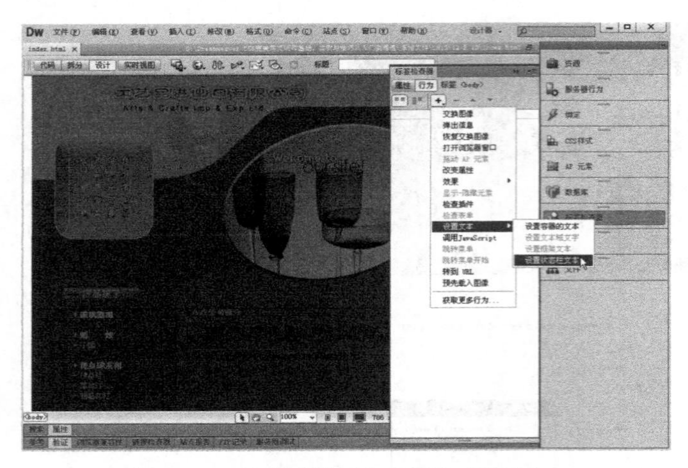

图 12.56　选择【设置状态栏文本】选项

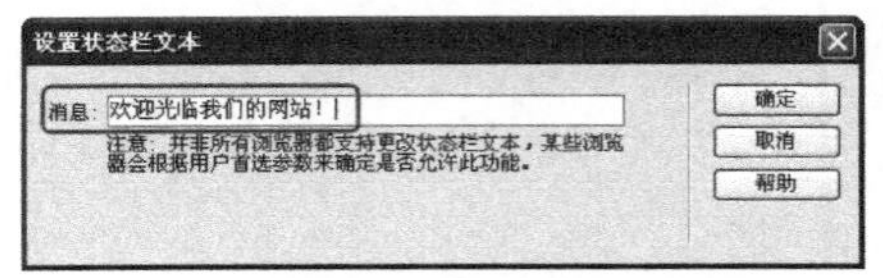

图 12.57　【设置状态栏文本】对话框

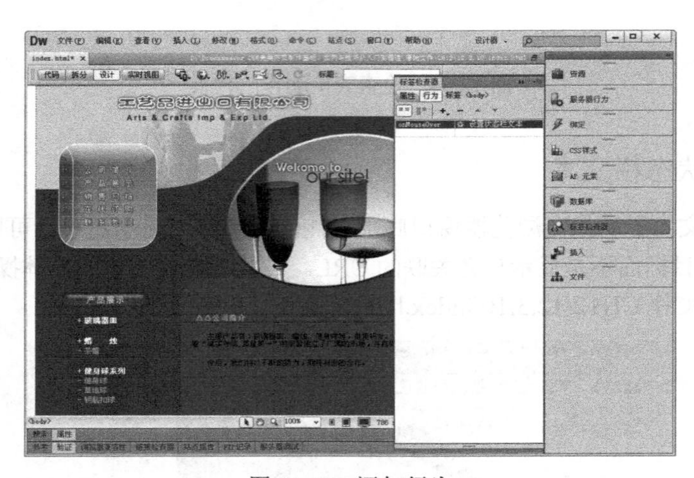

图 12.58　添加行为

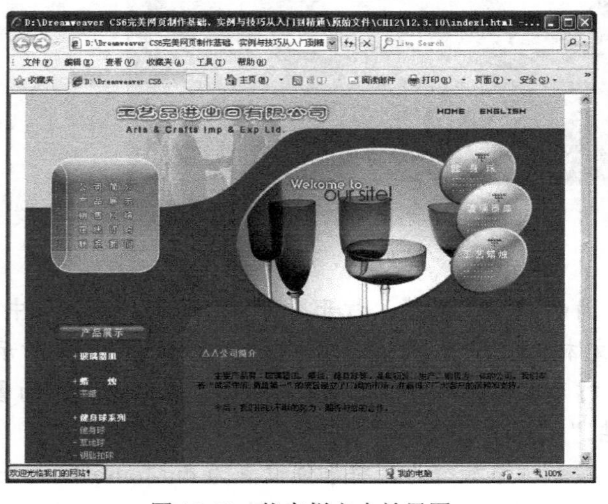

图 12.59　状态栏文本效果图

12.4 技巧与问答

除了利用 Dreamweaver 内置行为可以快速制作网页特效外，还可以利用 JavaScript 制作出丰富多彩的网页特效。JavaScript 是一种基于对象和事件驱动并具有安全性能的脚本语言，有了 JavaScript，可使网页变得生动。

第 1 问　如何制作滚动公告

可以使用标签选择器结合代码提示，在网页中插入滚动公告，具体操作步骤如下。

❶ 打开素材文件 CH12/技巧 1/index. Html，将光标放置在文档中，如图 12.60 所示。

❷ 选择菜单中的【插入】|【标签】命令，打开【标签选择器】对话框，在对话框中选择【HTML 元素】|【页面元素】|【marquee】选项，如图 12.61 所示。

❸ 单击【插入】按钮，插入标签<marquee></marquee>，关闭该对话框，切换到拆分视图，在拆分视图中可以看到插入的标签<marquee></marquee>，如图 12.62 所示。

图 12.60　打开素材文件

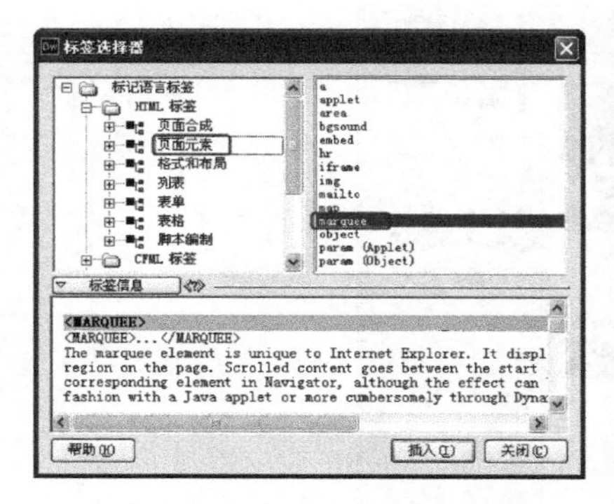

图 12.61 【标签选择器】对话框

图 12.62　插入标签

❹ 在<marquee></marquee>标签之间输入文字，如图 12.63 所示。

❺ 将光标放置在<marquee >标签内，按空格键显示该标签的属性列表，如图 12.64 所示。

❻ 选择<behavior>标签，双击插入该标签，接着又弹出属性列表，如图 12.65 所示。

图 12.63　输入文字

图 12.64　属性列表

图 12.65　属性列表

❼ 在弹出的属性列表中选择<scroll>标签，并双击插入标签，如图 12.66 所示。

❽ 将光标放置在标签的右边，按空格键显示允许的属性列表，如图 12.67 所示。

图 12.66　插入标签

图 12.67　属性列表

❾ 在弹出的属性列表中选择<align>标签，双击并插入该标签，接着又弹出属性列表，如图 12.68 所示。

图 12.68　属性列表

⑩ 在弹出的属性列表中选择<left>标签，双击插入该标签，如图 12.69 所示。

⑪ 将光标放置在该标签的右边，按空格键以显示属性列表，在弹出的属性列表中选择<width>标签，如图 12.70 所示。

图 12.69 插入标签

图 12.70 属性列表

⑫双击插入该标签，在插入的标签内输入 140，如图 12.71 所示。

⑬ 将光标放置在标签的右边，按空格键以显示属性列表，在弹出的属性列表中选择<height>标签，双击插入该标签，在标签内输入 100，如图 12.72 所示。

⑭ 将光标放置在标签的右边，按空格键以显示属性列表，在属性列表中选择<direction>标签，双击并插入该标签，接着又弹出允许的属性列表，如图 12.73 所示。

图 12.71 插入标签

图 12.72　插入标签

图 12.73　插入标签

⓯ 在弹出的属性列表中选择<up>标签，双击并插入该标签，如图 12.74 所示。

⓰ 保存文档，按<F12>键在浏览器中预览效果，如图 12.75 所示。

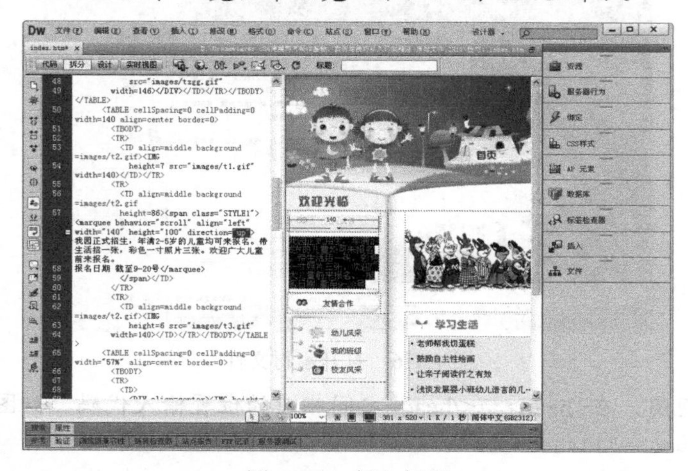

图 12.74　插入标签

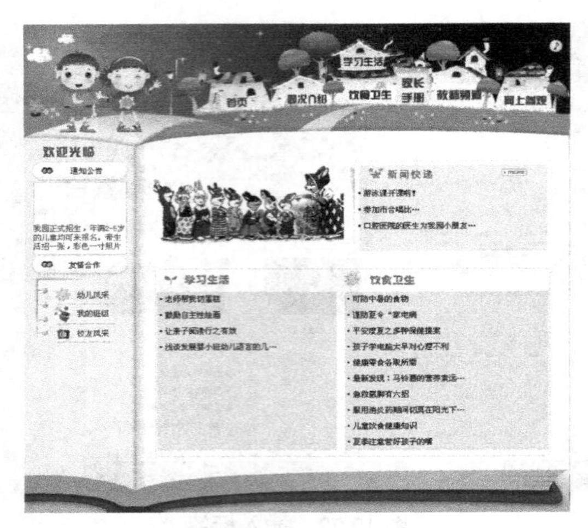

图 12.75　滚动公告效果图

提示　<marquee>主要有下列属性。
align：字幕文字对齐方式；
width：字幕宽度；
high：字幕高度；
direction：文字滚动方向，其值可取 right，left，up，down；
scrolldelay：滚动延迟时间，单位毫秒；
scrollamount：滚动数量，单位像素。

第 2 问　如何制作自动关闭网页

先定义一个关闭窗口函数 closeit()，利用 setTimeout("self.close()",1000)设置一个定时器，规定 1000 毫秒以后自动关闭当前窗口，然后在<body>内输入 onLoad="closeit()"，当加载网页时自动调用关闭窗口函数 closeit()。制作自动关闭网页的具体操作步骤如下。

❶ 打开素材文件 CH12/技巧 2/index.html，如图 12.76 所示。

图 12.76　打开素材文件

❷ 打开代码视图，在<head>与</head>之间相应的位置输入代码，如图 12.77 所示。

```
<script language="javascript">
<!--
```

```
function closeit() {
setTimeout("self.close()",1000) // 单位是毫秒，这里是 1 秒
}
</script>
```

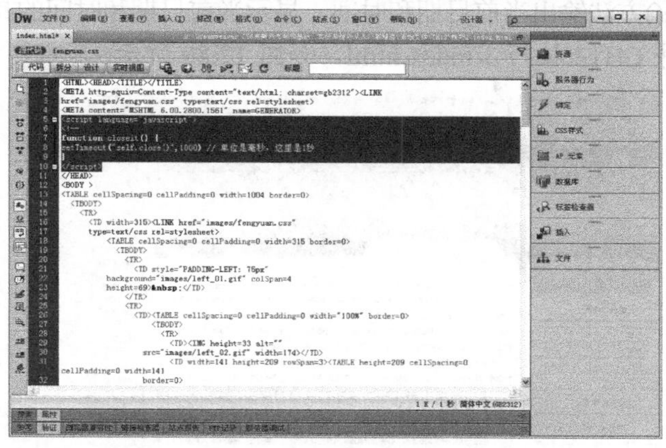

图 12.77　输入代码

❸ 在代码视图中，在<body>语句中输入代码 onLoad="closeit()"，如图 12.78 所示。

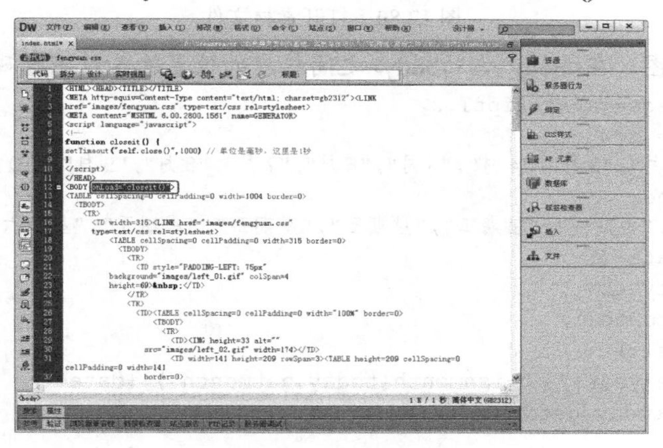

图 12.78　输入代码

❹ 保存文档，按<F12>键在浏览器中预览效果，如图 12.79 所示。

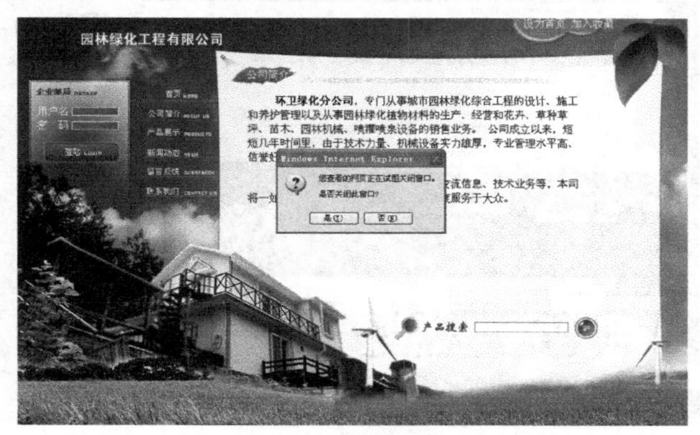

图 12.79　自动关闭网页效果图

第 3 问　如何显示当前日期和时间

首先利用 getYear()、getMonth()、getDate()和 getDay 分别获取当前年、月、日期和星期，然后利用 document.write()方法输出当前日期和时间。显示当前日期和时间的具体操作步骤如下。

❶ 打开素材文件 CH12/技巧 3/index.html，如图 12.80 所示。

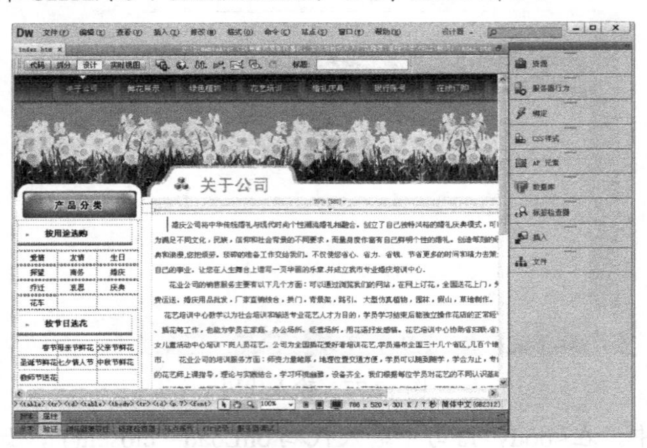

图 12.80　打开素材文件

❷ 打开代码视图，在<body>与</body>之间相应的位置输入以下代码，如图 12.81 所示。

```
<script language=javascript1.2>
var isnmonth = new
array("1月","2月","3月","4月","5月","6月","7月","8月","9月","10月","11月","12月");
var isnday = new
array("星期日","星期一","星期二","星期三","星期四","星期五","星期六","星期日");
today = new date () ;
year=today.getyear();
date=today.getdate();
if (document.all)
document.write(year+"年"+isnmonth[today.getmonth()]+date+
"日  "+isnday[today.getday()])
</script>
```

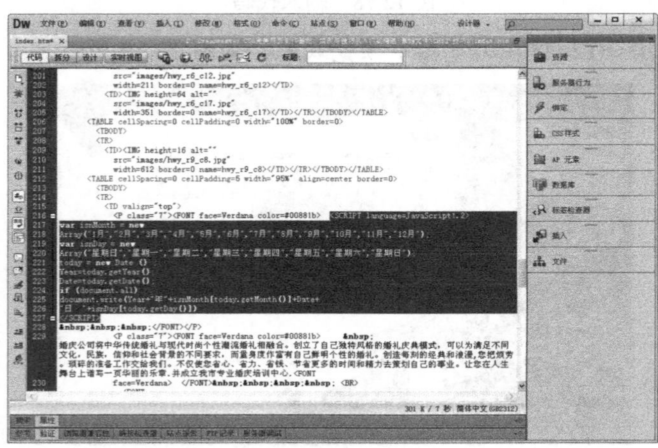

图 12.81　输入代码

❸ 保存文档，按<F12>键在浏览器中预览效果，如图 12.82 所示。

图 12.82　显示当前日期和时间效果图

第 4 问　如何将站点加入收藏夹

利用 JavaScript 将网页加入收藏夹的具体操作步骤如下。

❶ 打开素材文件 CH12/技巧 4/index.html，如图 12.83 所示。

图 12.83　打开素材文件

❷ 打开代码视图，在<body>与</body>之间的相应位置输入代码，如图 12.84 所示。

```
<a onclick="window.external.addfavorite('http://www.5555.com');return false;"
href=" " target=mainframe>收藏本网站</a>
```

❸ 保存文档，按<F12>键在浏览器中预览效果，如图 12.85 所示。

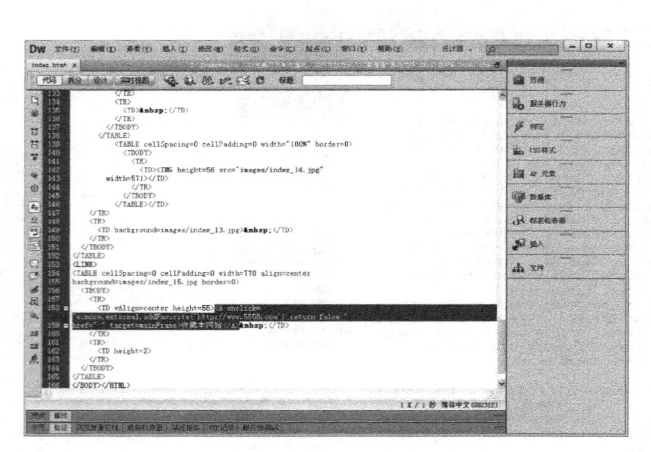

图 12.84　输入代码

图 12.85　添加收藏夹效果图

第 5 问　如何将站点设为首页

利用 JavaScript 将站点设为首页的具体操作步骤如下。

❶ 打开素材文件 CH12/技巧 5/index.html，如图 12.86 所示。

图 12.86　打开素材文件

❷ 打开代码视图，在<body>与</body>之间相应的位置输入以下代码，如图 12.87 所示。

```
<a onclick="javascript:this.style.behavior='url(#default#homepage)';
this.sethomepage('http://www.5555.com')" href="javascri pt:"shape=rect>设为首页</a>
```

❸ 保存文档，按<F12>键在浏览器中预览效果，如图 12.88 所示。

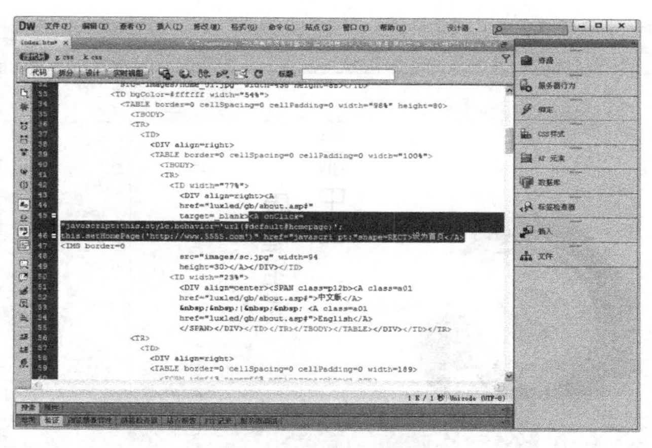

图 12.87　输入代码

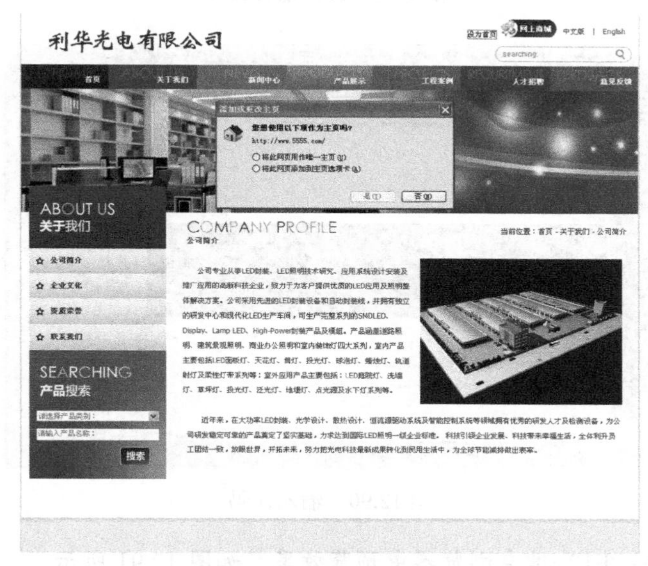

图 12.88　设置为首页效果图

第 6 问　如何实现定时关闭窗口

利用 JavaScript 实现定时自动关闭窗口的具体操作步骤如下。

❶ 打开素材文件 CH12/技巧 6/index.html，如图 12.89 所示。

❷ 打开代码视图，在<head>与</head>之间相应的位置输入以下代码，如图 12.90 所示。

```
<script language="javascript">
<!--
function clock(){i=i-1
document.title="本窗口将在"+i+"秒后自动关闭!";
if(i>0)setTimeout("clock();",1000);
else self.close();}
var i=10
clock();
//-->
</script>
```

图 12.89　打开素材文件

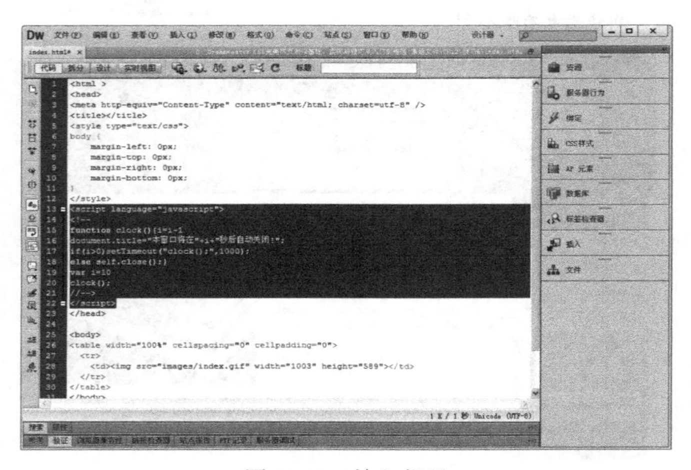

图 12.90　输入代码

❸ 保存文档，按<F12>键在浏览器中预览效果，如图 12.91 所示。

图 12.91　定时自动关闭窗口效果图

第7问 如何为页面设置访问口令

利用脚本语言可以为页面设置访问口令，这样可以限制一些不必要的人访问，具体操作步骤如下。

❶ 打开素材文件CH12/技巧7/index.html，如图12.92所示。

图12.92 打开素材文件

❷ 打开代码视图，在<head>与</head>之间相应的位置输入以下代码，如图12.93所示。

```
<script language="JavaScript"><!--
var pd=""
var rpd="huanying"
pd=prompt("请输入密码:","")
if(pd!=rpd){
alert("密码不正确!")
history.back()
}else{
alert("密码正确!")
window.href="index.htm"
}
// --></script>
```

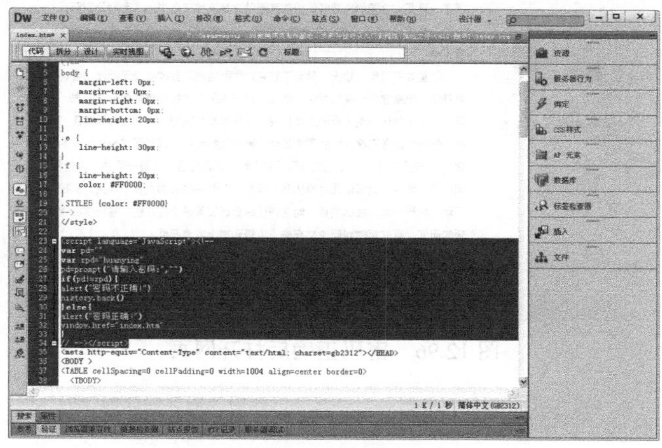

图12.93 输入代码

❸ 保存文档，按<F12>键在浏览器中预览效果，打开【Explorer 用户提示】对话框，如图 12.94 所示。在对话框中输入正确的密码，单击【确定】按钮，打开图 12.95 所示的对话框。单击【确定】按钮，即可打开网页，如图 12.96 所示。

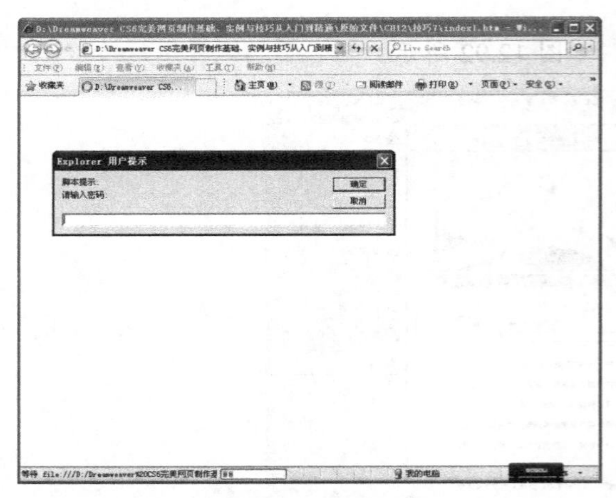

图 12.94 【Explorer 用户提示】对话框

图 12.95 密码提示正确

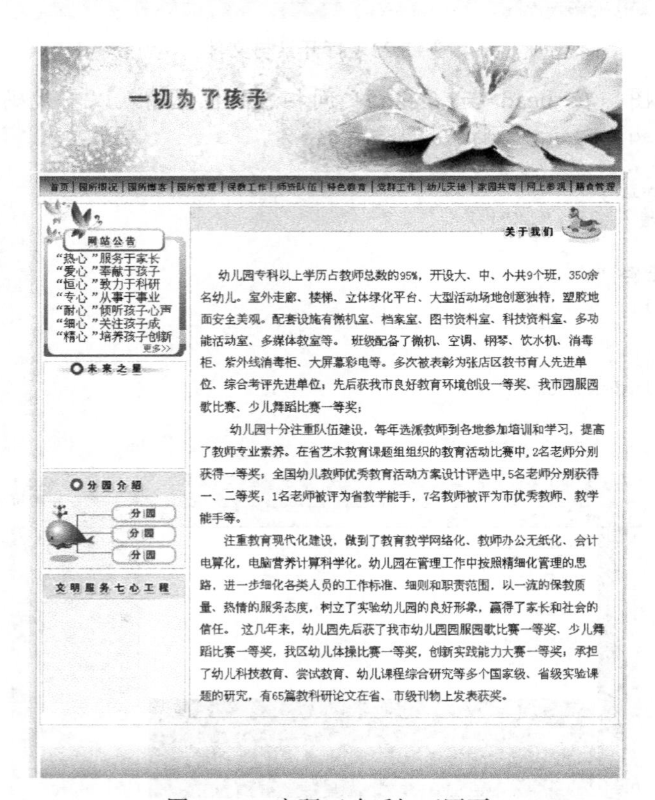

图 12.96 密码正确后打开网页

第三部分

动态网页制作篇

第13章

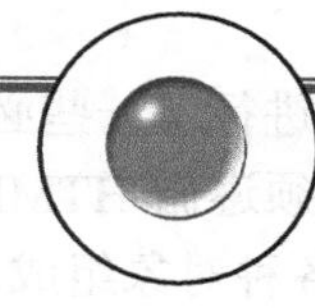

Dreamweaver CS6 动态网页设计基础

动态网页就是根据访问者的请求，由服务器生成的网页，访问者在发出请求后，在服务器上获得生成的动态结果，并以网页形式显示在浏览器中。在 Dreamweaver CS6 中，可以很容易地制作动态交互表单以获取 Web 站点访问者的信息，使网站管理员更好地与访问者进行交流。

学习目标

- 了解 HTML 基础
- 熟悉在 Dreamweaver CS6 中编写代码
- 掌握数据库连接的创建
- 掌握编辑数据表记录
- 掌握服务器行为的使用
- 掌握留言系统的创建

13.1 HTML 的基础

HTML 文本是由 HTML 标签组成的描述性文本，HTML 标签可以说明文字、图形、动画、声音、表格、链接等。HTML 的结构包括头部（Head）、主体（Body）两大部分，其中头部描述浏览器所需的信息，而主体则包含所要说明的具体内容。

13.1.1 HTML 的基本概念

HTML 是 HyperText Markup Language 的缩写，即超文本标记语言，这是创建网页的脚本语言，它提供了精简而有力的文件定义，可以设计出多姿多彩的超媒体文件。通过 HTTP（Hyper Text Transfer Protocol）通信协议，使得 HTML 文件可以在全球互联网（World Wide Web）上进行跨平台的文件交换。

HTML 文件为纯文本的文件格式，可以用任何文件编辑器，或使用 FrontPage、Dreamweaver 等网页制作工作来编辑。至于文件中的文字、字体、字体大小、段落、图片、表格及超级链接，甚至是文件名称都是以不同意义的标记来描述，以此来定义文件的结构与文件间的逻辑关联。

13.1.2 HTML 的基本语法

超文本文档分为头部和主体两部分，在文档头部里，对这个文档进行了一些必要的定义，文档主体中才是显示的各种文档信息。编写 HTML 文件的时候，必须遵循 HTML 的语法规则。一个完整的 HTML 文件由标题、段落、列表、表格、以及其他各种对象组成。这些逻辑上统一的对象称为元素，HTML 使用标记来分割并描述这些元素。实际上整个 HTML 文件就是由元素与标记组成的。

```
<html>
<head>
网页头部信息
</head>
<body>
网页主体正文部分
</body>
</html>
```

其中<html>在最外层，表示这对标记间的内容是 HTML 文档。还可以省略<html>标记，因为.html 或.htm 文件被浏览器默认为是 HTML 文档。<head>之间包括文档的头部信息，如文档标题等，若不需头部信息则可省略此标记。<body>标记一般不能省略，表示正文内容的开始。

HTML 的任何标记都由“<”和“>”围起来，如<html>、<i>。在起始标记的标记名前加上符号“/”便是其终止标记，如</i>，夹在起始标记和终止标记之间的内容受标记的控制，如<i> HTML 基本语法</i>，夹在标记 I 之间的“HTML 基本语法”将受标记 I 的控制。

13.2 在 Dreamweaver CS6 中编写代码

对于客户端编码，可以在 Dreamweaver 中处理多种文件类型，包括 HTML、XML、层叠样式表（CSS）、JavaScript、VBScript、无线标记语言（WML）、扩展数据标记语言（EDML）、Dreamweaver 模板（.dwt）和文本等。

13.2.1 使用代码提示

通过代码提示，可以在代码视图中插入代码。在输入某些字符时，将显示一个列表，列出完成条目所需要的选项。下面通过实例讲述使用代码提示加入背景音乐，具体操作步骤如下。

❶ 打开素材文件 CH13/13.2.1/index.html，如图 13.1 所示。

❷ 选择菜单中的【编辑】|【首选参数】命令，打开【首选参数】对话框，在对话框中的【分类】列表框中选择【代码提示】选项，勾选所有的复选框，【延迟】设置为 0，如图 13.2 所示。

❸ 单击【确定】按钮。切换到代码视图，在<body>标签后面输入“<”以显示代码提示列表，在显示的代码提示列表中选择标签 bgsound，如图 13.3 所示。

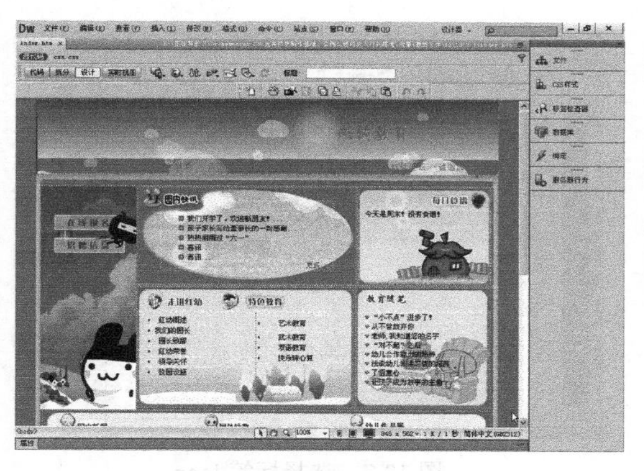

图 13.1 打开素材文件

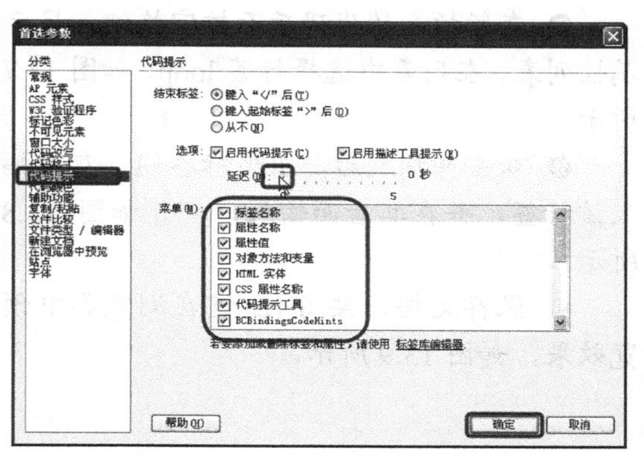

图 13.2 【首选参数】对话框

❹ 双击并插入，如果该标签支持属性，则按空格键以显示该标签的属性列表，在弹出的列表中选择标签 src，如图 13.4 所示。

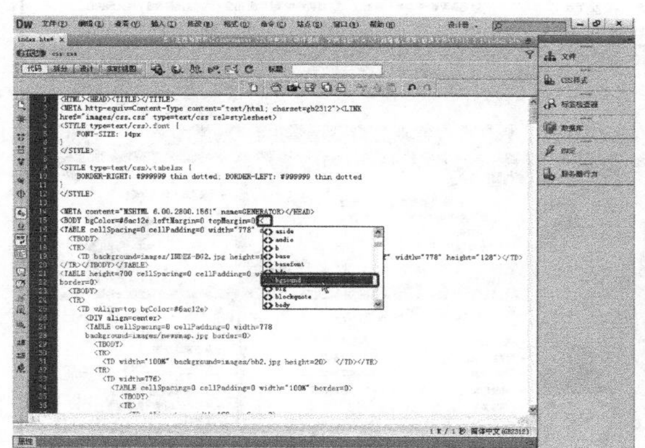

图 13.3 选择标签 bgsound

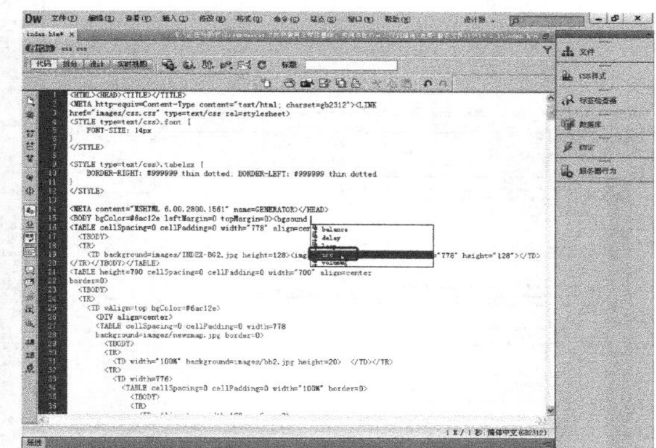

图 13.4 选择标签 src

❺ 双击并插入后，会自动出现【浏览】字样，单击【浏览】字样，打开【选择文件】对话框，在对话框中选择声音文件 yinyue.wav，如图 13.5 所示。

❻ 单击【确定】按钮，插入声音文件，如图 13.6 所示。

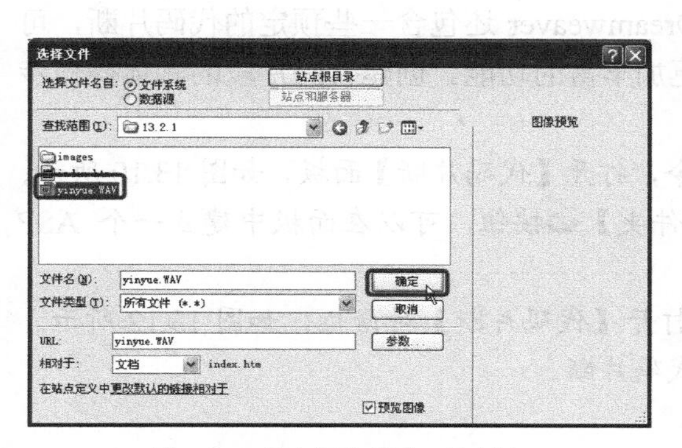

图 13.5 【选择文件】对话框

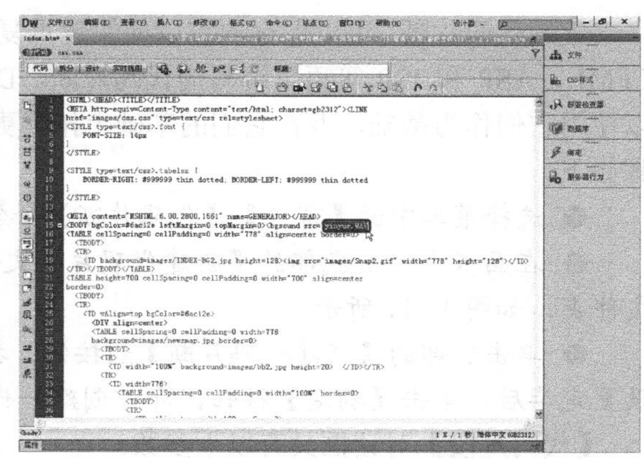

图 13.6 插入声音文件

❼ 在新插入的代码后面按空格键，显示属性列表，在列表中选择标签 loop，如图 13.7 所示。

❽ 双击并插入后，出现标签-1，双击插入该标签，并在其后面输入 “>”，如图 13.8 所示。

❾ 保存文档，按<F12>键在浏览器中预览效果，如图 13.9 所示。

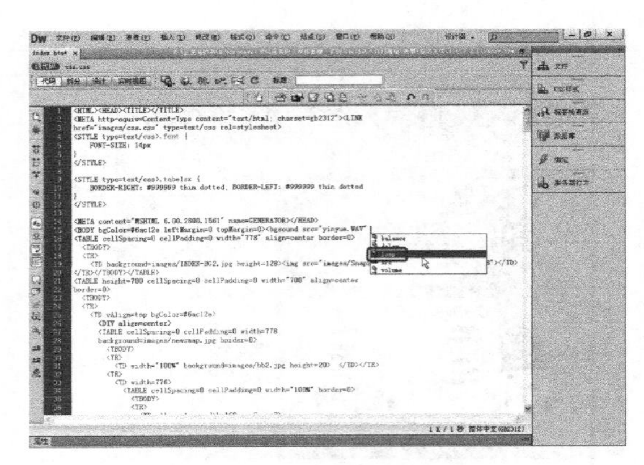

图 13.7 选择标签 loop

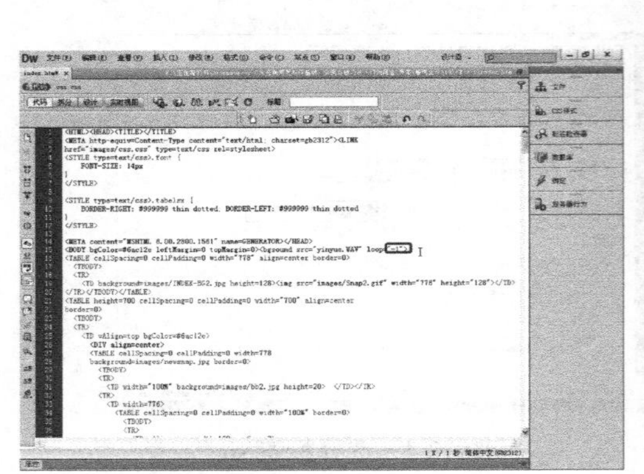

图 13.8 输入 “>”

图 13.9 代码提示加入背景音乐效果图

13.2.2 使用代码片段

使用代码片断，可以保存内容以便快速重复使用。可以创建和插入用 HTML、JavaScript、CFML、ASP 和 JSP 等语言编写的代码片断。Dreamweaver 还包含一些预定的代码片断，可以使用它们作为基础，并在它们的基础上拓展更加丰富的功能。创建代码片段的具体操作步骤如下。

❶ 选择菜单中的【窗口】|【代码片断】命令，打开【代码片断】面板，如图 13.10 所示。

❷ 在面板中单击底部的【新建代码片断文件夹】按钮，可以在面板中建立一个 ASP 文件夹，如图 13.11 所示。

❸ 单击底部的【新建代码片断】按钮，打开【代码片断】对话框，如图 13.12 所示。设置完毕后，单击【确定】按钮，即可创建一代码片断。

【代码片段】对话框具有以下参数。

- 【名称】：输入代码片断的名称。

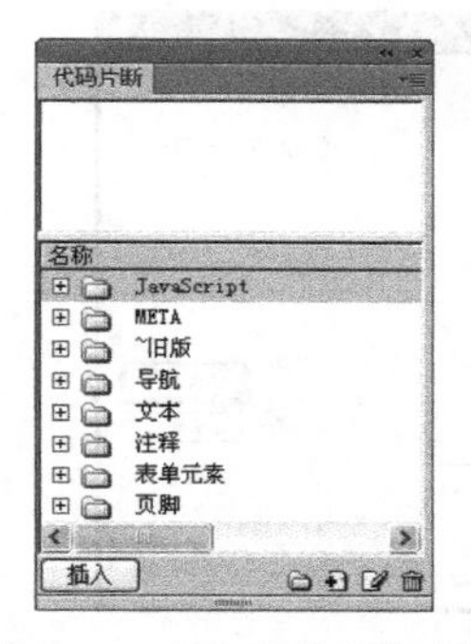

图 13.10 【代码片断】面板

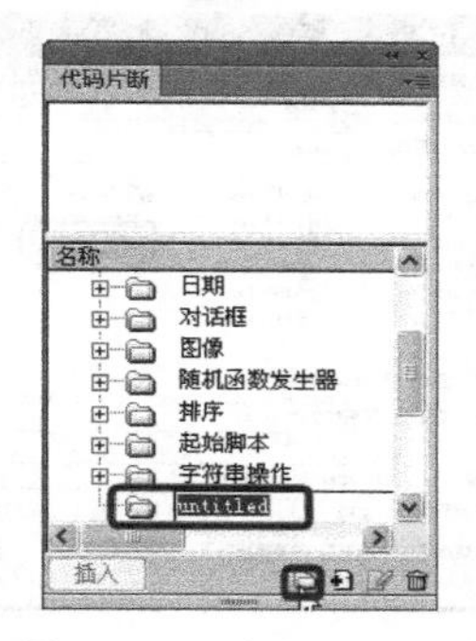

图 13.11 建立 ASP 文件夹

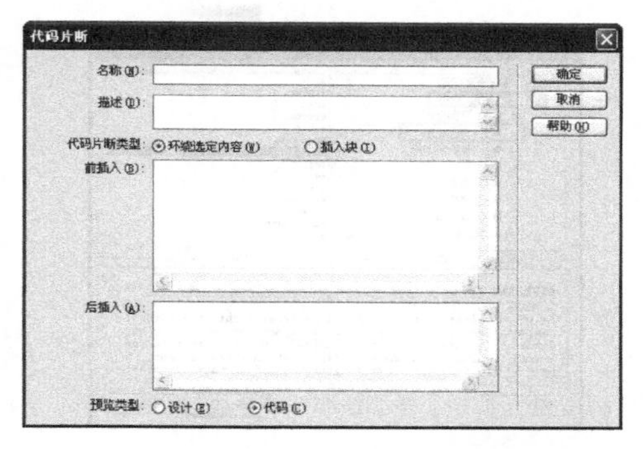

图 13.12 【代码片断】对话框

- 【描述】: 文本框用于输入代码片断的描述性文本，描述性文本可以帮助使用者理解和使用代码片断。
- 【代码片断类型】: 包括【环绕选定内容】和【插入块】两个选项。如果勾选【环绕选定内容】单选按钮，那么就会在所选源代码的前后各插入一段代码片断。
- 【前插入】列表框中输入或粘贴的是要在当前选定内容前插入的代码。
- 【后插入】列表框中输入的是要在选定内容后插入的代码。
- 【预览类型】: 包括两个选项。如果勾选【代码】单选按钮，则 Dreamweaver 将代码在【代码片断】面板的预览窗口中显示；如果勾选【设计】单选按钮，则 Dreamweaver 不在预览窗口中显示代码。

13.2.3 使用标签选择器插入标签

使用标签选择器可以将 Dreamweaver 标签库中的任何标签插入页面中，下面通过插入浮动框架来进行讲述。

❶ 打开素材文件 CH13/13.2.3/index.html，如图 13.13 所示。

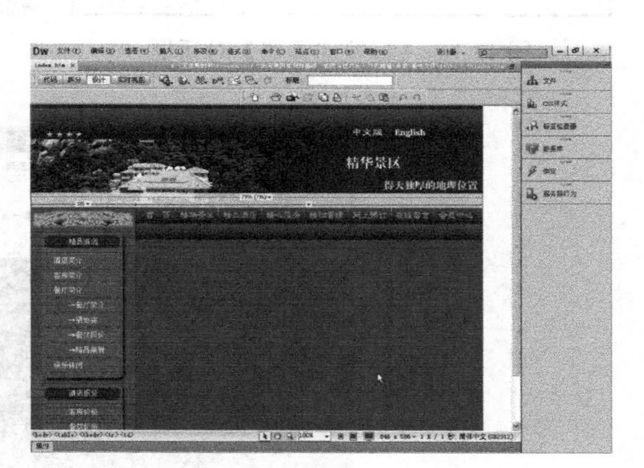

图 13.13 打开素材文件

❷ 将光标放置在要插入浮动框架的位置，选择菜单中的【插入】|【标签】命令，打开【标签选择器】对话框，在对话框中选择【HTML 标签】|【页元素】|【iframe】选项，如图 13.14 所示。

❸ 单击【插入】按钮，打开【标签选择器】对话框，在对话框中单击【源】文本框右边的【浏览】按钮，打开【选择文件】对话框，在对话框中选择 images/fudong.html，如图 13.15 所示。

❹ 单击【确定】按钮，添加到文本框中，将【宽度】设置为 600，【高度】设置为 400，如图 13.16 所示。

❺ 单击【确定】按钮，关闭对话框，插入浮动框架，如图 13.17 所示。

❻ 保存文档，按<F12>键在浏览器中预览效果，如图 13.18 所示。

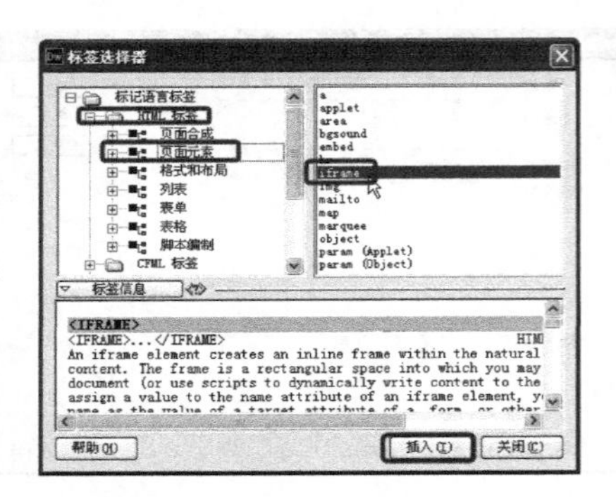

图 13.14 【标签选择器】对话框

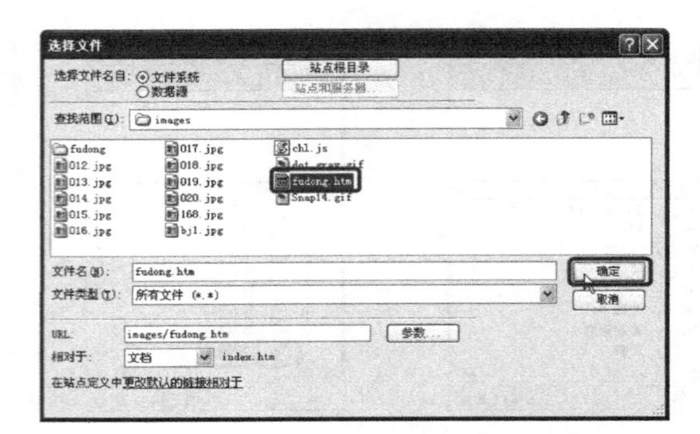

图 13.15 【选择文件】对话框

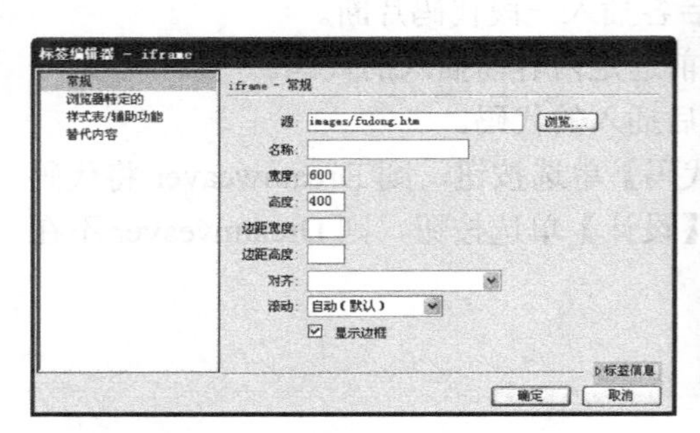

图 13.16 【标签选择器】对话框

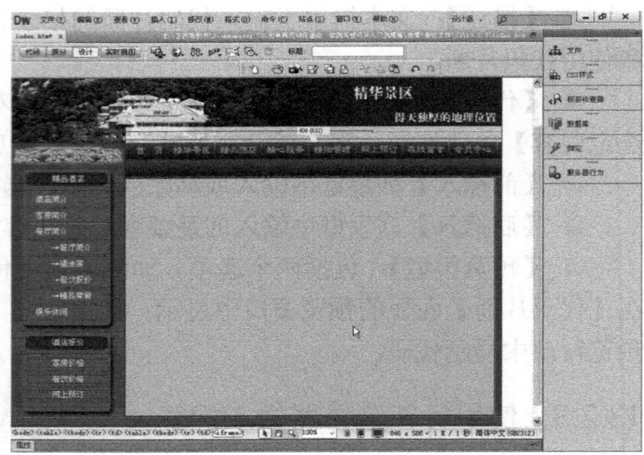

图 13.17 插入浮动框架

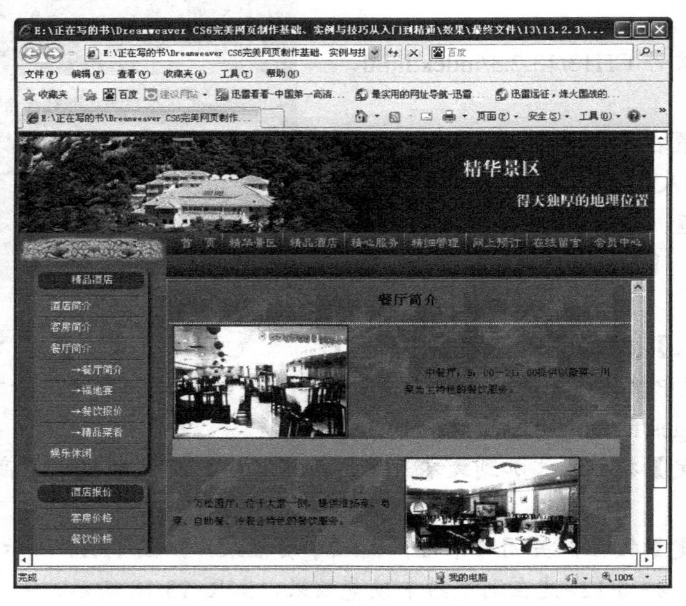

图 13.18 插入浮动框架效果图

13.2.4 使用标签编辑器编辑标签

通过标签编辑器，可以使用对话框指定或编辑某一标签的属性。在代码视图中，将光标放置在要编辑的标签上，单击鼠标右键，在弹出的菜单中选择【编辑标签】选项，就可以在重新打开的【标签选择器】对话框中对当前的标签进行编辑。

13.2.5 用标签检查器编辑标签

除了使用标签选择器编辑标签外，还可以使用标签检查器在属性表中编辑标签，方法非常简单，选择菜单中的【窗口】|【标签检查器】命令，打开【标签检查器】面板，然后在其标签显示窗口中找到要编辑的标签，其属性就显示在属性表中，如图 13.19 所示。

当前选定的标签就是刚刚建立的浮动框架的标签，它的属性在属性表中一目了然，只要修改其属性，便会立即在文档中生效。

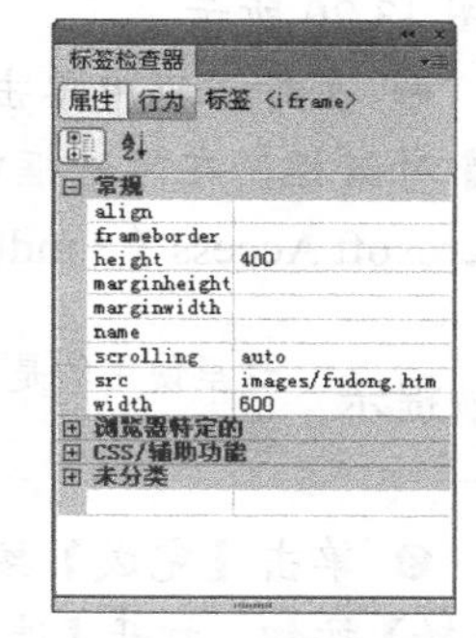

图 13.19 【标签检查器】面板

13.3 建立数据库连接

任何内容的添加、删除、修改和检索都是建立在连接基础上进行的，可以想象连接的重要性了。下面讲述如何创建 ASP 与 Access 的连接。

13.3.1 了解 DSN

DSN（Data Source Name，数据源名称），表示将应用程序和某个数据库建立连接的信息集合。ODBC 数据源管理器使用该信息来创建指向数据库的连接，通常 DSN 可以保存在文件或注册表中。所谓的构建 ODBC 连接实际上就是创建同数据源的连接，也就是定义 DSN。一旦创建了一个指向数据库的 ODBC 连接，同该数据库连接的有关信息被保存在 DSN 中，而在程序中如果要操作数据库，也必须要通过 DSN 来进行。

在 DSN 中主要包含下列信息。

- 数据库名称，在 ODBC 数据源管理器中，DSN 的名称不能出现重名。
- 关于数据库驱动程序的信息。
- 数据库的存放位置。对于文件型数据库（如 Access）来说，数据库存放的位置是数据库文件的路径；但对于非文件型的数据库（如 SQL Server）来说，数据库的存放位置是服务器的名称。
- 用户 DSN：是被用户使用的 DSN，这种类型的 DSN 只能被特定的用户使用。
- 系统 DSN：是系统进程所使用的 DSN，系统 DSN 信息同用户 DSN 一样被储存在注册表的位置，Dreamweaver 只能使用系统 DSN。
- 文件 DSN：同系统 DSN 的区别是它保存在文件夹中，而不是注册表中。

13.3.2 定义系统 DSN

数据库建立好以后，需要设定系统的 DSN（数据源名称）来确定数据库所在的位置以及数据库相关的属性。使用 DSN 的优点是：如果移动数据库档案的位置或是使用其他类型的数据库，那么只要重新设定 DSN 即可，不需要去修改原来使用的程序。定义系统 DSN 的具体操作步骤如下。

❶ 选择【开始】|【控制面板】|【性能和维护】|【管理工具】|【数据源（ODBC）】命令，打开【ODBC 数据源管理器】对话框，在对话框中切换到【系统 DSN】选项卡，如图 13.20 所示。

❷ 在对话框中单击【添加】按钮，打开【创建新数据源】对话框，在对话框中的【名称】列表中选择【Driver do Microsoft Access（*.mdb）】选项，如图 13.21 所示。

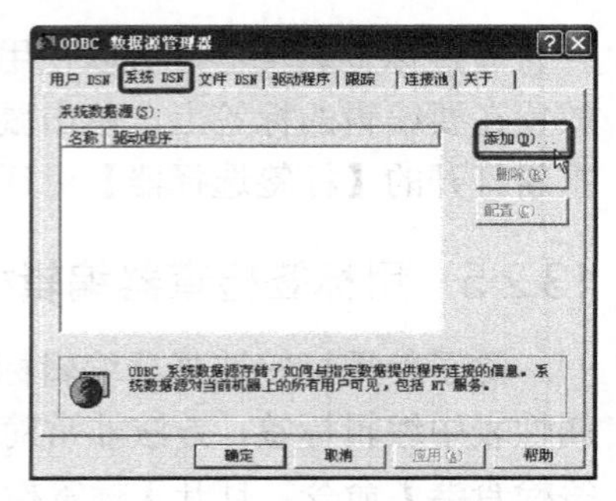

图 13.20 【系统 DSN】选项卡

提示　这里使用的是 Microsoft Access 创建的数据库，所以选择 Driver do Microsoft Access（*.mdb）选项。

❸ 单击【完成】按钮，打开【ODBC Microsoft Access 安装】对话框，在对话框中单击【选择】按钮，打开【选择数据库】对话框，在对话框中选择数据库的路径，如图 13.22 所示。

❹ 单击【确定】按钮，在【数据源名】文本框中输入 date，如图 13.23 所示。

图 13.21 【创建新数据源】对话框

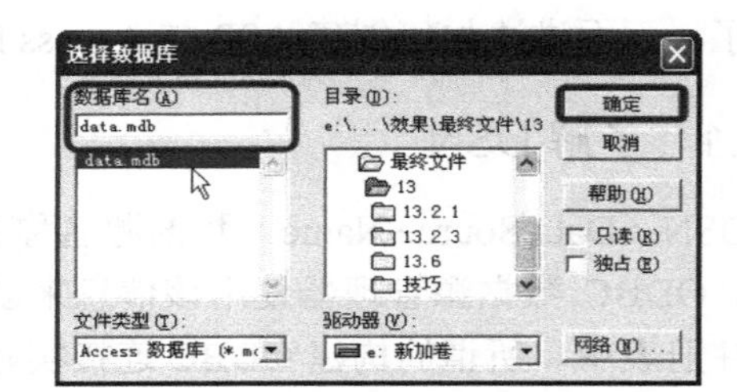

图 13.22 【选择数据库】对话框

❺ 单击【确定】按钮，返回到【ODBC 数据源管理器】对话框，可以看到创建的数据源，如图 13.24 所示。

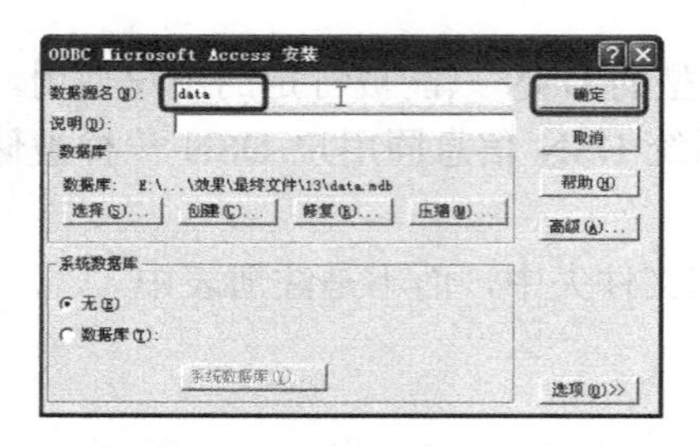

图 13.23 【ODBC Microsoft Access 安装】对话框

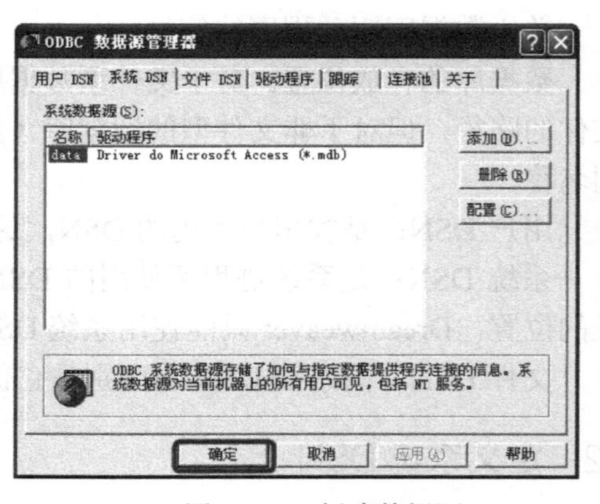

图 13.24 创建数据源

13.3.3 建立系统 DSN 连接

数据源建立以后，接下来要定义这个网站使用的数据库连接。只有如此，这个网站才能通过数据库连接来存取数据库里的信息。上一节已经设置好了系统 ODBC，下面就来建立系统 DSN 连接，具体操作步骤如下。

❶ 选择菜单中的【窗口】|【数据库】命令，打开【数据库】面板，如图 13.25 所示，在【数据库】面板中，列出了 4 步操作，前 3 步是准备工作，都已经打上了对勾，说明这 3 步已经完成了。如果没有完成，那必须在完成后才能连接数据库。

❷ 在面板中单击 + 按钮，在弹出的菜单中选择【数据源名称（DSN）】选项，如图 13.26 所示。

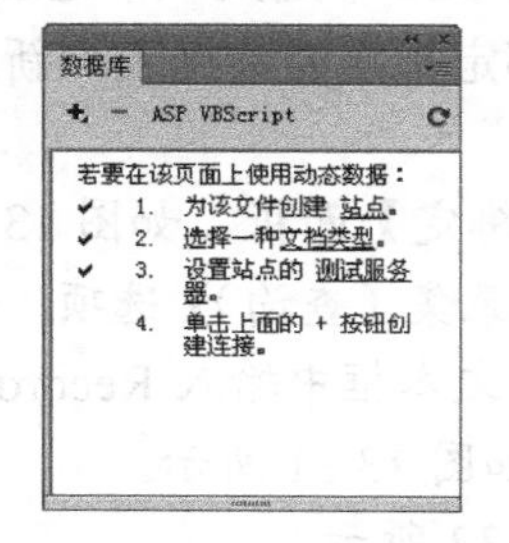

图 13.25 【数据库】面板

图 13.26 选择【数据源名称（DSN）】选项

❸ 打开【数据源名称（DSN）】对话框，在对话框中的【连接名称】文本框中输入 date，【数据源名称（DSN）】下拉列表中选择 date，如图 13.27 所示。

❹ 单击【确定】按钮，即可成功连接，此时【数据库】面板如图 13.28 所示。

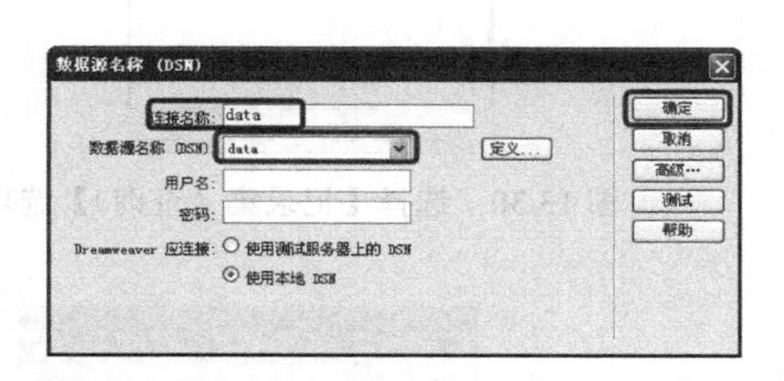

图 13.27 【数据源名称（DSN）】对话框

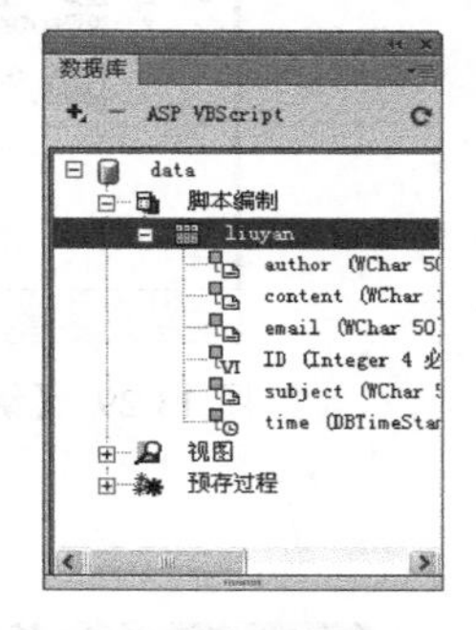

图 13.28 【数据库】面板

13.4 编辑数据表记录

动态网页最主要的就是结合后台数据库自动更新 Web 页面，离开了数据库也就谈不上动态页面了。数据是通过创建记录集来实现它在网页上的绑定的，而不是直接使用数据库。

13.4.1 了解记录集

将数据库用作动态网页的数据源时，必须首先创建一个记录集。记录集在数据库和动态应用程序页面之间起一种桥梁作用。记录集由数据库查询返回的数据组成，并且临时存储在应用程序服务器的内存中，以便进行快速数据检索。当服务器不再需要记录集时，就会将其丢弃。

记录集本身是从指定数据库中检索到的数据的集合。它可以包括完整的数据库表，也可以包括表的行和列的子集。这些行和列通过在记录集中定义的数据库查询进行检索。

记录集也可以包括数据库表的所有记录和字段。但因为应用程序很少会使用数据库中所有的数据，所以应该使记录集尽可能地小。服务器暂时将记录集存在内存中，当它不再使用时就丢弃它。因为那些小的记录集比大的记录集使用的内存少，从而使服务器的性能得到了提高。

13.4.2 创建记录集

应用 Dreamweaver CS6 的绑定功能在 Dreamweaver CS6 中定义一个记录集，以实现网页读取数据的功能，只需要打开【绑定】面板，在其中绑定指定的数据表，新增所需的记录集即可。查询并显示记录的具体操作步骤如下。

❶ 选择菜单中的【窗口】|【绑定】命令，打开【绑定】面板，如图 13.29 所示。

❷ 在面板中单击 ➕ 按钮，在弹出的菜单中选择【记录集（查询）】选项，如图 13.30 所示。

❸ 打开【记录集】对话框，在对话框中的【名称】文本框中输入 Recordset1，在【连接】下拉列表中选择 date，【表格】下拉列表中选择 date，如图 13.31 所示。

❹ 单击【确定】按钮，即可创建记录集，如图 13.32 所示。

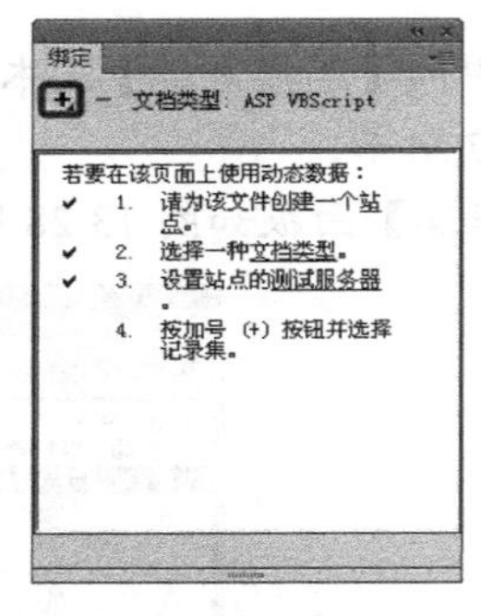

图 13.29 【绑定】面板

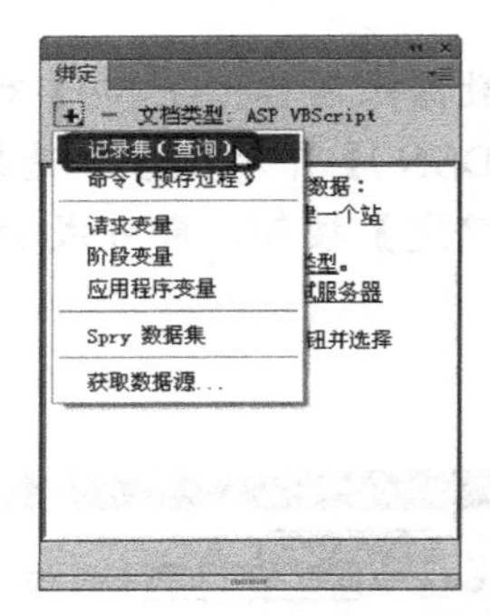

图 13.30 选择【记录集（查询）】选项

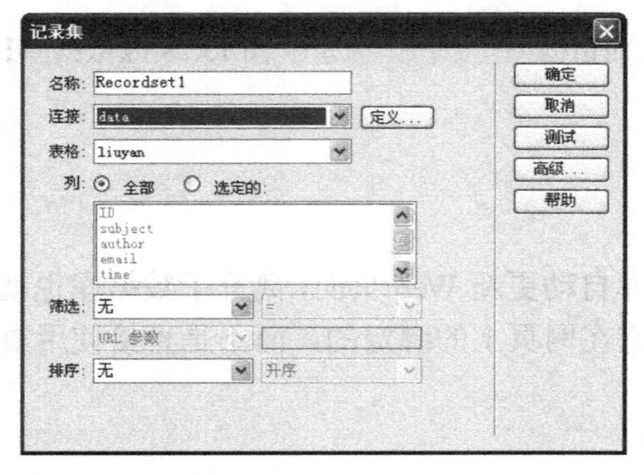

图 13.31 【记录集】对话框

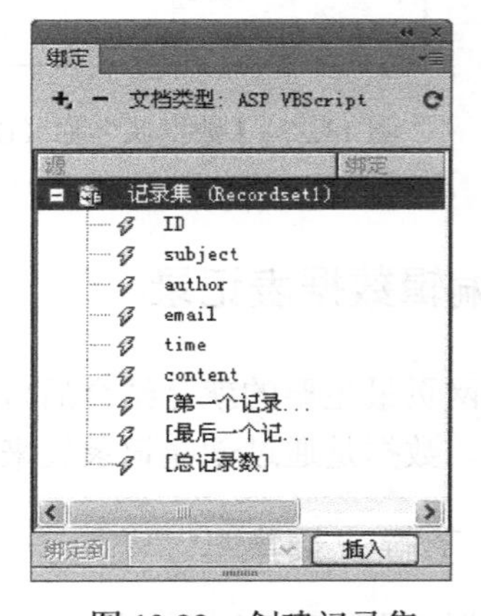

图 13.32 创建记录集

● 【名称】：创建的记录集的名称。

● 【连接】：用来指定一个已经建立好的数据库连接，如果在【连接】下拉列表中没有可用的连接出现，则可单击其右边的【定义】按钮建立一个连接。

● 【表格】：选取已选连接数据库中的所有表。

● 【列】：若要使用所有字段作为一条记录中的列项，则勾选【全部】单选按钮，否则应勾选【选定的】单选按钮。

● 【筛选】：设置记录集仅包括数据表中的符合筛选条件的记录。它包括 4 个下拉列表，这 4 个下拉列表分别可以完成过滤记录条件字段、条件表达式、条件参数以及条件参数的对应值。

● 【排序】：设置记录集的显示顺序。它包括 2 个下拉列表，在第 1 个下拉列表中可以选择要排序的字段，在第 2 个下拉列表中可以设置升序或降序。

提示　在记录集的【名称】中不能使用空格或者特殊字符。

13.4.3 插入记录

一般来说，要通过 ASP 页面向数据库中添加记录，需要提供用户输入数据的页面，利用 Dreamweaver CS6 的【插入记录】服务器行为，就可以向数据库中添加记录。插入记录的具体操作步骤如下。

❶ 在文档窗口中打开要插入记录的页面，该页面应该包含具有【提交】按钮的 HTML 表单。

❷ 将光标放置在表单中，选择菜单中的【窗口】|【服务器行为】命令，打开【服务器行为】面板，如图 13.33 所示。

❸ 在面板中单击⊞按钮，在弹出的菜单中选择【插入记录】选项，如图 13.34 所示。

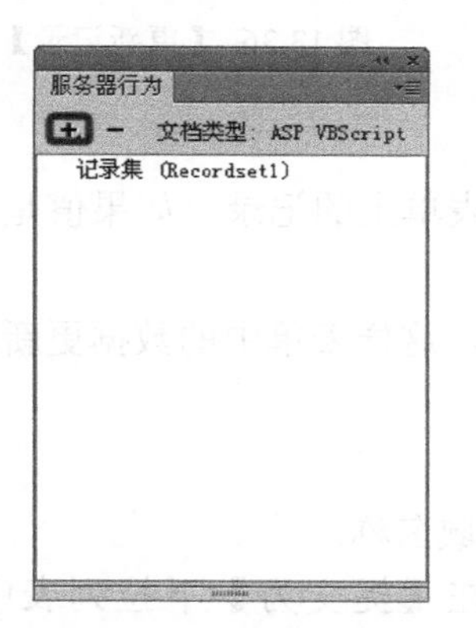

图 13.33 【服务器行为】面板

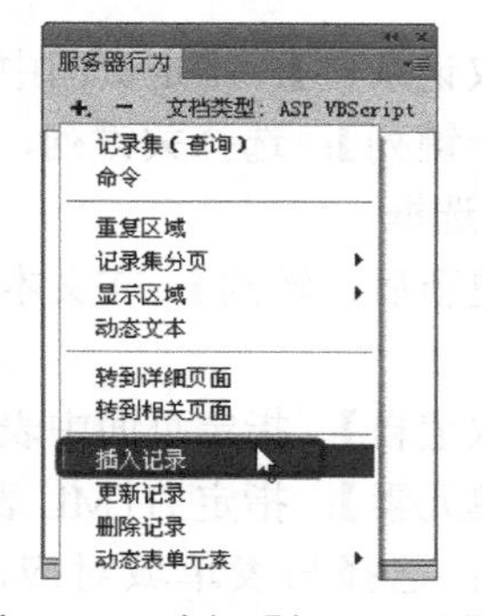

图 13.34 选择【插入记录】选项

❹ 选择选项后，打开【插入记录】对话框，如图 13.35 所示。

❺ 在对话框中设置完毕后，单击【确定】按钮即可插入记录。

● 【连接】：选择指定的数据库连接，如果没有数据库连接，可以单击【定义】按钮定义数据库连接。

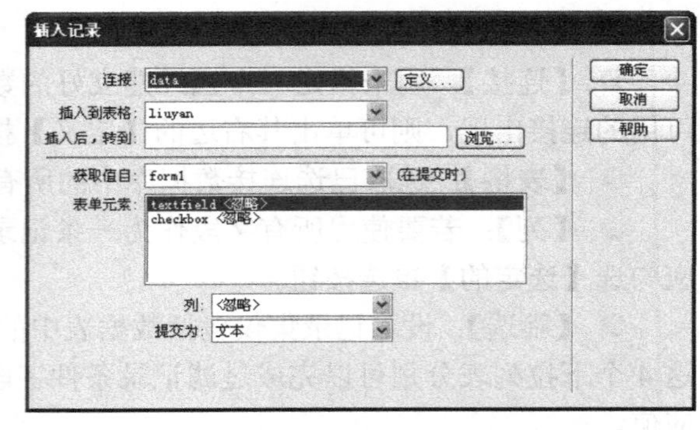

图 13.35 【插入记录】对话框

- 【插入到表格】：选择要插入表的名称。
- 【插入后，转到】：输入一个文件名或单击【浏览】按钮进行选择。如果不输入该地址，则插入记录后刷新该页面。
- 【获取值自】：指定存放记录内容的 HTML 表单。
- 【表单元素】：指定数据库中要更新的表单元素。
- 【列】：选择字段。
- 【提交为】：显示提交元素的类型。如果表单对象的名称和被设置字段的名称一致，Dreamweaver 会自动的建立对应关系。

13.4.4 更新记录

Web 应用程序中可能包含让用户在数据库中更新记录的页面，更新记录的具体操作步骤如下。

选择菜单中的【窗口】|【服务器行为】命令，打开【服务器行为】面板，在面板中单击按钮，在弹出菜单中选择【更新记录】选项，打开【更新记录】对话框，如图 13.36 所示。

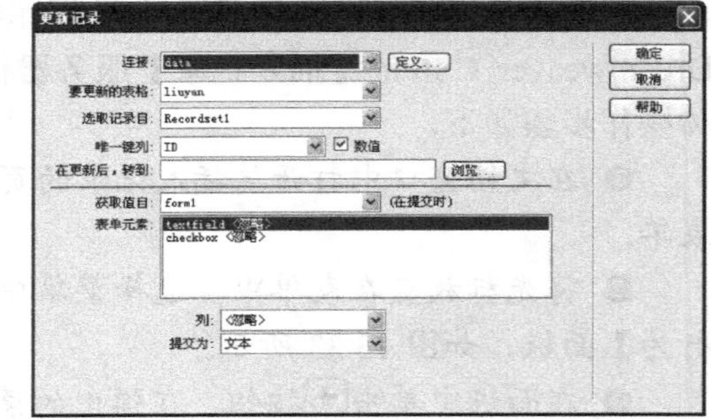

图 13.36 【更新记录】对话框

- 【连接】：选择指定要更新的数据库连接。如果没有数据库连接，可以单击【定义】按钮定义数据库连接。
- 【要更新的表格】：选择要更新的表的名称。
- 【选取记录自】：指定页面中绑定的记录集。
- 【唯一键列】：选择关键列，以识别在数据库表单上的记录。如果值是数字，则应勾选【数字】复选框。
- 【在更新后，转到】：在文本框输入一个 URL，这样表单中的数据更新之后将转向这个 URL。
- 【获取值自】：指定页面中表单的名称。
- 【表单元素】：指定 HTML 表单中的各个字段域名称。
- 【列】：选择与表单域对应的字段列名称，在【提交为】下拉列表中选择字段的类型。

13.4.5 删除记录

利用 Dreamweaver 的【删除记录】服务器行为，可以在页面中实现删除记录的操作。删除记录的页面执行两种不同的操作，首先显示已存在的数据，用户可以选择将要被删除的数据；其次从数据库中删除此记录以反映用户选择的记录被删除的结果。

选择菜单中的【窗口】|【服务器行为】命令，打开【服务器行为】面板，在面板中单击【删除】按钮，在弹出菜单中选择【删除记录】选项，打开【删除记录】对话框，如图 13.37 所示。

● 【连接】：选择指定要更新的数据库连接。如果没有数据库连接，可以单击【定义】按钮定义数据库连接。

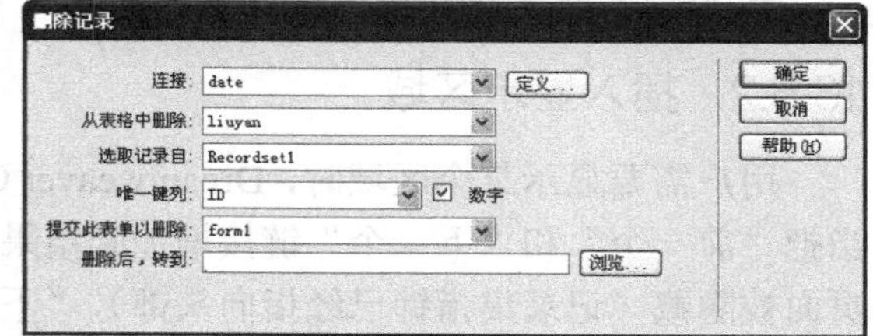

图 13.37 【删除记录】对话框

● 【从表格中删除】：选择从哪个表中删除记录。

● 【选取记录自】：选择使用的记录集的名称。

● 【唯一键列】：选择要删除记录所在表的关键字字段，如果关键字字段的内容是数字，则应勾选【数字】复选框。

● 【提交此表单以删除】：选择提交删除操作的表单名称。

● 【删除后，转到】：输入该页面的 URL 地址。如果不输入地址，更新操作后则刷新当前页面。

13.5 增加服务器行为

如果想显示从数据库中取得的多条或者所有记录，则必须添加一条服务器行为，这样就会按要求连续地显示多条或者所有的记录。Dreamweaver CS6 具有许多预先指定的服务器行为来激活页面。

13.5.1 插入重复区域

【重复区域】服务器行为允许在页面中显示记录集中的多条记录。任何动态数据都可以转变成重复区域。最常见的区域是表格、表格行或一系列表格行。插入重复区域的具体操作步骤如下。

❶ 打开一个 ASP 文件，选择要添加动态内容的区域。

❷ 选择菜单中的【窗口】|【服务器行为】命令，打开【服务器行为】面板，在面板中单击按钮，在弹出的菜单中选择【重复区域】选项，如图 13.38 所示。

❸ 选择选项后，打开【重复区域】对话框，如图 13.39 所示。

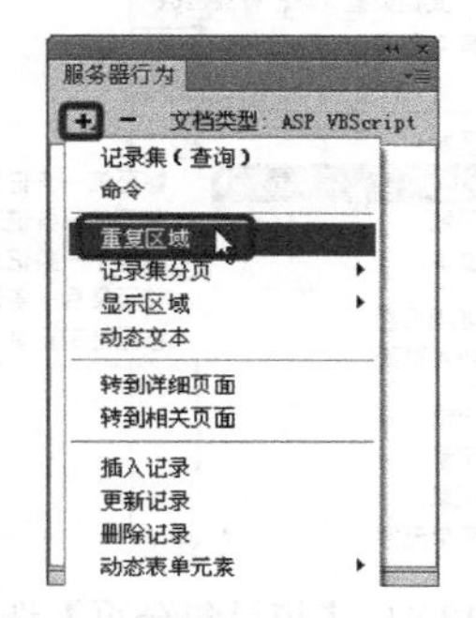

图 13.38 选择【重复区域】选项

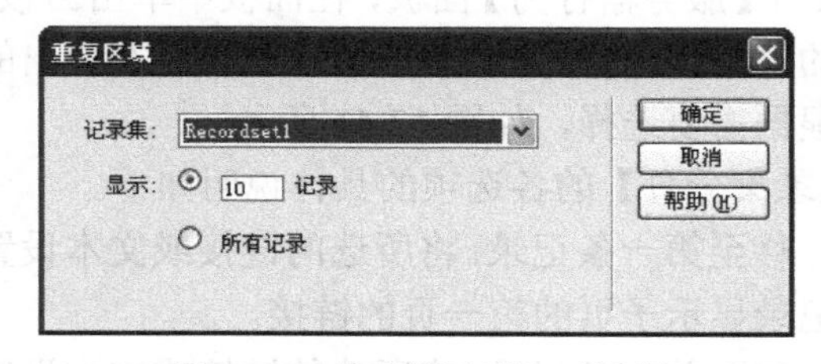

图 13.39 【重复区域】对话框

【重复区域】对话框具有以下参数。

- 【记录集】：选择需要重复的记录集的名称。
- 【显示】：设置可重复显示的记录的条数。可选择输入显示的条数，或勾选【所有记录】单选按钮。

❹ 在对话框中根据需要进行设置，单击【确定】按钮，即可创建重复区域服务器行为。

13.5.2 插入显示区域

用户需要显示某个区域时，Dreamweaver CS6 可以根据条件动态显示，如记录导航链接，当把“前一个”和“下一个”链接增加到结果页面之后，指定“前一个”链接应该在第一个页面被隐藏（记录集指针已经指向头部），“下一个”链接应该在最后一页被隐藏（记录集指针已经指向尾部）。

选择菜单中的【窗口】|【服务器行为】命令，打开【服务器行为】面板，在面板中单击⊞按钮，在弹出的菜单中选择【显示区域】选项，在弹出的子菜单中根据需要选择，如图 13.40 所示。

【显示区域】各选项的说明如下。

- 如果记录集为空则显示区域：只有当记录集为空时才显示所选区域。
- 如果记录集不为空则显示区域：只有当记录集不为空时才显示所选区域。
- 如果为第一条记录则显示区域：当当前页中包括记录集中第一条记录时显示所选区域。
- 如果不是第一条记录则显示区域：当当前页中不包括记录集中第一条记录时显示所选区域。
- 如果为最后一条记录则显示区域：当当前页中包括记录集最后一条记录时显示所选区域。
- 如果不是最后一条记录则显示区域：当当前页中不包括记录集中最后一条记录时显示所选区域。

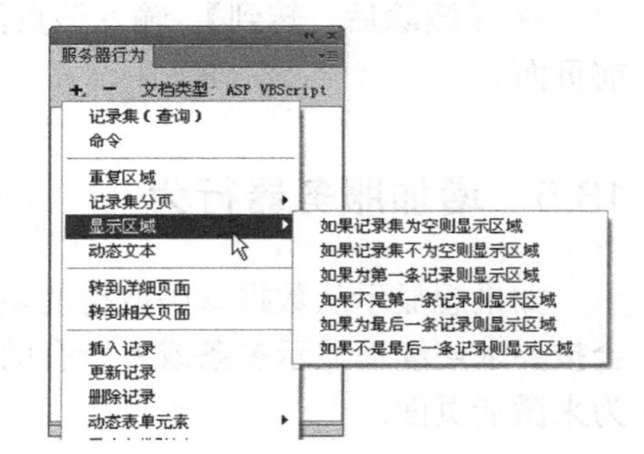

图 13.40 【显示区域】选项

13.5.3 记录集分页

Dreamweaver CS6 提供的【记录集分页】服务器行为，实际上是一组将当前页面和目标页面的记录集信息整理成 URL 地址参数的程序段。

操作方法：选择菜单中的【窗口】|【服务器行为】命令，打开【服务器行为】面板，在面板中单击⊞按钮，在弹出的菜单中选择【记录集分页】选项，在弹出的子菜单中根据需要选择，如图 13.41 所示。

【记录集分页】的各选项的具体说明如下。

- 移至第一条记录：将所选的链接或文本设置为跳转到记录显示子页的第一页的链接。
- 移至前一条记录：将所选的链接或文本设置为

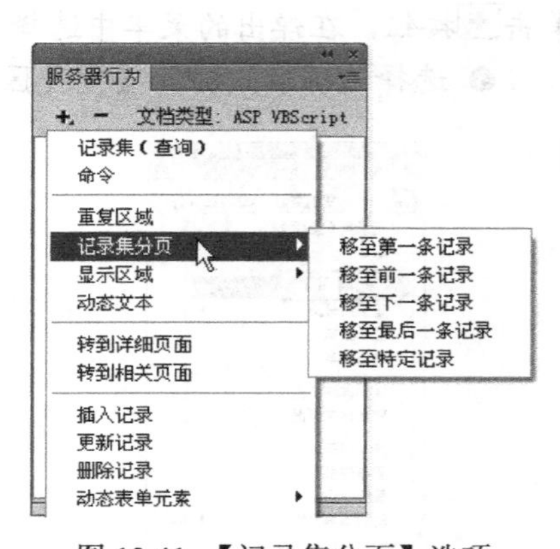

图 13.41 【记录集分页】选项

跳转到上一条记录显示子页的链接。

- 移至下一条记录：将所选的链接或文本设置为跳转到下一条记录显示子页的链接。
- 移至最后一条记录：将所选的链接或文本设置为跳转到记录显示子页的最后一页的链接。
- 移至特定记录：将所选的链接或文本设置为从当前页跳转到指定记录显示子页的第一页的链接。

13.5.4 转到详细页面

应用程序可以将信息或参数从一个页面传递到另一个页面。要想让一个页面告诉另一个页面显示什么记录或想把一个页面的信息传递到另一个页面时，就要用到适当的服务器行为。转到详细页面的具体操作步骤如下。

❶ 在列表页面中，选中要设置为指向细节页上的动态内容。

❷ 选择菜单中的【窗口】|【服务器行为】命令，打开【服务器行为】面板，在面板中单击+按钮，在弹出的菜单中选择【转到详细页面】选项，打开【转到详细页面】对话框，如图 13.42 所示。

❸ 在对话框中设置完毕后，单击【确定】按钮，即可创建转到详细页面服务器行为。

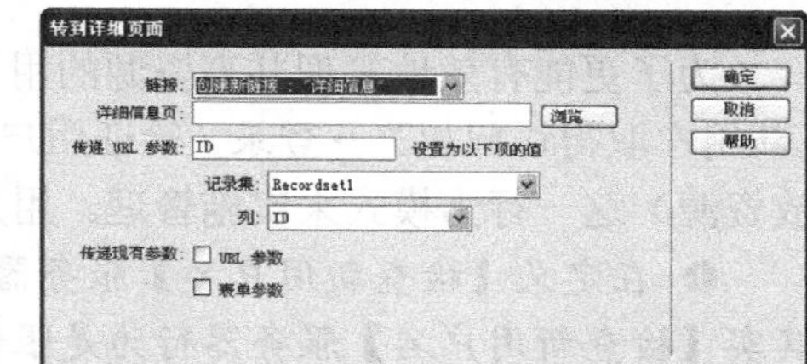

图 13.42 【转到详细页面】对话框

【转到详细页面】对话框具有如下参数。

- 【链接】：选择要把行为应用到哪个链接上。
- 【详细信息页】：输入细节页面对应的 ASP 页面的 URL 地址，或单击右边的【浏览】按钮选择。
- 【传递 URL 参数】：输入要通过 URL 传递到细节页中的参数名称，然后设置以下选项的值。
- 【记录集】：选择通过 URL 传递参数所属的记录集。
- 【列】：选择通过 URL 传递参数所属记录集中的字段名称，即设置 URL 传递参数的值的来源。
- 【URL 参数】：勾选此复选框表明将结果页中的 URL 参数传递到细节页上。
- 【表单参数】：勾选此复选框表明将结果页中的表单值以 URL 参数的方式传递到细节页上。

> 提示　在 Dreamweaver 中，参数是以 HTML 表单的形式进行收集并且以某种方式传递的。如果表单用 POST 方式把信息传递到服务器，那么参数作为传递体的一部分也被传递。如果表单用 GET 方式传递，参数则被附加到 URL 上，在表单的 Action 属性中指定。

13.5.5 转到相关页面

可以建立一个链接打开另一个页面而不是它的子页面，并且传递信息到该页面，这种页面与页面之间进行参数传递的两个页面，称为相关页。转到相关页面的具体操作步骤如下。

❶ 在要传递参数的页面中，选中要实现相关页跳转的文字。

❷ 选择菜单中的【窗口】|【服务器行为】命令，打开【服务器行为】面板，在面板中

单击➕按钮，在弹出的菜单中选择【转到相关页面】选项，打开【转到相关页面】对话框，如图 13.43 所示。

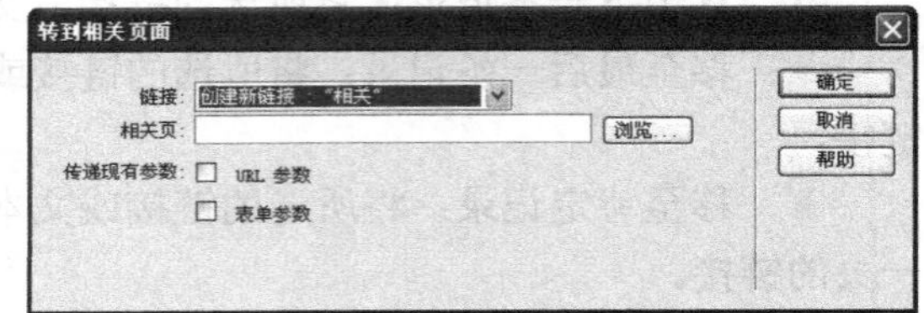

图 13.43 【转到相关页面】对话框

【转到相关页面】对话框的具体参数如下。

- 【链接】：在下拉列表中选择某个现有的链接，该行为将被应用到该链接上。如果在该页面上选中了某些文字，该行为将把选中的文字设置为链接。如果没有选中文字，那么在默认状态下 Dreamweaver CS6 会创建一个名为【相关】的超文本链接。
- 【相关页】：在文本框中输入相关页的名称或单击【浏览】按钮选择。
- 【URL 参数】：勾选此复选框，表明将当前页面中的 URL 参数传递到相关页上。
- 【表单参数】：勾选此复选框，表明将当前页面中的表单参数值以 URL 参数的方式传递到相关页上。

13.5.6 用户身份验证

为了更能有效地管理共享资源的用户，需要规范化访问共享资源的行为。通常采用注册（新用户取得访问权）→登录（验证用户是否合法并分配资源）→访问授权的资源→退出（释放资源）这一行为模式来实施管理。用户身份验证的具体操作步骤如下。

❶ 在定义【检查新用户名】服务器行为之前需要先定义一个【插入记录】服务器行为。其实【检查新用户名】服务器行为是限制【插入记录】行为的行为，它用来验证插入记录的指定字段的值在记录集中是否唯一。

❷ 选择菜单中的【窗口】|【服务器行为】命令，打开【服务器行为】面板，在面板中单击➕按钮，在弹出的菜单中选择【用户身份验证】|【检查新用户名】选项，如图 13.44 所示。

❸ 打开【检查新用户名】对话框，如图 13.45 所示，在对话框中的【用户名字段】下拉列表中选择需要验证的记录字段(验证该字段在记录集中是否唯一)，如果字段的值已经存在，那么可以在【如果存在，则转到】文本框中指定引导用户所去的页面。

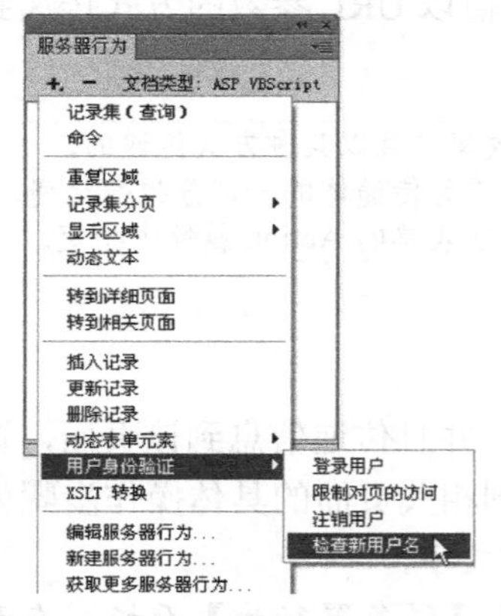

图 13.44 选择【检查新用户名】选项

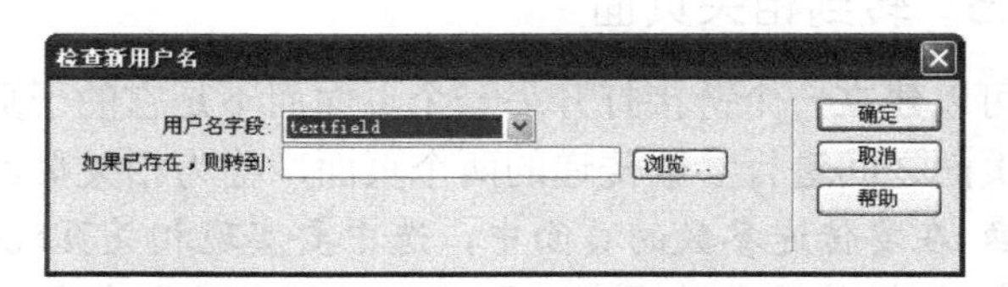

图 13.45 【检查新用户名】对话框

❹ 在【服务器行为】面板中单击+按钮，在弹出的菜单中选择【用户身份验证】|【登录用户】选项，打开【登录用户】对话框，如图 13.46 所示。

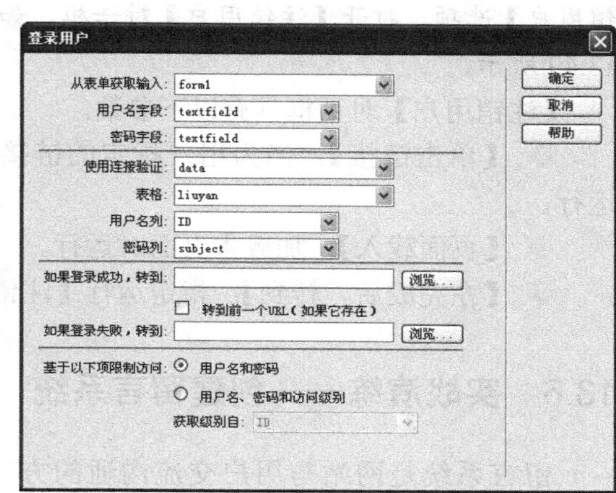

图 13.46 【登录用户】对话框

【登录用户】对话框的具体参数如下。

- 【从表单中获取输入】：选择接受哪一个表单的提交。
- 【用户名字段】：选择用户名所对应的文本框。
- 【密码字段】：选择用户密码所对应的文本框。
- 【使用连接验证】：确定使用哪一个数据库连接。
- 【表格】：确定使用数据库中的哪一个表格。
- 【用户名列】：选择用户名对应的字段。
- 【密码列】：选择用户密码对应的字段。
- 如果登录成功（验证通过）那么就将用户引导至【如果登录成功，转到】文本框所指定的页面。
- 如果存在一个需要通过当前定义的登录行为验证才能访问的页面，则应勾选【转到前一个 URL】复选框。
- 如果登录不成功，那么就将用户引导至【如果登录失败，转到】文本框所指定的页面。
- 在【基于以下项限制访问】提供的一组单选按钮中，可以选择是否包含级别验证。

❺ 在【服务器行为】面板中单击+按钮，在弹出的菜单中选择【用户身份验证】|【限制对页的访问】选项，打开【限制对页的访问】对话框，如图 13.47 所示。在该对话框中，可以进行如下几种设置。

- 在【基于以下内容进行限制】提供的一组单选按钮中，可以选择是否包含级别验证。
- 如果没有经过验证，那么就将用户引导至【如果访问被拒绝，则转到】文本框所指定的页面。
- 如果需要进行经过验证，则可以单击【定义】按钮，打开【定义访问级别】对话框，如图 13.48 所示。其中+按钮用来添加级别，-按钮用来删除级别，【名称】文本框用来指定级别的名称。

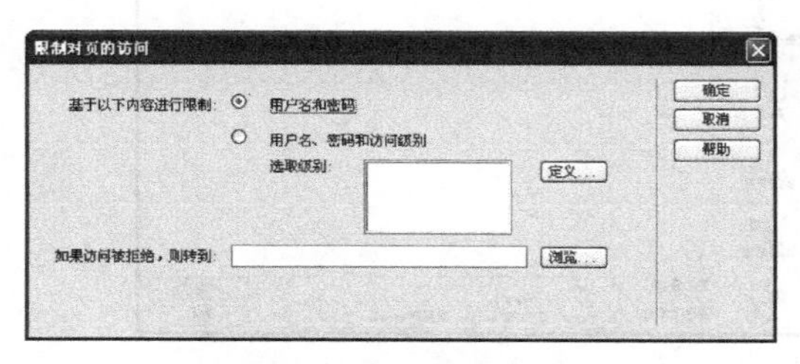

图 13.47 【限制对页的访问】对话框

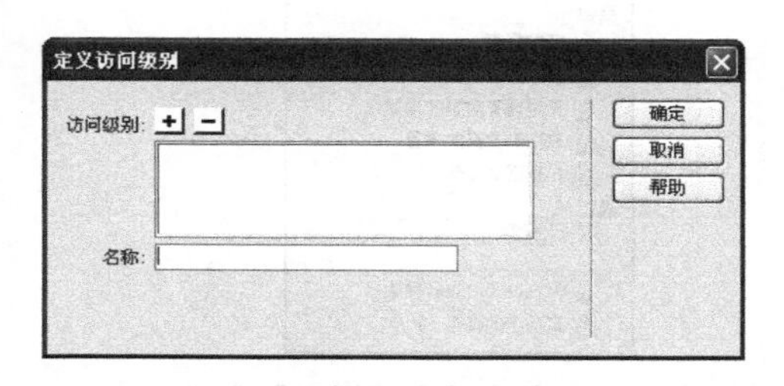

图 13.48 【定义访问级别】对话框

❻ 在【服务器行为】面板中单击➕按钮，在弹出的菜单中选择【用户身份验证】|【注销用户】选项，打开【注销用户】对话框，如图13.49所示。

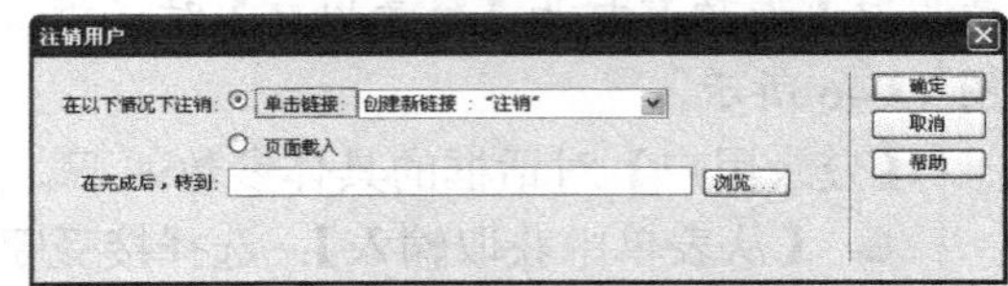

图13.49 【注销用户】对话框

【注销用户】对话框具有以下参数。

- 【单击链接】：当为用户指定的链接时运行。
- 【页面载入】：加载本页面时运行。
- 【在完成后，转到】：指定运行【注销用户】行为后引导用户所至的页面。

13.6 实战演练——创建留言系统

留言系统是网站与用户交流沟通的方式之一。当客户浏览网页时，如果有什么需要，可以在留言系统中给站点管理员留言。留言系统作为一个非常重要的交流工具在收集用户意见方面起到了很大的作用。留言系统页面结构比较简单，如图13.50所示，由留言列表页面、显示留言页面和发表留言页面组成。下面便通过实例介绍使用Dreamweaver制作一个简单的留言系统的过程。

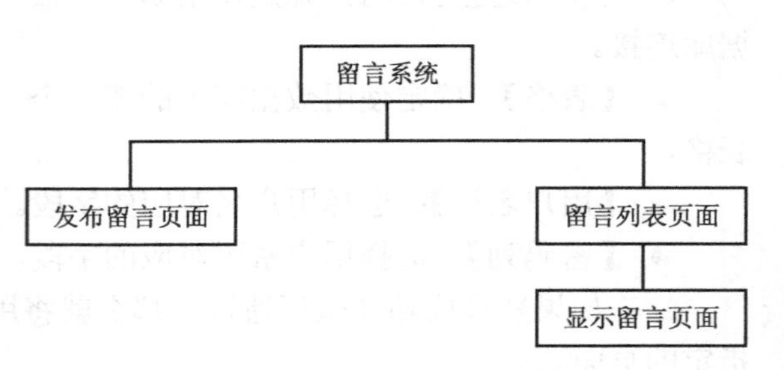

图13.50 留言系统结果图

13.6.1 创建数据库

在制作具体网站功能页面前，首先做一个最重要的工作，就是创建数据库表，用来存放留言信息所用。创建数据库的具体操作步骤如下。

❶ 启动Microsoft Access，选择菜单中的【文件】|【新建】命令，打开【新建】窗口，在窗口中单击【空数据库】选项，如图13.51所示。

❷ 打开【文件新建数据库】对话框，在对话框中选择要保存的数据库的路径，在【文件名】文本框中输入liuyan.mdb，如图13.52所示。

图13.51 单击【空数据库】选项

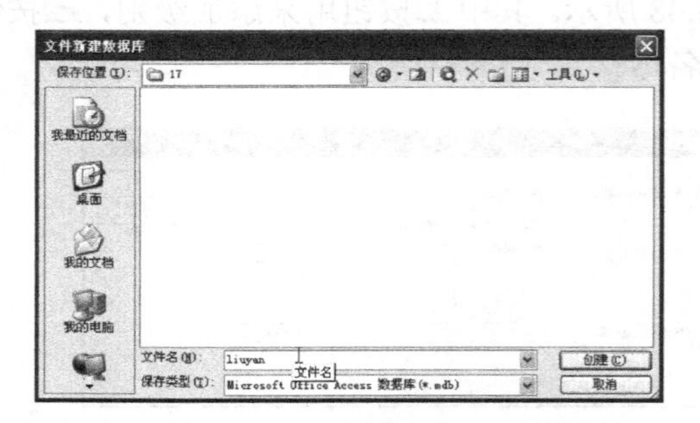

图13.52 【文件新建数据库】对话框

❸ 单击【创建】按钮，打开图 13.53 所示的窗口，在对话框中双击【使用设计器创建表】选项。

❹ 打开【表】窗口，在窗口中设置字段名称和数据类型，如图 13.54 所示。

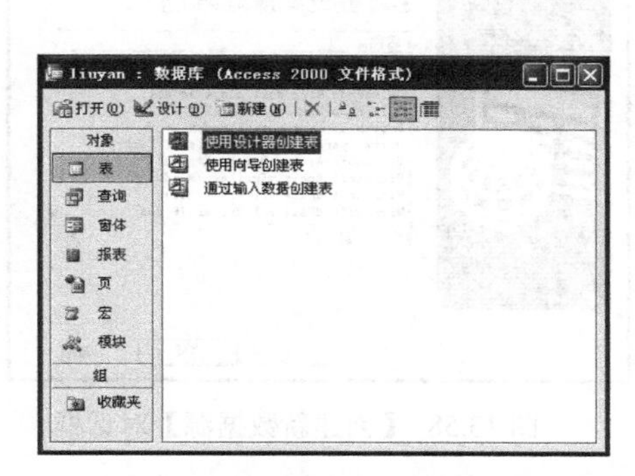
图 13.53 双击【使用设计器创建表】选项

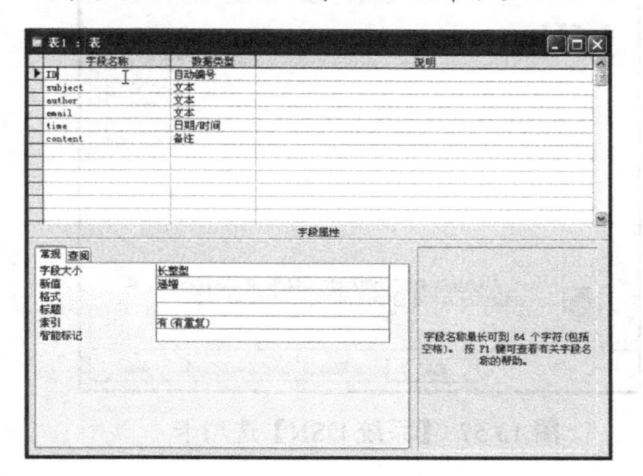
图 13.54 【表】窗口

❺ 将光标放置在字段名称 ID 中，单击鼠标右键，在弹出的菜单中选择【主键】选项，如图 13.55 所示。

❻ 选择菜单中的【文件】|【保存】命令，打开【另存为】对话框，在对话框中的【表名称】文本框中输入 liuyan，如图 13.56 所示。单击【确定】按钮，即可完成数据库的创建。

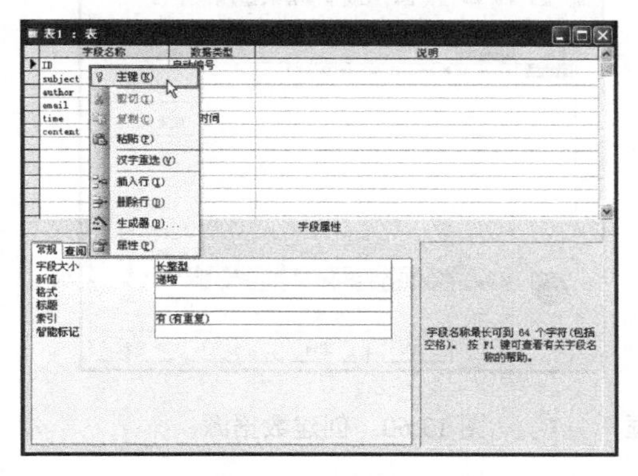
图 13.55 选择【主键】选项

图 13.56 【另存为】对话框

提示 日期字段的默认值为内置函数 Now()。当添加一条记录时，如果不显示指明字段的内容，则系统会以当前的时间和日期来填充当前字段。

13.6.2 设置数据源 ODBC

ODBC 是数据库服务的一个标准协议，它向访问网络数据库的应用程序提供一种通用语言。只要系统中有相应的 ODBC 驱动程序，任何程序都可以通过 ODBC 操纵数据库。

设置数据源 ODBC 的具体操作步骤如下。

❶ 选择【开始】|【控制面板】|【性能和维护】|【管理工具】|【数据源（ODBC）】命令，打开【ODBC 数据源管理器】对话框，在对话框中切换到【系统 DSN】，如图 13.57 所示。

❷ 在对话框中单击【添加】按钮，打开【创建新数据源】对话框，在对话框中的【名称】

列表中选择 Driver do Microsoft Access（*.mdb）选项，如图 13.58 所示。

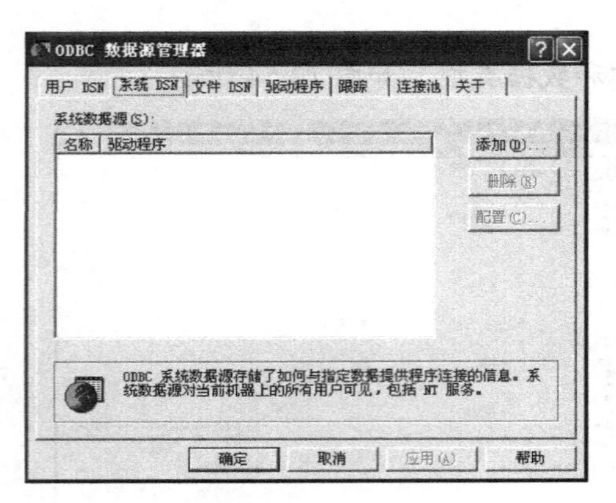

图 13.57 【系统 DSN】选项卡

图 13.58 【创建新数据源】对话框

❸ 单击【完成】按钮，打开【ODBC Microsoft Access 安装】对话框，在对话框中单击【选择】按钮，选择数据库的路径，在【数据源名称】文本框中输入 liuyan，如图 13.59 所示。

❹ 单击【确定】按钮，回到【ODBC 数据源管理器】对话框，在对话框中可以看到创建的数据源，如图 13.60 所示。

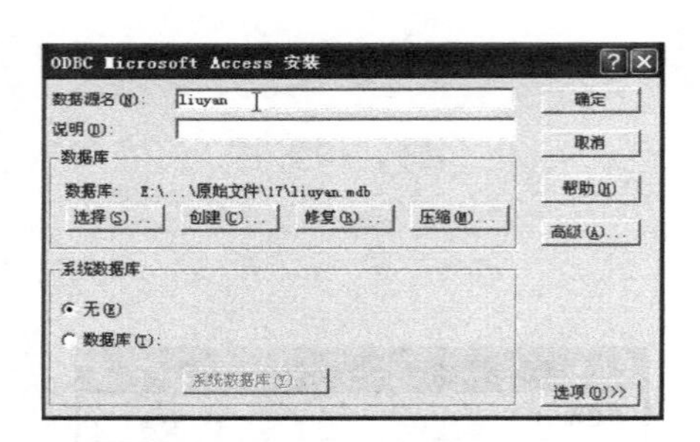

图 13.59 【ODBC Microsoft Access 安装】对话框

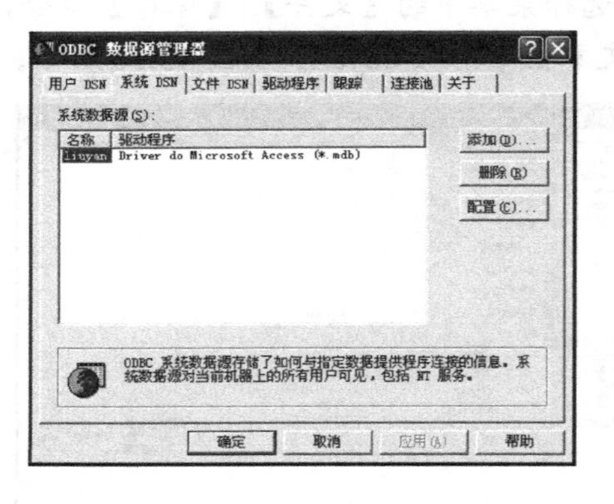

图 13.60 创建数据源

13.6.3 定义数据库连接

如果用户的网页服务器和 Dreamweaver CS6 运行在同一个 Windows 系统上，那么就可以使用系统 DSN 来创建数据库连接，DSN 是指向数据库的一个快捷方式。

定义数据库连接的具体操作步骤如下。

❶ 选择菜单中的【窗口】|【数据库】命令，打开【数据库】面板，在面板中单击⊞按钮，在弹出的菜单中选择【数据源名称（DSN）】选项，如图 13.61 所示。

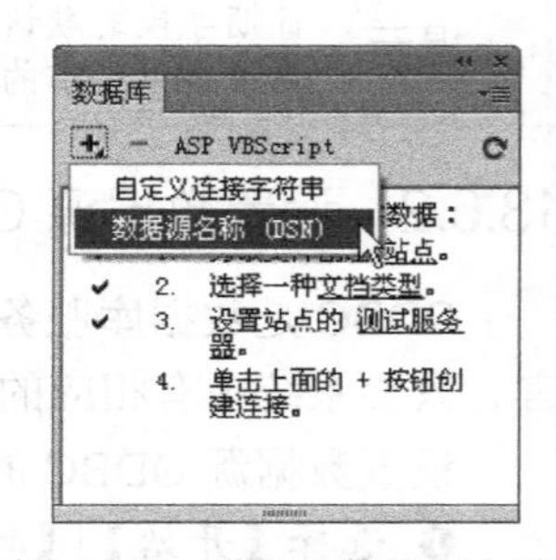

图 13.61 选择【数据源名称（DSN）】选项

❷ 打开【数据源名称（DSN）】对话框，在对话框中的【连接名称】文本框中输入 liuyan，在【数据源名称（DSN）】下拉列表

中选择 liuyan，如图 13.62 所示。

❸ 单击【确定】按钮，即可成功连接，此时【数据库】面板如图 13.63 所示。

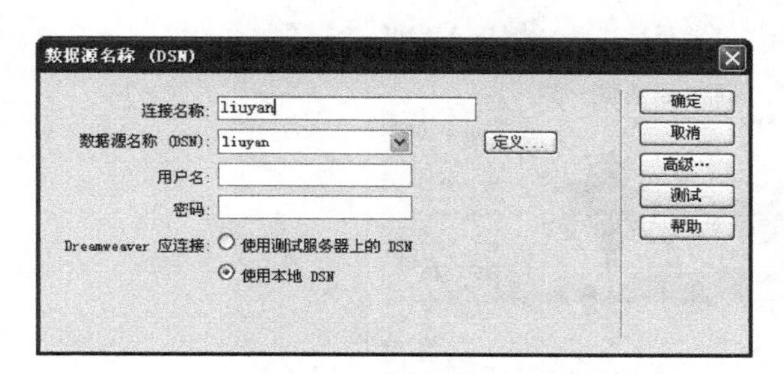

图 13.62 【数据源名称（DSN）】对话框

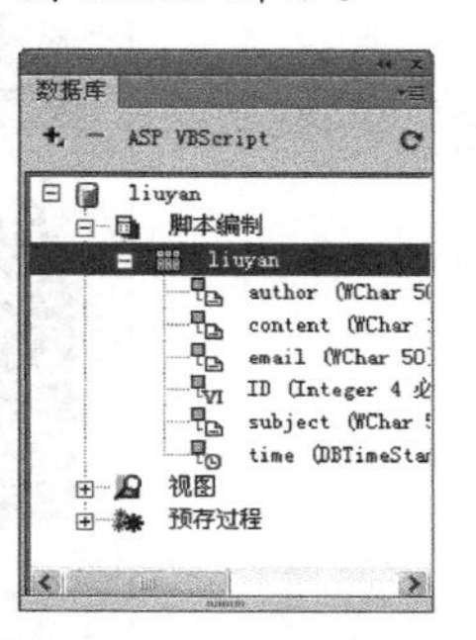

图 13.63 【数据库】面板

13.6.4 制作发布留言页面

发布留言页面主要利用插入表单对象和【插入记录】服务器行为来实现，如图 13.64 所示，具体操作步骤如下。

图 13.64 发布留言页面

❶ 打开素材文件 CH13/13.6/index.html，将其另存为 fabu.asp，如图 13.65 所示。

❷ 选中图像 images/default-_02.jpg，在【属性】面板中选择【矩形热点】工具绘制热点，在【链接】文本框中输入 fabu.asp，如图 13.66 所示。

❸ 按照步骤 2 的方法，在文字“列表页面”上面绘制热点，在【链接】文本框中输入 liebiao.asp，如图 13.67 所示。

❹ 将光标放置在相应的位置，选择菜单中的【插入】|【表单】|【表单】命令，插入表单，如图 13.68 所示。

图 13.65　新建文档

图 13.66　进行热点链接

图 13.67　进行热点链接

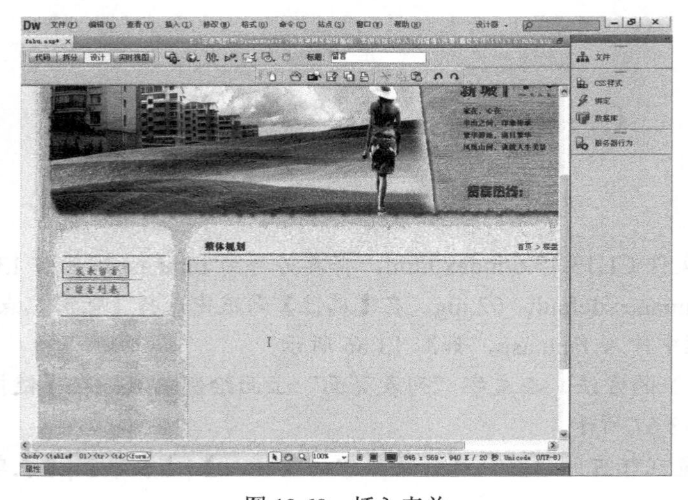

图 13.68　插入表单

❺ 将光标放置在表单中，选择菜单中的【插入】|【表格】命令，插入 5 行 2 列的表格，在【属性】面板中将【对齐】设置为【居中对齐】，如图 13.69 所示。

❻ 分别在表格中相应的位置输入文字，将【大小】设置为 13 像素，如图 13.70 所示。

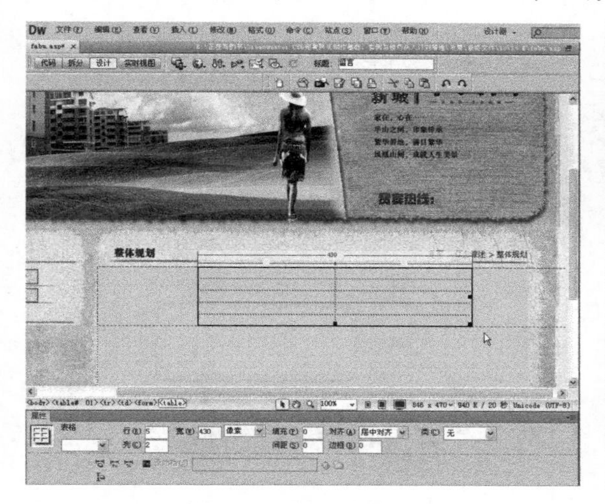

图 13.69　插入表格

图 13.70　输入文字

❼ 将光标放置在第 1 行第 2 列单元格中，选择菜单中的【插入】|【表单】|【文本域】命令，插入文本域，在【属性】面板中的【文本域】的名称文本框中输入 subject，将【字符宽度】设置为 30，【类型】设置为【单行】，如图 13.71 所示。

❽ 将光标放置在第 2 行第 2 列单元格中，选择菜单中的【插入】|【表单】|【文本域】命令，插入文本域，在【属性】面板中的【文本域】的名称文本框中输入 author，将【字符宽度】设置为 25，【类型】设置为【单行】，如图 13.72 所示。

图 13.71　插入文本域

图 13.72　插入文本域

❾ 将光标放置在第 3 行第 2 列单元格中，选择菜单中的【插入】|【表单】|【文本域】命令，插入文本域，在【属性】面板中，在【文本域】的名称文本框中输入 email，将【字符宽度】设置为 30，【类型】设置为【单行】，如图 13.73 所示。

⑩ 将光标放置在第4行第2列单元格中，选择菜单中的【插入】|【表单】|【文本区域】命令，插入文本区域，在【属性】面板中的【文本域】的名称文本框中输入content，设置如图13.74所示。

图13.73 插入文本域

图13.74 插入文本区域

⑪ 将光标放置在第5行第2列单元格中，选择菜单中的【插入】|【表单】|【按钮】命令，插入按钮，在【属性】面板中的【值】文本框中输入“提交”，将【动作】设置为【提交表单】，如图13.75所示。

⑫ 将光标放置在第5行第2列单元格中，选择菜单中的【插入】|【表单】|【按钮】命令，插入按钮，在【属性】面板中，在【值】文本框中输入“重置”，将【动作】设置为【重设表单】，如图13.76所示。

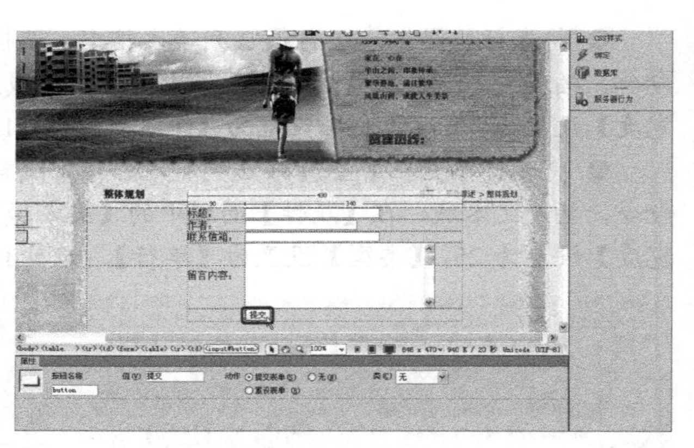

图13.75 插入按钮

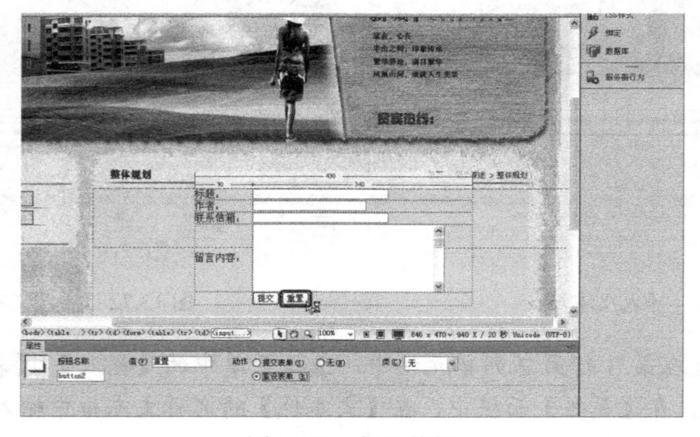

图13.76 插入按钮

⑬ 选择菜单中的【窗口】|【行为】命令，打开【行为】面板，在面板中单击 按钮，在弹出的菜单中选择【检查表单】选项，如图 13.77 所示。

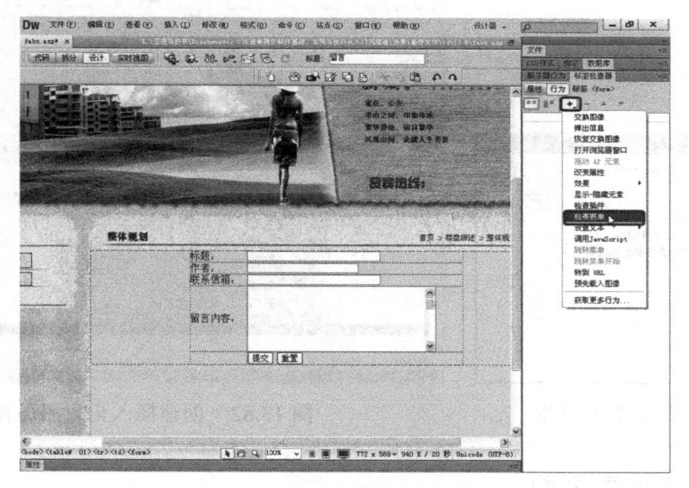

图 13.77　选择【检查表单】选项

⑭ 打开【检查表单】对话框，文本域 subject、author、content 的验证条件都为：【值】为【必需的】，【可接受】为【任何东西】。文本域 email 的验证条件为：【值】为【必需的】，【可接受】为【电子邮件地址】，如图 13.78 所示。

⑮ 单击【确定】按钮，添加行为，如图 13.79 所示。

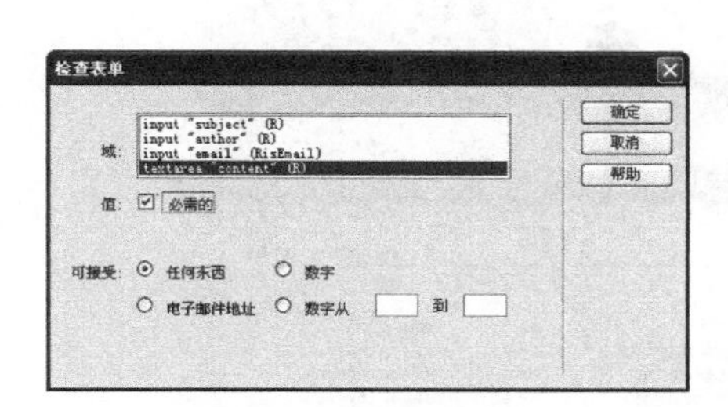

图 13.78　【检查表单】对话框

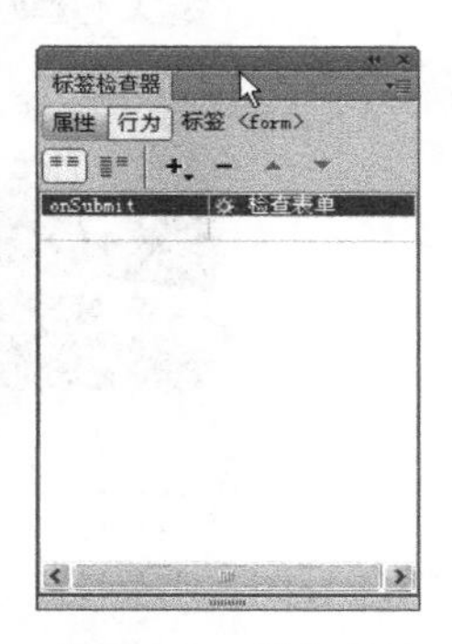

图 13.79　添加行为

⑯ 选择菜单中的【窗口】|【服务器行为】命令，打开【服务器行为】面板，在面板中单击 按钮，在弹出的菜单中选择【插入记录】选项，如图 13.80 所示。

⑰ 打开【插入记录】对话框，在对话框中的【连接】下拉列表中选择 liuyan，在【插入到表格】下拉列表中选择 liuyan，在【插入后转到】文本框中输入 liebiao.asp，如图 13.81 所示。

⑱ 单击【确定】按钮，创建插入记录服务器行为，如图 13.82 所示。

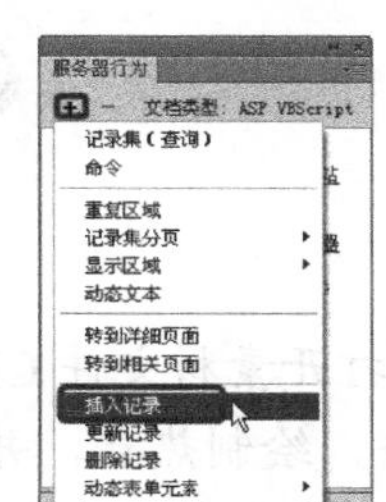

图 13.80　选择【插入记录】选项

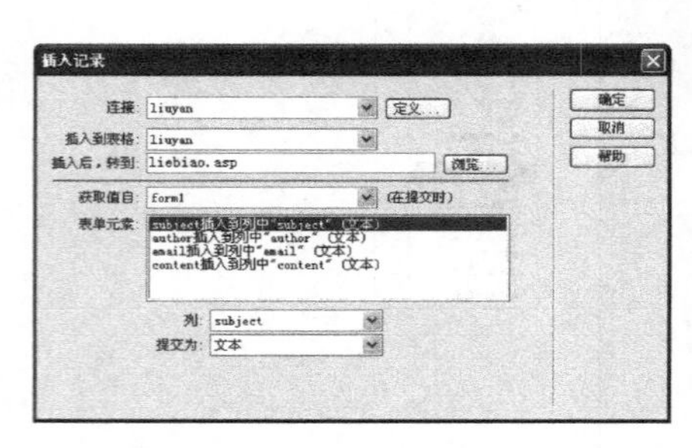

图 13.81 【插入记录】对话框

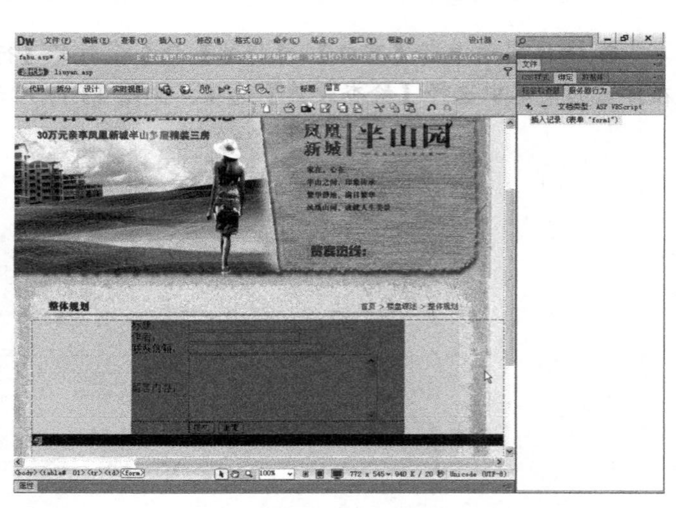

图 13.82 创建插入记录服务器行为

13.6.5 制作留言列表页面

留言列表页面主要是利用创建记录集，定义重复区域、绑定动态数据和转到详细页等服务器行为来实现的，如图 13.83 所示，具体操作步骤如下。

图 13.83 留言列表页面

❶ 打开素材文件 CH13/13.6/index.html，将其另存为 liebiao.asp，按照 13.6.4 节的步骤 2～3 的方法，绘制热点，并创建链接，如图 13.84 所示。

❷ 将光标放置在相应的位置，选择菜单中的【插入】|【表格】命令，插入 2 行 3 列的表格，在【属性】面板中将【对齐】设置为【居中对齐】，如图 13.85 所示。

❸ 在第 1 行单元格中分别输入相应的文字，将【大小】设置为 13 像素，如图 13.86 所示。

图 13.84　创建热点链接

图 13.85　插入表格

图 13.86　输入文字

❹ 将光标放置在表格的右边，按<Enter>键换行，选择菜单中的【插入】|【表格】命令，插入 1 行 4 列的表格，将【对齐】设置为【居中对齐】，在表格中输入相应的文字，将【大小】设置为 13 像素，如图 13.87 所示。

图 13.87 输入文字

❺ 选择菜单中的【窗口】|【绑定】命令，打开【绑定】面板，在面板中单击⊞按钮，在弹出的菜单中选择【记录集（查询）】选项，如图 13.88 所示。

❻ 打开【记录集】对话框，在对话框中的【名称】文本框中输入 Rs1，在【连接】下拉列表中选择 liuyan，在【表格】下拉列表中选择 liuyan，【列】勾选【选定的】单选按钮，在列表框中选择 ID、subject、author 和 time，在【排序】下拉列表中选择 time 和降序，如图 13.89 所示。

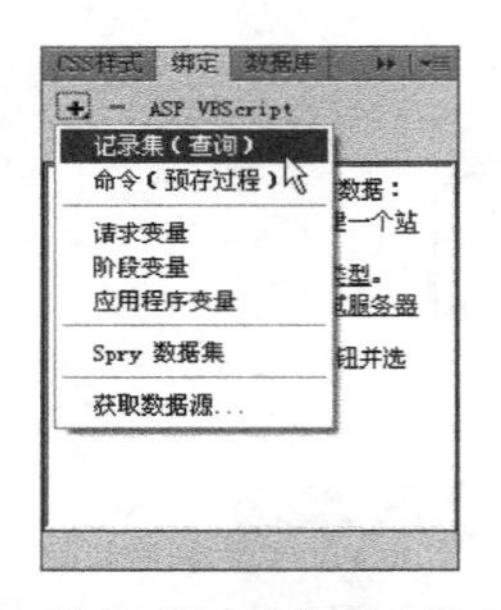

图 13.88 选择【记录集（查询）】选项

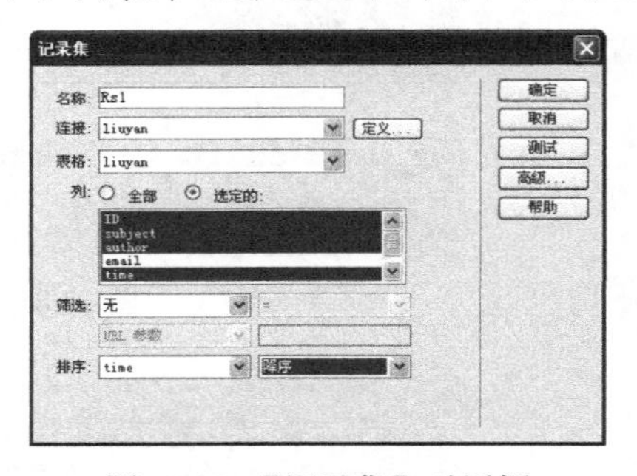

图 13.89 【记录集】对话框

提示 在创建记录集时，时间按降序排列显示留言，是为了保证最新的留言在留言板的最上面。

❼ 单击【确定】按钮，创建记录集，如图 13.90 所示。

❽ 将光标放置在第 2 行第 1 列单元格中，在【绑定】面板中展开记录集 Rs1，选中 subject 字段，单击 插入 按钮，绑定字段，如图 13.91 所示。

❾ 按照步骤 8 的方法在相应的位置对字段 author 和 time 进行绑定，如图 13.92 所示。

❿ 选中第 2 行单元格中，在【服务器行为】面板中单击⊞按钮，在弹出的菜单中选择【重复区域】选项，如图 13.93 所示。

⓫ 打开【重复区域】对话框，在对话框中的【记录集】下拉列表中选择 Rs1，【显示】选择 10 记录，如图 13.94 所示。

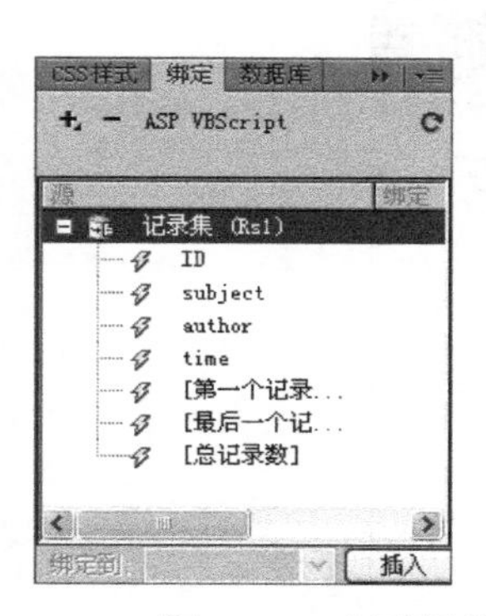

图 13.90 创建记录集

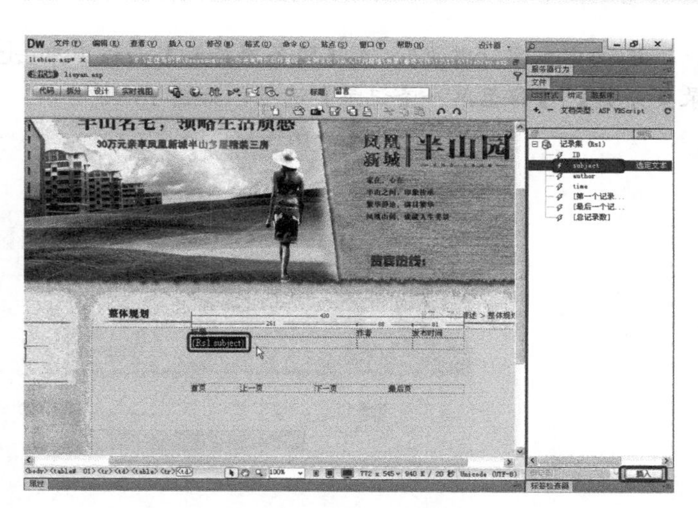

图 13.91 绑定字段

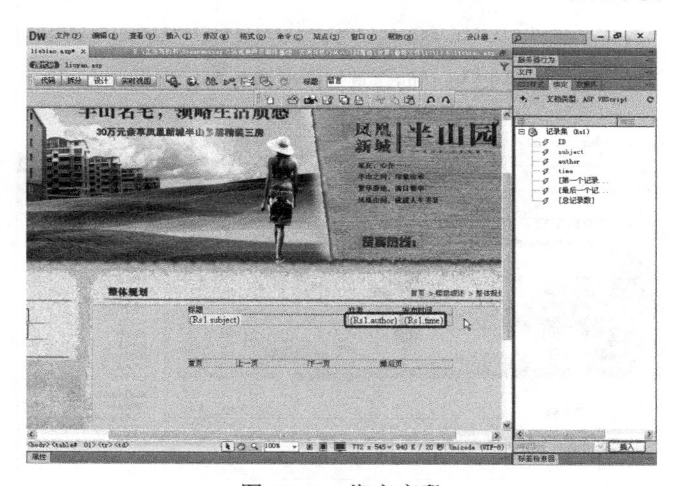

图 13.92 绑定字段

⑫ 单击【确定】按钮，创建重复区域服务器行为，如图 13.95 所示。

图 13.93 选择【重复区域】选项

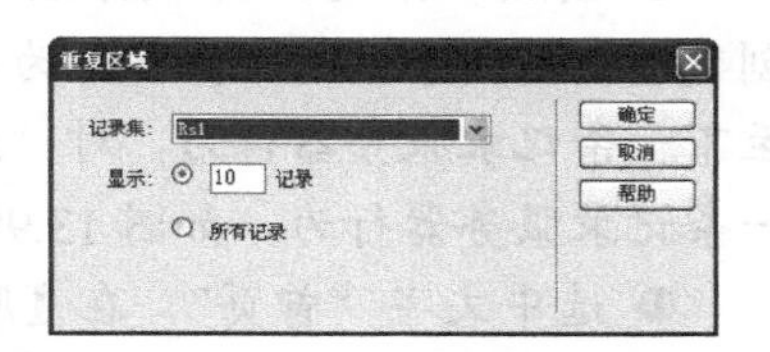

图 13.94 【重复区域】对话框

⑬ 选中文字“首页”，在【服务器行为】面板中单击+按钮，在弹出的菜单中选择【记录集分页】|【移至第一条记录】选项，如图 13.96 所示。

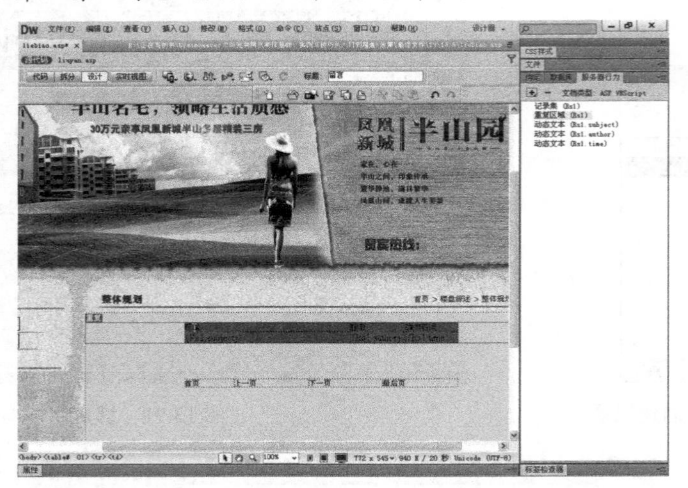

图 13.95　创建重复区域服务器行为

图 13.96　选择【移至第一条记录】选项

⑭ 打开【移至第一条记录】对话框，在对话框中的【记录集】下拉列表中选择 Rs1，如图 13.97 所示。

⑮ 单击【确定】按钮，创建移至第一条记录服务器行为，如图 13.98 所示。

⑯ 按照步骤 13～15 的方法，分别对文字“上一页”创建移至前一条记录服务器行为，对“下一页”创建移至下一条记录服务器行为，对“最后页”创建移至最后一条记录服务器行为，如图 13.99 所示。

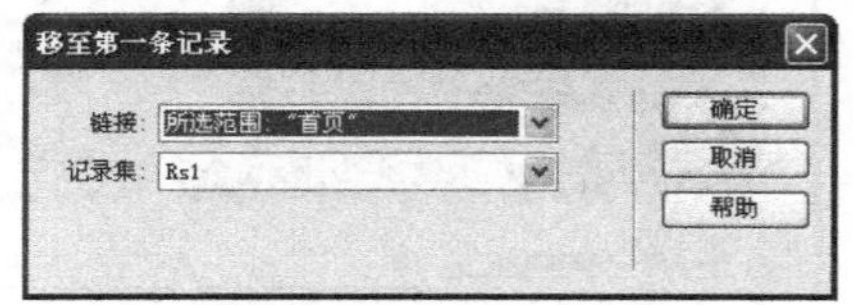

图 13.97　【移至第一条记录】对话框

⑰ 选中文字“首页”，在【服务器行为】面板中单击+按钮，在弹出的菜单中选择【显示区域】|【如果不是第一条记录则显示区域】选项，如图 13.100 所示。

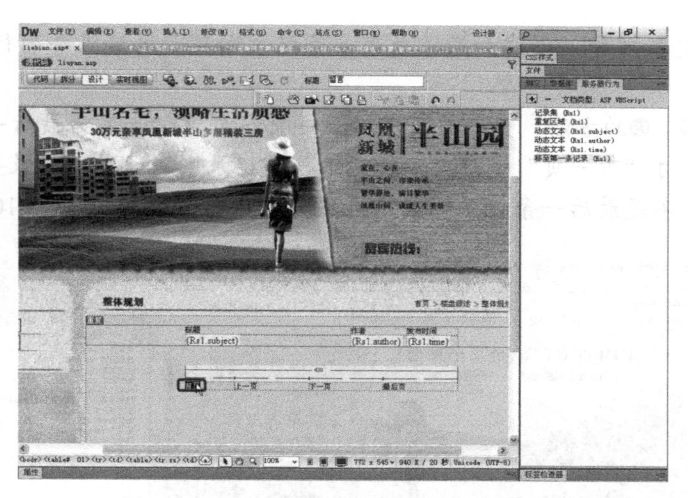

图 13.98　创建移至第一条记录服务器行为

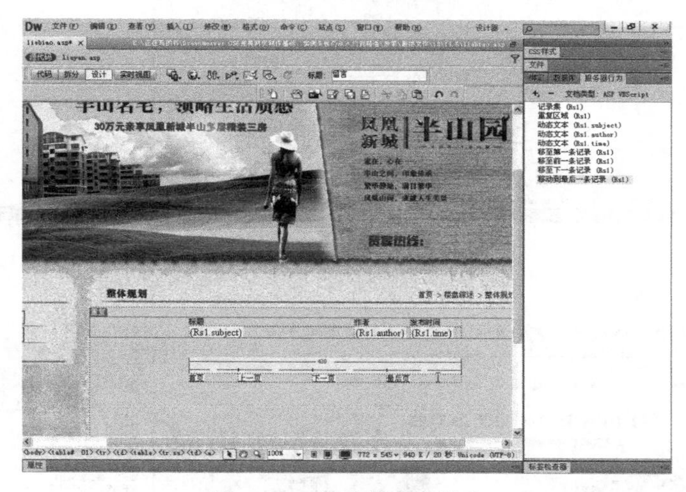

图 13.99　创建服务器行为

⑱ 打开【如果不是第一条记录则显示区域】对话框，在对话框中的【记录集】下拉列表中选择 Rs1，如图 13.101 所示。

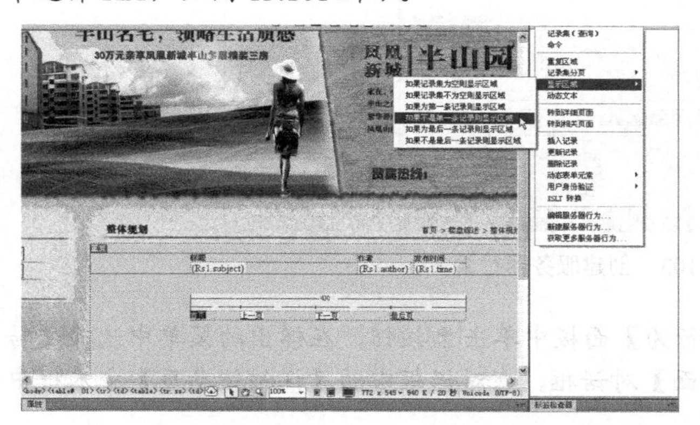

图 13.100　选择【如果不是第一条记录则显示区域】

图 13.101 【如果不是第一条记录则显示区域】

⑲ 单击【确定】按钮，创建如果不是第一条记录则显示区域服务器行为，如图 13.102 所示。

⑳ 按照步骤⑰~⑲的方法，分别对文字“上一页”创建“如果为最后一条记录则显示区域”服务器行为，对“下一页”创建“如果为第一条记录则显示区域”服务器行为，对“最后页”创建“如果不是最后一条记录则显示区域”服务器行为，如图 13.103 所示。

图 13.102　创建服务器行为

图 13.103　创建服务器行为

㉑ 选中{Rs1.subject}，在【服务器行为】面板中单击[+]按钮，在弹出的菜单中选择【转到详细页面】选项，打开【转到详细页面】对话框，在对话框中的【详细信息页】文本框中输入 xianshi.asp，如图 13.104 所示。

㉒ 单击【确定】按钮，创建转到详细页面服务器行为，如图 13.105 所示。

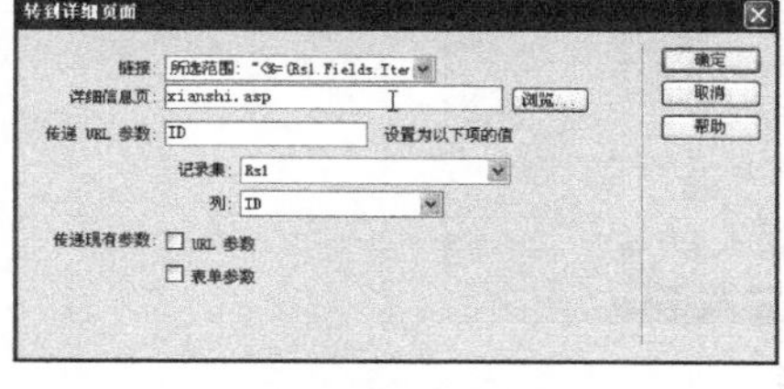

图 13.104 【转到详细页面】对话框

图 13.105 创建转到详细页面服务器行为

13.6.6 制作显示留言页面

显示留言页面中的数据是从留言表中读取的，主要利用 Dreamweaver 创建记录集，然后绑定相关数据字段，如图 13.106 所示，具体操作步骤如下。

图 13.106 显示留言页面

❶ 打开素材文件 CH13/13.6/index.html，将其另存为 xianshi.asp，按照 13.6.4 节的步骤❷～❸方法，绘制热点，并创建链接，如图 13.107 所示。

❷ 将光标放置在相应的位置，插入 5 行 2 列的表格，在【属性】面板中将【对齐】设置为【居中对齐】，如图 13.108 所示。

❸ 在表格中相应的位置输入文字，将【大小】设置为 13 像素，如图 13.109 所示。

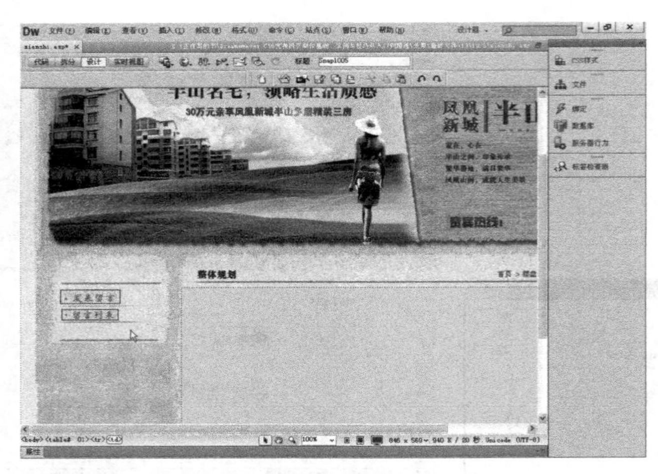

图 13.107　创建热点链接

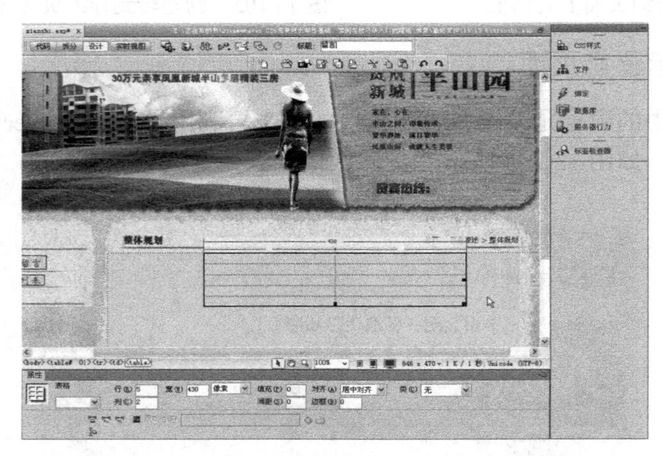

图 13.108　插入表格

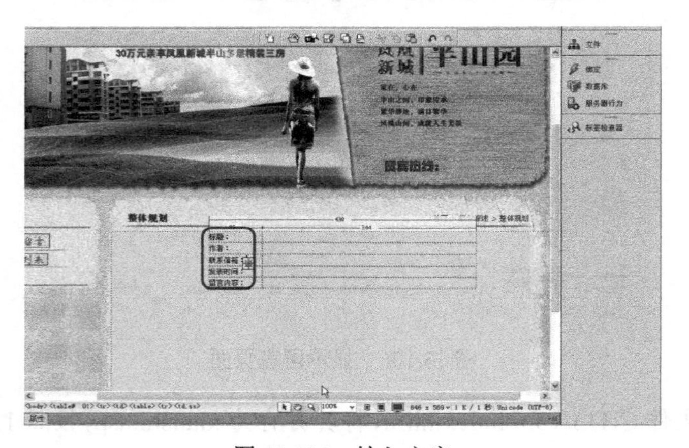

图 13.109　输入文字

❹ 在【绑定】面板中单击按钮，在弹出的菜单中选择【记录集（查询）】选项，打开【记录集】对话框，在对话框中的【名称】文本框中输入 Rs1，在【连接】下拉列表中选择 liuyan，在【表格】下拉列表中选择 liuyan，【列】勾选【全部】单选按钮，在【筛选】下拉列表中分

别选择 ID、=、URL 参数和 ID，如图 13.110 所示。

❺ 单击【确定】按钮，创建记录集，如图 13.111 所示。

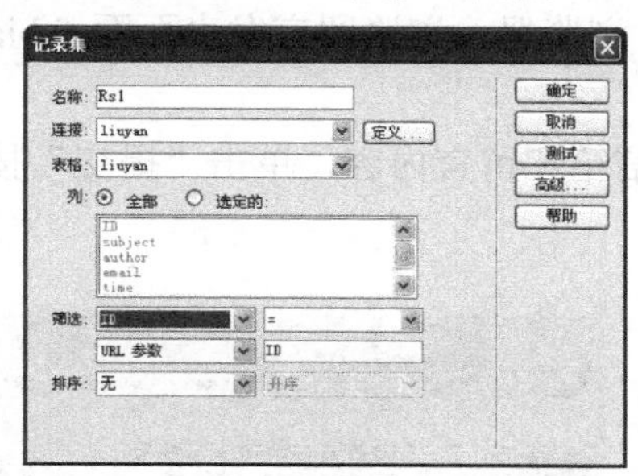

图 13.110 【记录集】对话框

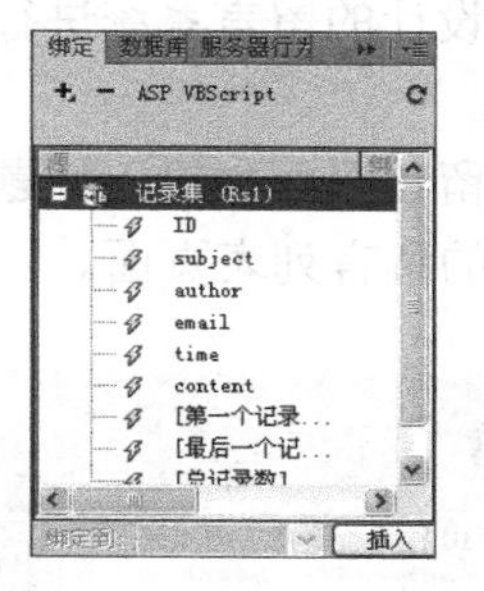

图 13.111 创建记录集

❻ 将光标放置在第 1 行第 2 列单元格中，在【绑定】面板中展开记录集 Rs1，选中 subject 字段，单击 插入 按钮，绑定字段，如图 13.112 所示。

图 13.112 绑定字段

❼ 按照步骤❻的方法，在相应的位置分别绑定 author、email、time 和 content 字段，如图 13.113 所示。

图 13.113 绑定字段

13.7 系统测试

下面对设计的留言系统进行测试。打开 IE 浏览器，浏览留言发表页面 fabiao.asp，如图 13.114 所示。

在发表留言页面中输入标题、作者、联系信箱和留言内容，单击“提交”按钮，进入图 13.115 所示的留言列表页面。

图 13.114 发表页面

图 13.115 列表页面

在留言列表页面中单击留言标题，打开留言显示页面，如图 13.116 所示。

图 13.116 留言显示页面

13.8 技巧与问答

动态数据库的绑定能够实现网页的动态显示，但是如何更好的控制这些动态页面，还需要增加服务器行为。Dreamweaver CS6 内置了很多种服务器行为，充分利用这些服务器行为可以完成动态网页中的常用控制，用户也可以自己编写服务器行为代码。

第 1 问　如何使用代码提示插入滚动公告

使用代码提示插入滚动公告的具体操作步骤如下。

❶ 打开素材文件 CH13/13.8/技巧 1/index.html，如图 13.117 所示。

❷ 将光标放置在要插入滚动公告栏的位置，选择菜单中的【插入】|【标签】命令，打开【标签选择器】对话框，在对话框中选择【标签语言标签】|【HTML 标签】|【页元素】|【marquee】选项，如图 13.118 所示。

❸ 单击【插入】按钮，关闭对话框，在拆分视图下可以看到插入的标签，如图 13.119 所示。

❹ 切换到设计视图，将光标放置在相应的位置，插入图像和输入文字，如图 13.120 所示。

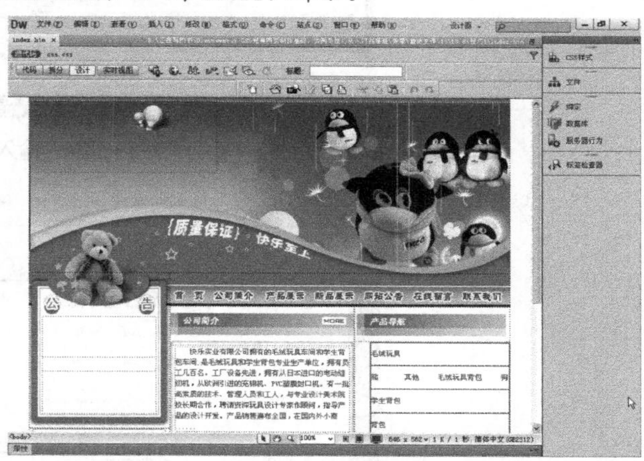

图 13.117　打开素材文件

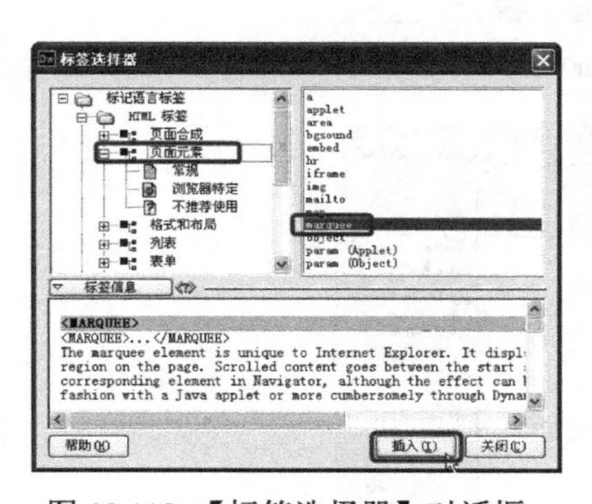

图 13.118 【标签选择器】对话框

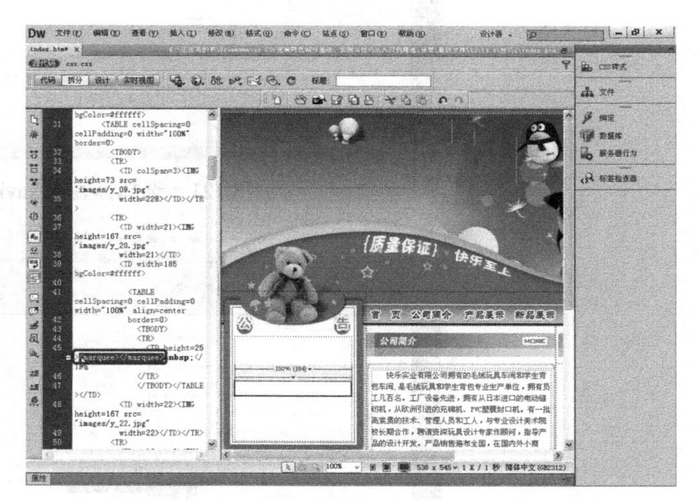

图 13.119　插入标签

❺ 切换到代码视图，将代码</marquee>拖到文字的后面，在<marquee>标签内的后面按空格键，在弹出的属性列表中选择标签<behavior>，如图 13.121 所示。

❻ 双击并插入，在弹出的列表中选择标签<scroll>，如图 13.122 所示。

❼ 双击并插入后，按空格键，在弹出的列表中选择标签<direction>，如图 13.123 所示。

❽ 双击并插入后，在弹出的列表中选择标签<up>，如图 13.124 所示。

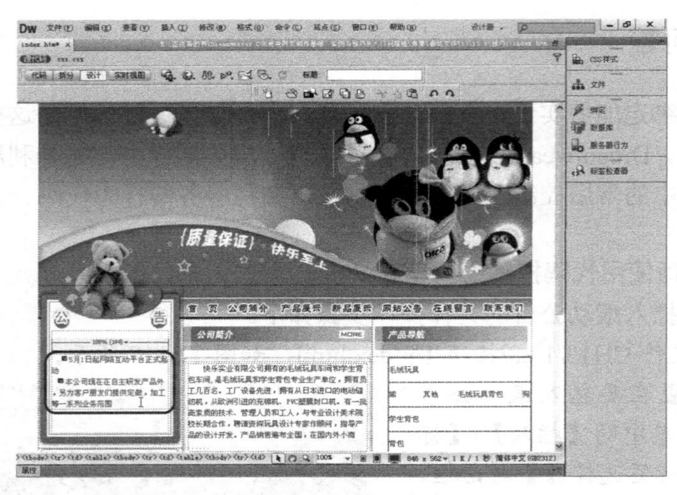

图 13.120　输入文字

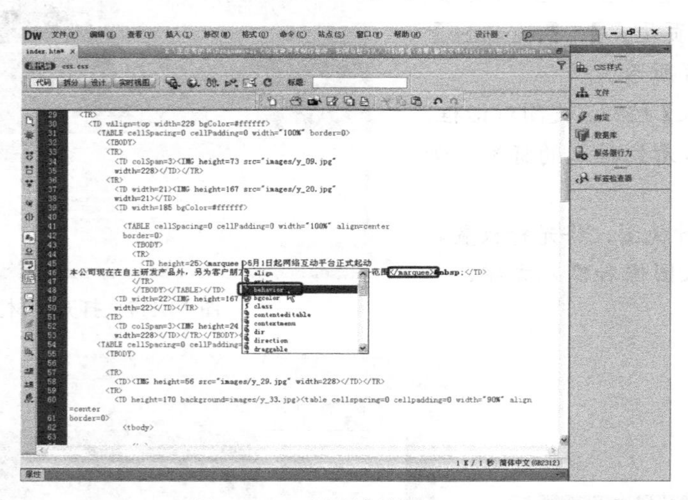

图 13.121　选择标签 behavior

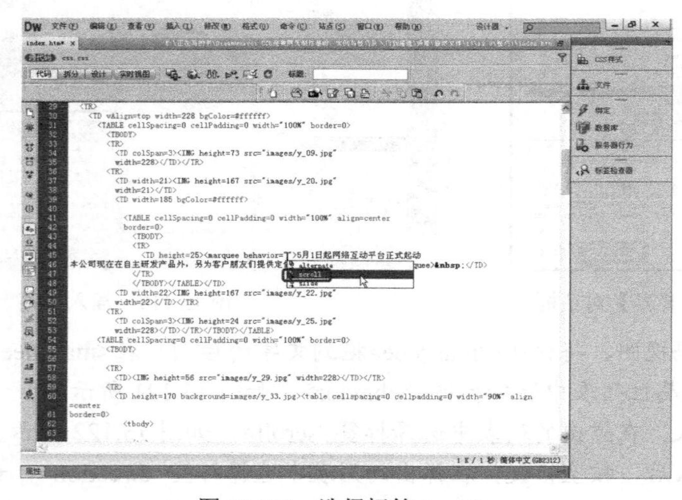

图 13.122　选择标签<scroll>

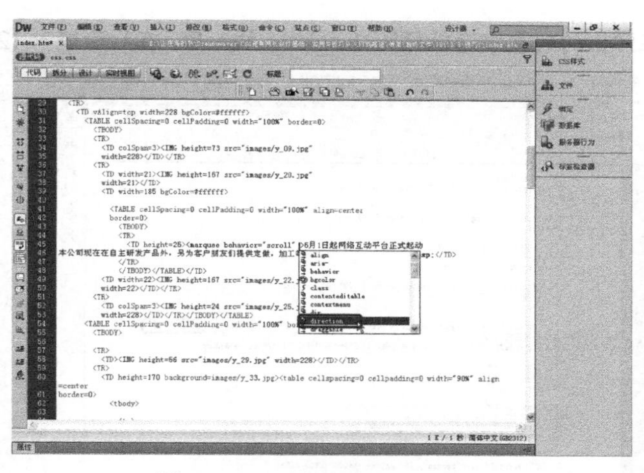

图 13.123　选择标签<direction>

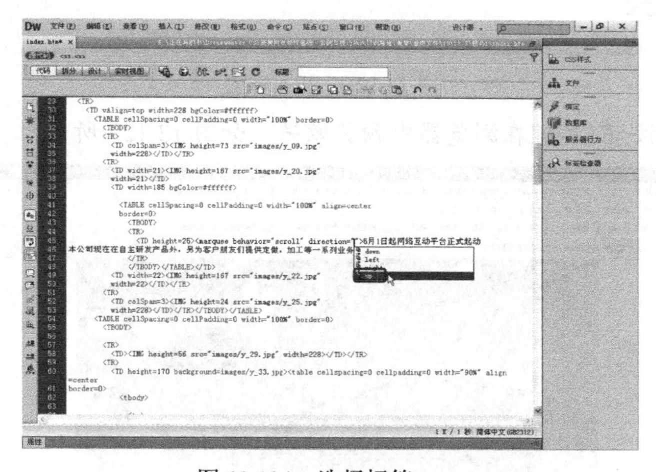

图 13.124　选择标签<up>

❾ 双击并插入后，按空格键，在弹出的列表中选择标签<scrolldelay>，插入后，在后面输入 1，如图 13.125 所示。

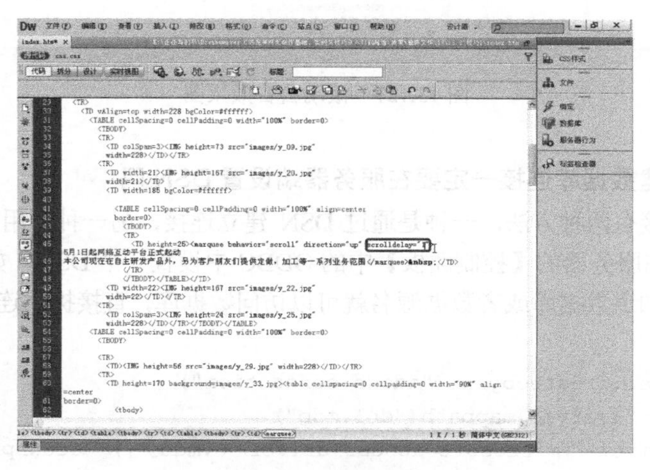

图 13.125　插入标签

⑩ 按空格键，在弹出的列表中选择标签<height>，插入后，在后面输入 120，如图 13.126 所示。

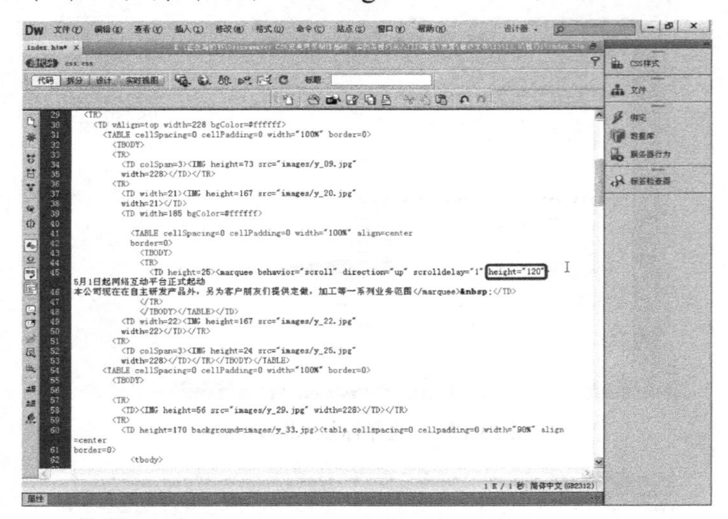

图 13.126 插入标签

⑪ 保存文档，按<F12>键在浏览器中预览效果，如图 13.127 所示。

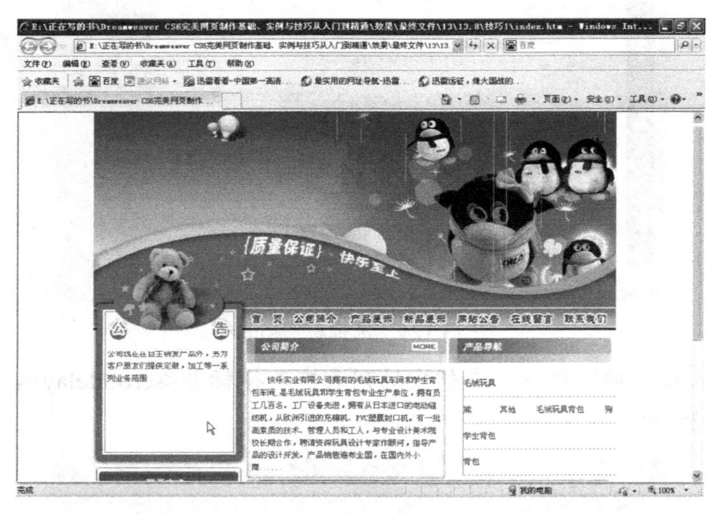

图 13.127 滚动公告效果图

第 2 问 创建数据库连接一定要在服务器端设置 DSN 吗

创建数据库连接有两种方法，一种是通过 DSN 建立连接，另一种不用 DSN 建立连接，而是通过系统管理员在服务器的【控制面板】中的 ODBC 中设置一个 DSN，如果没有在服务器上设置 DSN，只需要知道数据库或者数据源名就可以访问数据库，直接提供连接所需的参数即可。

连接代码如下。

```
set conn=server.createobject("adodb.connection")
connpath="dbq="&server.mappath("db1.mdb")
conn.open "driver={microsoft access driver (.mdb)}; "&connpath
set rs=conn.execute("select from authors")
```

第 3 问　如何获得更多的服务器行为

为了使 Web 应用程序实现更多的功能，可以在其中安装更多的服务器行为。

如果能熟练地运用 JavaScript、VBScript、Java 或者 ColdFusion，那么就可以自己写服务器行为。

第 4 问　如何编辑数据源

编辑数据源的具体操作步骤如下。

❶ 在数据【绑定】面板中或【服务器行为】面板中，双击想要编辑的记录集的名称。

❷ 在打开的【记录集】对话框或【记录集】对话框的高级模式中改变设置，单击【确定】按钮。

❸ 也可以使用【属性】面板来编辑记录集。打开【属性】面板，选中在【服务器行为】面板中的记录集，图 13.128 所示是一个记录集的属性监视器窗口。

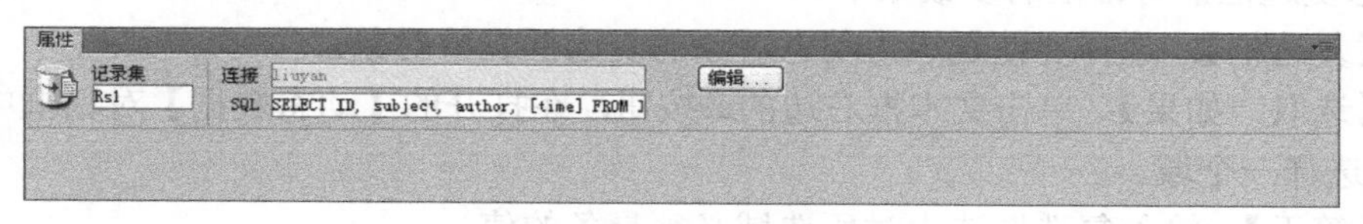

图 13.128　记录集属性

第 5 问　如何设置数据源的数据格式

只要数据绑定在页面上，就可以设置数据源的数据格式，具体操作步骤如下。

❶ 由于只有插入到页面上的字段变量才可以进行数据源的数据格式设置，因此需要插入字段变量。

❷ 在文档窗口中选中要改变数据源格式的字段变量，然后单击【绑定】面板中右面的按钮，会出现如图 13.129 所示的菜单。

❸ 从中选中适当的选项即可完成对菜单中的数据格式的设置。

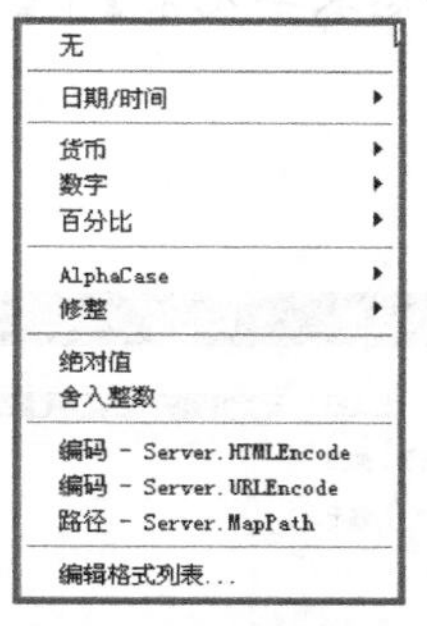

图 13.129　数据源的数据格式菜单

第 6 问　如何使用动态表单

通过使用服务器端的组件可以创建独立于浏览器的动态内容。Dreamweaver CS6 为创建显示动态生成内容的网页提供了一个简捷而快速的方法。使用动态表单的具体操作步骤如下。

❶ 在文档中选中文本域，在【服务器行为】面板中单击 ⊞ 按钮，在弹出的菜单中选择【动态表单元素】|【动态文本字段】选项，如图 13.130 所示。

❷ 选择选项后，打开【动态文本字段】对话框，如图 13.131 所示。

❸ 在对话框中单击【将值设置为】文本框右边的 ⚡ 按钮，在打开的【动态数据】对话框中的【域】列表框中选择相应的域，设置完毕后，单击【确定】按钮即可。

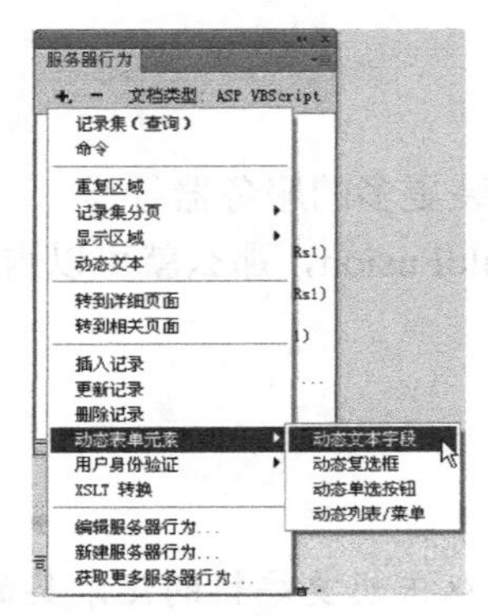

图 13.130　选择【动态文本字段】选项

图 13.131　【动态文本字段】对话框

❹ 在文档中选中复选框，在【服务器行为】面板中单击按钮，在弹出的菜单中选择【动态表单元素】|【动态复选框】选项，打开【动态复选框】对话框，如图 13.132 所示。

【动态复选框】对话框的参数如下。

- 【复选框】：选择要使之成为动态对象的复选框表单对象。
- 【选取，如果】：单击文本框右边的按钮，在打开的【动态数据】对话框中的【域】列表框中选择一个域。
- 【等于】：输入复选框选中时所选域必须具备的值。

❺ 在对话框中设置完毕后，单击【确定】按钮即可。

❻ 在文档中选中单选按钮，在【服务器行为】面板中单击按钮，在弹出的菜单中选择【动态表单元素】|【动态单选按钮】选项，打开【动态单选按钮】对话框，如图 13.133 所示。

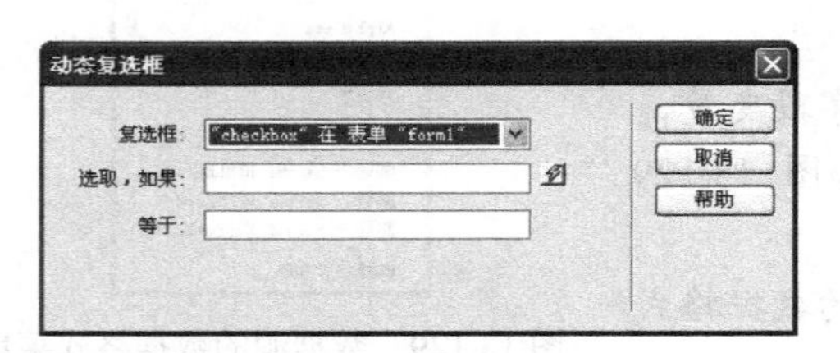

图 13.132　【动态复选框】对话框

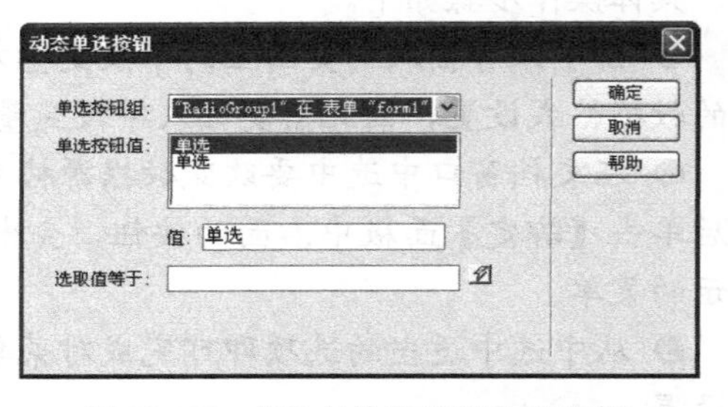

图 13.133　【动态单选按钮】对话框

【动态单选按钮】对话框的参数如下。

- 【单选按钮组】：在下拉列表中选择网页上的一组单选按钮。
- 【单选按钮值】：选择单选按钮可供选择的值。
- 【值】：重新设置【单选按钮值】列表框中的所选值的名称。
- 【选取值等于】：用于输入选取动态按钮的值时，所默认等同的数据源对象。单击【选取值等于】文本框右边的按钮，在打开的【动态数据】对话框中的【域】列表框中选择相应的域。

❼ 在对话框中设置完毕后，单击【确定】按钮即可。

❽ 在文档中选中列表/菜单，在【服务器行为】面板中单击按钮，在弹出的菜单中选

择【动态表单元素】|【动态列表/菜单】选项，打开【动态列表/菜单】对话框，如图 13.134 所示。

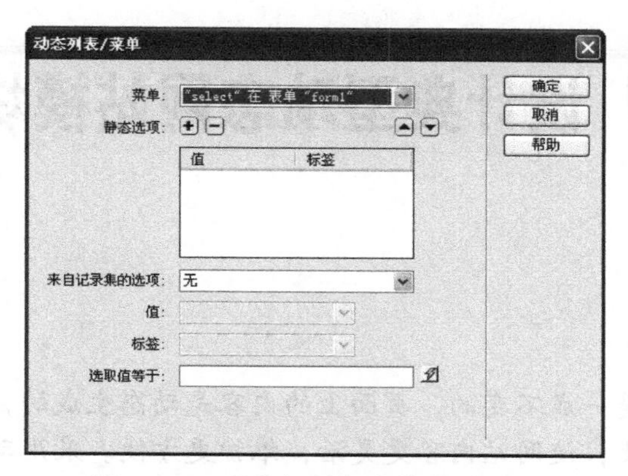

图 13.134 【动态列表/菜单】对话框

【动态列表/菜单】对话框的参数如下。

- 【菜单】：选择要使之成为动态对象的列表/菜单表单对象。
- 【静态选项】：在选项区域中允许用户在列表或菜单中输入默认值，或者在添加动态内容后编辑列表/菜单表单对象中的静态项。
- 【来自记录集的选项】：选择要用作内容源的记录集。
- 【值】：选择包含菜单项值的域。
- 【标签】：选择包含菜单项标签文字的域。
- 【选取值等于】：设置在浏览器中打开页面或者在表单中显示记录时，某个特定菜单项处于选中状态。通过单击文本框右边的按钮，在打开的【动态数据】对话框中的【域】列表框中为该特定菜单项选择动态值。

❾ 在对话框中设置完毕后，单击【确定】按钮即可。

第14章

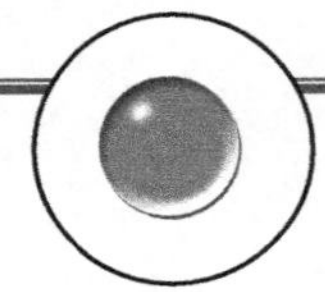

设计典型动态网站模块

动态网站的页面不是一成不变的，页面上的内容是动态生成的，它可以根据数据库中相应部分内容的调整而变化，使网站内容更灵活，维护更方便。采用动态网页技术的网站可以实现更多的功能，如新闻发布系统、会员注册与登录系统等。本章将详细介绍网站中常见的动态模块设计，此外还讲述动态模块创建中一些常见的技巧解答。

学习目标

- 新闻发布系统分析
- 掌握设计数据库和创建数据库连接
- 掌握会员注册登录系统的制作
- 技巧与问答

14.1 新闻发布系统

新闻发布系统是网站中十分重要的组成部分，新闻发布系统是把网站上需要经常变动的公司新闻集中管理。通过该系统，网站的管理员可以方便地对站点进行远程的信息发布和更新，而不必频繁地修改数据库并上传，也不用大量地制作修改网页并上传。

14.1.1 新闻发布系统分析

基本的新闻发布管理系统可以分为两个部分，如图 14.1 所示。一是前台新闻显示部分，

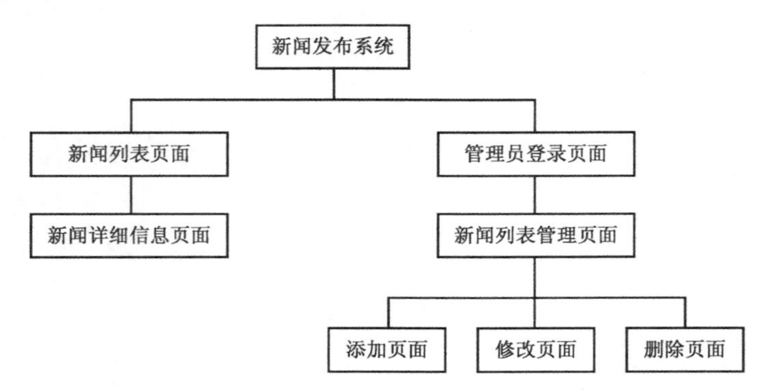

图 14.1　新闻发布系统页面结构

此部分包括新闻列表页面和新闻详细信息页面。二是后台新闻管理部分，管理员可以添加新闻记录、修改新闻记录以及删除新闻记录。

14.1.2 设计数据库

在设计新闻发布系统时，应首先了解新闻系统的信息，然后根据这些信息创建数据库和发表。新闻发布管理系统数据库 news 中包含新闻信息表 news 和管理员表 admin，分别如表 14-1 和表 14-2 所示。

表 14-1　news 表字段

字段名称	字段类型	内容说明
newsID	自动编号	新闻记录编号
newstitle	文本	新闻记录标题
newscontent	备注	新闻正文详细内容
newstime	日期/时间	新闻添加时间
newsAuthor	文本	新闻作者

表 14-2　admin 表字段

字段名称	字段类型	内容说明
ID	自动编号	管理员编号
username	文本	用户名
password	文本	用户密码

14.1.3 创建数据库连接

数据库创建好后，需要设定系统的 DSN（数据源名称）来确定数据库所在的位置以及数据库相关的属性，具体操作步骤如下。

❶ 启动 Dreamweaver CS6，打开要添加数据库连接的文档。选择菜单中的【窗口】|【数据库】命令，打开【数据库】面板，如图 14.2 所示。在数据库面板中，列出了 4 步操作，前 3 步是准备工作，都已经打上了对勾，说明这 3 步已经完成了。如果没有完成，那必须在完成后才能连接数据库。

❷ 在面板中单击 + 按钮，在弹出的菜单中选择【数据源名称（DSN）】选项，如图 14.3 所示。

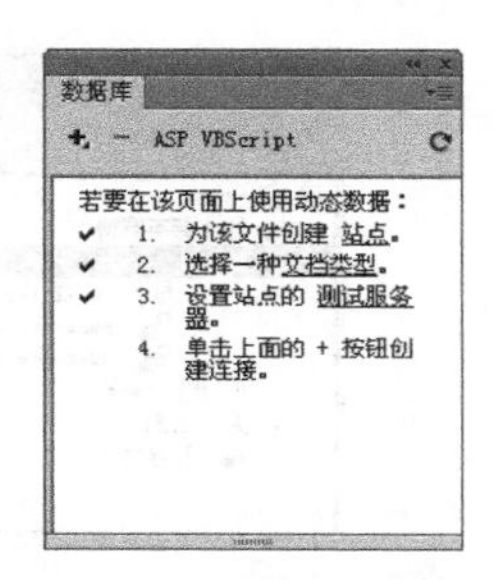

图 14.2 【数据库】面板

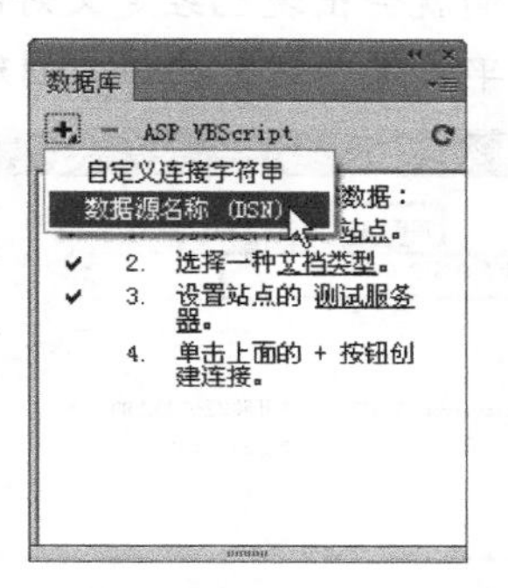

图 14.3 选择【数据源名称（DSN）】选项

❸ 选择选项后，打开【数据源名称（DSN）】对话框，在对话框中单击【定义】按钮，打开【ODBC 数据源管理器】对话框，在对话框中选择【系统 DSN】选项卡，如图 14.4 所示。

❹ 在对话框中单击右边的【添加】按钮，打开【创建新数据源】对话框，在对话框中选择 Driver do Microsoft Access（*.mdb）选项，如图 14.5 所示。

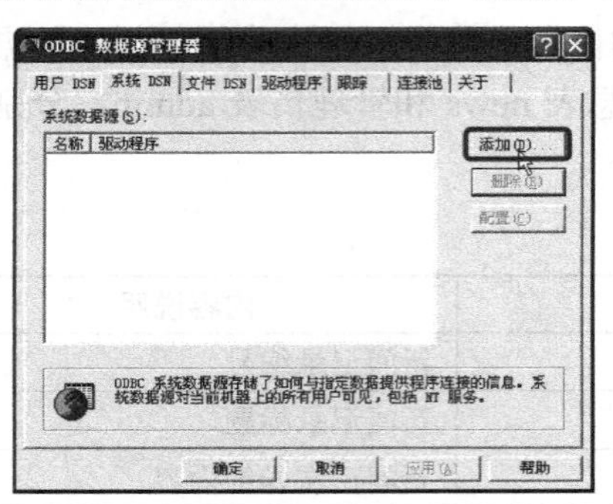

图 14.4 【ODBC 数据源管理器】对话框

图 14.5 【创建新数据源】对话框

❺ 单击【完成】按钮，打开【ODBC Microsoft Access 安装】对话框，在对话框中单击【数据库】选项中的【选择】按钮，打开【选择数据库】对话框，在对话框中选择数据库的所在位置，如图 14.6 所示。

❻ 单击【确定】按钮，设置数据库的所在位置，在【数据源名】文本框中输入 news，如图 14.7 所示。

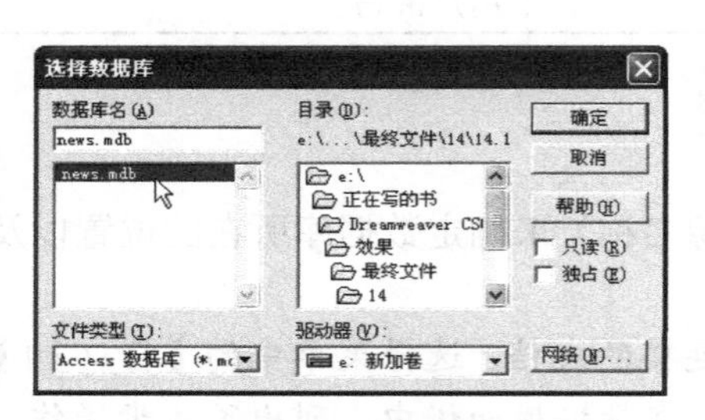

图 14.6 【选择数据库】对话框

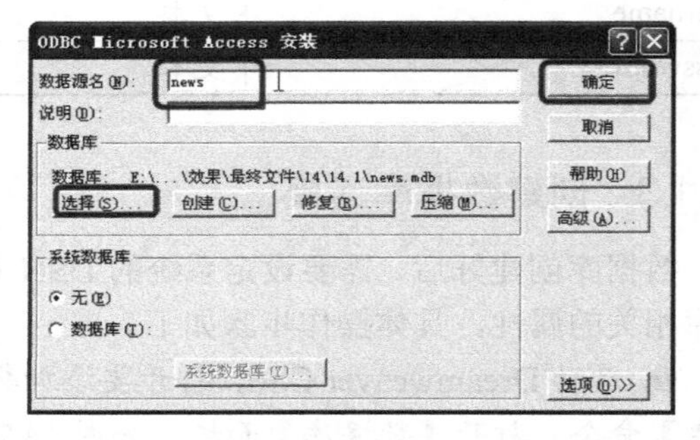

图 14.7 【ODBC Microsoft Access 安装】对话框

❼ 单击【确定】按钮，返回到【ODBC 数据源管理器】对话框。

❽ 单击【确定】按钮，返回到【数据源名称（DSN）】对话框，在【数据源名称（DSN）】文本框的后面就会出现已经定义好的数据库了，在【连接名称】文本框中输入 news，如图 14.8 所示。单击【确定】按钮，创建数据库连接，如图 14.9 所示。

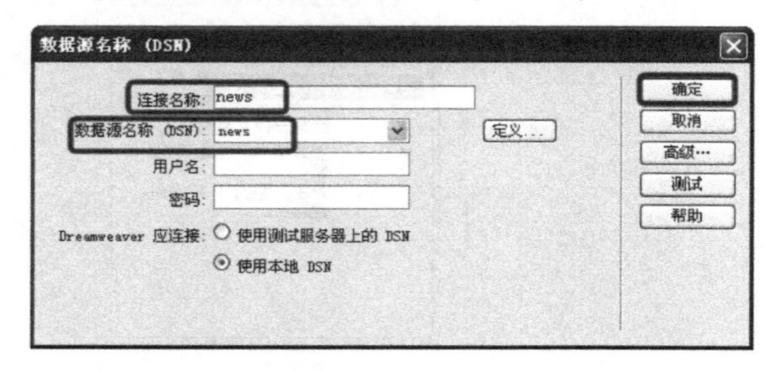

图 14.8 【数据源名称（DSN）】对话框

图 14.9 数据库连接

14.1.4 制作新闻列表页面

新闻列表页面 list.asp，如图 14.10 所示，显示了新闻标题列表，浏览者可以通过单击新闻标题进入新闻详细信息页面。制作新闻列表页面的具体操作步骤如下。

图 14.10 新闻列表页面

❶ 打开素材文件 CH14/14.1/index.html，将其另存为 list.asp，如图 14.11 所示。

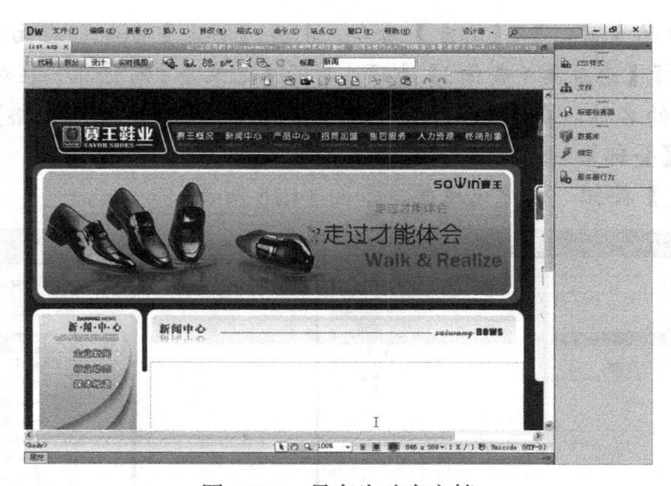

图 14.11 另存为动态文档

❷ 将光标放置在页面中相应的位置，选择菜单中的【插入】|【表格】命令，插入 1 行 2 列的表格 1，在【属性】面板中将【填充】设置为 5，将【间距】设置为 1，如图 14.12 所示。

图 14.12　插入表格

❸ 将光标放置在表格 1 的相应单元格中，输入相应的文字，如图 14.13 所示。

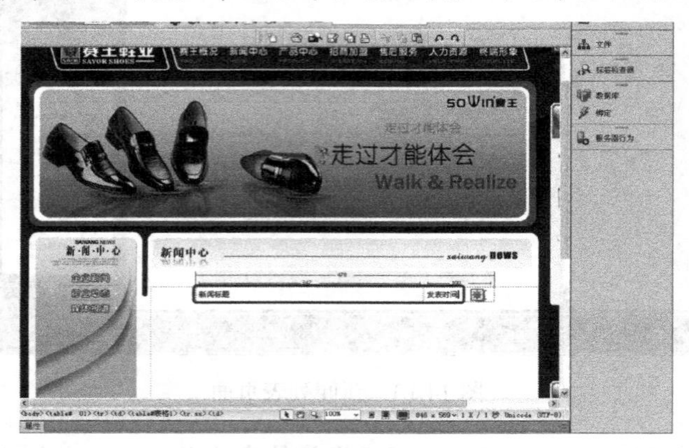

图 14.13　输入文字

❹ 选择菜单中的【窗口】|【绑定】命令，打开【绑定】面板，在面板中单击⊞按钮，在弹出的菜单中选择【记录集（查询）】选项，打开【记录集】对话框，在对话框中的【名称】文本框中输入记录的名称，在【连接】下拉列表中选择 news，在【表格】下拉列表中选择 news，【列】勾选【全部】，如图 14.14 所示。

❺ 单击【确定】按钮，创建记录集，如图 14.15 所示。

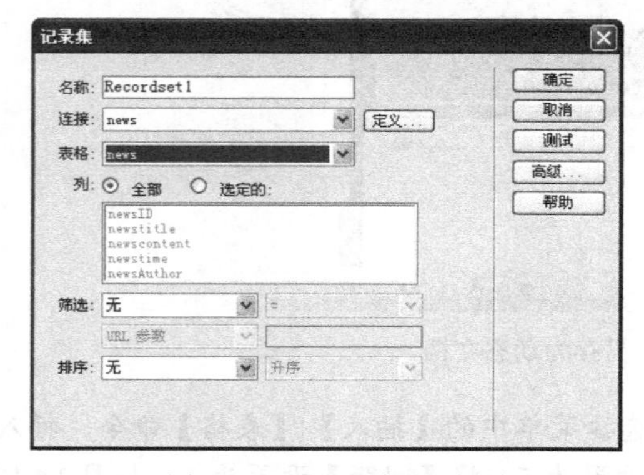

图 14.14 【记录集】对话框

图 14.15　创建记录集

❻ 将光标放置在表格 1 的右边，选择菜单中的【插入】|【表格】命令，插入 1 行 1 列的表格 2，在【属性】面板中将【填充】设置为 5，将【间距】设置为 1，并在表格 2 中输入相应的文字，如图 14.16 所示。

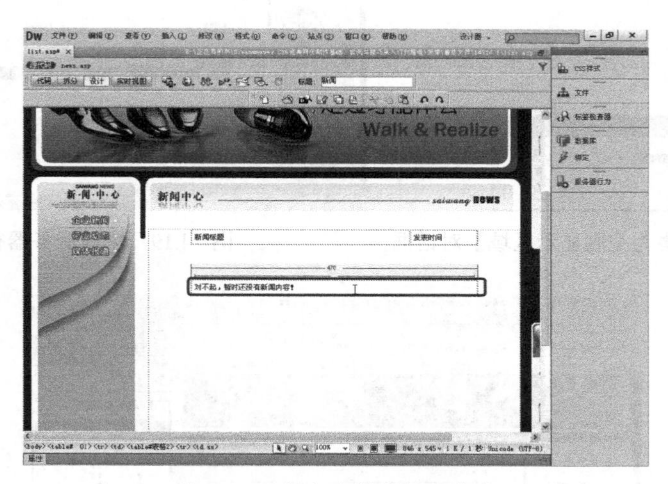

图 14.16　插入表格并输入文字

❼ 选中表格 2，选择菜单中的【窗口】|【服务器行为】命令，打开【服务器行为】面板，在面板中单击⊞按钮，在弹出的菜单中选择【显示区域】|【如果记录集为空则显示区域】选项，如图 14.17 所示。

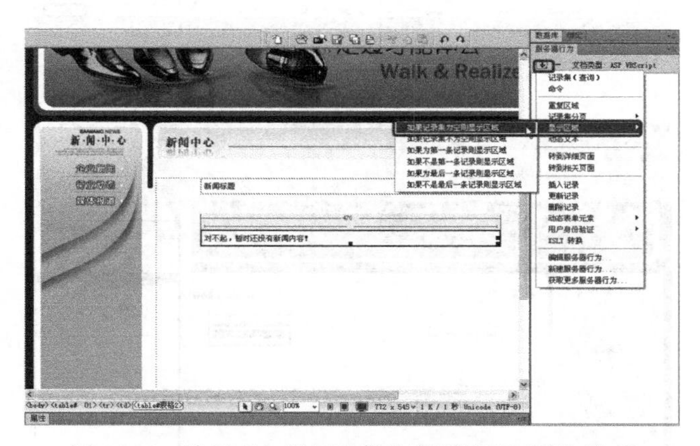

图 14.17　选择【如果记录集为空则显示区域】选项

❽ 打开【如果记录集为空则显示区域】对话框，在对话框中的【记录集】下拉列表中选择创建的记录集，如图 14.18 所示。单击【确定】按钮，创建【如果记录集为空则显示区域】服务器行为，如图 14.19 所示。

❾ 在文档中选择文字“新闻标题”，在【绑定】面板中选择 newstitle 字段，单击面板右下角的【插入】按钮，绑定字段，如图 14.20 所示。

❿ 在文档中选择文字“发表时间”，在面板中绑定 newstime 字段，如图 14.21 所示。

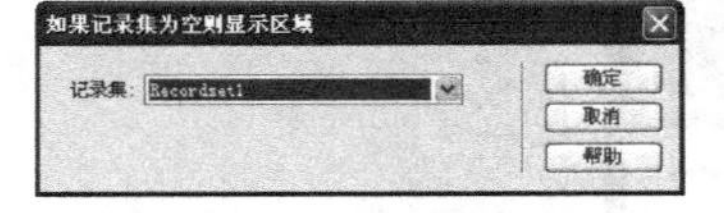

图 14.18 【如果记录集为空则显示区域】对话框

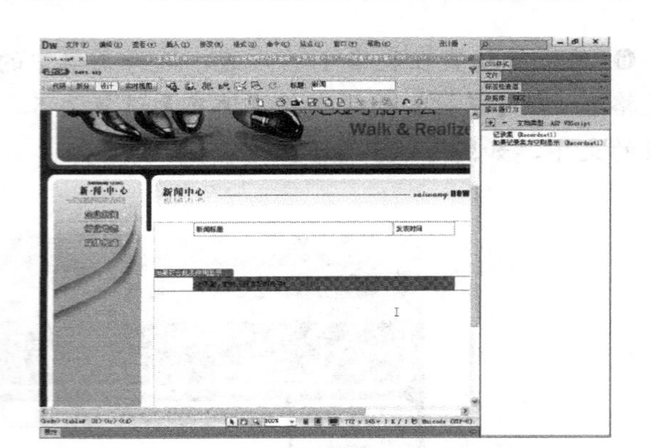

图 14.19 创建服务器行为

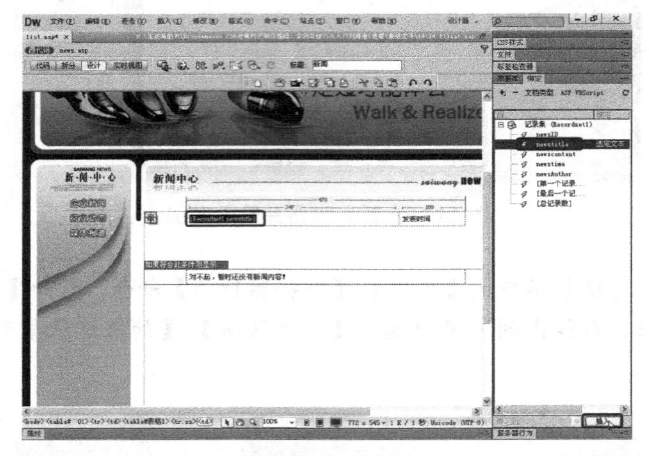

图 14.20 绑定字段

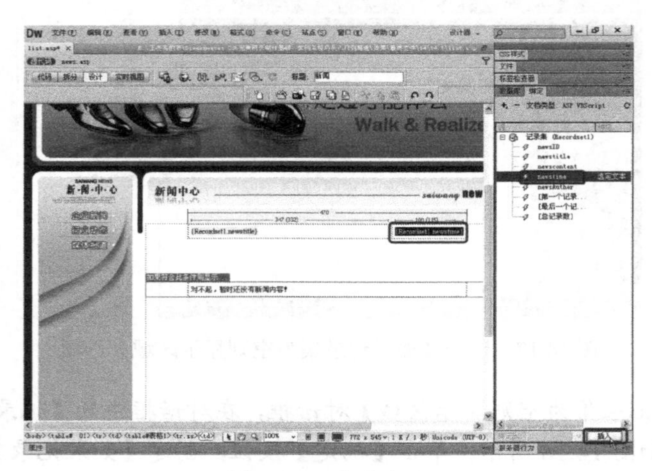

图 14.21 绑定字段

⓫ 选中表格1，在【服务器行为】面板中单击[+]按钮，在弹出的菜单中选择【重复区域】选项，打开【重复区域】对话框，在对话框中的【显示】中选择10条记录，如图14.22所示。单击【确定】按钮，创建重复区域，如图14.23所示。

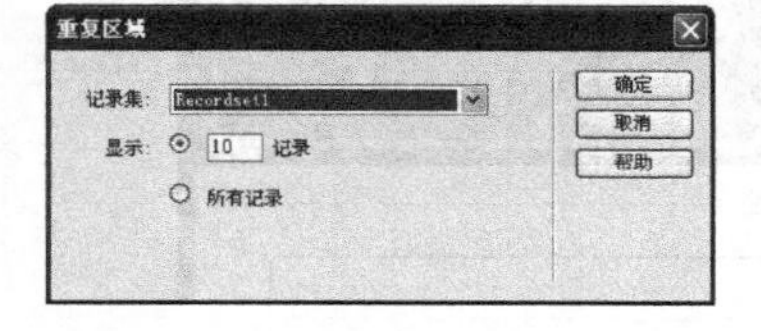

图 14.22 【重复区域】对话框

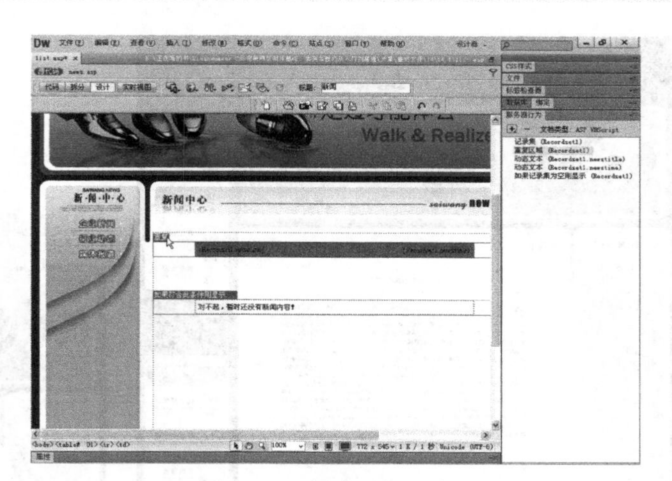

图 14.23 创建重复区域

⑫ 在文档中选中{Recordset1.newstitle}，在【服务器行为】面板中单击 按钮，在弹出的菜单中选择【转到详细页面】选项，如图 14.24 所示。

⑬ 打开【转到详细页面】对话框，在对话框中的【详细信息页】文本框中输入 detail.asp，如图 14.25 所示。

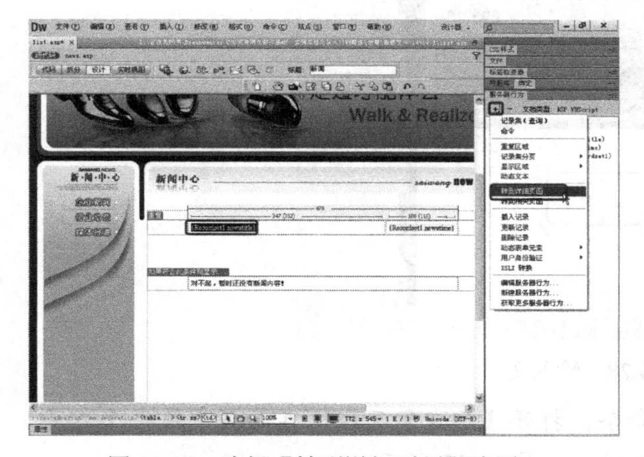

图 14.24 选择【转到详细页面】选项

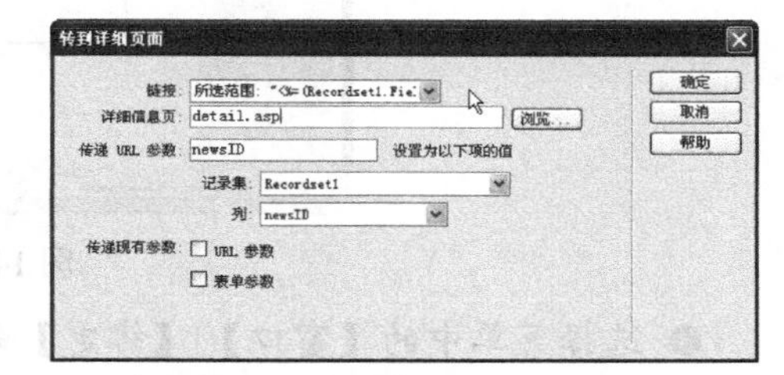

图 14.25 【转到详细页面】对话框

⑭ 单击【确定】按钮，设置转到详细页，保存文档即可完成新闻列表页面的创建。

14.1.5 制作新闻详细显示页面

新闻详细显示页面 detail.asp，如图 14.26 所示，显示新闻的详细信息，主要从新闻信息表 news 中读取新闻详细内容，利用创建记录集，然后绑定动态文本字段来制作，具体操作步骤如下。

❶ 打开素材文件 CH14/14.1/index.html，将其另存为 detail.asp，将光标放置在页面中相应的位置，选择菜单中的【插入】|【表格】命令，插入 3 行 1 列的表格，在【属性】面板中将【填充】设置为 5，将【间距】设置为 1，如图 14.27 所示。

❷ 将光标放置在单元格中相应的位置，分别输入相应的文字，如图 14.28 所示。

图 14.26　新闻详细显示页面

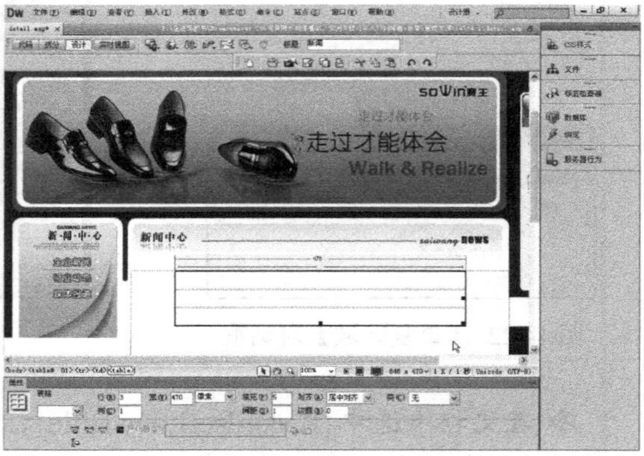

图 14.27　插入表格

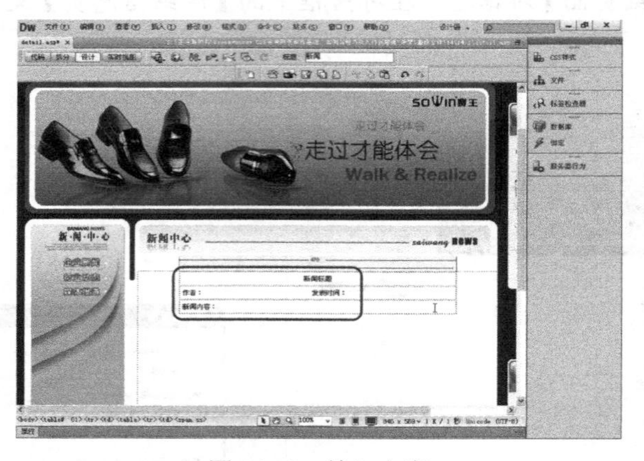

图 14.28　输入文字

❸ 选择菜单中的【窗口】|【绑定】命令，打开【绑定】面板，在面板中单击 按钮，在弹出的菜单中选择【记录集（查询）】选项，如图 14.29 所示。

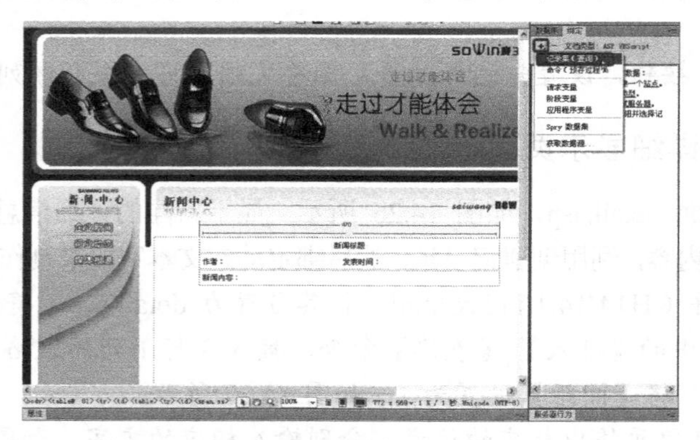

图 14.29　选择【记录集（查询）】选项

❹ 打开【记录集】对话框，在对话框中设置记录集的名称，在【连接】下拉列表中选择 news，在【表格】下拉列表中选择 news，【列】勾选【全部】，在【筛选】下拉列表中选择 newsID、=、URL 参数和 newsID，如图 14.30 所示。

❺ 单击【确定】按钮，创建记录集，如图 14.31 所示。

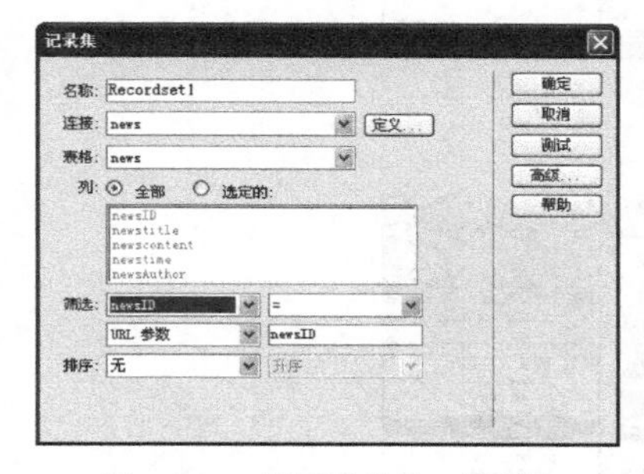

图 14.30 【记录集】对话框

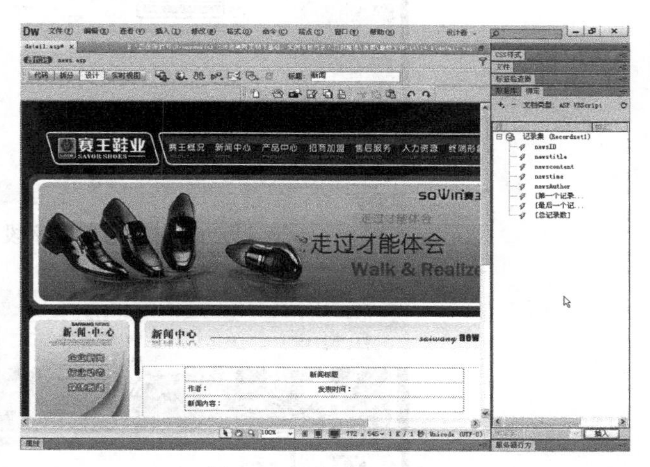

图 14.31 创建记录集

❻ 选择文字“新闻标题”，在【绑定】面板中选择 newstitle 字段，单击面板中右下角的【插入】按钮，绑定字段，如图 14.32 所示。

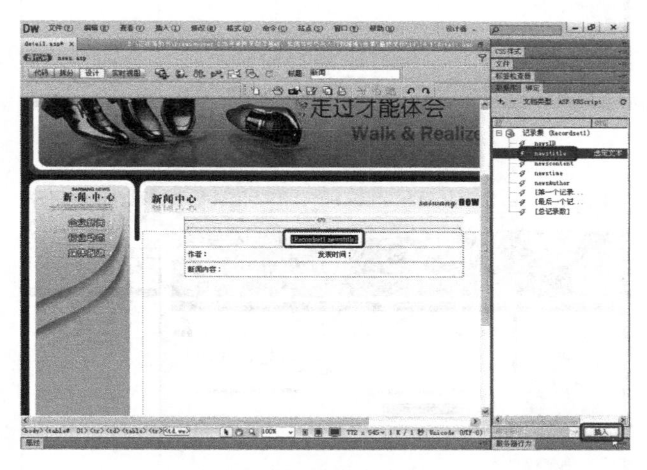

图 14.32 绑定字段

❼ 将光标放置在文字“作者:”的右边，在【绑定】面板中选择 newsAuthor 字段，单击右下角的【插入】按钮，插入字段，如图 14.33 所示。

❽ 将光标放置在文字“发表时间:”的右边，在【绑定】面板中选择 newstime 字段，单击右下角的【插入】按钮，插入字段，如图 14.34 所示。

❾ 选择文字“新闻内容”，在【绑定】面板中选择 newscontent 字段，单击面板中右下角的【插入】按钮，绑定字段，如图 14.35 所示。

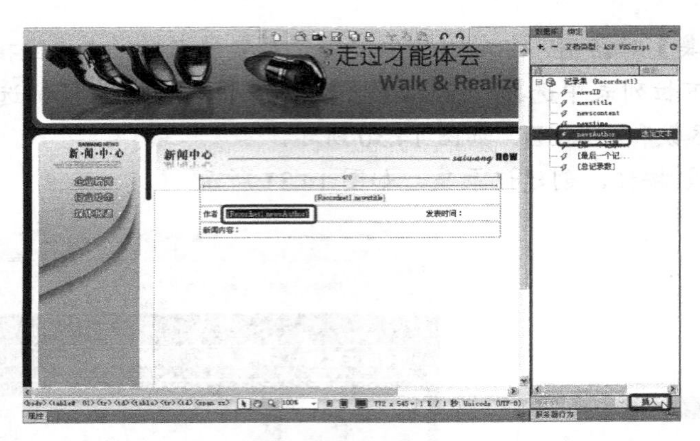

图 14.33　插入字段

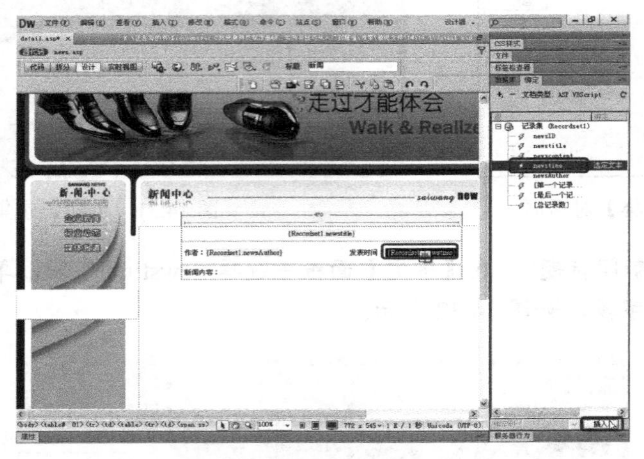

图 14.34　插入字段

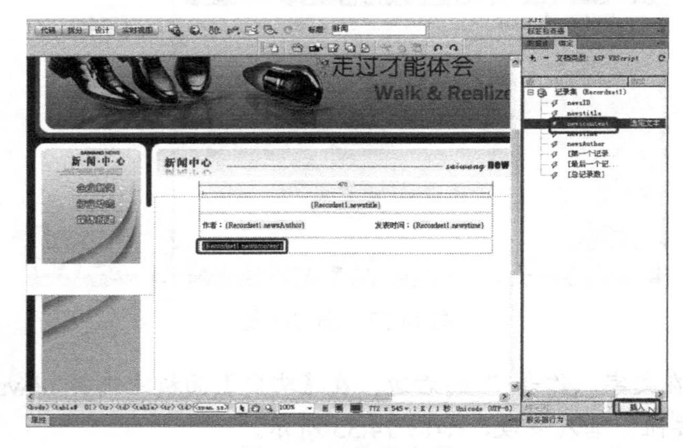

图 14.35　绑定字段

14.1.6　制作管理员登录页面

管理员登录页面 login.asp，如图 14.36 所示，在这里管理员输入用户名和密码后就可以管理新闻的具体信息。制作时首先插入表单对象，然后利用“检查表单”行为检查是否输入用户名和密码，最后创建记录集从 admin 表中读取信息，利用【登录用户】服务器行为检查登录的用户名和密码是否与管理员表 admin 中的一致，具体操作步骤如下。

图 14.36　管理员登录页面

❶ 打开素材文件 CH14/14.1/index.html，将其另存为 login.asp，将光标放置在页面中相应的位置，选择菜单中的【插入】|【表单】|【表单】命令，插入表单，如图 14.37 所示。

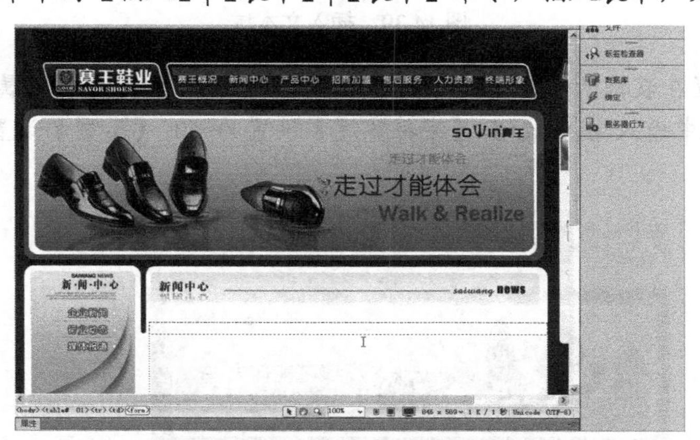

图 14.37　插入表单

❷ 将光标放置在表单中，选择菜单中的【插入】|【表格】命令，插入 3 行 2 列的表格，在【属性】面板中设置相应的属性，并在第 1 列相应的单元格中输入文字，如图 14.38 所示。

❸ 将光标放置在第 1 行第 2 列单元格中，选择菜单中的【插入】|【表单】|【文本域】命令，插入文本域，在【属性】面板中的【文本域】文本框中输入 username，将【字符宽度】设置为 20，【类型】设置为【单行】，如图 14.39 所示。

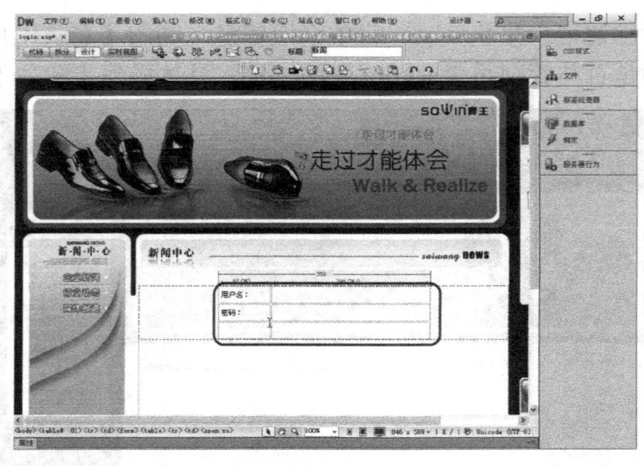

图 14.38 插入表格并输入文字

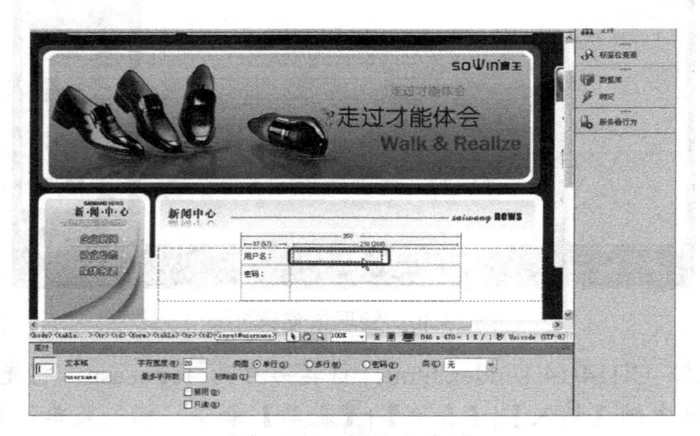

图 14.39 插入文本域

❹ 将光标放置在表格的第 2 行第 2 列单元格中，插入文本域，在【属性】面板中的【文本域】名称文本框中输入 password，【字符宽度】设置为 20，【类型】设置为【密码】，如图 14.40 所示。

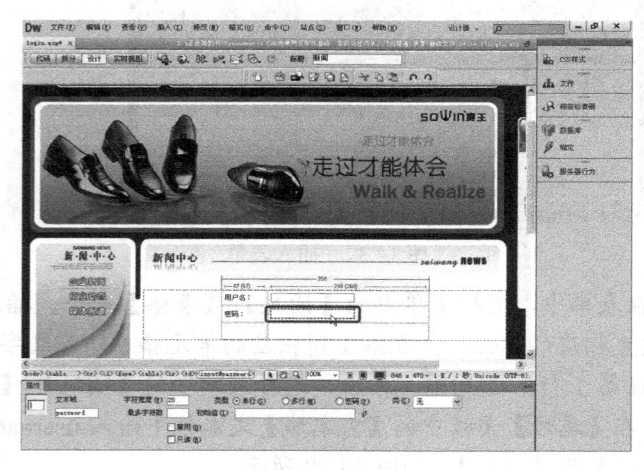

图 14.40 插入文本域

❺ 选中第3行单元格，合并单元格，设置为【居中对齐】，选择菜单中的【插入】|【表单】|【按钮】命令，插入按钮，在【属性】面板中的【值】的文本框中输入“登录”，【动作】设置为【提交表单】，如图14.41所示。

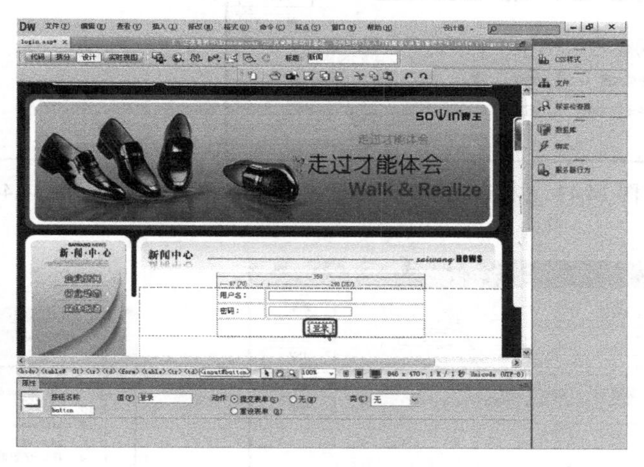

图14.41 插入按钮

❻ 将光标放置在按钮的右边，插入按钮，在【属性】面板中的【值】的文本框中输入“重置”，【动作】设置为【重设表单】，如图14.42所示。

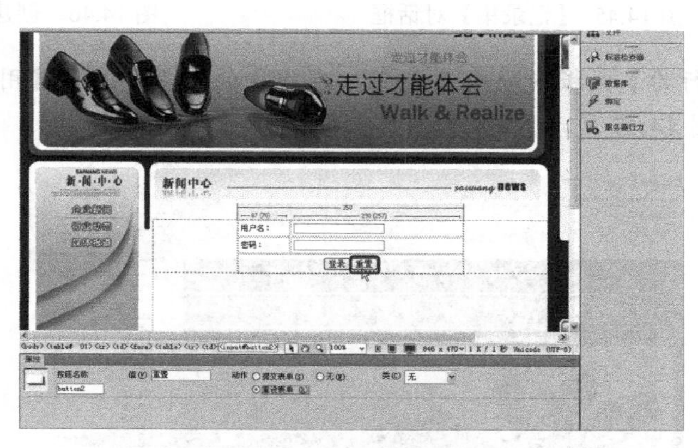

图14.42 插入按钮

❼ 选中表单，选择菜单中的【窗口】|【行为】命令，打开【行为】面板，在面板中单击+按钮，在弹出的菜单中选择【检查表单】选项，打开【检查表单】对话框，在对话框中的username【值】勾选【必需的】复选框，【可接受】勾选【任何东西】单选按钮，password【值】勾选【必需的】复选框，【可接受】勾选【任何东西】单选按钮，如图14.43所示。

❽ 单击【确定】按钮，添加行为，将事件设置为onSubmit，如图14.44所示。

❾ 打开【绑定】面板，在面板中单击+按钮，在弹出的菜单中选择【记录集（查询）】选项，打开【记录集】对话框，在对话框中输入记录集的名称，在【连接】下拉列表中选择news，在【表格】下拉列表中选择admin，【列】勾选【全部】单选按钮，如图14.45所示。

❿ 单击【确定】按钮，创建记录集，如图14.46所示。

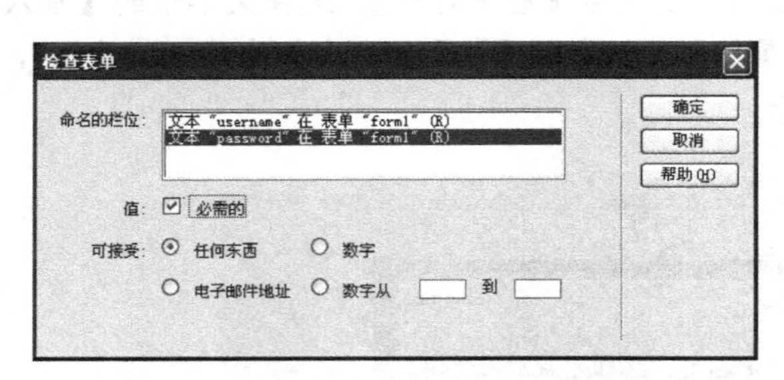

图 14.43 【检查表单】对话框

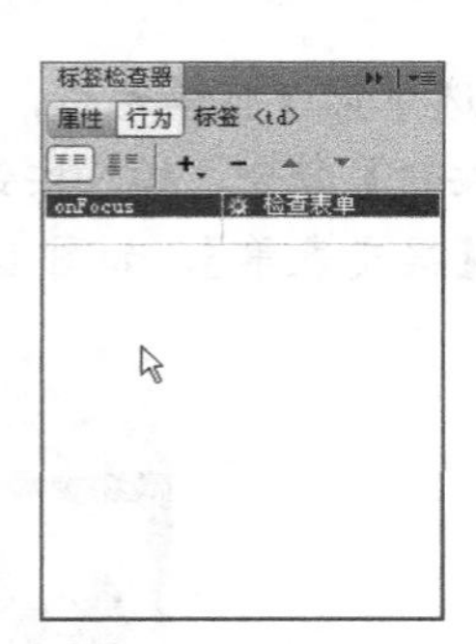

图 14.44 添加行为

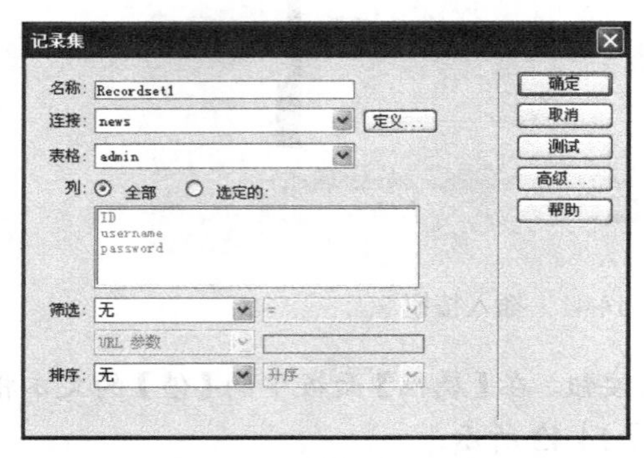

图 14.45 【记录集】对话框

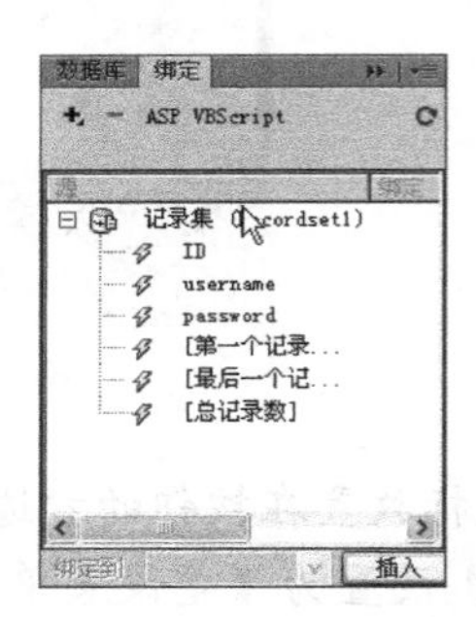

图 14.46 创建记录集

⑪ 在【服务器行为】面板中单击按钮，在弹出的菜单中选择【用户身份验证】|【登录用户】选项，如图 14.47 所示。

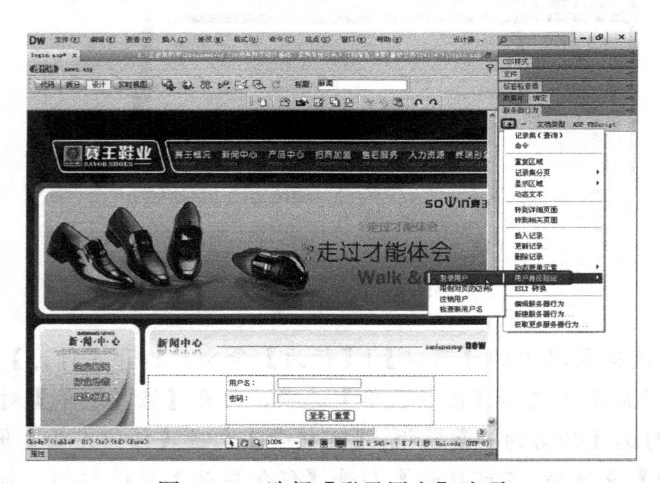

图 14.47 选择【登录用户】选项

⑫ 打开【登录用户】对话框，在对话框中的【从表单获取输入】下拉列表中选择 form1，在【用户名字段】下拉列表中选择 username，在【密码字段】下拉列表中选择 password，在【使用连接验证】下拉列表中选择 news，在【表格】下拉列表中选择 admin，在【用户名列】下拉列表中选择 username，在【密码列】下拉列表中选择 password，在【如果登录成功，则

转到】文本框中输入 admin.asp，在【如果登录失败，则转到】文本框中输入 login.asp，【基于以下项限制访问】勾选【用户名和密码】单选按钮，如图 14.48 所示。

⓭ 单击【确定】按钮，创建【登录用户】服务器行为，如图 14.49 所示。

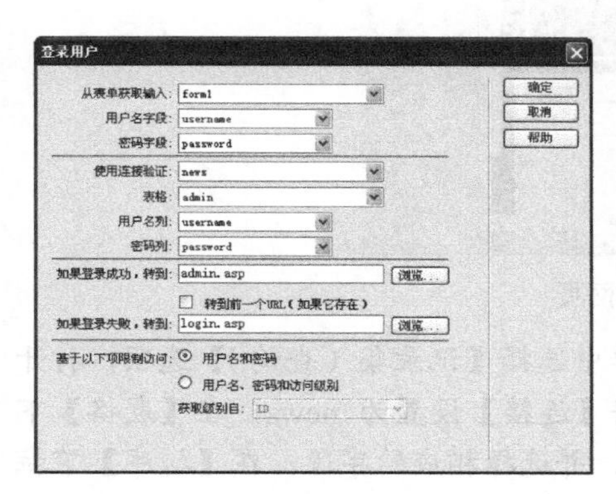

图 14.48 【登录用户】对话框

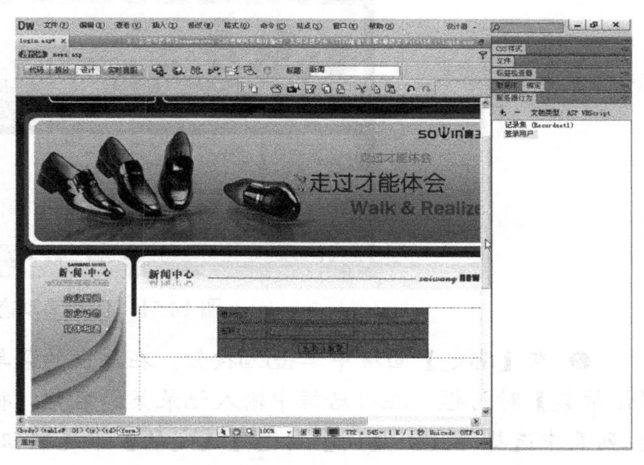

图 14.49 创建登录用户服务器行为

14.1.7 创建新闻列表管理页面

管理员登录页面 admin.asp，如图 14.50 所示，在这个页面显示新闻标题列表，管理员可以任意添加、修改和删除新闻记录，具体操作步骤如下。

图 14.50 新闻列表管理页面

❶ 打开素材文件 CH14/14.1/index.html，将其另存为 admin.asp，如图 14.51 所示。

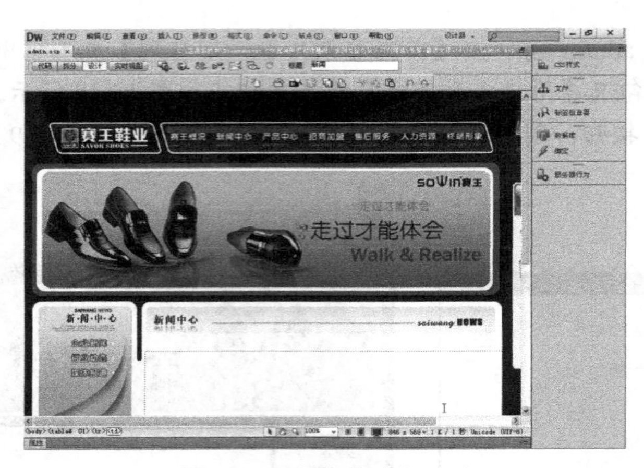

图 14.51　保存为动态网页

❷ 在【绑定】面板中单击按钮，在弹出的菜单中选择【记录集（查询）】选项，打开【记录集】对话框，在对话框中输入记录集的名称，将【连接】设置为 news，在【表格】下拉列表中选择 news，【列】勾选【选定的】单选按钮，并选择相应的字段，在【排序】下拉列表中分别选择 newsID 和降序，如图 14.52 所示。

❸ 单击【确定】按钮，创建记录集，如图 14.53 所示。

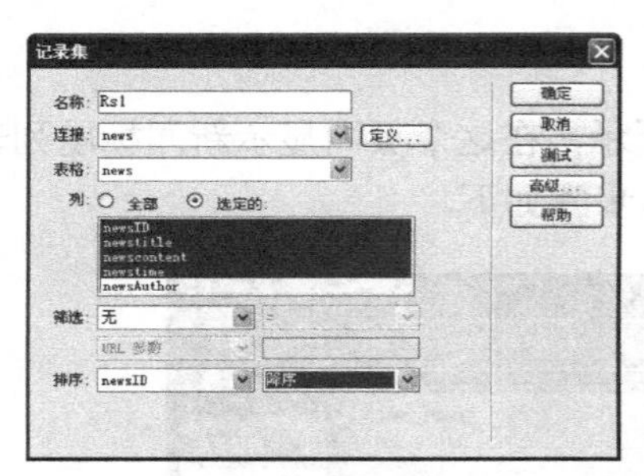

图 14.52　【记录集】对话框

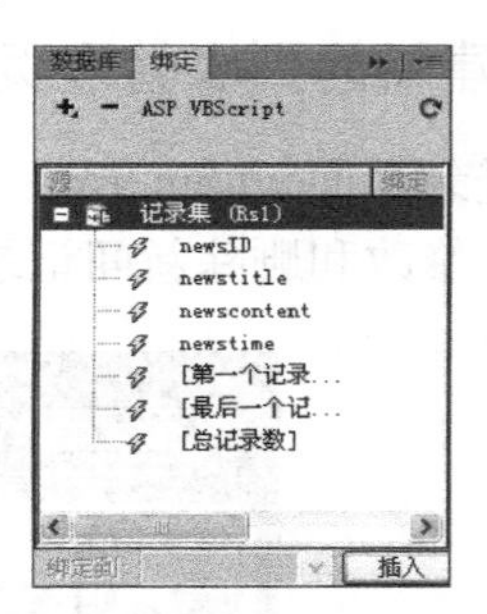

图 14.53　创建记录集

❹ 在【服务器行为】面板中单击按钮，在弹出的菜单中选择【用户身份验证】|【限制对页的访问】选项，如图 14.54 所示。

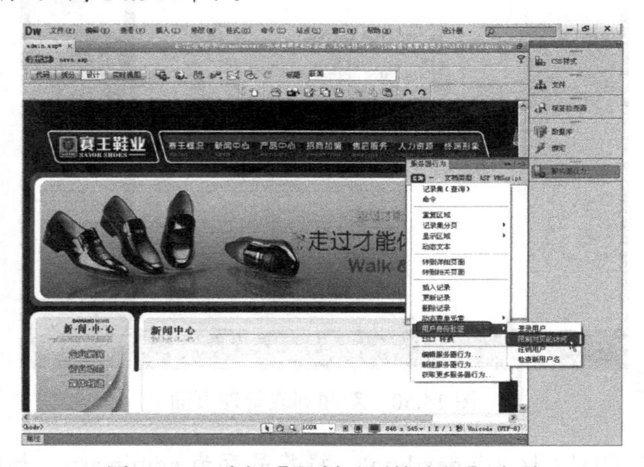

图 14.54　选择【限制对页的访问】选项

❺ 打开【限制对页的访问】对话框，在对话框中的【基于以下内容进行限制】勾选【用户名和密码】单选按钮，在【如果访问被拒绝，则转到】文本框中输入 login.asp，如图 14.55 所示。

❻ 单击【确定】按钮。在【数据】插入栏中单击【动态表格】按钮，打开【动态表格】对话框，在对话框中的【记录集】下拉列表中选择 Rd1，将【显示】设置为 10 记录，【边框】设置为 1，如图 14.56 所示。

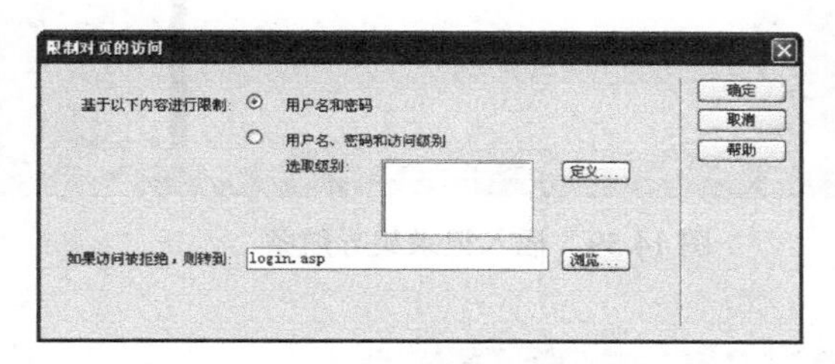

图 14.55 【限制对页的访问】对话框

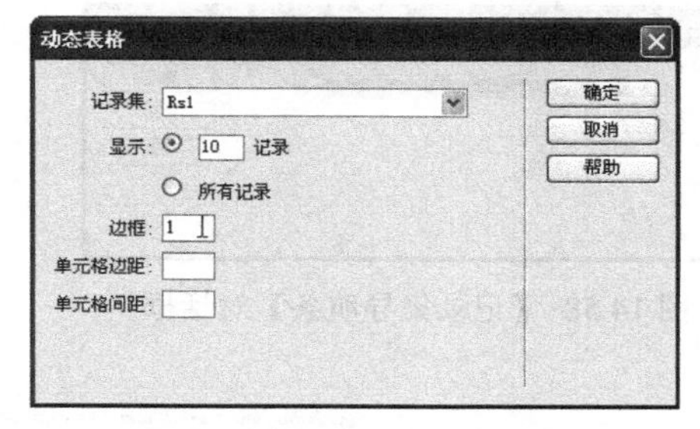

图 14.56 【动态表格】对话框

❼ 单击【确定】按钮，插入动态表格，如图 14.57 所示。

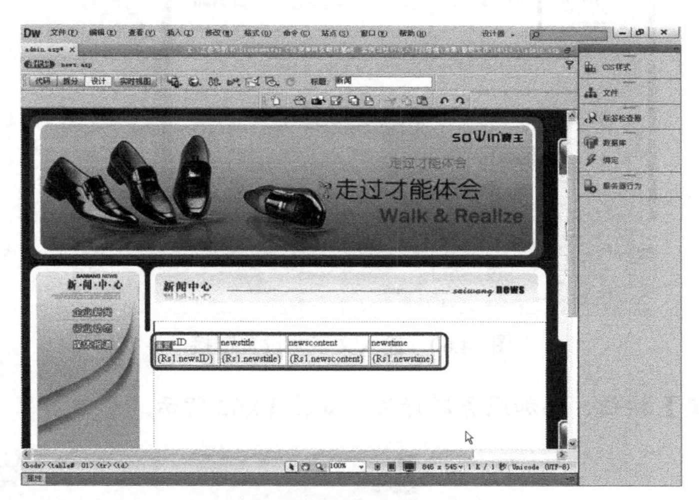

图 14.57 插入动态表格

❽ 在【数据】插入栏中单击【记录集分页】按钮，打开【记录集导航条】对话框，在对话框中的【记录集】下拉列表中选择 Rd1，【显示方式】勾选【文本】单选按钮，如图 14.58 所示。

❾ 单击【确定】按钮，插入记录集导航条，如图 14.59 所示。

❿ 将光标放置在页面中相应的位置，输入相应的文字，在【属性】面板中的【链接】文本框中输入 addnews.asp，如图 14.60 所示。

⓫ 选中文本，单击【服务器行为】面板中的按钮，在弹出的菜单中选择【显示区域】|【如果记录集为空则显示区域】选项，打开【如果记录集为空则显示区域】对话框，在对话框中的【记录集】下拉列表中选择 Rd1，如图 14.61 所示。

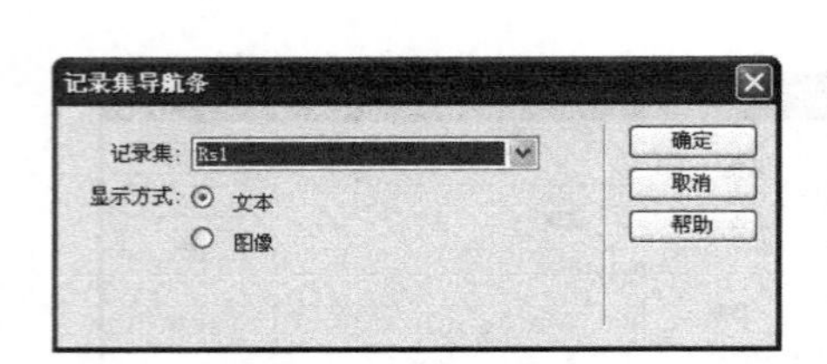

图 14.58 【记录集导航条】对话框

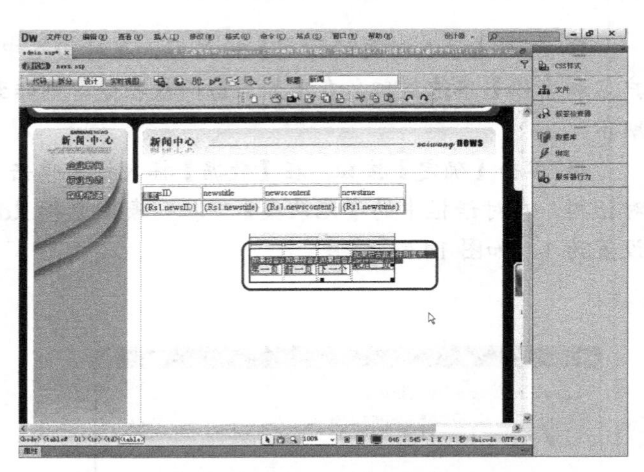

图 14.59 插入记录集导航条

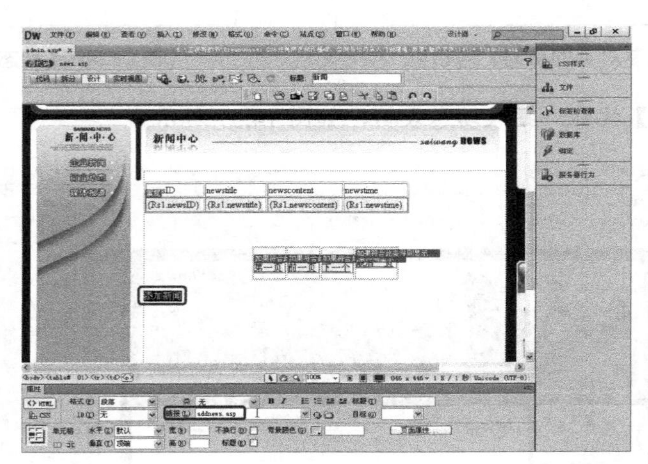

图 14.60 输入文字并设置链接

⑫ 单击【确定】按钮，添加服务器行为，如图 14.62 所示。

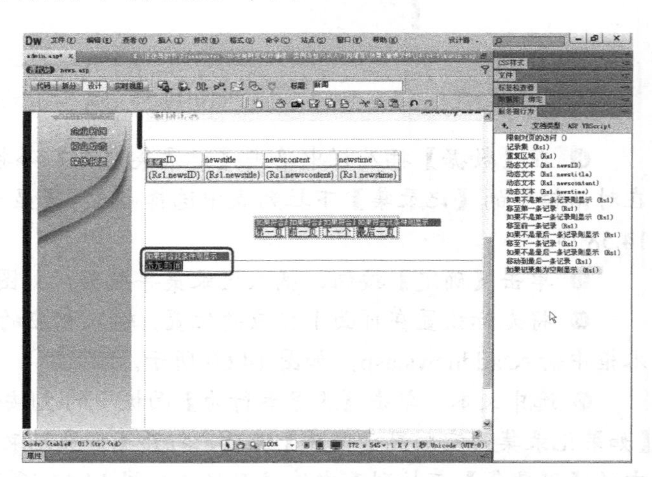

图 14.61 【如果记录集为空则显示区域】对话框

图 14.62 添加服务器行为

⑬ 选中动态表格和记录集导航条，单击【服务器行为】面板中的按钮，在弹出的菜单中选择【显示区域】|【如果记录集不为空则显示区域】选项，打开【如果记录集不为空则显示区域】对话框，在对话框中的【记录集】下拉列表中选择Rd1，如图14.63所示。

⑭ 单击【确定】按钮，添加服务器行为，如图14.64所示。

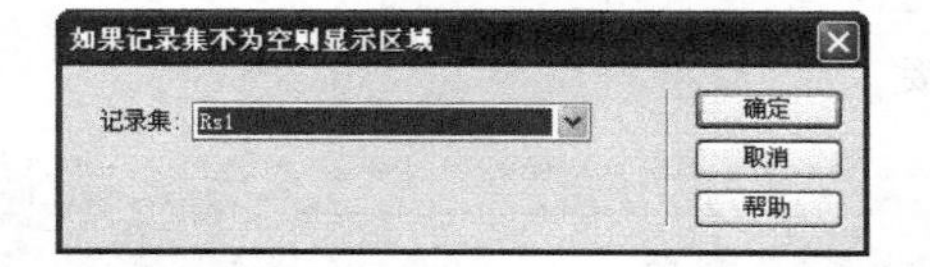

图14.63 【如果记录集不为空则显示区域】对话框

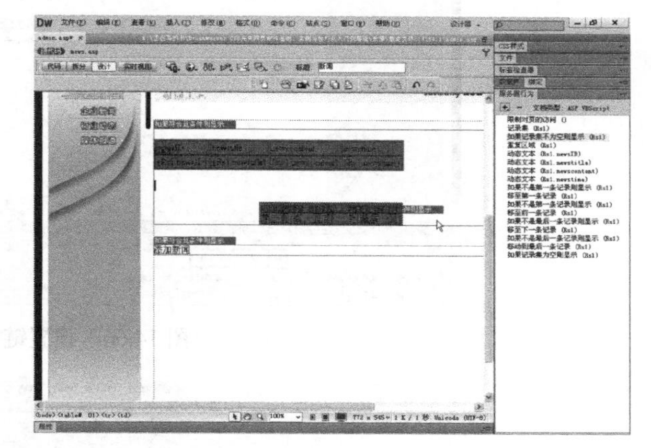

图14.64 添加服务器行为

⑮ 将动态表格的第3列、第4列删除，并添加1列，输入相应的文字，如图14.65所示。

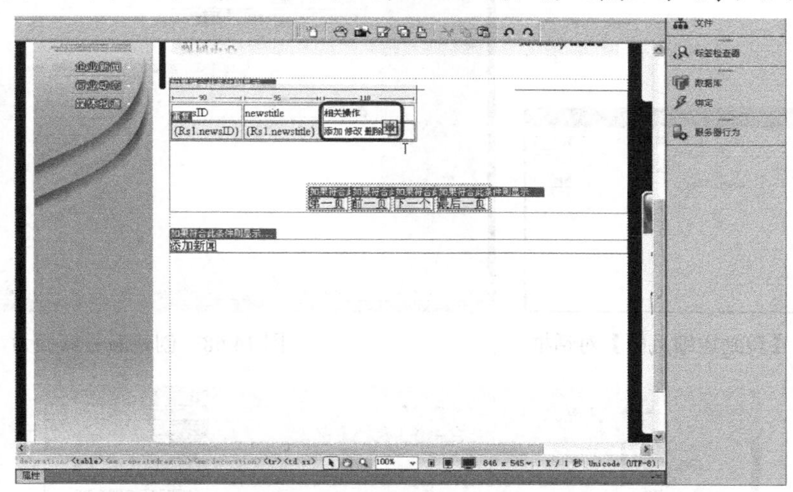

图14.65 添加表格并输入文字

⑯ 在文档中选中文字“添加”，在【属性】面板中的【链接】文本框中输入addnews.asp，如图14.66所示。

⑰ 在文档中选中文字“修改”，单击【服务器行为】面板中的按钮，在弹出的菜单中选择【转到详细页面】选项，打开【转到详细页面】对话框，在对话框中的【详细信息页】文本框中输入modnews.asp，如图14.67所示。

⑱ 单击【确定】按钮，创建【转到详细页面】服务器行为，如图14.68所示。

⑲ 在文档中选中文字“删除”，单击【服务器行为】面板中的按钮，在弹出的菜单中选择【转到详细页面】选项，打开【转到详细页面】对话框，在对话框中的【详细信息页】文本框中输入delnews.asp，单击【确定】按钮，创建【转到详细页面】服务器行为，如图14.69所示。

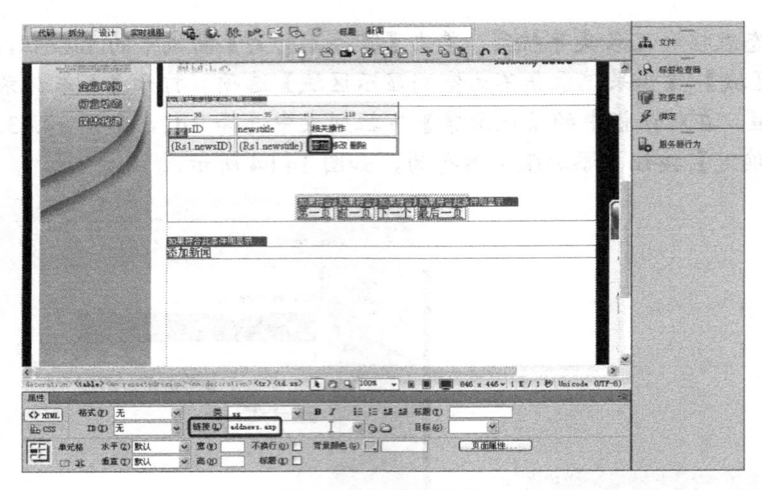

图 14.66　设置链接

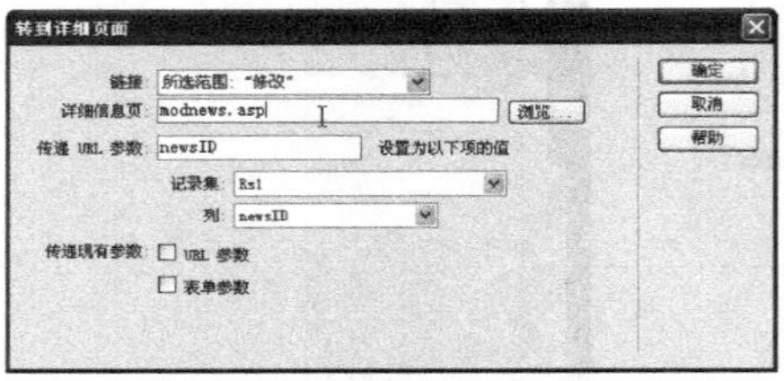

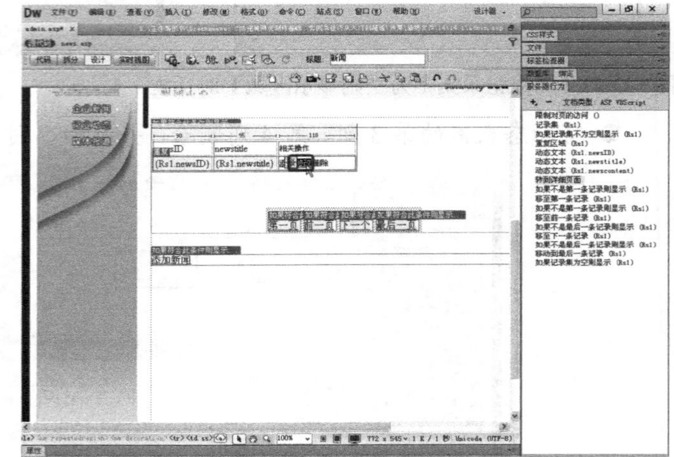

转到详细页面

链接：所选范围："修改"
详细信息页：modnews.asp　浏览...
传递 URL 参数：newsID　设置为以下项的值
记录集：Rs1
列：newsID
传递现有参数：URL 参数
表单参数
确定
取消
帮助

图 14.67 【转到详细页面】对话框

图 14.68　创建服务器行为

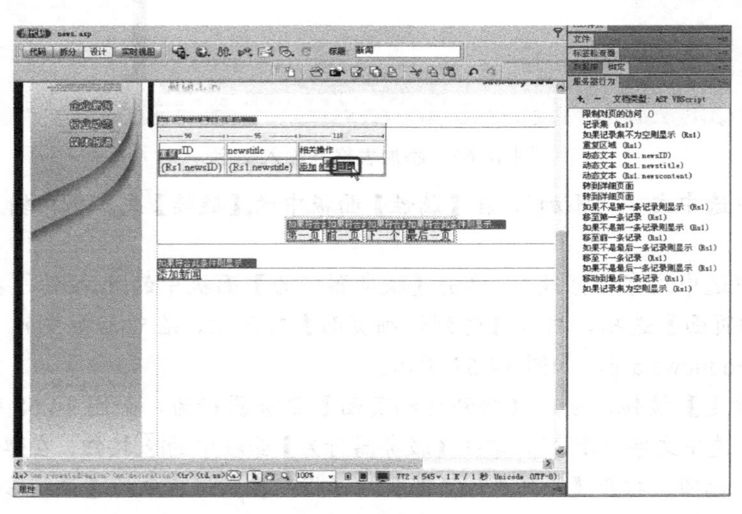

图 14.69　创建服务器行为

14.1.8 制作新闻添加页面

新闻添加页面 addnews.asp，如图 14.70 所示，通过此页面输入的新闻信息将被提交到新闻表 news 中，主要是通过插入表单对象和服务器行为中的【插入记录】来实现的，具体操作步骤如下。

图 14.70 新闻添加页面

❶ 打开素材文件 CH14/14.1/index.html，将其另存为 addnews.asp，将光标放置在页面中相应的位置，选择菜单中的【插入】|【表单】|【表单】命令，插入表单，如图 14.71 所示。

图 14.71 插入表单

❷ 将光标放置在表单中，选择菜单中的【插入】|【表格】命令，插入4行2列的表格，在【属性】面板中将【对齐】设置为【居中对齐】,【填充】设置为5，如图14.72所示。

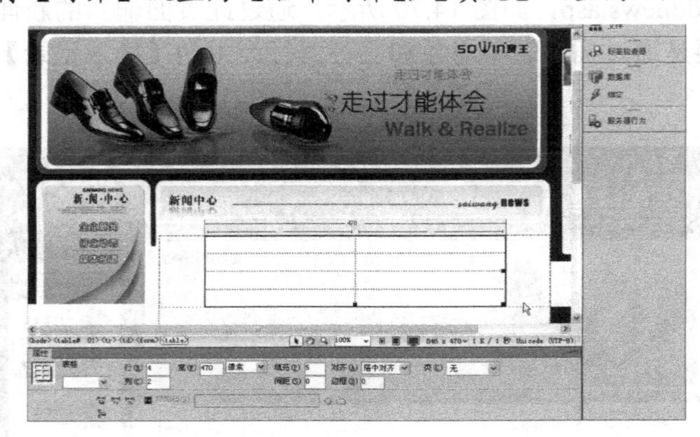

图 14.72 插入表格

❸ 将光标放置在单元格中，在第1列单元格中输入相应的文字，如图14.73所示。

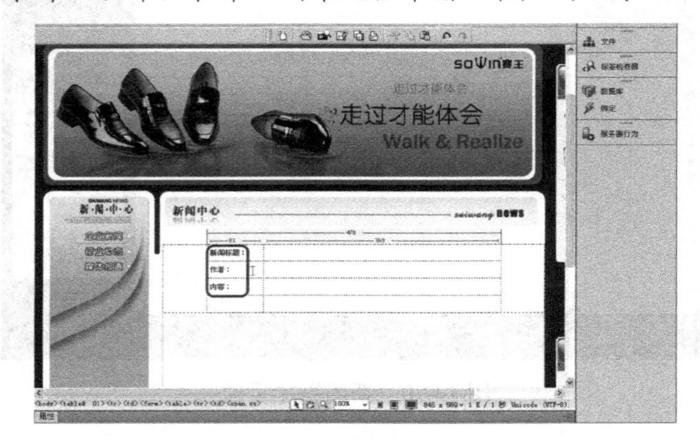

图 14.73 输入文字

❹ 将光标放置在第1行第2列单元格中，插入文本域，在【属性】面板中的【文本域】名称文本框中输入newstitle，将【字符宽度】设置为35，【最多字符数】设置为40，【类型】设置为【单行】，如图14.74所示。

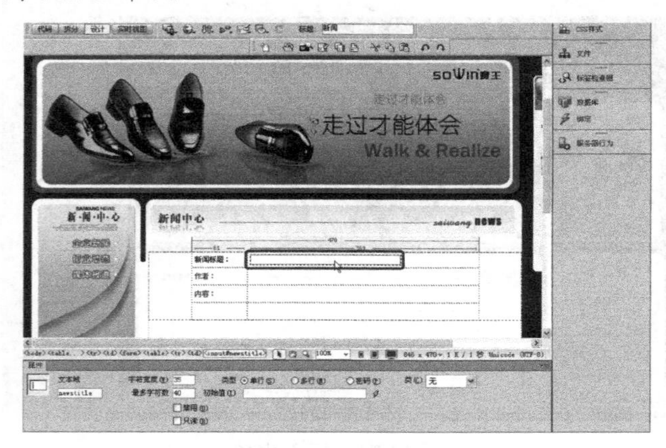

图 14.74 插入文本域

❺ 将光标放置在第 2 行第 2 列单元格中，插入文本域，在【属性】面板中的【文本域】名称文本框中输入 newsAuthor，将【字符宽度】设置为 20，【类型】设置为【单行】，如图 14.75 所示。

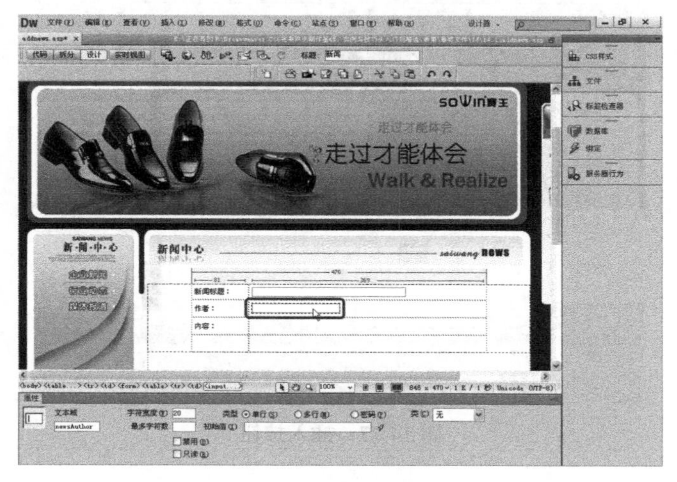

图 14.75 插入文本域

❻ 将光标放置在第 3 行第 2 列单元格中，插入文本区域，在【属性】面板中的【文本域】名称文本框中输入 newscontent，将【字符宽度】设置为 40，【行数】设置为 8，【类型】设置为【多行】，如图 14.76 所示。

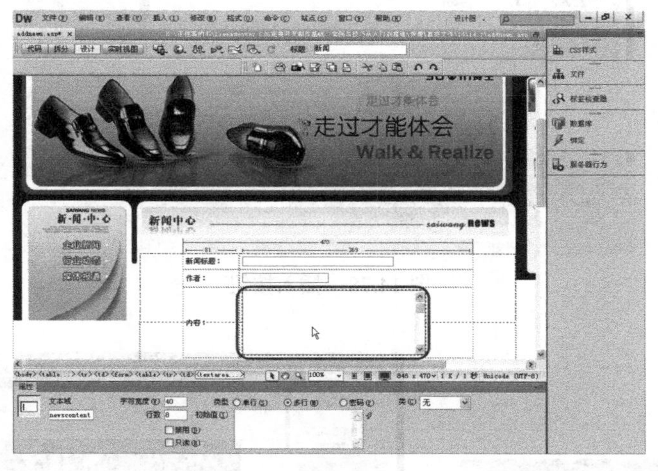

图 14.76 插入文本区域

❼ 将光标放置在第 4 行第 2 列单元格中，插入按钮，在【属性】面板中的【值】文本框中输入“发表”，将【动作】设置为【提交表单】，如图 14.77 所示。

❽ 将光标放置在按钮的右边，插入按钮，在【属性】面板中的【值】文本框中输入“重置”，将【动作】设置为【重设表单】，如图 14.78 所示。

❾ 在【服务器行为】面板中单击＋按钮，在弹出的菜单中选择【插入记录】选项，打开【插入记录】对话框，在对话框中的【连接】下拉列表中选择 news，在【插入到表格】下

拉列表中选择 news，在【插入后，转到】文本框中输入 admin.asp，如图 14.79 所示。单击【确定】按钮，插入记录，如图 14.80 所示。

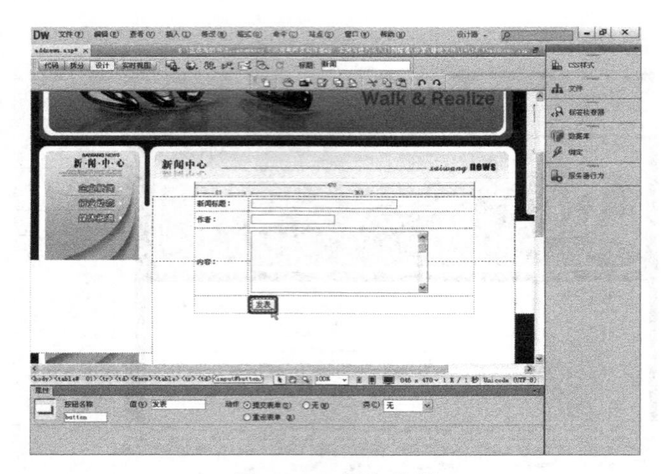

图 14.77　插入按钮

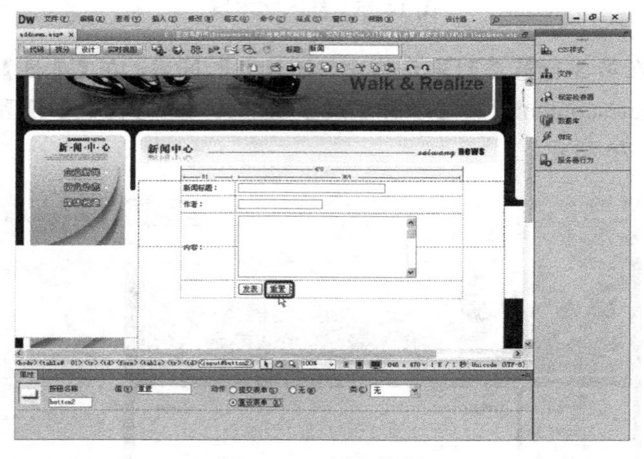

图 14.78　插入按钮

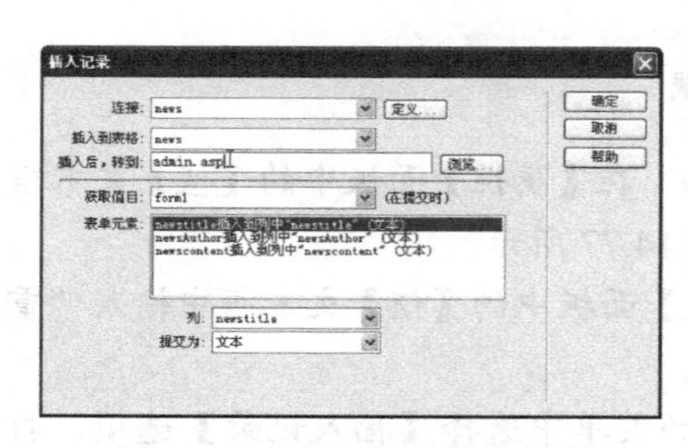

图 14.79 【插入记录】对话框

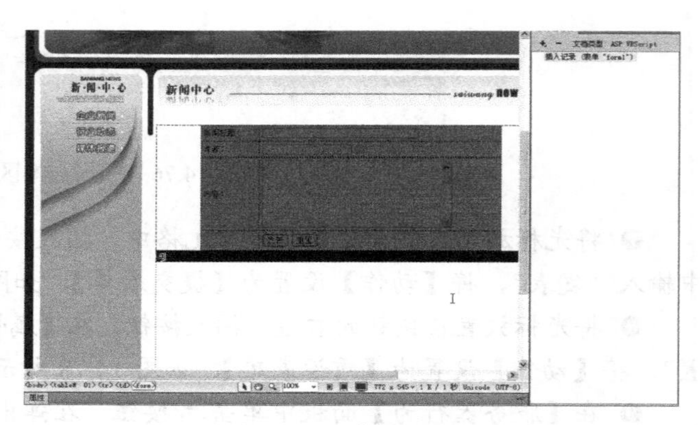

图 14.80　插入记录

14.1.9 制作新闻修改页面

新闻修改页面 modnews.asp，如图 14.81 所示，当添加的新闻有错误时，就需要进行修改。新闻修改页面主要利用创建记录集和【更新记录表单】服务器行为来实现，具体操作步骤如下。

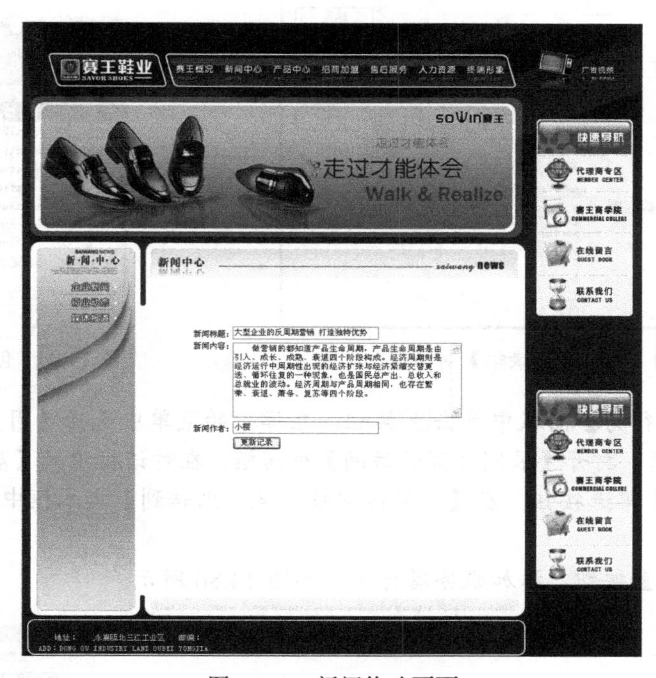

图 14.81 新闻修改页面

❶ 打开素材文件 CH14/14.1/index.html，将其另存为 modnews.asp，如图 14.82 所示。

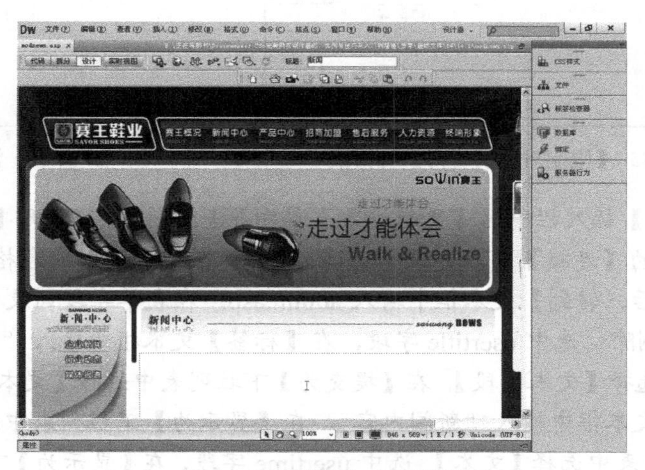

图 14.82 另存为动态网页

❷ 在【绑定】面板中单击⊞按钮，在弹出的菜单中选择【记录集（查询）】选项，打开【记录集】对话框，在对话框中输入记录集的名称，在【连接】下拉列表中选择 news，在【表

格】下拉列表中选择 news，【列】勾选【全部】单选按钮，在【筛选】下拉列表中分别选择 newsID、=、URL 参数和 newsID，如图 14.83 所示。

❸ 单击【确定】按钮，创建记录集，如图 14.84 所示。

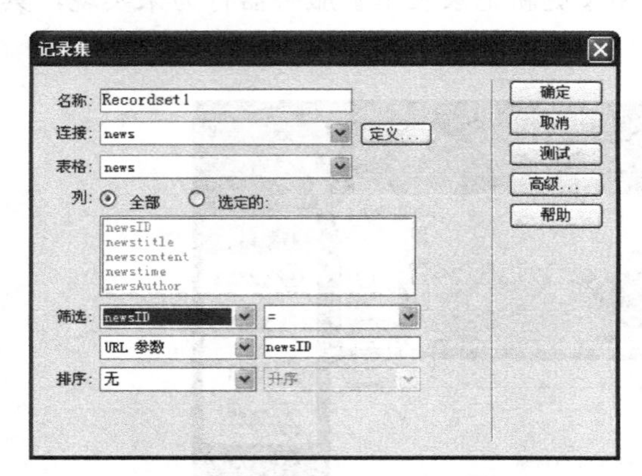

图 14.83 【记录集】对话框

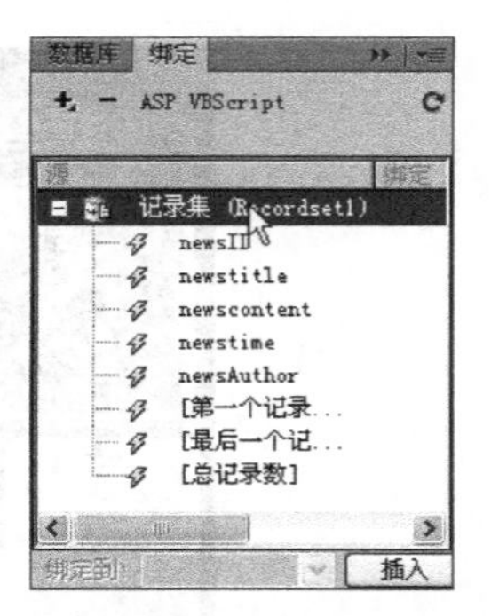

图 14.84 创建记录集

❹ 在【服务器行为】面板中单击⊞按钮，在弹出的菜单中选择【用户身份验证】|【限制对页的访问】选项，打开【限制对页的访问】对话框，在对话框中的【基于对页的访问中】勾选【用户和密码】单选按钮，在【如果访问被拒绝，则转到】文本框中输入 login.asp，如图 14.85 所示。

❺ 单击【确定】按钮，添加服务器行为，如图 14.86 所示。

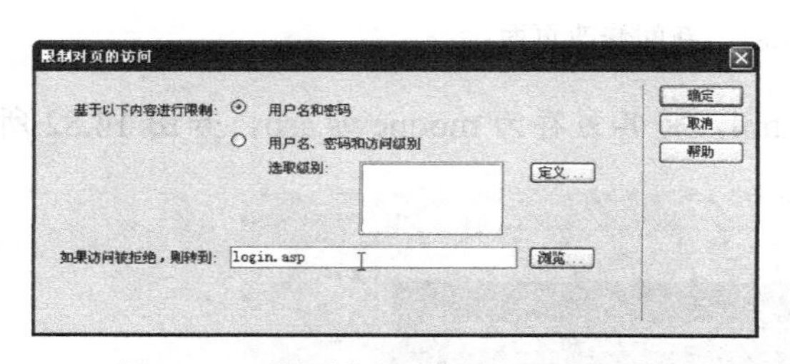

图 14.85 【限制对页的访问】对话框

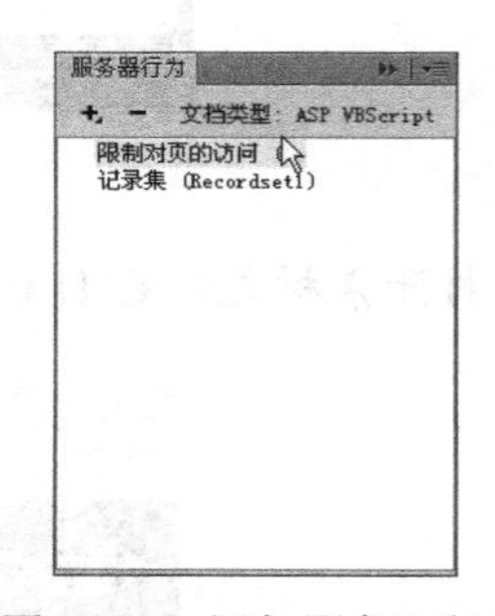

图 14.86 添加服务器行为

❻ 单击【数据】插入栏中的【更新记录表单向导】按钮，打开【更新记录表单】对话框，在对话框中的【连接】下拉列表中选择 news，在【要更新的表格】下拉列表中选择 news，在【在更新后，转到】文本框中输入 admin.asp。在表单字段列表框中选中 ID 字段，单击⊟按钮，将其删除；选中 usertitle 字段，在【标签】文本框中输入“新闻标题”，在【显示为】下拉列表中选择【文本字段】，在【提交为】下拉列表中选择【文本】；选中 usercontent 字段，在【标签】文本框中输入“新闻内容”，在【显示为】下拉列表中选择【文本区域】，在【提交为】下拉列表中选择【文本】；选中 usertime 字段，在【显示为】下拉列表中选择【隐藏域】，在【提交为】下拉列表中选择【日期】；选中 userAuthor 字段，在【标签】文本框中输入“新闻作者”，在【显示为】下拉列表中选择【文本域】，在【提交为】下拉列表中选择【文本】，如图 14.87 所示。

❼ 单击【确定】按钮，插入更新记录，如图 14.88 所示。

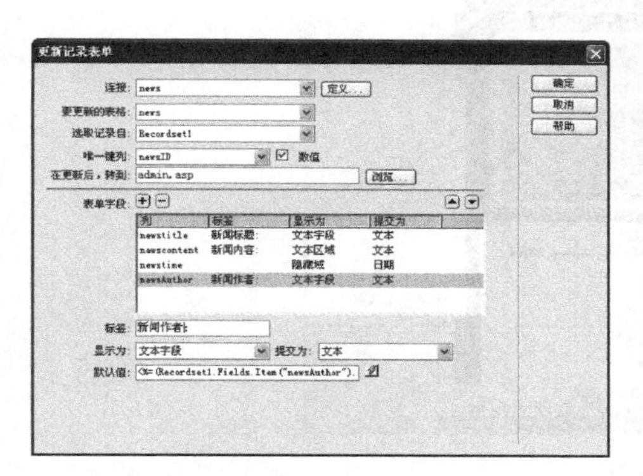

图 14.87 【更新记录表单】对话框

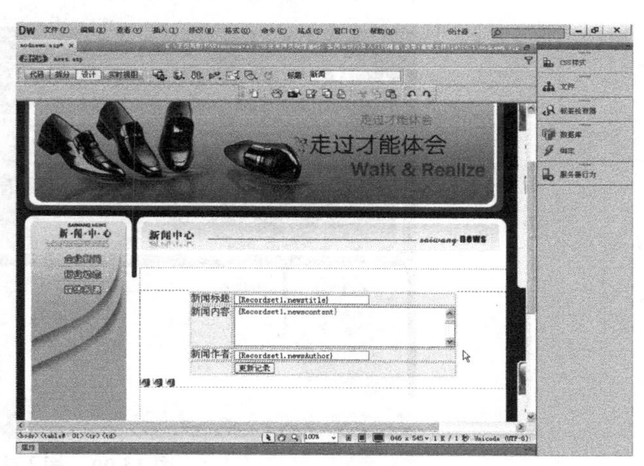

图 14.88 插入更新记录

14.1.10 制作新闻删除页面

新闻删除页面 delnews.asp，如图 14.89 所示，在此页面可以删除不需要的新闻记录。利用创建记录集和【删除记录】服务器行为来实现，具体操作步骤如下。

图 14.89 新闻删除页面

❶ 打开素材文件 CH14/14.1/index.html，将其另存为 delnews.asp，将光标放置在页面中相应的位置，选择菜单中的【插入】|【表单】|【表单】命令，插入表单，如图 14.90 所示。

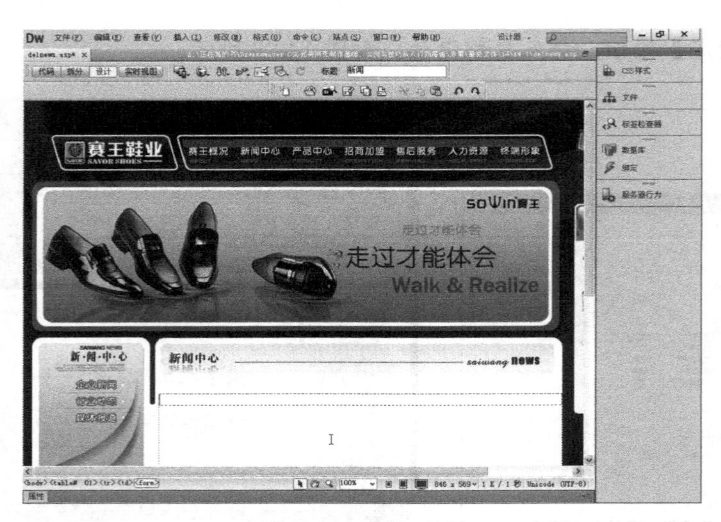

图 14.90　插入表单

❷ 将光标放置在表单中，选择菜单中的【插入】|【表单】|【按钮】命令，插入按钮，在【属性】面板中的【值】文本框中输入“删除新闻”，将【动作】设置为【提交表单】，如图 14.91 所示。

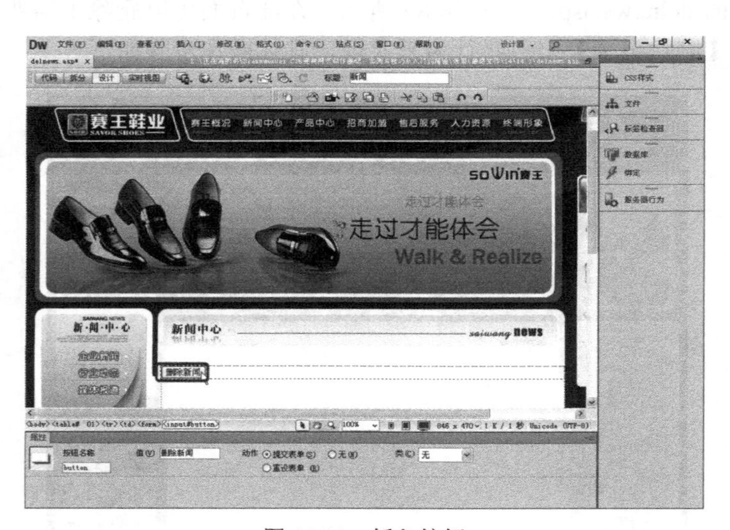

图 14.91　插入按钮

❸ 在【绑定】面板中单击＋按钮，在弹出的菜单中选择【记录集（查询）】选项，打开【记录集】对话框，在对话框中输入记录集的名称，在【连接】下拉列表中选择 news，在【表格】下拉列表中选择 news，【列】勾选【全部】单选按钮，在【筛选】下拉列表中分别选择 newsID、=、URL 参数和 newsID，如图 14.92 所示。

❹ 单击【确定】按钮，创建记录集，如图 14.93 所示。

❺ 在【服务器行为】面板中单击＋按钮，在弹出的菜单中选择【删除记录】选项，打开【删除记录】对话框，在对话框中的【连接】下拉列表中选择 news，在【从表格中删除】下拉列表中选择 news，在【删除后，转到】文本框中输入 guanli.asp，如图 14.94 所示。

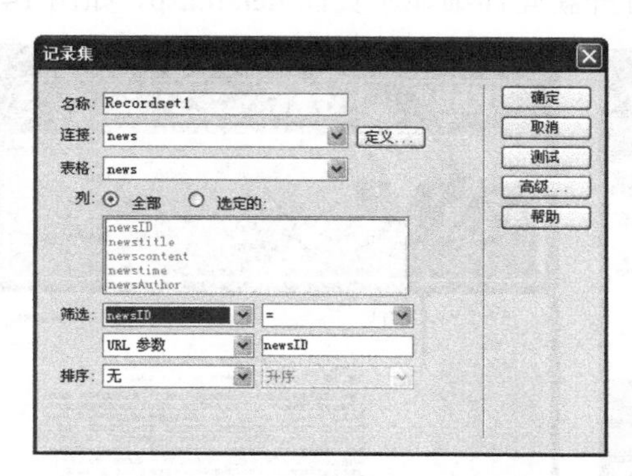

图 14.92 【记录集】对话框

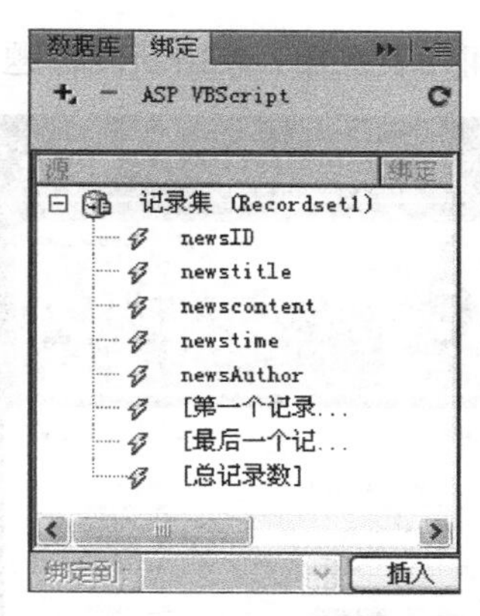

图 14.93 创建记录集

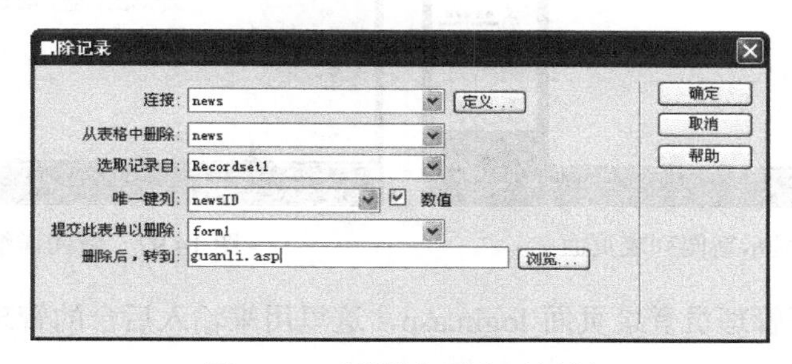

图 14.94 【删除记录】对话框

❻ 单击【确定】按钮，创建删除记录服务器行为，如图 14.95 所示。

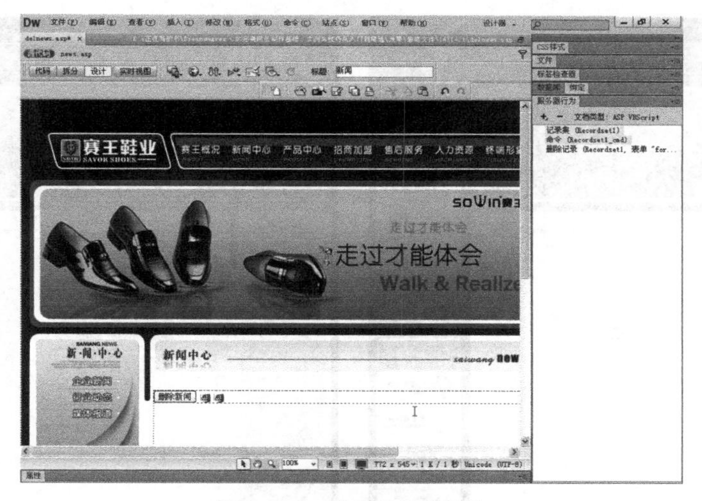

图 14.95 创建服务器行为

14.1.11 系统测试

下面对设计的新闻系统进行测试，在浏览器中浏览 list.asp 页面，可以看到显示新闻列表，如图 14.96 所示。

在新闻列表页面，单击新闻标题可以打开新闻详细显示页面 detail.asp，如图 14.97 所示。

图 14.96　显示新闻列表页面

图 14.97　新闻详细显示页面

在浏览器中打开管理员登录页面 login.asp，这里用来输入后台的管理员用户名和密码，如图 14.98 所示。

在管理员登录页面的【用户名】文本框中输入用户名 admin，在【密码】文本框中输入密码 admin，单击【登录】按钮，进入新闻列表管理页面 admin.asp，如图 14.99 所示。

图 14.98　管理员登录页面

图 14.99　新闻列表管理页面

在新闻列表管理页面中单击右边的“添加”链接，打开新闻添加页面 addnews.asp，如图 14.100 所示，在这里可以添加新闻的详细内容。

在新闻添加页面中输入新闻标题、作者、新闻内容等，单击【发表】按钮，返回到新闻列表管理页面。在新闻列表管理页面中单击右侧的“修改”链接，可以打开新闻修改页面 modnews.asp，如图 14.101 所示。

图 14.100　新闻添加页面

图 14.101　新闻修改页面

在新闻修改页面中修改完成后，单击【更新记录】按钮，可以修改新闻内容。在新闻列表管理页面中单击右侧的“删除”链接，进入新闻删除页面 delnews.asp，如图 14.102 所示。在新闻删除页面中单击【删除记录】按钮，即可将当前新闻记录删除。

图 14.102　新闻删除页面

14.2 制作会员注册登录系统

会员注册登录系统是很多有实力网站的必备的功能。虽然每个会员注册登录系统在内容和结构上不同，但制作方法和功能是基本相同的。本例制作的会员注册登录系统页面结构如图 14.103 所示。

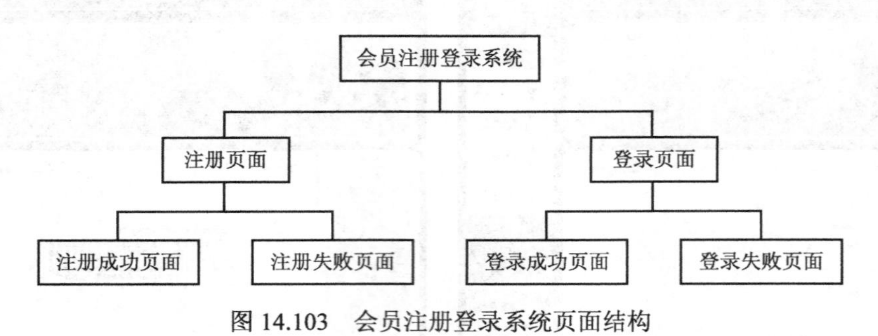

图 14.103 会员注册登录系统页面结构

14.2.1 数据库设计与连接

在使用应用程序以前，必须创建所要用到的数据库文件。数据库中的表和字段的建立至关重要，它们取决于应用程序，取决于网站的内容。

根据系统总体设计，创建会员信息表 zd，字段如表 14-3 所示。

表 14-3　　zd 表中的字段

字段名称	字段类型	内容说明
ID	自动编号	编号
username	文本	用户名称
password	文本	用户密码
mail	文本	用户电子邮件
Tel	数字	用户电话
QQ	数字	用户的 qq

创建完成数据库以后，就要建立数据库的连接，具体操作步骤如下。

❶ 新建一个 ASP VBScript 的动态页面，选择菜单中的【窗口】|【数据库】命令，打开【数据库】面板，如图 14.104 所示。在数据库面板中，列出了 4 步操作，前 3 步是准备工作，都已经打上了对勾，说明这 3 步已经完成了。

❷ 在面板中单击⊞按钮，在弹出菜单中选择【数据源名称（DSN）】选项，打开【数据源名称（DSN）】对话框，在对话框中单击【定义】按钮，打开【ODBC 数据源管理器】对话框，在对话框中选择【系统 DSN】选项卡，如图 14.105 所示。

❸ 在对话框中单击右边的【添加】按钮，打开【创建新数据源】对话框，在对话框中选择【Driver do Microsoft Access（*.mdb）】选项，如图 14.106 所示。

❹ 单击【完成】按钮，打开【ODBC Microsoft Access 安装】对话框，在对话框中选择相应的数据库，在【数据源名】文本框中输入 zd，如图 14.107 所示。

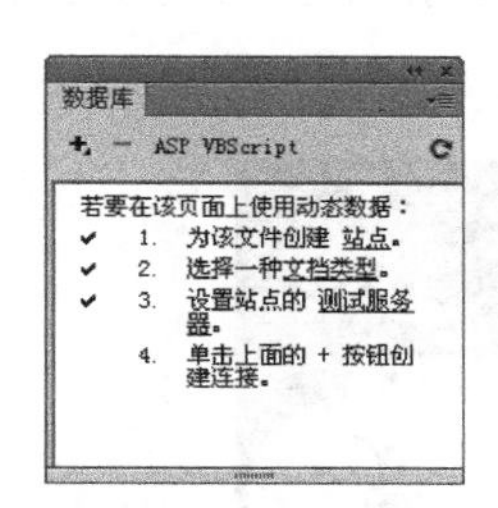

图 14.104 【数据库】面板

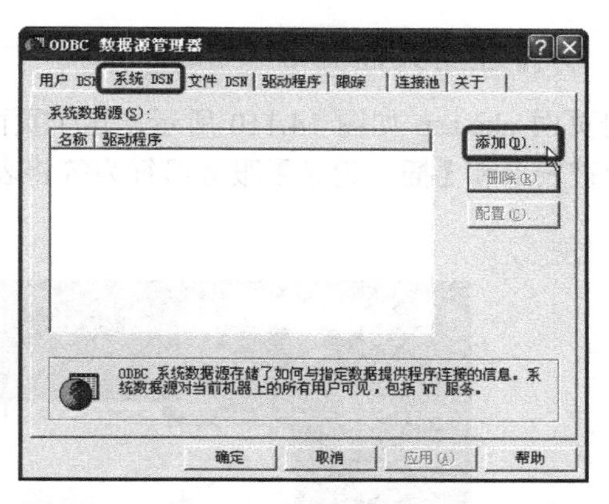

图 14.105 【ODBC 数据源管理器】对话框

图 14.106 【创建新数据源】对话框

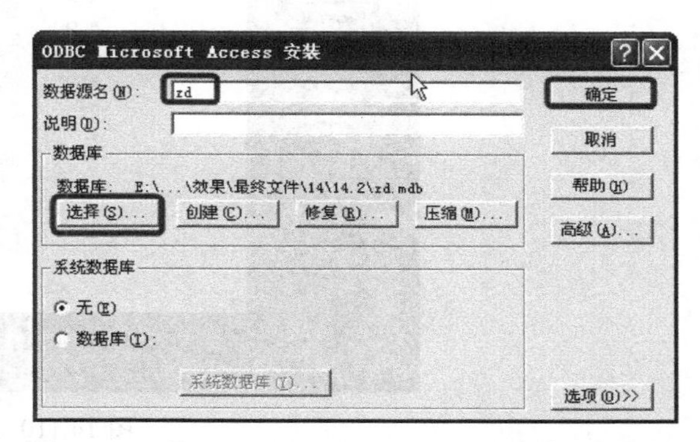

图 14.107 【ODBC Microsoft Access 安装】对话框

❺ 单击【确定】按钮，返回到【ODBC 数据源管理器】对话框，单击【确定】按钮，返回到【数据源名称（DSN）】对话框，在【数据源名称（DSN）】下拉列表中选择 zd，在【连接名称】文本框中输入 zd，如图 14.108 所示。

❻ 单击【确定】按钮，创建数据库连接，如图 14.109 所示。

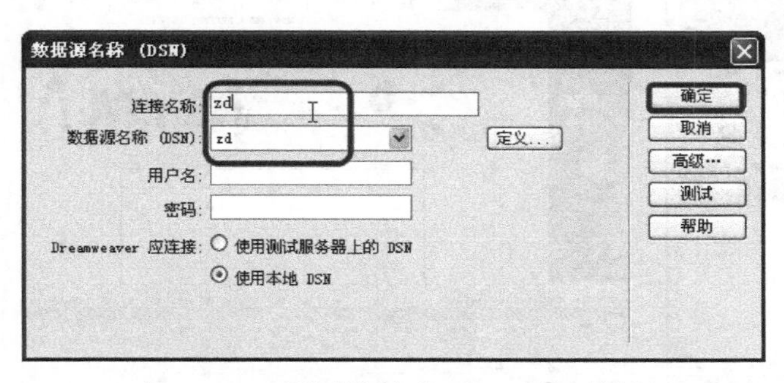

图 14.108 【数据源名称（DSN）】对话框

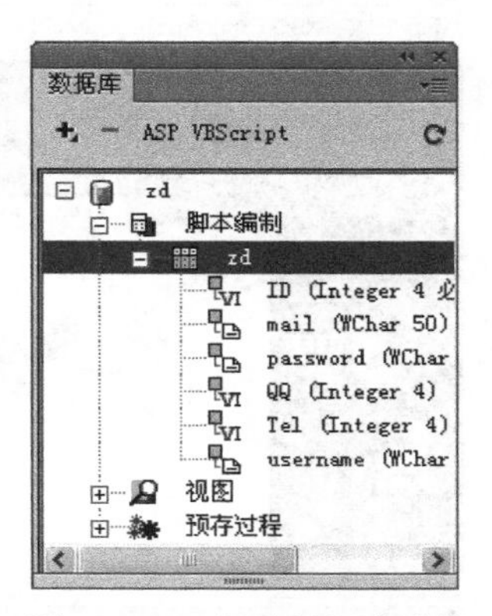

图 14.109 创建数据库连接

14.2.2 制作注册页面 zhc

注册页面 zhc.asp 如图 14.110 所示，这个页面用来收集会员的信息，本节通过插入表单对象、检查表单和【插入记录】服务器行为等将表单信息保存到数据库表 zd 中，具体操作步骤如下。

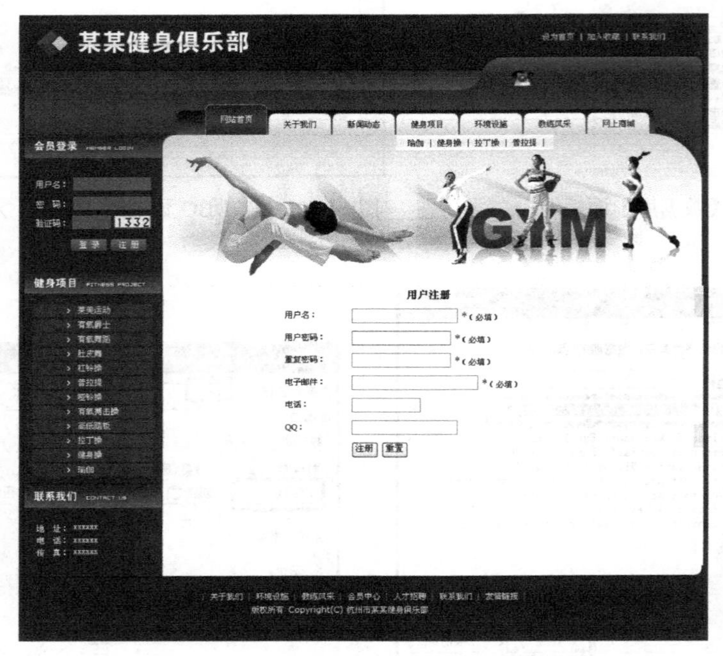

图 14.110　注册页面

❶ 打开素材文件 CH14/14.2/index.html，将其另存为 zhc.asp，将光标放置在页面中相应的位置，选择菜单【插入】|【表单】|【表单】命令，插入表单，如图 14.111 所示。

❷ 将光标放置在表单中，插入 8 行 2 列的表格，在【属性】面板中将【对齐】设置为【居中对齐】，【填充】设置为 5，如图 14.112 所示。

图 14.111　插入表单

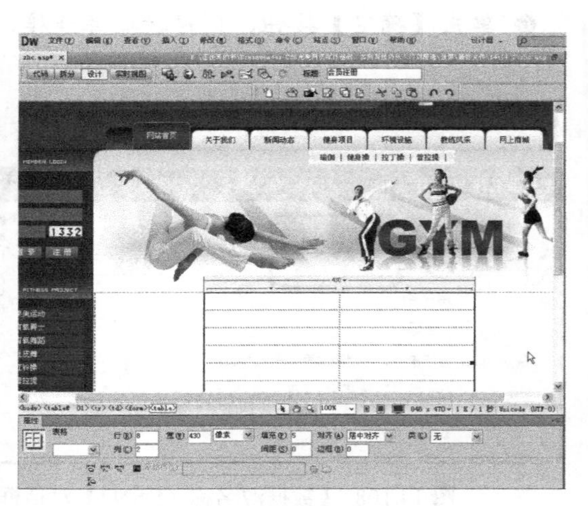

图 14.112　插入表格

❸ 选中第 1 行单元格，单击鼠标右键，在弹出菜单中选择【表格】|【合并单元格】命令合并单元格，在合并后的单元格中输入“用户注册”，如图 14.113 所示。

❹ 将光标放置在表格中的其他单元格中，输入相应的文字，并设置相应的属性，如图 14.114 所示。

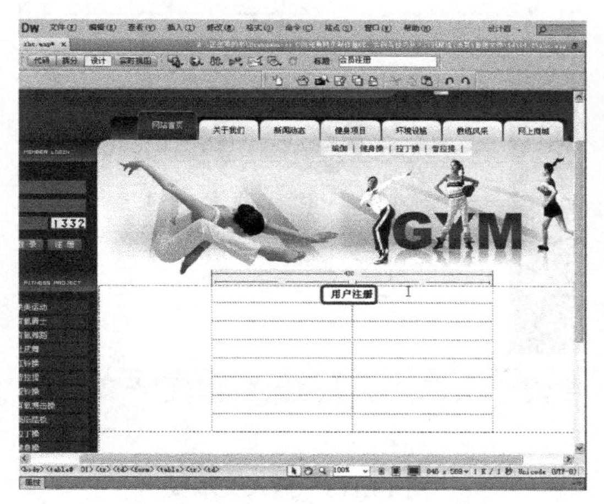

图 14.113　合并单元格并输入文字

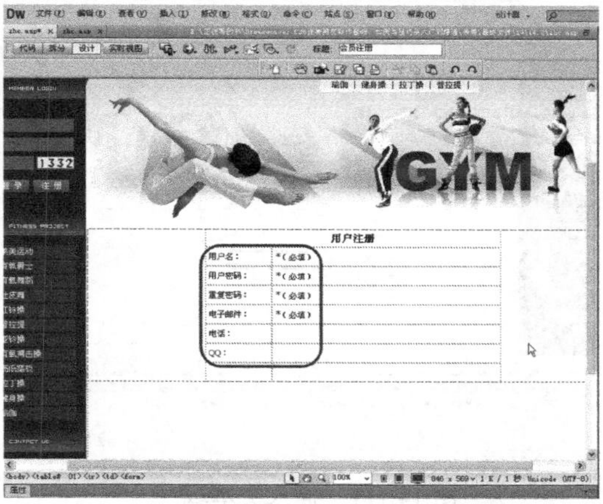

图 14.114　输入文字

❺ 将光标放置在第 2 行第 2 列单元格文字的前面，插入文本域，在【属性】面板中的【文本域】名称文本框中输入 username，将【字符宽度】设置为 20，【类型】设置为【单行】，如图 14.115 所示。

❻ 将光标放置在第 3 行第 2 列单元格文字的前面，插入文本域，在【属性】面板中的【文本域】名称文本框中输入 password，将【字符宽度】设置为 20，【类型】设置为【密码】，如图 14.116 所示。

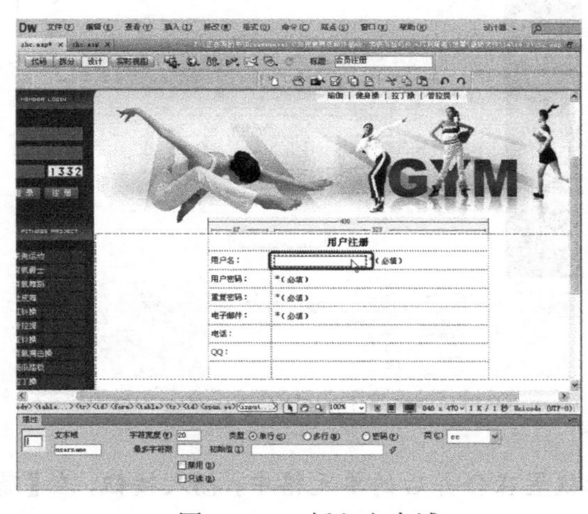

图 14.115　插入文本域

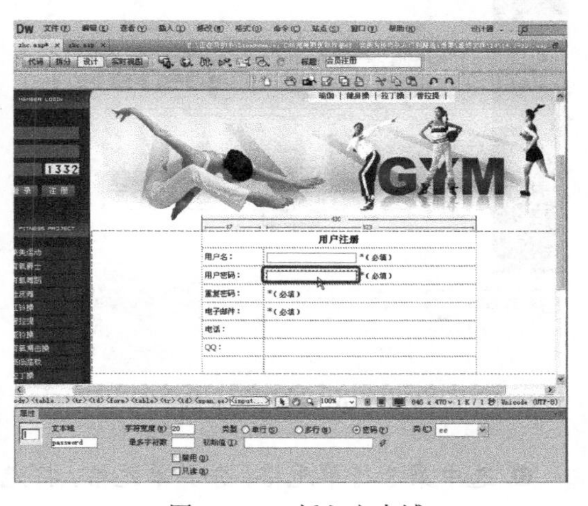

图 14.116　插入文本域

❼ 将光标放置在第 4 行第 2 列单元格文字的前面，插入文本域，在【属性】面板中的【文本域】名称文本框中输入 password1，将【字符宽度】设置为 20，【类型】设置为【密码】，如图 14.117 所示。

❽ 将光标放置在第 5 行第 2 列单元格文字的前面，插入文本域，在【属性】面板中的【文本域】名称文本框中输入 E-mail，将【字符宽度】设置为 25，【类型】设置为【单行】，如图 14.118 所示。

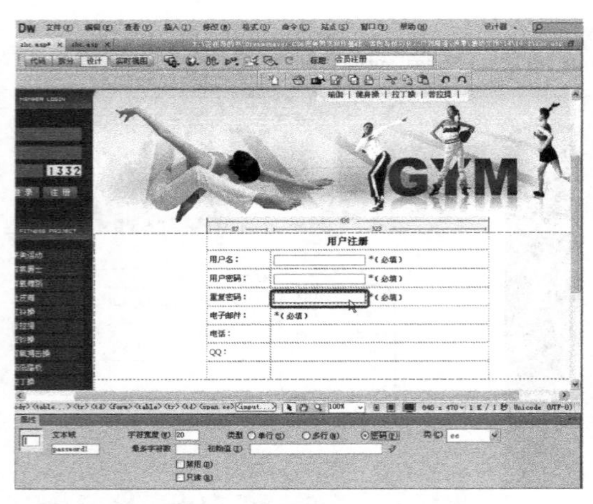

图 14.117　插入文本域

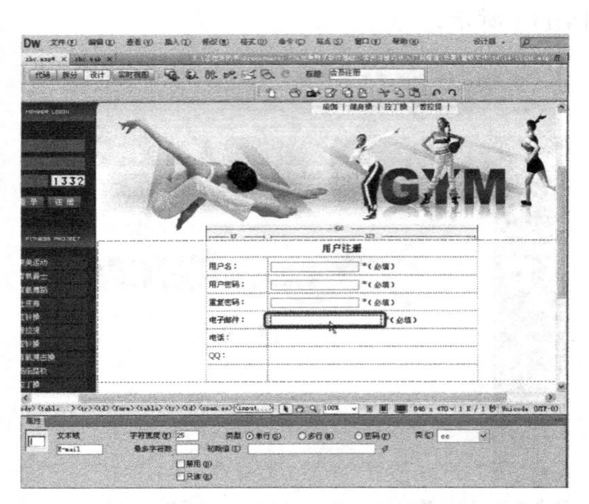

图 14.118　插入文本域

❾ 将光标放置在第 6 行第 2 列单元格中，插入文本域，在【属性】面板中的【文本域】名称文本框中输入 Tel，【字符宽度】设置为 11，【类型】设置为【单行】，如图 14.119 所示。

❿ 将光标放置在第 7 行第 2 列单元格中，插入文本域，在【属性】面板中的【文本域】名称文本框中输入 QQ，将【字符宽度】设置为 20，【类型】设置为【单行】，如图 14.120 所示。

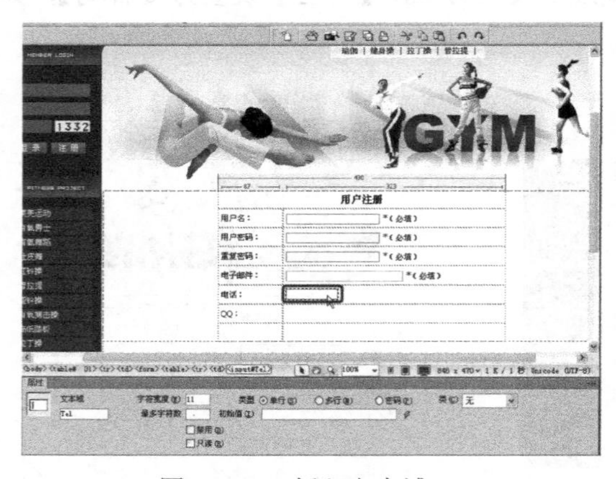

图 14.119　插入文本域

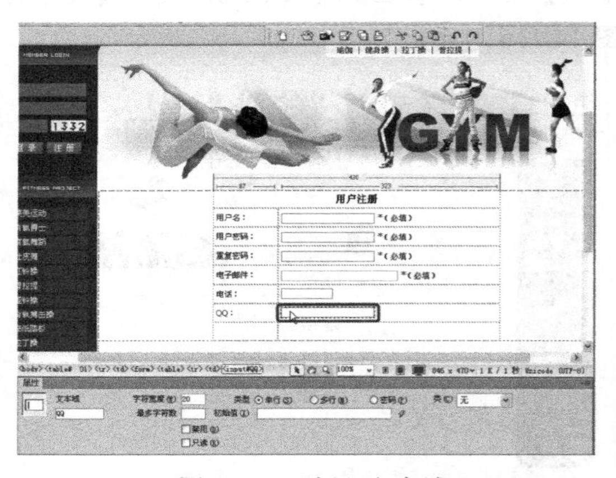

图 14.120　插入文本域

⓫ 选中第 8 行单元格，合并单元格，将光标放置在合并后的单元格中，插入按钮，在【属性】面板中的【值】文本框中输入“注册”，将【动作】设置为【提交表单】，如图 14.121 所示。

⓬ 将光标放置在按钮的右边，插入按钮，在【属性】面板中的【值】文本框中输入“重置”，将【动作】设置为【重设表单】，如图 14.122 所示。

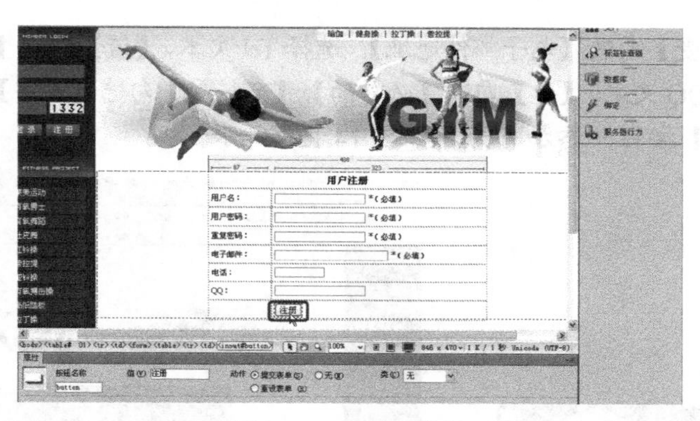

图 14.121　插入按钮

图 14.122　插入按钮

⑬ 选中表单<form>，打开【行为】面板，在面板中单击 +. 按钮，在弹出的菜单中选择【检查表单】选项，如图 14.123 所示。

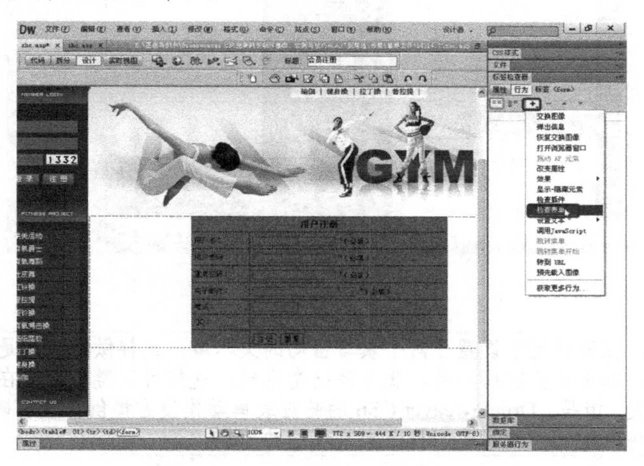

图 14.123　选择【检查表单】选项

⑭ 打开【检查表单】对话框，在对话框中分别选择 username 文本、password 文本和 password1 文本，【值】勾选【必需的】，【可接受】勾选【任何东西】，选择 E-mail 文本，【值】勾

选【必需的】，【可接受】勾选【电子邮件地址】，选择 Tel 文本，【值】勾选【必需的】，【可接受】勾选【数字】，选择 QQ 文本，【值】勾选【必需的】，【可接受】勾选【数字】，如图 14.124 所示。

⑮ 单击【确定】按钮，添加行为，如图 14.125 所示。

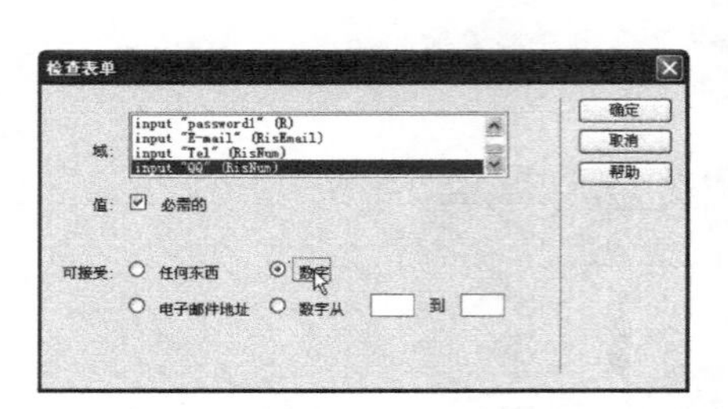

图 14.124 【检查表单】对话框

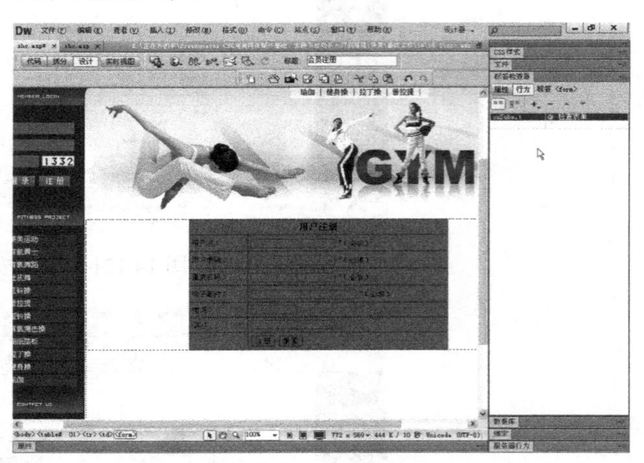

图 14.125 添加行为

⑯ 选择菜单中的【查看】|【代码和设计】命令，打开拆分视图，在添加的行为代码中相应的位置输入以下代码，如图 14.126 所示。

```
if(MM_findObj('password').value!=MM_findObj('password1').value)errors +='-两次密码输入不一致 \n'
```

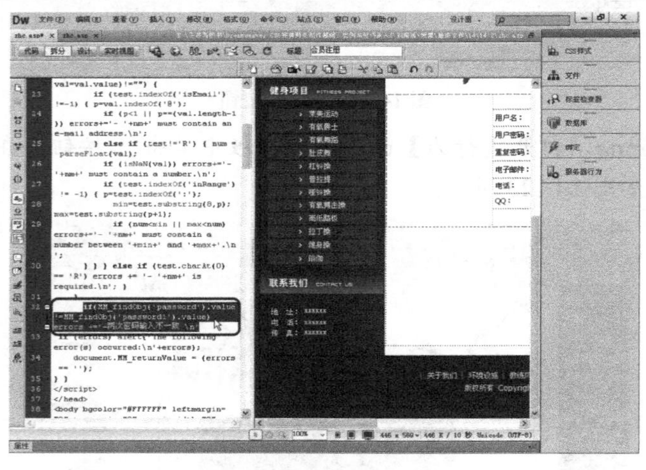

图 14.126 输入代码

提示　可以看到，在该网页中设置了两个填写密码的文本域，这样做的目的是让用户连续两次输入密码内容，如果两次密码一致，服务器接受密码。这样可以避免用户在输入密码时按错键造成密码丢失。但是，Dreamweaver CS6 的验证表单动作没有提供检查密码一致性的功能，还需要在源代码中加入一段简单的程序来实现这种功能。

⑰ 在【服务器行为】面板中单击 + 按钮，在弹出的菜单中选择【插入记录】选项，打开【插入记录】对话框，在对话框中的【连接】下拉列表中选择 zd，在【插入后，转到】文本框中输入 chg.asp，如图 14.127 所示。

⑱ 单击【确定】按钮，插入记录，如图 14.128 所示。

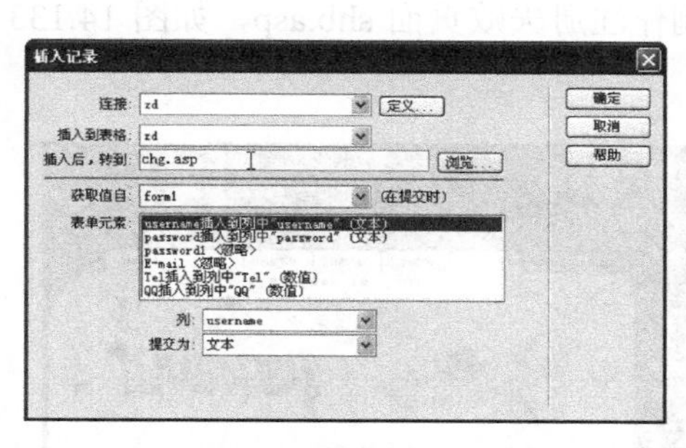

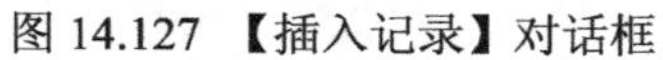
图 14.127 【插入记录】对话框

图 14.128 插入记录

⑲ 在【服务器行为】面板中单击 按钮，在弹出的菜单中选择【用户身份验证】|【检查新用户名】选项，如图 14.129 所示。

⑳ 打开【检查新用户名】对话框，在对话框中的【用户名字段】下拉列表中选择 username，在【如果已存在，则转到】文本框中输入 shb.asp，如图 14.130 所示。

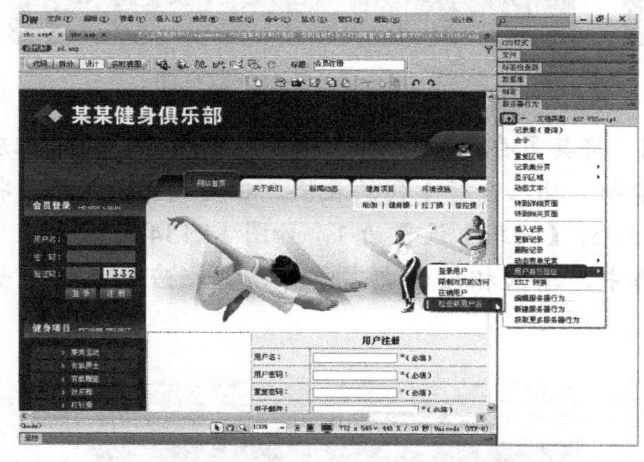

图 14.129 选择【检查新用户名】选项

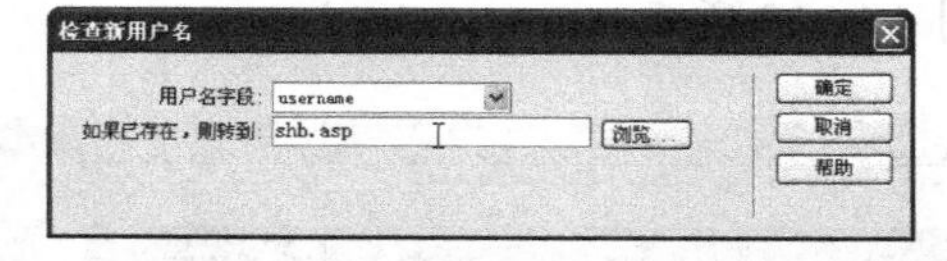

图 14.130 【检查新用户名】对话框

㉑ 单击【确定】按钮，添加服务器行为，如图 14.131 所示。

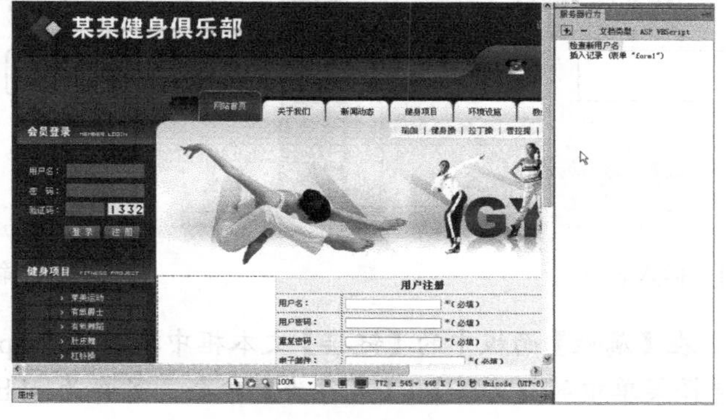

图 14.131 添加服务器行为

㉒ 保存文档，在 IE 浏览器中预览。

14.2.3　制作注册成功与失败页面

制作注册成功页面 chg.asp，如图 14.132 所示，制作注册失败页面 shb.asp，如图 14.133 所示，具体操作步骤如下。

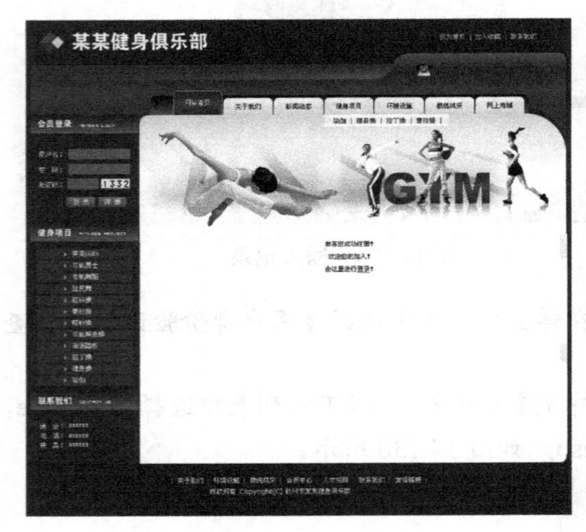

图 14.132　注册成功页面

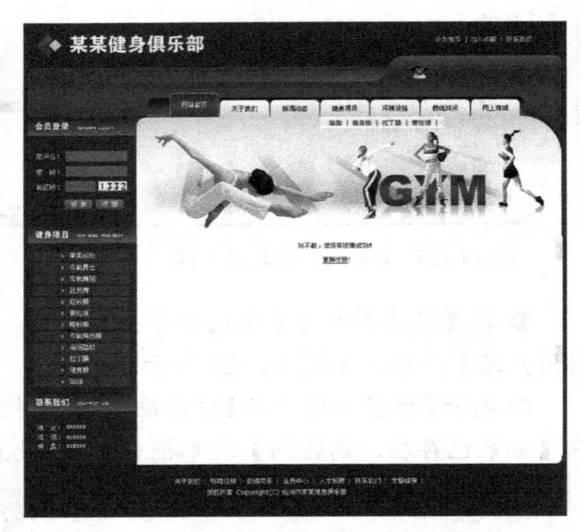

图 14.133　注册失败页面

❶ 打开素材文件 CH14/14.2/index.html，将其另存为 chg.asp，将光标放置在页面中相应的位置，选择菜单中的【插入】|【表格】命令，插入 3 行 1 列的表格，在【属性】面板中将【对齐】设置为【居中对齐】，【填充】设置为 5，【间距】设置为 1，如图 14.134 所示。

❷ 将光标放置在表格中相应的单元格中，输入相应的文字，并设置相应的属性，如图 14.135 所示。

图 14.134　插入表格

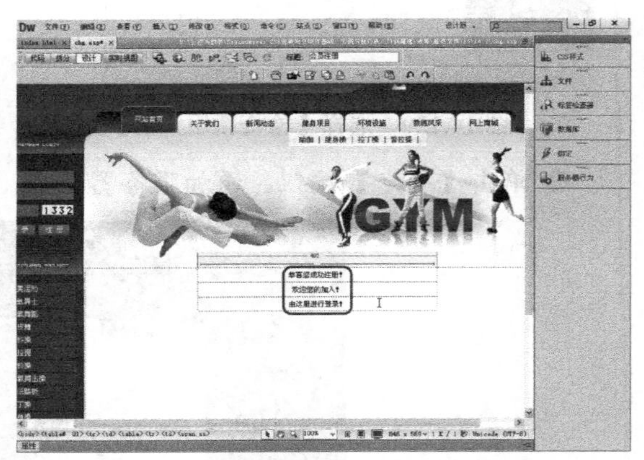

图 14.135　输入文字

❸ 选中“登录”，在【属性】面板中的【链接】文本框中输入 dlu.asp，如图 14.136 所示。

❹ 保存文档。选择菜单中的【文件】|【另存为】命令，另存为 shb.asp，并删除相应的对象，如图 14.137 所示。

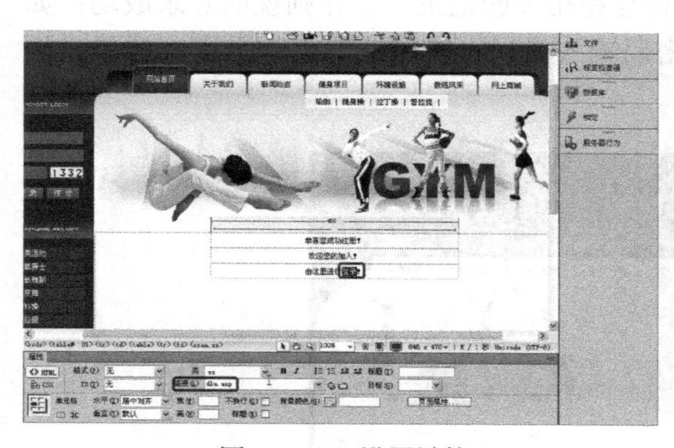

图 14.136　设置链接

图 14.137　另存为 shb.asp 页面

❺ 将光标放置在页面中相应的位置，选择菜单中的【插入】|【表格】命令，插入 2 行 1 列的表格，在【属性】面板中将【对齐】设置为【居中对齐】，【填充】设置为 5，【间距】设置为 1，如图 14.138 所示。

❻ 将光标放置在表格中相应的单元格，输入相应的文字，如图 14.139 所示。

❼ 选中文字“重新注册”，在【属性】面板中的【链接】文本框中输入 zhc.asp，如图 14.140 所示。

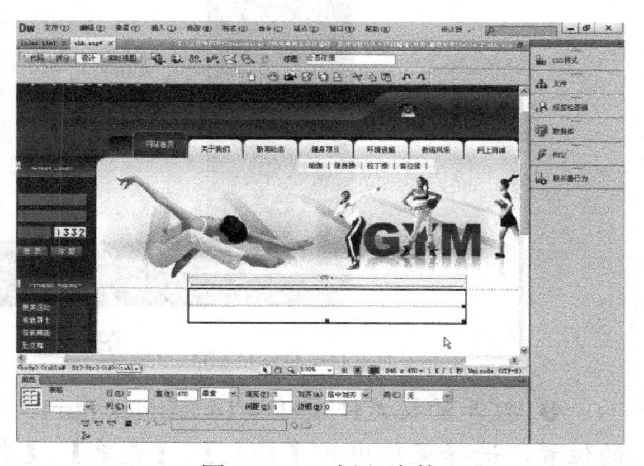

图 14.138　插入表格

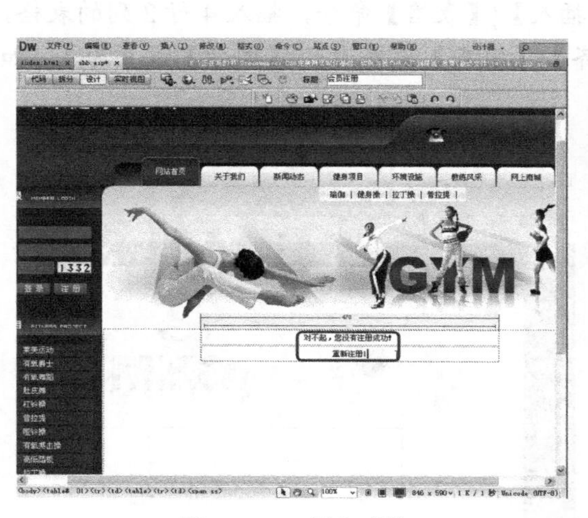

图 14.139　插入表格

图 14.140　设置链接

14.2.4　制作登录页面

新用户注册后，都要根据相应的用户名和密码进入到网站的相关页面。登录正好和注册相反，注册进行的是数据库插入数据操作，而登录进行的是数据库读取（查询）操作。根据用户表单提交的用户名密码，查找数据库中是否存在相关的记录，存在则说明登录成功；如果数据库中不存在相应的记录，说明用户名/密码输入错误，转到注册失败页面。登录页面 dlu.asp，如图 14.141 所示。

图 14.141　登录页面

❶ 打开素材文件 CH14/14.2/index.html，将其另存为 dlu.asp，将光标放置在页面中相应的位置，选择菜单中的【插入】|【表单】|【表单】命令，插入表单，如图 14.142 所示。

❷ 将光标放置在表单中，选择菜单中的【插入】|【表格】命令，插入 4 行 2 列的表格，在【属性】面板中将【对齐】设置为【居中对齐】，【填充】设置为 5，【间距】设置为 1，如图 14.143 所示。

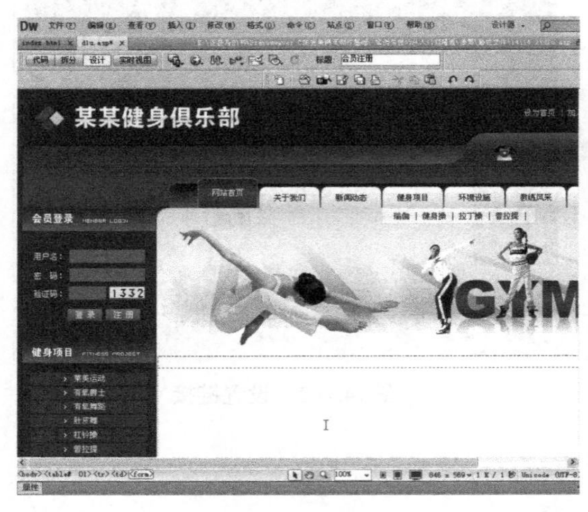

图 14.142　插入表单

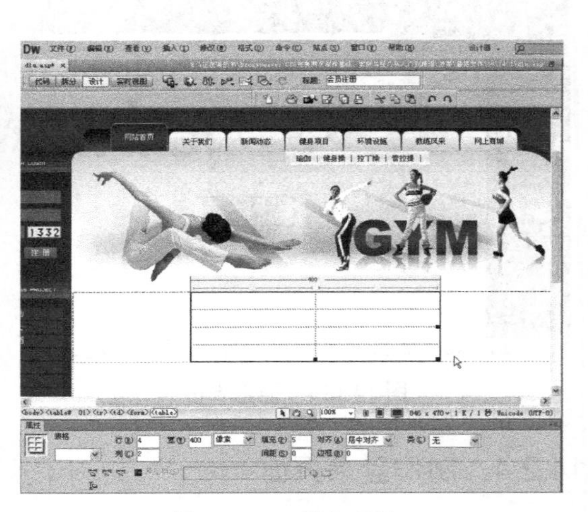

图 14.143　插入表格

❸ 选中表格的第 1 行单元格，合并单元格。在合并后的单元格中输入相应的文字并设置属性，并在表格中其他相应的单元格中输入文字，如图 14.144 所示。

❹ 将光标放置在第 2 行第 2 列单元格中，插入文本域，在【属性】面板中的【文本域】名称文本框中输入 username，将【字符宽度】设置为 20，【类型】设置为【单行】，如图 14.145 所示。

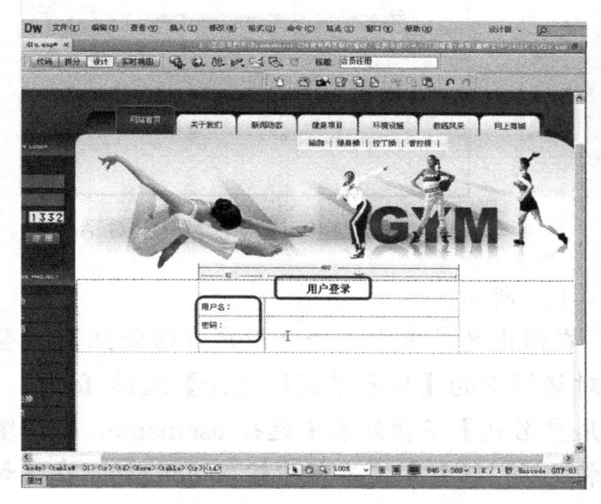

图 14.144　输入文字

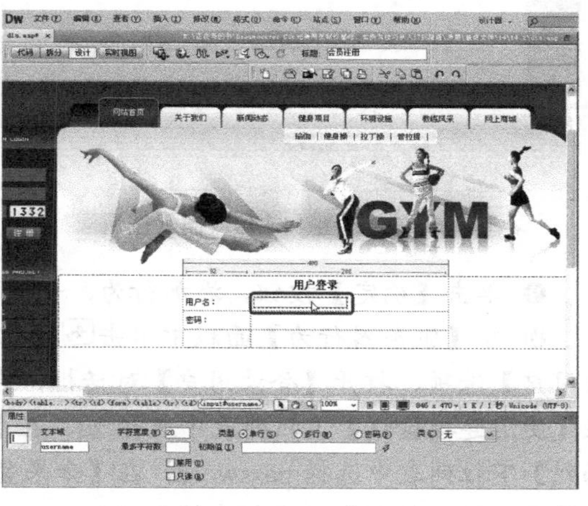

图 14.145　插入文本域

❺ 将光标放置在第 3 行第 2 列单元格中，插入文本域，在【属性】面板中的【文本域】名称文本框中输入 password，将【字符宽度】设置为 20，【类型】设置为【密码】，如图 14.146 所示。

❻ 将光标放置在第 4 行第 2 列单元格中，插入按钮，在【属性】面板中的【值】的文本框中输入“登录”，【动作】设置为【提交表单】，如图 14.147 所示。

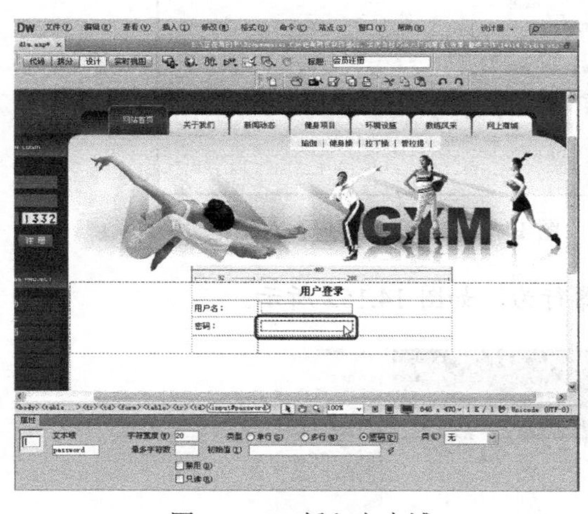

图 14.146　插入文本域

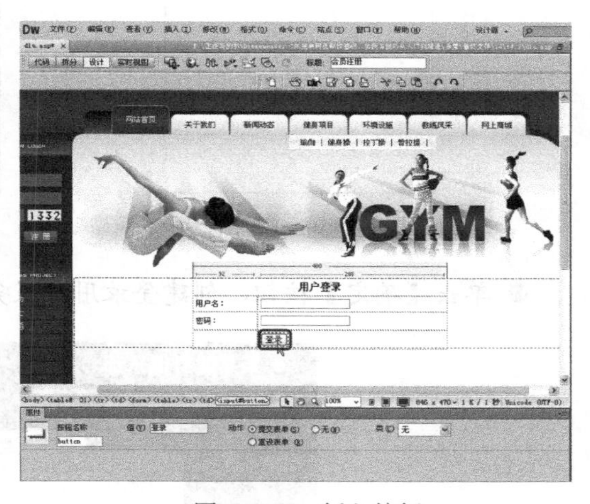

图 14.147　插入按钮

❼ 将光标放置在按钮的右边，插入按钮，在【属性】面板中的【值】文本框中输入“重置”，【动作】设置为【重设表单】，如图 14.148 所示。

❽ 选中表单<form>，打开【行为】面板，在面板中单击 +, 按钮，在弹出的菜单中选择【检查表单】选项，打开【检查表单】对话框，在对话框中分别选择 username 文本和 password 文本，【值】勾选【必需的】复选框，【可接受】勾选【任何东西】，如图 14.149 所示。

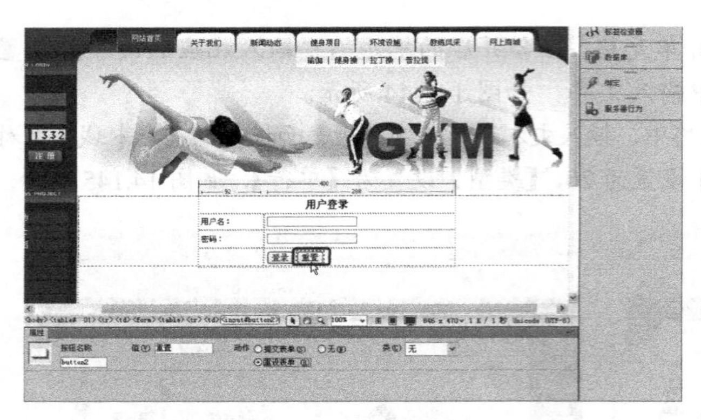

图 14.148 插入按钮

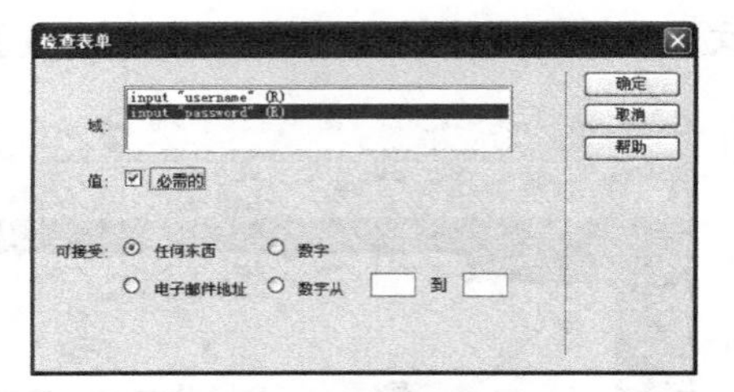

图 14.149 【检查表单】对话框

❾ 单击【确定】按钮，添加行为，如图 14.150 所示。

❿ 在【服务器行为】面板中单击按钮，在弹出的菜单中选择【用户身份验证】|【登录用户】选项，打开【登录用户】对话框，在对话框中的【从表单获取选择】选择 form1，在【使用连接验证】下拉列表中选择 zd，在【用户名列】下拉列表中选择 username，在【密码列】下拉列表中选择 password，在【如果登录成功，转到】文本框中输入 dch.asp，在【如果登录失败，转到】文本框中输入 dsh.asp，如图 14.151 所示。

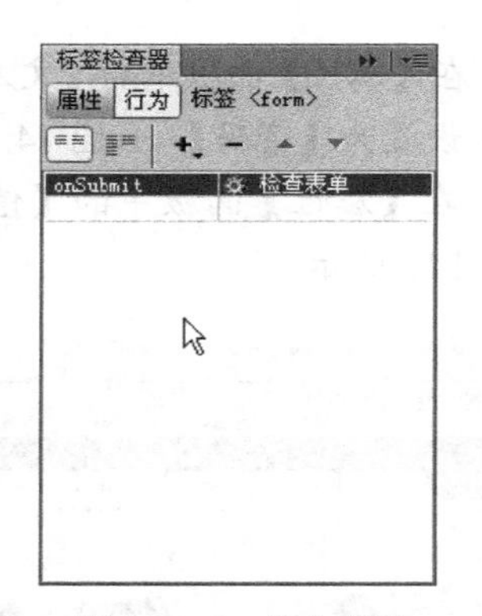

图 14.150 添加行为

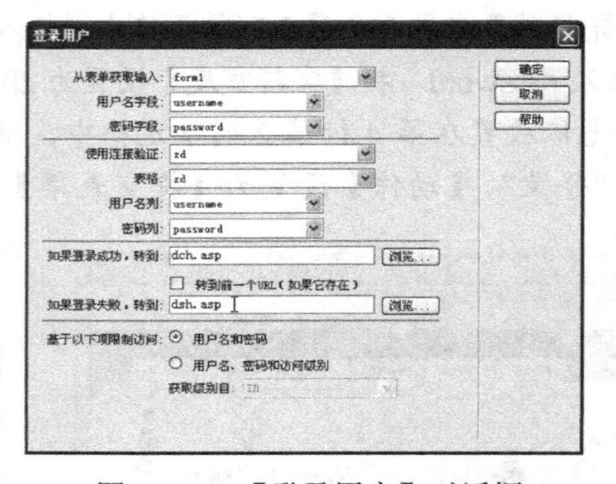

图 14.151 【登录用户】对话框

⓫ 单击【确定】按钮，创建登录用户服务器行为，如图 14.152 所示。

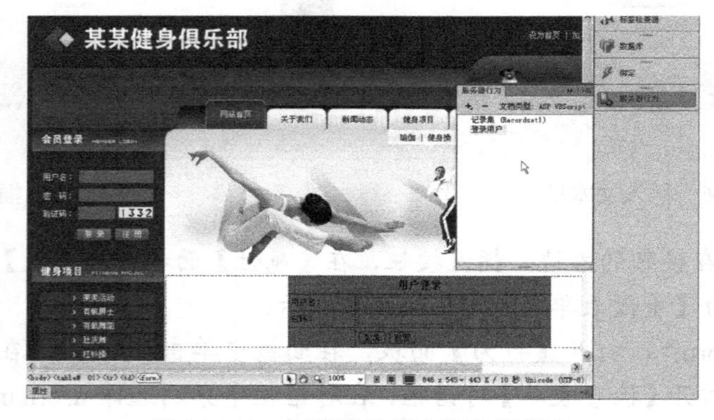

图 14.152 创建登录用户服务器行为

14.2.5 制作登录成功页面

登录成功页面 dch.asp 如图 14.153 所示。

图 14.153 登录成功页面

❶ 打开素材文件 CH14/14.2/index.html，将其另存为 dch.asp，将光标放置在页面中相应的位置，选择菜单中的【插入】|【表格】命令，插入 1 行 1 列的表格，在【属性】面板中将【对齐】设置为【居中对齐】，【填充】设置为 5，【间距】设置为 2，如图 14.154 所示。

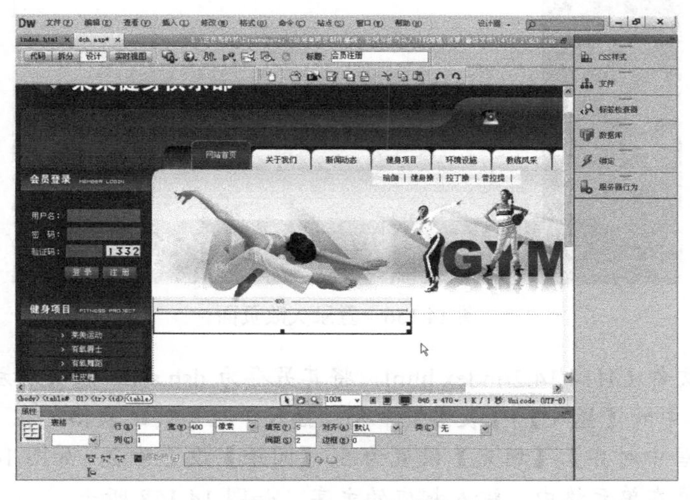

图 14.154 插入表格

❷ 将光标放置在单元格中，输入相应的文字，如图 14.155 所示。

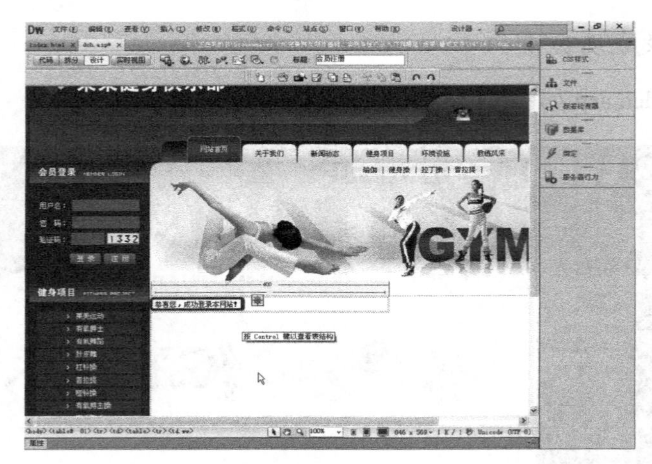

图 14.155　输入文字

14.2.6　制作登录失败页面

登录失败页面 dsh.asp，如图 14.156 所示，具体操作步骤如下。

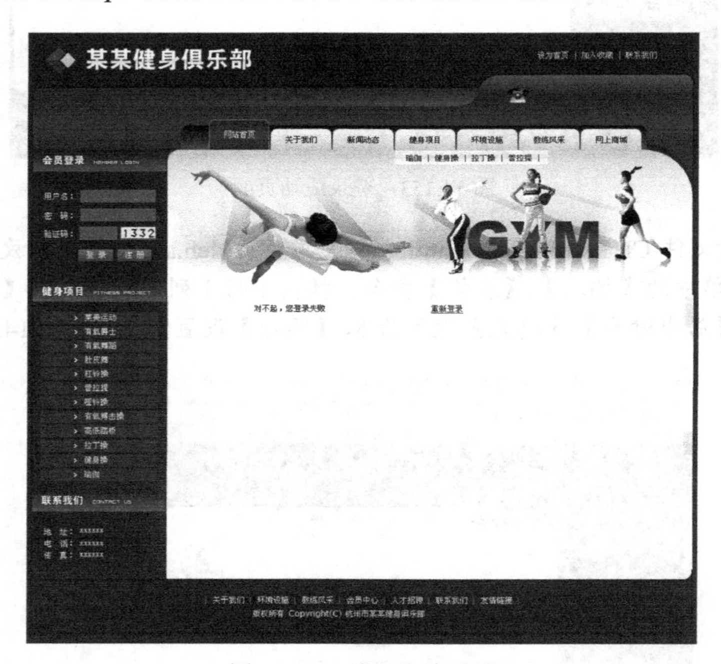

图 14.156　登录失败页面

❶ 打开素材文件 CH14/14.2/index.html，将其另存为 dsh.asp，将光标放置在页面中相应的位置，选择菜单中的【插入】|【表格】命令，插入 1 行 2 列的表格，在【属性】面板中将【对齐】设置为【居中对齐】，【填充】设置为 5，【间距】设置为 2，如图 14.157 所示。

❷ 将光标放置在单元格中，输入相应的文字，如图 14.158 所示。

❸ 选中文字“重新登录”，在【属性】面板中的【链接】文本框中输入 dlu.asp，设置链接，如图 14.159 所示。

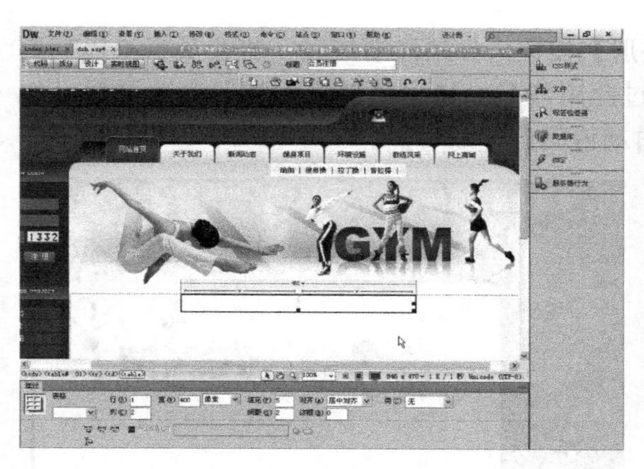

图 14.157　插入表格

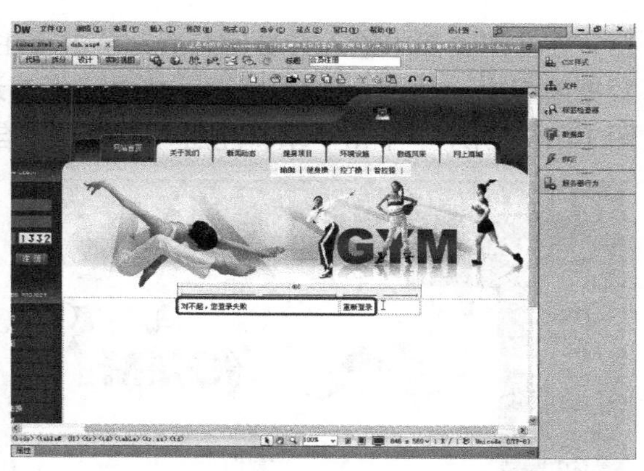

图 14.158　输入文字

图 14.159　设置链接

14.2.7　系统测试

制作完注册和登录系统后，可以进行测试。在浏览器中打开注册页面，如图 14.160 所示。

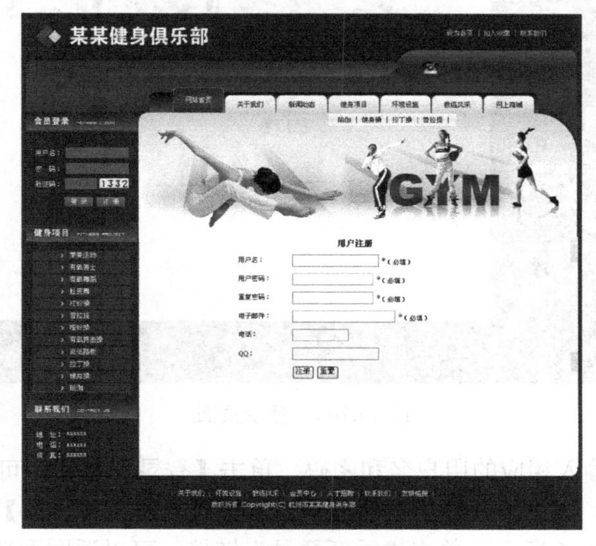

图 14.160　注册页面

在注册页面中输入会员信息后，单击【注册】按钮，如果注册成功，将会员资料提交到数据库表中，如图 14.161 所示。如果已经有过此用户名，将自动链接到注册失败页面，如图 14.162 所示。单击“重新注册”链接，将自动返回到注册页面。

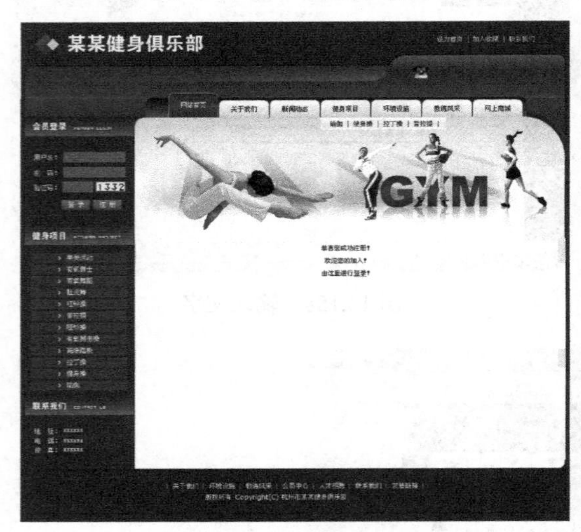

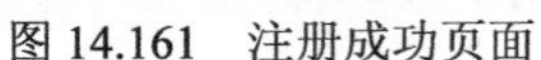
图 14.161　注册成功页面

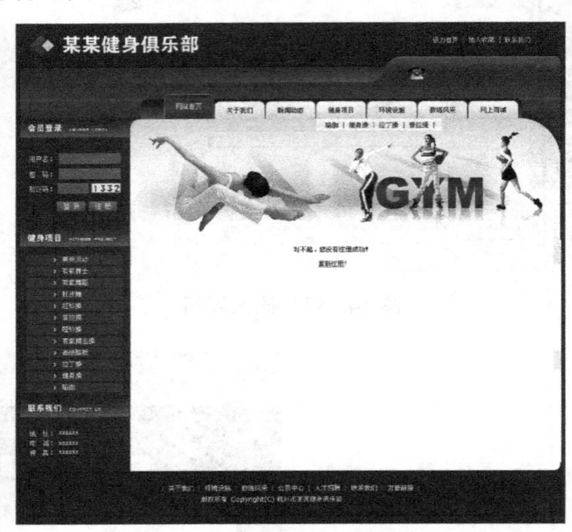

图 14.162　注册失败页面

在注册页面中填写相关内容，单击【注册】按钮，链接到注册成功页面，在页面中单击“登录”链接，链接到登录页面，如图 14.163 所示。

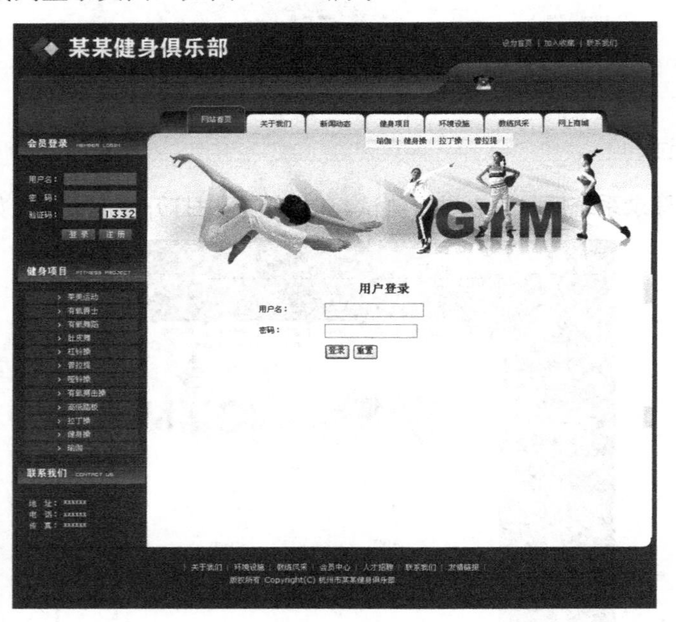

图 14.163　登录页面

在登录页面中，输入相应的用户名和密码，单击【登录】按钮，可以链接到登录成功页面，如图 14.164 所示。如果输入的用户名和密码不正确，单击【登录】按钮，可以链接到登录失败页面，如图 14.165 所示。单击“重新登录”链接，可以返回到登录页面。

图 14.164　登录成功页面

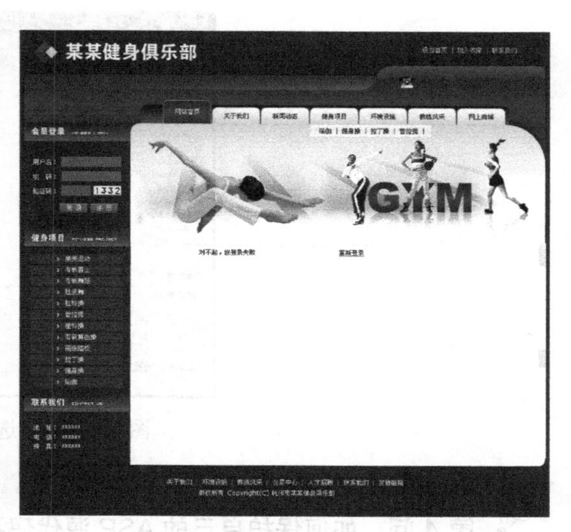

图 14.165　登录失败页面

14.3　技巧与问答

本章主要讲述了典型的动态网站模块的设计，下面就来讲述这些动态网站模块创建过程中的一些技巧与解答。

第 1 问　如果 ASP 文件有错误，IIS 只会显示“HTTP500 错误”，但却不显示详细的错误信息，如何解决

在浏览器中选择【工具】|【Internet 选项】命令，在【Internet 选项】对话框中选择【高级】选项卡，勾选【显示友好 HTTP 错误】复选框即可。

第 2 问　如何使用 ASP 发送邮件

需要安装 Windows NT Option Pack 的 SMTP Service 功能，实现代码如下。

```
<%
set mail = server.createobject("cdonts.newmail")
mail.to =abc@xxx.com
mail.form ="yourmail@xxx.com"
mail.subject ="主题"
mail.body ="E-mail 内容"
mail.send
%>
```

第 3 问　如何在网页中使用包含文件

在网页中使用包含文件很简单，可以选择菜单中的【插入】|【服务器端包括】命令，打开【选择文件】对话框，如图 14.166 所示，在对话框中选择包含文件，单击【确定】按钮，即可插入包含文件。也可以切换到代码视图中，在相应的位置输入包含文件的代码。

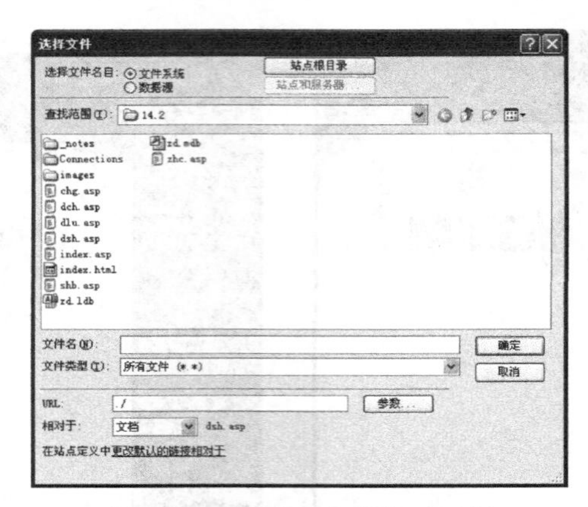

图 14.166 【选择文件】对话框

第 4 问　如何保护自己的 ASP 源代码不泄露

下载微软的 Windows Script Encoder，对 ASP 的脚本和客户端 JavaScript、VBScript 脚本进行加密。客户端脚本加密后，只有 IE5.0 以上的版本才能执行，服务器端脚本加密后，只有服务器上安装有 Script Engine 5（装 IE5.0 即可）才能解释执行。

第 5 问　什么是 ActiveX 控件，在何处可以下载

Microsoft Active 控件是由软件提供商开发的可重用的软件组件。除了 ASP 的内嵌对象外，另外安装的 ActiveX 控件也可以在 ASP 中使用，这样可以节省很多的开发时间，在 ASP 中也内嵌了很多的 ActiveX 控件可以使用。使用 ActiveX 控件，可以很快地在 Web 应用程序以及开发工具中加入特殊的功能。

开发 ActiveX 控件可以使用各种编程语言，如 C、C++等，以及微软公司的 Visual Java 开发环境 Visual J++。ActiveX 控件一旦被开发出来，设计和开发人员就可以把它当作预装配组件，用于开发客户程序。以此种方式使用 ActiveX 控件，使用者不需要知道这些组件是怎样开发的，在很多情况下，甚至不需要自己编程，就可以完成网页或应用程序的设计。

目前由第三方软件开发商提供的商用控件有 1000 多种。微软 ActiveX 组件库中存放着有关信息以及相关的链接，它们指向微软及第三方开发商提供的各种 ActiveX 控件。

第 6 问　我已经在服务器行为中将“插入记录”行为删除了，为什么重做“插入记录”后，运行时还会提示变量重复定义

虽然已经在服务器行为中将【插入记录】行为删除了，但在 Dreamweaver 中的代码视图中，定义的原有变量并未删除。所以在重新【插入记录】后，变量会出现重复定义的情况。在将【插入记录】行为删除后，在切换到代码视图中，将代码中定义的变量删除。

第四部分

网站建设篇

第15章

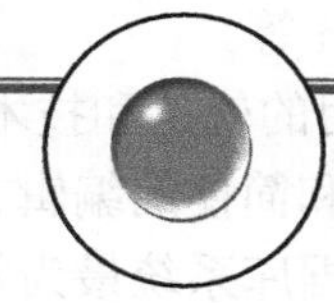

网站建设规范与流程

网站是由一个个网页通过超链接组成的。要制作出精美的网站，不仅需要熟练使用网页设计软件，还要掌握网站建设中的一些规范以及网站开发的流程。

学习目标

- 网站建设规范
- 网站建设的基本流程

15.1 网站建设规范

任何一个网站开发之前都需要定制一个开发约定和规则，这样有利于项目的整体风格统一、代码维护和扩展。由于网站项目开发的分散性、独立性、整合的交互性等，所以定制一套完整的约定和规则显得尤为重要。这些规则和约定需要与开发人员、设计人员和维护人员共同讨论定制，将来开发都严格按规则或约定开发。

15.1.1 组建开发团队规范

在接手项目后的第一件事就是组建团队，根据项目的大小团队可以有几十人，也有可以是只有几个人的小团队，在团队划分中应该含有6个角色，这6个角色是必须的，分别是项目经理、策划、美工、程序员、代码整合员、测试员。如果项目够大人数够多那就分为6个组，每个组分工再来细分。下面简单介绍一下这6个角色的具体职责。

- 项目经理负责项目总体设计，开发进度的定制和监控，定制相应的开发规范，各个环节的评审工作，协调各个成员小组。
- 策划提供详细的策划方案和需求分析，还包括后期网站推广方面的策划。
- 美工根据策划和需求设计网站VI、界面、Logo等。
- 程序员根据项目总体设计来设计数据库和功能模块的实现。
- 代码整合员负责将程序员的代码和界面融合到一起，代码整合员还可以制作网站的相关页面。
- 测试员负责测试程序。

15.1.2 开发工具规范

网站开发工具主要分为3部分；第1部分是网站前台开发工具；第2部分是网站后台开

发环境。下面分别简单介绍这两部分需要使用的软件。

网站前台开发主要是指网站页面设计。包括网站整体框架的建立、常用图片、Flash 动画设计等，主要使用的软件是 Adobe Photoshop、Dreamweaver 和 Flash 等。

网站后台开发主要指网站动态程序开发、数据库创建，主要使用的软件和技术是 ASP 和数据库。ASP 是一种非常优秀的网站程序开发语言，以全面的功能和简便的编辑方法受到众多网站开发者的欢迎。数据库系统的种类非常多，目前以关系型数据库系统最为常见。所谓关系型数据库系统是以表的类型将数据提供给用户，而所有的数据库操作都是利用旧的表来产生新的表。常见的关系型数据库包括 Access 和 SQL Server。

15.1.3 超链接设计规范

在网页中的链接按照链接路径的不同可以分为 3 种形式："绝对路径"、"相对路径"、"根目录相对路径"。

小网站由于层次简单，文件夹结构不过两三层，而且网站结构的改动性不大，所以使用"相对路径"是可以的。

当网站的规模大一些的时候，由于文件夹结构越来越复杂，且基于模板的设计方法被广泛使用，使用"相对路径"会出现如"超链接代码过长"、"模板中的超链接在不同的文件夹结构层次中无法直接使用"等问题。此时使用"根目录相对路径"是理想的选择，它可以使超链接的指向变得绝对化，无论在网站的哪一级文件夹中，"根目录相对路径"都能够准确指向。

当网站规模再度增长，发展成为拥有一系列子网站的网站群的时候，各个网站之间的超链接就不得不采用"绝对路径"。为了方便网站群中的各个网站共享，过去在单域名网站中以文件夹方式存放的各种公共设计资源，最好采用独立资源网站的形式进行存放，各子网站可以使用"绝对路径"对其进行调用。

网站的超链接设计是一个很老的话题，而且也非常重要。设计和应用超链接确实是一项对设计人员的规划能力要求非常高的工作，而且这些规划能力多数是靠经验积累获得的，所以要善于和勤于总结。

15.1.4 文件夹和文件命名规范

文件夹命名一般采用英文，长度一般不超过 20 个字符，命名采用小写字母。文件名称统一用小写的英文字母、数字和下划线的组合。命名原则的指导思想：一是使得工作组的每一个成员能够方便地理解每一个文件的意义，二是当在文件夹中使用"按名称排列"命令时，同一种大类的文件能够排列在一起，以便查找、修改和替换。

在给文件和文件夹命名时应注意以下规则。

1. 尽量不使用难理解的缩写词

不要使用不易理解的缩写词，尤其是仅取首字母的缩写词。在网站设计中，设计人员往往会使用一些只有自己才明白的缩写词，这些缩写词的使用会给站点的维护带来隐患。如 xwhtgl、xwhtdl，如果不告诉这是"新闻后台管理"和"新闻后台登录"的拼音缩写，没有人能知道是什么意思。

2．不重复使用本文件夹，或者其他上层文件夹的名称

重复本文件夹或者上层文件夹名称会增长文件名、文件夹名的长度，导致设计中的不便。如果在images文件夹中建立一个banner文件夹用于存放广告，那么就不应该在每一个banner的命名中加入“banner”前缀。

3．加强对临时文件夹和临时文件的管理

有些文件或者文件夹是为临时的目的而建立的，如一些短期的网站通告或者促销信息、临时文件下载等。不要将这些文件和文件夹随意地放置。一种比较理想的方法是建立一个临时文件夹来放置各种临时文件，并适当使用简单的命名规范，不定期地进行清理，将陈旧的文件及时删除。

4．在文件以及文件夹的命名中避免使用特殊符号

特殊符号包括“&”、“＋”、“、”等会导致网站不能正常工作的字符，以及中文双字节的所有标点符号。

5．在组合词中使用连字符

在某些命名用词中，可以根据词义，使用连字符将它们组合起来。

15.1.5 代码设计规范

一个良好的程序编码风格有利于系统的维护，代码也易于阅读查错。在编写代码时注意以下规范。

1．大小写规范

HTML文件是由大量标记组成的，如<a>、<td>、<img>等，每个标记又由各种属性组成，标记有起始和结尾标记。每一个标记都有名称和若干属性，标记的名称和属性都在起始标记内标明。

HTML 语言本身不区分大小写，如<title>和<TITLE>是一样的，但作为严谨的网页设计师，应该确保每个网页的HTML代码使用统一的大小写方式。习惯上将HTML的代码使用“小写”书写方式。

2．字体和格式规范

良好的代码编写格式能够使团队中所有设计人员更好地进行代码维护。

规范化代码编写的第1步是统一编写环境，设计团队中所使用的编写软件应尽可能一致。代码的文本编辑，要尽可能使用等宽字符，而不是等比例字体，这样可以很容易地进行代码缩进和文字对齐调整。等宽字体的含义是指每一个英文字符的宽度都是相同的。

在HTML代码编写中，使用缩进也是一项重要的规范。缩进的代码量应事先预定，并在设计团队中进行统一，通常情况下应为2、4或8个字符。

3. 注释规范

网页中的注释用于代码功能的解释和说明，以提高网页的可读性和可维护性。

注释的内容应随着被注释代码的更新而更新，不能只修改代码而不修改注释；不要将注释写在代码后，而应该写在相应代码的前面，否则会使注释的可读性下降。

如果某个网页是由多个部件组合而成的，而且每个部件都有自己的起始注释，那么这些起始注释应该配对使用，如 Start/Stop、Begin/End 等，而且这些注释的缩进应该一致。

不要使用混乱的注释格式，如在某些页面使用“*”，而在其他页面使用“#”，而应该使用一种简明、统一的注释格式，并且在网站设计中贯穿始终。

应减少网页中不必要的注释，但是在需要注释的地方，应该简明扼要的进行注释。使用注释的目的是为了让代码更容易维护，但是过于简短的和不严谨的注释将同样妨碍设计人员的理解。

15.2 网站建设的基本流程

创建网站是一个系统工程，有一定的工作流程，只有遵循这个步骤，按部就班地来，才能设计出满意的网站。因此在制作网站前，先要了解网站建设的基本流程，这样才能制作出更好、更合理的网站。

15.2.1 确定站点目标

在创建网站时，确定站点的目标是第一步。设计者应清楚建立站点的目标，即确定它将提供什么样的服务，网页中应该提供哪些内容等。要确定站点目标，应该从以下 3 个方面考虑。

（1）网站的整体定位。网站可以是大型商用网站、小型电子商务网站、门户网站、个人主页、科研网站、交流平台、公司和企业介绍性网站、服务性网站等。首先应该对网站的整体进行一个客观的评估，同时要以发展的眼光看待问题，否则将带来许多升级和更新方面的不便。

（2）网站的主要内容。如果是综合性网站，那么对于新闻、邮件、电子商务、论坛等都要有所涉及，这样就要求网页要结构紧凑、美观大方；对于侧重某一方面的网站，如书籍网站、游戏网站、音乐网站等，则往往对网页美工要求较高，使用模板较多，更新网页和数据库较快；如果是个人主页或介绍性的网站，那么一般来讲，网站的更新速度较慢，浏览率较低，并且由于链接较少，内容不如其他网站丰富，但对美工的要求更高一些，可以使用较鲜艳明亮的颜色，同时可以添加 Flash 动画等，使网页更具动感和充满活力，否则网站没有吸引力。

（3）网站浏览者的教育程度。对于不同的浏览者群，网站的吸引力是截然不同的，如针对少年儿童的网站，卡通和科普性的内容更符合浏览者的品味，也能够达到网站寓教于乐的目的；针对学生的网站，往往对网站的动感程度和特效技术要求更高一些；对于商务浏览者，网站的安全性和易用性更为重要。

15.2.2 确定目标浏览者

确定站点目标后，还需要判断哪些浏览者会访问自己的站点，这通常与站点的主题紧密相关。

为了使站点能够吸引更多的浏览者，还应该充分考虑到浏览者所使用的计算机类型、使用的操作平台、平均使用的连接速度以及他们使用的浏览器种类等，这些因素都会影响浏览者访问自己的网页。如今使用 Windows 操作系统的用户占绝大多数，因此应使自己设计的网页能够在 Windows 操作系统下很好地工作，并支持 Internet Explorer 浏览器。

另外，还要充分了解浏览者所使用的浏览器种类，这就需要使站点具有更大的浏览器兼容性。目前，用户使用的浏览器有多种，并且每一种浏览器都有多个版本。即使是人们普遍使用的 Internet Explorer 浏览器和 Netscape Navigator 浏览器，也不能保证所有的用户都能使用最新的版本。当网站放置在服务器上后，总会有浏览者使用早期版本的浏览器浏览。设计者可以选择一种或两种浏览器作为目标浏览器，并为这些浏览器设计相应的站点，同时也要使该站点能较大程度地适合于其他浏览器。

15.2.3 确定站点风格

站点风格设计包括站点的整体色彩、网页的结构、文本的字体和大小、背景的使用等，这些没有一定的公式或规则，需要设计者通过各种分析决定。

一般来说，适合于网页标准色的颜色有 3 大系：蓝色、黄/橙色、黑/灰/白色。不同的色彩搭配会产生不同的效果，并可能影响访问者的情绪。在站点整体色彩上，要结合站点目标来确定。如果是政府网站，就要在大方、庄重、美观、严谨上多下功夫，切不可花哨；如果是个人网站，则可以采用较鲜明的颜色，设计要简单而有个性。图 15.1 所示为色彩鲜明简单的个人网站。

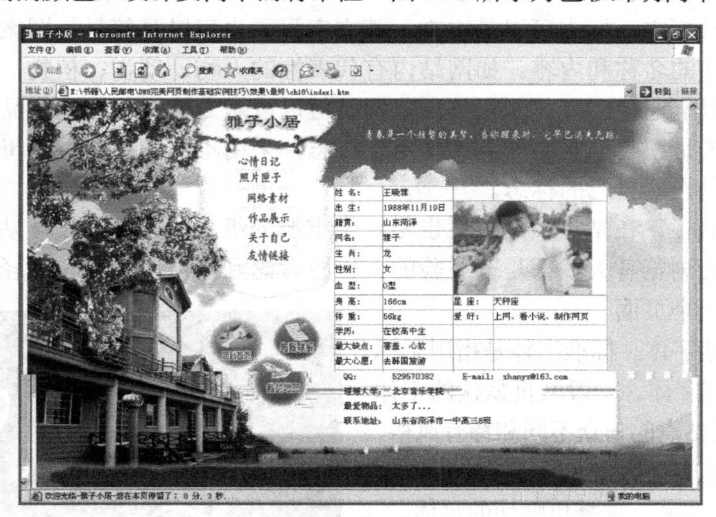

图 15.1　个人网站

在网页结构上，整个站点要保持和谐统一；对于字体，默认的网页字体一般是宋体，为了体现网页的特有风格，也可以根据需要选择一些特殊字体，如华文行楷、隶书和其他字体等；在背景的使用上，应该以宁缺毋滥为原则，切不可喧宾夺主。

15.2.4 收集资源

网站的主题内容是文本、图像和多媒体等，它们构成了网站的灵魂，否则再好的结构设计都不能达到网站设计的初衷，也不能吸引浏览者。在对网站进行结构设计之后，需要对每个网页的内容进行一个大致的构思，如哪些网页需要使用模板，哪些网页需要使用特殊设计的图像，哪些网页需要使用较多的动态效果，如何设计菜单，采用什么样式的链接，网页采用什么颜色和风格等，这些都对资源收集具有指导性作用。要收集的资源主要有以下几种。

- 重要的文本：如企业简介文本，不能临时书写，要得体、简明，一般使用企业内部的宣传文字。
- 重要的图像：如企业的标志、网页的背景图像等，这些图像对于浏览者的视觉影响很大，不能草率处理。
- 库文件：对于一些常用和重要的网页对象，需要使用库文件来进行管理和使用，在设计网页之前，可以先编辑这些库文件备用。
- Flash 等多媒体元素：许多网站都越来越多地使用 Flash 等多媒体元素，这些多媒体元素在设计网页之前就需要收集妥当或者制作完成。

15.2.5 设计网页图像

在确定好网站的风格和搜集完资料后就需要设计网页图像了，网页图像设计包括 LOGO、标准色彩、标准字、导航条和首页布局等。可以使用 Photoshop 或 Fireworks 软件来具体设计网站的图像。

有经验的网页设计者，通常会在使用网页制作工具制作网页之前设计好网页的整体布局，这样在具体设计过程将会胸有成竹，大大节省工作时间。网页图像的设计主要包括以下几点。

（1）设计网站标志。标志可以是中文、英文字母，也可以是符号、图案等。标志的设计创意应当来自网站的名称和内容。如网站内有代表性的人物、动物、植物，可以用它们作为设计的标本，加以卡通化或者艺术化；专业网站可以以本专业有代表的物品作为标志。最常用和最简单的方式是用自己网站的英文名称作标志，采用不同的字体、字母的变形、字母的组合可以很容易制作好自己的标志。

（2）设计导航栏。在站点中导航栏也是一个重要的组成部分。在设计站点时，应考虑到访问自己的站点的浏览者大多都是有经验的，也应考虑到如何使浏览者能轻松地从网站的一个页面跳转到另一个页面。

（3）设计网站字体。标准字体是指用于标志和导航栏的特有字体。一般网页默认的字体是宋体。为了体现站点的与众不同和特有风格，可以根据需要选择一些特别字体。也可以根据自己网站所表达的内涵，选择更贴切的字体。

（4）首页设计包括版面、色彩、图像、动态效果、图标等风格设计。图 15.2 所示为设计的网站首页图像。

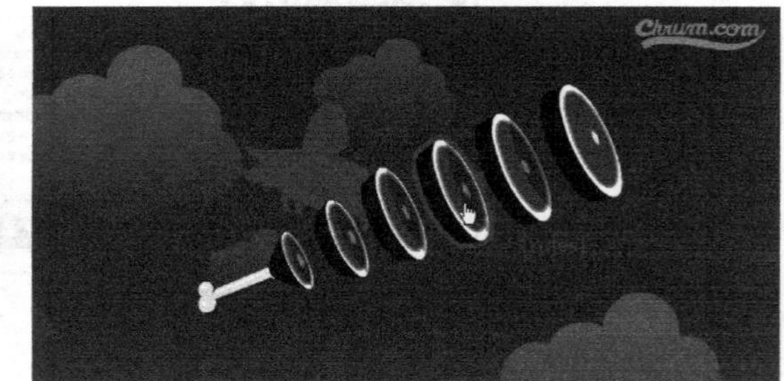

图 15.2 网站首页图像

15.2.6 制作网页

设计完网页图像后，就可以按照规划逐步制作网页了，这是一个复杂而细致的过程，一定要按照先大后小、先简单后复杂来进行制作。所谓先大后小，就是说在制作网页时，先把大的结构设计好，然后再逐步完善小的结构设计。所谓先简单后复杂，就是说先设计出简单的内容，然后再设计复杂的内容，以便出现问题时好修改。在制作网页时要灵活运用模板，这样可以大大提高制作效率。图 15.3 所示为模板网页。

图 15.3 模板网页

15.2.7 开发动态网站模块

页面制作完成后，如果还需要动态功能的话，就需要开发动态功能模块，网站中常用的功能模块包括搜索功能、留言板、新闻发布、在线购物、论坛及聊天室等。图 15.4 所示为开发的在线购物模块。

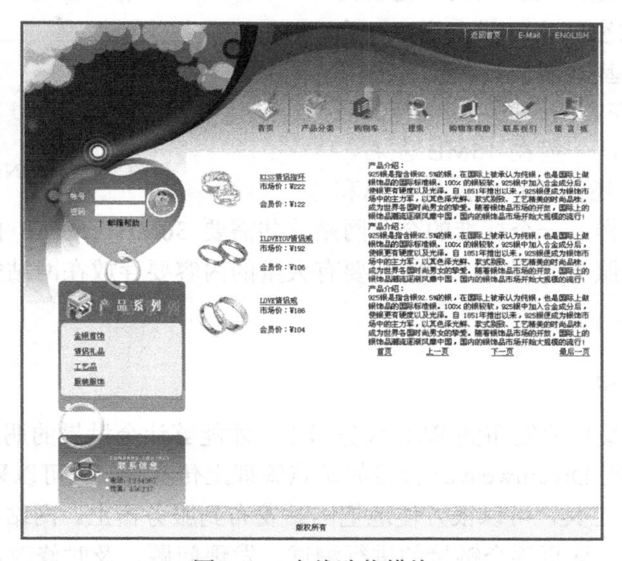

图 15.4 在线购物模块

15.2.8 申请域名和服务器空间

域名是企业或事业单位在因特网上进行相互联络的网络地址，在网络时代，域名是企业、机构进入因特网必不可少的身份证明。

国际域名资源是十分有限的，为了满足更多企业、机构的申请要求，各个国家、地区在域名最后加上了国家标记段，由此形成了各个国家、地区的国内域名，如中国是 cn、日本是 jp 等，这样就扩大了域名的数量，满足了用户的要求。

注册域名前应该在域名查询系统中查询所希望注册的域名是否已经被注册。几乎每一个域名注册服务商在自己的网站上都提供查询服务。

国内域名顶级管理机构 CNNIC 的网站是 www.cnnic.net，可以通过该网站查询相关的域名信息，图 15.5 所示为 CNNIC 的网站。

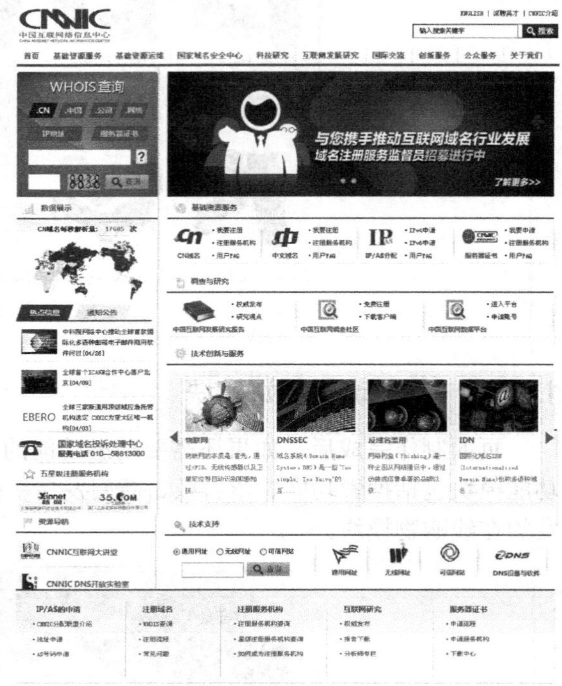

图 15.5　CNNIC 的网站

域名注册的流程与方式比较简单，首先可以通过域名注册商，或者一些公共的域名查询网站查询所希望注册的域名是否已经被注册，如果没有，则需要尽快与一家域名注册服务商取得联系，告诉他们自己希望注册的域名，以及付款的方式。域名属于特殊商品，一旦注册成功是不可退款的，所以通常情况下，域名注册服务商需要先收款。当域名注册服务商完成域名注册后，域名查询系统并不能立即查询到该域名，因为全球的域名 WHOIS 数据库更新需要 1～3 天的时间。

网站是建立在网络服务器上的一组电脑文件，它需要占据一定的硬盘空间，这就是一个网站所需的网站空间。一般来说，一个标准中型企业网站的基本网页 HTML 文件和网页图片需要 8MB 左右的空间，加上产品照片和各种介绍性页面，一般在 15MB 左右。除此之外，企业可能还需要存放反馈信息和备用文件的空间，这样，一个标准的企业网站总共需要 30MB～50MB 的网站空间。当然，如果是从事网络相关服务的用户，可能需要有大量的内容要存放在网站空间中，这样就需要多申请空间。

15.2.9　测试与发布

网页制作完毕，最后要发布到 Web 服务器上，才能够让全世界的朋友观看，现在上传的工具有很多，可以采用 Dreamweaver 自带的站点管理上传文件，也可以采用专门的 FTP 软件上传。利用这些 FTP 工具，可以很方便地把网站发布到服务器上。网站上传以后，要在浏览器中打开自己的网站，逐页逐个链接的进行测试，发现问题，及时修改，然后再上传测试。

15.2.10　推广网站

网页做好之后，还要不断地进行宣传，这样才能让更多的朋友认识它，提高网站的访问率和知名度。推广的方法有很多，如到搜索引擎上注册、交换网站链接等。

网站推广是网站获得有效访问的重要步骤，合理而科学地推广计划能令企业网站收到接近期望值的效果。网站推广作为电子商务服务的一个独立分支正显示出其巨大的魅力，并已越来越引起企业的高度重视和关注。

第16章

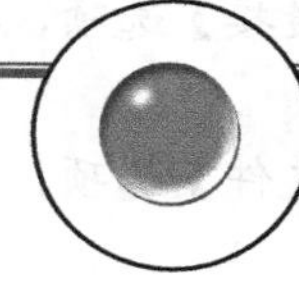

网站的发布与推广

网页制作完毕要发布到 Web 服务器上，才能够让别人观看。现在上传用的工具有很多，有些网页制作工具本身就带有 FTP 功能。利用这些 FTP 工具，可以很方便地把网站发布到服务器上。网站发布以后，内容也需要不断调整更新，网站才会更加吸引访问者。另外，网站做好以后必须进行推广以后才能有更多的人知道。

学习目标

- 掌握测试站点
- 掌握发布网站
- 熟悉网站维护
- 熟悉网站的推广

16.1 测试站点

整个网站中有成千上万个超级链接，发布网页前需要对这些链接进行测试，如果对每个链接都进行手工测试，会浪费很多时间，Dreamweaver 中的【站点管理器】窗口就提供了对整个站点的链接进行快速检查的功能。这一步很必要，可以找出断掉的链接、错误的代码和未使用的孤立文档等，以便进行纠正和处理。

16.1.1 检查链接

一个站点往往包含很多链接，在处理的时候稍有不慎，可能就会导致链接出错，因此在发布站点前有必要为整个站点检查一下链接，以避免站点发布出去之后会出现无效链接的情形。检查链接的具体操作步骤如下。

❶ 选择菜单中的【站点】|【检查站点范围的链接】命令，Dreamweaver 将会自动为站点检查链接，检查结果出来后将会在【链接检查器】面板中显示出检查结果，如图 16.1 所示。

图 16.1 检查链接的结果

❷ 在【链接检查器】面板中的【显示】下拉列表中选择【断掉的链接】选项，将会在下面的列表框中显示出站点中所有断掉的链接。

❸ 在【链接检查器】面板中的【显示】下拉列表中选择【外部链接】选项，将会在下面的列表框中显示出站点中包含外部链接的文件，如图 16.2 所示。

❹ 在【链接检查器】面板中的【显示】下拉列表中选择【孤立文件】选项，将会在下面的列表框中显示出站点中所有的孤立文档，如图 16.3 所示。

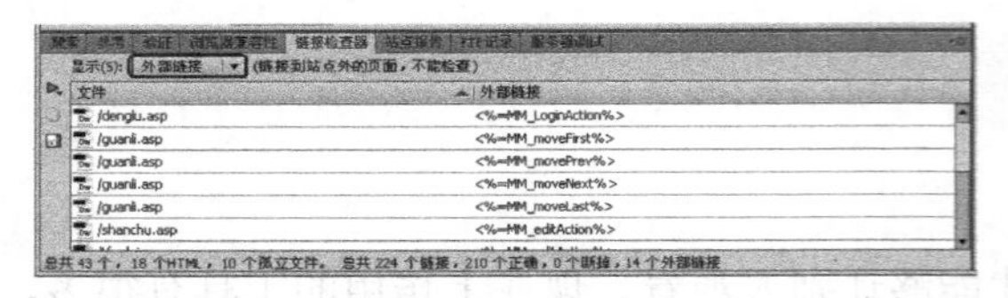

图 16.2 外部链接

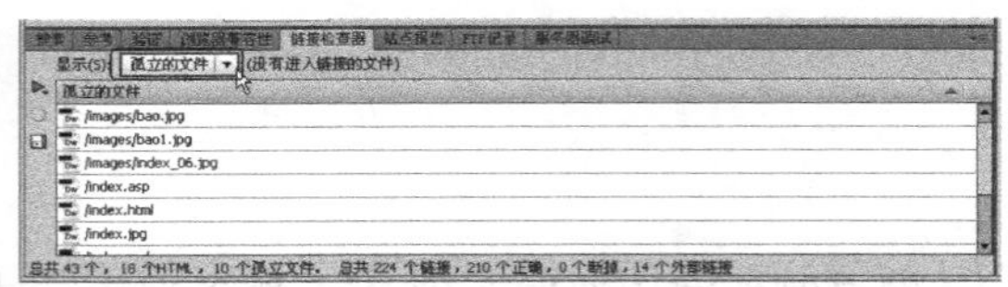

图 16.3 孤立文件

16.1.2 站点报告

在设计页面的时候，需要进行很多步操作，有时候可能还要撤销一些操作，在操作时不能保证所有的操作都是必需的，假如操作是多余的，就可能产生多余标签。这些标签的存在会增加页面的载入负担，也会使页面代码不够简洁明了。所以，在完成站点的设计后，就有必要运行站点报告，检查有无多余标签，具体操作步骤如下。

❶ 选择菜单中的【站点】|【报告】命令，打开【报告】对话框，如图 16.4 所示。

❷ 在【报告在】下拉列表中选择【整个当前本地站点】选项，在【选择报告】列表框中勾选【多余的嵌套标签】和【可移除的空标签】复选框，如图 16.5 所示。

❸ 单击【运行】按钮，Dreamweaver 会对整个站点进行检查。检查完毕后，将会打开【站点报告】面板。

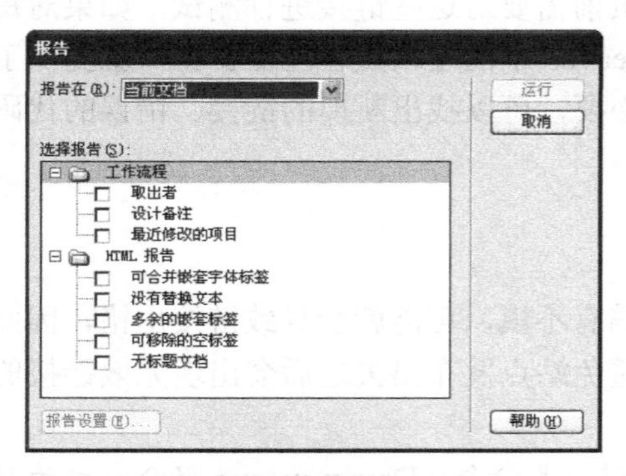

图 16.4 【报告】对话框

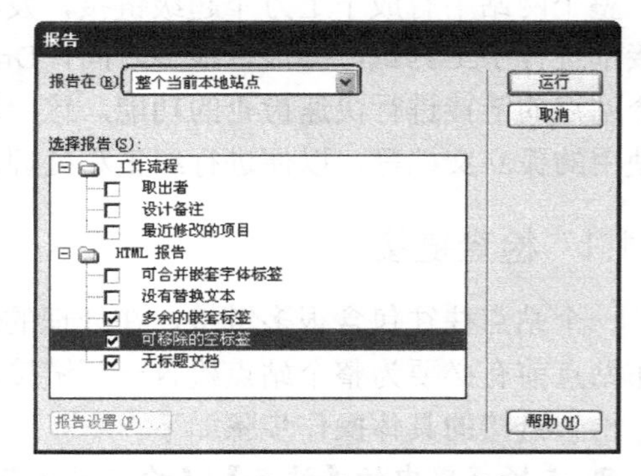

图 16.5 设置【报告】对话框

16.1.3 清理文档

在将网页上传到服务器端前，还要做一些工作，清理文档就是其中的一项。清理文文件也就是清理一些空标签或者在 Word 中编辑 HTML 文档时所产生的一些多余的标签的工作。清理文档的具体操作步骤如下。

❶ 打开需要清理的文档。

❷ 选择菜单中的【命令】|【清理 HTML】命令，打开【清理 HTML/XHTML】对话框，在对话框中的【移除】选项中勾选【空标签区块】和【多余的嵌套标签】复选框，或者在【指定的标签】文本框中输入所要删除的卷标，并在【选项】选项中勾选【尽可能合并嵌套的<font>标签】和【完成后显示记录】复选框，如图 16.6 所示。

❸ 单击【确定】按钮，Dreamweaver 自动开始清理工作。清理完毕后，弹出一个提示框，在提示框中显示清理工作的结果，如图 16.7 所示。

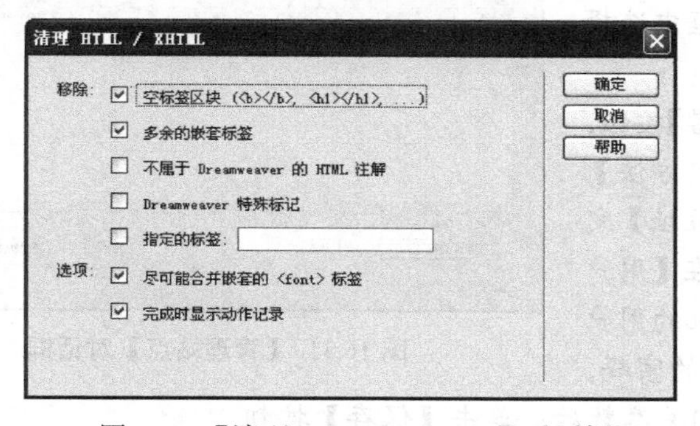

图 16.6 【清理 HTML/XHTML】对话框

图 16.7 清理工作的结果提示框

❹ 选择菜单中的【命令】|【清理 Word 生成的 HTML】命令，打开【清理 Word 生成的 HTML】对话框，如图 16.8 所示。

❺ 切换到【详细】选项卡，勾选需要的选项，如图 16.9 所示。

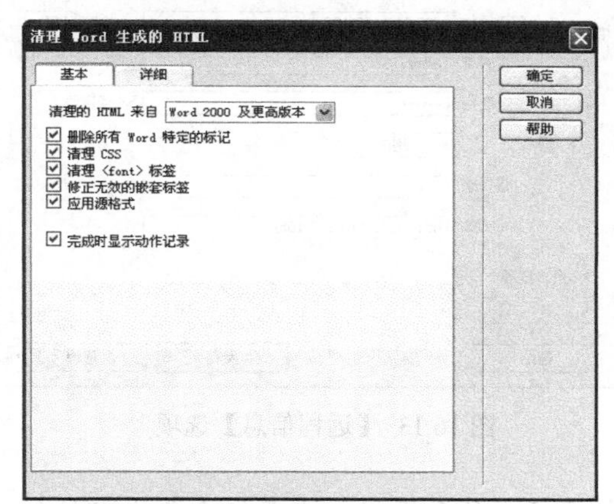

图 16.8 【清理 Word 生成的 HTML】对话框

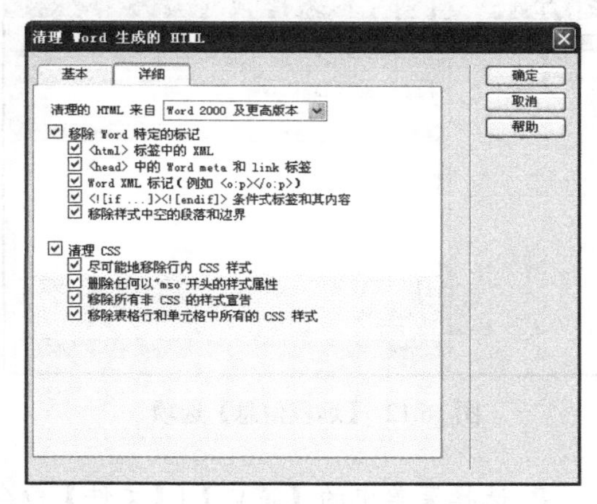

图 16.9 【详细】选项卡

❻ 单击【确定】按钮，清理工作完成后显示提示框，如图 16.10 所示。

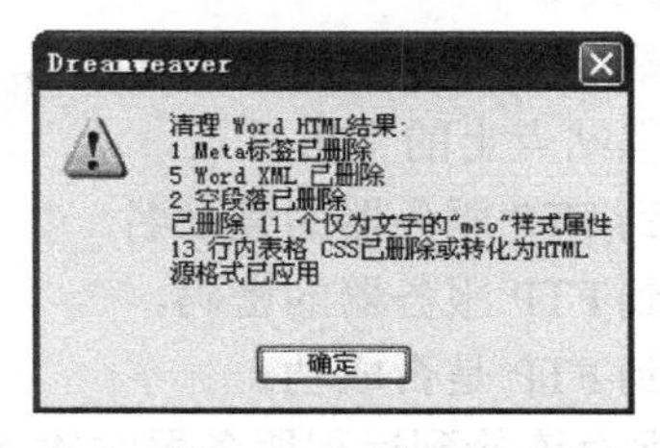

图 16.10 提示框

16.2　发布网站

现在上传的工具有很多，可以采用 Dreamweaver 自带的站点管理上传文档，也可以采用专门的 FTP 软件上传。利用 Dreamweaver 上传网页的具体操作步骤如下。

❶ 选择菜单中的【站点】|【管理站点】命令，弹出【管理站点】对话框，如图 16.11 所示。

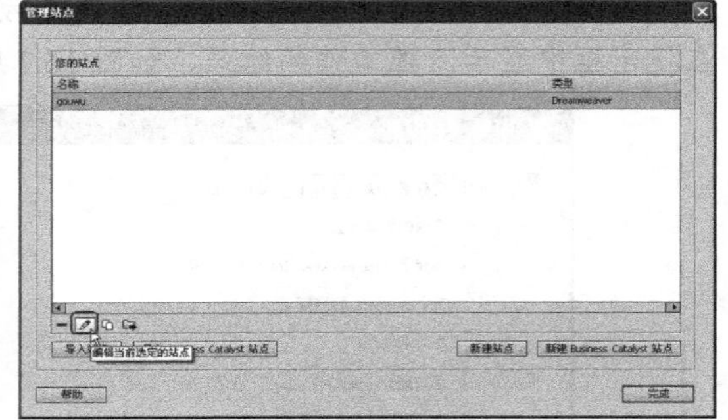

图 16.11　【管理站点】对话框

❷ 单击【编辑当前选定的站点】按钮，弹出【站点设置对象】对话框，在对话框中选择【服务器】选项，如图 16.12 所示。

❸ 在对话框中单击【添加新服务器】按钮，弹出远程服务器设置对话框。在【连接方法】下拉列表中选择 FTP 选项；在【FTP 位址】文本框中输入站点要传到的 FTP 地址；在【用户名】文本框中输入拥有的 FTP 服务主机的用户名；在【密码】文本框中输入相应用户的密码。如图 16.13 所示，设置完远程信息的相关参数后，单击【保存】按钮。

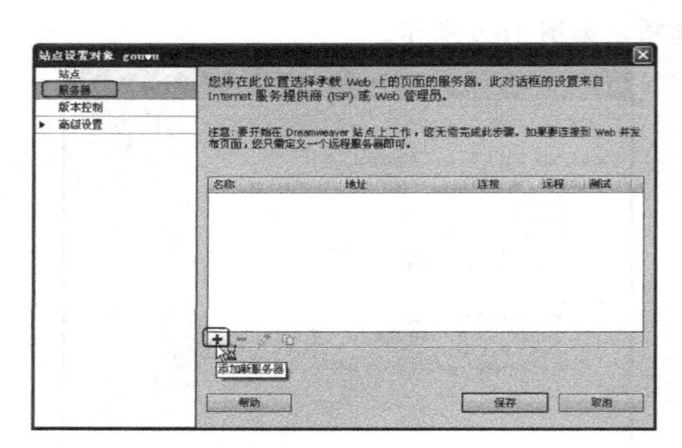

图 16.12　【远程信息】选项

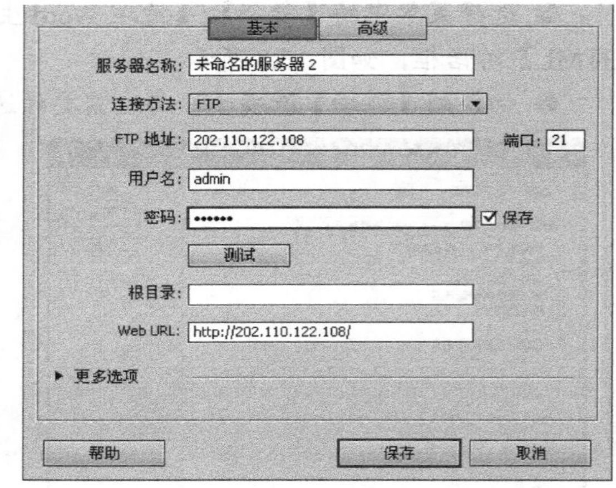

图 16.13　【远程信息】选项

❹ 选择菜单中的【窗口】|【文件】命令，打开【文件】面板，在面板中单击按钮，如图 16.14 所示。

【远程信息】选项中的各个参数如下。

- 【FTP 主机】：输入远程站点的 FTP 主机的 IP 地址。
- 【主机目录】：输入在远程站点上的主机目录。
- 【登录】：输入用于连接到 FTP 服务器的登录名。
- 【密码】：输入用于连接到 FTP 服务器的密码。
- 【测试按钮】：测试连接到 FTP 是否成功。
- 【保存】：Dreamweaver 保存连接到远程服务器时输入的密码。

- 【使用 Passive FTP】：如果防火墙配置要求使用 Passive FTP，则勾选此复选框。
- 【使用防火墙】：如果从防火墙后面连接到远程服务器，则勾选此复选框。
- 【保存时自动将文档上传到服务器】：如果希望在保存文档时 Dreamweaver 将文档上传到远程站点，勾选此复选框。
- 【使用安全 FTP】：勾选此复选框以使用安全 FTP 身份验证。
- 如果希望启动【存回/取出】系统，则勾选【启用文档存回和取出】复选框。

❺ 弹出如图 16-15 所示的接口，在接口中单击【连接到远程主机】按钮，建立与远程服务器连接。连接到服务器后，【连接到远程主机】按钮会自动变为闭合状态，并在一旁亮起一个小绿灯，列出远程网站的目录，右侧窗口显示为【本地文件】信息。

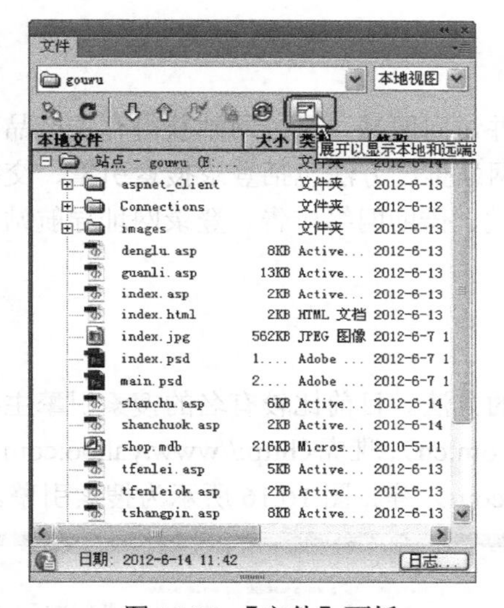

图 16.14 【文件】面板

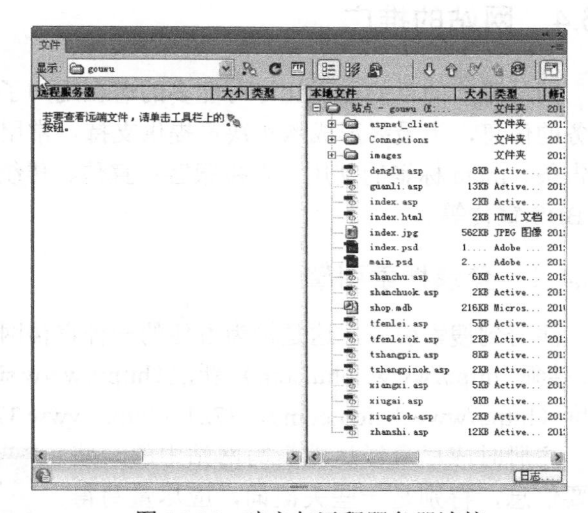

图 16.15 建立与远程服务器连接

❻ 在本地目录中选择要上传的文档，单击【上传文件】按钮，上传文件。上传完毕后，左边【远程服务器】列表框中；将显示出已经上传的本地文档。

16.3 维护网站

一个好的网站，仅仅一次是不可能制作完美的，由于市场环境在不断地变化，网站的内容也需要随之调整，给人常新的感觉，网站才会更加吸引访问者，而且给访问者很好的印象。这就要求对站点进行长期地不间断地维护和更新。

网站维护一般包含以下内容。

（1）内容的更新：包括产品信息的更新，企业新闻动态更新和其他动态内容的更新。采用动态数据库可以随时更新发布新内容，不必做网页和上传服务器等麻烦工作。静态页面不便于维护，必须手动重复制作网页文档，制作完成后还需要上传到远程服务器。一般对于数量比较多的静态页面建议采用模板制作。

（2）网站风格的更新：包括版面、配色等各种方面。改版后的网站让客户感觉改头换面，焕然一新。一般改版的周期要长些。如果更新较为频繁，客户对网站也满意的话，改版可以延长到几个月甚至半年。但改版周期不能太短，一般一个网站建设完成以后，随着时间的推移，很多客户对这种形象已经形成了定势，如果经常改版，会让客户感觉不适应，特别是那种风格彻底改变的“改版”。当然如果你对公司网站有更好的设计方案，可以考虑改版，毕竟长期沿用一种版面会让人感觉陈旧、厌烦。

（3）网站重要页面设计制作：如重大事件页面、突发事件及相关周年庆祝等活动页面设计制作。

（4）网站系统维护服务：如E-mail账号维护服务、域名维护续费服务、网站空间维护、与IDC进行联系、DNS设置和域名解析服务等。

16.4 网站的推广

网站推广的目的在于让尽可能多的潜在用户了解并访问网站，通过网站获得有关产品和服务的信息，为最终形成购买决策提供支持。常用的网站推广方法包括登录搜索引擎、交换广告条、meta标签的使用、直接跟客户宣传、传统方式、借助网络广告、登录网址导航站点和BBS宣传等。

16.4.1 登录搜索引擎

注册到搜索引擎，这是极为方便的一种宣传网站的方法。目前比较有名的搜索引擎主要有：搜狐（http://www.sohu.com）、新浪（http://www.sina.com.cn）、雅虎（http://www.yahoo.com）、百度（http://www.baidu.com）、3721（http://www.3721.com）等。图16.16所示为搜索引擎。

注册时应尽量详尽地填写网站中的一些主要信息，特别是一些关键词，应尽量写得通俗化、大众化一些。如“公司资料”最好写成“公司简介”。注册分类的时候尽量分得细一些。有些网站只在“公司”这一大类里注册了，那么，浏览者只有查找“公司”时能搜索到该网站，如果一个客户本来要查找的是公司所生产的产品，如果只注册了“公司”大类，人家怎么知道公司生产的是什么产品呢。

图16.16　搜索引擎

16.4.2 交换广告条

广告交换是宣传网站的一种较为有效的方法。在交换广告条的网页上填写一些主要的信息，如广告图片、网站网址等，之后它会要求用户将一段HTML代码加入到网站中，这样，用户的广告条就可以在这个网站上出现。

因为客户在其他网站上只能看到广告条。要想吸引客户点击广告条，一定要将广告条做得鲜亮、显眼，一定要将网站性质、名称等重要文字信息加入到广告条上。另外还要尽可能将网站的最新信息、免费活动、有奖活动等吸引客户眼光的信息添加到广告条上。网络时代讲究的是速度，客户不会浪费他宝贵的时间细细去研究广告条。

友情链接就是一种常见的交换广告条的推广方式，包括文字链接和图片链接。文字链接一般就是网站的名字。图片链接包括Logo的链接或Banner的链接。图16.17所示为友情链接推广。

图16.17　使用友情链接推广

16.4.3　使用meta标签

使用meta标签是简单而且有效地宣传网站的方法。不需要去搜索引擎注册就可以让其他人搜索到你的网站。将下面这段代码加入到网页的meta标签中：

```
< meta name=keywords content=网站名称，产品名称…>
```

在content里填写关键词。关键词最好要大众化，跟企业文化、公司产品等紧密相关，并且尽量多写一些。如公司生产的是电冰箱，可以写：电冰箱、家电、电器等，尽量将产品大类的名称都写上去。另外名称要写全，如“电冰箱”不要简写“冰箱”。这里有个技巧，你可以将一些相对关键的词重复使用，这样可以提高网站的排行。

16.4.4　使用传统方式推广

传统的推广方式常见的有以下几种方法。

（1）直接跟客户宣传。一个稍具规模的公司一般都有业务部、市场部或客户服务部。可以通过业务员跟客户打交道的时候直接将公司网站的网址告诉给客户，或者直接给客户发E-mail等。宣传途径很多，可以根据自身的特点选择其中的一些较为便捷有效的方法。

（2）传统媒体广告。众说周知，通常传统媒体广告的宣传，是目前最为行之有效且最有影响力的推广方式。

16.4.5　借助网络广告

网络广告是常用的网络营销策略之一，在网络品牌、产品促销、网站推广等方面均有明显作用。网络广告的常见形式包括Banner广告、关键词广告、分类广告、赞助式广告、E-mail广告等。网络广告最常见的表现方式是图形广告，如各门户站点主页上部的横幅广告，图16.18所示为利用网络广告推广网站。

图16.18　网络广告

16.4.6　登录网址导航站点

现在国内有大量的网址导航类站点，如http://www.hao123.com/、http://www.265.com/等。在这些网址导航类站点上做上链接，也能带来大量的流量，不过现在想登录上像www.hao123.com这种流量特别大的站点并不是件容易事。如果你有推广预算，花点钱登上去也是值得的。图16.19所示为使用网址导航站点推广网站。

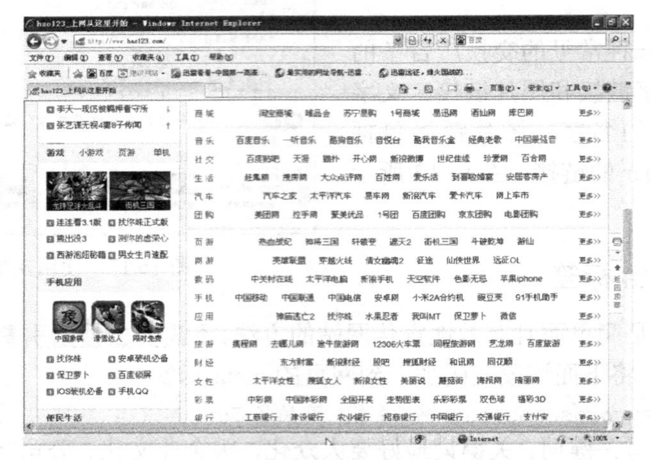

图16.19 使用网址导航站点推广网站

16.4.7 通过BBS宣传

在论坛上经常看到很多用户在签名处都留下了他们的网址，这也是网站推广的一种方法。将有关的网站推广信息发布在其他潜在用户可能访问的网站论坛上，利用用户在这些网站获取信息的机会实现网站推广的目的。图16.20所示为使用论坛推广网站。

图16.20 使用论坛推广网站

第五部分

综合案例篇

第17章

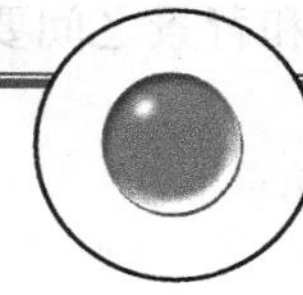

制作个人网站

互联网正在渗透到生活中的方方面面，并且在以十倍甚至百倍的速度提高着人们的工作效率。随着网络的飞速发展，越来越多的上网者已经不再满足仅仅浏览网页或使用电子邮件，而是希望能更深入地参与到网络之中。个人网站已经成为网络媒体非常重要的补充力量，本章将介绍个人网站的制作方法。

学习目标

- 了解个人网站的分类
- 了解个人网站的特色
- 了解个人网站主要包括的内容
- 创建个人主页
- 制作状态栏显示停留时间特效
- 制作刷新网页随机播放音乐特效
- 制作浮动框架页

17.1 个人网站设计要点

相对于大型网站来说，个人网站的内容一般比较少，但是采用的技术不一定比大型网站的差。很多精彩的个人网站的站长往往就是一些大型网站的设计人员。一个成功的个人网站，好的开始等于成功的一半，先期的准备工作是很重要的，有以下几个主要问题需要考虑。

（1）站点的定位：主题的选择对今后的发展方向有决定性的影响，考虑好做什么内容就要努力做出特色。

（2）空间的选择：目前大部分个人主页还在使用免费的空间。网上的免费主页空间很多，但真正稳定而且快速的并不多，选择那些口碑不错的站点提交申请，然后做进一步的测试，直到筛选出理想的空间。

（3）导航清晰：布局合理，层次分明，页面的链接层次不要太深，尽量让用户用最短的时间找到需要的资料。

（4）风格统一：保持统一的风格，有助于加深访问者对网站的印象。要实现风格的统一，不一定要把每个栏目做的一模一样，举个例子来说，可以尝试让导航条样式统一，各个栏目采用不同的色彩搭配，在保持风格统一的同时为网站增加一些变化。

（5）色彩和谐、重点突出：在网页设计中，根据和谐、均衡和重点突出的原则，将不同的色彩进行组合、搭配来构成美观的页面。

（6）界面清爽：大量的文字内容要使用舒服的背景色，前景文字和背景之间要对比鲜明，这样访问者浏览时眼睛才不致疲劳。

17.2 主要功能页面

在创建网站前首先要确定网站的主要栏目。网站是否有价值关键是看它是否能够满足访问者的需求。如果一个网站没有任何吸引人的地方，那么再怎么宣传都无济于事。

本例制作的个人网站主页如图 17.1 所示，视觉设计很简单且有个性，信息结构很清晰。在页面中除必要元素外，还留有一定的空间，可以感觉到页面轻松、简洁的设计风格。网站的色彩比较清晰、淡雅。左侧是导航区，列出了网站的主要栏目，右侧是信息正文区。

图 17.2 所示为网络素材页面，这个页面是采用浮动框架结构制作的。

图 17.1 个人网站主页

图 17.2 网络素材页面

17.3 制作个人网站主页

下面制作图 17.1 所示的个人网站主页，具体操作步骤如下。

❶ 新建一空文档，将其另存为 index.html。将光标放置在页面中，选择菜单中的【插入】|【表格】命令，插入 1 行 1 列的表格，如图 17.3 所示。

❷ 将光标放置在表格中，选择菜单中的【插入】|【图像】命令，插入图像 images/index_01.jpg，如图 17.4 所示。

❸ 将光标放置在表格的右边，选择菜单中的【插入】|【表格】命令，插入 1 行 3 列的表格，在第 1 列单元格中插入图像 images/index_02.jpg，如图 17.5 所示。

❹ 将光标放置在第 2 列单元格中，将【宽】设置为 412，【垂直】设置为【顶端】，插入 16 行 4 列的表格，在【属性】面板中将【间距】设置为 1，【背景颜色】设置为#68D3DD，如图 17.6 所示。

❺ 选中所有单元格，将【背景颜色】设置为#FFFFFF，如图 17.7 所示。

❻ 分别在表格中输入相应的文字，将【大小】设置为 13 像素，如图 17.8 所示。

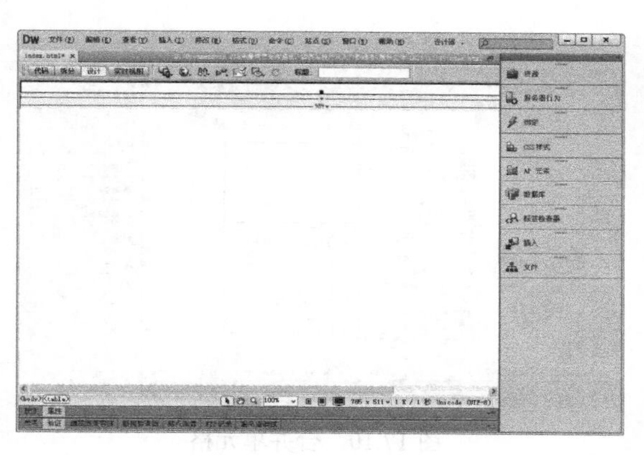

图 17.3　插入表格

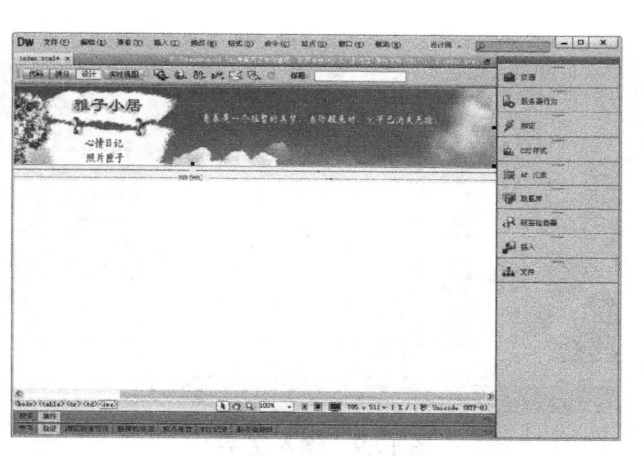

图 17.4　插入图像

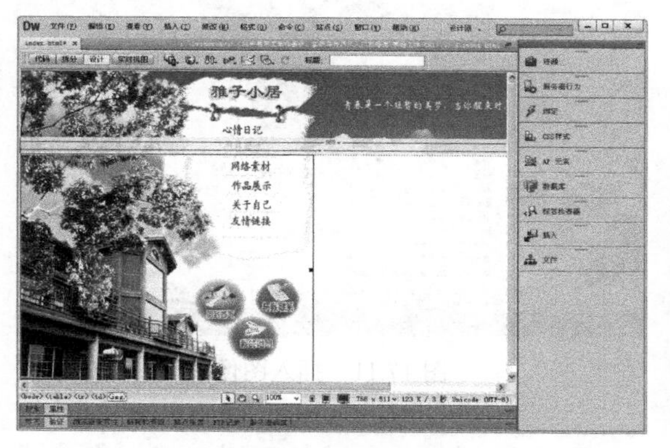

图 17.5　插入图像

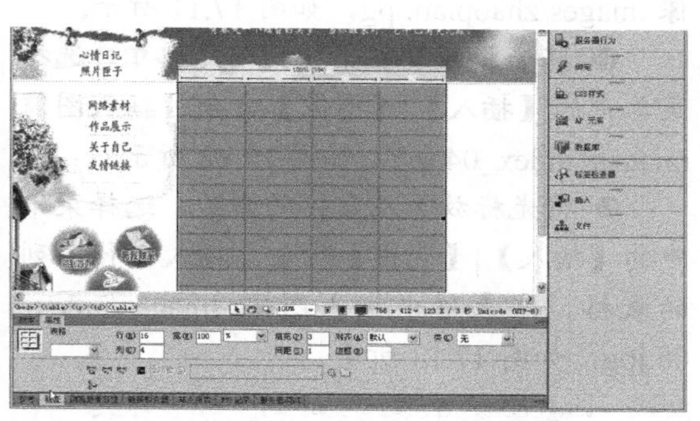

图 17.6　插入表格

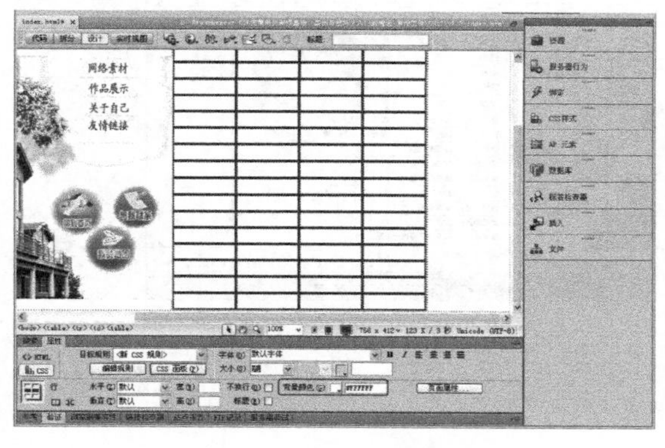

图 17.7　设置单元格属性

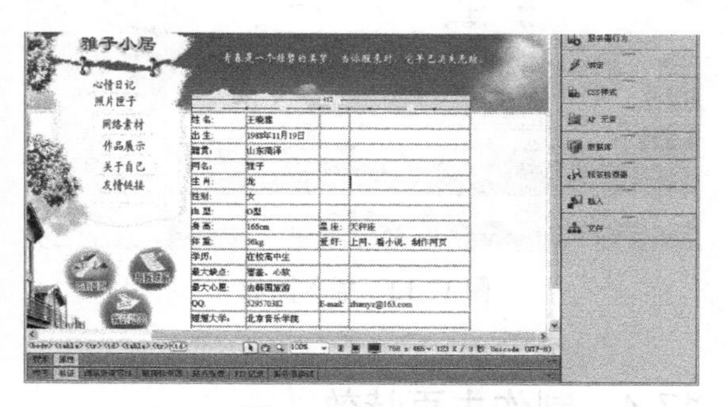

图 17.8　输入文字

❼ 选中第 16 行第 2 列到第 4 列单元格，合并单元格，在合并后的单元格中输入文字，如图 17.9 所示。

❽ 将光标放置在第 2 行第 3 列单元格中，按住鼠标左键向下拖动至第 7 行第 4 列单元格中，合并单元格，如图 17.10 所示。

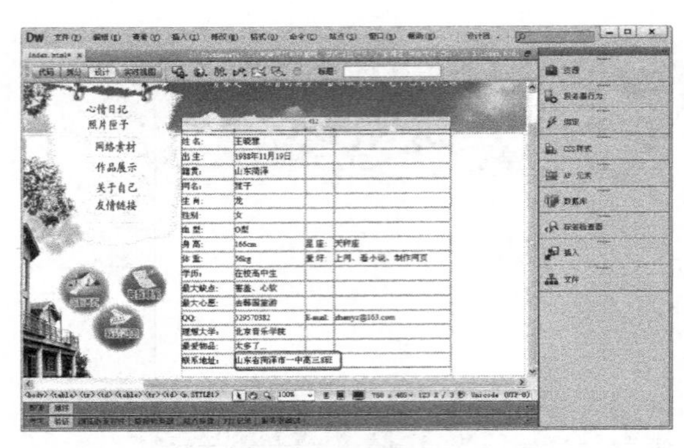

图 17.9　输入文字

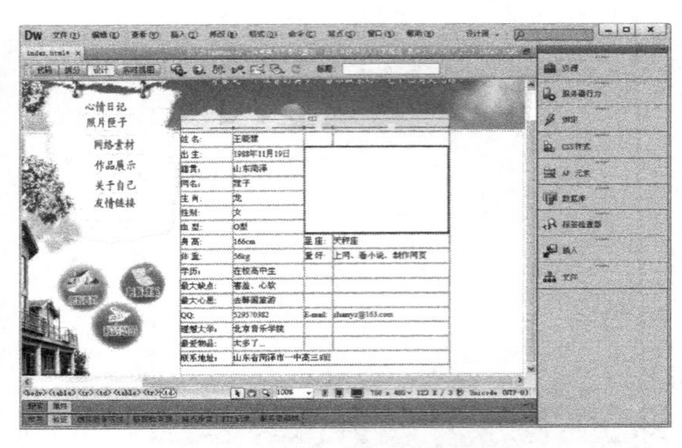

图 17.10　合并单元格

❾ 将光标放置在合并后的单元格中，选择菜单中的【插入】|【图像】命令，插入图像 images/zhaopian.jpg，如图 17.11 所示。

❿ 将光标放置在第 3 列单元格中，选择菜单中的【插入】|【图像】命令，插入图像 images/ index_04.jpg，如图 17.12 所示。

⓫ 将光标放置在表格的右边，选择菜单中的【插入】|【表格】命令，插入 1 行 1 列的表格，在表格中插入图像 images/index_06.jpg，如图 17.13 所示。

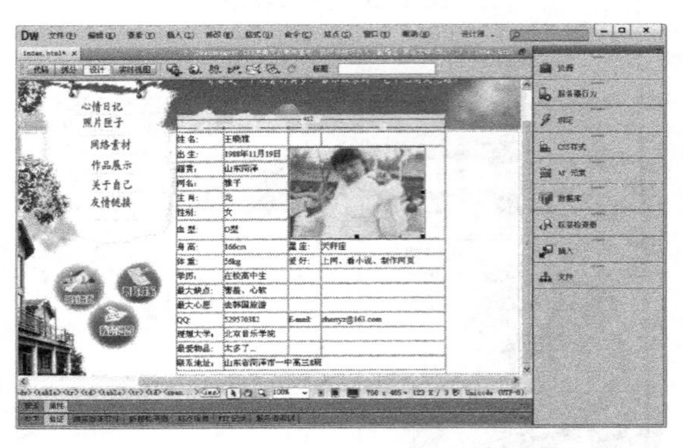

图 17.11　插入图像

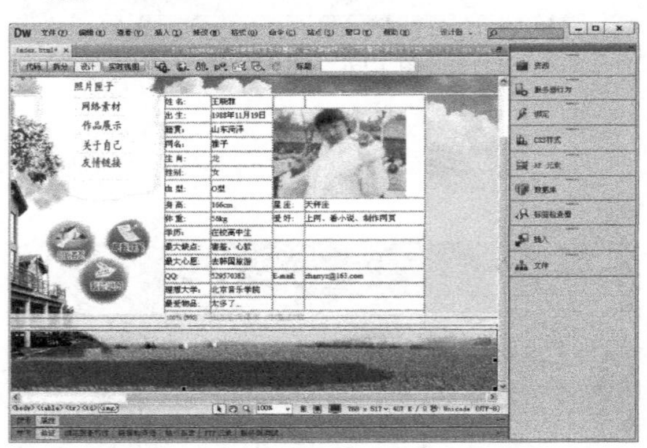

图 17.12　插入图像

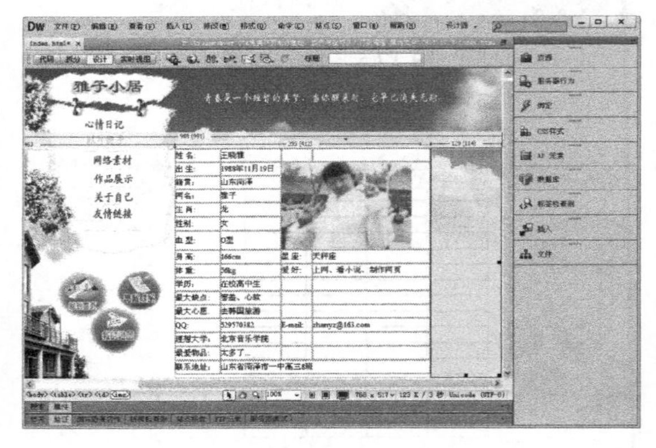

图 17.13　插入图像

17.4　制作主页特效

前面讲述了主页的制作过程，下面就来讲述如何给主页添加特效。

17.4.1　制作状态栏显示停留时间特效

下面制作图 17.14 所示的状态栏显示停留时间特效，具体操作步骤如下。

❶ 打开素材文件 CH17/17.4.1/index.html，如图 17.15 所示。

图 17.14　状态栏显示停留时间特效

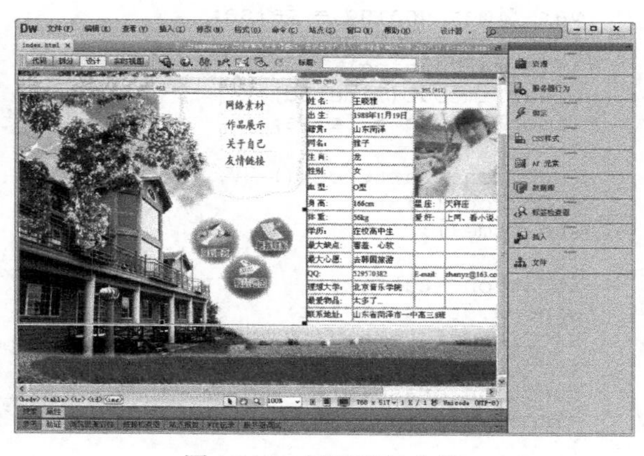
图 17.15　打开素材文件

❷ 切换到代码视图，在<head>与</head>之间相应的位置输入以下代码，如图 17.16 所示。

```
<script language="javascript">
var Temp;
var TimerId = null;
var TimerRunning = false;
Seconds = 0
Minutes = 0
Hours = 0
function showtime() // 定义显示时间函数 showtime()
{
if(Seconds >= 59)
{
Seconds = 0
if(Minutes >= 59)
{
Minutes = 0
if(Hours >= 23)
{
Seconds = 0
Minutes = 0
Hours = 0
}
else {
++Hours
}
}
else {
++Minutes
}
}
else {
++Seconds
}
if(Seconds != 1) { var ss="s" } else { var ss="" }
if(Minutes != 1) { var ms="s" } else { var ms="" }
if(Hours != 1) { var hs="s" } else { var hs="" }
// 定义状态栏显示信息
Temp = '欢迎光临-雅子小居-您在本页停留了: '+Minutes+' 分'+', '+Seconds+' 秒'+'....',
window.status = Temp;
TimerId = setTimeout("showtime()", 1000);
TimerRunning = true;
}
var TimerId = null;
```

```
var TimerRunning = false;
function stopClock() {
if(TimerRunning)
clearTimeout(TimerId);
TimerRunning = false;
}
function startClock() {
stopClock();
showtime();
}
function stat(txt) {
window.status = txt;
setTimeout("erase()", 2000);
}
function erase() {
window.status = "";
}
</script>
```

❸ 切换到拆分视图，在<body>语句中输入代码 onLoad="startClock()"，如图 17.17 所示。

❹ 保存文档，按<F12>键在浏览器中预览效果，如图 17.14 所示。

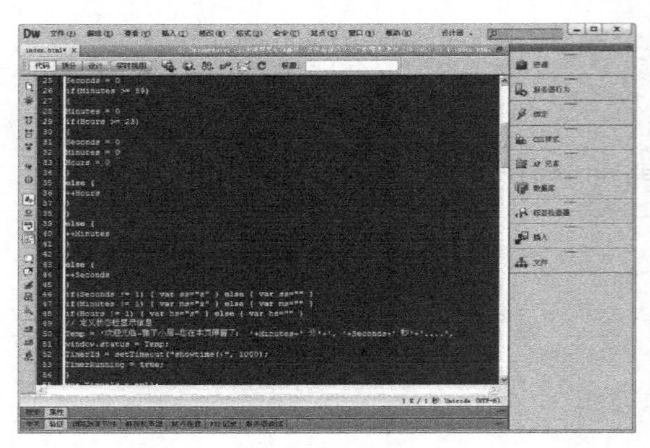

图 17.16　输入代码

图 17.17　输入代码

17.4.2　制作刷新网页随机播放音乐特效

刷新网页随机播放音乐特效如图 17.18 所示，具体操作步骤如下。

❶ 打开素材文件 CH17/17.4.2/index.html，如图 17.19 所示。

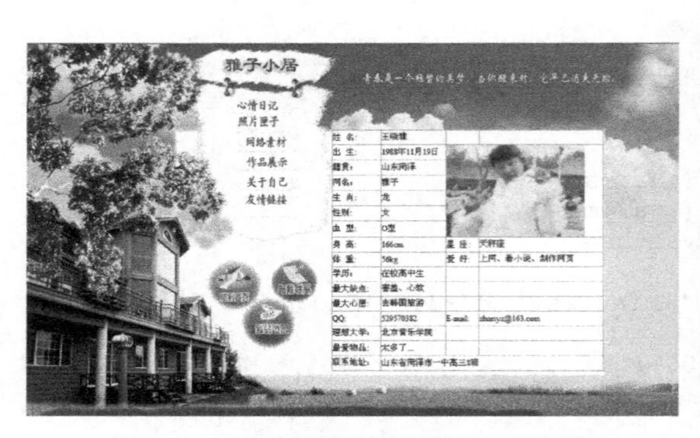

图 17.18　刷新网页随机播放音乐特效

图 17.19　打开素材文件

❷ 切换到代码视图，在<body>与</body>之间相应的位置输入以下代码，如图 17.20 所示。

```
<script language="JavaScript">
var sound1="one.mp3" // 设置音乐
var sound2="yinyue1.WAV" // 设置音乐
var sound3="yinyue2.WAV" // 设置音乐
var sound4="yinyue3.WAV" // 设置音乐
var sound5="yinyue4.WAV" // 设置音乐
var sound6="yinyue5.WAV" // 设置音乐
var sound7="yinyue6.WAV" // 设置音乐
var sound8="yinyue7.WAV" // 设置音乐
var sound9="yinyue8.WAV" // 设置音乐
var sound10="yinyue9.WAV" // 设置音乐
var x=Math.round(Math.random()*9) // 设置音乐
if (x==0) x=sound1
else if (x==1)x=sound2
else if (x==2)x=sound3
else if (x==3)x=sound4
else if (x==4)x=sound5
else if (x==5)x=sound6
else if (x==6)x=sound7
else if (x==7)x=sound8
else if (x==8)x=sound9
else x=sound10
if (navigator.appName=="Microsoft Internet Explorer")
document.write('<bgsound src='+'"'+x+'"'+'loop="infinite">')
else
document.write('<embed src='+'"'+x+'"'+'hidden="true" border="0" width="20"
height="20" autostart="true" loop="true">')
</script>
```

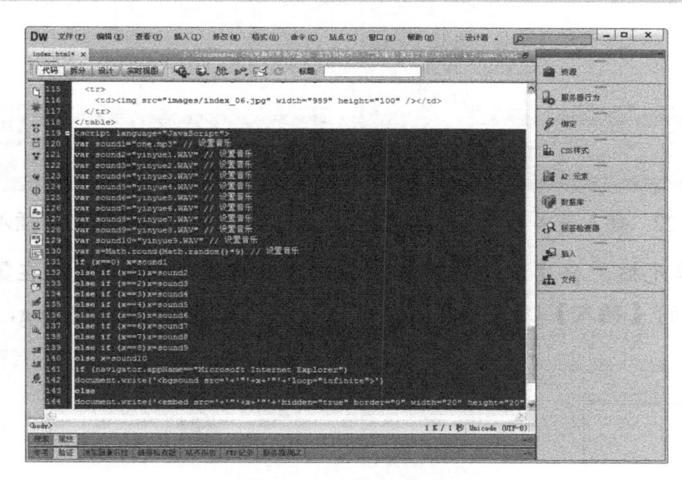

图 17.20　输入代码

❸ 保存文档，按<F12>键在浏览器中预览效果，如图 17.18 所示。

17.5　制作网络素材页面

网络素材页面是采用浮动框架结构制作的，首先要制作该页面，然后在要插入浮动框架

的网页中，选择菜单中的【插入】|【标签】命令，打开【标签选择器】对话框，在对话框中选择【标记语言标签】|【HTML 标签】|【页元素】|【iframe】选项即可。

17.5.1 制作浮动框架页

浮动框架页如图 17.21 所示，具体制作步骤如下。

❶ 新建一空白文档，将其另存为 fudong.html。将光标放置在页面中，选择菜单中的【插入】|【表格】命令，插入 2 行 1 列的表格，在【属性】面板中将【对齐】设置为【居中对齐】，如图 17.22 所示。

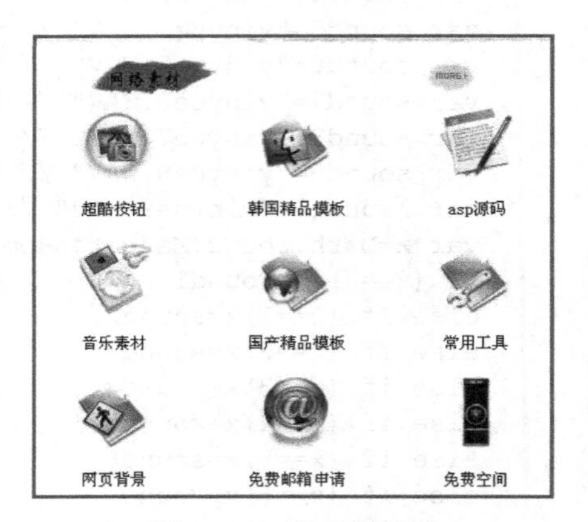

图 17.21 浮动框架页

❷ 将光标放置在第 1 行第 1 列单元格中，选择菜单中的【插入】|【图像】命令，插入图像 images/index_03.jpg，如图 17.23 所示。

❸ 将光标放置在第 2 行单元格中，选择菜单中的【插入】|【表格】命令，插入 6 行 5 列的表格，在【属性】面板中将【填充】设置为 8，【间距】设置为 2，【对齐】设置为【居中对齐】，如图 17.24 所示。

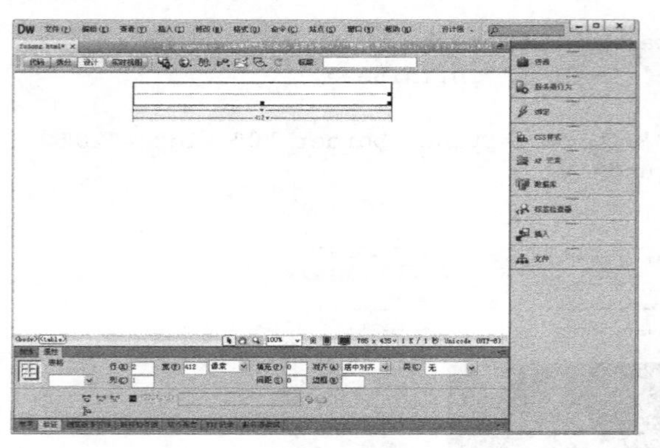

图 17.22 插入表格

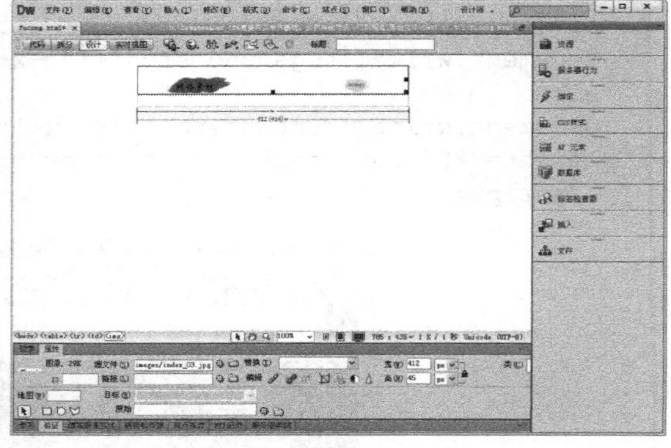

图 17.23 插入图像

❹ 选中所有单元格，将【水平】设置为【居中对齐】。将光标放置在第 1 行第 1 列单元格中，选择菜单中的【插入】|【图像】命令，插入图像 images/woa19.jpg，如图 17.25 所示。

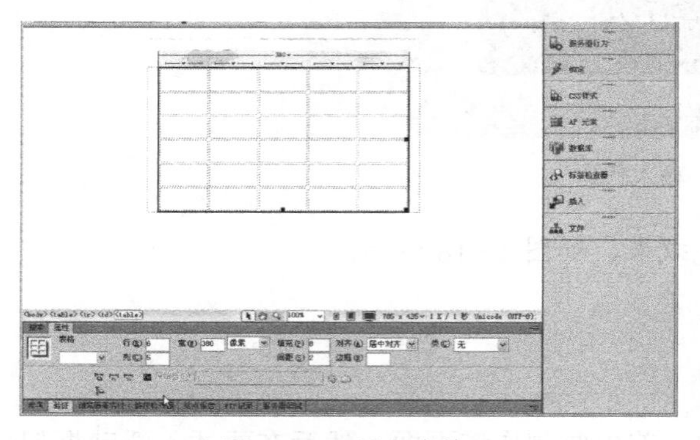

图 17.24 插入表格

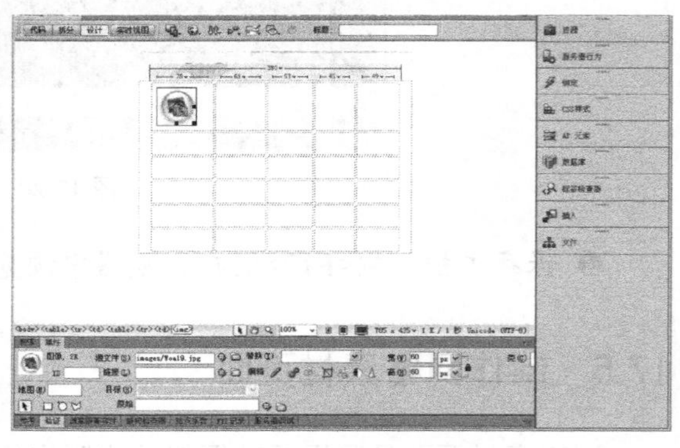

图 17.25 插入图像

❺ 将光标放置在第 2 行第 1 列单元格中，输入文字“超酷按钮”，将【大小】设置为 13 像素，如图 17.26 所示。

❻ 按照步骤 4 ~ 5 的方法，在其他的单元格中插入图像，输入文字，如图 17.27 所示。

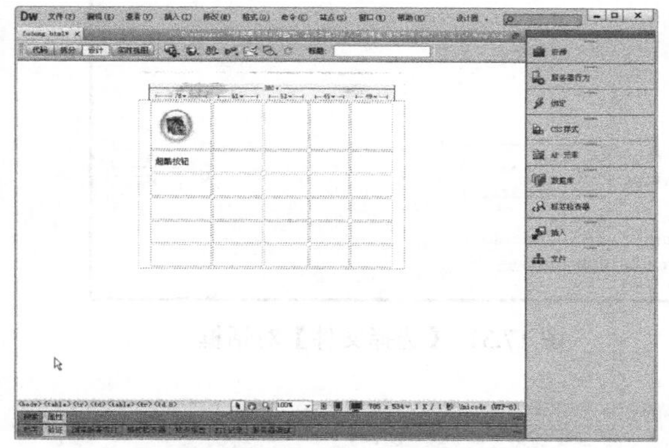

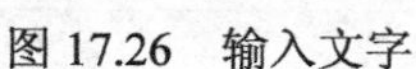

图 17.26 输入文字

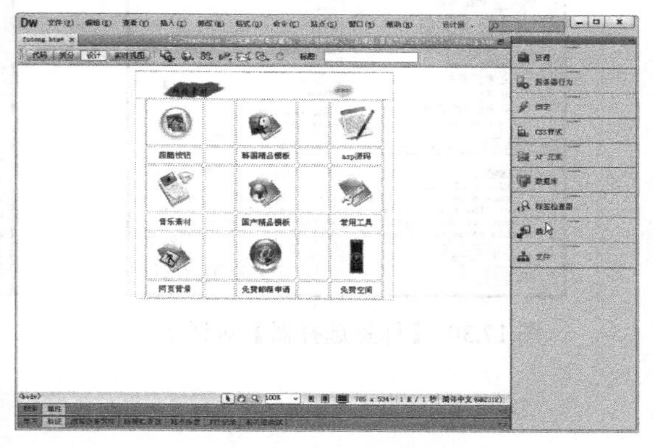

图 17.27 输入文字

17.5.2 插入浮动框架

利用标签库中的 iframe 标签可以插入浮动框架，如图 17.28 所示，具体操作步骤如下。

❶ 按照 17.4 节的步骤制作图 17.29 所示的网页。

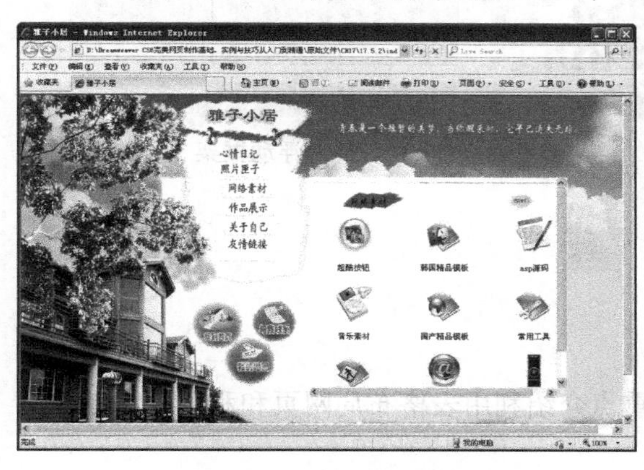

图 17.28 插入浮动框架

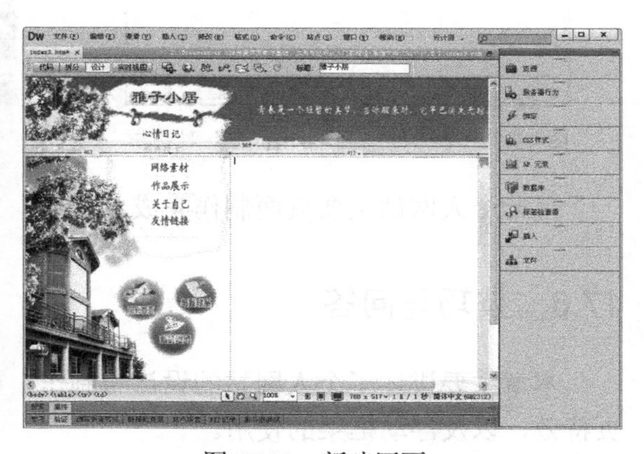

图 17.29 新建网页

❷ 将光标放置在要插入浮动框架的位置，选择菜单中的【插入】|【标签】命令，打开【标签选择器】对话框，在对话框中选择【标记语言标签】|【HTML 标签】|【页面元素】|【iframe】选项，如图 17.30 所示。

❸ 单击【插入】按钮，打开【标签选择器-iframe】对话框，在对话框中单击【源】文本框右边的【浏览】按钮，打开【选择文件】对话框，在对话框中选择【fudong.htm】，如图 17.31 所示。

❹ 单击【确定】按钮，添加到文本框中，将【宽度】设置为 412，【高度】设置为 362，如图 17.32 所示。

❺ 单击【确定】按钮，插入浮动框架，如图 17.33 所示。

❻ 保存文档，按<F12>键在浏览器中预览效果，如图 17.28 所示。

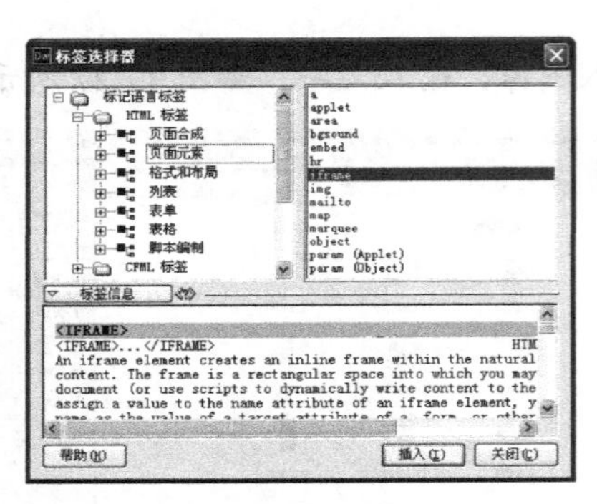

图 17.30 【标签选择器】对话框

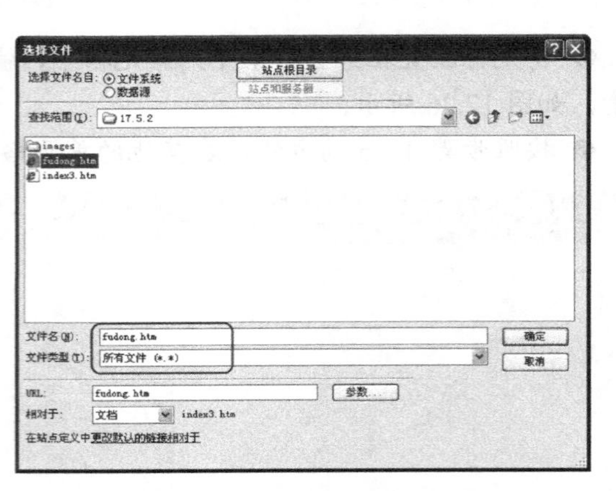

图 17.31 【选择文件】对话框

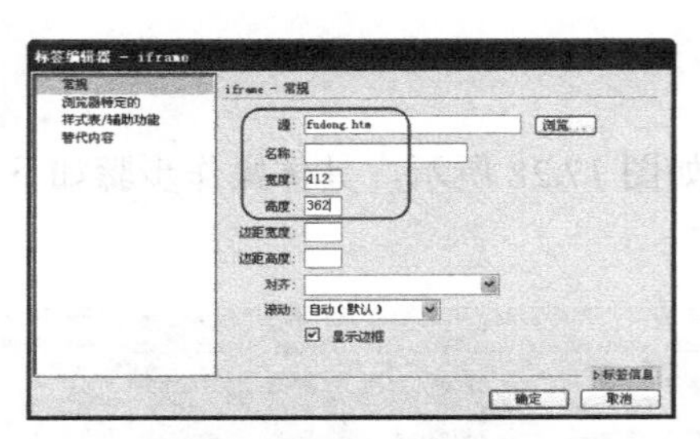

图 17.32 【标签选择器-iframe】对话框

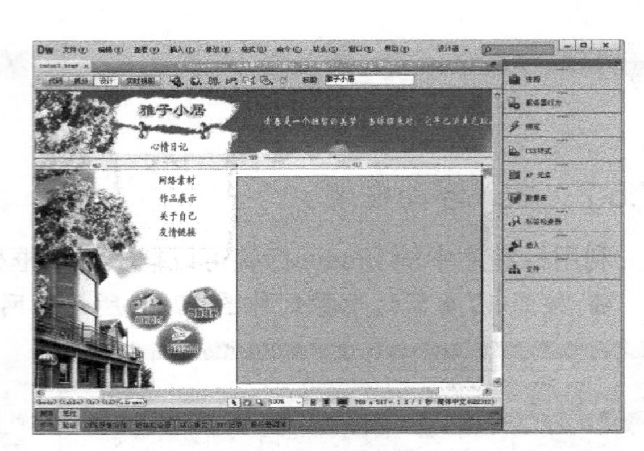

图 17.33 插入浮动框架

至此个人网站主要页面制作完成。

17.6 技巧与问答

本章主要讲述了个人网站的设计与制作，重点介绍利用表格布局网页和利用脚本制作网页特效，以及浮动框架的使用。

技巧 1 使用表格布局网页的一些技巧

- 大型的网站主页制作，先分成几大部分，采取从上到下，从左到右的制作顺序逐步制作。
- 一般情况下最外部的表格宽度最好采用 770 像素，表格设置为居中对齐，这样的话，无论采用 800×600 的分辨率还是采用 1024×768 的分辨率，网页都不会改变。
- 在插入表格时，如果没有明确地指定【填充】，则浏览器默认【填充】为 1。

技巧 2 巧妙清除网页距浏览器左边框和顶部边框的空白

一般情况下，【页面属性】对话框中的【外观】选项卡中的【左边距】和【上边距】分别设置为 0，这样浏览网页时左边和顶部才不会有空白。

选择【修改】|【页面属性】命令，打开【页面属性】对话框，在【分类】选项中，选择【外观】选项，如图 17.34 所示，左边距和上边距都为 0。

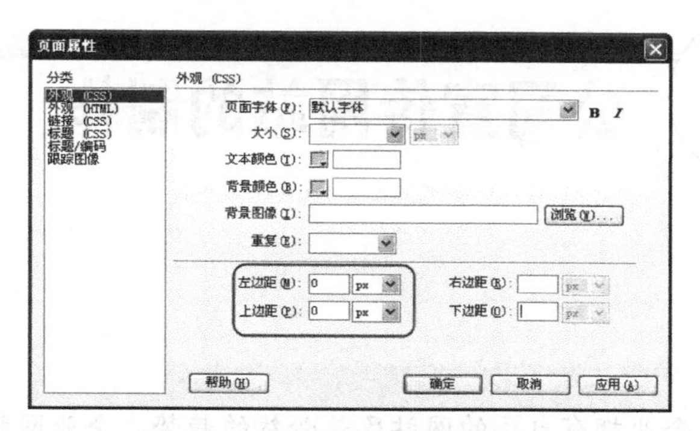

图 17.34 设置【外观】页面属性

技巧 3 浮动框架 iframe 的使用技巧

浮动框架 iframe 作为一个内置对象存在于网页上。浮动框架使用<iframe>标记，它与普通框架的属性基本相同，包括【源】、【名称】、【边距宽度】、【边距高度】、【滚动】，同时它还具有【高度】、【宽度】和【对齐】属性。浮动框架遵循与普通框架一样的 target 原则，可以通过它的 name 来指向它。

【标签选择器-iframe】对话框参数如图 17.35 所示。

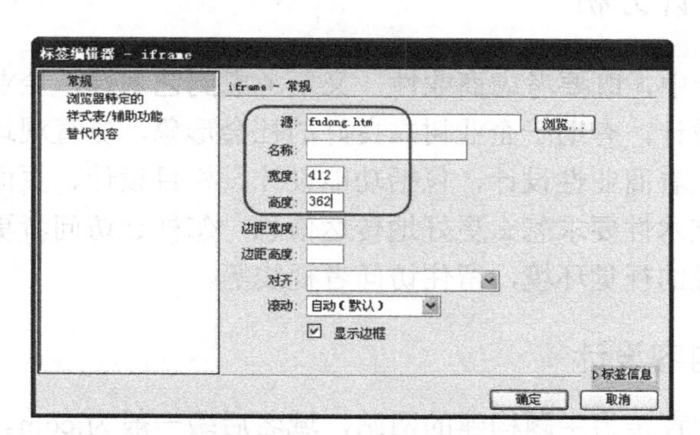

图 17.35 【标签选择器-iframe】对话框

第18章

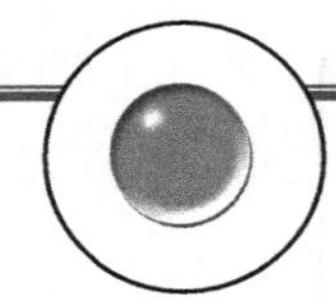

公司宣传网站的制作

随着网络的普及，企业拥有自己的网站已是必然的趋势。企业网站作为电子商务时代企业对外的窗口，起着提高企业知名度，展示和提升企业形象、查询企业产品信息，提供售后服务等重要作用，因而越来越受到企业的重视。

学习目标

- 熟悉公司宣传网站排版构架的方法
- 掌握公司宣传网站各部分设计要点

18.1 企业网站设计分析

在企业网站的设计中，既要考虑商业性，又要考虑到艺术性，企业网站是商业性和艺术性的结合。好的网站设计，有助于企业树立良好的社会形象，更直观地展示企业的产品和服务。好的企业网站首先看商业性设计，包括功能设计、栏目设计、页面设计等。和商业性相对应的就是艺术性，艺术性要求怎么更好地传达信息，怎样让访问者更好的接触信息，怎样给访问者创造一个愉悦的视觉环境，留住访问者视线等。

18.1.1 企业网站内容设计

企业网站是以企业宣传为主题构建的网站，域名后缀一般为.com。与一般门户型网站不同，企业网站相对来说信息量比较少。内容设计主要是从企业简介、产品展示、服务等几个方面来进行的。这种网站一般没有过多的颜色修饰，整体风格是最重要的，而且网站的更新频率相对较高，一般都包含有企业新闻的发布系统。

网站给人的第一印象是色彩，因此确定网站的色彩搭配是相当重要的一步。一般来说，一个网站的标准色彩不应超过3种，太多则让人眼花缭乱。标准色彩用于网站的标志、标题、导航栏和主色块，给人以整体统一的感觉。至于其他色彩在网站中也可以使用，但只能作为点缀和衬托，决不能喧宾夺主。

本章制作的企业宣传网站的效果如图18.1所示。蓝色沉稳、严肃的色彩内涵，更能体现企业稳重大气的主题。

图 18.1　企业宣传网站

18.1.2　排版构架

网站的主页是整个网站的门面，通常要设计得简洁、大方。在主页上应该显示出网站的主要栏目和企业概况性的介绍。

由于整个主页的内容和栏目相对较多，因此设计成常用的三行三列式布局。如图 18.2 所示，在“header”层中显示网站 Logo 和导航信息，在“footer”层中放置网站的版权信息，在“page”层中分三列显示网站的主要内容。页面的主体部分首先展示图片，采用人物造型能够体现出公司的活力以及积极向上的精神风貌，接下来展示公司的咨询业绩。整个页面布局并不太复杂，只是里面有嵌套的 Div，相应的代码框架如下。

```
<DiV id="header">
    <DiV id="logo"></DiV>
    <DiV id="menu"></DiV>
</DiV>
<DiV id="page">
    <DiV id="leftbar" class="sidebar"></DiV>
    <DiV id="content"></DiV>
    <DiV class="sidebar" id="rightbar"></DiV>
</DiV>
<DiV id="footer">
</DiV>
```

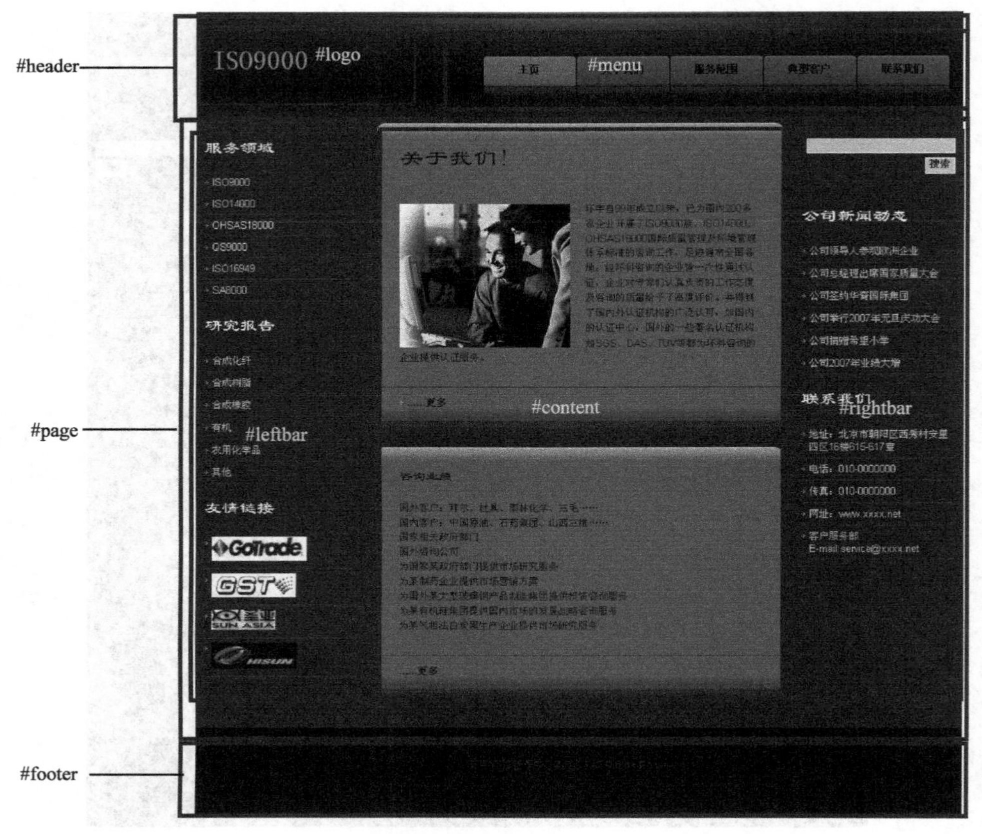

图 18.2　页面布局图

18.2　各部分设计

对主页和内容进行详细的布局分析后，接下来就可以进行网页的具体设计了。

18.2.1　Logo 与顶部导航

一般企业网站通常都将 Logo 和导航放置在页面的左上角，让用户一进入网站就能够看到。下面制作 Logo 与顶部导航部分，这部分主要放在#header 对象中，如图 18.3 所示。

图 18.3　Logo 与顶部导航

使用如下的 CSS 代码定义 header 对象的样式，其中定义了 header 对象的高度为 150px，背景图像为 img02.jpg，背景图像不重复并且居中靠顶部对齐，应用“text-transform: lowercase”定义 header 对象中的每个单词的第一个字母大写。此时效果显示如图 18.4 所示。

```
<DiV id="header"></DiV>
```

```
#header { // 定义 header 对象样式
    height: 150px;
    background: url(images/img02.jpg) no-repeat center top;
    text-transform: lowercase;
}
```

图 18.4　header 对象预览效果

使用如下的 CSS 代码定义 logo 对象的浮动方式为靠左浮动，并且定义 logo 对象中的文字颜色、文字大小等样式。在浏览器中预览显示效果如图 18.5 所示。

```
<DiV id="logo">
    <h1>ISO9000</h1>
</DiV>

#logo {// 定义 logo 浮动在左侧
    float: left;
}
#logo h1, #logo p {
    float: left;
    margin: 0;
    line-height: normal;
}
#logo h1 { // 定义文字的颜色大小
    padding: 47px 0 0 20px;
    font-size: 36px;
    color: #62D6F5;
}
#logo p {
    padding: 69px 0 0 7px;
    letter-spacing: -1px;
    font-size: 1.4em;
    color: #199DD2;
}
#logo a {
    text-decoration: none;
    color: #62D6F5;
}
```

ISO9000

图 18.5　预览 logo 对象效果

下面定义一个 ID 为 menu 的 Div 标签，在 menu 标签内插入一个无序列表，使用下面的 CSS 代码定义 menu 对象的浮动方式为靠右对齐，并且定义了无序列表的样式和列表中文字的样式，在浏览器中预览显示效果如图 18.6 所示。

```
<DiV id="menu">
    <ul>
        <li class="current_page_item"><a href="#">主页</a></li>
        <li><a href="#">关于我们</a></li>
        <li><a href="#">服务范围</a></li>
        <li><a href="#">典型客户</a></li>
        <li><a href="#">联系我们</a></li>
    </ul>
</DiV>

#menu { // 定义#menu 对象的浮动方式
   float: right;
}
#menu ul { // 定义无序列表样式
   margin: 0;
   padding: 60px 20px 0 0;
   list-style: none;
}
#menu li {
   display: inline;
}
#menu a { // 定义#menu 对象中的导航文字样式
   float: left;
   width: 120px;
   height: 56px;
   margin: 0 0 0 2px;
   padding: 9px 0 0 0;
   background: #1B97CE url(images/img03.gif) no-repeat;
   text-decoration: none;
   text-align: center;
   letter-spacing: -1px;
   font-size: 1.1em;
   font-weight: bold;
   color: #000000;
}
#menu a:hover, #menu .current_page_item a { // 定义背景图像
   background: #26BADF url(images/img04.gif) no-repeat;
}
```

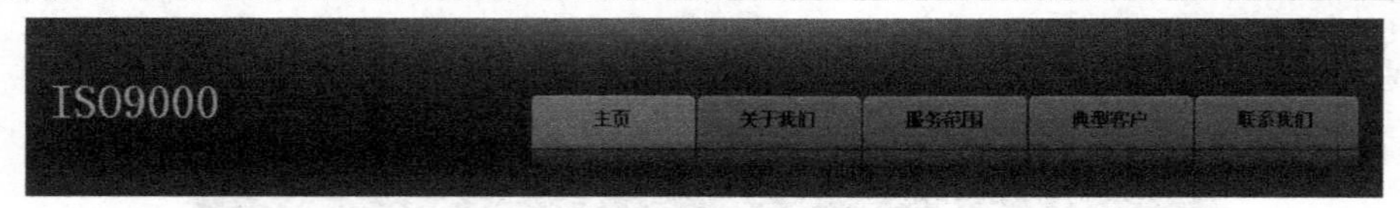

图 18.6　预览导航菜单效果

18.2.2　左侧导航

左侧的#leftbar 块内容虽然不少，但主要是导航列表，制作比较简单。在“leftbar”层中导航设计成了“ul”项目列表，其中将这个大块的宽度设置为 200px，且向左浮动。对块中实际内容的项目列表采用常用的方法，即将 ul 标记的 list-style 属性设置为 none，然后调整 li

的 padding 参数，设置每个列表前的项目符号用一幅 GIF 背景图像 img08.gif 代替，并且为每个 li 标记都设置了实线作为下划线。左侧导航部分效果如图 18.7 所示。

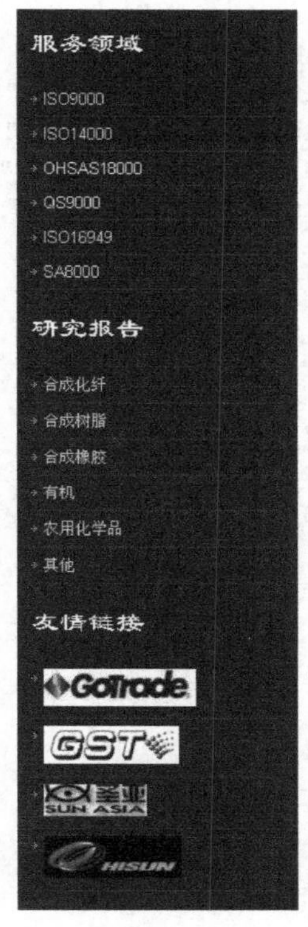

图 18.7　左侧导航

```
<ul>
        <li>
        <h2>服务领域</h2>
    <ul>
        <li><a href="#">ISO9000</a></li>
        <li><a href="#">ISO14000</a></li>
        <li><a href="#"><font color="#FFFFFF">OHSAS18000</font></a></li>
        <li><a href="#"><font color="#FFFFFF">QS9000</font></a></li>
        <li><a href="#">ISO16949</a></li>
        <li><a href="#">SA8000</a></li>
    </ul>
            </li>
            <li>
            <h2>研究报告</h2>
            <ul>
                    <li><a href="#">合成化纤</a></li>
                    <li><a href="#">合成树脂</a></li>
                    <li><a href="#">合成橡胶</a></li>
                    <li><a href="#">有机</a></li>
                    <li><a href="#">农用化学品</a></li>
                    <li><a href="#">其他</a></li>
```

```
            </ul>
          </li>
          <li>
        <h2>友情链接</h2>
        <ul>
        <li><img src="images/image020.jpg" alt="" width="124" height="33" /></li>
        <li><img src="images/image021.gif" alt="" width="110" height="32" /></li>
        <li><img src="images/image023.jpg" alt="" width="84" height="27" /></li>
        <li><img src="images/image025.jpg" alt="" width="112" height="35" /></li>
          </ul>
          </li>
          <li>
            </li>
        </ul>
.sidebar { // 定义 sidebar 的宽度和浮动方式
   float: left;
   width: 200px;
}
.sidebar ul {
   margin: 0;
   padding: 0;
   list-style: none;
   line-height: normal;
}
.sidebar li {
}
.sidebar li ul {
}
.sidebar li li {
   padding: 6px 0 6px 10px; // 定义列表的 padding
   background: url(images/img08.gif) no-repeat 0 12px; // 定义列表的项目符号
   border-bottom: 1px solid #2872A6; // 实线作为列表的下划线
}
.sidebar li li a { // 设置列表文字的样式
   text-decoration: none;
   color: #C9ECF5;
}
.sidebar li li a:hover {
   color: #FFFFFF;
}
.sidebar li h2 {
   padding-top: 20px;
   color: #FFFFFF;
}
```

18.2.3 主体内容

网页主体内容主要放在#content 对象中，采用左浮动且固定宽度的版式设计，在#content 对象中有 post1 和 post2 两个层，分别放置“关于我们”和“咨询业绩”两部分内容，主体内容部分效果如图 18.8 所示。

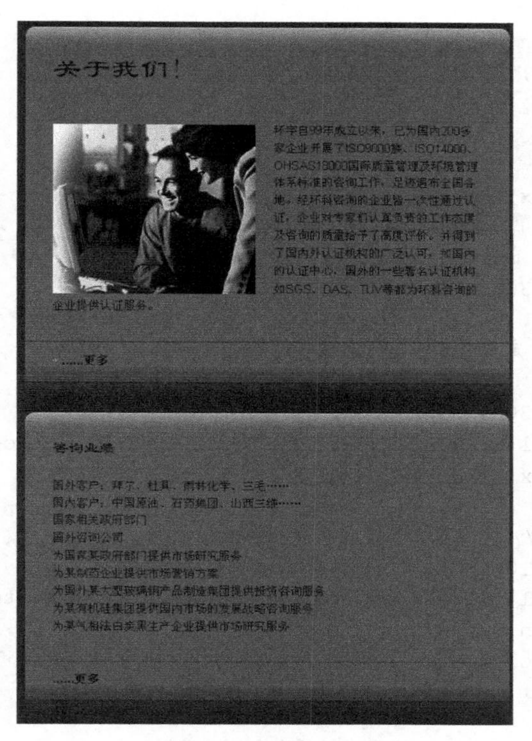

图 18.8　主体内容

使用下列代码设置主体内容部分 content 对象向左浮动、宽度为 530px，并且设置填充属性等。

```
#content { // 设置#content 样式
   float: left; // 设置左浮动
   width: 530px; // 设置宽度
   padding: 0 0 0 25px; // 设置填充属性
}
```

使用如下的代码定义 post 类样式，用于设置主体内容部分 post1 和 post2 中的对象，包括使用 title 定义标题文字的样式、使用 entry 定义正文文字的样式、使用 links 定义链接文字的样式。

```
.post { // 定义 post 样式
   margin-bottom: 15px;
   background: #1EB5DD url(images/img05.gif) no-repeat;
   color: #0A416B;
}
.post a {// 定义 post 样式中的链接文字颜色
   color: #A4E4F5;
}
.post a:hover { // 定义 post 样式中的激活链接文字颜色
   color: #FFFFFF;
}
.post .title { // 定义段落标题样式 title 的边距和填充属性
   margin: 0;
   padding: 30px 30px 0 30px;
}
.post .title a { // 定义段落标题样式 title 的激活文字颜色和下划线样式
```

```
    text-decoration: none;
    color: #0A416B;
}
.post .byline {
    margin: 0;
    padding: 0 30px;
}
.post .entry { // 定义段落正文样式 entry 的填充属性
    padding: 20px 30px 10px 30px;
}
.post .links { // 定义段落链接文字的样式 links
    margin: 0;
    padding: 10px 30px 35px 30px;
    background: url(images/img06.gif) repeat-x left bottom;
    border-top: 1px solid #2872A6;
}
.post .links a { // 定义段落链接文字的激活样式
    padding-left: 10px;
    background: url(images/img08.gif) no-repeat left center;
    text-decoration: none;
    font-weight: bold;
    color: #0A416B;
}
.post .links a:hover {// 定义段落链接文字的激活颜色
    color: #FFFFFF;
}
```

如下代码用于显示标题，并且给“关于我们”应用标题样式 title，在浏览器中预览效果如图 18.9 所示。

```
<h1 class="title"><a href="#">关于我们!</a></h1>
```

图 18.9　输入文字并设置链接

在名称为 entry1 的层中，是“关于我们”这部分的正文介绍内容，代码如下，在浏览器中预览效果如图 18.10 所示。

```
<DiV class="entry" id="entry1">
<img src="images/img07.jpg" width="222" height="192" class="left" />
<p>环宇自 99 年成立以来，已为国内 200 多家企业开展了 ISO9000 族、ISO14000、OHSAS18000 国际质量管理及环境管理体系标准的咨询工作，足迹遍布全国各地。经环科咨询的企业皆一次性通过认证，企业对专家们认真负责的工作态度及咨询的质量给予了高度评价。并得到了国内外认证机构的广泛认可，如国内的认证中心，国外的一些著名认证机构如 SGS、DAS、TUV 等都为环科咨询的企业提供认证服务。</p>
</DiV>
```

输入如下代码用“更多”文字链接到更详细的公司介绍页面，在浏览器中预览效果如图 18.11 所示。

```
<p class="links"><a href="#">......更多 </a></p>
```

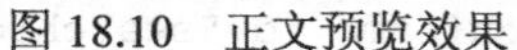
图 18.10　正文预览效果

图 18.11　更多预览效果

使用同样的方法，输入如下代码制作咨询业绩部分，在浏览器中预览效果如图 18.12 所示。

```
<DiV class="post" id="post2">
    <h2 class="title"><small><a href="#">咨询业绩</a></small></h2>
    <DiV class="entry" id="entry2">
      <p>国外客户：拜尔、杜具、雨林化学、三毛…… <br />
        国内客户：中国原油、石药集团、山西三维…… <br />
        国家相关政府部门<br />
        国外咨询公司<br />
        为国家某政府部门提供市场研究服务<br />
        为某制药企业提供市场营销方案<br />
        为国外某大型玻璃钢产品制造集团提供投资咨询服务<br />
        为某有机硅集团提供国内市场的发展战略咨询服务<br />
        为某气相法白炭黑生产企业提供市场研究服务</p>
    </DiV>
    <p class="links"><strong>......更多</strong></p>
    </DiV>
```

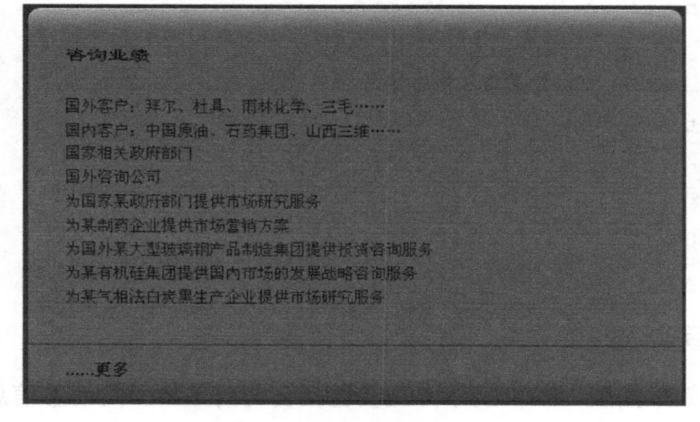

图 18.12　咨询业绩部分效果

18.2.4 制作搜索部分

图 18.13 搜索部分

表单中的元素很多，包括常用的文本框、单选按钮、复选框、下拉菜单和按钮等，可以利用 CSS 对表单样式的风格，如边框、背景色、宽度和高度等控制。这里制作的搜索部分效果如图 18.13 所示，主要是一个搜索表单，在结构设计上十分简单，也没有更多复杂的内容。

```
<ul>
  <li>
      <form action="#" method="get" name="searchform" id="searchform">
      <DiV>
      <input type="text" name="s" id="s" size="15" value="" />
      <br />
      <input type="submit" value="搜索" />
      </DiV>
      </form>
   </li>
</ul>

#rightbar { // 定义#rightbar 样式
   padding: 0 0 0 25px;
}

#searchform { // 定义表单的样式
   padding-top: 20px;
   text-align: right;
}
#searchform br {
   display: none;
}
#searchform input { // 定义输入框的样式
   margin-bottom: 5px;
}
#searchform #s {
   width: 190px;
}
```

18.2.5 制作公司新闻

公司新闻部分效果如图 18.14 所示，主要包括公司的最新新闻动态信息，制作时主要是创建一个无序列表，其 CSS 代码与 18.2.2 小节介绍的一致，这里就不再赘述。

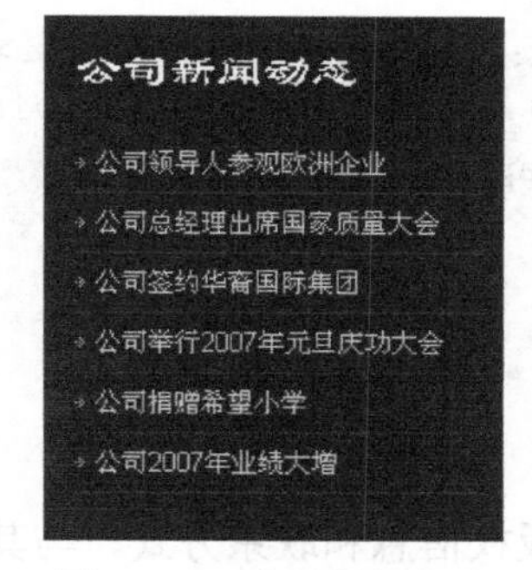

图 18.14　公司新闻部分

```
<li>
        <h2>公司新闻动态</h2>
        <ul>
                <li><a href="#">公司领导人参观欧洲企业</a></li>
                <li><a href="#">公司总经理出席国家质量大会</a></li>
                <li><a href="#">公司签约华裔国际集团</a></li>
                <li><a href="#">公司举行 2007 年元旦庆功大会</a></li>
                <li><a href="#">公司捐赠希望小学</a></li>
                <li><a href="#">公司 2007 年业绩大增</a></li>
                </ul>
        </li>
```

18.2.6　制作联系我们

联系我们部分效果如图 18.15 所示，主要包括公司的联系信息，制作时主要是创建一个无序列表，其 CSS 代码也与 18.2.2 小节介绍的一致，这里就不再赘述。

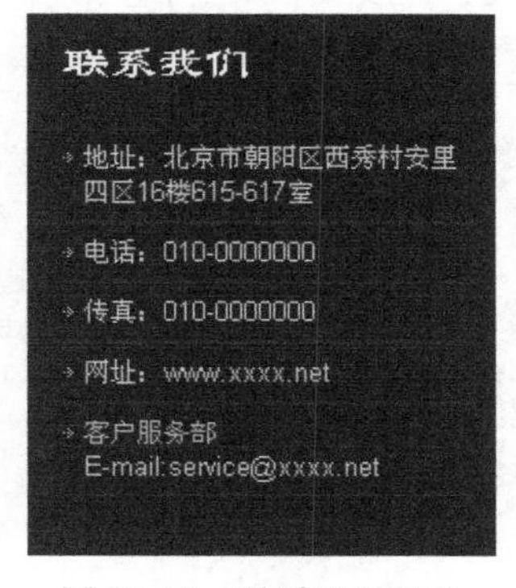

图 18.15　联系我们部分

```
<li>
    <h2>联系我们</h2>
    <ul>
       <li><a href="#"></a><a href="#">地址：北京市朝阳区西秀村安里四区 16 楼 615-617
室</a></li>
       <li><a href="#"></a><a href="#">电话：010-0000000</a></li>
       <li><a href="#"></a><a href="#">传真：010-0000000</a></li>
```

```
        <li> <a href="#">网址: www.xxxx.net</a></li>
        <li>客户服务部<br /><a href="#">E-mail:service@xxxx.net</a><br />
        <DiV id="calendar_wrap"></DiV>
      </li>
      </ul>
      </li>
```

18.2.7 底部版权信息

#footer 脚注主要用来放一些版权信息和联系方式，与其他网页一样，最好保持简单、清晰的风格。其 HTML 框架中没有更多的内容，只有一个<DiV>块中包含一个<p>标记。#footer 块的设计要与页面其他部分风格一致，这里采用深蓝色的背景配合浅蓝色的文字，效果如图 18.16 所示。

图 18.16　底部版权信息

```
<DiV id="footer">
  <p>环宇咨询管理中心&copy;2007 All Rights Reserved.</p>
</DiV>

#footer {// 设置底部#footer 对象的样式
    clear: both;
    padding: 40px 0;
    background: #083253;
}
#footer p {
    text-align: center;
    font-size: 14px;
    color: #0F5B96;
}
#footer a {
    color: #0F5B96;
}
```

第19章

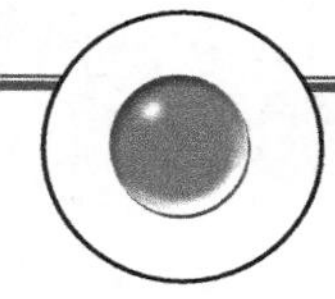

制作时尚购物网站

随着网络的飞速发展，人们已经不满足于简单地从网站上获取企业信息，人们更迫切需要的是能够在网上实现互动地交流及足不出户地购买商品，因此诞生了众多的购物网站。网上购物逐渐成为人们的网上行为之一。由于网上购物系统使消费者的购物过程变得轻松、快捷、方便，非常适合现代人快节奏的生活，所以越来越多的个人和公司开始关注网上销售方式。本章将介绍购物网站的制作。

学习目标

- 了解购物网站设计概述
- 掌握创建数据库表
- 掌握创建数据库连接
- 掌握制作购物系统前台页面
- 掌握制作购物系统后台管理

19.1 购物网站设计概述

网上购物系统，是在网络上建立的一个虚拟的购物商场。它不仅避免了挑选商品的烦琐过程，使购物过程变得轻松、快捷、方便，很适合现代人快节奏的生活；同时又能有效地控制商场运营的成本，开辟了一个新的销售渠道。

一般来说，购物网站有以下 4 个特点。

（1）商品分类展示。对于购物网站来说，只有商品多、物美价廉，才能显示出此类网站的优势。但商品多了，为了管理和便于查找，要对商品进行分类展示，在进行分类展示商品的同时，要详细介绍每一个商品，让浏览者了解每一个商品，也是购物网站的一个重要特点。

（2）网上支付。既然购物网站面向全国或全球的客户，在商品交易的同时，给客户一个方便、快捷的支付方式，是网络技术的一种展现，也是购物网站的一个主要特点。

（3）安全防范。在网络技术日益成熟的今天，黑客经常攻击一些网站，给网络造成一些负面影响。因此，做好网站安全防范，也是购物网站的一个特点。

（4）后台管理系统。后台管理系统是购物网站的一个主要组成部分，包括商品分类管理、商品添加删除等系统管理功能。建立完善的后台管理系统，是进行全面的管理、更新和维护网站的有效方式，也是成功建立网站的重要标准。

本章所制作的购物网站的页面结构如图 19.1 所示，主要包括前台页面和后台页面。在前台显示浏览商品；在后台可以添加、修改和删除商品，也可以添加商品类别。

商品分类展示页面如图 19.2 所示，按照商品类别显示商品信息，客户可通过该页面分类浏览商品，如商品名称、商品价格和商品图片等信息。

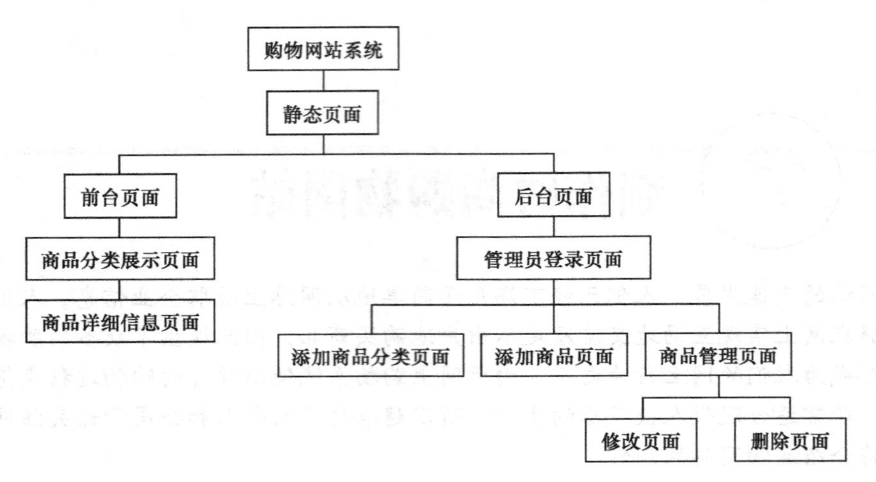

图 19.1　页面结构图

在商品分类展示页面中单击商品名称，可以进入商品详细信息页面，如图 19.3 所示。浏览者可通过商品详细信息页了解商品简介、价格和图片等详细信息。

图 19.2　商品分类展示页面

图 19.3　商品详细信息页面

管理员登录页面如图 19.4 所示，在管理员登录页面中输入账号和密码，可以进入后台页面。

输入账号和密码后，单击“登录”按钮，进入后台的商品管理页面，在管理页面中可以查看所有的商品，如图 19.5 所示。

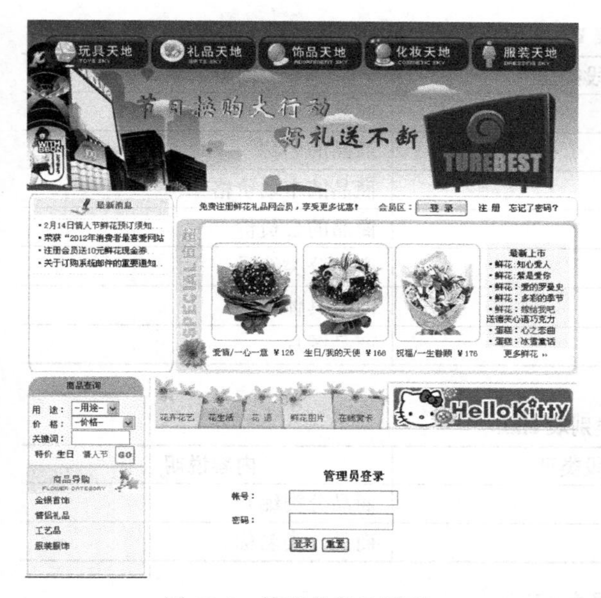

图 19.4　管理员登录页面

图 19.5　商品管理页面

如果添加的商品有不满意的地方可以进行修改，在商品管理页面中单击右边的“修改”链接，进入修改商品页面，如图 19.6 所示。

图 19.6　修改商品页面

19.2　创建数据库表

一个简单的网上购物系统需要多个数据库表，这里创建 3 个表，包括商品表 Products、商品类别表 class、管理员表 admin，分别如表 19-1 至表 19-3 所示。

表 19-1　　商品表 Products

字段名称	字段类型	内容说明
shangpinID	自动编号	商品名称编号
mingcheng	文本	商品的名称
shichangjia	数字	商品的市场价格
huiyuanjia	数字	商品的会员价
shangpinfenleiID	数字	商品分类编号
neirong	备注	商品具体内容
image	文本	商品图片

表 19-2　　商品类别表 class

字段名称	字段类型	内容说明
shangpinfenleiID	自动编号	商品分类编号
shpfleiname	文本	商品分类名称

表 19-3　　管理员表 admin

字段名称	字段类型	内容说明
ID	自动编号	编号
username	文本	用户名
password	文本	用户密码

19.3　创建数据库连接

创建了数据库后，要存取和管理数据库，首先必须创建 ASP 与数据库之间的连接。关于创建数据库连接参考本书的 13.1.3 节中的创建数据库连接。创建完数据库连接的效果如图 19.7 所示。

图 19.7　数据库连接

19.4　制作购物系统前台页面

网站的前台页面包括商品分类展示页面和商品详细信息页面，浏览者通过在商品分类展示页面单击商品名称，可以进入商品的详细信息页面。

19.4.1　制作商品分类展示页面

下面制作图 19.8 所示的商品分类展示页面，首先创建商品记录集 Recordset1 和商品类别记录集 Recordset2，然后绑定相关字段，最后通过插入记录集分页来实现商品的分页显示，具体操作步骤如下。

❶ 打开网页文档 CH19/index.html，将其另存为 class.asp，如图 19.9 所示。

❷ 将光标放置在页面中相应的位置，插入 2 行 3 列的表格，并在第 1 行第 1 列单元格中插入图像 images/shap.jpg，如图 19.10 所示。

图 19.8 商品分类展示页面

图 19.9 另存为网页

图 19.10　插入表格并插入图像

❸ 分别在第 1 行其他单元格中输入相应的文字，如图 19.11 所示。

❹ 选择菜单中的【窗口】|【绑定】命令，打开【绑定】面板，在面板中单击⊞按钮，在弹出的菜单中选择【记录集（查询）】选项，打开【记录集】对话框，在对话框中的【名称】文本框中输入记录集的名称，在【连接】下拉列表中选择 shop，在【表格】下拉列表中选择 Products，【列】勾选【全部】单选按钮，在【筛选】下拉列表中分别选择 shangpinfenleiID、=、URL 参数和 shangpinfenleiID，在【排序】下拉列表中分别选择 shangpinID 和降序，如图 19.12 所示。

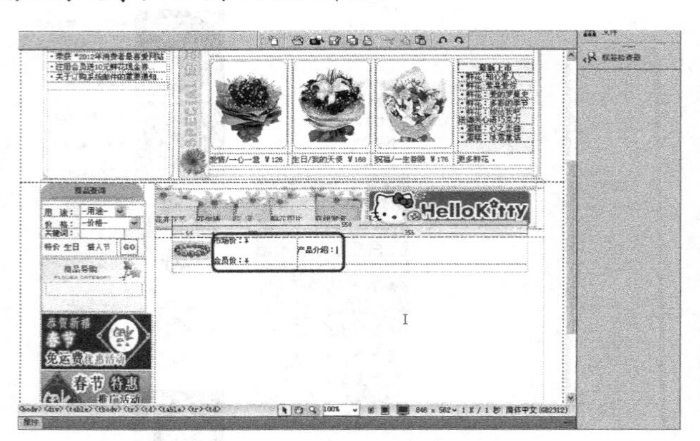

图 19.11　输入文字

❺ 单击【确定】按钮，创建记录集，如图 19.13 所示。

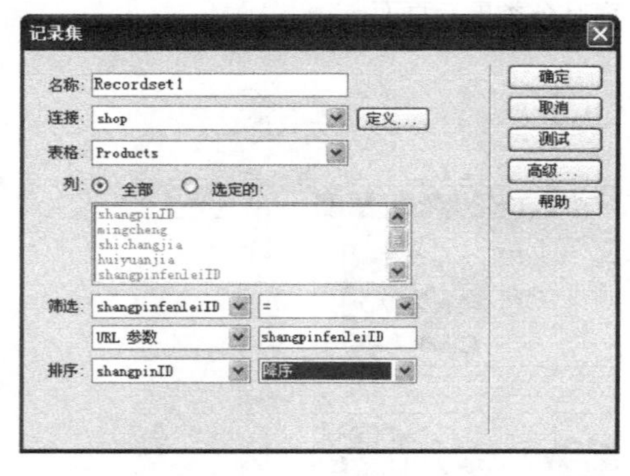

图 19.12 【记录集】对话框

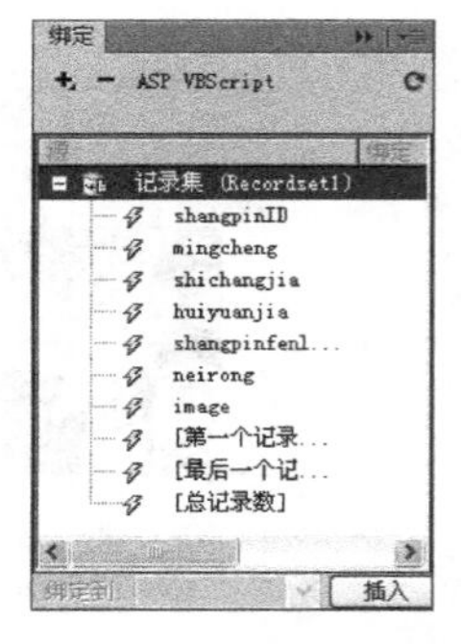

图 19.13　创建记录集

❻ 在【绑定】面板中单击⊞按钮，在弹出的菜单中选择【记录集（查询）】选项，打开【记录集】对话框，在对话框中的【名称】文本框中输入记录集的名称，在【连接】下拉列表中选择 shop，在【表格】下拉列表中选择 class，【列】勾选【全部】单选按钮，在【排序】下拉列表中分别选择 shangpinfenleiID 和降序，如图 19. 14 所示。

❼ 单击【确定】按钮，创建记录集，如图 19.15 所示。

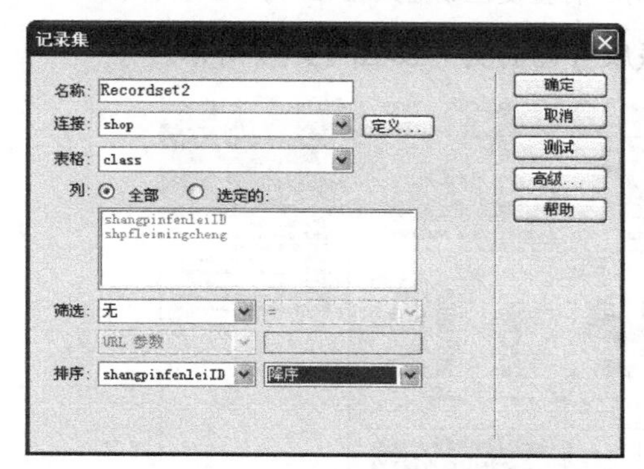

图 19.14 【记录集】对话框

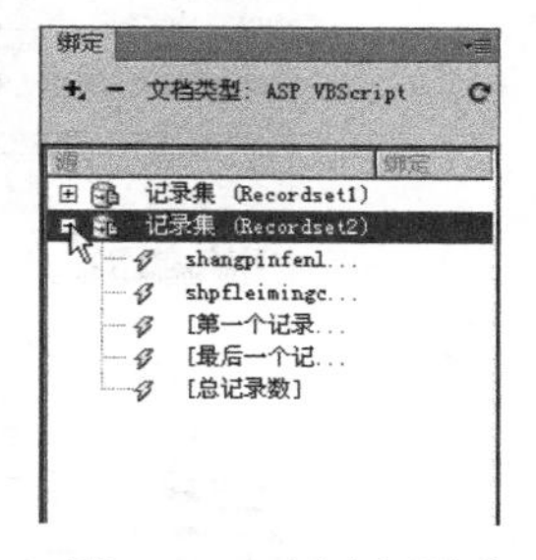

图 19.15 创建记录集

❽ 在文档中选中图片，在【绑定】面板中展开记录集（Recordset1），选中 image 字段，单击 绑定 按钮，绑定字段，如图 19.16 所示。

图 19.16 绑定字段

❾ 按照步骤 8 的方法，在文档中其他的位置对字段进行绑定，如图 19.17 所示。

❿ 选中第 1 行中的单元格，在【服务器行为】面板中单击⊞按钮，在弹出的菜单中选择【重复区域】选项，打开【重复区域】对话框，在对话框中的【记录集】下拉列表中选择 Recordset1，【显示】勾选 5 记录单选按钮，如图 19.18 所示。

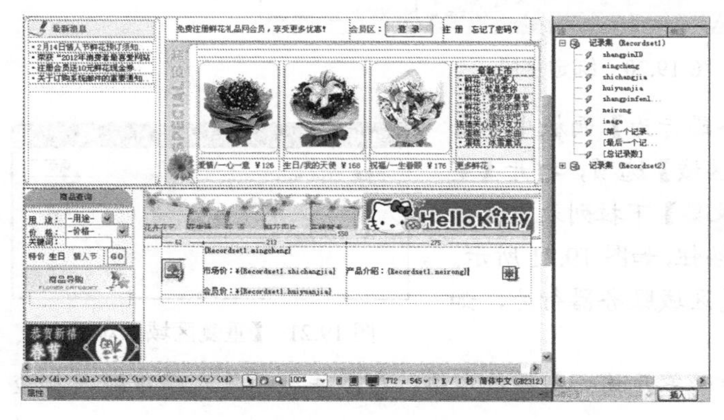

图 19.17 绑定字段

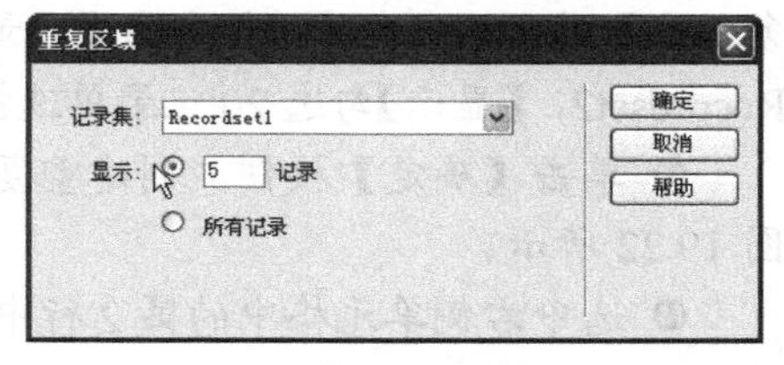

图 19.18 【重复区域】对话框

提示 在文档中插入重复区域服务器行为时，将重复区域插入在<tr>与</tr>外部。

⓫ 单击【确定】按钮，创建重复区域服务器行为，如图 19.19 所示。

图 19.19 创建重复区域服务器行为

⓬ 将光标放置在左侧的“商品导购”下面的单元格中，在【绑定】面板中展开 Recordset2 记录集，选择 shpfleimingcheng 字段，单击【插入】按钮，绑定字段，如图 19.20 所示。

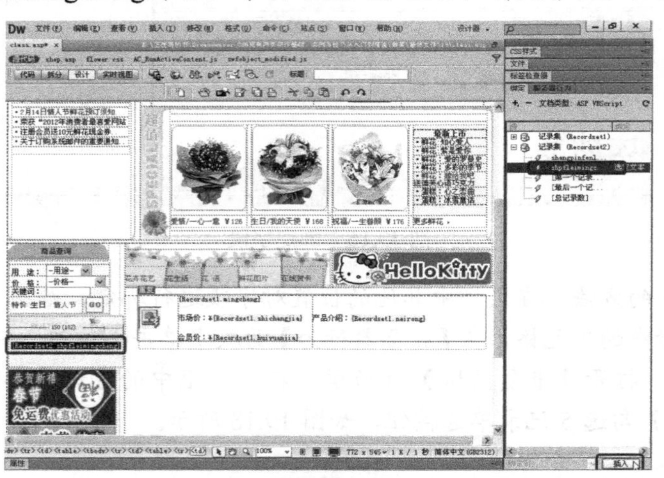

图 19.20 绑定字段

⓭ 选中左侧的单元格，在【服务器行为】面板中单击 按钮，在弹出的菜单中选择【重复区域】选项，打开【重复区域】对话框，在对话框中的【记录集】下拉列表中选择 Recordset2，【显示】勾选 20 记录单选按钮，如图 19.21 所示。

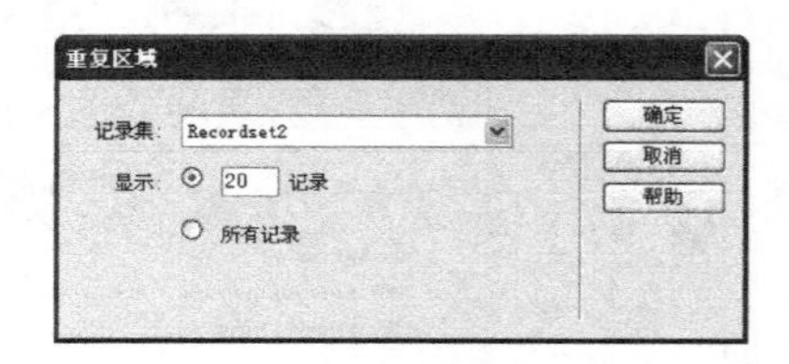

图 19.21 【重复区域】对话框

⓮ 单击【确定】按钮，创建重复区域服务器行为，如图 19.22 所示。

⓯ 选中右侧单元格中的第 2 行中的单元格，合并单元格，在合并后的单元格中输入相应的文字，如图 19.23 所示。

图 19.22　创建重复区域服务器行为

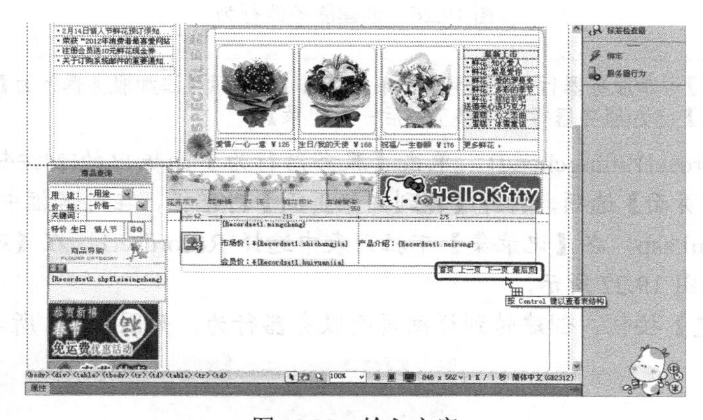

图 19.23　输入文字

⑯ 选中文字“首页”，在【服务器行为】面板中单击⊞按钮，在弹出的菜单中选择【记录集分页】|【移至第一条记录】选项，打开【移至第一条记录】对话框，如图 19.24 所示。

⑰ 在对话框中的【记录集】下拉列表中选择 Recordset1，单击【确定】按钮，创建服务器行为，如图 19. 25 所示。

图 19.24 【移至第一条记录】对话框

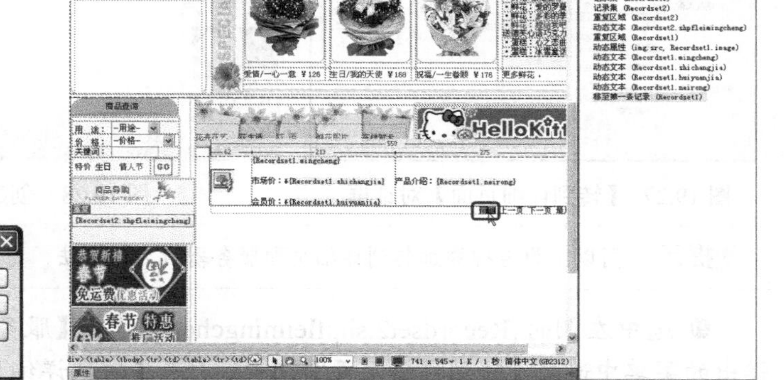

图 19. 25　创建服务器行为

⑱ 按照步骤 16～17 的方法，为其他的文字创建服务器行为，如图 19.26 所示。

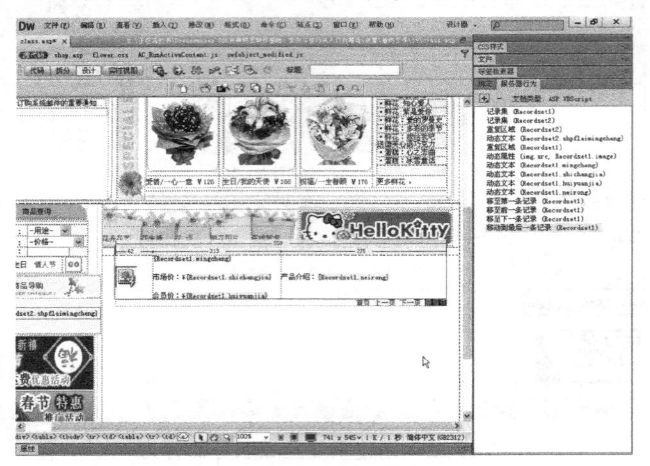

图 19.26　创建服务器行为

提示　【上一页】添加服务器行为【移至前一条记录】，【下一页】添加服务器行为【移至下一条记录】，【最后页】添加服务器行为【移至最后一条记录】。

⑲ 选中{Recordset1.mingcheng}，单击【服务器行为】面板中的 按钮，在弹出的菜单中选择【转到详细页面】选项，打开【转到详细页面】对话框，在对话框中的【详细信息页】文本框中输入 detail.asp，在【记录集】下拉列表中选择 Recordset1，在【列】下拉列表中选择 shangpinID，如图 19.27 所示。

⑳ 单击【确定】按钮，创建转到详细页面服务器行为，如图 19.28 所示。

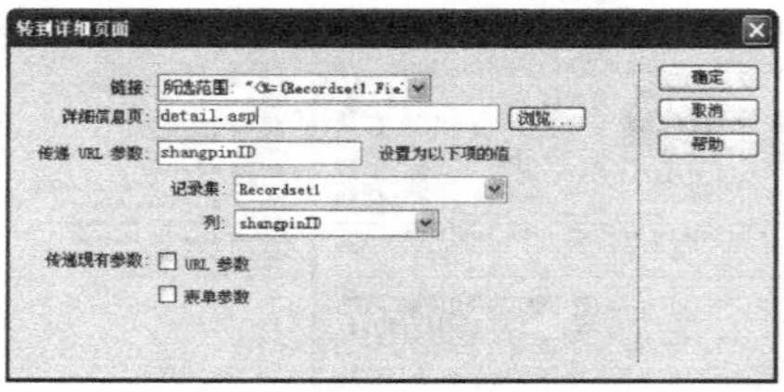

图 19.27　【转到详细页面】对话框

图 19.28　创建转到详细页面服务器行为

提示　同以上为名称添加转到详细页面服务器行为的方法，为图像设置转到详细页面服务器行为。

㉑ 选中左侧的{Recordset2.shpfleimingcheng}，在【服务器行为】面板中单击 按钮，在弹出的菜单中选择【转到详细页面】选项，打开【转到详细页面】对话框，在对话框中的【详细信息页】文本框中输入 class.asp，在【记录集】下拉列表中选择 Recordset2，在【列】下

拉列表中选择 shangpinfenleiID，如图 19.29 所示。

㉒ 单击【确定】按钮，创建转到详细页面服务器行为，如图 19.30 所示。

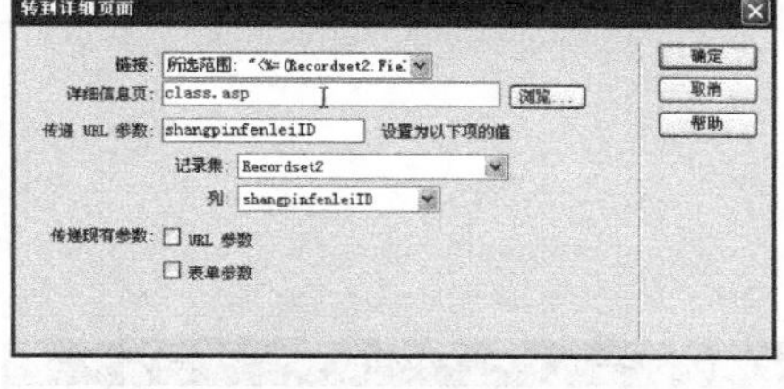

图 19.29 【转到详细页面】对话框

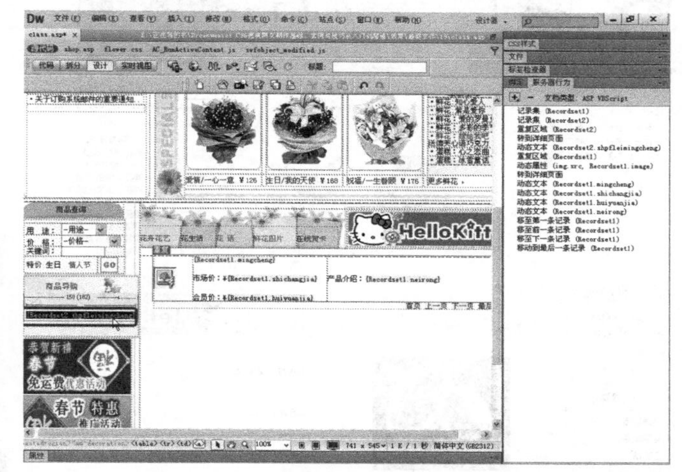

图 19.30 创建转到详细页面服务器行为

19.4.2 制作商品详细信息页面

在商品分类展示页面中，单击商品的名称会转到另一个页面，也就是商品详细信息页面，这个页面制作时比较简单，主要利用从商品表 Products 中创建记录集，然后绑定商品的相关字段即可。商品详细信息页面如图 19.31 所示，制作的具体操作步骤如下。

❶ 打开 CH19/index.htm，将其另存为 detail.asp，将光标置于页面左侧的相应的位置，单击【绑定】面板中的⊞按钮，在弹出的菜单中选择【记录集（查询）】选项，打开【记录集】对话框，在对话框中进行图 19.32 所示的设置。

❷ 单击【确定】按钮，创建记录集。将光标放置在“商品导购”下面的单元格中，绑定字段 shpfleimingcheng，如图 19.33 所示。

❸ 选中左侧的单元格，在【服务器行为】面板中单击⊞按钮，在弹出的菜单中选择【重复区域】选项，打开【重复区域】对话框，在【记录集】下拉列表中选择 Recordset1，【显示】勾选 20 记录单选按钮，如图 19.34 所示。

❹ 单击【确定】按钮，创建重复区域服务器行为，如图 19.35 所示。

❺ 将光标放置在页面中相应的位置，选择菜单中的【插入】|【表格】命令，插入 5 行 2 列的表格，选中第 1 列单元格中的 1～3 列单元格，合并单元格，插入图像，并在其他的单元格中输入相应的文字，如图 19. 36 所示。

❻ 在【绑定】面板中单击⊞按钮，在弹出的菜单中选择【记录集（查询）】选项，打开【记录集】对话框，在对话框中的【名称】文本框中输入记录集的名称，在【连接】下拉列表中选择 shop，在【表格】下拉列表中选择 Products，【列】勾选【全部】单选按钮，在【筛选】下拉列表中分别选择 shangpinID、=、URL 参数和 shangpinID，如图 19.37 所示。

图 19.31　商品详细信息页面

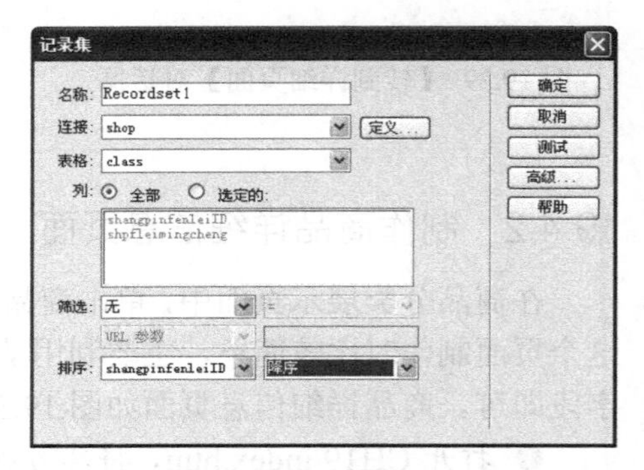
图 19.32　【记录集】对话框

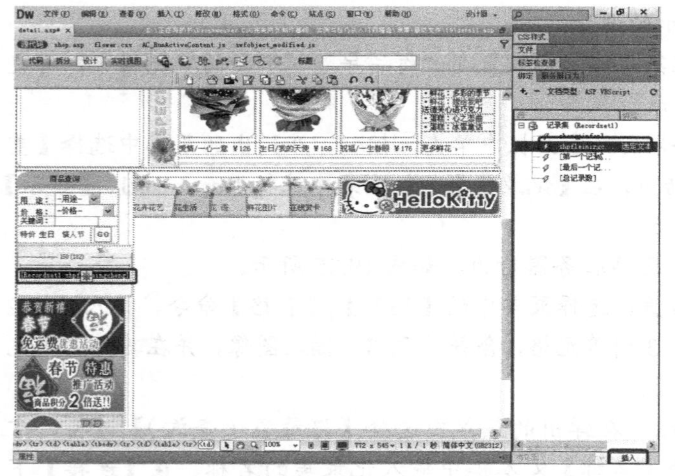
图 19.33　绑定字段

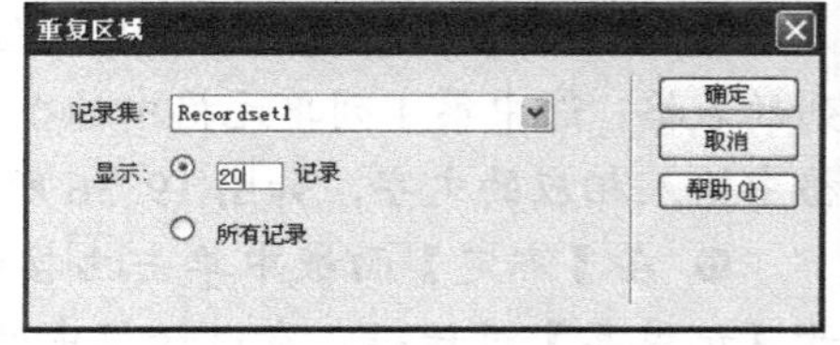
图 19.34　【重复区域】对话框

❼ 单击【确定】按钮，创建记录集。选中图像，在【绑定】面板中选择 image 字段，单击【绑定】按钮，绑定字段，如图 19.38 所示。

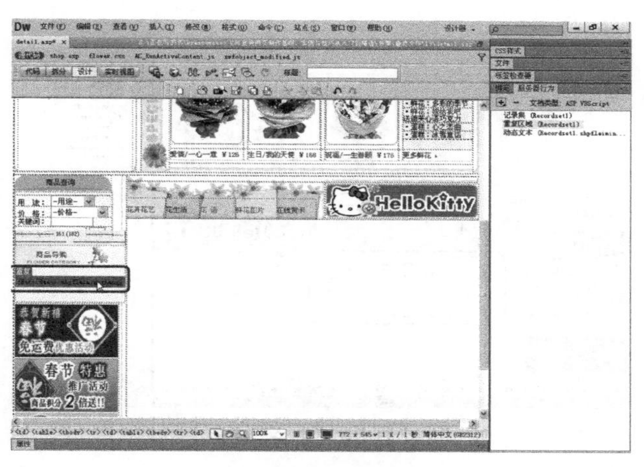

图 19.35　创建重复区域服务器行为

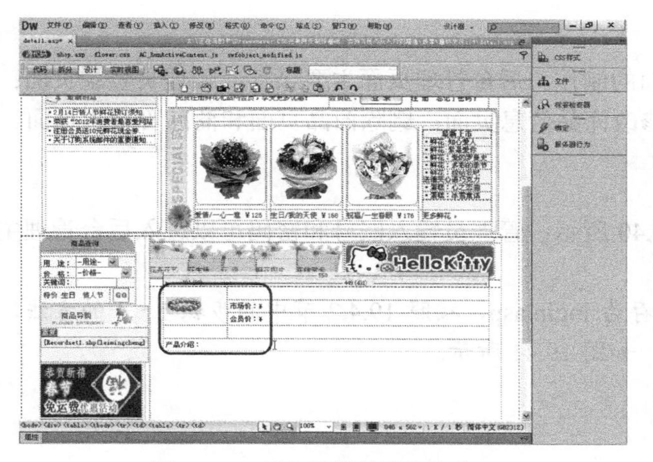

图 19.36　插入图像并输入文字

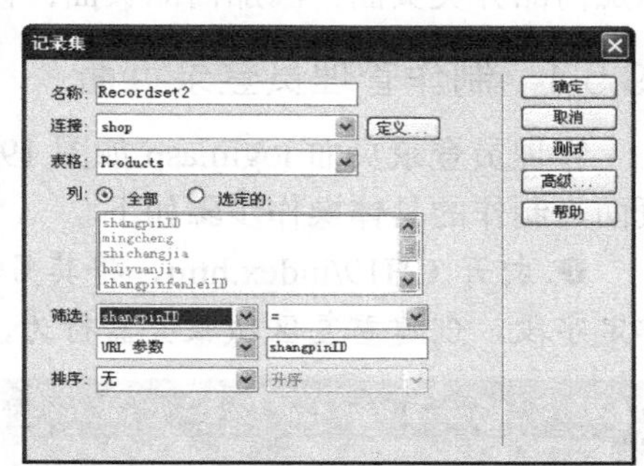

图 19.37　【记录集】对话框

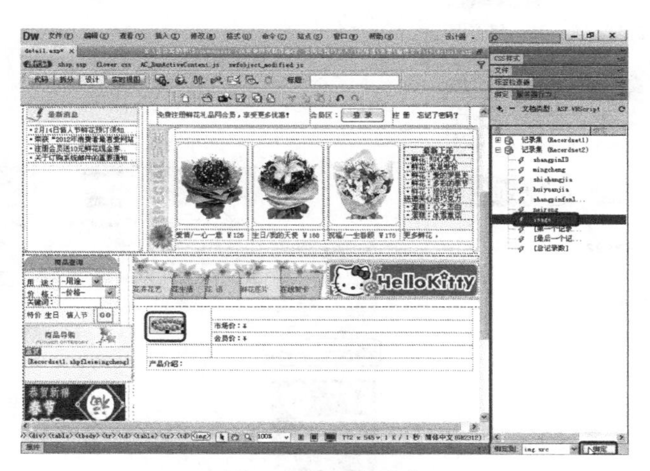

图 19.38　绑定字段

❽ 按照步骤 7 的方法，将其他的字段绑定到相应的位置，如图 19.39 所示。

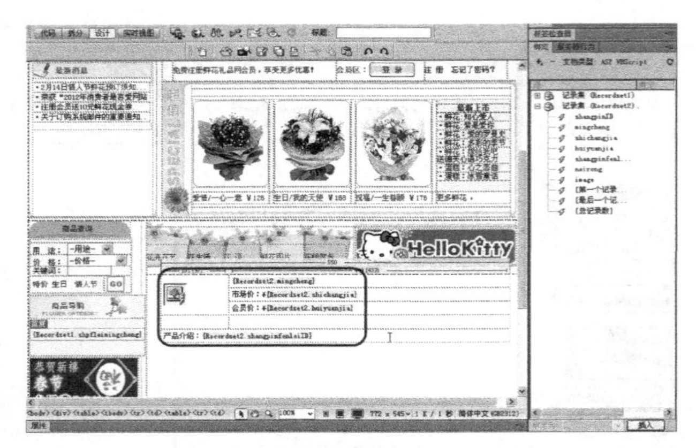

图 19.39　绑定字段

19.5　制作购物系统后台管理

本节将讲述购物系统后台管理页面的制作。后台管理页面主要包括：管理员登录页面；添加商品分类页面；添加商品页面；修改商品信息页面；删除商品页面和商品管理主页面。

19.5.1　制作管理员登录页面

管理员登录页面 login.asp 如图 19.40 所示，管理员输入账号和密码可以进入后台管理主页面，制作的具体操作步骤如下。

❶ 打开 CH19/index.htm，将其另存为 login.asp，按照 19.4.2 节中的步骤 1～4 的方法，绑定字段，创建重复区域服务器行为，如图 19.41 所示。

图 19.40　管理员登录页面

图 19.41　创建重复区域服务器行为

❷ 将光标放置在右侧的页面中，选择菜单中的【插入】|【表单】|【表单】命令，插入表单，如图 19.42 所示。

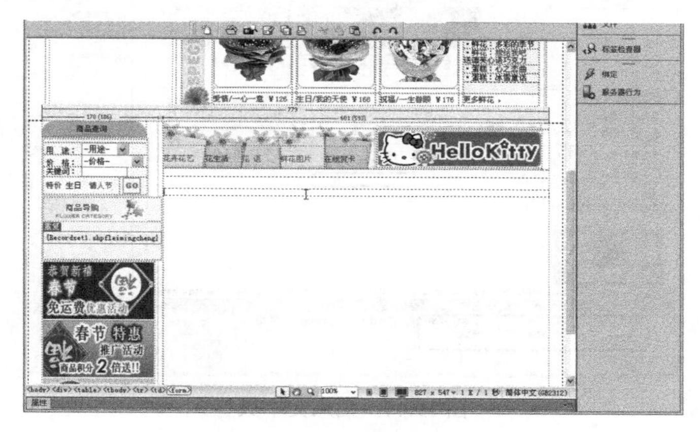

图 19.42 插入表单

❸ 将光标放置在表单中，插入 4 行 2 列的表格，设置相应的属性，选中第 1 行单元格并合并所选单元格，在合并后的单元格中输入相应的文字，在表格中的其他单元格中输入相应的文字，如图 19.43 所示。

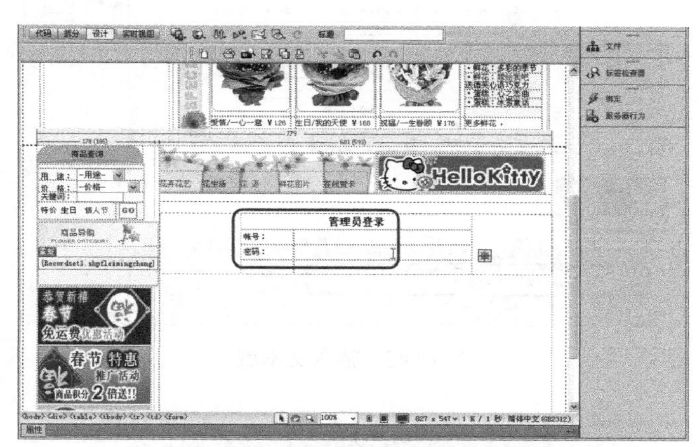

图 19.43 插入表格并输入文字

❹ 将光标放置在第 2 行第 2 列单元格中，插入文本域，在【属性】面板中的【文本域】名称文本框中输入 username，将【字符宽度】设置为 20，【类型】设置为【单行】，如图 19.44 所示。

❺ 将光标放置在第 3 行第 2 列单元格中，插入文本域，在【属性】面板中的【文本域】名称文本框中输入 password，将【字符宽度】设置为 20，【类型】设置为【密码】，如图 19.45 所示。

❻ 将光标放置在第 4 行第 2 列单元格中，插入按钮，在【属性】面板中的【值】文本框中输入“登录”，将【动作】设置为【提交表单】，如图 19.46 所示。

❼ 将光标放置在按钮的右边，插入按钮，在【属性】面板中的【值】文本框中输入“重置”，将【动作】设置为【重设表单】，如图 19. 47 所示。

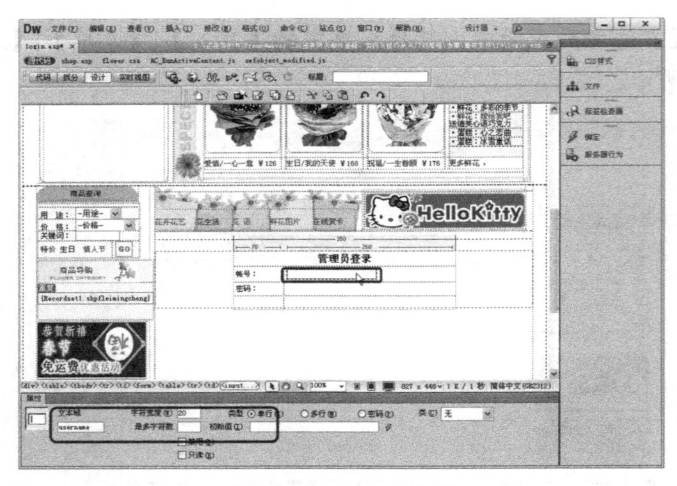

图 19.44　插入文本域

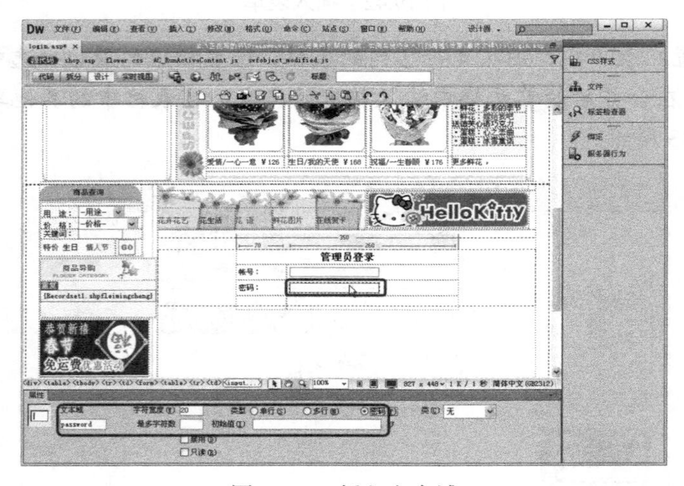

图 19.45　插入文本域

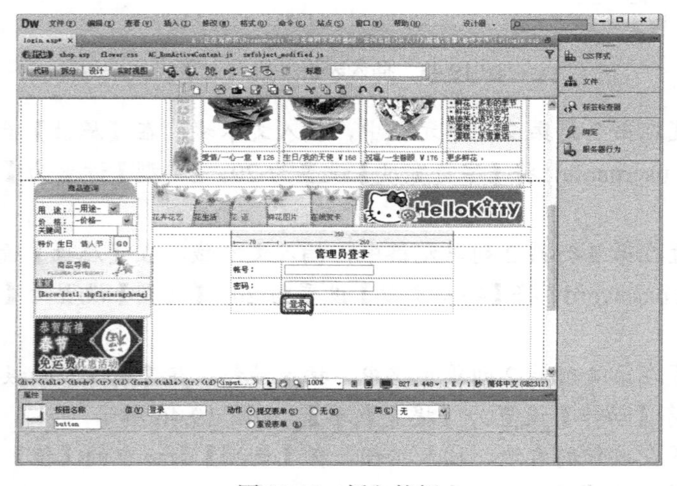

图 19.46　插入按钮

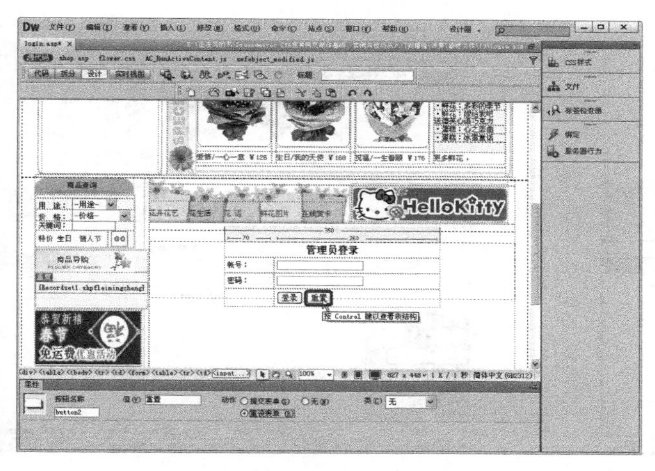

图 19.47 插入按钮

❽ 选中表单，在【行为】面板中单击+按钮，在弹出的菜单中选择【检查表单】选项，打开【检查表单】对话框，在对话框中 username 的【值】勾选【必需的】复选框，【可接受】勾选【任何东西】单选按钮，password 的【值】勾选【必需的】复选框，【可接受】勾选【任何东西】单选按钮，如图 19.48 所示。

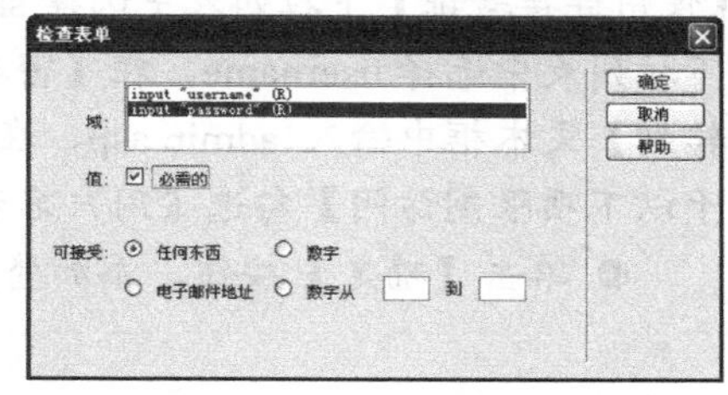

图 19.48 【检查表单】对话框

❾ 单击【确定】按钮，添加行为，如图 19.49 所示。

❿ 在【绑定】面板中单击+按钮，在弹出的菜单中选择【记录集（查询）】选项，打开【记录集】对话框，在对话框中的【名称】文本框中输入记录集的名称，将【连接】设置为 shop，在【表格】下拉列表中选择 admin，【列】勾选【全部】单选按钮，如图 19.50 所示。

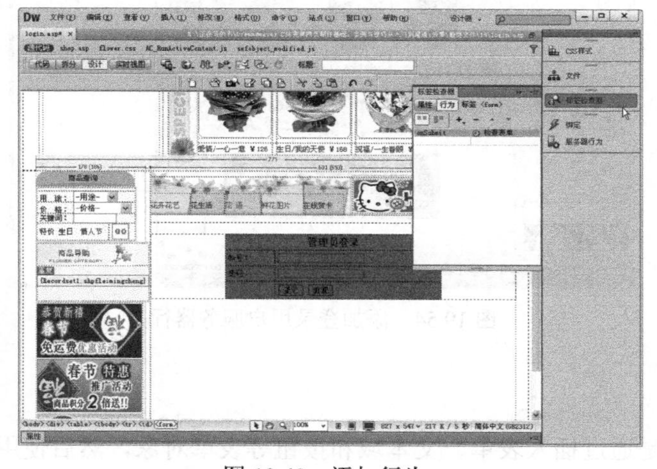

图 19.49 添加行为

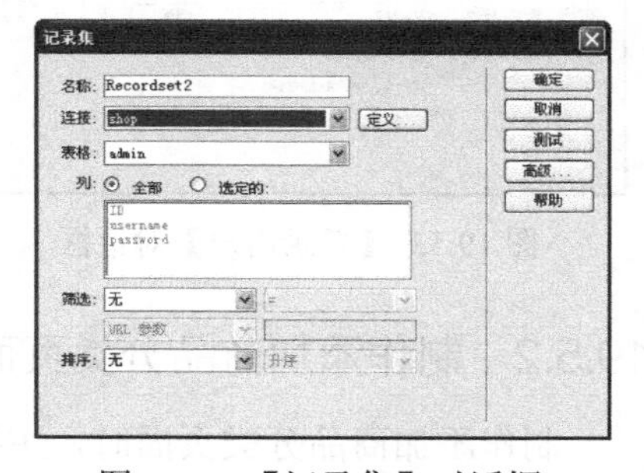

图 19.50 【记录集】对话框

⓫ 单击【确定】按钮，创建记录集，如图 19.51 所示。

⓬ 在【服务器行为】面板中单击+按钮，在弹出的菜单中选择【用户身份验证】|【登录用户】选项，如图 19.52 所示。

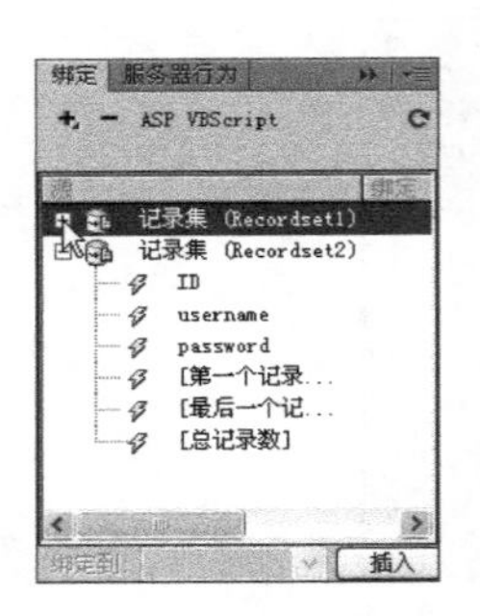

图 19.51 创建记录集

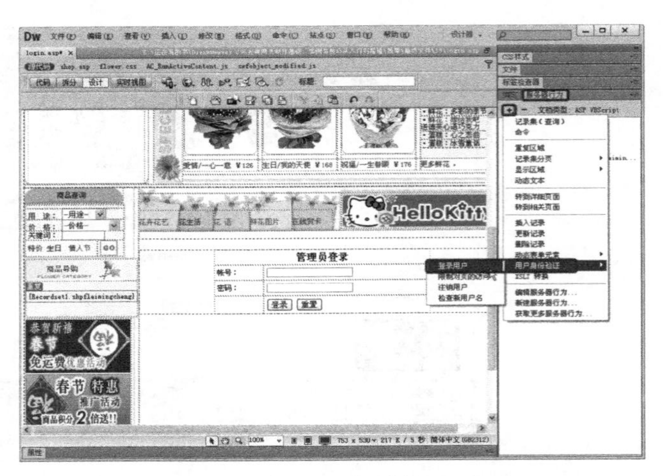

图 19.52 选择【登录用户】选项

⓭ 打开【登录用户】对话框，在对话框中的【从表单获取输入】下拉列表中选择 form2，在【用户名字段】下拉列表中选择 username，在【密码字段】下拉列表中选择 password，在【使用连接验证】下拉列表中选择 shop，在【表格】下拉列表中选择 admin，在【用户名列】下拉列表中选择 username，在【密码列】下拉列表中选择 password，在【如果登录成功，则转到】文本框中输入 admin.asp，在【如果登录失败，则转到】文本框中输入 login.asp，【基于以下项限制访问】勾选【用户名和密码】单选按钮，如图 19.53 所示。

⓮ 单击【确定】按钮，添加登录用户服务器行为，如图 19.54 所示。

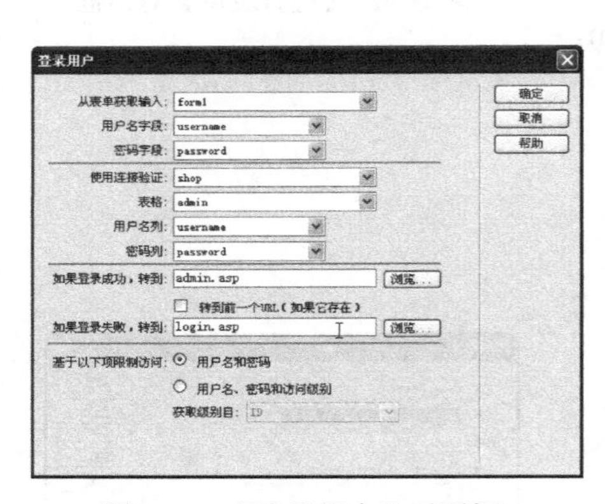

图 19.53 【登录用户】对话框

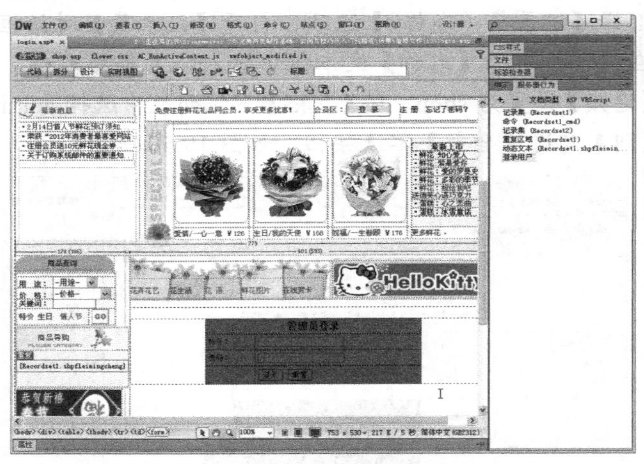

图 19.54 添加登录用户服务器行为

19.5.2 制作添加商品分类页面

制作添加商品分类页面时，主要是通过插入表单、文本域和按钮等表单对象，然后使用【插入记录】服务器行为来完成的。添加商品分类页面 addclass.asp，如图 19.55 所示，制作的具体操作步骤如下。

❶ 打开 CH19/index.html，将其另存为 addclass.asp，将光标放置在右边相应的位置，插入表单，如图 19.56 所示。

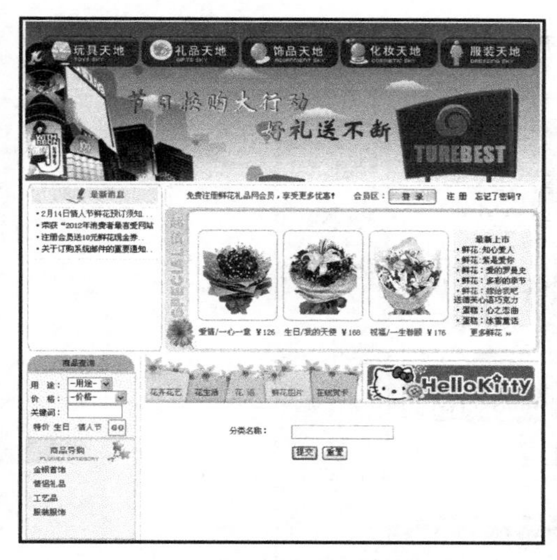

图 19.55　添加商品分类页面

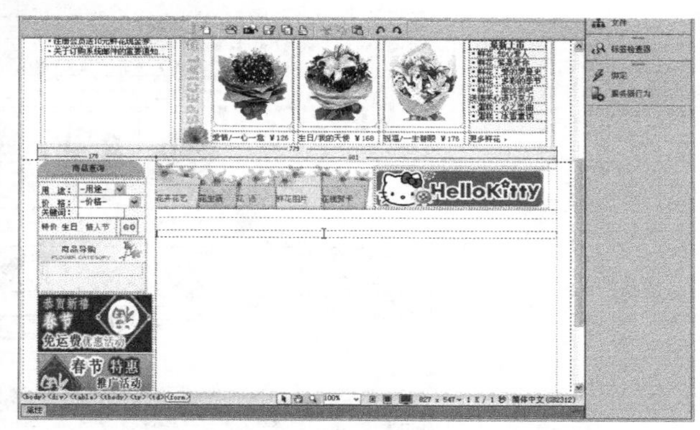

图 19.56　插入表单

❷ 将光标放置在表单中，插入 2 行 2 列的表格，设置相应的属性，在第 1 行第 2 列单元格中，输入相应的文字，如图 19.57 所示。

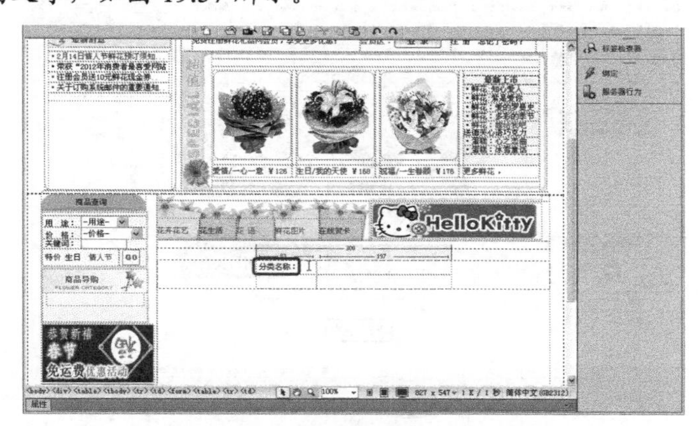

图 19.57　输入文字

❸ 将光标放置在第 1 行第 2 列单元格中，插入文本域，在【属性】面板中的【文本域】名称文本框中输入 shpfleimingcheng，将【字符宽度】设置为 20，【类型】设置为【单行】，如图 19. 58 所示。

❹ 将光标放置在第 2 行第 2 列单元格中，分别插入【提交】按钮和【重置】按钮，如图 19.59 所示。

❺ 在【绑定】面板中单击⊞按钮，在弹出的菜单中选择【记录集（查询）】选项，打开【记录集】对话框，在对话框中的【名称】文本框中输入记录集的名称，在【连接】下拉列表中选择 shop，在【表格】下拉列表中选择 class，【列】勾选【全部】单选按钮，在【排序】下拉列表中分别选择 shangpinfenleiID 和升序，如图 19.60 所示。

❻ 单击【确定】按钮，创建记录集，如图 19.61 所示。

❼ 在【服务器行为】面板中单击⊞按钮，在弹出的菜单中选择【用户身份验证】|【限制对页的访问】选项，打开【限制对页的访问】对话框，在对话框中的【基于以下内容进行

限制】勾选【用户名和密码】单选按钮，在【如果访问被拒绝，则转到】文本框中输入 login.asp，如图 19.62 所示。

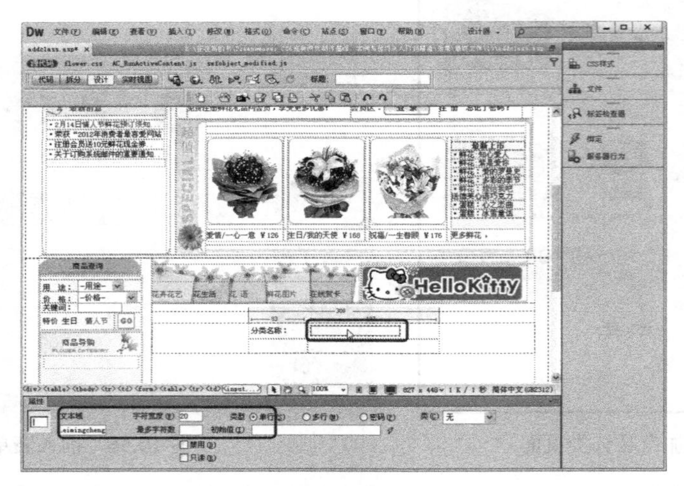

图 19.58　插入文本域

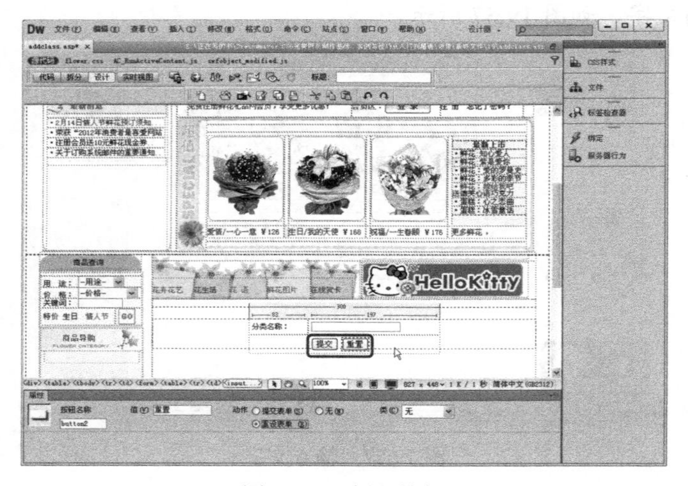

图 19.59　插入按钮

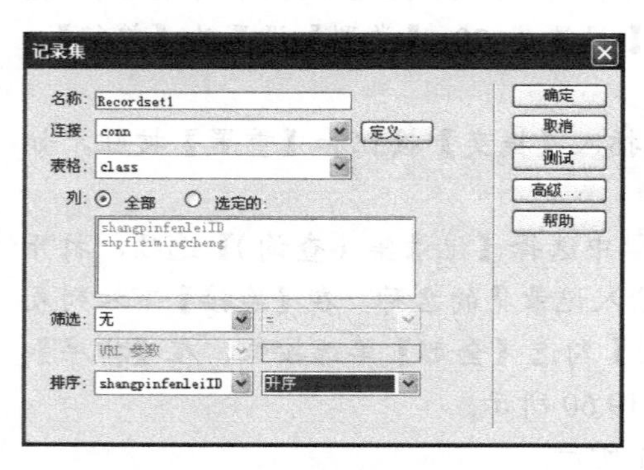

图 19.60　【记录集】对话框

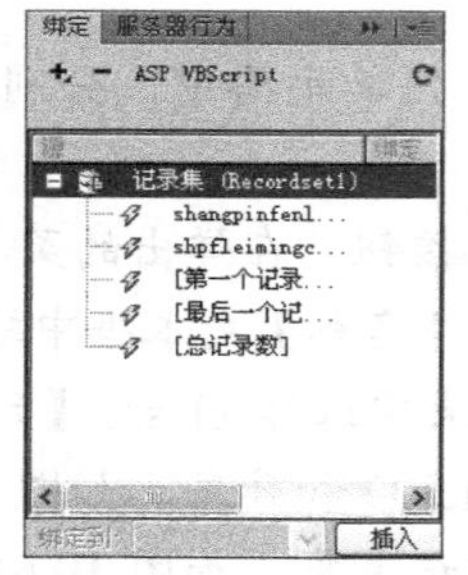

图 19.61　创建记录集

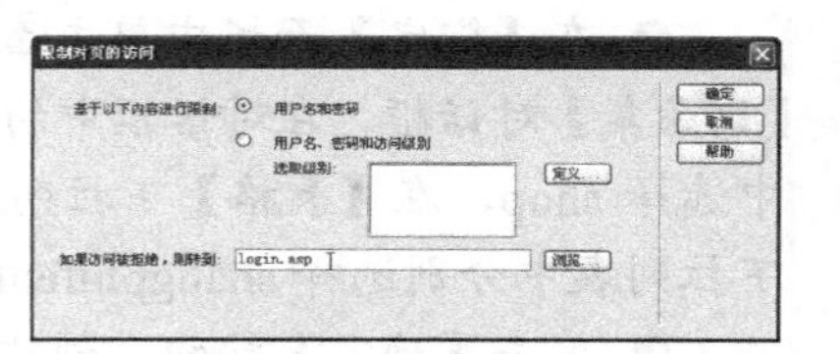

图 19.62　【限制对页的访问】对话框

❽ 单击【确定】按钮，添加服务器行为，如图 19.63 所示。

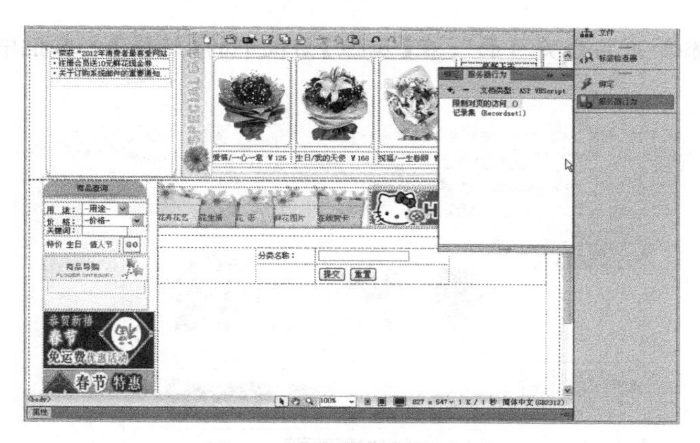

图 19.63　添加服务器行为

❾ 在【服务器行为】面板中单击按钮，在弹出的菜单中选择【插入记录】选项，打开【插入记录】对话框，在对话框中的【连接】下拉列表中选择 shop，在【插入到表格】下拉列表中选择 class，在【获取值自】下拉列表中选择 from1，在【插入后，转到】文本框中输入 addclassok.html，如图 19.64 所示。单击【确定】按钮，插入记录，如图 19.65 所示。

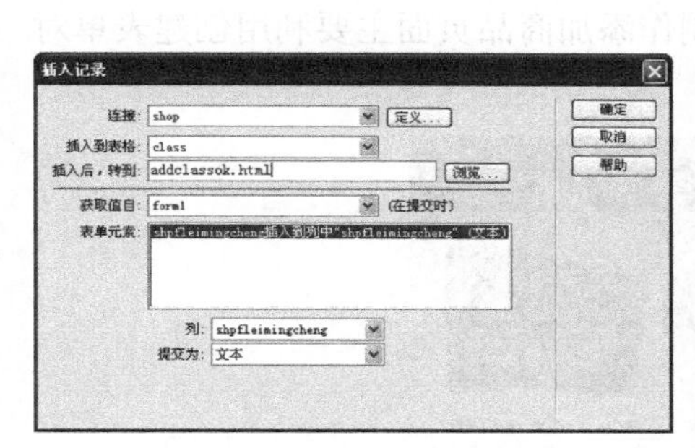

图 19.64 【插入记录】对话框

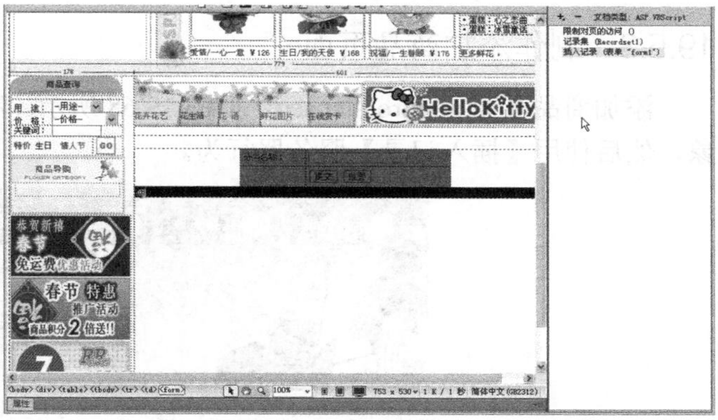

图 19.65　插入记录

❿ 将 addclass.asp 网页另存为 addclassok.html，将页面中的表单及表单中的内容删除，并输入相应的文字，设置相应的属性，如图 19.66 所示。

图 19.66　输入文字

⑫ 选中文字“添加商品分类页面”，在【属性】面板中的【链接】文本框中输入 addclass.asp，如图 19.67 所示。

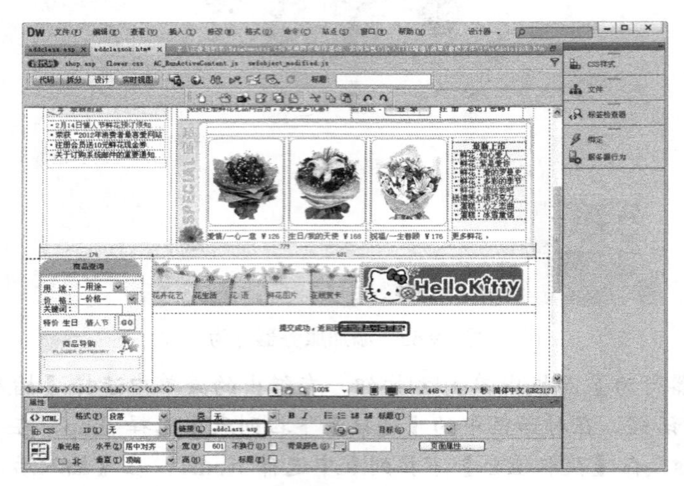

图 19.67　设置链接

19.5.3　制作添加商品页面

添加商品页面 addproduct.asp，如图 19.68 所示。制作添加商品页面主要利用创建表单对象，然后使用【插入记录】服务器行为。

图 19.68　添加商品页面

❶ 打开 CH19/index.html，将其另存为 addproduct.asp，如图 19. 69 所示。

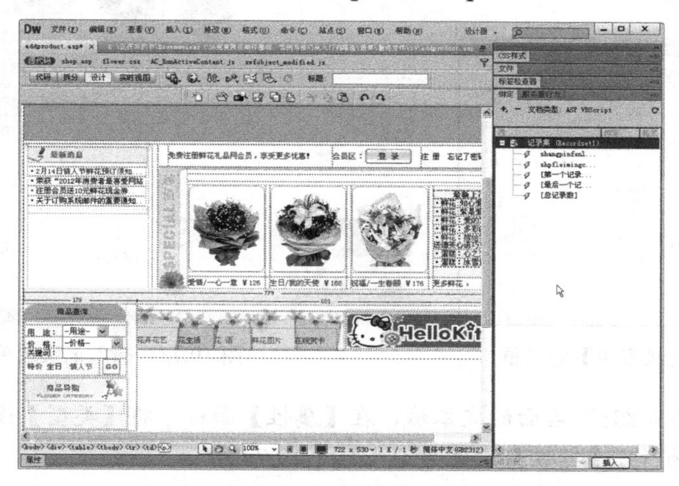

图 19. 69　复制记录集

❷ 单击【应用程序】插入栏中的【插入记录表单向导】按钮，打开【插入记录表单向导】对话框，在对话框中的【连接】下拉列表中选择 shop，在【插入到表格】下拉列表中选择 Products，在【插入后，转到】文本框中输入 addproductok.html，【表单字段】中的部分：shangpinID，单击按钮删除，选中 mingcheng，在【标签】文本框中输入“产品的名称:”，选中 shichangjia，【标签】文本框中输入“市场价:”，选中 huiyuanjia，在【标签】文本框中输入“会员价:”，选中 ShangpinfenleiID，在【标签】文本框中输入“商品分类:”，在【显示为】下拉列表中选择【菜单】，单击下面的菜单属性按钮，打开【菜单属性】对话框，在对话框中【填充菜单项】勾选【来自数据库】单选按钮，单击【选取值等于】右边的按钮，打开【动态数据】对话框，选择 shpfleimingcheng，如图 19. 70 所示。

❸ 单击【确定】按钮，返回到【菜单属性】对话框，如图 19.71 所示。

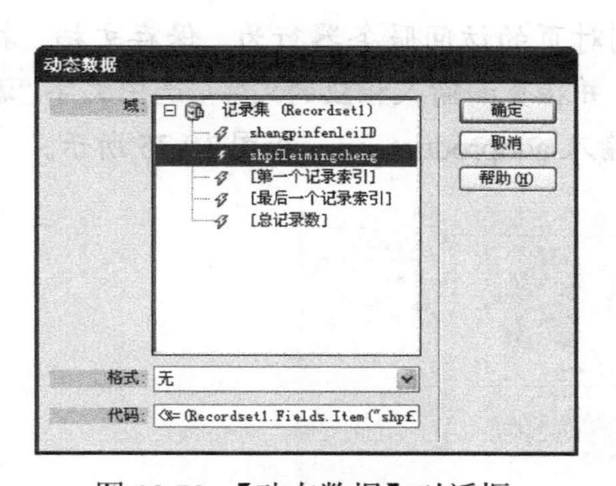

图 19.70　【动态数据】对话框

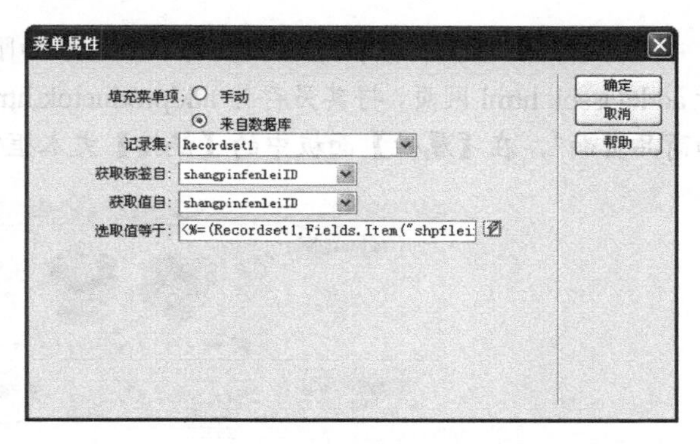

图 19.71　【菜单属性】对话框

❹ 单击【确定】按钮，返回到【插入记录表单】对话框，选中 neirong，在【标签】文本框中输入“产品介绍:”，选择 image，在【标签】文本框中输入“图片路径:”，如图 19.72 所示。

❺ 单击【确定】按钮，插入记录表单，如图 19.73 所示。

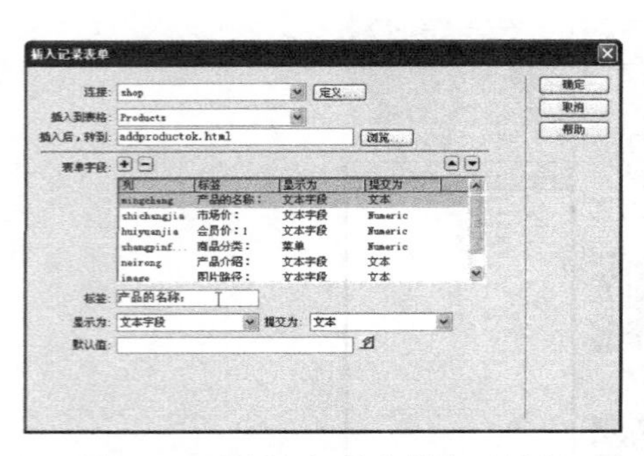

图 19.72 【插入记录表单】对话框

图 19.73 插入记录表单

❻ 选中“产品介绍:”后面的文本域，在【属性】面板中将【类型】设置为【多行】，将【字符宽度】设置为 32，【行数】设置为 8，如图 19.74 所示。

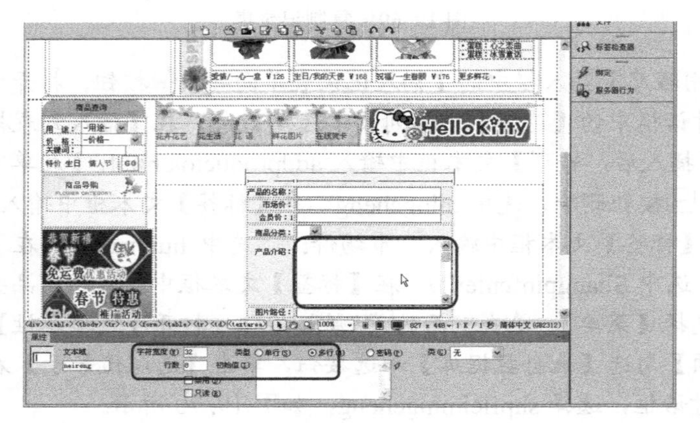

图 19.74 设置属性

❼ 按照第 19.5.2 节中的第 7 步的方法，添加限制对页的访问服务器行为，保存文档。打开 addclassok.html 网页，将其另存为 addproductok.html，并在页面输入相应的文字，选中文字“添加商品页面”，在【属性】面板中的【链接】文本框中输入 addproduct.asp，如图 19.75 所示。

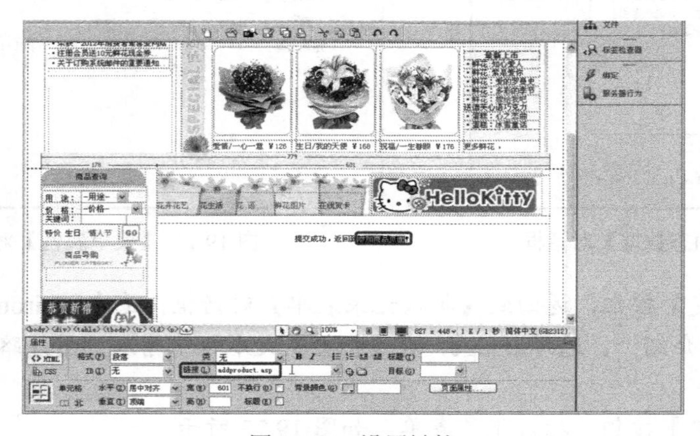

图 19.75 设置链接

19.5.4 制作商品管理页面

商品管理页面 admin.asp，如图 19.76 所示，在商品管理页面列出所有商品，可以根据需要修改或删除商品记录。制作商品管理页面的具体操作步骤如下。

图 19.76 商品管理页面

❶ 打开 CH19/index.html，将其另存为 admin.asp，按照 19.4.2 节中的步骤 1～4 的方法，插入记录集，绑定记录，并插入重复区域服务器行为，如图 19.77 所示。

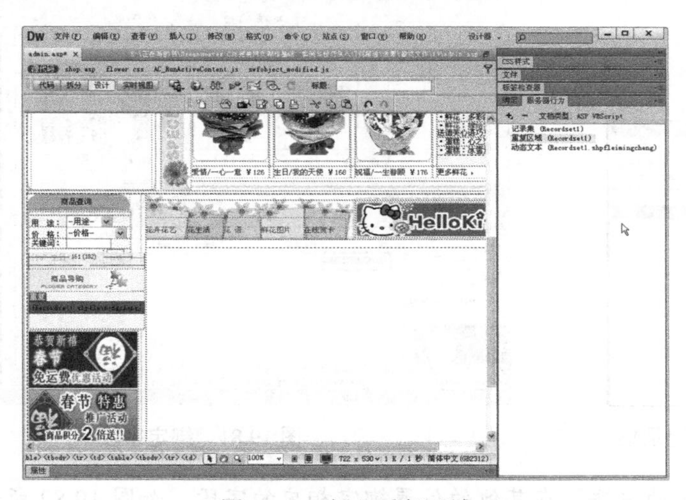

图 19.77 插入重复区域

❷ 按照第 19.5.2 节中的第 7 步的方法，添加限制对页的访问服务器行为，保存文档。将光标放置在右边页面中相应的位置，插入 2 行 6 列的表格，并在相应的单元格中输入文字，

如图 19.78 所示。

❸ 在【绑定】面板中单击⊞按钮，在弹出的菜单中选择【记录集（查询）】选项，打开【记录集】对话框，在【名称】文本框中输入记录集的名称，在【连接】下拉列表中选择 shop，在【表格】下拉列表中选择 Products，【列】勾选【全部】单选按钮，在【排序】下拉列表中分别选择 shangpinID 和降序，如图 19.79 所示。

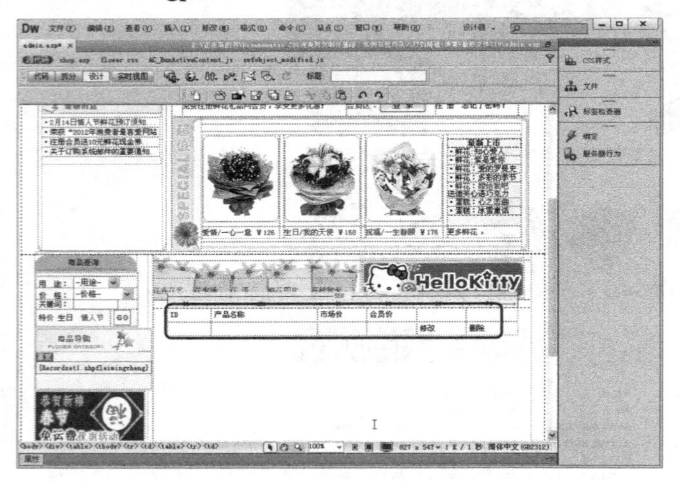

图 19.78　插入表格并输入文字

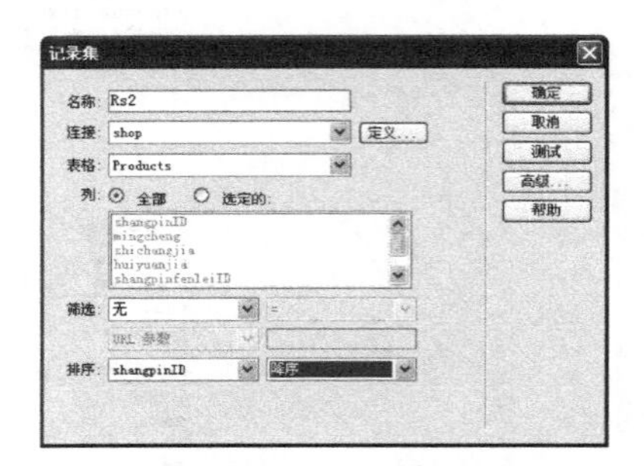

图 19.79　【记录集】对话框

❹ 单击【确定】按钮，创建记录集，如图 19.80 所示。

❺ 将光标放置在第 2 行第 1 列单元格中，展开记录集 Rds2，选择 shangpinID 字段，单击右下角的【插入】按钮，绑定字段，如图 19. 81 所示。

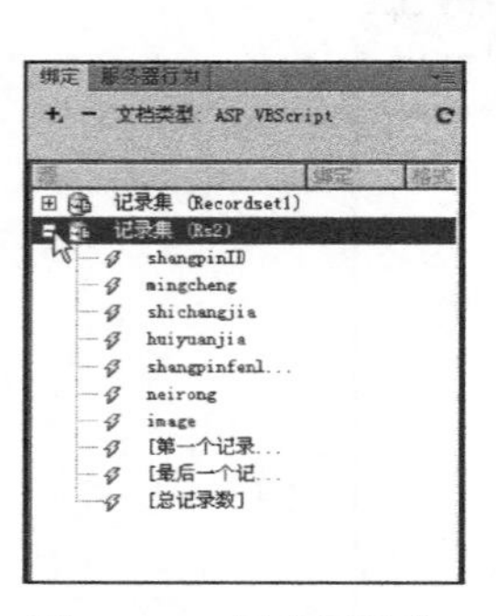

图 19.80　创建记录集

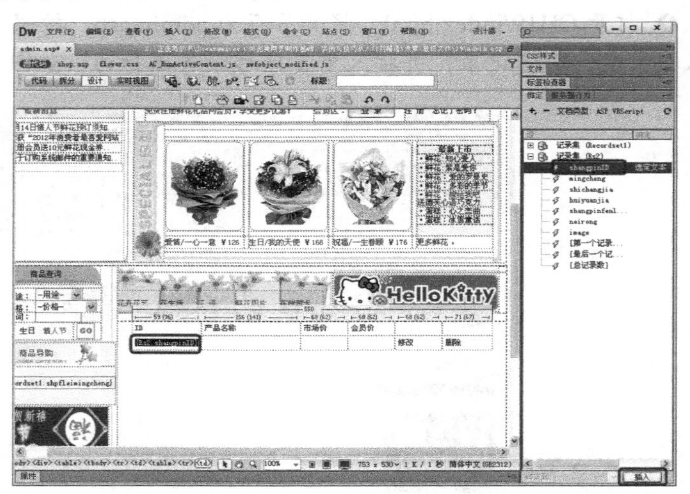

图 19.81　绑定字段

❻ 按照步骤 5 的方法，在其他的位置绑定相应的字段，如图 19.82 所示。

❼ 选中第 2 行单元格，单击【服务器行为】面板中的⊞按钮，在弹出的菜单中选择【重复区域】选项，打开【重复区域】对话框，在对话框中的【记录集】下拉列表中选择 Rs2，【显示】勾选 15 记录单选按钮，如图 19.83 所示。

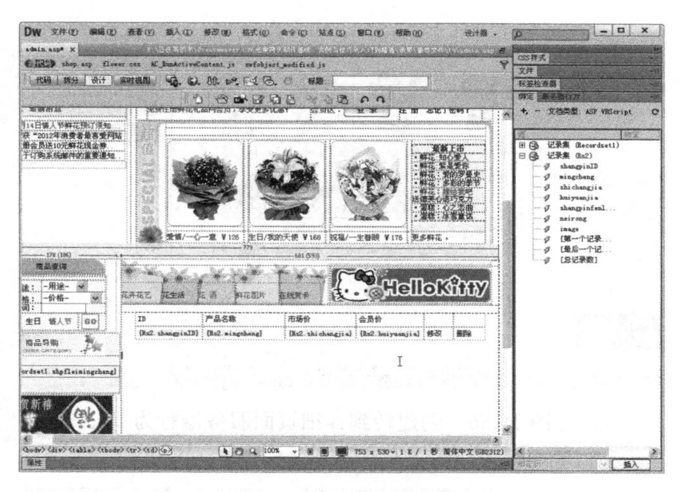

图 19.82　绑定字段

❽ 单击【确定】按钮，创建重复区域服务器行为，如图 19.84 所示。

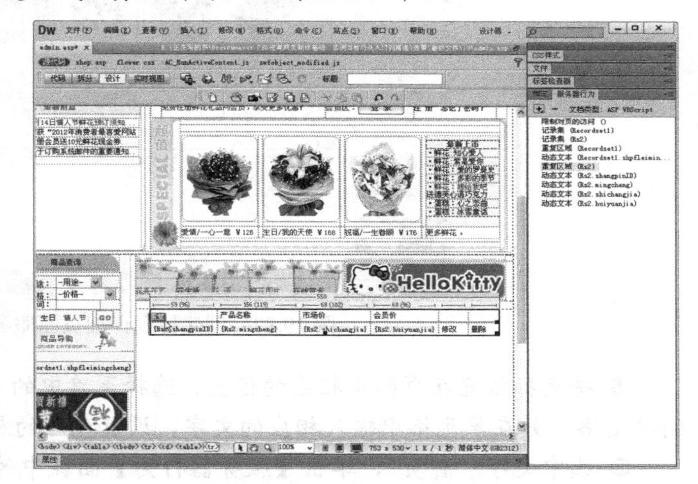

图 19.83 【重复区域】对话框　　图 19.84　创建重复区域服务器行为

提示　在创建重复区域服务器行为时，将重复区域插入到<tr>与<//tr>的外部。

❾ 选中文字“修改”，单击【服务器行为】面板中的+按钮，在弹出的菜单中选择【转到详细页面】选项，打开【转到详细页面】对话框，在对话框中的【详细信息页】文本框中输入 modifyproduct.asp，在【记录集】下拉列表中选择 Rs2，如图 19.85 所示。

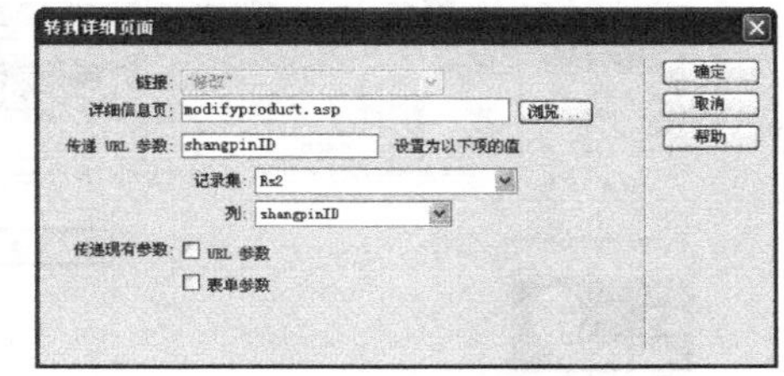

图 19.85 【转到详细页面】对话框

❿ 单击【确定】按钮，创建转到详细页面服务器行为，如图 19.86 所示。

⓫ 选中文字“修改”，按照步骤 9～10 的方法创建转到详细页面服务器行为，详细信息页面转到 delproduct.asp，如图 19.87 所示。

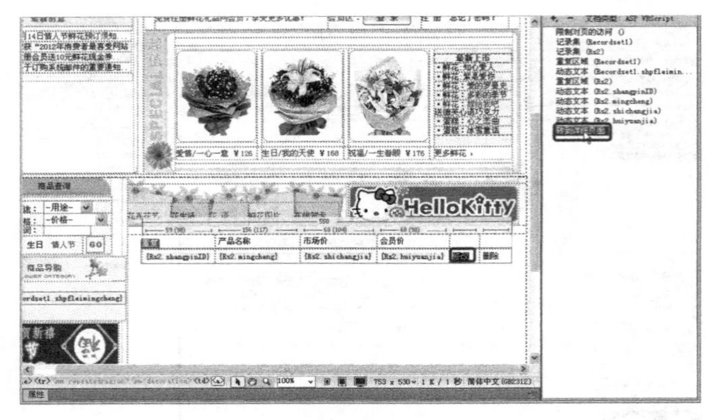

图 19.86　创建转到详细页面服务器行为

图 19.87　创建转到详细页面服务器行为

⑫ 将光标放置在页面中相应的位置，选择菜单中的【插入】|【表格】命令，插入 1 行 1 列单元格，并在单元格中输入相应的文字，设置相应的属性，如图 19.88 所示。

⑬ 选中文字“首页”，单击【服务器行为】面板中的⊞按钮，在弹出的菜单中选择【记录集分页】|【移至第一条记录】选项，打开【移至第一条记录】对话框，在对话框中的【记录集】下拉列表中选择 Rs2，如图 19.89 所示。

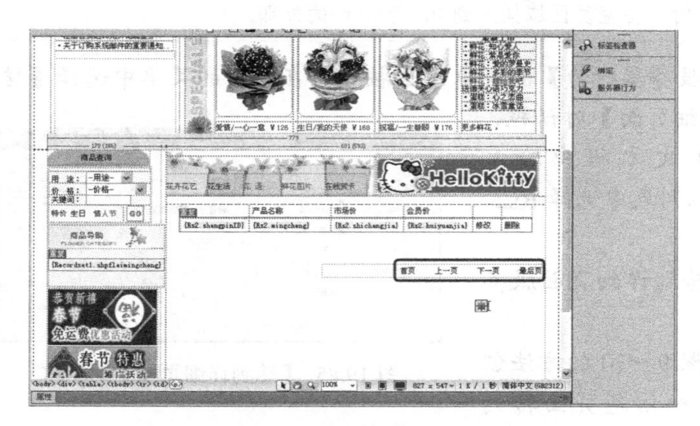

图 19.88　插入表格并输入文字

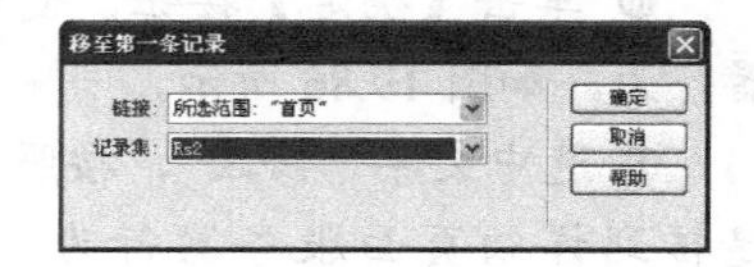

图 19.89　【移至第一条记录】对话框

⓮ 单击【确定】按钮，插入记录集分页，如图 19.90 所示。

图 19.90　插入记录集分页

⓯ 按照步骤 13～14 的方法分别为文字“上一页”添加移至前一条记录服务器行为、为“下一页”添加移至下一条记录服务器行为、为“尾页”添加移至最后一条记录服务器行为，如图 19.91 所示。

⓰ 选中文字“首页”，单击【服务器行为】面板中的+按钮，在弹出的菜单中选择【显示区域】|【如果不是第一条记录则显示区域】选项，打开【如果不是第一条记录则显示】对话框，在对话框中的【记录集】下拉列表中选择 Rs2，如图 19.92 所示。

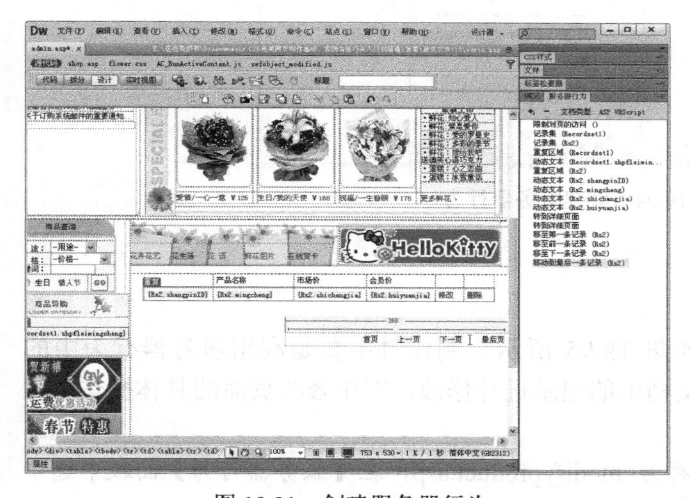

图 19.91　创建服务器行为

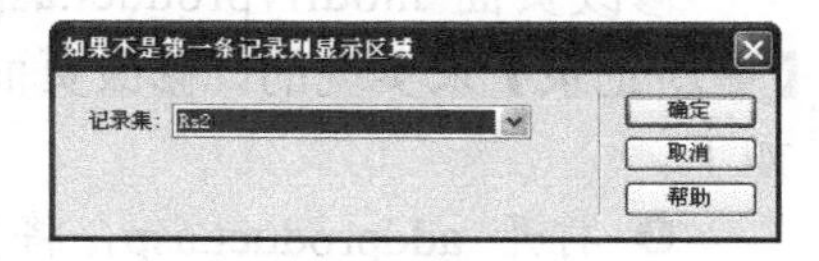

图 19.92 【如果不是第一条记录则显示区域】对话框

⓱ 单击【确定】按钮，创建如果不是第一条记录则显示服务器行为，如图 19.93 所示。

⓲ 按照步骤 13～15 的方法，为文字“上一页”添加“如果为最后一条记录则显示区域”服务器行为，为“下一页”添加“如果为第一条记录则显示区域”服务器行为，为“最后页”添加“如果不是最后一条记录则显示区域”服务器行为，如图 19.94 所示。

图 19.93 创建服务器行为

图 19.94 创建服务器行为

19.5.5 制作修改页面

修改页面 modifyproduct.asp，如图 19.95 所示。制作时主要是利用服务器行为中的【更新记录】来实现的，修改页面对文档中的记录进行修改。制作修改页面的具体操作步骤如下。

❶ 打开 addproduct.asp，将其另存为 modifyproduct.asp，在【服务器行为】面板中选中【插入记录（表单“form1”）】，单击⊟按钮删除，如图 19.96 所示。

❷ 单击【绑定】面板中的⊞按钮，在弹出的菜单中选择【记录集（查询）】选项，打开【记录集】对话框，在对话框中的【名称】文本框中输入记录集的名称，在【连接】下拉列表中选择 shop，在【表格】下拉列表中选择 Products，【列】勾选【全部】单选按钮，在【筛选】下拉列表中分别选择 shangpinID、=、URL 参数和 shangpinID，如图 19.97 所示。

❸ 单击【确定】按钮，创建记录集，如图 19.98 所示。

图 19.95　修改页面

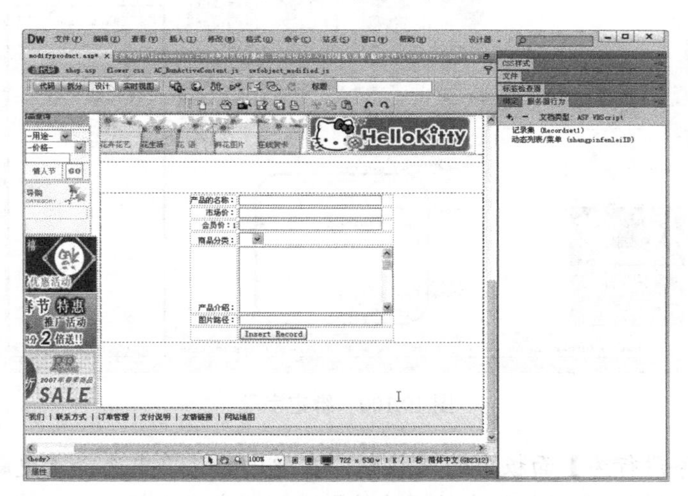

图 19.96　另存为文档

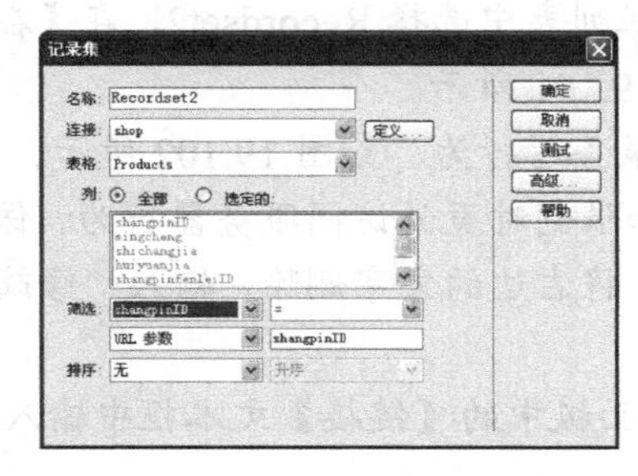

图 19.97　【记录集】对话框

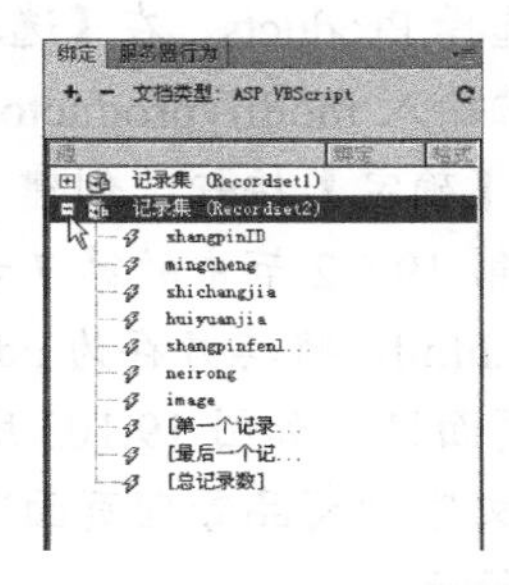

图 19.98　创建记录集

❹ 选中“产品的名称”右边的文本域，在【绑定】面板中展开记录集 Recordset2，选中 mingcheng 字段，单击【绑定】按钮，绑定字段，如图 19.99 所示。

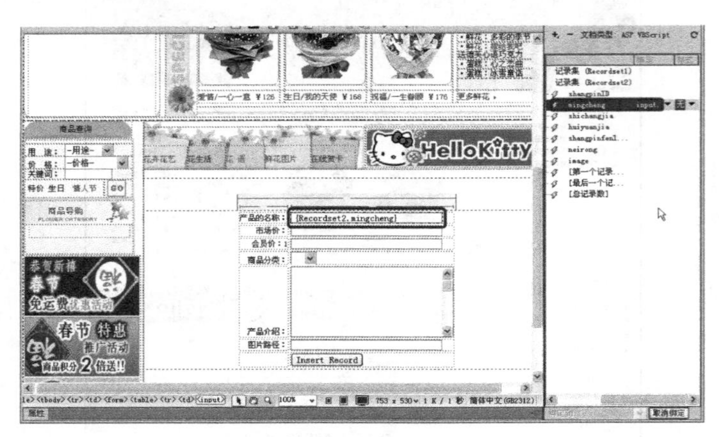

图 19.99　绑定字段

❺ 按照步骤 4 的方法，为其他的文本域绑定字段，如图 19.100 所示。

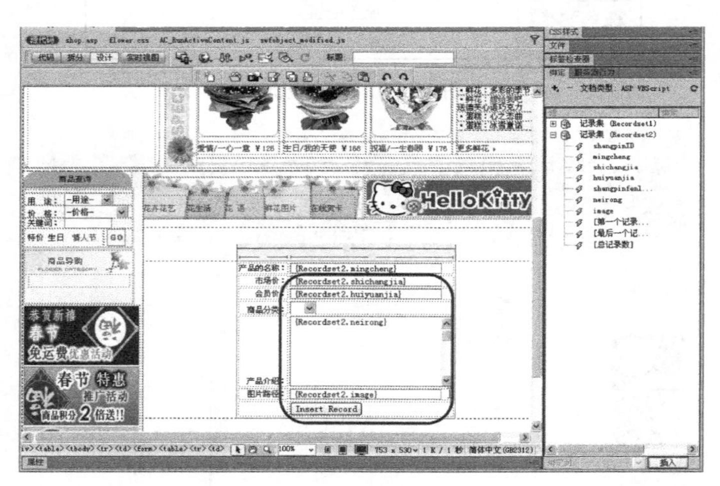

图 19.100　绑定字段

❻ 单击【服务器行为】面板中的[+]按钮，在弹出的菜单中选择【更新记录】选项，打开【更新记录】对话框，在对话框中的【连接】下拉列表中选择 shop，在【要更新的表格】下拉列表中选择 Products，在【选取记录自】下拉列表中选择 Recordset2，在【在更新后，转到】文本框中输入 modifyproductok.html，如图 19.101 所示。

❼ 单击【确定】按钮，创建【更新记录】服务器行为，如图 19.102 所示。

❽ 按照第 19.5.2 节中的第 7 步的方法，添加限制对页的访问服务器行为，保存文档。打开 addclassok.html，将其另存为 addclassok.html，将右边的文字删除，输入“修改成功，返回到商品管理页面！”，如图 19.103 所示。

❾ 选中文字“商品管理页面”，在【属性】面板中的【链接】文本框中输入 admin.asp，如图 19.104 所示。

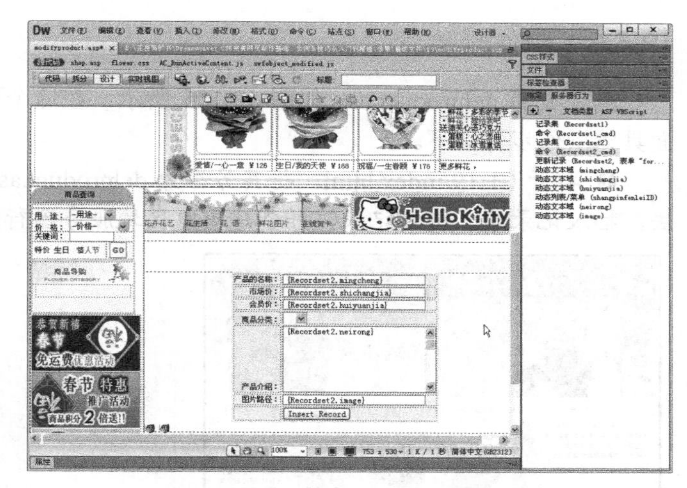

图 19.101 【更新记录】对话框

图 19.102 创建【更新记录】服务器行为

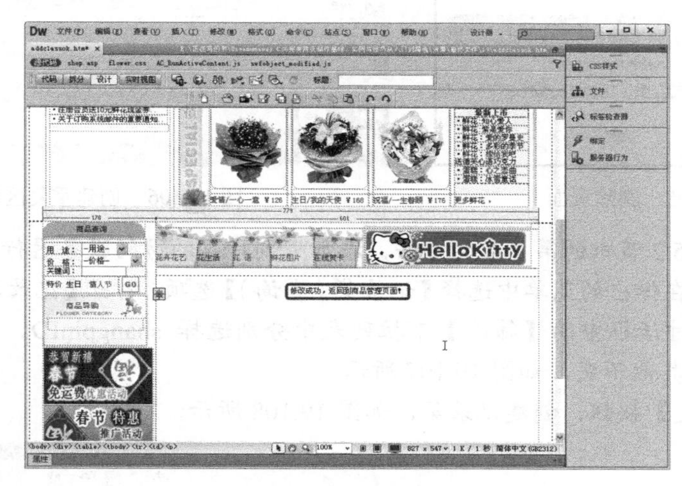

图 19.103 输入文字

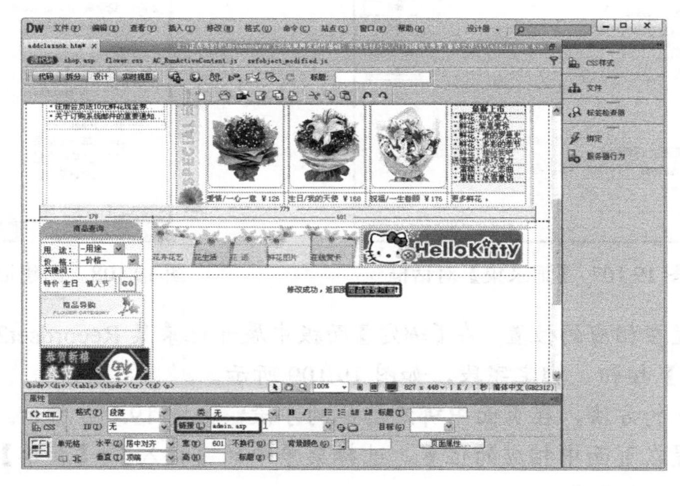

图 19.104 设置链接

19.5.6 制作删除页面

删除页面 delproduct.asp 如图 19.105 所示，在这个页面可以删除商品记录。制作删除页面具体操作步骤如下。

❶ 打开 CH19/index.html，将其另存为 delproduct.asp，按照 19.42 节中的步骤 1～4 的方法，插入记录集，绑定记录，并创建重复区域服务器行为，如图 19.106 所示。

图 19.105 删除页面

图 19.106 创建重复区域

❷ 按照第 19.5.2 节中的第 7 步的方法，添加限制对页的访问服务器行为，单击【绑定】面板中的⊞按钮，在弹出的菜单中选择【记录集（查询）】选项，打开【记录集】对话框，【列】勾选【全部】，在对话框中的【筛选】下拉列表中分别选择 shangpinID、=、URL 参数和 shangpinID 选项，其他不变，如图 19.107 所示。

❸ 单击【确定】按钮，创建记录集，如图 19.108 所示。

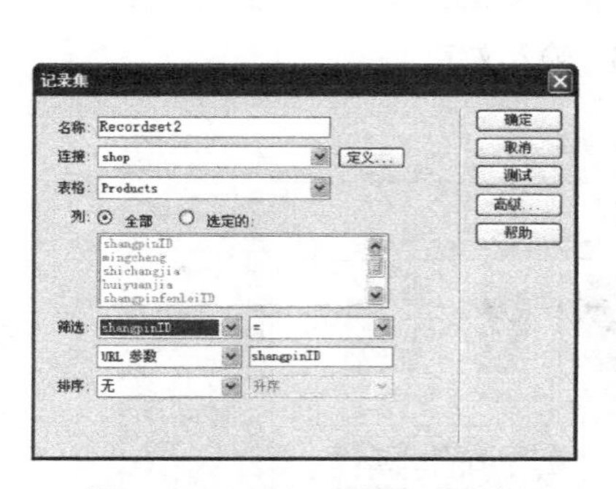

图 19.107 【记录集】对话框

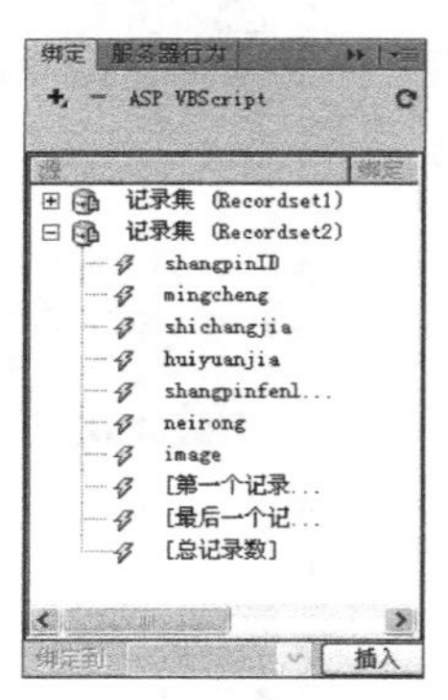

图 19.108 创建记录集

❹ 将光标放置在相应的位置，在【绑定】面板中展开记录集 Recordset2，选中 mingcheng 字段，单击【插入】按钮，绑定字段，如图 19.109 所示。

❺ 按照步骤 5 的方法，在页面中绑定其他的字段，如图 19.110 所示。

❻ 将光标放置在页面中相应的位置，选择菜单中的【插入】|【表单】|【表单】命令，插入表单，如图 19.111 所示。

图 19.109　绑定字段

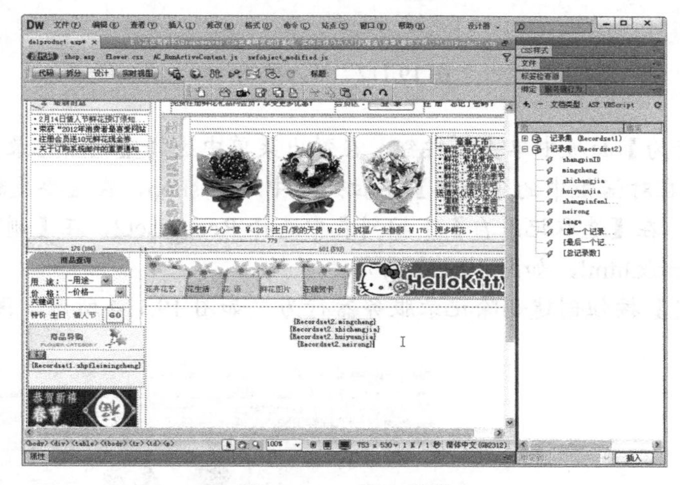

图 19.110　绑定字段

❼ 将光标放置在表单中，插入按钮，在【属性】面板中的【值】文本框中输入“删除商品”，将【动作】设置为【提交表单】，如图 19.112 所示。

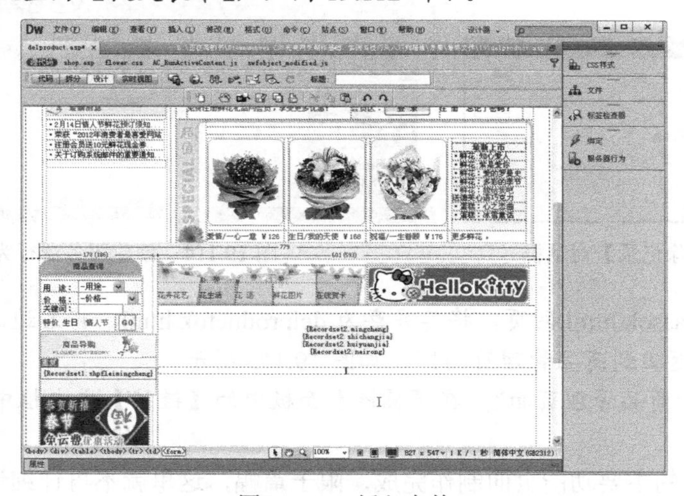

图 19.111　插入表单

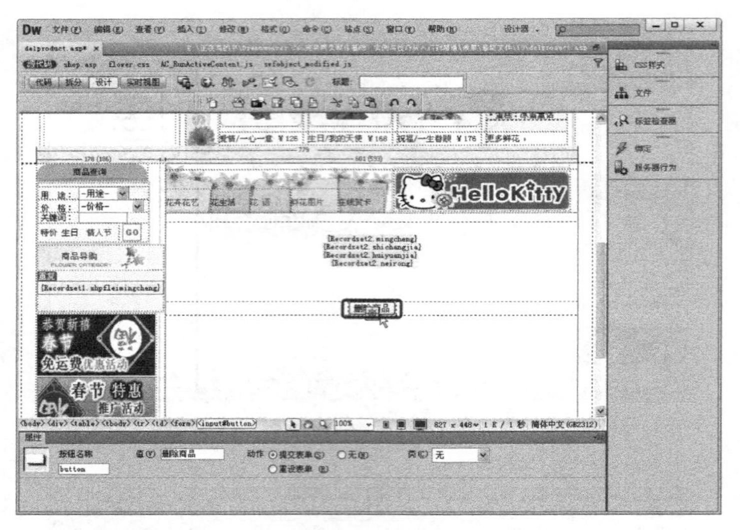

图 19.112　插入按钮

❽ 在【服务行为】面板中单击⊞按钮，在弹出菜单中选择【删除记录】选项，打开【删除记录】对话框，在对话框中的【连接】下拉列表中选择 shop，在【要更新的表格】下拉列表中选择 Products，在【选取记录自】下拉列表中选择 Recordset2，在【删除后，转到】文本框中输入 delproductok.html，如图 19.113 所示。

❾ 单击【确定】按钮创建删除记录服务器行为，如图 19.114 所示，保存文档。

删除记录

连接: shop 定义...
从表格中删除: Products
选取记录自: Recordset2
唯一键列: shangpinID 数值
提交此表单以删除: form1
删除后，转到: delproductok.html 浏览...
确定
取消
帮助

图 19.113　【删除记录】对话框

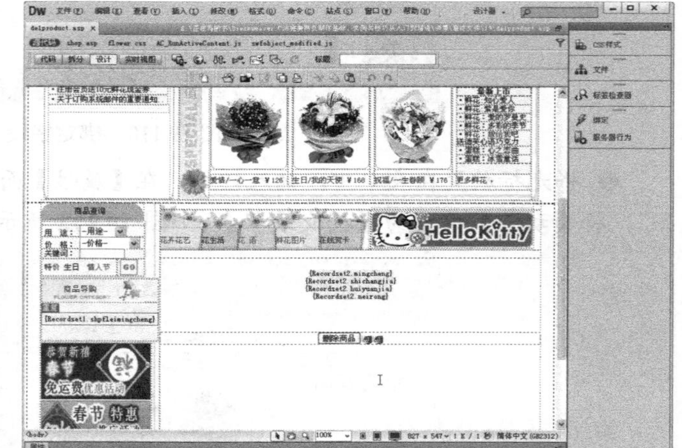

图 19.114　创建服务器行为

❿ 打开 addclassok.html 网页，将其另存为 delproductok.html，将右边的文字删除，输入"成功删除记录，返回到商品管理页面!"，如图 19.115 所示。

⓫ 选中文字"商品管理页面"，在【属性】面板中的【链接】文本框中输入 admin.asp，如图 19.116 所示。

至此购物网站的主要功能页面制作完成，限于篇幅，这里就不再详细讲述其他功能了。

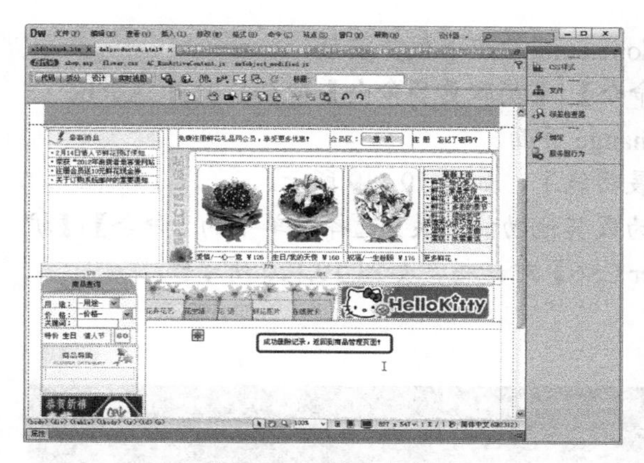

图 19.115　输入文字

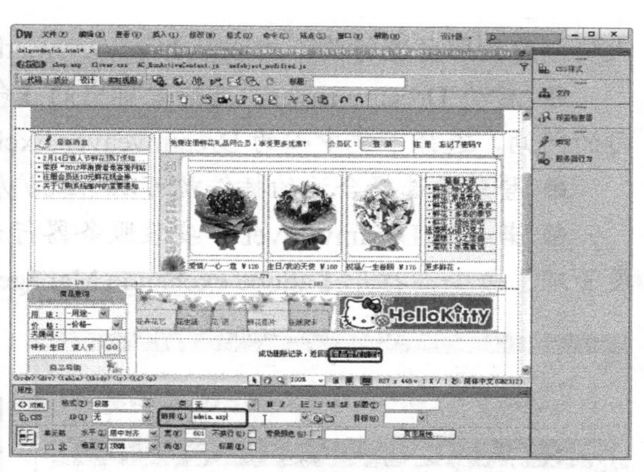

图 19.116　设置链接

19.6　技巧与问答

本章详细讲述了购物网站的商品管理和展示系统的制作。通过对本章的学习，读者对购物网站的制作开发过程已经有了一个深刻地认识。

第 1 问　如何创建动态图像

创建动态图像的具体操作步骤如下。

❶ 打开网页文档，将光标放置在插入动态图像的位置。

❷ 选择菜单中的【插入】|【图像】命令，打开【选择图像源文件】对话框，如图 19.117 所示。

❸ 在对话框中单击【数据源】按钮，出现数据源列表，如图 19.118 所示。

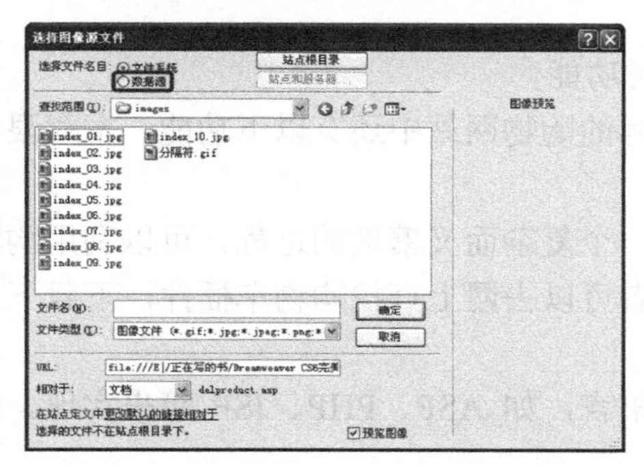

图 19.117　【选择图像源文件】对话框

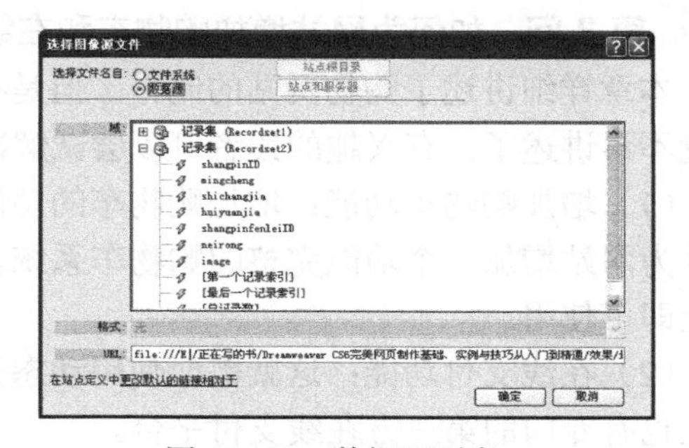

图 19.118　数据源列表

❹ 从该列表中选择一种数据源，数据源应是一个包含图像文件路径的记录集。根据站点的文件结构的不同，这些路径可以是绝对路径、文档相对路径或者根目录相对路径。如果列表中没有出现任何记录集，或者可用的记录集不能满足需要，就需要定义新的记录集。

第 2 问　如何安装第三方服务器行为

现在网页制作越来越复杂，所需要的功能要求也越来越高，仅仅依靠 Dreamweaver 自身拥有的功能是满足不了制作要求的。不过 Dreamweaver 具有很多扩展功能，要取得独立开发人员创建的服务器行为，可以从 http://www.adobe.com 站点下载并安装。

❶ 启动 Dreamweaver，选择菜单中的【命令】|【获取更多命令】命令，打开 Adobe 公司的网站，选择下载中心的 Dreamweaver Exchange 页面。

❷ 登录后选择合适的插件就可以下载扩展功能了，如图 19.119 所示。

❸ 若要在 Dreamweaver 中安装服务器行为或其他功能扩展，选择菜单中的【命令】|【扩展管理】命令，打开【adobe exchange Manager CS6】对话框，如图 19.120 所示。

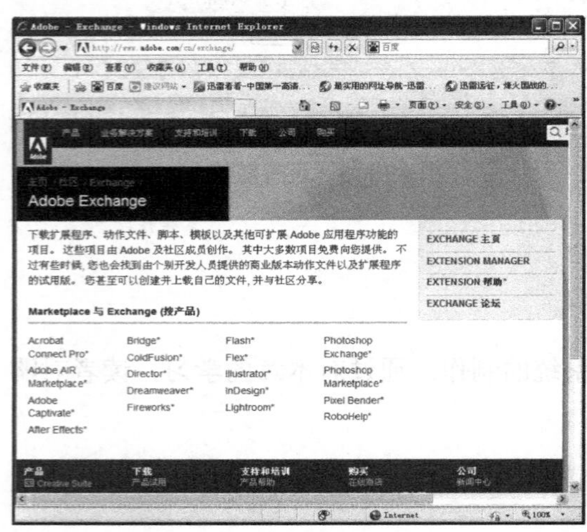

图 19.119　下载扩展功能

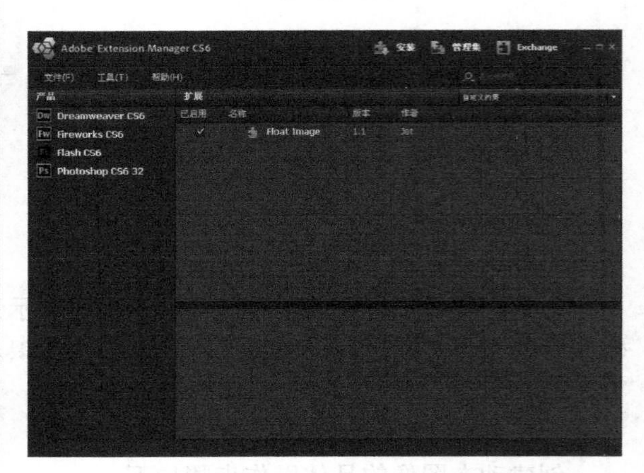

图 19.120　【adobe exchange Manager CS6】对话框

❹ 在功能扩展管理器中，单击【安装扩展】按钮，选取存放的扩展文件记录安装，安装完成后必须重新启动 Dreamweaver 才能在服务器行为菜单中显示。

第 3 问　如何为网站增加购物车和在线支付功能

本章详细讲述了购物网站的制作，但是在实际的购物网站中还有以下功能，本章限于篇幅就不再讲述了，有兴趣的读者可以尝试解决。

（1）增加购物车功能：增加购物车的功能是一个复杂而又繁琐的过程，可以利用购物车插件为网站增加一个功能完整的购物车系统。读者可以去网上查找购物车插件，下载下来安装上即可使用。

（2）在线支付功能：这就需要使用动态开发语言，如 ASP、PHP、JSP 等来实现。当然现在也有专门的第三方在线支付平台。